普通高等教育“十三五”规划教材

# 普通物理学

（上册）

钱 铮 李成金 编著

科 学 出 版 社

北 京

## 内 容 简 介

本书是作者在从事多年教学的基础上，结合普通物理教学特点以及学生的读书习惯和思维发展规律，遵循经典物理学的发展进程编写而成. 考虑到物理学比较抽象，本书详细叙述了一些概念和规律，并列举了较多例题和日常生活中的实例. 本书采用国际上流行的彩色印刷，图文并茂，通俗易懂，可读性强. 全书分上、下两册，本书为上册，内容包括：质点力学、刚体力学、流体力学、振动和波动、狭义相对论基础、温度和气体分子动理论、热力学第一和第二定律.

本书可作为普通高等学校理工科非物理专业的普通物理教材，也可作为高职院校理工科和教师进修学校的普通物理教材，还可供喜欢物理学的社会读者参考.

**图书在版编目（CIP）数据**

普通物理学. 上册 / 钱铮，李成金编著. —北京：科学出版社，2019.3
普通高等教育“十三五”规划教材
ISBN 978-7-03-060879-6

Ⅰ. ①普… Ⅱ. ①钱… ②李… Ⅲ. ①普通物理学-高等学校-教材 Ⅳ. ①O4

中国版本图书馆 CIP 数据核字（2019）第 050214 号

责任编辑：任俊红　田轶静 / 责任校对：杨聪敏
责任印制：赵　博 / 封面设计：华路天然工作室

科学出版社出版
北京东黄城根北街 16 号
邮政编码：100717
http://www.sciencep.com
北京建宏印刷有限公司印刷
科学出版社发行　各地新华书店经销
*
2019 年 3 月第 一 版　开本：787 × 1092　1/16
2025 年 1 月第六次印刷　印张：20 3/4
字数：492 000

**定价：89.00 元**
（如有印装质量问题，我社负责调换）

# 前　言

物理学是研究物质基本结构和基本运动规律的科学，是一切工程科学和技术科学的基础. 历史上，每次工程上、技术上的突破都与物理学的重大发现和发展密切相关，进而极大地改善了人们的日常生活. 如今的信息科学与技术，生命科学与技术，能源、材料、环境等科学与技术的迅速发展都是以物理学的迅速发展为基础的.

物理学的主要任务是研究宇宙中物质各层次的结构、相互作用和运动规律以及它们的实际应用. 从 17 世纪牛顿经典力学的建立到 19 世纪以麦克斯韦方程组为基础的电磁学理论的奠定，物理学逐渐发展成为一门独立的学科. 其主要分支为力学、热学、电磁学以及光学等经典学科. 20 世纪初，量子论和相对论的建立推动了经典物理学的每个分支向纵深方面的发展. 同时形成了许多新的分支学科，如原子物理学、分子物理学、核物理学、量子物理学、粒子物理学、等离子体物理学、凝聚态物理学等.

普通物理课程是以物理学基础为内容的，是高等学校理工科各专业学生的一门非常重要的基础课. 该课程也是工程教育认证和理工科专业认证通用标准中不可或缺的课程. 该课程旨在培养学生的物理观念、科学思维、科学探究、科学态度与责任等科学素养，发展学生发现问题、分析问题、解决问题的基础能力，是其他课程无法替代的. 本书所涉及的基本概念、基本理论和基本方法是构成学生科学素养的重要组成部分，是一个科学工作者和工程技术人员所必备的.

本书是在江苏省教育厅重点项目支持下完成的，总共四篇，分上、下两册，上册主要包括力学、热学两篇，内容包括：质点力学、质点组力学、刚体力学、流体力学、振动和波动、狭义相对论基础、温度和气体分子动理论、热力学第一和第二定律等；下册主要包括电磁学、光学和近代物理基础，内容包括：真空和物质中的静电场、稳恒电流及其磁场、物质的磁性、电磁感应与电磁波、波动光学基础、近代物理基础等.

物理学是工程技术的基础，是为理工科学生的专业发展服务的，同时物理学又涉及日常生活和生产的各个方面. 在编写过程中，我们适当地介绍了物理学在工程技术以及日常生活中的应用. 由于物理学概念和规律比较复杂、抽象，一些知识点介绍得比较详细并且精选和绘制了许多精美的图片，并以全彩色印刷，以增加内容的直观性和可读性，期望读者能够享受其阅读过程.

本书的教学内容要求和安排与国内大部分省份高中物理的教学内容有机衔接，并与教育部高等学校物理学与天文学教学指导委员会物理基础课程教学指导分委员会制定的《理工科类大学物理课程教学基本要求》相适应，内容符合国内各高等学校普通物理教学的基本要求.

本书的第 1～7 章、第 10 章、第 19～21 章由钱铮执笔；第 8 章和第 22 章由肖瑞华执笔；第 9 章、第 11～18 章以及附录由李成金执笔；花秀坤也参加了第 9 章的撰写工作；丁云为光学部分绘制了图形，并参加了全书的校对工作. 附录包括两部分内容，附录 A 包括国际单位制基本物理量、导出物理量及其换算、物理常数等；附录 B 为元素周期表. 附录内容以二维码形式出现，请读者扫码参阅.

附录

为实现教材立体化，书中还增加了丰富的数字资源，读者只需扫描二维码即可观看. 数字资源包括：(1)知识点课件及视频讲解；(2)全部例题视频讲解；(3)重难点练习题选讲；(4)各章练习题答案；(5)物理实验或现象视频. 前四部分数字资源由李成金、丁云、肖瑞华以及钱铮老师制作完成。

本书在编写过程中参考了国内外出版的教材，并仿制了一些图片，此外还引用了百度和谷歌等网站上的一些图片，由于原图作者信息不详，无法一一致谢. 本书的作者在此对于相关的教材编者、图片原作者一并表示衷心的感谢！

由于编者水平有限，书中难免存在不妥之处，敬请专家、同行和读者批评指正.

钱　铮　李成金

2018 年 12 月

# 目　录

## 第 1 篇　力　学

# 第 1 篇

# 力　学

银河系是太阳系所在的棒旋星系，包括约 3000 亿颗恒星和大量的星团、星云及星际尘埃. 银河系的总质量约为太阳的 2100 亿倍. 银河系呈扁球体，具有巨大的盘面结构，直径约 10 万光年. 银河系的中央是超大质量的黑洞. 太阳位于银河系一个支臂猎户臂上，至银河系中心的距离约 2.6 万光年. 太阳系以 250km/s 的速度围绕银河系中心旋转，旋转一周约 2.2 亿年. 2015 年 3 月，科学家发现银河系体积比之前认为的要大 50%

力学的发展有着悠久的历史，其历史可追溯到公元前 4 世纪. 人类最早的力学知识来源于生产劳动和对自然现象的观察. 早在两千多年前，墨翟在其著作《墨经》中就涉及杠杆平衡、重心、浮力等力学概念. 王充在《论衡 · 变虚》中描述了水波振荡随距离的衰减. 但力学真正发展成为一门独立的、系统的科学理论则是从 17 世纪意大利科学家伽利略论述惯性运动开始的. 伽利略通过对抛体和落体的研究，在实验研究和理论分析的基础上，最早阐明了自由落体的运动规律，提出了加速度的概念，之后提出惯性定律并用以解释地面上的物体和天体的运动. 他在 1638 年出版的《关于力学和位置运动的两门新科学的对话》是动力学的第一本著作. 伽利略的贡献为牛顿理论体系的建立奠定了基础. 17 世纪末牛顿继承和发展了前人的研究成果，在他 1687 年出版的《自然哲学的数学原理》中提出了物体运动定律和万有引力定律，从而奠定了经典力学的基础. 牛顿三定律和万有引力定律可以成功地解释地球上的落体运动规律乃至到宇宙中天体的运动轨迹等几乎所有的力学规律. 尽管随着科技的进步，在 19 世纪末、20 世纪初发现了经典力学的局限性，使得在高速运动领域经典力学被相对论所取代，而在微观领域被量子力学所取代，但在一般的技术领域，如机械、建筑、船舰、航天器和天文学等都仍然以经典力学为基本依据. 同时经典力学在一定意义上是整个物理学的基础，这是我们首先要学习经典力学的原因.

力学的发展改变了人类的生活和活动空间. 航空和航天技术的发展都是力学应用于科学技术中的里程碑

力学的研究对象是机械运动. 经典力学研究的是在弱引力场中宏观物体的低速运动情况. 通常把力学分为运动学、动力学和静力学. 运动学只描述物体的运动状态随时间的变化规律，而不涉及引起运动和改变运动的原因；动力学则研究物体的运动与物体间相互作用的内在联系；静力学研究物体在相互作用下的平衡问题.

本篇主要讨论的内容包括质点力学、刚体力学和流体力学的基本概念. 质点、刚体、理想流体等都是为了抓住问题的主要因素，忽略问题次要的、局部的和偶然的因素而提出的被研究对象的理想物理模型. 其中尤以质点模型最为重要，刚体模型可看作在一定条件下的质点的集合(质点系).

# 第 1 章 质点运动学

特技飞行是由实际空战演化而来的一种飞行表演形式，并已成为一种专门的飞行技术. 它对提高飞行驾驶技术、增强耐力、培养勇敢精神和充分发挥飞机性能都有重要的作用. 特技飞行员能够驾驶飞机做出各种直线、转弯、滚动、螺旋、翻筋斗、S 形和 8 字形等高难度的飞行动作

宇宙中所有的物体，大到像太阳这样的天体，小到像组成物质的分子、原子等都处于永恒的运动之中. 可以说，运动是物质存在的形式，是物质的一种固有属性，运动是绝对的，而静止是相对的. 因此，学习经典力学的第一步，就是要学习如何描述物体的运动. 当物体运动时，其在空间的位置和位置变化的快慢一般都是随时间变化的，这种变化通常是由物体间的相互作用而引起的，但在本章中，我们只讨论物体的位置、速度(位置变化的快慢)和加速度(速度变化的快慢)随时间的变化关系，而不关心由物体间相互作用所引起的物体运动状态变化的原因，经典力学中的这部分内容就称为运动学.

一辆在赛道上飞速行驶的摩托车从整体上来看是在做平动，但它的车轮在绕轴做转动，而它的发动机汽缸内的活塞则是在做快速振动

物体的一般运动可以分为三种基本的类型，即平动(在平地上行驶的汽车)、转动(地球绕地轴的旋转)和振动(单摆在其平衡位置附近的来回摆动). 本篇的前三章仅讨论物体的平动，第 4 章讨论物体的转动，第 6 章和第 7 章讨论物体的振动.

在物理学中，根据所讨论问题的特点和需要，通常将所讨论的物体抽象为某种理想模型. 在研究物体的平动时，我们通常将所讨论的物体看作是**质点**. **所谓质点，是指一个具有一定质量，但没有大小、形状和结构的点**. 物体可以看作质点并不一定是因为物体足够小，而是要满足一定的条件. 当物体运动的范围远大于物体的大小，或者当我们只关心物体作为整体的运动而不关心其各部分运动的细节时，可将物体当作质点来看待. 比如，地球很大，但当我们描述地球绕太阳的公转时，可以将地球看作是质点，这是因为地球到太阳的距离(约 1.5 亿千米)远大于地球半径(约 6370 千米). 又比如，气体分子很小，当我们研究气体对容器壁的压强时，可将气体分子视为质点. 但当我们研究气体的内能时，需要讨论分子的平动动能、转动动能和振动动能等，这时需要考虑分子的内部结构而不能将分子当作质点来对待.

研究质点还具有更普遍的意义. 当物体的大小和形状不可以忽略时，常把物体看作是由无数个质点组成的质点系. 所以质点是物理学中一个非常重要的物理模型，是研究物体一般运动的基础.

本章由简入繁，首先讨论质点运动最简单的情况，即质点沿一条直线轨道的运动；之后讨论质点的曲线运动，并讨论两个重要的例子：抛体运动和圆周运动；最后讨论相对运动的概念.

## 1.1 参照系和坐标系

前面提到，一切物体都在不停地运动着，称为运动的绝对性. 静止于地面的物体看似是不动的，但由于地球有自转和公转，地面上的物体也跟着地球在不停地运动. 经验告诉我们，当选择不同的物体作为参照物来描述同一个物体的运动时，其结果往往是不同的. 例如，当你在行驶的车辆上竖直向上抛起一个物体时，你会看到该物体做竖直方向的直线运动. 而对静止于地面上的观察者来说，这个物体做抛体运动，其运动轨迹为抛物线. 又如，人造地球卫星的运动，若以地球为参照物，其运动轨道是圆或椭圆，如图 1-1a 所示. 如果以太阳为参照物，卫星的运动轨道则是如图 1-1b 所示的复杂曲线. 这种以不同物体作为参照物，得出对同一物体运动的不同描述，称为**运动描述的相对性**. 由于运动的描述具有相对性，因此在描述一个物体的运动时，必须首先选择另一物体或几个彼此之间相对静止的物体作为参照物. 例如，要观察轮船在大海中的航行，可以选择海岸、灯塔甚至恒星作为参照物. 这种**研究物体运动时被选作参照物的物体**，称为**参照系**. 同一物体的运动，由于参照系不同，对其运动的描述就不同. 当我们描述一个物体的运动时，必须指明是相对于哪个参照系.

参照系(也称参考系) ▶

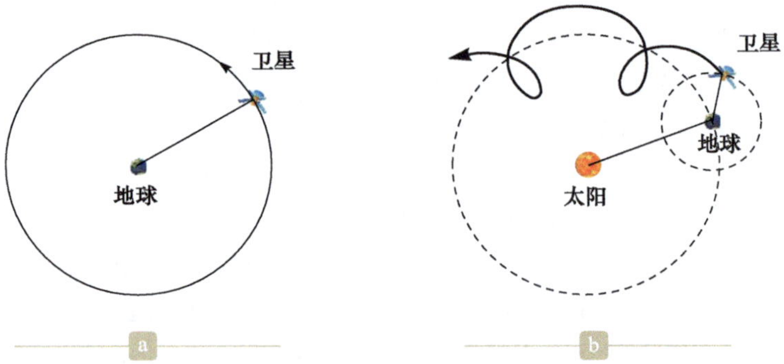


图 1-1 运动描述的相对性. a.以地球为参照系，人造地球卫星的运动轨迹为圆(或椭圆). b.以太阳为参照系，人造地球卫星的运动轨迹为复杂曲线

当参照系选定后，为了定量地表示出一个物体在各时刻相对于参照系的精

确位置，通常还需要建立一个固定在参照系上的**坐标系**，运动物体的位置就由它在坐标系中的坐标值决定. 可以选择的坐标系有多种，如直角坐标系、极坐标系、自然坐标系、球坐标系等. 选择合适的坐标系，可以大大方便问题的求解. 在讨论直线运动、抛体运动时，通常选择直角坐标系，而在讨论圆周运动、刚体的定轴转动时，采用极坐标系更方便.

## 1.2 直线运动

### 1. 直线运动的位置和位移

质点最简单的运动形式是直线运动，当质点的运动轨迹是一条直线时，就称质点做**直线运动**. 为简单起见，通常选取直线运动的轨迹为 $x$ 轴，当坐标原点和坐标轴的正方向确定后，质点在某时刻的**位置**就是该时刻质点在坐标轴上的坐标 $x$.

如图 1-2a 所示，某人沿平直的道路(设为 $x$ 轴)来回跑动. 为了方便描述此人在任意时刻的位置，我们将他看作是质点. 假设当 $t=0$ 时，他在 $x=35\text{m}$ 的位置①处，此后每间隔 10s，我们记录一次他的位置，并列于表 1-1 中. 由表中数据可见，在 0→10s 时间内，他向右($x$ 轴正方向)运动，到达 $x=50\text{m}$ 的位置②处. 之后，从 10s→50s 时间内，他向左($x$ 轴负方向)运动，在 $t=20\text{s}$ 时到达 $x=37.5\text{m}$ 的位置③处，在 $t=30\text{s}$ 时到达坐标原点位置④，在 $t=40\text{s}$ 时到达 $x=-37.5\text{m}$ 的位置⑤处，在 $t=50\text{s}$ 时到达 $x=-50\text{m}$ 的位置⑥处. 图 1-2a 和表 1-1 只给出了此人在一些特定时刻的位置，而图 1-2b 则完整反映了整个 50s 内他的位置随时间的变化的情况，称为**位置-时间图**(或 $x$-$t$ 图). $x$-$t$ 图所表示的质点位置随时间变化的函数关系式

表 1-1 沿 $x$ 轴做直线运动的人在不同时刻 $t$ 的位置

| 位置 | $t$/s | $x$/m |
|---|---|---|
| ① | 0 | 35.0 |
| ② | 10 | 50.0 |
| ③ | 20 | 37.5 |
| ④ | 30 | 0.0 |
| ⑤ | 40 | −37.5 |
| ⑥ | 50 | −50.0 |

$$x = x(t) \tag{1-1}$$

◀ 直线运动的运动方程

称为质点做直线运动的**运动方程**. 一旦质点的运动方程已知，则质点的运动情况就完全确定了.

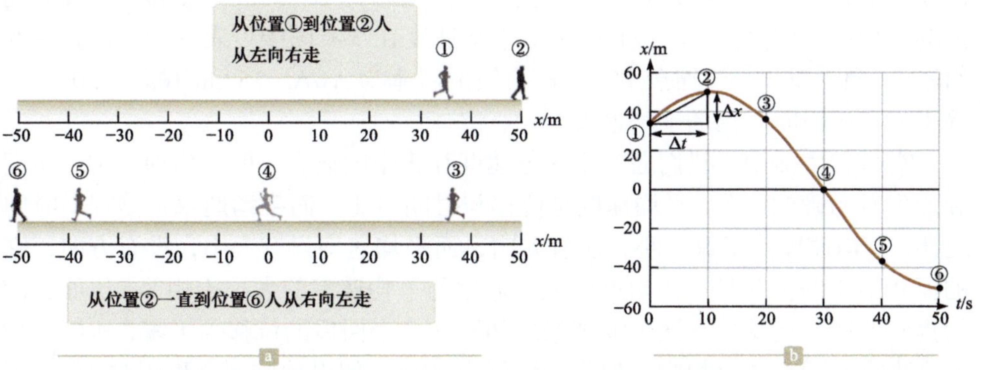


图 1-2 一个人在平直的道路($x$ 轴)上来回跑动，由于我们只考虑此人的平动效果，所以将他看作是质点. a.此人在 $x$ 轴上不同时刻位置的示意图. b.此人的位置-时间图($x$-$t$ 图)

当质点的运动方程已知时，可以得到质点在任意时间间隔内的位置变化情况. 一个质点在时间间隔 $\Delta t$ 内的位置变化 $\Delta x$ 称为质点在该时间内的**位移**. 设

◀ 直线运动的位移

质点在 $t_1$ 时刻的位置为 $x_1$，在 $t_2$ 时刻的位置为 $x_2$，则在 $\Delta t=t_2-t_1$ 时间内质点的位移为

$$\Delta x = x_2 - x_1 \tag{1-2}$$

图 1-3 在一场激烈的篮球比赛中，运动员在场上奔跑的路程可达几千米，而位移却几乎为零. 这是因为，他们总是在两个篮球架之间来回跑动

由上式可见，当 $x_2>x_1$ 时，位移 $\Delta x$ 为正，说明质点在 $\Delta t$ 时间内向 $x$ 轴正方向运动；当 $x_2<x_1$ 时，位移 $\Delta x$ 为负，说明质点在 $\Delta t$ 时间内向 $x$ 轴负方向运动. 由表 1-1 可得，在第一个 10s 内，人跑过的位移为 $\Delta x$=50.0m−35.0m=15.0m；而在最后 10s 内，他跑过的位移为 $\Delta x$=−50.0m−(−37.5m)=−12.5m.

需要注意的是，不要混淆位移和路程这两个概念. **路程** $s$ 是指在一定时间内质点所经过路径的实际长度，它总是取正值. 比如在篮球比赛中，运动员从己方篮球架下持球跑向对方篮球架，将篮球投入后又返回己方篮球架下(图 1-3). 在整个过程中，该运动员的位移为零，这是因为他的起点位置 $x_1$ 和终点位置 $x_2$ 相同，所以 $\Delta x=x_2-x_1=0$；而他在上述过程中的路程则为篮球场长度(28m)的两倍，即 $s=2\times 28=56$(m).

### 2. 直线运动的速度和速率

运动质点的位置随时间变化的快慢叫做速度. 图 1-2 中的人在从位置③到位置④的 10s 内跑过的距离为 37.5m，而在从位置⑤到位置⑥的 10s 内跑过的距离只有 12.5m，说明在这两个不同的时间段内，他的位置随时间变化的快慢不同. 我们把质点的位移 $\Delta x$ 与完成这段位移所经历的时间间隔 $\Delta t$ 之比，称为**平均速度**，用符号 $\overline{v}$ 表示，即

直线运动的平均速度 ▶

$$\overline{v} = \frac{\Delta x}{\Delta t} = \frac{x_2 - x_1}{t_2 - t_1} \tag{1-3}$$

根据上述定义，平均速度在国际单位制中的单位为米/秒(m/s). 平均速度的大小等于 $|\Delta x|/\Delta t$，平均速度的方向取决于位移 $\Delta x$ 的正负，若 $\Delta x$ 为正，则 $\overline{v}$ 为正，表示平均速度的方向与 $x$ 轴正向相同；若 $\Delta x$ 为负，则 $\overline{v}$ 为负，表示平均速度的方向与 $x$ 轴正向相反. 例如，由表 1-1 可知，在从位置①到位置②的第一个 10s 内，人的位移为 $\Delta x_{①\to②}$=15.0m，所以这段时间内他的平均速度为 $\overline{v}_{①\to②}$= 1.50m/s；而在从位置⑤到位置⑥的最后 10s 内，他的位移为 $\Delta x_{⑤\to⑥}$=−12.5m，这段时间内的平均速度则为 $\overline{v}_{⑤\to⑥}$=−1.25m/s. 平均速度在 $x$-$t$ 图中可表示为一段直线的斜率，如图 1-2b 所示，连接①到②的直线的斜率为 $\Delta x/\Delta t$=15.0m/10s= 1.50m/s，等于人在这段时间内的平均速度.

在日常生活中，我们通常不区分速度和速率的概念，但在物理学中，速度和速率有明确的区分. 平均速度是位移与时间之比，而**平均速率**是路程与时间之比. 平均速度除了有大小，还有方向，而平均速率只有大小，没有方向，它的值总是正的，并且平均速度的大小通常与平均速率的大小不相等. 比如，前面提到的篮球运动员在两个篮球架之间跑一个来回后的位移等于零，所以平均速度为零；而在此过程中，他跑的路程为 56m，假设他跑完全程用时 10s，则平均速率为 56m/10s=5.6m/s.

平均速率 ▶

知道了一个质点在一段时间内的平均速度或平均速率，并不意味着知道了

质点运动的所有细节．例如，我国的高速列车的平均时速可达近 350km，但行驶过程中的快慢是变化的．刚启动和快到站的一段时间车速较低，而行驶过程中的最高时速可超过 350km．因此，平均速度或平均速率只能对物体运动的快慢作粗略的描述．为了精确地描述物体的运动状态，必须知道物体在每一时刻或每一位置的速度．为此，我们将图 1-2b 表示的位移-时间图中由①到②的部分放大，如图 1-4 所示．我们已经知道人从位置①到位置②的平均速度为 1.5m/s，那么他在位置①(即 $t$=0 时刻)时的速度是多少呢？我们将图中的点②由原来的位置沿曲线通过②′，②″，…各点逐渐移向点①，在此过程中 $\Delta t$ 逐渐缩短，于是相应的 $\Delta x$ 也逐渐缩短，而平均速度 $\overline{v}$ 便逐渐接近于人在位置①时运动速度的实际情况．当 $\Delta t\to 0$ 时，$\Delta x\to 0$，但比值 $\Delta x/\Delta t$ 将趋于一个有限大小的极限值，该极限值就称为质点在 $t$ 时刻的**瞬时速度**，简称**速度**，用字母 $v$ 表示，即

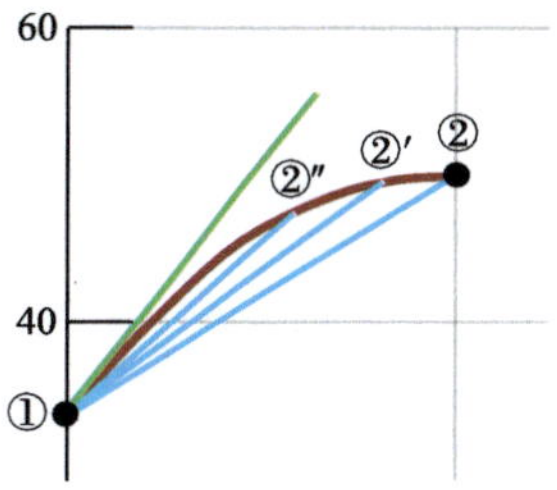

图 1-4 图 1-2b 中从位置①到位置②的位置-时间图

$$v=\lim_{\Delta t\to 0}\frac{\Delta x}{\Delta t}=\frac{\mathrm{d}x}{\mathrm{d}t}\qquad(1\text{-}4)$$

◀ 直线运动的瞬时速度

由上面的讨论可知，质点在某位置或某时刻的瞬时速度等于平均速度当 $\Delta t\to 0$ 时的极限．瞬时速度的单位与平均速度的单位相同，为米/秒(m/s)．瞬时速度的大小为$|\mathrm{d}x|/\mathrm{d}t$，瞬时速度的方向为质点在 $t$ 时刻的运动方向．$v$ 为正时，质点沿 $x$ 轴正向运动；$v$ 为负时，质点沿 $x$ 轴负向运动．从 $x$-$t$ 图可见，瞬时速度在某点或某时刻的值，等于 $x$-$t$ 图上该点切线(图 1-4 中的绿线)的斜率．

瞬时速度 $v$ 的大小$|v|$称为**瞬时速率**，简称**速率**．与平均速率一样，瞬时速率只有大小而没有方向，它的值总是正的．由图 1-4 可见，当点②沿曲线无限靠近点①时，①、②间直线的长度与曲线的长度相等，即当 $\Delta t\to 0$ 时，元位移的大小$|\mathrm{d}x|$与元路程 $\mathrm{d}s$ 相等，因此瞬时速率等于平均速率当 $\Delta t\to 0$ 时的极限，即

$$|v|=\lim_{\Delta t\to 0}\frac{\Delta s}{\Delta t}=\frac{\mathrm{d}s}{\mathrm{d}t}\qquad(1\text{-}5)$$

◀ 瞬时速率

正是因为$|\mathrm{d}x|=\mathrm{d}s$，所以瞬时速度的大小等于瞬时速率．

**例题 1-1　直线运动的平均速度与瞬时速度**

一个质点做直线运动，其运动方程为 $x=3t^2$(m)，求该质点：

(1) 在 $t_1$=2s 到 $t_2$=2.1s 时间内的平均速度；

(2) 在 $t_1$=2s 到 $t_2$=2.01s 时间内的平均速度；

(3) 在 $t_1$=2s 到 $t_2$=2.001s 时间内的平均速度；

(4) 在 $t$=2s 时的瞬时速度．

**解**　(1) 由运动方程 $x=3t^2$，可得 $t_1$=2s 时，$x_1$=12m；$t_2$=2.1s 时，$x_2$=13.23m．由平均速度的定义式(1-3)，得

$$\overline{v}=\frac{\Delta x}{\Delta t}=\frac{x_2-x_1}{t_2-t_1}=\frac{1.23}{0.1}=12.3\ (\mathrm{m/s})$$

(2) 同理，当 $t_2$=2.01s 时，$x_2$=12.1203m，所以

$$\overline{v}=\frac{\Delta x}{\Delta t}=\frac{0.1203}{0.01}=12.03(\mathrm{m/s})$$

(3) 同理，当 $t_2$=2.001s 时，$x_2$=12.012003m，所以

$$\overline{v}=\frac{\Delta x}{\Delta t}=\frac{0.012003}{0.001}=12.003(\text{m/s})$$

(4) 由式(1-4)，当 $t$=2s 时，质点的瞬时速度为

$$v=\frac{\mathrm{d}x}{\mathrm{d}t}=6t=6\times 2=12(\text{m/s})$$

可见，在变速直线运动中，质点在一段时间内的平均速度是一个变化的量，它的大小取决于时间间隔的长短．而质点在某一时刻的瞬时速度是确定的．时间间隔越短，平均速度的大小越接近于瞬时速度．而当 $\Delta t\to 0$ 时，两者相等．

### 3．匀速直线运动

质点做直线运动时，如果其速度的大小和方向都保持不变，即在任意相等时间内的位移相等，则称该质点做**匀速直线运动**．当质点做匀速直线运动时，有

$$v=\frac{\mathrm{d}x}{\mathrm{d}t}=\text{常量}$$

如果质点的速度 $v$ 已知，则可以用积分求得质点做匀速直线运动的运动方程．由直线运动速度的定义式(1-4)，得 $\mathrm{d}x=v\mathrm{d}t$，对此式两边积分，并考虑到速度 $v$ 为常量，有

$$\int_{x_0}^{x}\mathrm{d}x=\int_{t_0}^{t}v\mathrm{d}t=v(t-t_0)$$

式中 $x_0$ 是质点在 $t=t_0$ 时的位置．由于 $\int_{x_0}^{x}\mathrm{d}x=x-x_0$，所以得

匀速直线运动的运动方程 ▶

$$x=x_0+v(t-t_0) \tag{1-6a}$$

这就是**匀速直线运动的运动方程**．上式说明：做匀速直线运动的质点在 $t$ 时刻的位置等于它在 $t_0$ 时刻的位置与 $\Delta t=t-t_0$ 时间内的位移 $v\Delta t$ 之和．

通常取开始计时的时刻 $t_0$=0，则上式可简化为

$$x=x_0+vt \tag{1-6b}$$

事实上，由于匀速直线运动的速度为常量，因此做匀速直线运动的质点在任意时刻 $t$ 的瞬时速度 $v$ 等于任意时间间隔 $\Delta t=t-t_0$ 内的平均速度 $\Delta v$，即

$$v=\overline{v}=\frac{\Delta x}{\Delta t}=\frac{x-x_0}{t-t_0}$$

由上式也可得到式(1-6a)．

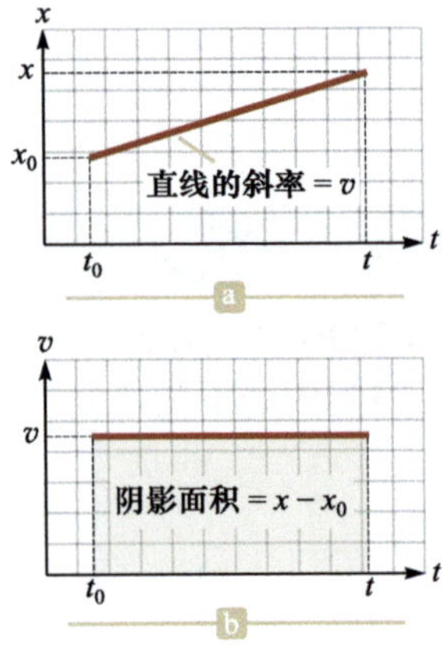


图 1-5　a.质点做匀速直线运动的 $x$-$t$ 图，其斜率等于质点的运动速度．b.质点做匀速直线运动的 $v$-$t$ 图，水平直线下的面积等于质点在 $\Delta t$ 时间内的位移

图 1-5a 是质点做匀速直线运动的 $x$-$t$ 图，图中直线的斜率是一个常量，并且等于质点的运动速度．图 1-5b 是匀速直线运动的**速度-时间图**或 $v$-$t$ 图．根据式(1-5a)可以得到，$v$-$t$ 图中水平直线下的面积等于质点在 $\Delta t=t-t_0$ 时间内的位移 $x-x_0$．

### 4．直线运动的加速度

质点做直线运动时，其速度通常也是随时间变化的．当质点速度随时间变

化时，我们称质点在做变速运动. 描述质点的速度随时间变化关系的物理量称为加速度.

图 1-6a 为一辆汽车(视为质点)沿 $x$ 轴运动，$t_1$ 时刻它的速度为 $v_1$，$t_2$ 时刻它的速度为 $v_2$. 图 1-6b 为汽车的速度随时间的变化关系曲线，即 $v$-$t$ 图. 由图可见，在 $\Delta t=t_2-t_1$ 时间内，汽车运动速度的改变量为 $\Delta v=v_2-v_1$，我们称比值 $\Delta v/\Delta t$ 为 $\Delta t$ 时间内质点的**平均加速度**，用符号 $\bar{a}$ 表示，即

$$\bar{a}=\frac{\Delta v}{\Delta t}=\frac{v_2-v_1}{t_2-t_1} \tag{1-7}$$

◀ 直线运动的平均加速度

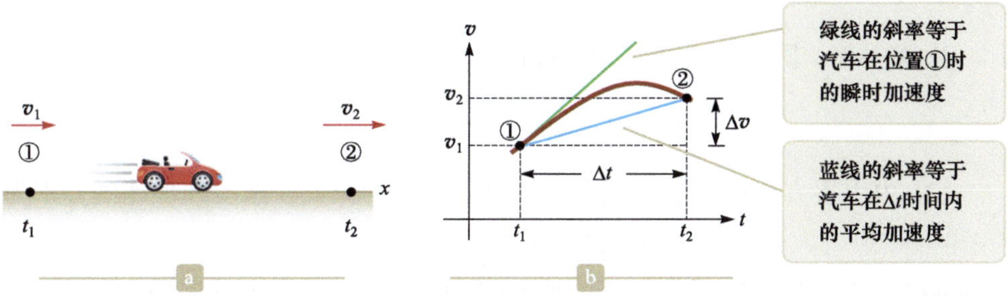


图 1-6　a.一辆汽车(视为质点)沿 $x$ 轴从位置①运动到位置②. b.汽车沿 $x$ 轴运动的速度-时间图($v$-$t$ 图)

根据上述定义，平均加速度在国际单位制中的单位为米/秒 $^2$($\mathrm{m/s^2}$). 平均加速度的大小等于$|\Delta v|/\Delta t$，平均加速度的方向取决于速度增量 $\Delta v$ 的正负，若 $\Delta v$ 为正，则 $\bar{a}$ 为正，表示平均加速度的方向与 $x$ 轴正向相同；若 $\Delta v$ 为负，则 $\bar{a}$ 为负，表示平均加速度的方向与 $x$ 轴正向相反. 在 $\Delta t=t_2-t_1$ 时间内，平均加速度等于图 1-6b 中连接①到②的直线的斜率.

同样，平均加速度也只能粗略地描述质点在某一段时间内速度变化的平均情况. 为了精确描述某一时刻或某一位置速度随时间变化的情况，令 $\Delta t\to 0$，则相应地 $\Delta v\to 0$，但比值 $\Delta v/\Delta t$ 将趋于一个有限大小的极限值，该极限值就称为质点在 $t$ 时刻的**瞬时加速度**，简称**加速度**，用字母 $a$ 表示，即

$$a=\lim_{\Delta t\to 0}\frac{\Delta v}{\Delta t}=\frac{\mathrm{d}v}{\mathrm{d}t}=\frac{\mathrm{d}^2x}{\mathrm{d}t^2} \tag{1-8}$$

◀ 直线运动的瞬时加速度

瞬时加速度的大小为$|\mathrm{d}v|/\mathrm{d}t$. 若 $\mathrm{d}v/\mathrm{d}t$ 为正，则 $a$ 沿 $x$ 轴正方向；若 $\mathrm{d}v/\mathrm{d}t$ 为负，则 $a$ 沿 $x$ 轴负方向. 由瞬时加速度的定义可知，瞬时加速度在某时刻的值，等于 $v$-$t$ 曲线上该点切线的斜率. 比如，汽车在 $t_1$ 时刻的瞬时加速度等于图 1-6b 在点①处切线(绿线)的斜率.

在直线运动中，速度 $v$ 和加速度 $a$ 的方向可以相同，也可以相反. 当 $v$ 和 $a$ 的方向相同时，质点做加速运动；而当 $v$ 和 $a$ 的方向相反时，质点做减速运动.

特别要指出的是：由前面的讨论可知，质点做直线运动时的位移、速度和加速度都是矢量，即它们除了有大小外，还有方向. 但是，由于在质点做直线运动时，这些物理量只可能有两个方向，即沿 $x$ 轴正方向或负方向. 这样，这些描述质点做直线运动的物理量可以按标量来处理. 当它们沿 $x$ 轴正方向时，前面用正号(+)；而当它们沿 $x$ 轴负方向时，前面用负号(−). 关于质点做曲线运动时这些物理量方向的表示，将在 1.3 节中讨论.

**例题 1-2　由直线运动的运动方程求质点的速度和加速度**

一质点在 $x$ 轴上做直线运动，它的运动方程为

$$x = 10 - 20t^2 + 30t^3$$

求：(1) 质点在任意时刻的速度和加速度；

(2) 质点在起始时刻的位置、速度和加速度；

(3) 质点在 2/9s 时的位置、速度和加速度.

**解**　(1) 由式(1-4)，质点在任意时刻的速度为

$$v = \frac{\mathrm{d}x}{\mathrm{d}t} = -40t + 90t^2$$

由式(1-8)，质点在任意时刻的加速度为

$$a = \frac{\mathrm{d}v}{\mathrm{d}t} = -40 + 180t$$

(2) 由上述方程可得，质点在起始时刻($t$=0)的位置、速度和加速度分别为

$$x = 10\mathrm{m}\ ,\quad v = 0\ ,\quad a = -40\mathrm{m/s^2}$$

这表明，在起始时刻，质点位于 $x$ 轴正向、距原点 10m 处，此时质点的速度为零，加速度的大小为 40m/s$^2$，加速度的方向与 $x$ 轴正向相反.

(3) 由上述方程可得，在 2/9s 时质点的位置、速度和加速度分别为

$$x \approx 9.3\mathrm{m}\ ,\quad v \approx -4.4\mathrm{m/s}\ ,\quad a = 0$$

这表明，在 $t$=2/9s 时质点位于 $x$ 轴正向、距原点 9.3m 处，此时质点速度的大小为 4.4m/s，方向指向 $x$ 轴负向，加速度为零. 可见，做变速直线运动的质点，速度为零时，加速度不一定为零；加速度为零时，速度也不一定为零.

### 5. 匀变速直线运动

匀变速直线运动 ▶

质点做变速直线运动时，如果其加速度的大小和方向都不随时间改变，即在任意相等时间内速度的增量相等，则称该质点的运动为**匀变速直线运动**，即

$$a = \frac{\mathrm{d}v}{\mathrm{d}t} = 常量$$

如果质点运动的加速度 $a$ 已知，则可以用积分方法求得质点做匀变速直线运动的速度和运动方程. 设 $t$=$t_0$ 时刻，质点的速度为 $v_0$，则由直线运动加速度的定义 $a$=d$v$/d$t$，得 d$v$=$a$d$t$，对此式两边积分，并考虑到加速度 $a$ 为常量，有

$$\int_{v_0}^{v} \mathrm{d}v = \int_{t_0}^{t} a\mathrm{d}t = a\int_{t_0}^{t} \mathrm{d}t$$

即

匀变速直线运动的速度公式 ▶

$$v = v_0 + a(t - t_0) \tag{1-9a}$$

上式即**匀变速直线运动的速度公式**.

又设 $t$=$t_0$ 时刻，质点的速度为 $v_0$，位置为 $x_0$，则由直线运动速度的定义 $v$=d$x$/d$t$，得 d$x$=$v$d$t$，对此式两边积分并将式(1-9a)代入，有

$$\int_{x_0}^{x} \mathrm{d}x = \int_{t_0}^{t} v\mathrm{d}t = \int_{t_0}^{t} v_0\mathrm{d}t + a\int_{t_0}^{t} (t - t_0)\mathrm{d}t$$

即

$$x = x_0 + v_0(t - t_0) + \frac{1}{2}a(t - t_0)^2 \tag{1-9b}$$

◀ 匀变速直线运动的运动方程

上式即**匀变速直线运动的运动方程**.

如果把直线运动加速度的定义式改写为 $a = \frac{\mathrm{d}v}{\mathrm{d}t} = \frac{\mathrm{d}v}{\mathrm{d}x}\frac{\mathrm{d}x}{\mathrm{d}t} = \frac{v\mathrm{d}v}{\mathrm{d}x}$，就有 $v\mathrm{d}v = a\mathrm{d}x$，对此式两边积分，有

$$\int_{v_0}^{v} v\mathrm{d}v = \int_{x_0}^{x} a\mathrm{d}x$$

由于 $\int_{v_0}^{v} v\mathrm{d}v = \frac{1}{2}(v^2 - v_0^2)$，$\int_{x_0}^{x} a\mathrm{d}x = a(x - x_0)$，得

$$v^2 = v_0^2 + 2a(x - x_0) \tag{1-9c}$$

式(1-9c)也可以通过联立求解方程(1-9a)和(1-9b)并消去 $t$ 求得.

若设质点在 $t_0=0$ 时刻，从原点 $x_0=0$ 出发，以初速度 $v_0$ 沿直线运动，则(1-9a)、(1-9b)和(1-9c)三式可分别改写为

$$v = v_0 + at \tag{1-10a}$$

$$x = v_0 t + \frac{1}{2}at^2 \tag{1-10b}$$

$$v^2 = v_0^2 + 2ax \tag{1-10c}$$

这就是大家非常熟悉的匀变速直线运动中质点的位移、速度和加速度之间的关系式.

事实上，由于匀变速直线运动的加速度为常量，因此做匀变速直线运动的质点在任意时刻的瞬时加速度 $a$ 等于任意时间间隔内的平均加速度 $\overline{a}$，即

$$a = \overline{a} = \frac{\Delta v}{\Delta t} = \frac{v - v_0}{t - t_0}$$

由上式也可得到式(1-9a).

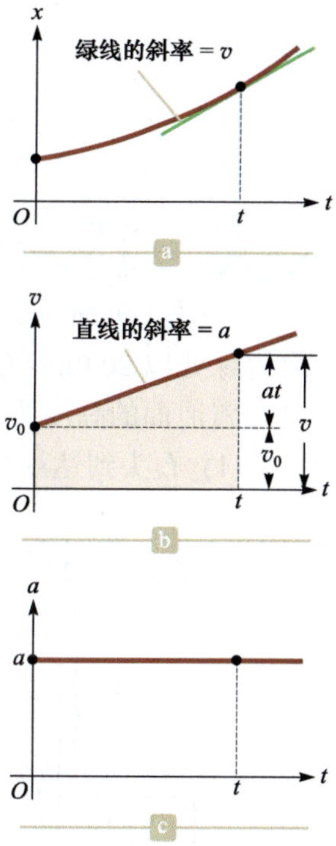


图 1-7　a.质点做匀变速直线运动的 $x$-$t$ 图，其上任一点的斜率等于质点在该时刻的速度. b.匀变速直线运动的 $v$-$t$ 图，该直线的斜率等于加速度. c.匀变速直线运动的 $a$-$t$ 图，直线的斜率为零

图 1-7a 为匀变速直线运动的 $x$-$t$ 图，由式(1-9b)或式(1-10b)可见，它是一条抛物线，图中曲线在任一点处切线(图中的绿线)的斜率即为该时刻质点的速度 $v$；图 1-7b 为匀变速直线运动的 $v$-$t$ 图，其图形为一条直线，该直线的斜率即为质点运动的加速度 $a$. 注意，图中直线的斜率是大于零的，说明加速度的方向指向 $x$ 轴正方向；如果该斜率小于零，则表示加速度的方向指向 $x$ 轴负方向. 由式(1-10b)可得，图 1-7b 中从 $t=0 \to t$ 时间内的一段直线下的面积等于该时间内质点的位移. 由于匀变速直线运动的加速度为常量，所以**加速度-时间图**($a$-$t$ 图)为一条平行于时间轴的直线，其斜率等于零，如图 1-7c 所示.

### 6. 自由落体运动

大家知道，如果忽略空气的阻力，则在地球重力的作用下，在地球表面附近高处掉落的所有物体都将以同样的加速度落向地面，这个加速度就是**重力加速度**. 但这个结论直到 17 世纪才被人们广泛接受. 在此之前，古希腊哲学家亚

图 1-8 比萨斜塔高 55m，于 1173 年 8 月开始建造，1372 年完工，是意大利比萨城大教堂的独立式钟楼，位于意大利托斯卡纳省比萨城北面的奇迹广场上. 由于地基不均匀和土层松软，在工程开始后不久就发现其向东南方向倾斜

里士多德认为，重的物体会比轻的物体下落得快. 据说意大利科学家伽利略为了研究不同重量的物体在重力作用下的下落过程，将两个不同重量的物体从比萨斜塔(图 1-8)上同时释放，结果两个物体几乎同时落到了地面上. 事实上，由于不同形状和大小的物体受到的空气阻力和浮力不同，所以伽利略释放的两个物体下落的时间还是会有少许的不同. 经验告诉我们，如果我们同时将一块石头和一片羽毛在同一高度上同时释放，则石头会先落地，这是因为受到空气阻力和浮力的影响. 1971 年 8 月，美国宇航员大卫 · 斯科特在没有大气层的月球上将一把锤子和一片羽毛在同一高度上同时释放，结果两者同时落到了月球的表面上.

当我们讨论物体的自由落体运动时，并不要求物体是从静止的状态释放. 所谓自由落体运动，是指物体仅在重力的作用下的运动，而不管物体开始时是向上运动、向下运动还是静止. 自由落体运动就是匀变速直线运动，只是其加速度是由地球对物体的引力产生，重力加速度 $g$ 是一个常量，方向竖直向下，$g$ 的大小约为 $9.80\text{m/s}^2$.

**例题 1-3 自由落体运动**

如图 1-9 所示，某人将一块石头从大楼楼顶边缘处以 20.0m/s 的初速度竖直向上抛出，抛出点离地面的高度为 50.0m. 求：

(1) 石头到达最高点所需要的时间；

(2) 最高点与地面的距离；

(3) 石头到达地面所需要的时间；

(4) 石头到达地面时的速度.

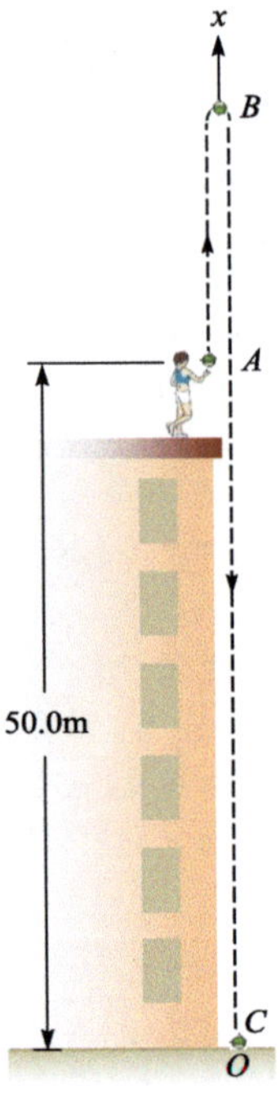


图 1-9 一块石头从楼顶竖直向上抛出后做自由落体运动

**解** 以地面为坐标原点 $O$，取 $x$ 轴竖直向上，建立如图 1-9 所示的坐标系. 按题意，当 $t$=0 时，初速度 $v_0$=20.0m/s，初位置 $x_0$=50.0m. 在石头落地前的整个运动过程中，有竖直向下且恒定的重力加速度 $a=-g=-9.80\text{m/s}^2$. 由式(1-10a)和式(1-10b)，石头在任意时刻的速度和位置分别为

$$v = v_0 + at = 20.0 - 9.80t$$

$$x = x_0 + v_0 t + \frac{1}{2}at^2 = 50.0 + 20.0t - 4.90t^2$$

(1) 石头到达最高点的瞬时速度为零，即 $v_B$=0，所以由上面第一式得

$$0 = 20.0 - 9.80t$$

解得石头到达最高点所需要的时间为

$$t = \frac{20.0}{9.80} \approx 2.04(\text{s})$$

(2) 石头上升的最大高度为

$$x_B = 50.0 + 20.0 \times 2.04 - 4.90 \times 2.04^2 = 70.4(\text{m})$$

(3) 石头到达地面时 $x_C$=0，所以

$$0 = 50.0 + 20.0t - 4.90t^2$$

解此方程得

$$t_1 = 5.83\ \text{s}$$

$$t_2 = -1.75\,\text{s}$$

其中 $t_2$ 为负的意思是计时开始前的时间，对本题没有物理意义，应该舍去. 所以，石头到达地面所需要的时间为 5.83s.

(4) 石头到达地面时的速度为

$$v_C = 20.0 - 9.80 \times 5.83 \approx -37.1(\text{m/s})$$

$v_C$ 为负，表示石头落地时速度的方向向下.

## 1.3 曲线运动

在 1.2 节中，我们讨论了质点的直线运动. 当我们以直线运动的轨迹为坐标轴(如 $x$ 轴)时，只要知道了质点的运动方程 $x=x(t)$，就可以通过对运动方程求导数，得到质点运动的速度和加速度. 或者说：知道了运动方程，就知道了质点运动的所有细节. 本节，我们将这些概念推广到质点做曲线运动时的情况. 在曲线运动中，各运动量的方向时刻在改变，因此讨论曲线运动时，必须强调其矢量性.

### 1. 曲线运动的位置矢量和位移矢量

如图 1-10 所示，一个质点沿某曲线轨迹运动. 在选定了坐标系(如直角坐标系)后，运动质点 $P$ 在任意时刻 $t$ 所在的位置，可以用三个坐标 $x$、$y$、$z$ 来表示. 当质点的位置随时间变化时，$x$、$y$、$z$ 都是时间 $t$ 的函数，即

$$x = x(t)\,,\quad y = y(t)\,,\quad z = z(t) \tag{1-11}$$

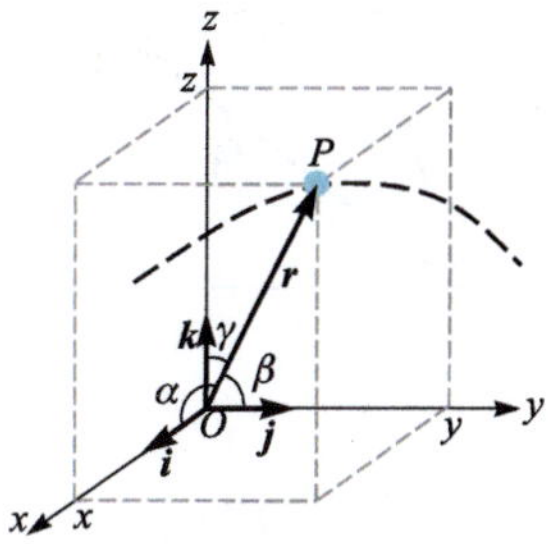

图 1-10　质点在三维空间做曲线运动的位置矢量

为了确定一个质点的位置，也可以用从原点 $O$ 指向质点所在位置 $P$ 的有向线段 $\boldsymbol{r}$ 来表示. $\boldsymbol{r}$ 称为质点的**位置矢量**(简称**位矢**)，又称为**矢径**. 由图 1-10，在直角坐标系中位置矢量 $\boldsymbol{r}$ 可以表示为

$$\boldsymbol{r} = \boldsymbol{r}(t) = x(t)\,\boldsymbol{i} + y(t)\,\boldsymbol{j} + z(t)\,\boldsymbol{k} \tag{1-12}$$

式中 $\boldsymbol{i}$、$\boldsymbol{j}$、$\boldsymbol{k}$ 分别为沿坐标轴 $x$、$y$、$z$ 三个方向的单位矢量.

位置矢量 $\boldsymbol{r}$ 的大小为

$$r = |\boldsymbol{r}| = \sqrt{x^2 + y^2 + z^2} \tag{1-13}$$

◀ 曲线运动的位置矢量

它表示质点离坐标原点的距离，而位置矢量 $\boldsymbol{r}$ 的方向可用其方向余弦表示

$$\cos\alpha = \frac{x}{r}\,,\quad \cos\beta = \frac{y}{r}\,,\quad \cos\gamma = \frac{z}{r} \tag{1-14}$$

式中 $\alpha$、$\beta$ 和 $\gamma$ 分别是位置矢量 $\boldsymbol{r}$ 与 $x$ 轴、$y$ 轴和 $z$ 轴之间的夹角.

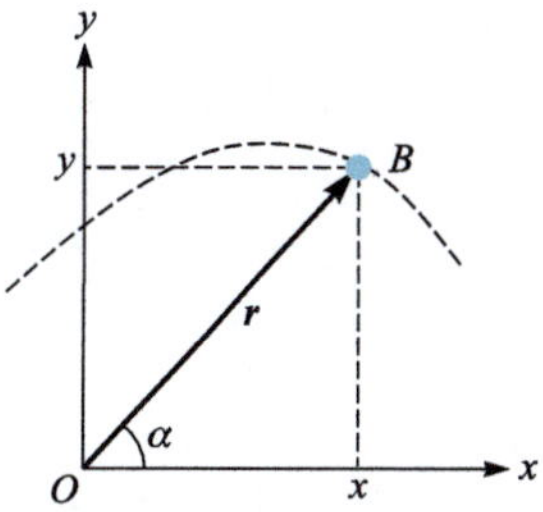

图 1-11　质点在二维平面上做曲线运动的位置矢量

式(1-11)或者式(1-12)称为**质点的运动方程**. 如果知道了运动方程，质点的运动就完全确定了. 根据具体问题的条件，求解质点的运动方程是力学的基本任务之一.

在后面的讨论中，我们假设质点做平面曲线运动，即质点的运动被限定在 $x$-$y$ 平面上，如图 1-11 所示. 这时，质点的运动方程可写成

$$x = x(t)\,,\quad y = y(t) \tag{1-15}$$

或者

$$\boldsymbol{r}=x(t)\,\boldsymbol{i}+y(t)\,\boldsymbol{j} \tag{1-16}$$

做平面曲线运动质点的位置矢量 $\boldsymbol{r}$ 的大小为

$$r=|\boldsymbol{r}|=\sqrt{x^2+y^2} \tag{1-17}$$

而位置矢量 $\boldsymbol{r}$ 的方向可用下式表示：

$$\tan\alpha=\frac{y}{x} \tag{1-18}$$

质点在运动过程中，在空间所经历的路径称为**轨迹**. 从式(1-15)中消去时间 $t$，就可以得到质点的轨迹方程.

### 例题 1-4　由运动方程求轨迹方程

设一个质点的运动方程为 $\boldsymbol{r}=a\cos(\pi t)\boldsymbol{i}+b\sin(\pi t)\boldsymbol{j}$，式中 $a$、$b$ 和 $\pi$ 都是正的常量. 求该质点运动的轨迹方程.

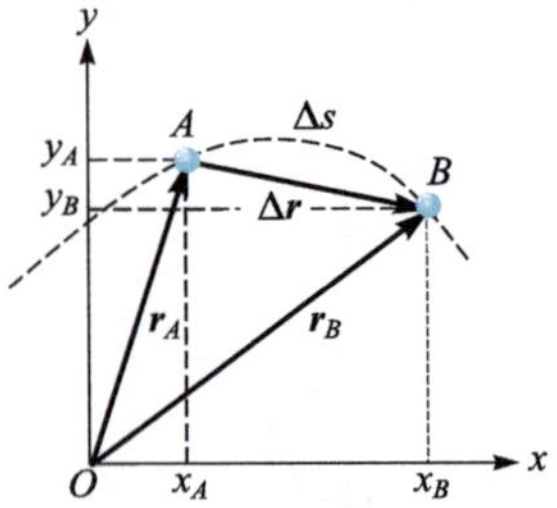


图 1-12　质点在 $x$-$y$ 平面内做曲线运动，在 $\Delta t$ 时间内的位移矢量 $\Delta\boldsymbol{r}$ 和路程 $\Delta s$

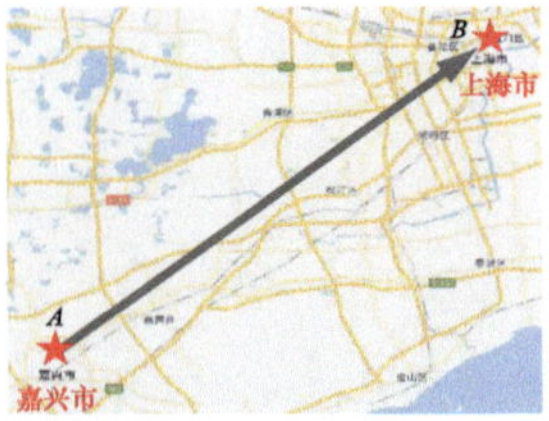


图 1-13　从地图上看，从一地到另一地的旅行可以选择不同的路线，可以走公路、水路或铁路. 不同路线的长度是各不相同的，但从 $A$ 地指向 $B$ 地的位移是确定的

**解**　该质点运动方程的分量式为

$$x=a\cos\pi t\,,\qquad y=b\sin\pi t$$

在这两式中消去 $t$，得轨迹方程为

$$\frac{x^2}{a^2}+\frac{y^2}{b^2}=1$$

故上述质点的运动轨迹是一个以 $a$ 与 $b$ 为长、短半轴的椭圆. 当 $a=b$ 时，其轨迹为圆.

知道了质点的运动方程，就可以讨论质点的位置随时间的变化. 设一质点在 $x$-$y$ 平面内沿图 1-12 所示的曲线由 $A$ 点运动到 $B$ 点. 在 $t$ 时刻，质点的位置在始点 $A$ 处，其位置矢量为 $\boldsymbol{r}_A$；在 $t+\Delta t$ 时刻，质点运动到终点 $B$ 处，其位置矢量为 $\boldsymbol{r}_B$. 质点在 $\Delta t$ 时间内走过的路程为 $A$、$B$ 间曲线的长度 $\Delta s$. 实际上，质点从始点 $A$ 到达终点 $B$ 可以通过不同的路径. 俗话说，条条大路通罗马，当你想从 $A$ 地到 $B$ 地去旅行(比如图 1-13 从浙江嘉兴市到上海市)，从地图上看可以选择许多不同的路线. 采用不同的路线时走过的实际路径长度是不同的，但出发地到目的地的直线距离和出发地指向目的地的方向是完全相同的，即位置的变化情况完全相同. 在讨论质点的运动时，更重要的是要知道它的位置变化情况.

曲线运动的位移矢量 ▶

如果我们要知道在 $\Delta t$ 时间内质点位置变动的情况，只要从质点的初位置 $A$ 向末位置 $B$ 引一个矢量 $\Delta\boldsymbol{r}$，则该矢量表示质点位置的变动距离和方向. 矢量 $\Delta\boldsymbol{r}$ 叫做质点在给定时间间隔 $\Delta t$ 内的**位移矢量**，简称**位移**. 根据矢量加法的三角形法则，有

$$\Delta\boldsymbol{r}=\boldsymbol{r}(t+\Delta t)-\boldsymbol{r}(t)=\boldsymbol{r}_B-\boldsymbol{r}_A \tag{1-19}$$

因此质点在 $\Delta t$ 时间内的位移 $\Delta\boldsymbol{r}$ 等于质点在这段时间内位置矢量的增量.

由式(1-16)，可将 $A$、$B$ 两点的位置矢量 $\boldsymbol{r}_A$ 和 $\boldsymbol{r}_B$ 写成

$$r_A = x_A i + y_A j$$
$$r_B = x_B i + y_B j$$

于是，位移矢量 $\Delta\boldsymbol{r}$ 也可写成

$$\Delta\boldsymbol{r} = \boldsymbol{r}_B - \boldsymbol{r}_A = (x_B - x_A)\boldsymbol{i} + (y_B - y_A)\boldsymbol{j} = \Delta x\boldsymbol{i} + \Delta y\boldsymbol{j} \tag{1-20}$$

位移矢量的大小为

$$|\Delta\boldsymbol{r}| = \sqrt{(x_B - x_A)^2 + (y_B - y_A)^2} \tag{1-21}$$

位移矢量的方向可由它与 $x$ 轴之间的夹角 $\alpha$ 确定，即

$$\tan\alpha = \frac{y_B - y_A}{x_B - x_A} \tag{1-22}$$

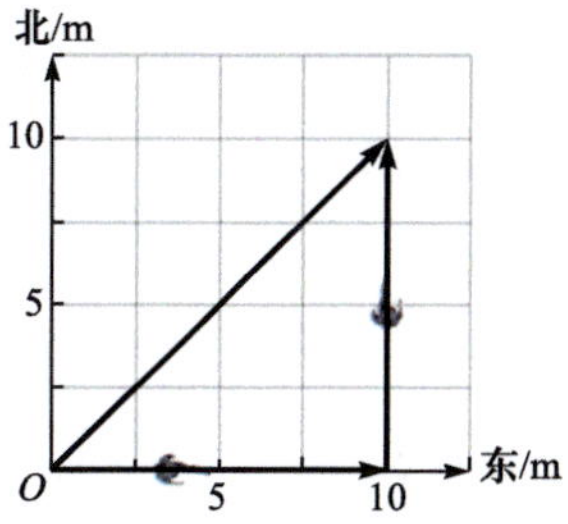


图 1-14 某人向正东走10m 后又向正北走 10m，他走过的路程为20m，而位移为 14.1m

与直线运动中一样，质点做曲线运动时的路程 $\Delta s$ 和位移 $\Delta\boldsymbol{r}$ 是两个不同的概念. 路程 $\Delta s$ 是标量而位移 $\Delta\boldsymbol{r}$ 是矢量，位移反映质点在一段时间内位置变动的总效果，它并不代表质点实际走过的路程. 如图 1-14 所示，某人从 $O$ 点向正东行走了 10m，然后又向正北行走了 10m，则此人走过的路程为 20m. 而在同一时间内，此人的位移大小为 $10\sqrt{2}\approx 14.1(\text{m})$，位移的方向为东北方向. 又比如运动员沿标准跑道跑了一圈，他经过的路程为 400m，而位移却为零. 这说明，在曲线运动中，路程 $\Delta s$ 和位移的大小$|\Delta\boldsymbol{r}|$通常并不相等，即$|\Delta\boldsymbol{r}|\neq\Delta s$(图 1-12). 但是，当 $\Delta t$ 逐渐减小，从而 $\Delta s$ 和$|\Delta\boldsymbol{r}|$也逐渐减小时，两者长度的差别也逐渐减小. 极限情况下，当 $\Delta t\to 0$ 时，就有$|\mathrm{d}\boldsymbol{r}|=\mathrm{d}s$，**即元位移的大小等于元路程.**

### 2. 曲线运动的速度矢量

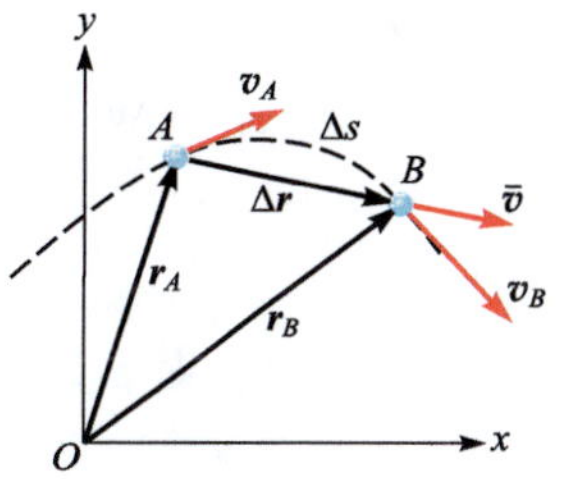


图 1-15 质点在 $x$-$y$ 平面内做曲线运动，在 $\Delta t$ 时间内的平均速度和在轨迹上各点的瞬时速度

与讨论直线运动时一样，我们把位移 $\Delta\boldsymbol{r}$ 与时间 $\Delta t$ 之比，定义为在时间 $\Delta t$ 内质点的**平均速度**，用矢量 $\bar{\boldsymbol{v}}$ 表示，即

$$\bar{\boldsymbol{v}} = \frac{\Delta\boldsymbol{r}}{\Delta t} \tag{1-23}$$

平均速度的大小等于$|\Delta\boldsymbol{r}|/\Delta t$，其方向与位移 $\Delta\boldsymbol{r}$ 的方向相同，即由 $A$ 指向 $B$ 的方向，见图 1-15. 同样，式(1-23)定义的平均速度也只能反映质点在 $\Delta t$ 时间内运动的平均情况，为了精确地描述质点在轨道上每一点的运动情况，仿照直线运动中瞬时速度的定义，把 $\Delta t\to 0$ 时平均速度 $\bar{\boldsymbol{v}}$ 的极限称为质点在某一时刻的**瞬时速度**，简称**速度**，用矢量 $\boldsymbol{v}$ 表示，即

$$\boldsymbol{v} = \lim_{\Delta t\to 0}\frac{\Delta\boldsymbol{r}}{\Delta t} = \frac{\mathrm{d}\boldsymbol{r}}{\mathrm{d}t} \tag{1-24}$$

◀ 曲线运动的速度

上式表明，瞬时速度等于位置矢量对时间的一阶导数.

由图 1-16 可见，当质点沿着某曲线从 $A$ 向 $B$ 运动时，位移 $\Delta\boldsymbol{r}$ 以及平均速度 $\bar{\boldsymbol{v}}$ 沿割线 $\overline{AB}$ 的方向. 当 $\Delta t\to 0$ 时，割线 $\overline{AB}$ 的方向趋向于轨迹曲线在 $A$ 点的切线方向. 因此，质点瞬时速度 $\boldsymbol{v}$ 的方向总是沿着轨迹上质点所在点的切线方向.

在平面直角坐标系中，位置矢量表示为 $\boldsymbol{r}=x\boldsymbol{i}+y\boldsymbol{j}$，按式(1-24)，瞬时速度可表示为

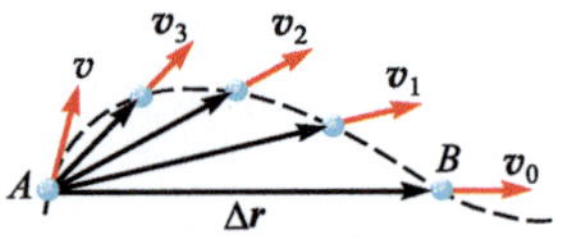

图 1-16 质点做曲线运动时，平均速度的方向为位移 $\Delta \boldsymbol{r}$ 的方向. 在 $\Delta t \to 0$ 时的极限情况下，瞬时速度沿运动轨迹的切线方向

$$\boldsymbol{v} = \frac{\mathrm{d}x}{\mathrm{d}t}\boldsymbol{i} + \frac{\mathrm{d}y}{\mathrm{d}t}\boldsymbol{j} = v_x\boldsymbol{i} + v_y\boldsymbol{j} \tag{1-25}$$

式中 $v_x = \frac{\mathrm{d}x}{\mathrm{d}t}$ 和 $v_y = \frac{\mathrm{d}y}{\mathrm{d}t}$ 为速度沿 $x$ 轴和 $y$ 轴的分量.

速度的方向由它与 $x$ 轴正方向之间的夹角 $\theta$ 给定

$$\tan\theta = \frac{v_y}{v_x} \tag{1-26}$$

瞬时速度的大小称为**瞬时速率**，简称**速率**，用字母 $v$ 表示，其数值为

$$v = |\boldsymbol{v}| = \sqrt{v_x^2 + v_y^2} \tag{1-27}$$

前已述及，当 $\Delta t \to 0$ 时，位移的大小 $|\Delta \boldsymbol{r}|$ 可认为与路程 $\Delta s$ 相等，所以

$$v = |\boldsymbol{v}| = \lim_{\Delta t \to 0}\frac{|\Delta \boldsymbol{r}|}{\Delta t} = \lim_{\Delta t \to 0}\frac{\Delta s}{\Delta t} = \frac{\mathrm{d}s}{\mathrm{d}t} \tag{1-28}$$

上式表明，速率等于路程对时间的一阶导数.

### 3. 曲线运动的加速度矢量

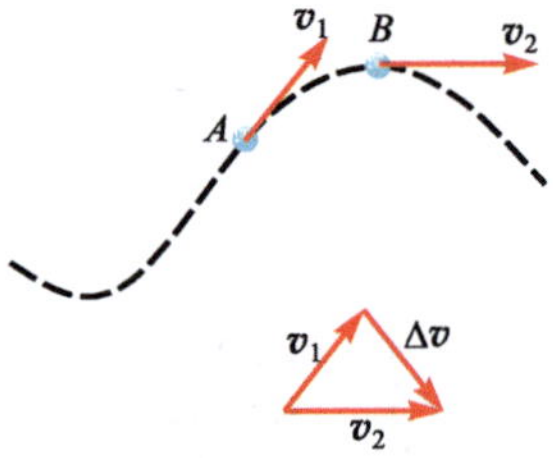

图 1-17 一质点沿曲线从 $A$ 运动到 $B$，速度矢量由 $\boldsymbol{v}_1$ 变化为 $\boldsymbol{v}_2$，速度的增量为 $\Delta\boldsymbol{v} = \boldsymbol{v}_2 - \boldsymbol{v}_1$

一般来说，质点做曲线运动时，其速度矢量的大小和方向都会随时间变化，我们用加速度这一物理量来表示速度随时间变化的快慢情况. 如图 1-17 所示，设在 $t_1$ 时刻，质点在 $A$ 处，速度为 $\boldsymbol{v}_1$，在 $t_2$ 时刻，质点在 $B$ 处，速度为 $\boldsymbol{v}_2$. 在 $\Delta t = t_2 - t_1$ 时间内，质点速度的大小和方向都发生了变化，速度在 $\Delta t$ 时间内的增量为

$$\Delta \boldsymbol{v} = \boldsymbol{v}_2 - \boldsymbol{v}_1$$

$\Delta \boldsymbol{v}$ 和 $\Delta t$ 之比可以反映出在 $\Delta t$ 时间内质点速度变化的平均情况，称为**平均加速度**，用矢量 $\bar{\boldsymbol{a}}$ 表示

$$\bar{\boldsymbol{a}} = \frac{\Delta \boldsymbol{v}}{\Delta t} \tag{1-29}$$

同样，平均加速度只反映了质点在一段时间内速度变化的平均情况. 为了精确描述质点在任一时刻速度变化的情况，把 $\Delta t \to 0$ 时平均加速度的极限称为质点在某一时刻的**瞬时加速度**，简称为**加速度**，用矢量 $\boldsymbol{a}$ 来表示，即

曲线运动的加速度 ▶

$$\boldsymbol{a} = \lim_{\Delta t \to 0}\frac{\Delta \boldsymbol{v}}{\Delta t} = \frac{\mathrm{d}\boldsymbol{v}}{\mathrm{d}t} = \frac{\mathrm{d}^2\boldsymbol{r}}{\mathrm{d}t^2} \tag{1-30}$$

也就是说，加速度等于速度对时间的一阶导数，或位置矢量对时间的二阶导数.

在平面直角坐标系中，加速度可表示为

$$\boldsymbol{a} = \frac{\mathrm{d}v_x}{\mathrm{d}t}\boldsymbol{i} + \frac{\mathrm{d}v_y}{\mathrm{d}t}\boldsymbol{j} = \frac{\mathrm{d}^2x}{\mathrm{d}t^2}\boldsymbol{i} + \frac{\mathrm{d}^2y}{\mathrm{d}t^2}\boldsymbol{j} = a_x\boldsymbol{i} + a_y\boldsymbol{j} \tag{1-31}$$

式中 $a_x = \frac{\mathrm{d}v_x}{\mathrm{d}t} = \frac{\mathrm{d}^2x}{\mathrm{d}t^2}$ 和 $a_y = \frac{\mathrm{d}v_y}{\mathrm{d}t} = \frac{\mathrm{d}^2y}{\mathrm{d}t^2}$ 分别为加速度沿 $x$ 轴和 $y$ 轴的分量.

加速度的大小为

$$a = |\boldsymbol{a}| = \sqrt{a_x^2 + a_y^2} \tag{1-32}$$

加速度的方向就是当 $\Delta t \to 0$ 时，平均加速度 $\Delta \boldsymbol{v}/\Delta t$ 或速度增量 $\Delta \boldsymbol{v}$ 的极限方向，它由加速度矢量 $\boldsymbol{a}$ 与 $x$ 轴正方向之间的夹角 $\theta$ 确定

$$\tan\theta = \frac{a_y}{a_x} \tag{1-33}$$

需要注意的是，与直线运动不同，曲线运动中速度的方向总在不断变化. 由图 1-17 可见，速度增量 $\Delta \boldsymbol{v}$ 的方向及其极限方向一般不在轨道的切线方向，因而曲线运动中，加速度 $\boldsymbol{a}$ 的方向与同一时刻速度 $\boldsymbol{v}$ 的方向一般是不一致的，即加速度的方向一般不指向轨道的切线方向.

下面两节，我们分别讨论质点做平面曲线运动的两个重要例子.

## 1.4　抛体运动

将物体以一定的初速度向空中抛出，在忽略空气阻力的情况下，物体在恒定的重力加速度作用下的运动轨迹为抛物线，称物体做**抛体运动**. 抛体运动的轨迹应该在竖直平面内，所以抛体运动是一种平面曲线运动. 如图 1-18 所示，在抛体运动的轨迹平面内取 $xOy$ 坐标系. 设 $t = 0$ 时刻，抛体在坐标原点 $O$ 以初速度 $\boldsymbol{v}_0$ 抛出，$\boldsymbol{v}_0$ 与 $x$ 轴之间的夹角(抛射角)为 $\theta$. 抛体运动的加速度为

用高温切割金属时，飞溅的火花形状为抛物线

$$\boldsymbol{a} = -g\boldsymbol{j} = \text{常矢量}$$

或用分量式表示为

$$\begin{aligned} a_x &= 0 \\ a_y &= -g \end{aligned} \tag{1-34}$$

上式表明，物体做抛体运动时，在 $x$ 方向做匀速直线运动，在 $y$ 方向做加速度为 $-g$ 的匀变速直线运动. 抛体的初速度 $\boldsymbol{v}_0$ 在 $x$、$y$ 方向的分量分别为

$$\begin{aligned} v_{0x} &= v_0\cos\theta \\ v_{0y} &= v_0\sin\theta \end{aligned} \tag{1-35}$$

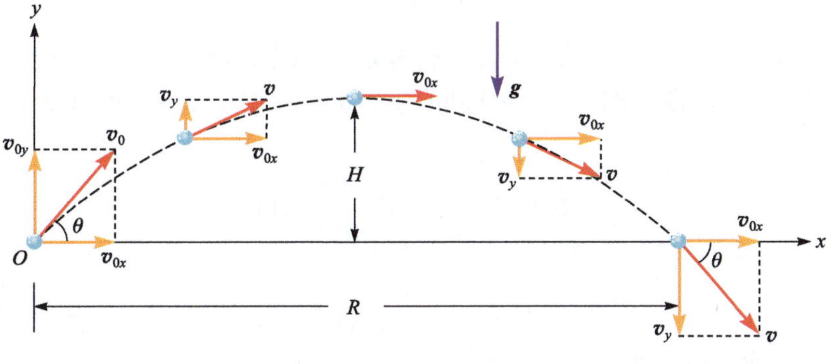


图 1-18　质点以初速度 $\boldsymbol{v}_0$ 和抛射角 $\theta$ 从原点 $O$ 抛出. 在重力加速度 $\boldsymbol{g}$ 的作用下，它的速度 $\boldsymbol{v}$ 随时间不断变化

根据匀速直线运动和匀变速直线运动的运动方程，抛体在飞行过程中，任意时刻 $t$ 的速度分量分别为

$$\begin{aligned} v_x &= v_0\cos\theta \\ v_y &= v_0\sin\theta - gt \end{aligned} \tag{1-36}$$

◀ 抛体运动的速度方程

而抛体运动的运动方程为

抛体运动的运动方程 ▶

$$x = v_0 t\cos\theta$$
$$y = v_0 t\sin\theta - \frac{1}{2}gt^2 \tag{1-37}$$

从上面两式中消去 $t$，得抛体运动的轨迹方程

$$y = x\tan\theta - \frac{g}{2v_0^2\cos^2\theta}x^2 \tag{1-38}$$

抛体落点与原点 $O$ 之间的距离称为**射程** $R$，令式(1-38)中 $y=0$，可得

$$R = \frac{v_0^2\sin 2\theta}{g} \tag{1-39}$$

显然，当 $\theta = \frac{\pi}{4}$ 时，抛体的射程最大，其值为

$$R_{\max} = \frac{v_0^2}{g} \tag{1-40}$$

当抛体到达轨道的最高点时，$v_y=0$. 由式(1-36)的第二式，得

$$t = \frac{v_0\sin\theta}{g}$$

将上式代入式(1-37)的第二式，即得质点在抛体运动中所能达到的最大高度 $H$(**射高**)

$$H = \frac{v_0^2\sin^2\theta}{2g} \tag{1-41}$$

### 例题 1-5 抛体运动

从离地高为 $h$=8m 处，以抛射角 $\theta$=30°、初速度 $v_0$=10m/s 抛出一个小球，取重力加速度大小 $g$=10m/s$^2$. 求：

(1) 小球在何时、何处落地？

(2) 小球落地时速度的大小和方向.

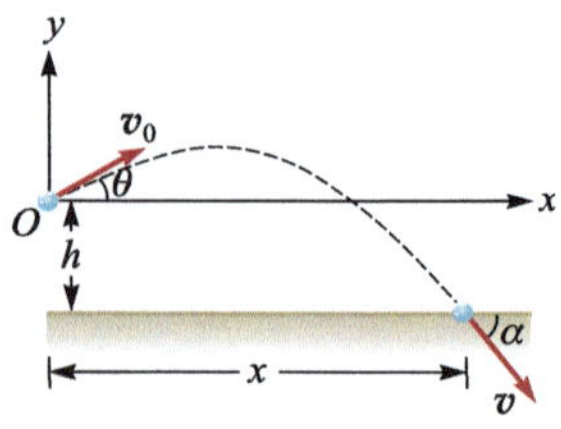


图 1-19 抛体运动

**解** (1) 如图 1-19 所示，以投出点为原点，$x$ 轴水平向右，$y$ 轴竖直向上建立坐标系. 当小球落地时，以 $y$=−8.0m、$g$=10m/s$^2$ 代入式(1-37)中 $y$ 方向的运动方程，得

$$-8.0 = 10t\times\sin 30° - \frac{1}{2}\times 10t^2$$

化简得

$$5t^2 - 5t - 8 = 0$$

求此一元二次方程，得

$$t = \begin{cases} 1.86\text{s} \\ -0.86\text{s} \end{cases}$$

$t$=−0.86s 不符合题意，应舍去. 所以小球在 $t$=1.86s 时落地，将此时刻代入 $x$ 方向的运动方程，得

$$x = v_0 t\cos\theta = 16.1\ \text{m}$$

即小球落在距抛出点水平距离为 16.1m 处.

(2) 由式(1-36)，得小球落地时速度的水平和竖直分量分别为

$$v_x = v_0\cos\theta = 8.66\ \text{m/s}$$

$$v_y = v_0\sin\theta - gt = -13.6\ \text{m/s}$$

所以，小球落地时速度的大小为

$$v = \sqrt{v_x^2 + v_y^2} = 16.1\ \text{m/s}$$

速度 $\boldsymbol{v}$ 与水平方向的夹角为

$$\alpha = \arctan\frac{v_y}{v_x} = -57.5°$$

以上讨论忽略了空气阻力. 若考虑空气阻力，则物体经过的是一条不对称的曲线，实际射程和射高都比无阻力时要小很多，如图 1-20 所示. 例如，以 550m/s 的初速度沿 45°抛射角射出的子弹，若按式(1-39)计算，射程可达到 30000m 以上，但实际射程还不到前者的 1/3，只有 8500m. 在弹道学中，要考虑空气阻力、风向、风速等的影响并加以修正，才能得到抛体运动的正确结果.

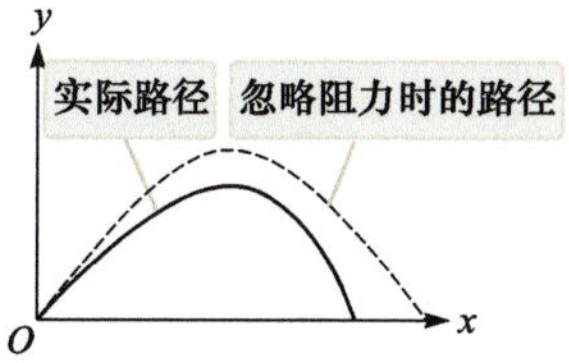


图 1-20 在空气阻力的影响下，抛体的实际运动路径与理想的抛体运动路径有很大的差别

## 1.5 圆 周 运 动

### 1. 匀速圆周运动

圆周运动也是一种常见的平面曲线运动. 当一个质点的运动轨迹为圆时，称该质点做**圆周运动**. 一般质点做圆周运动时，其速度矢量的大小和方向都可以随时间变化，但如果速度矢量的大小(即速率 $v$)不随时间变化，则称质点做**匀速圆周运动**(或称匀速率圆周运动). 根据加速度矢量的定义式(1-30)，加速度等于速度矢量随时间的变化率，而速度矢量的变化可以由两种情况引起，即速度大小的变化或速度方向的变化. 由于速度矢量的方向总是沿质点运动轨迹的切线方向，所以尽管做匀速圆周运动质点的速度大小不变，但速度的方向始终改变，因此速度矢量也随时间变化. 这说明做匀速圆周运动的加速度仅仅是由质点速度方向的变化所引起.

◀ 匀速圆周运动

如图 1-21a 所示，一质点绕圆心 $O$ 做半径为 $r$ 的匀速圆周运动，设该质点在 $\Delta t$ 时间内从圆周上的 $A$ 点运动到 $B$ 点，从 $A$ 点到 $B$ 点质点经过的路程为 $\Delta s$. 质点在 $A$ 点时的速度为 $\boldsymbol{v}_A$，在 $B$ 点时的速度为 $\boldsymbol{v}_B$. 显然，$\boldsymbol{v}_A$ 和 $\boldsymbol{v}_B$ 的大小(速率)相等，即 $v_A=v_B$，但两者的方向不同，所以 $\boldsymbol{v}_A \neq \boldsymbol{v}_B$. 根据加速度的定义，有

$$\boldsymbol{a} = \lim_{\Delta t\to 0}\frac{\boldsymbol{v}_B - \boldsymbol{v}_A}{\Delta t} = \lim_{\Delta t\to 0}\frac{\Delta\boldsymbol{v}}{\Delta t}$$

由于 $\boldsymbol{v}_A$ 的大小与 $\boldsymbol{v}_B$ 的大小相等，所以由图 1-21b 可见，$\boldsymbol{v}_A$、$\boldsymbol{v}_B$ 和 $\Delta\boldsymbol{v}$ 所构成的速度三角形为等腰三角形. 又因为 $\boldsymbol{v}_A$ 和半径 $OA$ 垂直，$\boldsymbol{v}_B$ 和半径 $OB$ 垂直，

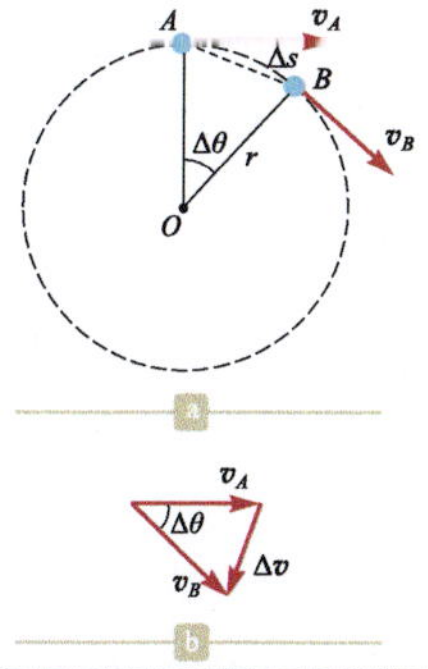


图 1-21 a.质点沿半径为 $r$ 的圆周从 $A$ 点运动到 $B$ 点，速度由 $\boldsymbol{v}_A$ 变为 $\boldsymbol{v}_B$. b. 因为 $|\boldsymbol{v}_A|=|\boldsymbol{v}_B|$，所以由 $\boldsymbol{v}_A$、$\boldsymbol{v}_B$ 和 $\Delta\boldsymbol{v}$ 组成的三角形为等腰三角形

因此图 1-21a 中的三角形 $\Delta AOB$ 是一个与图 1-21b 所示的速度三角形相似的三角形. 为方便起见，令 $v=v_A=v_B$，则有

$$\frac{\Delta v}{v}=\frac{\overline{AB}}{r}$$

上式两边同除以 $\Delta t$，得

$$\frac{\Delta v}{\Delta t}=\frac{v}{r}\frac{\overline{AB}}{\Delta t}$$

当 $\Delta t$ 趋近于零时，$B$ 点趋近于 $A$ 点，弦长 $\overline{AB}$ 趋近于弧长 $\Delta s$，所以加速度的大小为

$$a=\lim_{\Delta t\to 0}\frac{\Delta v}{\Delta t}=\frac{v}{r}\lim_{\Delta t\to 0}\frac{\Delta s}{\Delta t}$$

由于 $\lim\limits_{\Delta t\to 0}\dfrac{\Delta s}{\Delta t}=v$，所以

匀速圆周运动的加速度. 由于其方向总是指向圆心，所以又称向心加速度 ▶

$$a=\frac{v^2}{r} \tag{1-42}$$

加速度的方向可从图 1-21b 中看出，当 $\Delta t$ 趋近于零时，$\Delta\theta$ 也趋近于零，因此 $\Delta\boldsymbol{v}$ 的方向趋近于 $\boldsymbol{v}$ 的垂直方向. 即在极限情况下，加速度 $\boldsymbol{a}$ 的方向垂直于速度 $\boldsymbol{v}$ 的方向，且沿着半径方向指向圆心，所以称此加速度为**向心加速度**，又称**法向加速度**，以 $\boldsymbol{a}_{\mathrm{n}}$ 表示.

综上所述，在匀速圆周运动中，虽然速度的大小不变，但由于速度的方向始终在变化，所以匀速圆周运动是一种变速运动，有加速度存在，这个加速度就是向心加速度. 向心加速度的大小等于 $v^2/r$，其方向永远垂直于速度矢量而指向圆心. 向心加速度只改变速度的方向，而不改变速度的大小.

### 2. 变速圆周运动

质点做匀速(或匀速率)圆周运动时，其向心加速度仅仅是由速度的方向改变引起的，如果质点做变速(或变速率)圆周运动，即质点的速度方向和大小都在随时间变化，那么它的加速度又如何呢？如图 1-22a 所示，一质点沿半径为 $r$ 的圆周做变速圆周运动，在 $\Delta t$ 时间内该质点从 $A$ 点运动到 $B$ 点，在 $A$、$B$ 两点时的速度分别为 $\boldsymbol{v}_A$ 和 $\boldsymbol{v}_B$，并且 $\boldsymbol{v}_A$ 和 $\boldsymbol{v}_B$ 的大小不同，即 $v_A\neq v_B$. 在 $\Delta t$ 时间内，质点速度的增量为 $\Delta\boldsymbol{v}=\boldsymbol{v}_B-\boldsymbol{v}_A$，显然 $\Delta\boldsymbol{v}$ 是由速度矢量大小的变化和方向的变化共同决定的，如图 1-22b 所示. 为了把这两种变化对 $\Delta\boldsymbol{v}$ 的贡献分别表示出来，如图 1-22c 所示，我们以矢量 $\boldsymbol{v}_A$ 的起点为圆心，以 $\boldsymbol{v}_A$ 的大小为半径作圆弧交 $\boldsymbol{v}_B$ 于 $C$ 点，则可以得到矢量 $\Delta\boldsymbol{v}_{\mathrm{n}}$ 和 $\Delta\boldsymbol{v}_{\mathrm{t}}$. 由矢量的三角形叠加法则，速度矢量在 $\Delta t$ 时间内的增量又可以表示为

$$\Delta\boldsymbol{v}=\Delta\boldsymbol{v}_{\mathrm{n}}+\Delta\boldsymbol{v}_{\mathrm{t}} \tag{1-43}$$

把变速圆周运动的速度增量 $\Delta\boldsymbol{v}$ 用 $\Delta\boldsymbol{v}_{\mathrm{n}}$ 和 $\Delta\boldsymbol{v}_{\mathrm{t}}$ 之和来表示的意义是很明确的，即上式中的 $\Delta\boldsymbol{v}_{\mathrm{n}}$ 仅是由速度方向的变化引起的，而 $\Delta\boldsymbol{v}_{\mathrm{t}}$ 仅是由速度的大小变化引起的. 根据加速度的定义，质点做变速圆周运动的加速度可表示为

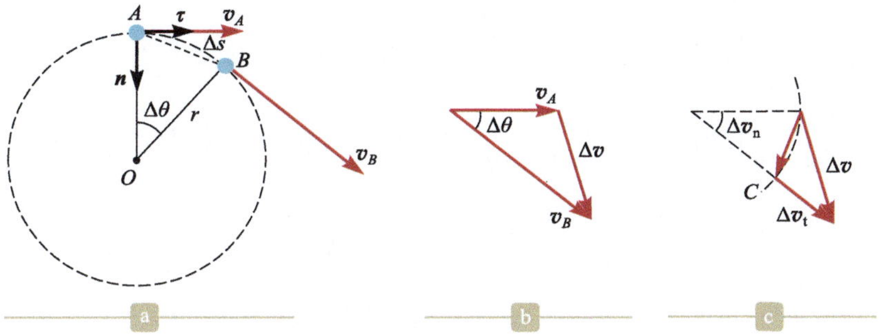


图 1-22　a.做变速圆周运动的质点沿半径为 $r$ 的圆周从 $A$ 点运动到 $B$ 点，速度由 $\boldsymbol{v}_A$ 变为 $\boldsymbol{v}_B$. b.由 $\boldsymbol{v}_B$ 和 $\boldsymbol{v}_A$ 确定的速度增量 $\Delta\boldsymbol{v}$. c. $\Delta\boldsymbol{v}$ 表示为因速度方向变化引起的增量 $\Delta\boldsymbol{v}_n$ 和因速度大小变化引起的增量 $\Delta\boldsymbol{v}_t$ 之和

$$\boldsymbol{a}=\lim_{\Delta t\to 0}\frac{\Delta\boldsymbol{v}}{\Delta t}=\lim_{\Delta t\to 0}\frac{\Delta\boldsymbol{v}_{\mathrm{n}}}{\Delta t}+\lim_{\Delta t\to 0}\frac{\Delta\boldsymbol{v}_{\mathrm{t}}}{\Delta t} \tag{1-44}$$

先看上式中的第一项，它仅由速度方向的变化决定，由图 1-22c 可见，当 $\Delta t\to 0$ 时，$\Delta\boldsymbol{v}_n/\Delta t$ 的极限方向指向圆心，其极限值等于 $v^2/r$，所以式(1-44)中的第一项就是在讨论匀速圆周运动时得到的向心加速度(或法向加速度) $\boldsymbol{a}_n$. 再看上式中的第二项，它仅由速度大小的变化决定，由图 1-22c 可见，当 $\Delta t\to 0$ 时，$\Delta\boldsymbol{v}_t/\Delta t$ 的极限方向指向 $\boldsymbol{v}_A$ 的方向，即圆轨道的切线方向，其极限值等于 $\mathrm{d}v/\mathrm{d}t$，所以式(1-44)中的第二项称为**切向加速度**，用 $\boldsymbol{a}_t$ 表示. 为了方便表示变速圆周运动的加速度，我们取圆周上任意点(比如 $A$ 点)沿法线方向指向圆心的单位矢量为 $\boldsymbol{n}$；沿切线方向指向质点运动方向的单位矢量为 $\boldsymbol{\tau}$. 这种固定在运动物体上，并以轨道的法线方向和切线方向为坐标轴的坐标系称为**自然坐标系**. 因此，变速圆周运动的加速度在自然坐标系中可表示为

◀ 切向加速度

$$\boldsymbol{a}=\boldsymbol{a}_{\mathrm{n}}+\boldsymbol{a}_{\mathrm{t}}=\frac{v^2}{r}\boldsymbol{n}+\frac{\mathrm{d}v}{\mathrm{d}t}\boldsymbol{\tau} \tag{1-45}$$

◀ 变速圆周运动的总加速度

由于在变速圆周运动中，速度的方向和大小都在变化，所以加速度 $\boldsymbol{a}$ 的方向不再指向圆心，见图 1-23. 圆周运动加速度的大小和方向在自然坐标系中表示为

$$a=\sqrt{a_{\mathrm{n}}^2+a_{\mathrm{t}}^2}=\sqrt{\left(\frac{v^2}{r}\right)^2+\left(\frac{\mathrm{d}v}{\mathrm{d}t}\right)^2} \tag{1-46}$$

$$\tan\varphi=\frac{a_{\mathrm{n}}}{a_{\mathrm{t}}} \tag{1-47}$$

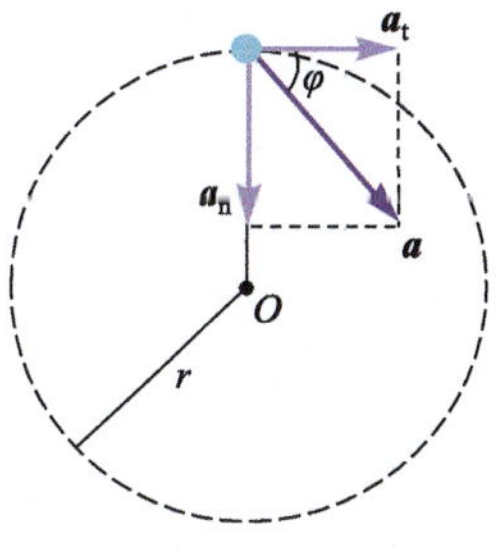


图 1-23　质点做变速圆周运动时，其加速度不在圆周的法线或切向方向，可取加速度与圆周切线方向的夹角 $\varphi$ 表示其方向

上述结果虽然是从变速圆周运动中得到的，但可以证明，对于一般的曲线运动，式(1-46)和式(1-47)仍然适用.

如图 1-24 所示，我们可以通过曲线上的一点 $A$ 与曲线上和 $A$ 点接近的另外两个相邻点作一个圆，当另外两个点无限接近于 $A$ 点时，这三个点所确定的圆就是 $A$ 点的**曲率圆**. 曲率圆的半径称为**曲率半径**，用 $\rho$ 来表示. 一般来说，曲线上的不同点具有不同的曲率半径，曲率半径 $\rho$ 越小，曲线在该点处的弯曲程度就越大. 这样，一般曲线运动的轨迹可以看作是曲线上各点处不同半径曲率圆上的小圆弧所组成的. 所以，在任意曲线运动中，质点在某点的加速度就可以类似变速圆周运动一样，分为法向和切向两个分量，即

$$
\begin{cases}
\text{法向加速度 } a_n = \dfrac{v^2}{\rho}, & \text{由速度的方向变化引起} \\
\text{切向加速度 } a_t = \dfrac{dv}{dt}, & \text{由速度的大小变化引起}
\end{cases}
\tag{1-48}
$$

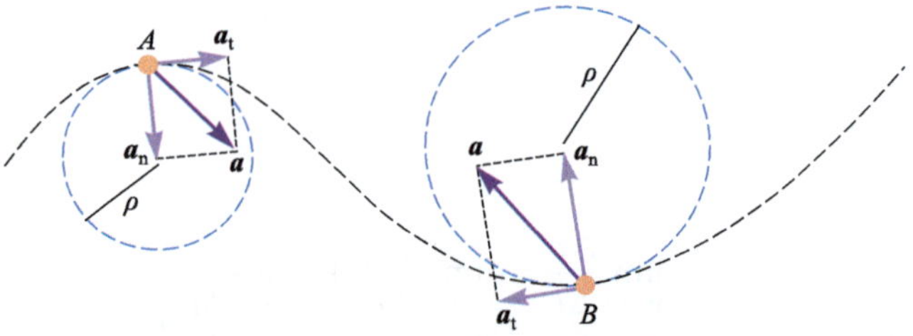


图 1-24 做一般曲线运动的质点可通过曲线上某点所对应的曲率圆，将加速度分成切向和法向两个分量

## 例题 1-6 变速圆周运动的加速度

一质点以 $R$ 为半径做圆周运动，质点沿圆周所经历的路程与时间的关系为 $s=bt^2/2$，其中 $b$ 是常量. 求质点在 $t$ 时刻的速率、法向加速度 $a_n$ 的大小、切向加速度 $\boldsymbol{a}_t$ 的大小及总加速度 $\boldsymbol{a}$.

**解** 质点的速率为

$$v=\frac{ds}{dt}=\frac{d}{dt}\left(\frac{1}{2}bt^2\right)=bt$$

质点的法向加速度和切向加速度的大小分别为

$$a_n=\frac{v^2}{R}=\frac{b^2t^2}{R}$$

$$a_t=\frac{dv}{dt}=\frac{d}{dt}(bt)=b$$

总加速度的大小为

$$a=\sqrt{a_n^2+a_t^2}=\sqrt{\left(\frac{b^2t^2}{R}\right)^2+b^2}=b\sqrt{\frac{b^2t^4}{R^2}+1}$$

$\boldsymbol{a}$ 与 $\boldsymbol{a}_t$ 的夹角 $\varphi$ 由下式决定：

$$\tan\varphi=\frac{a_n}{a_t}=\frac{bt^2}{R}$$

### 3. 圆周运动的角量描述

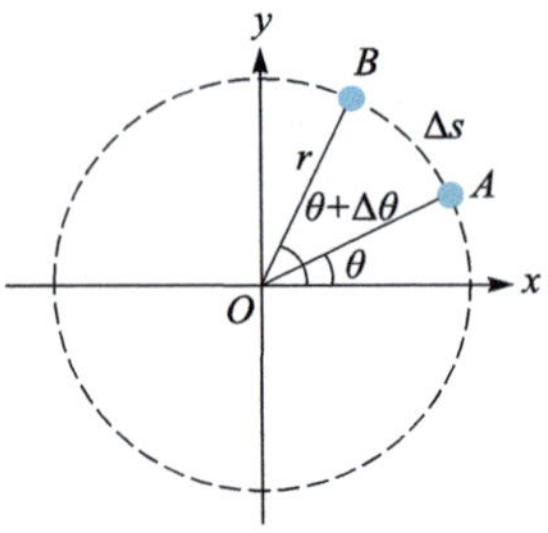


图 1-25 做圆周运动的质点在 $\Delta t$ 时间内由 $A$ 点运动到 $B$ 点，其角位移为 $\Delta\theta$

质点做圆周运动时，其位置矢量、速度和加速度的方向始终在变，若用直角坐标系来描述质点的圆周运动比较复杂. 考虑到圆周运动的半径不变，若用极坐标系描述圆周运动，并以圆周轨道的圆心为极点，则可以大大简化运算.

设一质点以 $O$ 为圆心，$r$ 为半径做圆周运动(图 1-25). $t$ 时刻，质点在 $A$ 处，半径 $OA$ 与 $x$ 轴的夹角为 $\theta$，$\theta$ 称为质点在 $t$ 时刻的**角位置**. $t+\Delta t$ 时刻，质点在 $B$ 处，半径 $OB$ 与 $x$ 轴的夹角为 $\theta+\Delta\theta$，$\Delta\theta$ 称为质点在 $\Delta t$ 时间内的**角位移**. 通常规定角位移逆时针方向为正，顺时针方向为负. 角位置和角位移的单位是弧度(rad).

角位移 $\Delta\theta$ 与时间 $\Delta t$ 之比称为质点在 $\Delta t$ 时间内对于 $O$ 点的**平均角速度**，以 $\bar{\omega}$ 表示，即

$$\bar{\omega}=\frac{\Delta\theta}{\Delta t} \tag{1-49}$$

当 $\Delta t\to 0$ 时，$\bar{\omega}$ 的极限称为质点在某时刻对于 $O$ 点的**瞬时角速度**，简称**角速度**，用 $\omega$ 表示，即

$$\omega=\lim_{\Delta t\to 0}\frac{\Delta\theta}{\Delta t}=\frac{\mathrm{d}\theta}{\mathrm{d}t} \tag{1-50}$$

它反映质点沿圆周转动的快慢. 角速度的单位是弧度/秒(rad/s)，有时也用转/秒(r/s)或转/分(r/min)来表示.

如果质点在 $\Delta t$ 时间内角速度的增量为 $\Delta\omega$，则 $\Delta\omega$ 与 $\Delta t$ 之比称为质点在 $\Delta t$ 时间内对于 $O$ 点的**平均角加速度**，用 $\bar{\beta}$ 表示，即

$$\bar{\beta}=\frac{\Delta\omega}{\Delta t} \tag{1-51}$$

当 $\Delta t\to 0$ 时，$\bar{\beta}$ 的极限称为质点在某时刻对于 $O$ 点的**瞬时角加速度**，简称**角加速度**，用 $\beta$ 表示，即

$$\beta=\lim_{\Delta t\to 0}\frac{\Delta\omega}{\Delta t}=\frac{\mathrm{d}\omega}{\mathrm{d}t}=\frac{\mathrm{d}^2\theta}{\mathrm{d}t^2} \tag{1-52}$$

角加速度的单位是弧度/秒$^2$(rad/s$^2$).

当质点做匀速圆周运动时，角速度 $\omega$ 是一个常量，而角加速度 $\beta=0$，用角量表示的匀速圆周运动方程为

$$\theta=\theta_0+\omega t \tag{1-53}$$

其中 $\theta_0$ 是 $t=0$ 时质点的角位置.

质点做匀变速圆周运动时，质点的角加速度 $\beta$ 是一个常量. 质点在任意时刻 $t$ 的角速度为

$$\omega=\omega_0+\beta t \tag{1-54}$$

其中 $\omega_0$ 是 $t=0$ 时质点的角速度. 质点的运动方程为

$$\theta=\theta_0+\omega_0 t+\frac{1}{2}\beta t^2 \tag{1-55}$$

利用式(1-54)和式(1-55)，消去 $t$ 得

$$\omega^2=\omega_0^2+2\beta(\theta-\theta_0) \tag{1-56}$$

角位置、角速度和角加速度通常称为**角量**. 由上面讨论可见，用角量描述圆周运动时，只需一个角坐标 $\theta$ 就可以确定质点做圆周运动的规律. 而且所得到的关于匀速圆周运动和匀变速圆周运动的公式，与前面讨论的匀速直线运动和匀变速直线运动的公式在形式上完全相似. 在第 3 章讨论刚体的定轴转动时，由于刚体上所有点都绕一固定轴做圆周运动，所以也用角量来讨论.

**例题 1-7 匀变速圆周运动**

一质点沿半径为 0.5m 的圆周运动，因受到摩擦力的作用，它的角速度在 5.0s 时间内由 90.0rad/s 均匀地减到 80.0rad/s，求：

(1) 在此 5.0s 时间内质点的角加速度；

(2) 在此时间内质点的角位移；

(3) 如果继续以(1)中的角加速度运动，再经过几秒，质点将停止运动？

(4) 质点在停止运动前经过的路程.

**解** (1) 设初角速度 $\omega_1$=90.0rad/s，末角速度 $\omega_2$=80.0rad/s，$t_1$=5.0s. 由式(1-54)，得质点的角加速度为

$$\beta = \frac{\omega_2 - \omega_1}{t_1} = -2.0\text{rad/s}^2$$

角加速度 $\beta$ 为负，表明质点做匀减速圆周运动，加速度的方向与角速度的方向相反.

(2) 设计时开始时，质点的角位置 $\theta_0$=0，根据式(1-55)，得此 5.0s 时间内质点的角位移为

$$\theta = \omega_1 t_1 + \frac{1}{2}\beta t_1^2 = 425\text{rad}$$

(3) 设质点再经过 $t_2$ 时间静止，静止时的角速度为零，根据式(1-55)，得

$$0 = \omega_2 + \beta t_2$$

求得 $t_2 = -\dfrac{\omega_2}{\beta} = 40.0\text{s}$.

(4) 由上面的讨论可知，质点在静止前运动的总时间是 $t=t_1+t_2$=45.0s，在此时间内质点的角速度由 $\omega_1$=90.0rad/s 变为零. 由式(1-55)得质点总的角位移为

$$\theta_{总} = \omega_1 t + \frac{1}{2}\beta t^2 = 2025\text{rad}$$

所以质点静止前经过的总路程为

$$s = R\theta_{总} = 1012.5\text{m}$$

### 4. 角量与线量的关系

角量 $\theta$、$\omega$、$\beta$ 和线量 $x$、$v$、$a$ 都可以用来描述质点的运动，因此，角量和线量之间有对应的关系. 由图 1-25，质点在 $\Delta t$ 时间内走过的路程 $\Delta s$ 与角位移 $\Delta\theta$ 的关系为

$$\Delta s = r\Delta\theta$$

以 $\Delta t$ 除等式的两边并取 $\Delta t \to 0$ 时的极限

$$\lim_{\Delta t\to 0}\frac{\Delta s}{\Delta t} = \lim_{\Delta t\to 0}\frac{r\Delta\theta}{\Delta t}$$

因为 $\lim\limits_{\Delta t\to 0}\dfrac{\Delta s}{\Delta t} = v$，而 $r$ 是常量，$\lim\limits_{\Delta t\to 0}\dfrac{\Delta\theta}{\Delta t} = \omega$，所以

$$v = r\omega \tag{1-57}$$

利用上式，质点的法向加速度可表达为

$$a_n = \frac{v^2}{r} = r\omega^2 \tag{1-58}$$

质点的切向加速度可表达为

$$a_t = \frac{dv}{dt} = \frac{d}{dt}(r\omega) = r\beta \tag{1-59}$$

**例题 1-8　地球的自转速度和加速度**

地球的平均半径 $R$ 约为 6370km，如果将地球近似看作球体，试求地球表面纬度为 $\varphi$ 处的自转速度和加速度(图 1-26).

**解**　地球的自转周期 $T = 24\times3600\text{s}$. 设地球表面 $P$ 点的纬度为 $\varphi$，$P$ 点绕地轴做圆周运动的半径 $R' = R\cos\varphi$，所以 $P$ 点的运动速度为

$$v = \omega R' = 2\pi\frac{R\cos\varphi}{T} = 4.63\times10^2\cos\varphi$$

$P$ 点对地轴的向心加速度为

$$a_n = \omega^2 R' = 4\pi^2\frac{R\cos\varphi}{T^2} = 3.37\times10^{-2}\cos\varphi$$

我国境内几个城市和地球赤道处随地球自转的速度和加速度举例如下：

北京：$\varphi=39°57'$，$v=356\text{m/s}$，$a_n=2.58\times10^{-2}\text{m/s}^2$.

上海：$\varphi=31°12'$，$v=398\text{m/s}$，$a_n=2.89\times10^{-2}\text{m/s}^2$.

广州：$\varphi=23°$，$v=428\text{m/s}$，$a_n=3.10\times10^{-2}\text{m/s}^2$.

赤道：$\varphi=0°$，$v=463\text{m/s}$，$a_n=3.37\times10^{-2}\text{m/s}^2$.

由上面的讨论可见，地球自转运动的加速度很小，但低纬度处的速度很大，赤道上的一点在一天的时间内将绕地心运动约 4 万千米，所以有“坐地日行八万里”的说法.

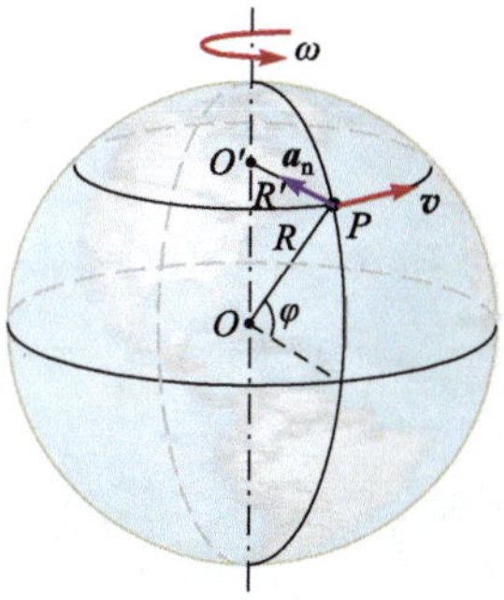


图 1-26　地球绕连接南北极的地轴由西向东自转，在地球表面不同纬度处的速度和加速度不同，在赤道(纬度为零)处的速度和加速度最大

## 1.6　相对运动

我们知道，运动的描述是相对的，一个运动物体的位置矢量、速度或运动轨迹等会因选择不同的参照系(观察者)而不同. 有这样一个故事：据说在第一次世界大战期间，一位法国飞行员正驾驶飞机在高空飞行，发现有一个小东西在他的脸旁游动，当他用手将它抓起来时却大吃一惊，原来是一颗德国子弹！显然，想用手接住一颗正以每秒百米以上的速度飞行的子弹是非常危险的. 但对于以同样的速度与子弹一起同方向飞行的飞机来说，子弹相对于飞机的运动速度可能很小，飞行员顺手将它抓住就不足为奇了. 又比如，在无风的雨天，坐在汽车内的旅客看到雨滴的运动情况是随着车辆运动情况的不同而变的. 当车辆静止时，旅客看到雨滴是竖直下落的. 而当车辆运动时，旅客看到雨滴运动的轨迹是倾斜的，并且车速越快，雨滴倾斜得也就越厉害. 那么，在不同参照系中对同一物体运动的不同描述之间存在着什么关系呢？

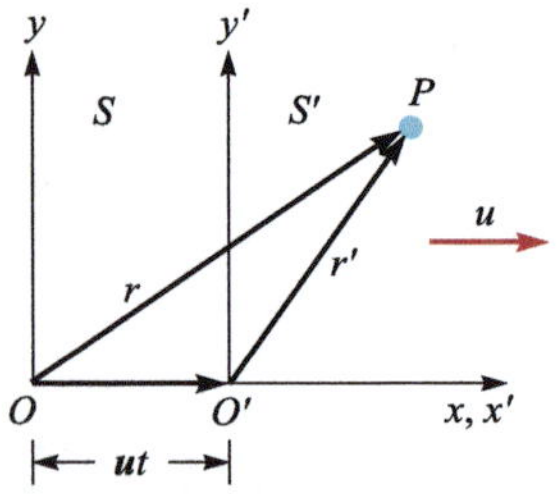


图 1-27　在两个相对做匀速直线运动的参照系中测量同一个质点 $P$ 的位置. 参照系 $S'$相对于参照系 $S$ 以匀速 $\boldsymbol{u}$ 沿 $x$ 轴正方向运动

如图 1-27 所示，设有两个参照系，一个为 $S$ 系(即 $xOy$ 坐标系)，另一个为 $S'$系(即 $x'O'y'$坐标系). 两个参照系的各对应坐标轴相互平行，参照系 $S'$相对于参照系 $S$ 以恒定的速度 $\boldsymbol{u}$ 沿 $x$ 轴正向做匀速直线运动. 设当 $t=0$ 时刻，$S$ 系和 $S'$系完全重合，即此时两坐标系的原点 $O$ 和 $O'$重合，则在 $t$ 时刻，两坐标系原点之间的距离 $OO'=ut$. 设 $t$ 时刻，质点 $P$ 在 $S$ 系中的位置矢量是 $\boldsymbol{r}$，在 $S'$系中的位置矢量是 $\boldsymbol{r}'$，由图 1-27 中的矢量关系可得

$$\boldsymbol{r}=\boldsymbol{r}'+\boldsymbol{u}t \tag{1-60}$$

上式对时间求一阶导数，有

$$\frac{\mathrm{d}\boldsymbol{r}}{\mathrm{d}t}=\frac{\mathrm{d}\boldsymbol{r}'}{\mathrm{d}t}+\boldsymbol{u}$$

或

$$\boldsymbol{v}=\boldsymbol{v}'+\boldsymbol{u} \tag{1-61}$$

式中，$\boldsymbol{v}=\mathrm{d}\boldsymbol{r}/\mathrm{d}t$ 是质点相对于 $S$ 系的速度，$\boldsymbol{v}'=\mathrm{d}\boldsymbol{r}'/\mathrm{d}t$ 是质点相对于 $S'$系的速度. 式(1-61)的物理意义是：质点相对于 $S$ 系的速度 $\boldsymbol{v}$ 等于它相对于 $S'$的速度 $\boldsymbol{v}'$与 $S'$系相对于 $S$ 系的速度 $\boldsymbol{u}$ 之矢量和.

标枪运动员利用助跑增大标枪的对地速度，可将标枪掷得更远

在日常生活中，利用速度叠加的例子有很多. 比如在标枪比赛中，运动员为了将标枪掷得更远，会先快速助跑，这样，掷出的标枪相对于地面的速度就等于运动员相对于地面奔跑的速度和标枪相对于运动员的速度之和. 显然，这比运动员站立不动时掷出的标枪速度更快，也掷得更远.

若再对式(1-61)求时间的一阶导数，并考虑到 $S'$系相对于 $S$ 系做匀速直线运动，$\boldsymbol{u}$ 为常矢量，有

$$\frac{\mathrm{d}\boldsymbol{v}}{\mathrm{d}t}=\frac{\mathrm{d}\boldsymbol{v}'}{\mathrm{d}t}$$

或

$$\boldsymbol{a}=\boldsymbol{a}' \tag{1-62}$$

式中，$\boldsymbol{a}=\mathrm{d}\boldsymbol{v}/\mathrm{d}t$ 是质点相对于 $S$ 系的加速度，$\boldsymbol{a}'=\mathrm{d}\boldsymbol{v}'/\mathrm{d}t$ 是质点相对于 $S'$系的加速度.

由上面的讨论可知，在两个相对做匀速直线运动的参照系中观察同一个质点的运动时，关于该质点的运动方程(或位置)和速度的描述是不同的，与两参照系的相对速度有关，但在两参照系中关于该质点的加速度的描述是完全相同的，这表明质点的加速度对于相互做匀速运动的各参照系来说是个绝对量.

式(1-60)～式(1-62)三式给出了在两个以恒定的相对速度运动的参照系中，质点的位矢、速度和加速度之间的变换关系，称为**伽利略变换公式**. 应当指出，这些变换公式并不是在任何情况下都适用，当质点的速率接近于光速时，伽利略变换公式应由洛伦兹变换公式代替. 这方面的相关知识，将在狭义相对论中加以论述.

## 例题 1-9　小船渡河

一艘小船要横渡一条宽为 $D=200\text{m}$ 的河，设河水相对于河岸的流速是 1.5m/s，流动方向平行于河岸，小船相对于河水的行驶速率是 2.0m/s，如图 1-28 所示.

(1) 如果小船向着正对岸驶去，要用多少时间到达对岸？到达对岸的位置偏离正对岸多少距离？

(2) 如果要使小船到达正对岸，小船应如何行驶？用多少时间到达对岸？

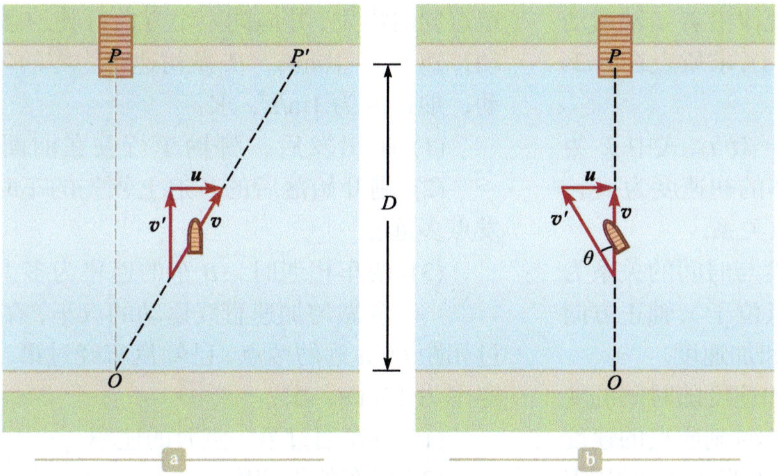


图 1-28　a.小船如果对着正对岸行驶，它会因水的流动而到达下游的一点 $P'$. b.小船若想到达正对岸的 $P$ 点，它应该对着上游的某点行驶，使它对地面的速度方向指向正对岸

**解**　以小船为研究对象，设河岸为参照系 $S$，流动的河水为参照系 $S'$，则小船在 $S'$系中的速度是其相对于静水的航速 $\boldsymbol{v}'$，在 $S$ 系中的速度是其相对于河岸的速度 $\boldsymbol{v}$，$S'$相对于 $S$ 的速度 $\boldsymbol{u}$ 就是河水的流速. 由式(1-61)

$$\boldsymbol{v}=\boldsymbol{v}'+\boldsymbol{u}$$

(1) 若小船向着正对岸行驶，则 $\boldsymbol{v}'$指向正对岸的 $P$ 点，而 $\boldsymbol{v}$ 就指向偏下游的 $P'$点，如图 1-29a 所示. 小船到达对岸的时间

$$t=\frac{D}{v'}=\frac{200}{2.0}=100(\mathrm{s})$$

偏离正对岸的距离

$$\overline{PP'}=ut=1.5\times100=150(\mathrm{m})$$

(2) 要使小船到达正对岸，则小船相对于河岸的速度 $\boldsymbol{v}$ 应指向正对岸的 $P$ 点，如图 1-28b 所示. 这时小船相对于河水的航向应向上游偏 $\theta$ 角，且 $v'\sin\theta=u$，即

$$\sin\theta=\frac{u}{v'}=\frac{1.5}{2.0}=0.75$$

解得 $\theta=48.6°$. 所以，小船到达正对岸的时间

$$t=\frac{D}{v'\cos\theta}=\frac{200}{2.0\times\cos48.6°}=151(\mathrm{s})$$

## 第 1 章练习题

**1-1**　下述各种情况是否可能？

(1) 物体具有零速度和非零的加速度；

(2) 物体具有恒定的速率和变化的速度；

(3) 物体具有恒定的速度和变化的速率；

(4) 物体具有向东的速度，同时具有向西的加速度；

(5) 物体的加速度不变而运动方向在改变；

(6) 物体的加速度在减小而速率在增大.

**1-2**　一质点做直线运动，其运动方程为 $x=6t-t^2$(SI). 求：

(1) 在 $t$=0 到 $t$=4s 的时间内质点的位移；

(2) 在 $t$=0 到 $t$=4s 的时间内质点走过的路程.

**1-3**　一小球沿斜面向上运动，其运动方程为 $x=5+4t-t^2$(SI)，求小球运动到最高点的时刻.

**1-4** 一质点按 $x=2t^3+5t^2+5$ 的规律沿着 $x$ 轴运动(式中 $x$ 的单位为 m，$t$ 的单位为 s)，求质点在 $t$=3s 时的位置、速度和加速度.

**1-5** 某物体的运动规律为 $dv/dt=-kv^2t$，式中 $k$ 为大于零的常量. 当 $t$=0 时，物体的初速度为 $v_0$，求物体的速度 $v$ 与时间 $t$ 的函数关系.

**1-6** 一质点沿 $x$ 轴运动，其速度与时间的关系为 $v=10+2t^2$(m/s). 已知 $t$=0 时质点位于 $x$ 轴正方向 20m 处. 求 $t$=2s 时质点的位置和加速度.

**1-7** 一质点沿 $x$ 方向运动，其加速度随时间的变化关系为：$a=3+2t$(SI). 如果初始时刻质点的速度为 $v_0$=5m/s，位置为 $x_0$=1.5m，求当 $t$=3s 时质点的速度和位置.

**1-8** 如题 1-8 图所示，路灯距离地面的高度为 $h_1$，一个身高为 $h_2$ 的行人，在路灯下以匀速率 $v_0$ 沿水平道路行走. 求他的头顶在地面上的影子 $S$ 沿地面移动的速率和人的影子长度增加的速率.

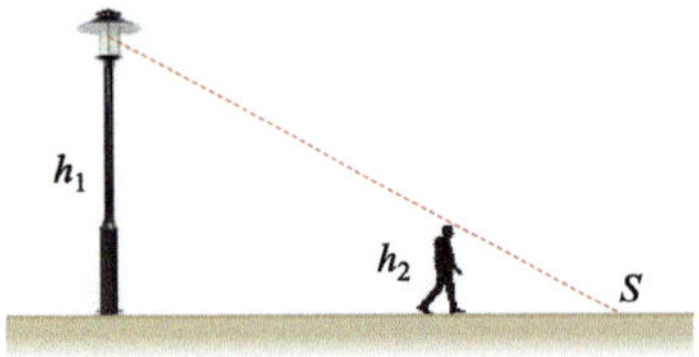


题 1-8 图

**1-9** 在一条直的铁轨上，一列客车以 30m/s 的速度沿轨道行驶，司机突然发现前方有一列货车正以 10m/s 的速率同方向行驶，此时货车车尾距客车车头 250m. 客车司机紧急刹车，使客车以 1m/s$^2$ 的加速度匀减速行驶，而货车仍以原速行驶. 问两列火车是否会发生碰撞？两车的最近距离是多少？

**1-10** 如题 1-10 图所示，在离水面高为 $h$ 的岸边，有人以 $v_0$ 的匀速度用绳把船拉向岸边，当船与岸的水平距离为 $s$ 时，求船的速度和加速度.

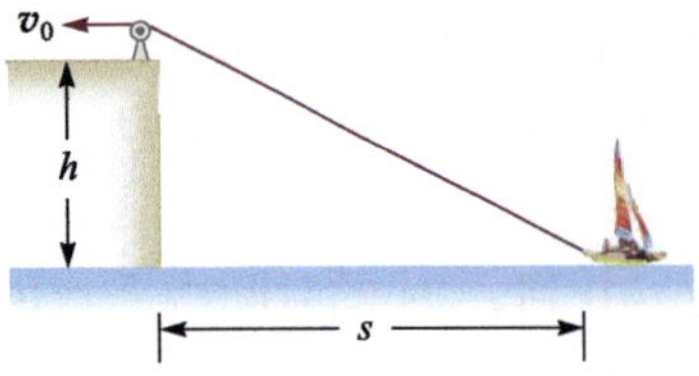


题 1-10 图

**1-11** 两辆汽车 $A$ 和 $B$ 沿一条笔直的道路由同一地点同时出发，并向同一个方向行驶. $A$ 做匀速运动，速率为 10m/s，$B$ 做初速度为零的匀加速运动，加速度为 1m/s$^2$. 求：

(1) 刚出发后，哪辆车行驶在前面？

(2) 刚开始落后的车追上领先的车时，离出发点多远？

(3) 两车相遇时，$B$ 车的速率为多大？

**1-12** 一辆做匀加速直线运动的汽车，在 6s 内通过相距 60m 远的两点，已知汽车经过第二点时的速率为 15m/s，求：

(1) 汽车通过第一点时的速率 $v_1$；

(2) 汽车的加速度 $a$.

**1-13** 一个热气球以 5.0m/s 的匀速竖直上升，当热气球上升到离地面 20m 的高处时，从热气球上掉下一个沙袋. 不计空气阻力，计算：

(1) 沙袋离开热气球 0.5s 时的速度；

(2) 沙袋离开热气球后，需经过多长时间才能落到地面？落地时速度多大？(重力加速度 $g$ = 9.8 m/s$^2$)

**1-14** 一小球以 12m/s 的速率竖直上抛，1s 后，第二个小球以 16m/s 的速率在同一地点竖直上抛. 问：

(1) 在什么时刻，两小球相遇？

(2) 以抛出点为原点，两小球相遇时高度是多少？

(3) 相遇时第一个小球是上升还是下降？

**1-15** 距河岸(看成直线)500m 处有一灯塔，灯塔上的探照灯以 $n$=1.0r/min 的转速转动，求当光束与岸边成 60°角时，光束沿岸边移动的速度 $v$.

**1-16** 一质点在 $xOy$ 平面内运动，运动方程为 $x=3t$，$y=10-t^2$(式中 $x$ 的单位为 m，$t$ 的单位为 s)，求当 $t$=2s 时，质点速度和加速度的大小和方向.

**1-17** 一质点在平面上做曲线运动，其速率 $v$ 与路程 $s$ 的关系为 $v=1+s^2$(SI)，求该质点的切向加速度 $a_t$ 以路程 $s$ 表示的表达式.

**1-18** 一质点在 $xOy$ 平面内运动，运动方程为 $x=2t$，$y=19-2t^2$，问：

(1) 什么时刻该质点的位置矢量 $\boldsymbol{r}$ 与速度矢量 $\boldsymbol{v}$ 相垂直？

(2) 质点在运动过程中距原点的最近距离是

多少?

1-19 一物体从某一高度以初速 $v_0$ 水平抛出，已知它落地时的速度为 $v_t$，求该物体从抛出到落地所用的时间 $t$.

1-20 一架轰炸机以 $v_0$=280m/s 的速度水平飞行，并投出一颗炸弹. 此炸弹准确地击中离投弹点水平距离为 $L$=1000m 的地面目标. 求：

(1) 投弹点离地面的高度 $h$.

(2) 炸弹击中目标时的速率.

1-21 如题 1-21 图所示，一高台跳雪运动员离开水平滑雪道沿水平方向跃入空中时的速率为 28m/s，着陆用的斜坡与水平面夹角 $\theta$=30°. 计算运动员着陆时沿斜坡的位移 $L$.

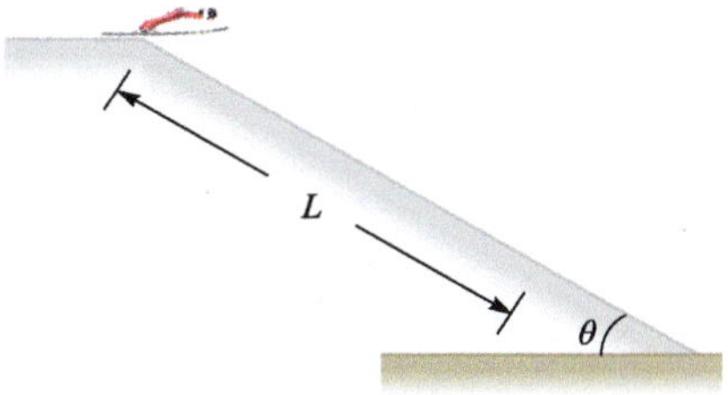

题 1-21 图

1-22 一投标手以 25m/s 的速率投出一支标枪，为使标枪击中 50m 外同一高度处的目标，问标枪投出时的仰角为多大?

1-23 在忽略空气阻力的情况下，问：

(1) 应以多大的抛射角 $\theta$ 抛射物体，才能使物体上升的高度等于物体在水平方向飞过的距离?

(2) 在离水平地面高度为 $h$ 处，沿水平方向抛出一物体，初速度 $v$ 为多大时，才能使它落地时在水平方向通过的路程为 $h$ 的 $n$ 倍?

1-24 (1) 月球绕地球近似做圆周运动，周期为 27.3 天，圆轨道半径为 $3.84\times10^5$km，求月球绕地球运动的线速度大小.

(2) 地球绕太阳运行的轨道半径为 $1.50\times10^{11}$m，公转周期为 1 年，求地球绕太阳运动的线速度大小.

1-25 质点沿半径为 $R$ 的圆周运动，运动方程为 $\theta=3+2t^2$(SI)，求任意时刻 $t$ 质点的法向加速度和角加速度的大小.

1-26 一质点从静止出发沿半径 $R$= 3.0m 的圆周运动，切向加速度为 $a_t$= 3m/s$^2$. 问：

(1) 经过多少时间它的总加速度 $\boldsymbol{a}$ 恰好与半径成 45°角?

(2) 在上述时间内，质点所经过的路程和角位移各为多少?

1-27 一质点沿半径为 $R$ 的圆周运动，在 $t$=0 时经过圆周上的 $P$ 点，此后它的速率 $v$ 按 $v=A+Bt$ 的规律变化($A$、$B$ 为正的已知常量). 求当此质点沿圆周再运动一周经过 $P$ 点时的切向加速度和法向加速度的大小.

1-28 一质点由静止出发沿半径 $R$= 1m 的圆周运动，其角加速度随时间 $t$ 的变化规律是 $\beta=12t^2-6t$(SI)，求任意时刻 $t$ 质点的角速度 $\omega$ 和切向加速度 $a_t$ 的大小.

1-29 两千多年前，埃拉托色尼通过以下的观测数据推算出了地球的半径. 他住在尼罗河口的亚历山大，在仲夏日的中午观测到太阳光线与当地的竖直线成 7.2°角. 他同时知道，住在亚历山大正南 804.5km 地方的居民，在同一日期和时间看见太阳正在头顶(题 1-29 图). 根据这些数据，他推算出的地球半径是多少?

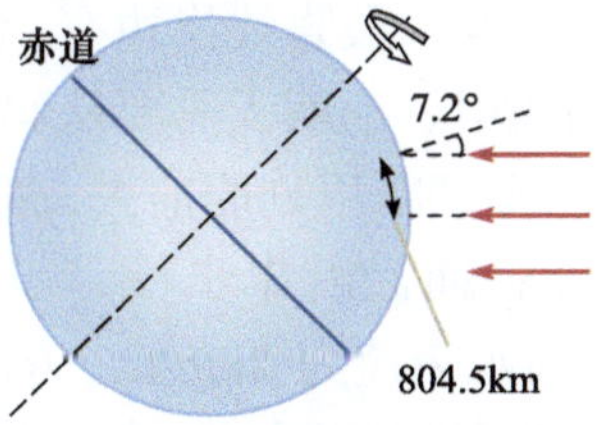

题 1-29 图

1-30 “旋转齿轮法”是测量光速的方法之一. 一束光线通过一齿轮的齿间空隙到达远处的镜面上，再反射回来时，刚好通过相邻的齿间空隙，如题 1-30 图所示. 假设齿轮的半径为 5.0cm，轮边共有 500 个齿. 设镜与齿的距离为 500m，所测得的光速为 $3.0\times10^8$ m/s，问：

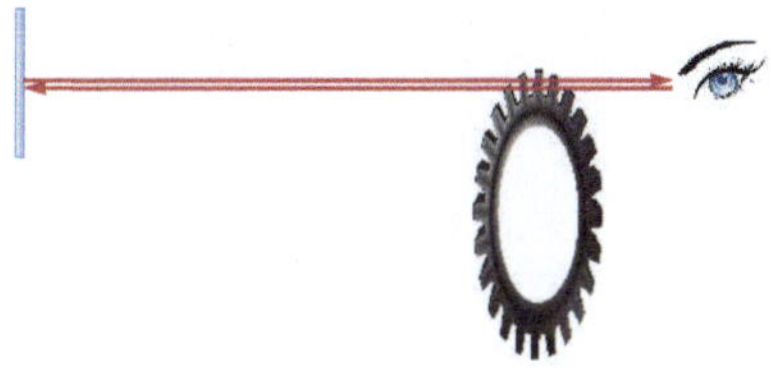
题 1-30 图

(1) 齿轮的角速度为多大?

(2) 齿轮边缘一点的线速度为多大?

**1-31** 如题 1-31 图所示, 在距离港口 $B$ 为 $L$ 的 $A$ 处, 有一走私船正以速度 $v_1$ 沿与海岸成 $\theta$ 角的方向离开海岸. 为截获该走私船, 海警同时派速度为 $v_2$ 的快艇从港口出发进行拦截. 设 $v_1$、$v_2$、$\theta$ 均为已知, 求:

(1) 快艇航向与海岸的夹角 $\alpha$;

(2) 截获走私船所需的时间.

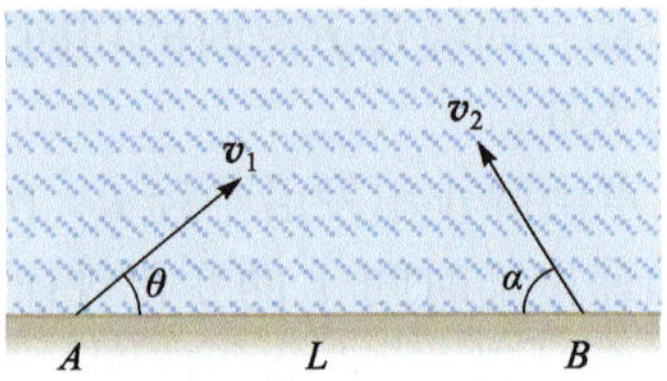


题 1-31 图

**1-32** 当一列火车以 10m/s 的速率向东行驶时, 若相对于地面竖直下落的雨滴在列车的窗子上形成的雨迹偏离竖直方向 30°, 求雨滴相对于地面的速率和相对于列车的速率.

**1-33** 某人以 4km/h 的速率向东前进时, 感觉风从正北吹来, 如将速率增加一倍, 则感觉风从东北方向吹来, 求实际风速与风向.

**1-34** 一条河在某一段直线岸边有 $A$、$B$ 两个码头, 相距 1km. 甲、乙两人需要从码头 $A$ 到码头 $B$, 再立即由 $B$ 返回. 甲划船前去, 船相对河水的速度为 4km/h; 而乙沿岸步行, 步行速度也为 4km/h, 如果河水流速为 2km/h, 方向从 $A$ 到 $B$. 问甲、乙两人谁较晚回到 $A$? 晚多少时间?

**1-35** 一人在河中划船逆流航行, 经过一座桥下时, 船上一只木桶落入水中, 半小时后他才发现, 立即回头追赶, 在桥下游 5km 处赶上木桶. 设船顺流和逆流时船相对河水的航行速度不变, 求水流的速度.

第 1 章练习题答案

# 第2章 质点动力学

赛艇是一项古老而现代的运动项目，也是奥运会的比赛项目之一. 运动员们必须齐心协力、配合默契，每一次有力的划桨动作都将河水作用于桨的力传递给船身，使船在水中加速向前. 细而长的纺锤形船体也有利于减小水对船的阻力. 现代赛艇的设计和制造，应用了许多现代化的新方法和新材料，也将力学的原理应用到了极致

艾萨克·牛顿爵士(1643—1727)，英国物理学家和数学家，是历史上最伟大的科学家之一. 他在30岁之前，就已经建立起了力学的基本概念和基本定律，发现了统治宇宙万物的万有引力，发明了重要的数学方法——微积分. 根据牛顿的力学理论，可以完美地解释行星的运动轨迹，海水涨潮和退潮的原因及许多关于地球和月球间相互作用产生的基本现

在日常生活中我们会遇到许多这样的问题，比如，为什么我们有时可以拉动比自己的体重还要重的东西？为什么一辆重型货车比一辆小汽车更难停下来？为什么在湿滑的冰面上走路比在干燥的水泥地面上更难？为什么我们从一艘大船上要比从一只小船上更容易跳上岸？通过本章关于动力学的学习，我们可以回答以上的问题.

在第1章中，我们已经学习了质点运动学，学习了位移、速度和加速度的概念. 但我们并没有分析物体是如何从静止的状态开始运动的，也没有讨论物体运动的速度为什么会改变，即加速度是如何产生的. 本章我们将在第1章的基础上，通过引入力和质量这两个物理量来学习质点动力学. 动力学的理论是建立在牛顿的三个运动定律之上的. 其中，第一定律指出，当一个物体所受的合力为零时，它的运动状态将不会改变；第二定律则给出了当物体所受的合力不为零时，力和物体加速度之间的关系；第三定律是关于两个相互作用的物体之间作用力的关系. 建立在实验基础上的牛顿定律从两个方面来说是最为基础的理论. 一方面，它们不能从其他更基础的理论中被推导或证明出来；其次，从牛顿运动定律出发可以得到经典动力学中的所有理论. 所以说，牛顿运动定律是经典力学(或牛顿力学)的基础. 然而，牛顿运动定律只适用于大块物体低速运动的情况，当物体的运动速度大到接近于光速或在研究尺度小于原子的微观范围时，以牛顿定律为基础的经典物理需要加以修正.

象. 牛顿在光学的实验和理论方面也有突出的贡献. 他在物理学上的成就在长达近两个世纪的时间内占据着重要的地位. 时至今日，牛顿的力学理论依然是学习物理学的必修内容

牛顿运动定律的表述简单、清晰，但我们在学习的过程中有时很难抓住其实质. 这是因为，在我们的生活中已经建立起了一些所谓的“常识”. 这些“常识”看似正确，但却不是通过逻辑推理和实验验证的. 因此，我们需要通过物理学的学习来纠正从日常生活中得到的一些不正确的“常识”.

本章我们首先讨论什么是“力”，接着讨论牛顿运动定律及其应用. 之后，我们从牛顿第二定律出发，引入动量和角动量的概念，并得到在自然界中普遍成立的动量守恒定律和角动量守恒定律.

## 2.1 力和相互作用

### 1. 力的基本概念

墨子(约公元前468—前376)，姓墨，名翟，墨家学派创始人. 墨子是中国战国时期著名的思想家、政治家、军事家、社会活动家和自然科学家. 墨子及其弟子的著作《墨子》中有六篇是关于时间、空间、物质结构、力学、光学、声学、代数、几何等内容的，前人称其为《墨经》. 在力学方面，《墨经》提出了机械运动的定义. 墨家学派掌握杠杆定律比阿基米德早了两个世纪. 在光学方面，《墨经》是唯一一本对我国古代几何光学发展进行系统性论述的典籍. 《墨经》记载了墨子及其学生做的世界上最早的“小孔成像”实验，并对光沿直线传播作出了科学解释. 在数学方面，《墨经》提出了一些几何学的定义，例如，对圆的定义：“圜，一中同长也”，即“圆是对中心一点等距离的点的轨迹”

人们对“力”这个概念的最初认识来自于日常生活，它涉及我们生活的各个方面. 早在两千多年前，墨子在他所著的《墨经》中就说：“力，形之所以奋也”. 这里，“形”表示物体，“奋”是指物体由静止变为运动. 可见古代中国人就已经认识了力与运动之间的关系. 经验告诉我们，要使静止的物体开始运动，或使运动物体的速度大小和方向发生改变，都需要对它施以某种作用. 所以，对力这一概念的一般认识是：力是物体间的相互作用，只有在力的作用下，物体的运动状态才会发生变化.

当你在篮球比赛中抛球和接球时，你的手和篮球间产生了相互作用力. 走路时你的脚和地面间有相互作用力. 这些力都产生于相互接触的物体之间，称为“接触力”. 另一类作用力不需要两个物体间的接触. 比如，人造地球卫星在万有引力的作用下绕地球运动，一个电子和一个质子在电场力作用下组成一个氢原子，条形磁铁对铁块的吸引力等. 历史上曾经将这种存在于两个相距一定距离的物体之间的相互作用称为“超距作用”. 超距作用观点认为，相隔一定距离的两个物体之间存在着直接的、瞬时的相互作用，不需要任何介质传递，也不需要任何传递时间. 而近代物理学则认为超距作用是不存在的，万有引力是通过引力场，电力和磁力是通过电场和磁场来传递的，所以这类作用力称为“场力”. 事实上，根据现代物理学理论，自然界中所有已知的四种基本作用力都是场力，即：①具有一定质量的物体间的万有引力；②电荷间的电磁力；③亚原子粒子间的强相互作用；④能引起放射性衰变的弱相互作用. 引力相互作用和电磁相互作用的作用范围很大，称为长程力. 强相互作用和弱相互作用的作用距离很短($\leqslant 10^{-15}$m)，它们的作用只有在原子核内才显示出来，因此称为短程力. 我们日常生活中遇到的摩擦力、地面的支持力、弹簧的弹性力、绳索中的张力和空气阻力等在原子或分子层面上来看，都属于电磁相互作用的宏观体现. 在经典力学中，我们只关注万有引力和电磁力.

力对物体的作用效果，取决于三个因素，即力的大小、力的方向和力在物体上的作用点，称为**力的三要素**. 对质点力学而言，由于不考虑物体的大小，所以力的作用点可以看作是物体的质心，但是当物体的大小和形状必须考虑时，力作用在物体不同位置上的效果是不同的. 例如，当我们开门和关门时，总是

将力作用在离门轴较远的门把手上，如果直接将力作用在门轴上，则不能起到开门和关门的效果. 在第 4 章讨论刚体的运动时，就必须要考虑力的作用点对刚体转动的影响. 本章在没有特别说明时所提到的物体都表示质点.

### 2. 力的合成与分解

当物体受力时，并不总是产生运动. 比如，当你想推动一块巨石时，石头并没有运动. 这是因为，石头会同时受到地面的摩擦力，当摩擦力的大小与推力的大小相等而方向相反时，石头受到的这两个力会相互抵消. 当某一物体同时受到几个力的作用时，如果它们对该物体所产生的总效果和另一个力对此物体所产生的效果相同，则此力称为这几个力的**合力**. 由于力是矢量，所以要确定作用在同一物体上几个力的合力时，可按照矢量合成的平行四边形法则求出其矢量和，这个矢量和就是这些力的合力. 反之，我们也可以把一个力分解为与这个力效果相同的两个或多个力. 这两个或多个力称为这个力的**分力**.

图 2-1 表示用一个与水平面成 $\theta$ 角的拉力 $\boldsymbol{f}$ 拉动一辆停在光滑轨道上的小货车. 由于轨道是光滑的，所以轨道对小车的摩擦力可以忽略不计. 由图 2-1a 可见，小车共受到三个力的作用，即拉力 $\boldsymbol{f}$、重力 $\boldsymbol{P}$ 和地面对小车的支持力 $\boldsymbol{N}$. 先将拉力 $\boldsymbol{f}$ 和支持力 $\boldsymbol{N}$ 按矢量的平行四边形法则求和，得到合力 $\boldsymbol{f}'$，见图 2-1b. 再求 $\boldsymbol{f}'$ 和重力 $\boldsymbol{P}$ 的矢量和，得到这三个力的合力 $\boldsymbol{f}_{合}$，见图 2-1c.

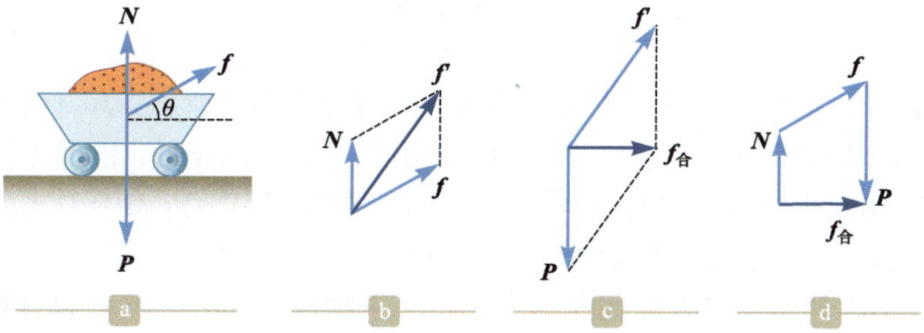


图 2-1　作用在同一个物体上的力的合成. a.作用在小货车上的拉力、重力和支持力. b.和 c.由平行四边形法则求合力. d.多边形叠加法求合力

当物体受到多于两个力的作用时，也可以将各个力矢量的首尾相连，则由第一个力矢量的起点指向最后一个力矢量末点的力 $\boldsymbol{f}_{合}$，即为这几个力的合力，见图 2-1d. 这种求矢量和的方法称为矢量的多边形叠加法则.

一个力也可以根据问题的性质和需要，按照矢量分解方法分解成两个或多个分力. 例如，图 2-2a 中木块受到拉力 $\boldsymbol{f}$ 的作用，如果我们需要知道这拉力对木块在两个不同方向所产生的效果时，就需要把它分解为这两个方向的两个分力. 如果物体在水平面上运动，则可将这个力分解为沿水平方向($x$ 方向)的分力 $\boldsymbol{f}_x$ 和沿竖直方向($y$ 方向)的分力 $\boldsymbol{f}_y$. 若物体在斜面上运动，则比较方便的是将这个力分解为平行于斜面方向($x$ 方向)的分力 $\boldsymbol{f}_x$ 和垂直于斜面方向($y$ 方向)的分力 $\boldsymbol{f}_y$，见图 2-2b. 在坐标轴选定后，这两个分力可表示为

$$f_x = f\cos\theta,\quad f_y = f\sin\theta \tag{2-1}$$

若 $f_x$、$f_y$ 为正，表示这两个分力沿相应坐标轴的正方向；若 $f_x$、$f_y$ 为负，表示这两个分力沿相应坐标轴的负方向.

图 2-2 力的分解. a.物体在水平面上运动时力的分解. b.物体在斜面上运动时力的分解

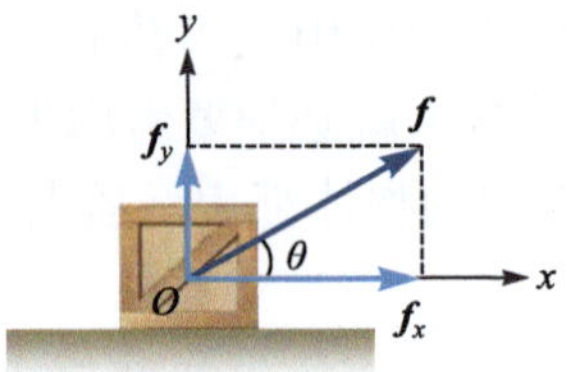


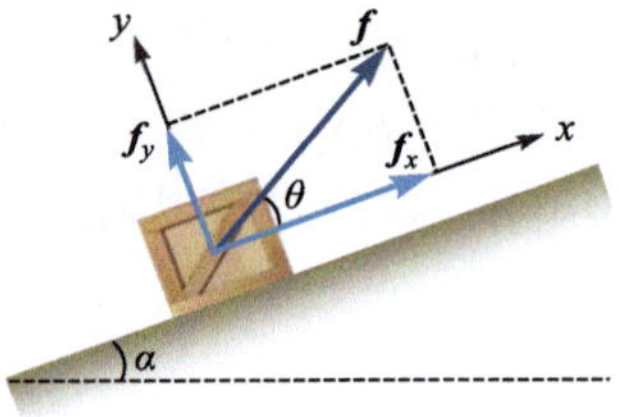


## 3. 力学中常见的几种力

1) 万有引力和重力

宇宙中任意两个物体间都存在着相互吸引的力，称为**万有引力**. 人们对于万有引力的最初认识来自于天文观测. 例如，对太阳与行星间、地球与月球间引力的观测等. 17 世纪初，德国天文学家开普勒分析了从天文观测中得到的数据，提出了描述行星运动的三条定律，也叫做开普勒定律. 在开普勒定律发表约 50 年后，牛顿通过研究月球绕地球的运动，并在开普勒第三定律的基础上，提出了**万有引力定律**. 万有引力定律的表述如下：

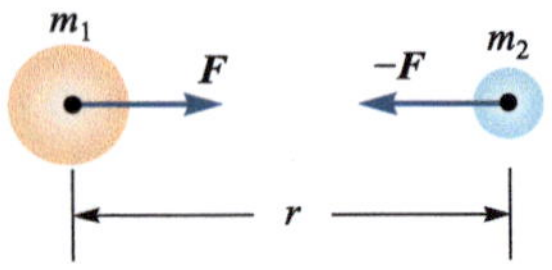


图 2-3 两个质点或球形物体间的万有引力

**在两个相距为 $r$，质量分别为 $m_1$、$m_2$ 的质点间存在相互作用的引力，其方向沿着它们的连线，其大小与它们质量的乘积成正比，与它们之间距离的平方成反比**(图 2-3)，即

万有引力定律 ▶

$$F = G\frac{m_1 m_2}{r^2} \tag{2-2}$$

式中 $G$ 为普适常数，对任何物体都适用，叫做**万有引力常数**. 万有引力常数最早是由英国物理学家卡文迪许于 1790 年由扭秤实验测出的. 根据近代的实验测定：$G=(6.67408\pm0.00031)\times10^{-11}\mathrm{N\cdot m^2/kg^2}$. 在万有引力定律中引入的质量称为**引力质量**，它在国际单位制中的单位为千克(kg).

需要指出的是，只有在物体的大小远小于物体间的距离时，即只有当物体可以看作质点时，万有引力定律才适用. 若物体不能被看作质点，则可将两物体都看成是由许多质点所组成的质点系，这样，组成一个物体的所有质点对组成另一物体的所有质点的引力的合力，才是两物体间的万有引力. 按照这种方法可以证明，一个质量均匀分布的球体对球外一质点的引力，或两个质量均匀分布的球体之间的引力，都可以将均匀球体看作是质量全部集中于球心的质点，而用式(2-2)来计算. 这时，$m_1$、$m_2$ 分别代表两球的质量，而 $r$ 则为球心到球外质点，或两球心之间的距离. 这就是说，两均匀球体之间的万有引力与把球的质量集中于球心的质点间的万有引力是完全一样的.

地球表面附近的物体受到地球的万有引力称为**重力**，重力的大小称为**重量**，用 $\boldsymbol{P}$ 表示，其方向指向地心.

重力 ▶

$$\boldsymbol{P} = m\boldsymbol{g} \tag{2-3}$$

式中 $g = G\dfrac{M_E}{R^2} = 9.80\mathrm{m/s^2}$ 称为地球表面附近的**重力加速度**. $M_E=5.98\times10^{24}\mathrm{kg}$ 为地球的质量，$R=6.38\times10^6\mathrm{m}$ 为地球的半径.

需要注意的是，重力加速度 $g$ 随物体所处的地理位置、地面下的地质构造等的不同而稍有不同，也与物体离地面的高度有关. 比如，上海东方明珠电视塔的高度为 468m，如果一个 1000kg 的物体在塔底的重量为 9800N 的话，则它在塔顶的重量要小 1.5N 左右.

物体的质量是物体的固有属性，它的大小与物体的运动状态、物体的受力情况和物体周围其他物体的分布等都没有关系. 而地球上物体的重量与地球表面的重力加速度 $g$ 的大小有关. 月球表面重力加速度的大小大约只有地球表面的六分之一，所以，一个质量为 72kg 的宇航员在地球上的重量为 706N，而在月球表面的重量只有 118N. 但这个宇航员在地球和月球上的质量都是 72kg.

2) 弹性力

物体在外力作用下发生形变时，在物体内部因企图恢复其原来的形状而产生的抵抗外力的力，称为**弹性力**. 弹性力产生在相互接触的物体之间，其方向视物体形变的具体情况而定. 弹性力是普遍存在的一种力，如被拉长或压缩的弹簧作用于物体上的力，绳子因被拉伸而作用在系于其末端物体上的力和放在桌子上的重物与桌面间的正压力和支持力等都属于弹性力.

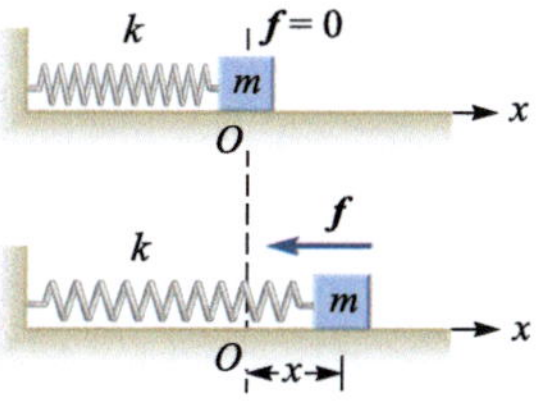

图 2-4　弹簧的弹性力

如图 2-4 所示，设弹簧左端固定，右端与一物体相连. 弹簧为原长时，物体位于坐标原点 $O$，此时由于弹簧没有形变，弹性力为零. 若移动物体，使弹簧伸长或压缩了长度 $x$，则实验表明，在弹簧的形变量不是很大时(即在弹簧的弹性形变范围内)，弹性力 $f$ 与弹簧伸长量(或压缩量)$x$ 成正比，而弹性力 $f$ 的方向和弹簧形变量 $x$ 的方向相反，即

$$f = -kx \tag{2-4}$$

◀ 胡克定律

上式称为**胡克定律**，式中 $k$ 称为弹簧的**劲度系数**，单位为牛/米(N/m). $k$ 的物理意义为：使弹簧伸长或压缩单位长度所需要的力.

用力拉绳子时，绳子会伸长，绳子内部会产生弹性力. 如图 2-5 所示，设想在绳子上的某点 $A$ 处，将绳子分为左右两段，则在 $A$ 点两侧的绳子之间会互相施以弹性力 $\boldsymbol{T}$ 和 $\boldsymbol{T}'$，且 $T=T'$，这一对相互作用力称为绳子的**张力**. 如果绳子的质量可以忽略，则无论绳子是静止还是运动，其上各点处的张力都是相等的.

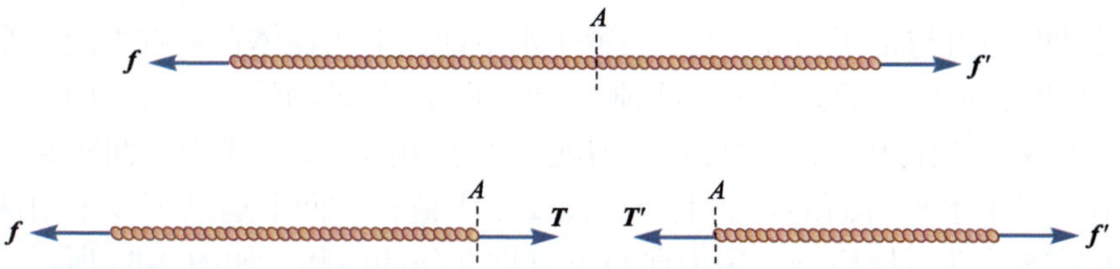

图 2-5　绳子中的张力

正压力和支持力也是常见的弹性力. 例如，在图 2-6 中，一个重物 $A$ 压在桌面 $B$ 上，尽管重物和桌面产生的形变量小到难以察觉的地步，但它们之间仍可产生很大的弹性力. 物体对桌面的作用力 $\boldsymbol{N}$ 和桌面对重物的作用力 $\boldsymbol{N}'$是一对作用力和反作用力. 由于 $\boldsymbol{N}$ 垂直于重物和桌面的接触面，所以称为**正压力**，而将 $\boldsymbol{N}'$称为**支持力**.

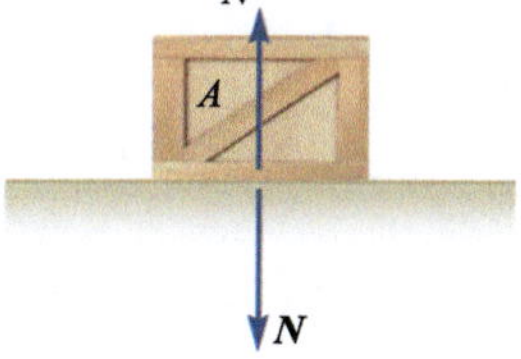

图 2-6　正压力和支持力

3) 摩擦力

两个物体(指固体)相互接触，而且沿接触面的方向有相对滑动，或有相对滑动的趋势时，在接触面的切线方向产生的阻碍相对滑动的力，称为**摩擦力**. 粗

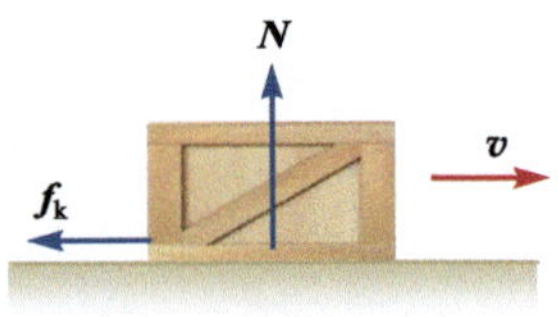


图 2-7 滑动摩擦力

略地讲，摩擦力产生的原因是两物体的接触面不光滑．如果两个相接触物体之间不存在摩擦力，则说接触面是光滑的．

滑动摩擦力 ▶

当两个相互接触的物体间有相对滑动时(图 2-7)，在接触面间产生的与接触面平行的摩擦力称为**滑动摩擦力**，它的方向总是与相对滑动的方向相反．实验证明，当相对滑动的速度不是太大或太小时，滑动摩擦力 $f_k$ 的大小与滑动的速度及接触面的大小无关，而和正压力成正比，即

$$f_k = \mu_k N \tag{2-5}$$

式中，$\mu_k$ 称为**滑动摩擦系数**，它与相接触的两个物体的表面材料和表面状况(如粗糙程度、干湿程度等)有关．事实上，滑动摩擦系数的大小还与物体相对于接触面的相对滑动速度有关，但当相对滑动速度不太大时，可近似认为滑动摩擦系数是一个常量．一些典型材料间的滑动摩擦系数 $\mu_k$ 在表 2-1 中列出，它们只是粗略的数值．

表 2-1 一些典型物体接触面间的摩擦系数

| 接触面材料 | $\mu_k$ | $\mu_s$ |
|---|---|---|
| 钢-钢(干净表面) | 0.6 | 0.7 |
| 钢-钢(加润滑剂) | 0.05 | 0.09 |
| 铜-钢 | 0.4 | 0.5 |
| 铜-铸铁 | 0.3 | 1.0 |
| 玻璃-玻璃 | 0.4 | 0.9～1.0 |
| 橡胶-水泥路面 | 0.8 | 1.0 |
| 特氟龙-特氟龙(聚四氟乙烯) | 0.04 | 0.04 |
| 涂蜡木制滑雪板-干雪面 | 0.04 | 0.04 |
| 铝-铝 | 1.10～1.70 | 1.10～1.70 |

图 2-8 雪橇受到雪面的滑动摩擦力哪个大？a.向斜下方推，b.向斜上方拉

滑动摩擦力与正压力成正比，当置于水平地面上的物体在竖直方向只受到重力的作用时，正压力的大小等于物体所受的重力．如果物体在竖直方向还有其他的作用力或其他作用力的分力，正压力就不等于物体所受的重力．如图 2-8 所示，女孩坐在置于水平雪面的雪橇上，男孩要使雪橇在雪面上运动可以采用两种方法：①男孩站在雪橇后面，用力向斜下方推女孩的肩膀，如图 2-8a 所示；②男孩站在雪橇前面，用绳子向斜上方拉雪橇，如图 2-8b 所示．你觉得哪种方法更省力呢？

当两个有接触面的物体间没有相对滑动，而只有相对滑动趋势时，它们之间也有摩擦力产生，称为**静摩擦力**．静摩擦力的方向也与接触面平行，和一物体相对于另一物体的运动趋势方向相反．如图 2-9a 所示，用力沿水平方向推放在地面的重物，重物没有被推动，就是因为重物底面受到了与推力 $\boldsymbol{f}$ 方向(即与运动趋势方向)相反、大小相等的静摩擦力 $\boldsymbol{f}_s$.

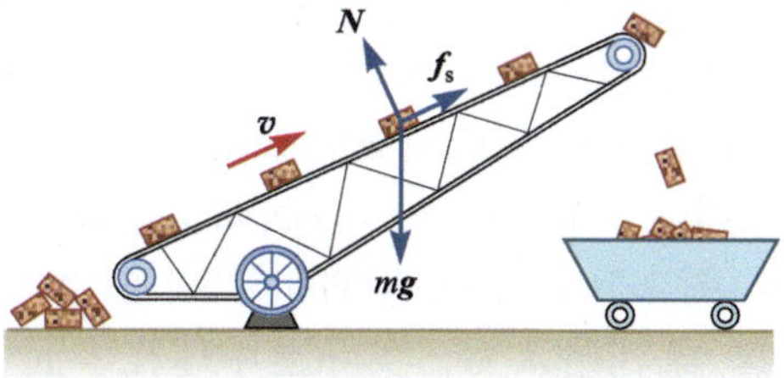


图 2-9 静摩擦力. a.静摩擦力阻碍物体的运动. b.静摩擦力带动物体运动

静摩擦力不是一个常量，它的大小可以是从零到某个最大值之间的任一数值，这个最大值叫做**最大静摩擦力**. 当推力大于最大静摩擦力时，重物就会被推动. 实验证明，最大静摩擦力 $f_{s\max}$ 也与两物体之间的正压力 $N$ 成正比，即

$$f_{s\max} = \mu_s N \tag{2-6}$$

◀ 最大静摩擦力

式中，$\mu_s$ 称为**静摩擦系数**，它也取决于物体接触面的材料和表面状况. 对于相同的两个接触面，静摩擦系数 $\mu_s$ 总是大于滑动摩擦系数 $\mu_k$. 摩擦系数一般小于 1，但也有大于 1 的，一些典型的静摩擦系数也列在了表 2-1 中. 在求解某些问题时，当静摩擦系数和滑动摩擦系数差别不大时，对两者可不加以区分，而用摩擦系数 $\mu$ 表示.

需要注意的是，一个物体所受摩擦力的方向与和它相接触物体间的相对运动或相对运动趋势的方向相反，而不是和物体本身的运动方向相反. 皮带运输机就是利用传送带与砖块间的静摩擦力将砖块运到高处的，见图 2-9b. 重力 $mg$ 沿传送带的分力与传送带运动方向相反，所以砖块相对于传送带的运动趋势也与传送带运动方向相反，砖块之所以被传送带送往高处，正是因为受到了与砖块运动趋势方向相反的摩擦力 $f_s$ 的作用. 事实上，人能够在地面上行走也是依靠鞋底与地面间的摩擦力，地面给予鞋的摩擦力的方向与人的行走方向一致，而鞋相对于地面的运动趋势是与人行走方向相反的，这就是人在冰面上行走时鞋会向后打滑的原因.

伽利略(Galileo Galilei，1564—1642). 意大利数学家、物理学家、天文学家，近代实验科学的奠基人之一. 伽利略从实验中总结出自由落体定律、惯性定律和相对性原理等，从而推翻了统治科学界近两千年的亚里士多德关于自然现象的许多错误观点，反驳了托勒密的地心体系，有力地支持了哥白尼的日心学说. 爱因斯坦曾这样评价："伽利略的发现，以及他所用的科学推理方法，是人类思想史上最伟大的成就之一，而且标志着物理学的真正开端！"

## 2.2 牛顿运动定律

在 1687 年出版的《自然哲学的数学原理》一书中，牛顿首次清晰地表述了关于机械运动的三条基本定律，称为**牛顿运动定律**. 牛顿运动定律是质点动力学的基础，虽然牛顿运动定律一般只对质点才成立，但复杂物体原则上可以看成是大量质点的组合，因此牛顿运动定律也是研究一般物体(如刚体、弹性体、流体等)机械运动的基础.

### 1. 牛顿第一定律

古希腊哲学家亚里士多德认为，静止是物体的自然状态，要使物体以某一速度做匀速运动，必须要对它施以一定的作用力才行. 事实上，人们的确观察到只要不再推动水平地面上运动的小车，它最后都是要趋于静止的. 因此，亚里士多德的这一观点在被提出后近两千年的漫长岁月中，一直被大多数哲学家和物理学家所接受. 直到 17 世纪意大利物理学家和天文学家伽利略通过对光滑斜面上小球滚动现象的观察，指出亚里士多德的这种观点是错误的. 伽利略注意到，一个小球若沿斜面向下滚动，其速度增大，而沿斜面向上滚动时速度减小(图 2-10). 于是他推断，当小球沿水平面滚动时，其速度应当既不增大也不减小. 伽利略认为，实际上小球在平面上越滚越慢直至最终停下，并非是它的“自然本性”，而是摩擦力的缘故. 若平面越光滑，则小球滚动的路程越长. 因此伽利略指出，在略去所有摩擦力的情况下，如果没有外力的推动，小球将以恒定的速度在平面上一直运动下去.

图 2-10 伽利略的理想实验一

伽利略提出的另一个实验如图 2-11 所示. 两个相连接的倾斜轨道，一个小球从一侧轨道的顶端自由向下滚动，之后它会沿相对的另一轨道向上滚动，假设完全没有摩擦力的存在，则小球能滚动到与原来相同的高度. 若减小后一轨道的角度，小球仍可到达同一高度，但它要在后一轨道上滚动得更远些. 于是他推测，若将后一轨道放平，小球将无法到达同一高度，所以会一直滚动下去.

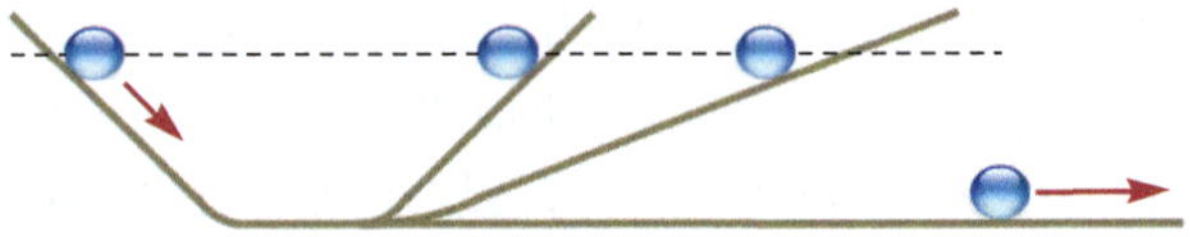

图 2-11 伽利略的理想实验二

牛顿在伽利略等研究成果的基础上，第一次用概括性的语言把力与物体运动状态变化的关系表达了出来，给出了如下的叙述：

牛顿第一定律 ▶

**任何物体都将保持静止或匀速直线运动状态，直到其他物体对它的作用力迫使它改变这种状态为止.**

这就是**牛顿第一定律**，用数学形式可表示为

$$\text{当}\ \boldsymbol{f}=0\ \text{时，}\ \boldsymbol{v}=\ \text{恒矢量(或}\ \boldsymbol{a}=0) \tag{2-7}$$

牛顿第一定律说明，当物体处于静止或匀速直线运动的状态发生改变时，必定受到了其他物体对它的作用，即力不是维持运动的原因，而是改变运动(即获得加速度)的原因. 但这不是说在物体静止或做匀速直线运动时，就一定不受力的作用. 例如，一个静止于水平地面的物体，要受到重力和地面支持力的作用，物体之所以静止，是因为重力和支持力大小相等方向相反，物体受到的合力为零；又比如，沿平直路面匀速直线行驶的汽车，在水平方向要受到发动机牵引力的作用，但该牵引力被地面的摩擦力所平衡. 所以，一个物体是否保持静止或做匀速直线运动，关键要看它所受到的各个作用力是否相互平衡，即要看它所受到的合力是否为零. 如果合力为零，则物体保持静止或做匀速直线运动. 由此可见，在不受外力作用或外力的合力为零时，物体的运动状态保持不变. 物体具有保持其运动状态不变的这种特性称为**惯性**，所以第一定律也称为**惯性定律**.

### 2. 牛顿第二定律

牛顿第一定律指出，当物体不受力或所受合力为零时，物体保持静止或做匀速直线运动，即物体的运动状态不变. 牛顿第二定律则进一步阐明了在力的作用下，物体运动状态变化的具体规律，确定了力、质量和加速度之间的定量关系.

设有一个物体，在合外力 $\boldsymbol{f}=\sum_{i=1}^{n}\boldsymbol{f}_i$ 的作用下做加速运动. 实验证明：物体加速度 $\boldsymbol{a}$ 的大小与作用在物体上的合外力 $\boldsymbol{f}$ 的大小成正比，且加速度的方向与合外力的方向相同，即

$$\boldsymbol{a}\propto\boldsymbol{f} \tag{2-8}$$

上式给出了一个物体获得的加速度与所受的合外力之间的关系. 如果我们以一定的合外力 $\boldsymbol{f}$ 作用在不同的物体上，各物体获得的加速度是不同的. 获得加速度大的物体，说明其运动状态较易改变，我们称其惯性较小；反之，加速度小的物体，其运动状态不易改变，称其惯性较大. 量度物体惯性大小的物理量，称为物体的**惯性质量**，简称质量，以 $m$ 表示. 需要注意的是，描述物体惯性的惯性质量和决定物体间万有引力的引力质量是在不同的物理概念中提出的，但它们的大小完全相等. 在以后的讨论中，两者不加以区分.

实验发现：在相等合外力的作用下，各物体获得的加速度的大小与其质量成反比，即

$$a\propto\frac{1}{m} \tag{2-9}$$

归纳以上两方面的实验结果，可得出如下结论：

**物体受到合外力作用时，物体所获得的加速度的大小与作用在物体上的合外力的大小成正比，与物体的质量成反比；加速度的方向与合外力的方向相同.**

这就是**牛顿第二定律**，其数学表达式为

$$\boldsymbol{a}\propto\frac{\boldsymbol{f}}{m} \tag{2-10}$$

或

$$\boldsymbol{f}=km\boldsymbol{a} \tag{2-11}$$

比例常数 $k$ 的数值取决于力、质量和加速度三个物理量单位的选取. 在国际单位制中，取 $k=1$ 时，质量的单位为 1 千克(kg)，于是牛顿第二定律的数学表达式就简化为

$$\boldsymbol{f}=m\boldsymbol{a} \tag{2-12}$$

◀ 牛顿第二定律

上式也称为**质点动力学基本方程**. 从这个方程出发，在已知合外力和物体质量的情况下，可以求出受力物体的加速度，从而进一步求出物体的速度和位置与时间的关系. 由式(2-12)可见，力的单位可由质量和加速度的单位导出，即 $\text{kg}\cdot\text{m/s}^2$，称作牛顿，简称牛，用字母 N 表示.

在应用牛顿第二定律时，应注意以下几点：

(1) 牛顿第二定律只适用于质点的运动.

(2) 牛顿第二定律表示的合外力与加速度之间的关系是瞬时关系，也就是说，加速度只有在合外力作用时才出现，合外力改变时，加速度也随之改变. 当合外力为零时，物体的加速度也为零，保持既有的运动状态不变.

(3) 式(2-12)是矢量式，在实际应用时，常常要用它的分量式，在直角坐标系 $xOy$ 中，物体所受到的合外力可以分解为在 $x$ 和 $y$ 方向的分量

$$f_x = \sum_{i=1}^{n} f_{ix}, \quad f_y = \sum_{i=1}^{n} f_{iy}$$

而式(2-12)在 $x$ 和 $y$ 轴上的分量式为

牛顿第二定律在直角坐标系中的分量式 ▶

$$\begin{aligned} f_x &= ma_x \\ f_y &= ma_y \end{aligned} \tag{2-13}$$

其中 $a_x$ 和 $a_y$ 分别表示物体的加速度在 $x$ 和 $y$ 轴上的分量.

在处理圆周运动时，还可以将式(2-12)分解为沿切线方向和法线方向的分量式

牛顿第二定律在自然坐标系中的分量式 ▶

$$\begin{aligned} f_\mathrm{t} &= ma_\mathrm{t} = m\frac{\mathrm{d}v}{\mathrm{d}t} \\ f_\mathrm{n} &= ma_\mathrm{n} = m\frac{v^2}{r} \end{aligned} \tag{2-14}$$

式中 $f_\mathrm{t}$ 和 $f_\mathrm{n}$ 分别表示物体所受合外力在切线方向和法线方向的分力，即切向力和法向力；$a_\mathrm{t}$ 和 $a_\mathrm{n}$ 分别表示切向加速度和法向加速度.

### 3. 牛顿第三定律

当你用手推门时，门也会对你的手施加一个作用力. 你推门的力越大，门对你的作用力也越大. 这说明，力是物体间的相互作用. 通常把两个物体间相互作用中的一个力称为**作用力**，而把另一个力称为**反作用力**. 牛顿第三定律就说明了两个物体间相互作用力的关系. **牛顿第三定律**的叙述如下：

**两个物体之间的作用力 $\boldsymbol{f}$ 和反作用力 $\boldsymbol{f}'$ 沿同一直线，大小相等，方向相反，分别作用在两个物体上**(图 2-12). 其数学表达式为

牛顿第三定律 ▶

$$\boldsymbol{f} = -\boldsymbol{f}' \tag{2-15}$$

为了更好地掌握牛顿第三定律，需要注意以下几点：

(1) 作用力和反作用力同时存在，也同时消失. 例如，人推车时，人和车相互施力. 对人而言，人作用于车的力是主动的，而车施于人的力是被动的，我们可以称人施于车的力为作用力，车施于人的力为反作用力. 但这并不意味着人施于车的力产生在前，车施于人的力产生在后，而是同时作用于对方. 人一旦不推车，也就不会受到车的反作用力. 可见，作用力必须以反作用力为其存在的条件. 没有作用力就没有反作用力，反之亦然.

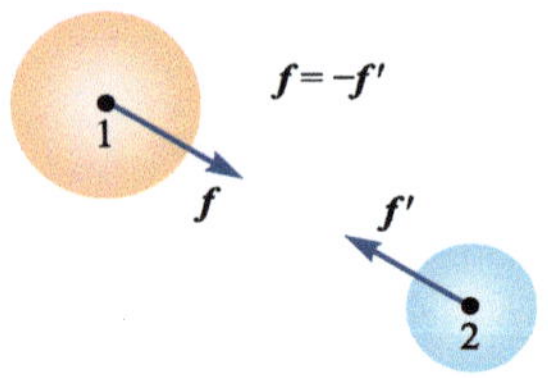

图 2-12 牛顿第三定律. 物体 1 对物体 2 的作用力 $\boldsymbol{f}$ 与物体 2 对物体 1 的作用力 $\boldsymbol{f}'$ 大小相等，方向相反

(2) 不管相互作用的两个物体静止还是运动，作用力和反作用力的大小总是相等. 仍以人与车之间的作用力和反作用力为例. 当车静止时，一般不会产生疑问，但当车运动时，可能会错误地认为人对车的作用力大于车对人的反作用力. 实际上，除了人与车之间的相互作用外，它们各自还要受到地面的摩擦力，

而人或车运动与否，是由它们各自受到的合外力决定的．车之所以被推动，是因为人推车的力大于地面施于车的摩擦力．

(3) 作用力和反作用力是分别施于两个不同物体上的，因此不能相互抵消．只有作用于同一个物体上的两个力才可以相互抵消．例如，放在水平地面上静止的物体，对地面有一个竖直向下的正压力，其反作用力是地面对物体竖直向上的支持力，这两个力大小相等、方向相反，且作用在同一直线上．但由于它们分别作用于物体和地面上，因此不能相互抵消．使物体静止不动的原因是同时作用在物体上的重力和地面支持力相互平衡．

(4) 作用力和反作用力是性质相同的力．如果作用力是万有引力(或弹性力、摩擦力)，则反作用力一定也是相应的万有引力(或弹性力、摩擦力)．如上面提到的静止于地面的物体，其所受地球施于的万有引力(即重力)的反作用力，是它施于地球的万有引力．

### 4. 惯性参照系和非惯性参照系

到目前为止，我们已经讨论了牛顿力学的三个运动定律．在第 1 章中我们指出，讨论物体的运动时是离不开参照系的．不过，在质点运动学中，参照系的选择可以视解题的方便而任意选择．那么在应用牛顿运动定律时，参照系能不能任意选择呢？也就是说牛顿定律是不是对任意参照系都适用呢？我们可以通过一个简单的例子来说明这个问题．

图 2-13　非惯性参照系．a.做圆周运动的非惯性参照系，b.做加速直线运动的非惯性参照系

如图 2-13 所示，一个表面光滑的水平转盘绕其中心竖直轴做匀速转动，盘上有一个小球随转盘一起做匀速转动，小球与一个弹簧测力计的一端相连，测力计的另一端则固定在盘心．从地面参照系来看，小球做匀速圆周运动，有法向加速度，这是因为弹簧测力计对小球施加了一个指向盘心的作用力，所以小球的运动符合牛顿定律．但若以转盘为参照系观测小球，发现小球仍受到测力计的作用力，却总是保持静止，即小球受到的合力不为零，却没有加速度，这显然违背牛顿定律．这说明以转盘为参照系时，牛顿定理不成立．相似的例子是你站在一辆匀速行驶的公交车上，当汽车突然加速或突然刹车时，你的身体会突然向车后的方向或向车头的方向倾侧．在这个过程中，你并没有受到其他物体对你的作用力，但却有了加速度，这也不符合牛顿定律．

从上面的例子可见，牛顿定律并不是在任何参照系中都能成立的．如果对于某参照系牛顿定律能够成立，则该参照系称为**惯性参照系**，简称**惯性系**．而牛顿定律不能成立的参照系称为**非惯性参照系**，简称**非惯性系**．如果某参照系为惯性系，则所有相对于该参照系静止或做匀速直线运动的所有其他参照系也都是惯性系．这是因为，在两个相对静止或做匀速直线运动的参照系中观察同一个质点的运动时，质点的加速度是完全相同的(见第 1 章 1.6 节)．因此，若在其中一个参照系中牛顿第二定律 $\boldsymbol{F}=m\boldsymbol{a}$ 成立，则在另一个参照系中也成立．实际上，由于地球绕太阳公转和绕地轴自转(相当于上述的转盘)，所以严格来讲，地球不是一个精确的惯性参照系．但由于它旋转得较慢，对地轴的加速度较小(见第 1 章例题 1-8)，对太阳公转的加速度更小，所以只要所讨论的问题涉及的

◀ 惯性参照系和非惯性参照系的定义

空间范围不是很大、时间间隔不是很长，则地球可以看作是近似程度相当好的惯性系. 由上面的讨论，固定在地球表面的树木、房子，或相对于地面做匀速直线运动的汽车、轮船等也是惯性系.

## 2.3 牛顿运动定律的应用

### 1. 牛顿运动定律解题方法

牛顿运动定律是质点动力学的基本定律，在实践中有着十分广泛的应用. 本节通过几个例题来说明如何应用牛顿运动定律分析和解决问题. 应用牛顿运动定律可以解决两类问题. 一类是已知物体所受的外力，求其运动的加速度，从而可以进一步求解其运动的速度和运动学方程；另一类是已知物体的运动情况，比如，已知物体的位置或速度随时间变化的函数关系，可求出其加速度，从而求出物体所受的力.

在一个问题中，可能同时有几个物体，每一个物体可以同时受到几个力的作用，而且几个物体的运动情况可能各有不同. 为了便于分析每个物体的受力和运动情况，首先要把所研究的物体从与之相联系的其他物体中“隔离”出来，然后把其他物体对它的作用以力的形式一个不漏地都画出来，即画出物体受力的示力图. 在画示力图时，必须正确地标明每个力的大小和方向. 这种分析物体受力的方法，也叫做**隔离体法**.

在画出隔离体的示力图后，要根据问题的需要选择适当的坐标系(惯性系)，并写出牛顿第二定律沿各坐标轴的分量式. 若物体做直线运动，常选取加速度的方向为坐标轴的正向. 物体若做圆周运动，常选择自然坐标系，并写出牛顿第二定律沿轨道的法线和切线方向的分量式. 求解运动方程时，最好先求出未知量和已知量的代数关系，最后再代入数据求未知量的数值. 这样做的好处之一是从代数解中可以看出解的物理意义，对所求量和已知量的依赖关系有更深入的认知，便于举一反三；二是容易从代数解中看出各物理量的单位或量纲，便于判断求出的结果是否正确，若等式两边的单位或量纲不同，则求解结果一定是错误的；三是简单明了，可避免重复数字计算.

### 2. 牛顿运动定律应用举例

下面，我们通过几个例题来讨论牛顿运动定律的应用.

**例题 2-1 阿特伍德机(不计定滑轮的质量)**

如图 2-14a 所示，一细绳跨过一个定滑轮，绳的两端悬挂质量分别为 $m_1$ 和 $m_2$ 的物体，其中 $m_1<m_2$，定滑轮固定在转轴上，这种装置称为阿特伍德机. 设定滑轮和绳子的质量以及滑轮轴的摩擦力均可忽略不计，绳子无伸缩性. 试求物体的加速度和绳子中的张力.

**解** 这是一个已知受力情况求物体运动的问题. 选地面为参照系，$x$ 轴竖直向上为正方向. 以两个物体为研究对象，分别画出它们的受力图，见图 2-14b.

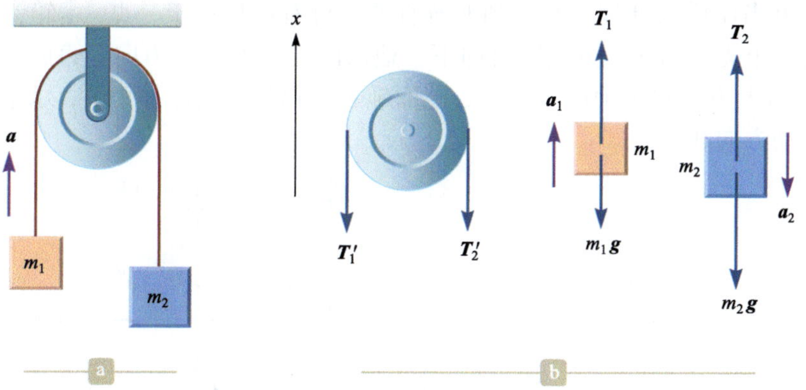


图 2-14　a.阿特伍德机. b.隔离物体的示力图

由于 $m_1<m_2$，所以物体 $m_1$ 在绳子张力 $T_1$ 和重力 $m_1g$ 的作用下，以加速度 $a_1$ 向上运动，根据牛顿第二定律

$$T_1 - m_1 g = m_1 a_1 \quad ①$$

物体 $m_2$ 在绳子张力 $T_2$ 和重力 $m_2g$ 的作用下，以加速度 $a_2$ 向下运动，所以有

$$T_2 - m_2 g = -m_2 a_2 \quad ②$$

由于绳子无伸缩性，所以物体 $m_1$ 向上运动的加速度和物体 $m_2$ 向下运动的加速度在数值上相等，即 $a_1=a_2=a$. 另外，在忽略定滑轮和绳子质量的情况下，作用于定滑轮两侧绳子的张力 $T_1'=T_2'$，而物体作用于绳子的拉力 $T_1'$和 $T_2'$是绳子作用于物体的拉力 $T_1$ 和 $T_2$ 的反作用力，在数值上也相等，即

$$T_1' = T_1 = T, \quad T_2' = T_2 = T$$

由上讨论，可将①、②两式写作

$$T - m_1 g = m_1 a \quad ③$$

$$T - m_2 g = -m_1 a \quad ④$$

联立求解方程③、④可得

$$a = \frac{m_2 - m_1}{m_1 + m_2} g$$

$$T = \frac{2m_1 m_2}{m_1 + m_2} g$$

### 例题 2-2　牛顿定律的应用

如图 2-15a 所示，水平地面上有一质量 $m=60\text{kg}$ 的木箱. 木箱受到一个与地面成 $\theta=30°$仰角的拉力$\boldsymbol{f}$的作用而沿地面滑动. 设木箱与地面间的滑动摩擦系数为 $\mu_k=0.20$.

(1) 要使木箱沿水平地面匀速运动，求拉力$\boldsymbol{f}$的大小和木箱对地面的正压力；

(2) 要使木箱以加速度 $a=1.0\text{m/s}^2$ 沿地面加速运动，求拉力$\boldsymbol{f}$的大小；

(3) 拉力$\boldsymbol{f}$为多大时，木箱对地面的正压力刚好为零？

**解**　这是一个已知物体的运动求力的问题.

(1) 根据牛顿第一定律，木箱沿地面做匀速直线运动时所受合外力为零. 选木箱为研究对象，分析它的受力情况，并画出受力图，见图 2-15b. 因木箱只有平动，可当作质点处理，它受到的所有外力可看作集中于一点. 木箱受四个力的作用：重力 $\boldsymbol{P}=m\boldsymbol{g}$，方向竖直向下；地面的支持力 $\boldsymbol{N}$，方向竖直向上；拉力 $\boldsymbol{f}$，斜向右上方与水平地面成 $\theta$ 角；地面施于木箱的滑动摩擦力 $f_k$，水平向左与木箱运动方向相反.

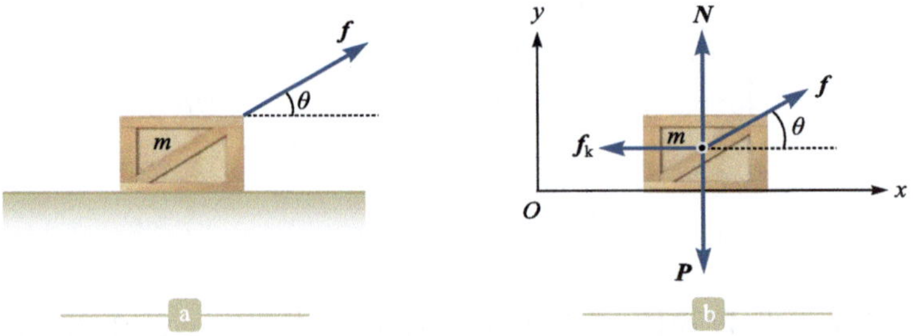


图 2-15 a.水平地面上的木箱受斜向上的拉力作用. b.木箱的受力分析图

以地面为参照系，并取图示的直角坐标系 $xOy$，分别沿 $x$ 轴和 $y$ 轴方向应用牛顿第二定律.

木箱沿 $x$ 方向所受各力的合力为

$$f_x = f\cos\theta - f_k$$

因木箱沿 $x$ 方向做匀速直线运动，所以

$$a_x = 0$$

按牛顿第二定律，沿 $x$ 方向的投影式为

$$f\cos\theta - f_k = 0 \qquad ①$$

木箱沿 $y$ 方向所受各力的合力为

$$f_y = f\sin\theta + N - mg$$

木箱沿 $y$ 方向没有运动，即

$$a_y = 0$$

按牛顿第二定律，沿 $y$ 方向的投影式为

$$f\sin\theta + N - mg = 0 \qquad ②$$

滑动摩擦力 $f_k$ 与正压力 $N$ 的关系为

$$f_k = \mu_k N \qquad ③$$

联立求解方程①、②、③，得

$$f = \frac{\mu_k mg}{\mu_k \sin\theta + \cos\theta}$$

$$N = \frac{mg\cos\theta}{\mu_k \sin\theta + \cos\theta}$$

代入已知数据 $\mu_k=0.20$，$m=60\text{kg}$，$g=9.80\text{m/s}^2$，$\theta=30°$，得

$$f = \frac{0.20\times 60\times 9.80}{0.20\times\sin 30° + \cos 30°} \approx 122(\text{N})$$

$$N = \frac{60\times 9.80\times\cos 30°}{0.20\times\sin 30° + \cos 30°} \approx 527(\text{N})$$

木箱对地面的正压力 $N'$与地面对木箱的支持力 $N$ 为一对作用力和反作用

力，根据牛顿第三定律，有

$$N' = -N$$

所以正压力的大小为 $N'$=527N.

(2) 根据题意，$a_x=a$=1.0m/s$^2$，$a_y$=0，所以只需将式①改为

$$f\cos\theta - f_k = ma \qquad ④$$

联立求解方程②、③、④，得

$$f = \frac{(\mu_k g + a)m}{\mu_k \sin\theta + \cos\theta} = 184\text{N}$$

(3) 令式②中 $N$=0，求得木箱对地面的正压力刚好为零时的拉力为

$$f = \frac{mg}{\sin\theta} = 1.18\times10^3\text{N}$$

## 例题 2-3　牛顿定律的应用

如图 2-16a 所示，一质量 $m_2$=20kg 的小车，可以在水平地面上无摩擦地运动. 车上放有一质量 $m_1$=2kg 的木块，木块与小车之间的静摩擦系数为 $\mu_s$=0.30，滑动摩擦系数为 $\mu_k$=0.25，在木块上施加一个水平向右的拉力 $\boldsymbol{f}$.

(1) 求木块与小车之间的最大静摩擦力 $f_{s\,max}$，并分析使木块与小车之间无相对滑动时的最大拉力 $f$ 等于多少.

(2) 若作用在木块上的水平拉力 $f$=20N，小车和木块的加速度分别为多大?

**解**　将木块和小车分别作为隔离物体，分析它们的受力情况，如图 2-16b 所示. 木块受到四个力的作用，分别是重力 $m_1g$、小车对木块的支持力 $N_1$，小车对木块的摩擦力 $f_r$ 和拉力 $f$；小车也受到四个力的作用，即重力 $m_2g$、地面对小车的支持力 $N_2$、木块对小车的正压力 $N_1'$ 和木块对小车的摩擦力 $f_r'$. 其中，小车对木块的支持力和木块对小车的正压力为一对作用力和反作用力，所以 $\boldsymbol{N}_1=-\boldsymbol{N}_1'$；小车对木块的摩擦力和木块对小车的摩擦力也是一对作用力和反作用力，即 $\boldsymbol{f}_r=-\boldsymbol{f}_r'$. 小车前进的动力就是来自于木块对小车的摩擦力 $f_r'$.

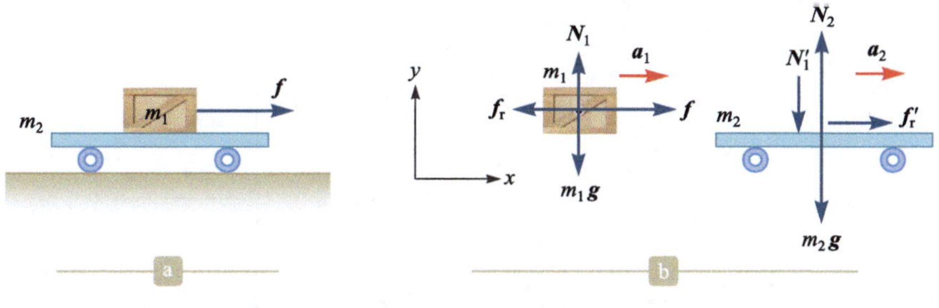


图 2-16　a.例题 2-3 示意图. b.木块和小车的受力图

(1) 若作用于木块的拉力 $f$ 较小，则木块与小车之间无相对滑动，两者将以相等的加速度一起向右运动. 当 $f$ 大于某一定值时，木块就会在小车上滑动，此时木块的加速度 $a_1$ 就会大于小车的加速度 $a_2$. 小车能获得多大的加速度取决于木块与小车之间的最大静摩擦力

$$f'_{r\,max} = \mu_s N_1 = \mu_s m_1 g = 0.3\times2\times9.8 = 5.88(\text{N})$$

因此，小车可能获得的最大加速度为

$$a_{2\max}=\frac{f'_{\rm r\,max}}{m_2}=\frac{5.88}{20}=0.294({\rm m/s^2})$$

若小车与木块一起以加速度 $a$ 运动，则可将两者作为一个整体来考虑，由牛顿第二定律

$$f=(m_1+m_2)a$$

当 $a>a_{2\max}$ 时，木块与小车之间有相对滑动，以 $a=a_{2\max}$ 代入上式，得两者间无相对滑动时的最大拉力为

$$f=(m_1+m_2)a_{2\max}=(2+20)\times0.294\approx6.47({\rm N})$$

(2) 由(1)中讨论可知，当拉力 $f$=20N 时，木块与小车的加速度不同，即 $a_1\neq a_2$. 此时，木块与小车之间的摩擦系数为滑动摩擦系数 $\mu_{\rm k}$. 由牛顿第二定律，在 $x$ 轴方向，对木块：

$$f-f_{\rm r}=f-\mu_{\rm k}m_1g=m_1a_1$$

对小车：

$$f'_{\rm r}=\mu_{\rm k}m_1g=m_2a_2$$

所以

$$a_1=\frac{f-\mu_{\rm k}m_1g}{m_1}=7.55{\rm m/s^2}$$

$$a_2=\frac{\mu_{\rm k}m_1g}{m_2}=0.245\ {\rm m/s^2}$$

请读者分析：若水平拉力 $f$=4N，第(2)问的答案将如何？

## 例题 2-4 圆锥摆

如图 2-17a 所示为一圆锥摆. 长为 $l$ 的细绳一端固定在天花板上，另一端悬挂一质量为 $m$ 的小球. 小球经推动后，在水平面内做匀速圆周运动，转动的角速度为 $\omega$. 求绳和铅直方向所成的角度 $\theta$.

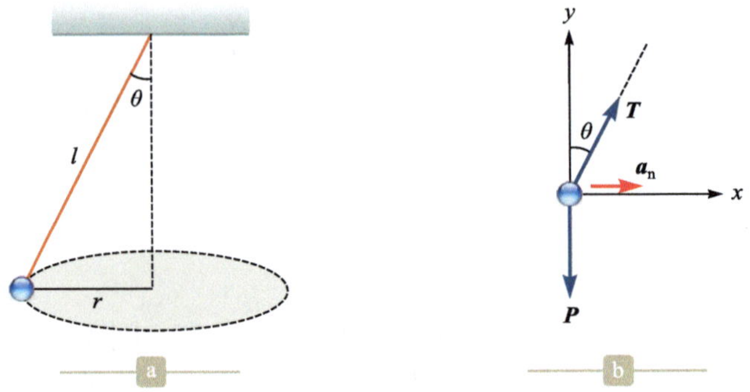


图 2-17 a.圆锥摆. b.摆球的受力分析图

**解** 取图 2-17b 所示的直角坐标系，作小球的受力分析图. 小球受重力 $\boldsymbol{P}$ 和绳子张力 $\boldsymbol{T}$ 的作用，其做匀速圆周运动的向心加速度 $\boldsymbol{a}_{\rm n}$ 指向圆轨道中心，$\boldsymbol{a}_{\rm n}$ 的大小为

$$a_{\rm n}=\frac{v^2}{r}=r\omega^2=l\omega^2\sin\theta$$

根据牛顿第二定律

$$T\sin\theta = ma_x = ma_n = ml\omega^2\sin\theta$$

$$T\cos\theta - P = ma_y = 0$$

得

$$T = ml\omega^2 \quad ①$$

$$T\cos\theta = P = mg \quad ②$$

将式①代入式②，得

$$\cos\theta = \frac{g}{l\omega^2}$$

所以

$$\theta = \arccos\frac{g}{l\omega^2} \quad ③$$

如以 $l$=0.5m，$\omega$=2π rad/s 代入上式，得 $\theta$=60.2°.

由式③可见，当 $\omega$ 越大时，绳子与铅直方向所成的夹角 $\theta$ 也越大，但 $\theta$ 与小球的质量 $m$ 无关.

**例题 2-5　地球同步卫星**

计算在地球赤道平面上空的地球同步卫星距离地面的高度. 已知地球质量 $M_E = 5.98\times10^{24}$kg，地球半径 $R=6.37\times10^6$m，万有引力常数 $G=6.67\times10^{-11}$ N · m²/kg².

**解**　设卫星质量为 $m$，绕地运行的轨道半径为 $r$(图 2-18). 根据题意，卫星与地球自转同步，即卫星在地球赤道平面内做匀速圆周运动，且绕地转动的周期与地球的自转周期相同. 选地心为参照系，写出牛顿第二定律沿轨道的法线方向和切线方向的分量式，即

$$f_n = ma_n = m\frac{v^2}{r}$$

$$f_t = ma_t = m\frac{dv}{dt}$$

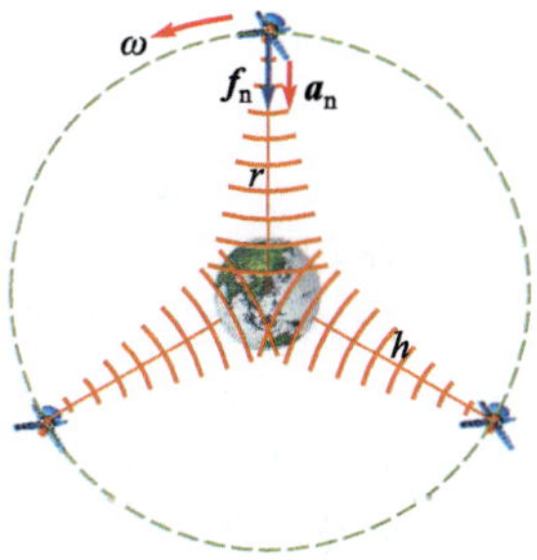

图 2-18　地球同步卫星

卫星的高度在地球大气层之外，所以空气的阻力不计，如果也忽略其他星体(如月球)对它的作用，则可以认为卫星只受到地球对它的万有引力的作用，引力的方向指向地球的中心，卫星绕地球做匀速圆周运动的向心力即为此万有引力 $f_n$.

由于除万有引力之外，卫星不受其他的力，所以卫星在轨道切向方向的受力 $f_t$=0，因此有

$$f_n = G\frac{mM_E}{r^2} = m\frac{v^2}{r} \quad ①$$

而卫星运动的线速度 $v$ 可表示为

$$v = r\omega = \frac{2\pi r}{T} \quad ②$$

式中 $T$ 为卫星绕地球一周所需要的时间，即地球的自转周期，$T$=24×3600s.

联立①、②两式，可得卫星的轨道半径，即卫星到地心的距离为

$$r = \left(\frac{GM_{E}T^{2}}{4\pi^{2}}\right)^{\frac{1}{3}}$$

代入数据，得

$$r = 4.23\times10^{4}\,\text{km}$$

卫星到地心的距离约为地球半径的 6.6 倍，与卫星的质量无关，这个半径是由万有引力定律和卫星与地球同步转动的要求所决定的. 由此可见，并不是在地球赤道平面的任意半径的轨道上都能实现卫星与地球同步运行的.

设卫星离地面的高度为 $h$，则

$$h = r - R = 3.59\times10^{4}\,\text{km}$$

地球同步卫星主要用于地面通信等，为了使卫星发射的信号能覆盖整个地球表面，可在地球赤道平面上空一定方位上分别发射至少三颗同步卫星作为中继站，这样由卫星发射的无线电信号可以传播到地球表面的任何角落而不会出现盲点. 所以利用人造卫星来传播音频、视频等信息，有独特的优越性.

## 例题 2-6 空气中自由下落物体的速度

如图 2-19 所示，一个小球在空气中从静止状态竖直下落，物体的质量为 $m$，下落过程中受到的空气阻力 $\boldsymbol{f}$ 与其速度 $\boldsymbol{v}$ 的大小成正比而方向相反，即 $f=-bv$. 式中比例系数 $b$ 与空气的黏滞性和下落物体的形状、大小等有关. 求小球下落过程中的速度 $v$.

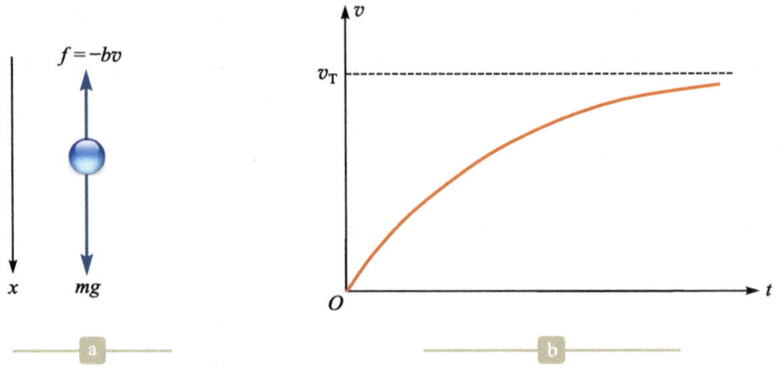


图 2-19 a.球状物体在空气中自由下落时受到空气阻力的作用. b.在空气中自由下落物体的速度与时间的关系

**解** 这是一个变加速问题，要用到微积分来求解，取竖直向下为 $x$ 轴的正方向. 小球受到两个力的作用：重力 $\boldsymbol{P}=m\boldsymbol{g}$，方向竖直向下；空气阻力 $\boldsymbol{f}$，方向竖直向上，见图 2-19a.

根据牛顿第二定律，有

$$mg - bv = ma = m\frac{\mathrm{d}v}{\mathrm{d}t} \qquad ①$$

将上式改写为

$$\frac{\mathrm{d}v}{\frac{mg}{b} - v} = \frac{b}{m}\mathrm{d}t \qquad ②$$

对上式两边积分，有

$$\int_0^v \frac{dv}{\frac{mg}{b}-v}=\frac{b}{m}\int_0^t dt$$

$$-\ln\left(\frac{mg}{b}-v\right)\Big|_0^v=\frac{b}{m}t\Big|_0^t$$

$$\ln\frac{\frac{mg}{b}-v}{\frac{mg}{b}}=-\frac{b}{m}t$$

上式两边分别取自然对数，得

$$\frac{mg}{b}-v=\frac{mg}{b}e^{-\frac{b}{m}t}$$

所以

$$v=\frac{mg}{b}\left(1-e^{-\frac{b}{m}t}\right) \quad ③$$

可见，当 $t=0$ 时，$v=0$，$a=g$，此时小球的加速度最大. 当小球的速度 $v$ 逐渐增大时，加速度逐渐减小. 由式③可见，当 $t\to\infty$时，加速度 $a=0$，速度 $v$ 将趋于一个极限速度 $v_T=mg/b$，称为收尾速度，之后小球以速度 $v_T$ 匀速下落. 这个结果也可以从式①中直接得到，即当 $a=dv/dt=0$ 时，$v=v_T=mg/b$. 小球下落过程中速度-时间曲线如图 2-19b 所示. 因阻力系数与下落物体的形状和面积等有关，在跳伞运动中，运动员在落地前打开一个巨大的降落伞，就是为了增大阻力系数，减小收尾速度，以确保跳伞人的安全.

## 例题 2-7 摆球速度和绳中张力

如图 2-20 所示，一个质量为 $m$ 的小球系在一根长为 $l$ 的轻绳的一端，轻绳的另一端固定在 $O$ 点. 先拉动小球使轻绳保持水平静止，然后松手使小球自然下落. 求轻绳摆下 $\theta$ 角时，小球的速率 $v$ 和轻绳中的张力 $T$.

**解** 这也是一个变加速的问题. 由于小球沿圆周运动，所以按切线和法线方向来列牛顿第二定理的分量式比较方便. 小球受的力有重力 $mg$ 和轻绳对它的张力 $T$. 设任意时刻 $t$，小球摆下的角度为 $\theta$，牛顿第二定律的切向和法向分量式分别为

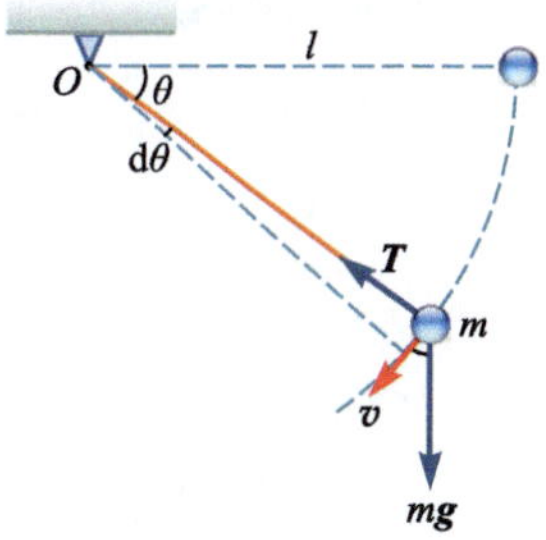


图 2-20 摆球自由下摆时的受力图

$$mg\cos\theta=ma_t=m\frac{dv}{dt} \quad ①$$

$$T-mg\sin\theta=ma_n=m\frac{v^2}{l} \quad ②$$

式①两边同时乘以 $ds$，得

$$mg\cos\theta\, ds=m\frac{dv}{dt}ds=m\frac{ds}{dt}dv$$

由于 $ds=ld\theta$，$v=\frac{ds}{dt}$，所以上式可写成

$$gl\cos\theta\cdot d\theta = v dv$$

对上式两边积分，由于摆角从 0 增大到 $\theta$ 时，速率从 0 增大到 $v$，所以有

$$\int_0^\theta gl\cos\theta\cdot d\theta = \int_0^v v dv$$

由此得

$$gl\sin\theta = \frac{1}{2}v^2$$

从而

$$v = \sqrt{2gl\sin\theta}$$

将上面的结果代入式②，得轻绳对小球的拉力，即绳中的张力为

$$T = 3mg\sin\theta$$

当小球下落到最低点时，$\theta$=90°，这时绳中的张力最大，为 $T_{max}=3mg$.

应用牛顿定律的解题步骤 ▶

通过以上各例题的求解过程，可以把应用牛顿定律解题的步骤简单地归纳如下：

(1) 看清题意，明确已知条件和要求解的问题；

(2) 将所要研究的物体从其他物体中隔离出来，并将其他物体对它的作用以力的形式表示，即画出示力图；

(3) 按照解题的方便选择适当的坐标系，由牛顿第二定律列出运动方程；

(4) 先求运动方程的文字解(代数解)，得出未知量和已知量的函数关系式，最后代入具体数值求出未知量的数值解. 注意求数值解时各物理量的单位要统一.

## 2.4 动量定理 动量守恒定律

图 2-21 网球拍击打网球时，网球和拍线都产生了很大的形变，球与球拍间作用力随时间变化的关系很难得知

在前面的两节中，我们讨论了牛顿运动定律以及利用牛顿定律解决一些力学问题的方法. 牛顿第二定律表示的是力和加速度的瞬时关系，因此，利用牛顿第二定律解题时，需要知道物体受力的详细情况. 但在有些情况下，比如在碰撞过程中，物体间相互作用的关系非常复杂而无法或很难得知力随时间的变化关系. 如图 2-21 所示，在网球拍击打网球的极短时间内，球和球拍都发生了很大的形变，球与球拍间的作用力随时间的变化关系无法得知，因此无法利用牛顿第二定律求解击球前后球的速度变化. 为解决此类问题，本节我们将引入一个新的物理量——动量，并利用牛顿第二定律和第三定律得到动量定理和动量守恒定律. 利用动量定理和动量守恒定律解决此类问题时，往往可以得到事半功倍的效果.

### 1. 质点的动量定理

在研究物体间的冲击和碰撞等问题时，人们认识到，一个物体对另一个物体的冲击效果与这个物体的质量和速度都有关系. 例如，建筑工地上的打桩机，重锤的质量越大或重锤落到水泥桩上的速度越大，则打桩的效果就越好. 质量不大但速度很大的物体(如高速飞行的子弹)，或速度不大但质量很大的物体(如行进中的列车)，在遇到阻碍时，都可以产生很大的冲击力. 进一步的研究还发

现，物体的质量和其运动速度的乘积，在物体的运动过程中遵循着一系列重要的规律. 因此，我们定义物体的质量 $m$ 和它的速度 $\boldsymbol{v}$ 的乘积 $m\boldsymbol{v}$ 为物体的**动量**，以字母 $\boldsymbol{p}$ 表示，即

$$\boldsymbol{p} = m\boldsymbol{v} \tag{2-16}$$

动量是一个矢量，它的大小与物体的质量和速率成正比，它的方向与物体速度的方向相同. 在国际单位制中，动量的单位是千克 · 米/秒(kg · m/s). 对式(2-16)两边求对时间的导数，还可以将物体所受的作用力写为

$$\boldsymbol{F} = \frac{\mathrm{d}\boldsymbol{p}}{\mathrm{d}t} = \frac{\mathrm{d}(m\boldsymbol{v})}{\mathrm{d}t} \tag{2-17}$$

◀ 牛顿第二定律的普遍形式

上式说明，某时刻作用在物体上的合外力等于该时刻物体动量的时间变化率. 即物体动量变化的快慢及方向，反映了它所受合外力的大小和方向. 事实上，式(2-17)是牛顿给出的第二定律的最初形式，是牛顿第二定律的普遍形式，它对物体的质量在运动过程中发生变化的情况(比如，当物体的运动速度接近光速时，其质量随速度的增大而增大；又如，火箭发射过程中，随着燃料的不断喷发，火箭的质量不断变小)也是成立的. 只有当物体的质量在运动过程中保持不变时，式(2-17)中的质量 $m$ 可以从求导的运算符号中提出，而有 $\boldsymbol{F}=m \cdot \mathrm{d}\boldsymbol{v}/\mathrm{d}t= m\boldsymbol{a}$. 这就是2.2节中牛顿第二定律的表达式(2-12).

根据式(2-17)，可以得到在 $\mathrm{d}t$ 时间内，作用在质点上的力 $\boldsymbol{F}$ 使质点产生的动量增量为

$$\boldsymbol{F}\mathrm{d}t = \mathrm{d}\boldsymbol{p}$$

将上式积分，可以得到在从 $t_1$ 到 $t_2$ 的一段时间内质点动量的增量 $\boldsymbol{p}_2-\boldsymbol{p}_1$，即

$$\int_{t_1}^{t_2} \boldsymbol{F}\mathrm{d}t = \int_{\boldsymbol{p}_1}^{\boldsymbol{p}_2} \mathrm{d}\boldsymbol{p} = \boldsymbol{p}_2 - \boldsymbol{p}_1 \tag{2-18}$$

上式中的 $\int_{t_1}^{t_2} \boldsymbol{F}\mathrm{d}t$ 称为作用力 $\boldsymbol{F}$ 在时间 $\Delta t = t_2 - t_1$ 内作用在质点上的**冲量**，记作 $\boldsymbol{I}$，即

$$\boldsymbol{I} = \int_{t_1}^{t_2} \boldsymbol{F}\mathrm{d}t \tag{2-19}$$

这样，式(2-18)可写作

$$\boldsymbol{I} = \int_{t_1}^{t_2} \boldsymbol{F}\mathrm{d}t = \boldsymbol{p}_2 - \boldsymbol{p}_1 = m\boldsymbol{v}_2 - m\boldsymbol{v}_1 \tag{2-20}$$

◀ 质点的动量定理

上式说明，**在一段时间内，质点动量的增量等于在这段时间内外力作用在该质点上的冲量**. 这个结论称为**动量定理**. 由动量定理可以看到，质点动量的增量，与该质点所受的作用力和作用时间两个因素有关. 冲量 $\boldsymbol{I}$ 是一个矢量，它的单位是牛 · 秒(N · s).

动量定理在解决上面提到的冲击和碰撞等问题中特别有用. 例如，在棒球比赛中，球棒击打棒球时的作用时间极短，而在这极短的时间内，作用力可迅速地增大到很大的量值，然后又急剧地下降为零，作用力随时间的变化如图2-22a所示. 这种作用时间很短、变化很快而量值很大的力，称为**冲击力**，简称**冲力**. 因

为冲力随时间的变化关系很难确定，所以表示瞬时关系的牛顿第二定律无法直接应用. 但由式(2-20)可见，冲量 $\boldsymbol{I}$ 的大小和方向总是等于物体在碰撞前、后瞬间动量的矢量差，而无须考虑物体相互作用过程中动量变化的细节，这正是应用动量定理解决力学问题的优势所在.

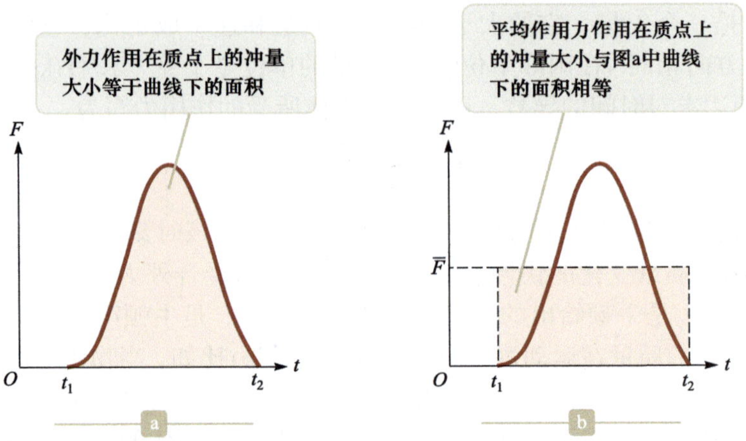


图 2-22　冲量的几何意义. a.力的 $F$-$t$ 曲线下的面积等于冲量的大小. b.平均冲力 $\bar{\boldsymbol{F}}$ 大小的选择要使图中的矩形面积等于图 a 中曲线下的面积

冲量是由外力的大小和作用的时间两个因素决定的，力越大，作用时间越长，则力的冲量就越大. 由冲量的定义可见，当作用力的方向不随时间改变时，冲量的大小就等于图 2-22a 中力随时间的变化曲线与时间轴之间的面积. 由于冲力随时间的变化关系较复杂，可以定义一个平均作用力 $\bar{\boldsymbol{F}}$，使得在相同的作用时间 $\Delta t=t_2-t_1$ 内，平均作用力的冲量与实际作用力的冲量相等(图 2-22b 中的矩形面积等于图 2-22a 中曲线下的面积). 由于平均作用力 $\bar{\boldsymbol{F}}$ 是常量，所以式(2-20)可写成

$$\boldsymbol{I}=\int_{t_1}^{t_2}\boldsymbol{F}\mathrm{d}t=\bar{\boldsymbol{F}}\Delta t=m\boldsymbol{v}_2-m\boldsymbol{v}_1$$

平均冲力 ▶ 或

$$\bar{\boldsymbol{F}}=\frac{m\boldsymbol{v}_2-m\boldsymbol{v}_1}{\Delta t} \tag{2-21}$$

式(2-20)是动量定理的矢量表达式，在实际计算时常要用它在各坐标轴方向的分量式. 在直角坐标系中，动量定理的分量式为

$$\begin{aligned} I_x&=\int_{t_1}^{t_2}F_x\mathrm{d}t=\bar{F}_x(t_2-t_1)=mv_{2x}-mv_{1x}\\ I_y&=\int_{t_1}^{t_2}F_y\mathrm{d}t=\bar{F}_y(t_2-t_1)=mv_{2y}-mv_{1y}\\ I_z&=\int_{t_1}^{t_2}F_z\mathrm{d}t=\bar{F}_z(t_2-t_1)=mv_{2z}-mv_{1z}\end{aligned} \tag{2-22}$$

上式表明，**冲量在某个方向上的分量等于在该方向上质点动量分量的增量**. 即冲量在某一方向的分量只能改变该方向的动量分量，而不能改变与它相垂直的其他方向的动量分量.

图 2-23　赛道边的轮胎墙可以在赛车与墙碰撞时延长碰撞时间，减小冲力

在许多实际应用中，我们有时需要增大冲击力. 例如，利用冲床冲压钢板，冲头与钢板的作用时间极短，冲力很大，所以钢板被冲断了. 但有时，我们又要尽量地减小冲力. 例如，跳高比赛时，要在地上放上厚厚的海绵垫，这是为了运

动员在着地时延长碰撞时间，从而减小冲力，以避免运动员受伤. 又例如，在赛车比赛中，在赛道的两边都会安放由轮胎组成的防护墙，也是为了一旦赛车冲出赛道，延长赛车与防护墙的碰撞时间，减小碰撞时的冲力，起到保护运动员的作用(图 2-23).

### 例题 2-8　下落的重锤产生的平均冲力

如图 2-24 所示，质量 $M$=3t 的重锤，从 $h$=1.5m 的高度自由落到受锻压的工件上，使工件发生变形. 假设重锤与工件的作用时间为：(1) $\Delta t$= 0.1s；(2) $\Delta t$= 0.01s. 求重锤对工件的平均冲力.

**解法一**　取重锤为研究对象，在它与工件相互作用的时间 $\Delta t$ 内，作用在重锤上的力有两个：重力 $\boldsymbol{P}$，方向竖直向下；工件对重锤的支持力 $\boldsymbol{N}$，方向竖直向上. $\boldsymbol{N}$ 在 $\Delta t$ 这一极短的时间内，其大小迅速变化. 因此，我们用平均冲力 $\bar{N}$ 来代替实际冲力 $N$ 的效果.

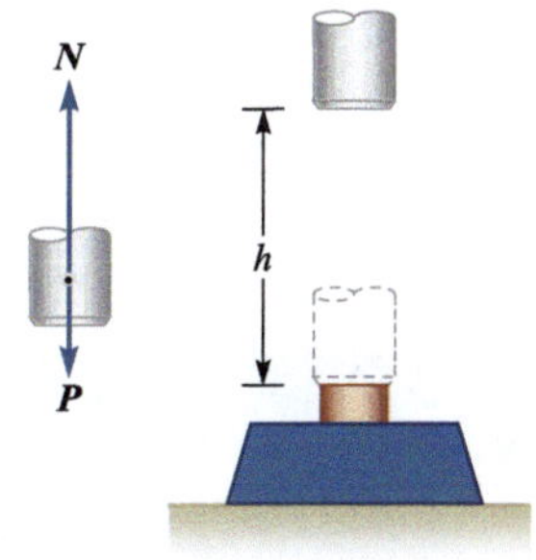

图 2-24　下落的重锤锻压工件

由自由落体公式，重锤从高度 $h$ 处下落到刚与工件接触时的速度为

$$v_0 = \sqrt{2gh}$$

在 $\Delta t$ 时间内，重锤的速度由初速度 $v_0$ 迅速变化到末速度 $v$=0. 取竖直向上为坐标轴的正方向，则根据动量定理得到

$$(\bar{N} - P)\Delta t = 0 - (-Mv_0) = M\sqrt{2gh}$$

由此得

$$\bar{N} = \frac{M\sqrt{2gh}}{\Delta t} + P = Mg\left(\frac{1}{\Delta t}\sqrt{\frac{2h}{g}} + 1\right)$$

将 $M$、$h$、$\Delta t$ 的数据代入上式，可得

(1) 当 $\Delta t$=0.1s 时

$$\bar{N} = 3\times10^3 \times 9.8 \times \left(\frac{1}{0.1}\sqrt{\frac{2\times1.5}{9.8}} + 1\right) \approx 1.92\times10^5\,(\mathrm{N})$$

(2) 当 $\Delta t$=0.01s 时

$$\bar{N} = 3\times10^3 \times 9.8 \times \left(\frac{1}{0.01}\sqrt{\frac{2\times1.5}{9.8}} + 1\right) \approx 1.66\times10^6\,(\mathrm{N})$$

重锤对工件的平均冲力 $\bar{N}'$ 与工件对重锤的平均支持力 $\bar{N}$ 大小相等，所以 $\Delta t$=0.1s 时，$\bar{N}'$ =1.92×10$^5$N；$\Delta t$=0.01s 时，$\bar{N}'$ =1.66×10$^6$N，但 $\bar{N}'$ 的方向竖直向下，与 $\bar{N}$ 相反. 在上面的讨论中，考虑了重锤的自重($P$=$Mg$=2.94×10$^4$N)对平均冲力的影响. 在(1)中，平均冲力约为重锤自重的 6.5 倍，而在(2)中，平均冲力约为重锤自重的 56 倍. 由此可见，作用时间很短时，平均冲力远大于重锤的自重. 在计算过程中，有时可以忽略重锤自重的影响.

**解法二**　动量定理不仅可用于重锤与工件接触的短暂时间内，也可用于锻压时重锤运动的整个过程. 设重锤自由落下 $h$ 高度所用的时间为 $t$，则根据自由落体公式，有

$$t=\sqrt{\frac{2h}{g}}$$

在重锤刚开始下落到停在工件上的整个过程中，重力 $\boldsymbol{P}$ 的作用时间为 $t+\Delta t$，它的冲量大小等于 $P(t+\Delta t)$，方向竖直向下；支持力 $\boldsymbol{N}$ 的作用时间为 $\Delta t$，它的冲量大小为 $\bar{N}\Delta t$，方向竖直向上. 由于在整个过程中，重锤的初速度和末速度都等于零，即它的初动量和末动量都等于零. 如果取竖直向上的方向为坐标轴的正方向，则根据动量定理，有

$$\bar{N}\Delta t-P(t+\Delta t)=0$$

因此得

$$\bar{N}=P\left(\frac{t}{\Delta t}+1\right)=Mg\left(\frac{1}{\Delta t}\sqrt{\frac{2h}{g}}+1\right)$$

和解法一中的结果相同. 由上式可见，比值 $t/\Delta t$ 越大，平均冲力 $\bar{N}$ 也越大.

**例题 2-9　动量定理的应用**

如图 2-25 所示，两块并排的木块 $A$ 和 $B$，质量分别为 $m_1$ 和 $m_2$，静止地放在光滑的水平面上. 一子弹水平地穿过两木块，设子弹穿过两木块所用的时间分别为 $\Delta t_1$ 和 $\Delta t_2$，木块对子弹的阻力为恒力 $F$. 求子弹穿出两木块后，木块 $A$ 和 $B$ 的速度大小.

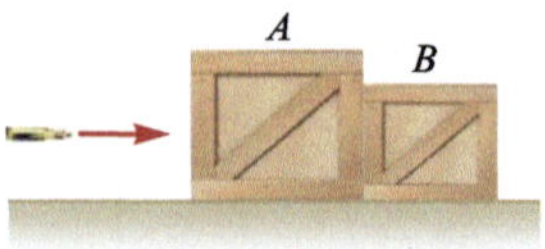

图 2-25　子弹穿过两块并排放置的木块

**解**　子弹穿过木块 $A$ 之前，$A$、$B$ 一起加速运动. 设子弹刚穿过木块 $A$ 时，两木块的共同速度为 $v_A$，则由动量定理

$$F\Delta t_1=(m_1+m_2)v_A-0$$

得

$$v_A=\frac{F\Delta t_1}{m_1+m_2}$$

子弹进入木块 $B$ 后，继续推动 $B$ 加速运动. 设子弹刚穿过木块 $B$ 时，$B$ 的速度为 $v_B$，由动量定理

$$F\Delta t_2=m_2v_B-m_2v_A=m_2v_B-m_2\frac{F\Delta t_1}{m_1+m_2}$$

得

$$v_B=\frac{F\Delta t_1}{m_1+m_2}+\frac{F\Delta t_2}{m_2}$$

### 2. 质点系的动量定理

上面我们讨论了单个质点的动量定理. 在很多情况下，我们经常需要处理由若干个相互作用的物体组成的物体系统内各个物体间的相互作用问题，例如，两个球之间的碰撞、中子和原子核之间的碰撞等. 在处理这类问题时，需要把这若干个物体作为一个整体来加以研究. 此时，单个质点的动量定理不能简单应用，而必须将它加以推广. 由若干个有相互作用的质点组成的系统，称为**质**

**点系**. 系统内各质点间的相互作用力称为**内力**，而系统以外的其他物体对系统内任意质点的作用力则称为**外力**. 把质点的动量定理应用于质点系中的每一个质点，就可以得到适用于整个质点系的动量定理.

我们首先讨论由两个质点组成的质点系统. 如图 2-26a 所示，由两个质点 1 和 2 组成质点系，两个质点的质量分别为 $m_1$ 和 $m_2$，它们之间相互作用的内力分别为 $\boldsymbol{f}_{12}$ 和 $\boldsymbol{f}_{21}$，作用在两个质点上的外力分别是 $\boldsymbol{F}_1$ 和 $\boldsymbol{F}_2$. 在外力和内力的作用下，两个质点各自的动量都发生变化. 设在力的作用时间 $\Delta t$ 内，两个质点的速度分别由初速度 $\boldsymbol{v}_{10}$ 和 $\boldsymbol{v}_{20}$ 变化到末速度 $\boldsymbol{v}_1$ 和 $\boldsymbol{v}_2$. 分别对这两个质点运用动量定理

$$(\boldsymbol{F}_1 + \boldsymbol{f}_{12})\Delta t = m_1\boldsymbol{v}_1 - m_1\boldsymbol{v}_{10}$$

$$(\boldsymbol{F}_2 + \boldsymbol{f}_{21})\Delta t = m_2\boldsymbol{v}_2 - m_2\boldsymbol{v}_{20}$$

将上面两式相加

$$(\boldsymbol{F}_1 + \boldsymbol{F}_2)\Delta t + (\boldsymbol{f}_{12} + \boldsymbol{f}_{21})\Delta t = (m_1\boldsymbol{v}_1 + m_2\boldsymbol{v}_2) - (m_1\boldsymbol{v}_{10} + m_2\boldsymbol{v}_{20}) \quad (2\text{-}23)$$

上式中 $\boldsymbol{f}_{12}$ 和 $\boldsymbol{f}_{21}$ 这一对内力是一对作用力和反作用力，根据牛顿第三定律，有 $\boldsymbol{f}_{12}=-\boldsymbol{f}_{21}$. 因此，这一对内力的矢量和

$$\boldsymbol{f}_{12} + \boldsymbol{f}_{21} = 0$$

于是，式(2-23)可写成

$$(\boldsymbol{F}_1 + \boldsymbol{F}_2)\Delta t = (m_1\boldsymbol{v}_1 + m_2\boldsymbol{v}_2) - (m_1\boldsymbol{v}_{10} + m_2\boldsymbol{v}_{20}) \quad (2\text{-}24)$$

上式左边为系统所受合外力的冲量，右边第一项为系统内两质点末动量的矢量和，即系统的总末动量，右边第二项则为系统的总初动量. 所以式(2-24)表明：作用于两个质点组成的系统的合外力的冲量等于系统内两质点总动量的增量.

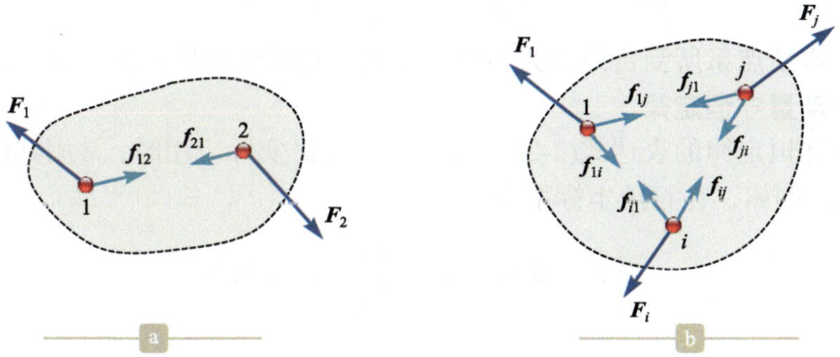


图 2-26 质点系所受的内力和外力. a.质点系由两个质点组成. b.质点系由 $n$ 个质点组成(图中只画出了其中的三个)

上述结论容易推广到由任意多个质点组成的质点系统. 设一个质点系由 $n$ 个质点组成，如图 2-26b 所示(图中只画出了系统中质点 1、质点 $i$ 和质点 $j$ 三个质点)，其中任一质点 $i$ 的质量为 $m_i$，所受外力为 $\boldsymbol{F}_i$，在 $\Delta t$ 时间内，质点 $i$ 的速度由初速度 $\boldsymbol{v}_{i0}$ 变化到末速度 $\boldsymbol{v}_i$. 由于系统内任意两个质点间相互作用的一对内力，如 $\boldsymbol{f}_{ij}$ 和 $\boldsymbol{f}_{ji}$ 是一对作用力和反作用力，有 $\boldsymbol{f}_{ij}=-\boldsymbol{f}_{ji}$. 所以根据牛顿第三定律，系统内所有内力的矢量和应等于零. 因此，对由 $n$ 个质点组成的质点系，参照式(2-24)，可得

$$\sum_{i=1}^{n}\boldsymbol{F}_i\,\Delta t = \sum_{i=1}^{n}m_i\boldsymbol{v}_i - \sum_{i=1}^{n}m_i\boldsymbol{v}_{i0} \quad (2\text{-}25a)$$

质点系的动量定理 ▶ 或

$$I=\sum_{i=1}^{n}F_i\Delta t=p-p_0 \tag{2-25b}$$

上式中 $I=\sum_{i=1}^{n}F_i\Delta t$ 表示系统在 $\Delta t$ 时间内所受合外力的总冲量，$p=\sum_{i=1}^{n}m_i v_i$ 为系统末态时的总动量，而 $p_0=\sum_{i=1}^{n}m_i v_{i0}$ 为系统初态时的总动量. 所以式(2-25)表明：**作用于质点系的合外力的总冲量等于质点系总动量的增量**. 这一结论称为**质点系的动量定理**.

质点系的动量定理表明，只有外力才能改变物体系统的总动量，而内力不能改变系统的总动量. 例如，当汽车抛锚时，乘客可以下车推动汽车前行，因为乘客推车的力和地面对车的摩擦力对汽车来说都是外力，当推力大于摩擦力时，汽车所受的合外力不等于零，合外力的冲量等于汽车动量的增量，所以汽车可以被推动. 而车内的乘客无论怎样努力都不可能将车推动，因为车内乘客推车的力是内力，不能改变车的动量.

### 3. 动量守恒定律

由质点系的动量定理式(2-25)可知，若质点系所受的合外力为零，即

$$\sum_{i=1}^{n}F_i=0$$

则

$$p=p_0=\text{常矢量} \tag{2-26a}$$

或

$$p=\sum_{i=1}^{n}m_i v_i=m_1 v_1+m_2 v_2+\cdots+m_n v_n=\text{常矢量} \tag{2-26b}$$

这说明：**当质点系所受合外力为零时，系统的总动量保持不变**，这一结论称为

动量守恒定律 ▶ **质点系的动量守恒定律**.

动量守恒定律的表达式(2-26)是矢量关系式. 实际应用时，常用其沿坐标轴的分量式. 例如，在直角坐标系中

$$\begin{aligned}&\text{当 } F_x=0 \text{ 时，} \quad p_x=\sum_{i=1}^{n}m_i v_{ix}=\text{常量}\\&\text{当 } F_y=0 \text{ 时，} \quad p_y=\sum_{i=1}^{n}m_i v_{iy}=\text{常量}\\&\text{当 } F_z=0 \text{ 时，} \quad p_z=\sum_{i=1}^{n}m_i v_{iz}=\text{常量}\end{aligned} \tag{2-27}$$

上式说明，如果质点系所受的合外力不为零，则此系统的总动量并不守恒，但只要合外力在某一方向上的分量为零，则系统在该方向上动量的分量仍然守恒，即动量守恒定律可以在某一方向上成立. 例如，一颗炸弹在空中爆炸成若干块弹片的过程，在忽略空气阻力的情况下，这些弹片只受到竖直向下的重力的作用，因此由这些弹片组成的系统在竖直方向的动量不守恒，但该系统在水平方向不受力，所以系统在水平方向的动量守恒.

应用动量守恒定律分析和解决问题时，还需要注意：

(1) 动量守恒定律需要说明的是，当合外力为零时，系统的总动量保持不变，但这并不意味着系统内各质点的动量不变. 事实上，系统内各质点在外力和内力的作用下，动量可以变化. 仅就由两个质点组成的系统而言，若合外力的矢量和 $\boldsymbol{F}_1+\boldsymbol{F}_2=0$，则由式(2-24)可得

$$(\boldsymbol{F}_1+\boldsymbol{F}_2)\Delta t=(m_1\boldsymbol{v}_1+m_2\boldsymbol{v}_2)-(m_1\boldsymbol{v}_{10}+m_2\boldsymbol{v}_{20})=0$$

即

$$(m_1\boldsymbol{v}_1-m_1\boldsymbol{v}_{10})=-(m_2\boldsymbol{v}_2-m_2\boldsymbol{v}_{20})$$

上式说明：在所考虑的时间 $\Delta t$ 内，两个物体的动量都发生了变化，但其中一个物体动量的增加，等于另一个物体动量的减少，即两者相互交换了动量，而两者的总动量没有发生改变. 例如，在水平光滑的冰面上(摩擦力忽略不计)，两个穿着冰鞋的人静止地相向而立，这时两人的总动量为零. 当一个人推了对方一把时，两人都运动了起来. 这时质量较大的人速度较小，而质量较小的人速度较大，两人动量的大小相等. 但由于两人运动速度的方向相反，两人组成的系统的总动量依然为零.

(2) 一个质点系动量守恒的条件是合外力等于零，即 $\sum \boldsymbol{F}_{外}=0$，但完全不受外力作用的系统是不存在的. 如果在所考虑的时间内，尽管系统所受外力的矢量和不为零，但是外力与系统的内力相比很小而可以忽略不计时，仍然可以认为系统近似满足守恒条件，也就是说，可以近似地应用动量守恒定律. 例如，对于像碰撞、爆炸等过程，虽然外力不为零，但在这一类极为短暂的过程中，物体系统的内力远大于系统所受的外力(如空气阻力、摩擦力或重力等)，这时外力往往可以忽略，而认为系统的总动量仍守恒.

值得指出的是，上述动量守恒定律是由牛顿运动定律推导出的，但近代物理学理论指出，更普遍的动量守恒定律不依靠牛顿运动定律. 动量守恒定律不仅适用于宏观物体相互作用的过程，也适用于分子、原子、原子核等微观粒子相互作用的过程；它不仅适用于物体的低速运动过程，也适用于物体的高速运动过程；甚至对于不能用力的概念描述的过程，如电磁相互作用等，只要系统不受外界影响，动量守恒定律都是成立的. 因此，动量守恒定律比牛顿运动定律有更大的普遍性，是关于自然界一切物理过程的最普遍、最基本的定律之一.

**例题 2-10 动量守恒定律的应用**

如图 2-27 所示，一辆炮车以仰角 $\alpha=30°$ 发射一颗炮弹. 设炮车的质量为 $M=2000\text{kg}$，炮弹的质量为 $m=10\text{kg}$，炮弹相对于地面的发射速度为 $v=800\text{m/s}$. 求发射炮弹时，炮车的反冲(即倒退)速度 $V$.

**解** 取炮车和炮弹为一个系统. 系统所受的外力有：炮车和炮弹的重力 $(M+m)\boldsymbol{g}$、地面的支持力 $\boldsymbol{N}$ 和发射炮弹时地面对炮车的摩擦力 $\boldsymbol{f}_r$. 系统的内力是炮弹发射时炮车和炮弹间的相互作用力，它们不改变系统的总动量.

图 2-27 炮车和炮弹组成的系统在水平方向动量守恒

在发射前，重力和支持力相互平衡，即 $\boldsymbol{N}=-(M+m)\boldsymbol{g}$. 炮弹发射过程中，因炮车受到反冲力作用使地面对炮车的支持力 $N$ 增大，这时重力和支持力不再平衡. 而且，发射炮弹时，炮车还受到地面摩擦力 $\boldsymbol{f}_r$ 的作用，因而系统的总动量

不守恒. 但重力和支持力都沿竖直方向，它们沿水平方向的分量等于零，而炮车和炮弹间相互作用的内力沿水平方向的分力远大于炮车受到的摩擦力. 所以，若忽略摩擦力对系统的作用，系统在水平方向的动量守恒.

设水平向右为 $x$ 轴的正方向，则炮弹出口速度 $\boldsymbol{v}$ 沿 $x$ 轴的分量是 $v\cos\alpha$，炮车的反冲速度为 $V$. 由水平方向的动量守恒，有

$$mv\cos\alpha + MV = 0$$

由上式得炮弹发射时，炮车的反冲速度为

$$V = -\frac{m}{M}v\cos\alpha$$

代入数据得 $V=-3.5\text{m/s}$. $V$ 的值为负，说明炮车运动速度与 $x$ 轴正方向相反，即向左运动.

## 例题 2-11　动量守恒定律的应用

如图 2-28 所示，一辆长为 $L$，质量为 $M$ 的平板车放置在水平光滑的轨道上，在车的右端 $A$ 处有一个质量为 $m$ 的人. 人和平板车原来都静止于地面不动，如果人从 $A$ 端走到平板车的左端 $B$，求此过程中人和车相对于地面的位移 $x_1$ 和 $x_2$.

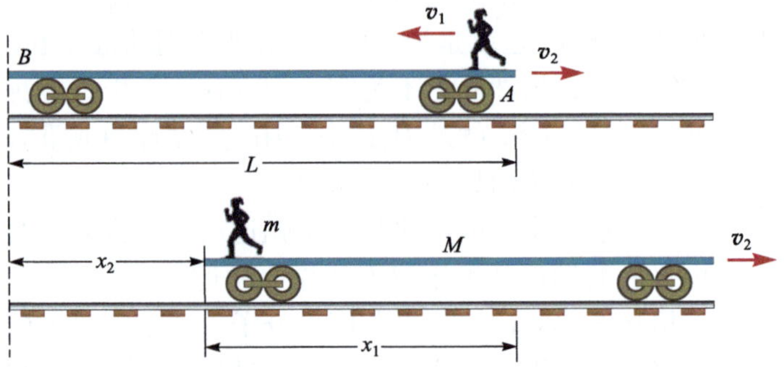

图 2-28　人和平板车组成的系统在水平方向动量守恒

**解**　设人在车上走动时对地的速度为 $\boldsymbol{v}_1$，车对地的速度为 $\boldsymbol{v}_2$. 由人、车组成的系统在任意时刻的水平动量为

$$p = mv_1 + Mv_2$$

因为系统水平方向不受外力，所以系统水平方向动量守恒，由于初动量 $p_0=0$，所以

$$mv_1 + Mv_2 = 0$$

得

$$v_2 = -\frac{m}{M}v_1$$

上式中负号说明人和平板车的运动方向相反，人相对于车的速度为

$$v_{\text{rel}} = v_1 - v_2 = v_1 - \left(-\frac{m}{M}\right)v_1 = \frac{M+m}{M}v_1$$

若人从车的右端走到车的左端用时 $T$，则

$$L=\int_0^T v_{\mathrm{rel}}\mathrm{d}t=\frac{M+m}{M}\int_0^T v_1\mathrm{d}t$$

人相对于地面的位移为

$$x_1=\int_0^T v_1\mathrm{d}t=\frac{M}{M+m}L$$

车相对于地面的位移为

$$x_2=\int_0^T v_2\mathrm{d}t=-\frac{m}{M}\int_0^T v_1\mathrm{d}t=-\frac{m}{M+m}L$$

通过以上例题可见，动量守恒定律是对由若干个有相互作用(如碰撞等)的物体组成的系统而言的，它只说明当系统的内力远大于外力时，系统在碰撞前的瞬间和碰撞后的瞬间动量是守恒的. 一旦系统内各物体间不再有相互作用，如炮弹已经射出或相碰撞的两个粒子已经分离，则各物体由于继续受到外力的作用(如炮弹出膛后继续受重力、空气阻力等的作用)，系统的总动量不一定再守恒. 另外，当应用动量守恒定律时，只要求系统所受外力的矢量和等于零或外力对系统的冲量很小而可以忽略不计，而无须知道系统内各物体间相互作用的内力的细节. 因此在解决某些力学问题时，应用动量守恒定律比直接应用牛顿运动定律更为方便.

## 2.5　质心　质心运动定理

### 1. 质心

在讨论多个物体组成的系统(质点系)时，**质量中心**(简称**质心**)的概念是很重要的. 所谓质心实际上是与质点系统质量分布有关的一个代表点，它的位置在平均意义上代表了系统质量分布的中心.

如图 2-29 所示，假设两个质量分别为 $m_1$ 和 $m_2$ 的小球(均视为质点)由一根刚性轻杆相连，将此系统放在某一支点上，先使系统保持水平静止，然后释放. 一般情况下，此系统会绕着支点沿顺时针或逆时针方向转动. 但当支点正好在轻杆上的某一点 $C$ 时，此系统将保持静止，就好像整个系统所受重力的合力正好作用在 $C$ 点上一样，这个位置便是该系统的**重心**位置. 一般情况下，只要所讨论的系统不是很大，系统各部分所在处的重力加速度 $g$ 一样大，则此重心的位置也是系统质心的位置.

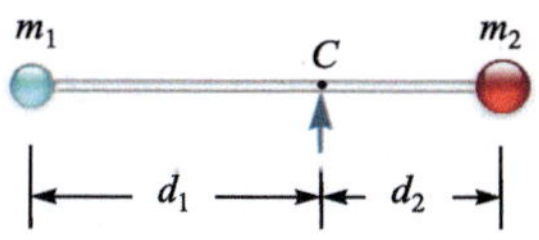


图 2-29　两个小球(可看作质点)由轻杆(质量不计)相连，当支点在系统的质心上时，系统可以保持平衡

在上面的实验中，我们知道，这个由轻杆相连的两个小球所组成的系统的质心 $C$，位于轻杆上，若 $m_2>m_1$，则质心 $C$ 靠近 $m_2$ 一侧，而且质心 $C$ 和两个小球的距离 $d_1$ 和 $d_2$ 与两个小球的质量 $m_1$ 和 $m_2$ 之间有如下关系：

$$m_1d_1=m_2d_2\quad 或\quad \frac{d_1}{d_2}=\frac{m_2}{m_1}\tag{2-28}$$

为了求出质心的位置，如图 2-30 所示，取直角坐标系 $xOy$，质心 $C$ 的坐标 $x_C$、$y_C$ 和小球 $m_1$、$m_2$ 的坐标 $x_1$、$y_1$ 与 $x_2$、$y_2$ 之间有如下关系：

$$\frac{d_1}{d_2}=\frac{x_C-x_1}{x_2-x_C}=\frac{y_C-y_1}{y_2-y_C}$$

将以上关系代入式(2-28)，可得

$$\begin{cases} x_C = \dfrac{m_1 x_1 + m_2 x_2}{m_1 + m_2} \\ y_C = \dfrac{m_1 y_1 + m_2 y_2}{m_1 + m_2} \end{cases} \tag{2-29}$$

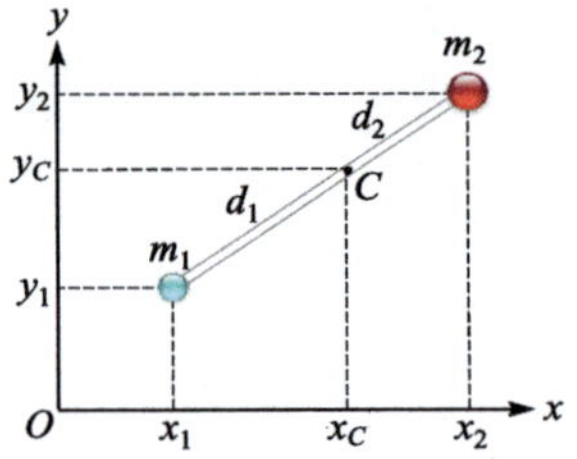

图 2-30 求解由轻杆连接的两个小球组成的系统的质心

例如，若令 $m_2=2m_1$，则由上式可得

$$x_C = x_1 + \frac{2}{3}(x_2 - x_1), \quad y_C = y_1 + \frac{2}{3}(y_2 - y_1)$$

这说明，这一系统的质心在两个小球的连线上，与质量为 $m_1$ 的小球的距离为两小球距离的 2/3，可见质心靠近质量大的小球. 如果 $m_2=m_1$，则质心在两小球连线的中心.

式(2-29)可推广到由 $n$ 个质点组成的质点系，即

$$\begin{cases} x_C = \dfrac{m_1 x_1 + m_2 x_2 + \cdots + m_n x_n}{m_1 + m_2 + \cdots + m_n} = \dfrac{\sum\limits_i m_i x_i}{\sum\limits_i m_i} \\ y_C = \dfrac{m_1 y_1 + m_2 y_2 + \cdots + m_n y_n}{m_1 + m_2 + \cdots + m_n} = \dfrac{\sum\limits_i m_i y_i}{\sum\limits_i m_i} \\ z_C = \dfrac{m_1 z_1 + m_2 z_2 + \cdots + m_n z_n}{m_1 + m_2 + \cdots + m_n} = \dfrac{\sum\limits_i m_i z_i}{\sum\limits_i m_i} \end{cases} \tag{2-30}$$

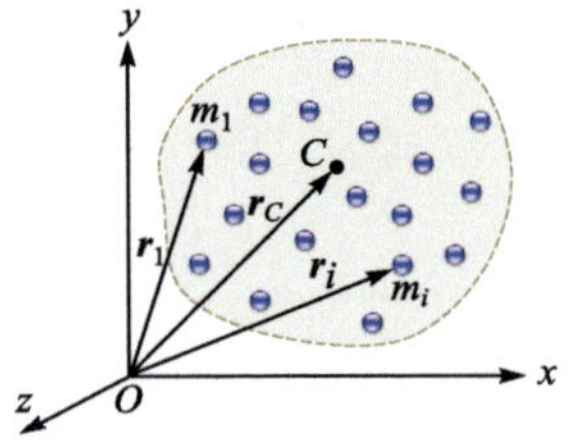

图 2-31 由任意多质点组成的质点系的质心

质心的位置 ▶

若以 $\boldsymbol{r}_1, \boldsymbol{r}_2, \cdots, \boldsymbol{r}_n$ 分别表示各质点对某一坐标系原点的位置矢量(图 2-31)，则式(2-30)可用矢量式表示为

$$\boldsymbol{r}_C = \frac{\sum\limits_i m_i \boldsymbol{r}_i}{\sum\limits_i m_i} = \frac{\sum\limits_i m_i \boldsymbol{r}_i}{m} \tag{2-31}$$

上式中 $m = \sum\limits_i m_i$ 是质点系的总质量.

对于一个质量连续分布的物体，可以将其看作是由无穷多个质点(又称质元)组成的质点系，若质点系中任一质元的质量用 $\mathrm{d}m$ 来表示，则物体质心的位置可以用积分求得，即

$$\boldsymbol{r}_C = \frac{\int \boldsymbol{r}\,\mathrm{d}m}{\int \mathrm{d}m} = \frac{\int \boldsymbol{r}\,\mathrm{d}m}{m} \tag{2-32}$$

上式的三个直角坐标分量式分别为

$$x_C = \frac{\int x\,\mathrm{d}m}{m}, \quad y_C = \frac{\int y\,\mathrm{d}m}{m}, \quad z_C = \frac{\int z\,\mathrm{d}m}{m} \tag{2-33}$$

由上面的讨论可见，一个质点系统质心的位置矢量与所选择的坐标系有关.

但可以证明：质心相对于质点系内各质点的相对位置是不会随坐标系的不同而不同的，即质心是相对于质点系本身的一个特定位置. 利用上述求质心的公式，可以求出质量均匀分布的规则形状物体(如均匀直棒、圆环、球体等)的质心在它们的几何中心上.

**例题 2-12 地-月系统的质心位置**

地球的质量为 $M_E=5.98\times10^{24}$kg，月球的质量为 $M_M=7.35\times10^{22}$kg，地球和月球中心的距离为 $l=3.84\times10^5$km. 求地-月系统的质心位置.

**解** 地球和月球都可看作质量均匀分布的球体，它们的质心都在各自的球心处，所以地-月系统可看作质量分别集中在地球中心和月球中心处的两个质点组成的系统. 选择地球中心为坐标原点，$x$ 轴沿地球中心指向月球中心的方向，则此系统的质心坐标为

$$x_C=\frac{M_E\times0+M_M\times l}{M_E+M_M}\approx\frac{M_M\times l}{M_E}$$
$$=\frac{7.35\times10^{22}}{5.98\times10^{24}}\times3.84\times10^5\approx4.72\times10^3\,(\text{km})$$

这说明地-月系统的质心到地球中心的距离约为地球到月球距离的 1.2%(图 2-32). 实际上，该质心在地球体内，距地心距离约为地球半径的 74%左右.

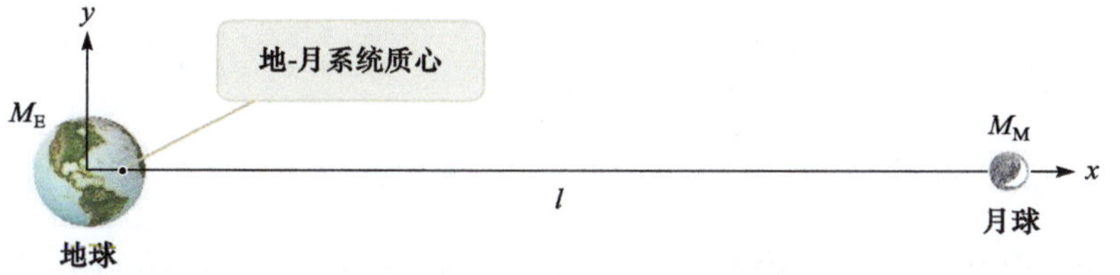


图 2-32 地球和月球组成的系统的质心在地球内，距地心的距离约为地球半径的 74%

## 2. 质心运动定理

根据牛顿运动定律，可直接推导出质心的运动定理. 设某一质点系由 $n$ 个质点组成，对它质心的位置矢量式(2-31)求导数，可得到质心的运动速度为

$$\boldsymbol{v}_C=\frac{\mathrm{d}\boldsymbol{r}_C}{\mathrm{d}t}=\frac{\sum_i m_i\frac{\mathrm{d}\boldsymbol{r}_i}{\mathrm{d}t}}{\sum_i m_i}=\frac{\sum_i m_i\boldsymbol{v}_i}{m}$$

上式可改写为

$$\boldsymbol{p}=m\boldsymbol{v}_C=\sum_i m_i\boldsymbol{v}_i \qquad (2\text{-}34)$$

上式右边为质点系中所有质点动量的矢量和，即质点系的总动量. 上式说明，一个质点系的总动量等于质点系的总质量乘以质心的速度，$\boldsymbol{p}=m\boldsymbol{v}_C$ 也称为质心的动量. 对式(2-34)求导数，得质点系总动量的时间变化率为

$$\frac{\mathrm{d}\boldsymbol{p}}{\mathrm{d}t}=m\frac{\mathrm{d}\boldsymbol{v}_C}{\mathrm{d}t}=m\boldsymbol{a}_C$$

上式中，d$\boldsymbol{p}$/d$t$ 为质点系所受的合外力 $\boldsymbol{F}$，$\boldsymbol{a}_C$ 为质心运动的加速度. 所以一个质点系所受的合外力与该质点系质心的运动有以下关系：

质心运动定理 ▶

$$\boldsymbol{F} = m\boldsymbol{a}_C \tag{2-35}$$

上式表明：作用在质点系上的合外力等于系统的总质量乘以系统质心的加速度，就好像系统的全部质量 $m$ 集中于质心，在合外力 $\boldsymbol{F}$ 的作用下，该质心以加速度 $\boldsymbol{a}_C$ 运动. 式(2-35)在形式上与牛顿第二定律完全相同，称为**质心运动定理**.

质心运动定理表明，一个质点系中的各质点在内力和外力的作用下，它们的运动情况可能相当复杂，但系统质心的运动情况却可能很简单，且其运动规律仅由系统的外力决定. 例如，一颗炮弹在空中爆炸后，其弹片从爆炸中心向各个方向飞散开去，但在忽略空气阻力的情况下，它们的质心依然如爆炸前一样，沿抛物线轨迹运动(图 2-33). 又如，跳水运动员从高台起跳后，可以在空中做出各种屈体和空翻等动作，身体各部分的运动情况都不相同，但他的质心却依然沿抛物线运动.

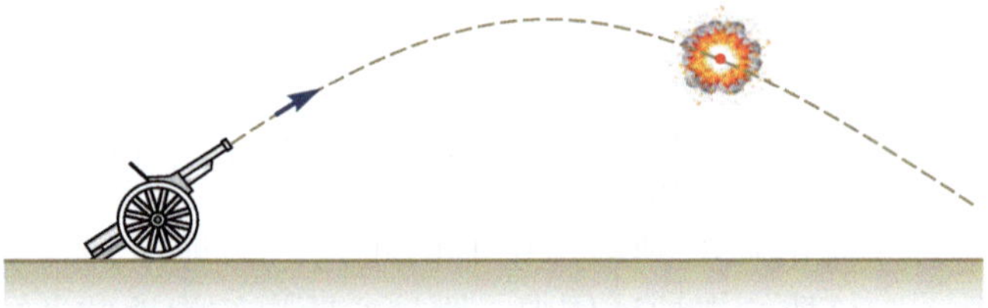

图 2-33 炮弹爆炸后，所有弹片组成的系统的质心依然沿抛物线运动

## 2.6 角动量定理 角动量守恒定律

### 1. 角动量定理

在自然界和日常生活中经常会遇到物体围绕一个定点运动的情况. 例如，人造地球卫星围绕地心的运转、行星围绕太阳的公转、原子中的电子围绕原子核的运动，以及机器中各种轮子绕轴的转动等. 为了研究物体绕定点转动时的运动情况，我们引入角动量的概念. 为简单起见，先以质量为 $m$ 的质点做圆周运动时的情况为例，引入角动量的定义.

假设圆周轨道的半径为 $r$，则质点对圆心的位置矢量为 $\boldsymbol{r}$. 质点的运动速度 $\boldsymbol{v}$ 总是沿着圆的切线方向，所以质点的动量 $\boldsymbol{p}=m\boldsymbol{v}$ 处处和位矢 $\boldsymbol{r}$ 垂直，如图 2-34a 所示. 我们把动量 $\boldsymbol{p}$ 的大小和位矢 $\boldsymbol{r}$ 的大小的乘积，定义为做圆周运动的质点对圆心 $O$ 的**角动量**的大小，用 $L$ 表示，即

$$L = pr = mvr \tag{2-36}$$

在国际单位制中，角动量的单位为千克 · 米 $^2$/秒(kg · m$^2$/s).

较一般的情况，质点绕某定点转动的轨道并不是圆. 如行星绕太阳的运动轨道为椭圆，行星的动量 $\boldsymbol{p}$ 和它对太阳的位矢 $\boldsymbol{r}$ 并不相互垂直. 在这种情况下，质点对定点 $O$ 的角动量的大小定义为质点动量的大小 $p$ 和 o 点到动量延长线的垂直距离 $d$ 的乘积，即

$$L = pd = mvd$$

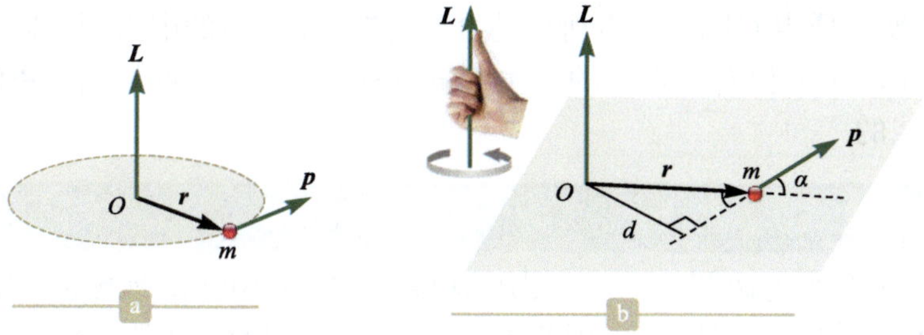


图 2-34　角动量的定义. a.质点绕定点 $O$ 做圆周运动的角动量. b.任意运动质点对定点 $O$ 的角动量

由图 2-34b 可见，$d=r\sin\alpha$，$\alpha$ 是 $\boldsymbol{r}$ 和 $\boldsymbol{p}$ 之间的夹角，于是

$$L = pr\sin\alpha = mvr\sin\alpha \tag{2-37}$$

实际上角动量并不限于圆周运动或椭圆运动，它是矢量，更广义地可以用位矢 $\boldsymbol{r}$ 和动量 $\boldsymbol{p}$ 的矢积(叉乘)来表示

$$\boldsymbol{L} = \boldsymbol{r}\times\boldsymbol{p} \tag{2-38}$$

◀ 角动量的定义

按照矢积的定义，角动量 $\boldsymbol{L}$ 的大小即为 $L=rp\sin\alpha$，$\boldsymbol{L}$ 的方向垂直于由 $\boldsymbol{r}$ 和 $\boldsymbol{p}$ 所决定的平面，且由右手螺旋定则确定：使右手四指从 $\boldsymbol{r}$ 方向经小于 180°的角转到 $\boldsymbol{p}$ 的方向，这时右手拇指所指的方向就是 $\boldsymbol{L}$ 的方向，见图 2-34b.

由牛顿第二定律的普遍表达式 $\boldsymbol{F}=\mathrm{d}\boldsymbol{p}/\mathrm{d}t$ 可知,引起质点动量改变的原因是力. 那么，引起质点角动量改变的原因又是什么呢？为此，将角动量定义式(2-38)对时间求导数，有

$$\begin{aligned}\frac{\mathrm{d}\boldsymbol{L}}{\mathrm{d}t} &= \frac{\mathrm{d}(\boldsymbol{r}\times\boldsymbol{p})}{\mathrm{d}t} = \frac{\mathrm{d}\boldsymbol{r}}{\mathrm{d}t}\times\boldsymbol{p}+\boldsymbol{r}\times\frac{\mathrm{d}\boldsymbol{p}}{\mathrm{d}t}\\ &= \boldsymbol{v}\times\boldsymbol{p}+\boldsymbol{r}\times\boldsymbol{F}\end{aligned} \tag{2-39}$$

上式第一项中，$\boldsymbol{v}=\mathrm{d}\boldsymbol{r}/\mathrm{d}t$ 为质点的运动速度，其方向总是与动量的方向相同，所以 $\boldsymbol{v}\times\boldsymbol{p}=0$. 上式中第二项，位矢 $\boldsymbol{r}$ 和力 $\boldsymbol{F}$ 的矢积称为力对定点 $O$ 的**力矩**，用 $\boldsymbol{M}$ 表示，即

$$\boldsymbol{M} = \boldsymbol{r}\times\boldsymbol{F} \tag{2-40}$$

◀ 力矩的定义

由力矩的定义可见，力矩也是一个矢量. 由图 2-35 所示，力矩的方向垂直于由 $\boldsymbol{r}$ 和 $\boldsymbol{F}$ 所决定的平面，且由右手螺旋定则确定：使右手四指从 $\boldsymbol{r}$ 方向经小于 180°的角转到 $\boldsymbol{F}$ 的方向，这时右手拇指所指的方向就是力矩 $\boldsymbol{M}$ 的方向，力矩的大小为

$$M = rF\sin\varphi = Fd \tag{2-41}$$

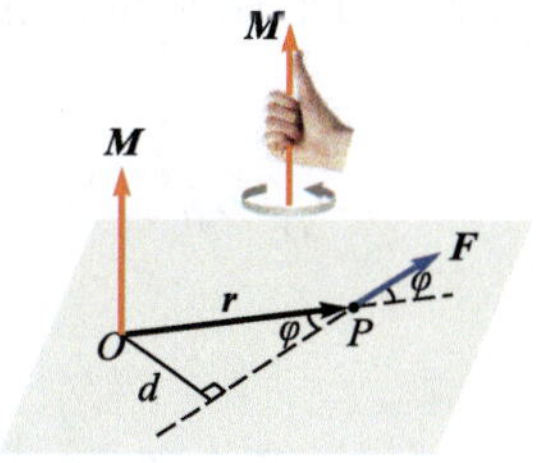


图 2-35　力矩的定义

式中 $d=r\sin\varphi$ 为定点 $O$ 到力的延长线的垂直距离，称为**力臂**. 在国际单位制中，力矩的单位是牛 · 米(N · m).

引入了力矩的概念后，式(2-39)可以写为

$$\boldsymbol{M} = \frac{\mathrm{d}\boldsymbol{L}}{\mathrm{d}t} \tag{2-42}$$

◀ 角动量定理

上式说明，**相对于某定点 $O$，质点所受的合外力矩等于它对同一定点的角动量的时间变化率**. 这个结论称为**质点的角动量定理**.

质点的角动量定理可以推广到质点系，而且仍然以式(2-42)表示. 不过对质点系而言，式(2-42)中的 $\boldsymbol{L}$ 代表系统中所有质点对某定点的角动量的矢量和，

而 $\boldsymbol{M}$ 代表所有质点对同一定点所受的合外力矩，质点系的内力矩会影响系统内各质点的角动量，但对质点系的总角动量没有影响. 这一点与质点系的动量定理是很相似的.

### 例题 2-13 地球绕太阳公转的角动量

地球绕太阳的运动可以近似地看作匀速圆周运动. 已知地球的质量 $M_E$=5.98×$10^{24}$kg，地球到太阳的距离 $R$=1.49×$10^{11}$m，地球绕太阳公转的周期 $T$=365.25 天，求地球绕太阳公转的角动量 $L$.

**解** 地球绕太阳公转的线速度 $v=\dfrac{2\pi r}{T}$，所以地球绕太阳公转的角动量为

$$L = M_E R v = \frac{2\pi M_E r^2}{T} = \frac{2\pi\times 5.98\times 10^{24}\times(1.49\times 10^{11})^2}{365.25\times 24\times 3600}$$
$$\approx 2.64\times 10^{40}\,(\mathrm{kg\cdot m^2/s})$$

#### 2. 角动量守恒定律

根据式(2-42)，如果质点系所受合外力矩 $M$=0，则

角动量守恒定律 ▶

$$\frac{\mathrm{d}\boldsymbol{L}}{\mathrm{d}t}=0 \quad 或 \quad \boldsymbol{L}=常矢量 \tag{2-43}$$

上式说明，**如果作用在质点系上所有外力对某固定点的合外力矩为零，则该质点系对此固定点的角动量在运动过程中保持不变**. 这一结论称为**角动量守恒定律**.

如果我们所选择的质点系只包含一个质点，则当该质点所受的力矩为零时，该质点的角动量就守恒.

### 例题 2-14 角动量守恒定律的应用

如图 2-36 所示，用绳系住一小球使它在光滑的水平面上做匀速率圆周运动. 开始时，小球的运动半径为 $r_0$，角速度为 $\omega_0$，现通过圆心处的小孔缓慢地向下拉绳，使小球的运动半径逐渐减小. 求当半径为 $r$ 时，小球的角速度 $\omega$.

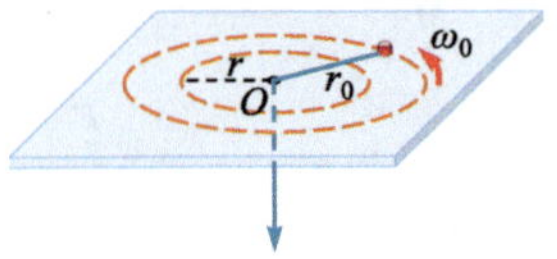

图 2-36 小球在光滑水平面上绕定点 $O$ 的转动

**解** 以水平面上的小孔 $O$ 为原点，因为绳对小球的拉力 $\boldsymbol{F}$ 沿绳指向小孔，即拉力 $\boldsymbol{F}$ 与小球的位矢 $\boldsymbol{r}$ 方向相反，所以拉力 $\boldsymbol{F}$ 对固定点 $O$ 的力矩 $\boldsymbol{M}=\boldsymbol{r}\times\boldsymbol{F}=0$，小球对 $O$ 点的角动量守恒

$$mvr = mv r_0$$

又因为

$$v = r\omega,\quad v_0 = r_0\omega_0$$

所以有

$$mr^2\omega = mr_0^2\omega_0$$

得

$$\omega = \frac{r_0^2}{r^2}\omega_0$$

即小球的角速度与半径的平方成正比.

**例题 2-15　用角动量守恒定律证明行星运动的开普勒第二定律**

利用角动量守恒定律证明：由太阳指向行星的位矢在相同的时间内扫过相等的面积(行星运动的开普勒第二定律).

**解**　行星绕日运动的轨道是以太阳位于其中一个焦点的椭圆. 忽略其他天体的影响，行星所受太阳的作用力始终与太阳指向行星的位矢 $\boldsymbol{r}$ 方向相反，所以行星受到的力矩 $M=0$，其绕日运动的角动量守恒. 这一方面意味着角动量的方向不变，即行星运动在由位矢 $\boldsymbol{r}$ 和速度 $\boldsymbol{v}$ 决定的确定平面上. 另一方面，由角动量大小不变可推导出开普勒第二定律. 如图 2-37 所示，位矢在 $\Delta t$ 时间内扫过的面积

$$\Delta S=\frac{1}{2}r\cdot|\Delta r|\sin\alpha+\frac{1}{2}|\Delta r|\sin\alpha\cdot\Delta r$$

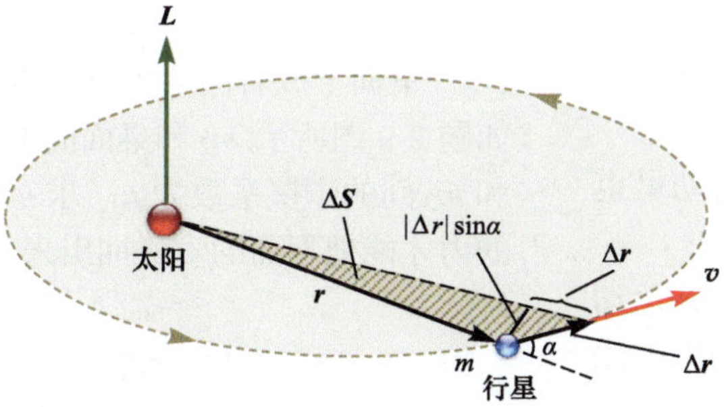


图 2-37　利用角动量守恒定律证明行星运动的开普勒第二定律：行星的位矢在相同时间内扫过相同的面积

注意：$|\Delta\boldsymbol{r}|$ 是位矢增量的大小，而 $\Delta r$ 是位矢大小的增量，两者一般不相等. 上式两边各除以 $\Delta t$ 并求 $\Delta t\to 0$ 时的极限，得

$$\frac{\mathrm{d}S}{\mathrm{d}t}=\frac{1}{2}r\sin\alpha\cdot\lim_{\Delta t\to 0}\frac{|\Delta r|}{\Delta t}+\frac{1}{2}\sin\alpha\cdot\lim_{\Delta t\to 0}\left(\frac{|\Delta r|}{\Delta t}\cdot\Delta r\right)$$

式中，$\lim\limits_{\Delta t\to 0}\frac{|\Delta\boldsymbol{r}|}{\Delta t}=v$，而 $\lim\limits_{\Delta t\to 0}\Delta r-0$，因此得

$$2m\frac{\mathrm{d}S}{\mathrm{d}t}=mrv\sin\alpha=L$$

上式中 $\mathrm{d}S/\mathrm{d}t$ 表示位矢 $\boldsymbol{r}$ 在单位时间内扫过的面积，由于角动量的大小 $L$ 不变，这就说明位矢 $\boldsymbol{r}$ 在任意相同的时间内扫过的距离相同，这就证明了开普勒第二定律.

## 第 2 章练习题

**2-1**　思考下列问题：

(1) 物体的运动方向和合外力方向是否一定相同?

(2) 物体同时受到几个力的作用时，是否一定产生加速度?

(3) 物体运动的速率不变，所受合外力是否一定为零?

(4) 物体速度很大时，所受到的合外力是否

也很大?

2-2 当一个物体正以速度 $v_0$ 在光滑的水平面上运动时，受到一个水平恒力 $\boldsymbol{F}$ 的作用，在下列各情况中该物体之后将做何种运动?

(1) $\boldsymbol{F}$ 与 $v_0$ 同方向；

(2) $\boldsymbol{F}$ 与 $v_0$ 反方向；

(3) $\boldsymbol{F}$ 始终与 $v_0$ 保持垂直；

(4) $\boldsymbol{F}$ 与 $v_0$ 的夹角为锐角；

(5) $\boldsymbol{F}$ 与 $v_0$ 的夹角为钝角.

2-3 对一个做匀速率圆周运动的质点，下列哪一个说法是正确的?

(1) 它的动量不变，对圆心的角动量也不变；

(2) 它的动量不变，对圆心的角动量不断改变；

(3) 它的动量不断改变，对圆心的角动量不变；

(4) 它的动量不断改变，对圆心的角动量也不断改变.

2-4 一质量为 0.5kg 的物体沿 $y$ 轴运动，其运动方程为 $y=4.9t^2+3t-10$(式中各物理量取 SI 单位制)，求该物体所受合外力的大小.

2-5 一质量为 10kg 的物体沿 $x$ 轴无摩擦地运动，设 $t=0$ 时，物体位于坐标原点，速度为零.

(1) 如果物体在作用力 $F=3+4t$(SI)的作用下运动了 3s，求它的速度和加速度；

(2) 如果物体在作用力 $F=3+4x$(SI) 的作用下运动了 3m，求它的速度和加速度.

2-6 一个质量为 $m$ 的物体，在变力 $F=F_0-kt$($F_0$ 和 $k$ 均为常量)作用下沿 $x$ 轴做直线运动. 若已知 $t=0$ 时，物体位于坐标原点且速度为零，求物体的加速度、速度和位置随时间的变化关系.

2-7 如题 2-7 图所示，在一水平面上放有 $A$、$B$ 两个物体，物体 $A$ 的质量 $m_A=15$kg，物体 $B$ 的质量 $m_B=30$kg，两者用水平的轻绳相连. 一水平拉力 $f$ 作用于物体 $B$，两物体与水平面间的摩擦系数 $\mu=0.30$.

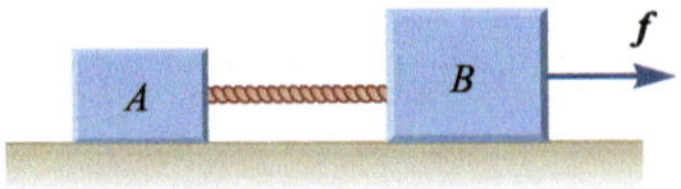

题 2-7 图

(1) 求至少要用多大的水平拉力 $f$ 才能拉动 $A$、$B$ 两物体；

(2) 若 $f=200$N，求 $A$、$B$ 两物体的加速度和轻绳中的张力.

2-8 如题 2-8 图所示，质量分别为 $m_A$ 和 $m_B$ 的滑块 $A$ 和 $B$ 叠放在光滑水平桌面上，$A$ 和 $B$ 之间的静摩擦系数为 $\mu$，系统原来处于静止状态，现在滑块 $A$ 上加一水平力. 求使 $A$、$B$ 之间不发生相对滑动的最大水平力 $F$.

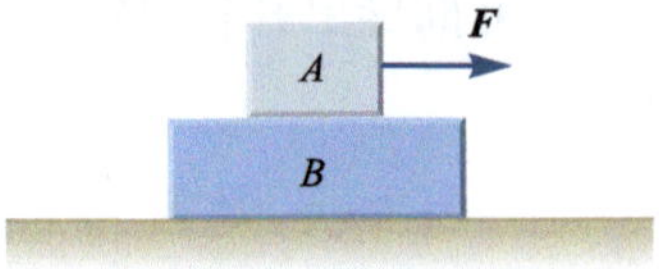

题 2-8 图

2-9 桌面上放着两块木块，质量分别为 $m_1$、$m_2$，如题 2-9 图所示. $m_2$ 和桌面间的摩擦系数为 $\mu_2$，$m_1$ 和 $m_2$ 间的摩擦系数为 $\mu_1$. 求：沿水平方向用多大的力才能把下面的木块抽出来.

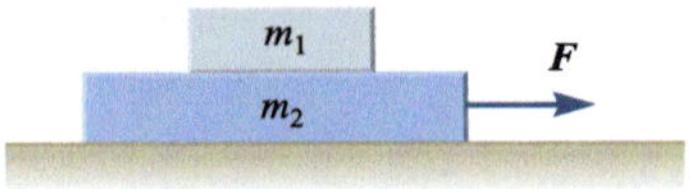

题 2-9 图

2-10 一升降机的地板上放有质量为 $m_A$ 的物体 $A$，其上再放另一质量为 $m_B$ 的物体 $B$. 当升降机以加速度 $a$ 向下运动时($a<g$)，求物体 $A$ 对升降机地板的压力大小.

2-11 如题 2-11 图所示，已知 $F=4.0$N，$m_1=0.30$kg，$m_2=0.20$kg，两物体与平面间的摩擦因数均为 0.20. 设滑轮的质量和滑轮与绳间的摩擦力均不计算. 试求质量为 $m_2$ 的物体的加速度以及绳对它的拉力.

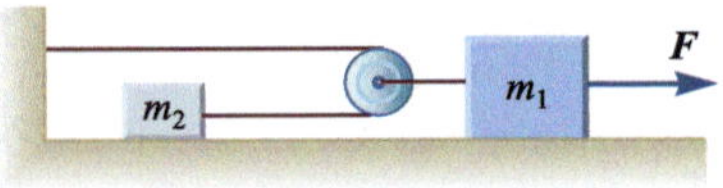

题 2-11 图

2-12 如题 2-12 图所示，质量分别为 7kg 和 5kg 的两个物体用一质量为 4kg 的匀质绳连接，在上面的物体上施一向上的拉力 $F=200$N，求：

(1) 整个系统的加速度.

(2) 绳子上端的张力.

(3) 绳子中点的张力.

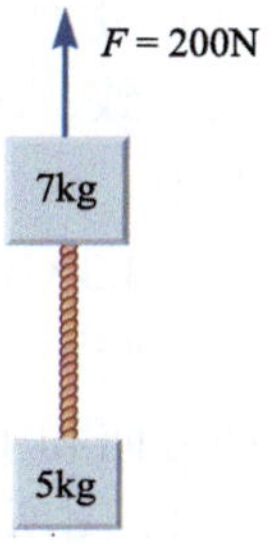


题 2-12 图

**2-13**　一辆卡车的发动机未启动，从一斜坡(坡度为 $\theta$)上某高度无初速地向下自由滑行. 试就无摩擦和有摩擦(摩擦因数为 $\mu$)两种情形计算卡车向下滑行的加速度.

**2-14**　如题 2-14 图所示，将质量为 10kg 的小球挂在倾角 $\alpha=30°$ 的光滑斜面上. 问：

(1) 当斜面以加速 $a=g/3$ 沿水平方向向右运动时，绳中的张力及小球对斜面的正压力为多大?

(2) 当斜面的加速度至少是多大时，小球对斜面的正压力为零?

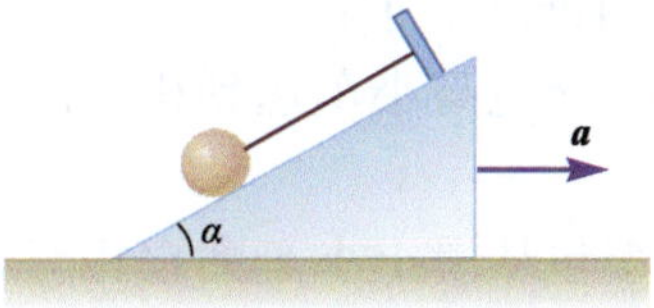


题 2-14 图

**2-15**　一货车正在一与水平方向成 $\theta$ 角的山坡上向上行驶，车上的一个箱子与货车底板之间的静摩擦系数为 $\mu_s$.

(1) 以箱子为讨论对象，画出其示力图;

(2) 为使箱子不在货车的底板上滑动，货车的最大加速度 $a$ 为多少?

**2-16**　质量为 $m$ 的物体沿斜面向下滑动. 当斜面的倾角为 $\alpha$ 时，物体正好匀速下滑. 问：当斜面的倾角增大到 $\beta$ 时，物体从高为 $h$ 处由静止滑到斜面底部需要多少时间?

**2-17**　一段水平的公路路面，转弯处的半径为 $R$，汽车轮胎与路面间的摩擦系数为 $\mu$. 要使汽车不发生侧向打滑，求汽车在该处的最大行驶速度.

**2-18**　质量 $m=3.0\times10^3$kg 的卡车在圆弧形拱桥上驶过，拱桥的曲率半径 $R=80$m，如题 2-18 图所示. 当卡车行驶到桥面最高点时，其速率为 $v=30$km/h. 求此时卡车对桥面的压力. 如果桥面是平的，压力又为多大?

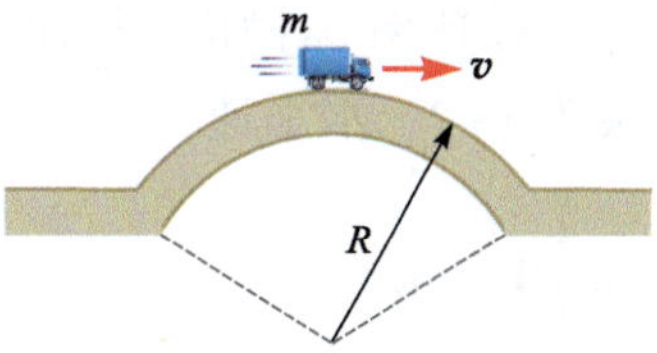


题 2-18 图

**2-19**　如题 2-19 图所示，一圆锥摆的摆绳长为 $l$，摆绳与竖直方向成 $\theta$ 角. 绳下端有一质量为 $m$ 的小球在水平面内做匀速率圆周运动. 求：

(1) 摆绳中的张力 $T$;

(2) 小球动量的大小 $p$;

(3) 当小球沿圆轨道转过半周时，小球动量增量的大小 $\Delta p$.

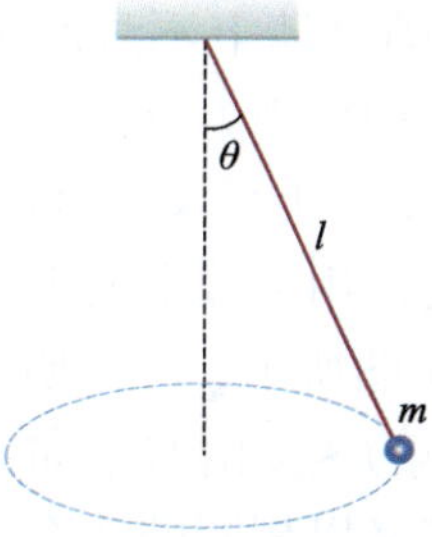


题 2-19 图

**2-20**　如题 2-20 图所示，用两根长度均为 $l$ 的轻绳连在一个质量为 $m$ 的小球上，两根绳子的另一端分别固定在棒上相距为 $l$ 的两点上. 现使小球在水平面内做匀速圆周运动，求：

(1) 当小球角速度 $\omega$ 为多大时，下面一根绳子刚好伸直?

(2) 在此情形下，上面一根绳子内的张力 $T$.

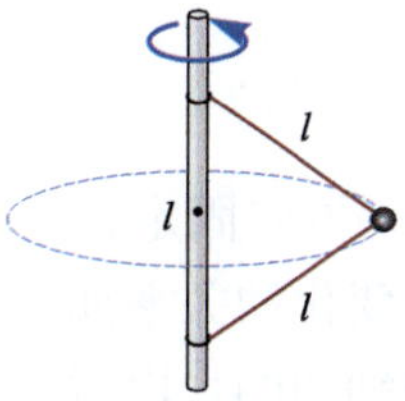


题 2-20 图

**2-21** 设作用在质量为 1kg 的物体上的力 $F=6t+3$(SI). 如果物体在这一力的作用下，由静止开始沿直线运动，求在 0 到 2.0s 时间内，这个力作用在物体上的冲量大小.

**2-22** 如题 2-22 图所示，质量为 $m$ 的小球自高为 $y_0$ 处沿水平方向以速率 $v_0$ 抛出，与地面碰撞后跳起的最大高度为 $y_0/2$，水平速率为 $v_0/2$. 求：

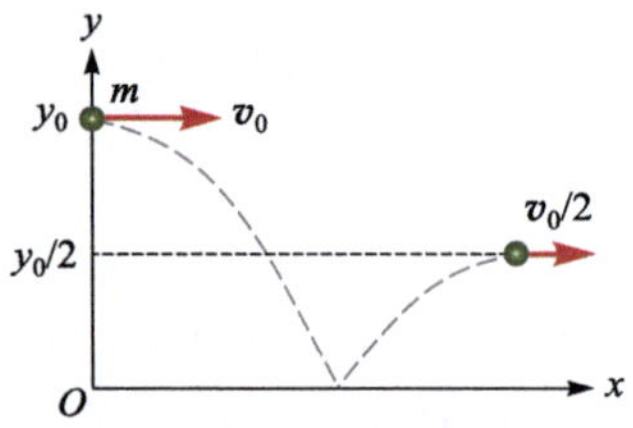

题 2-22 图

(1) 碰撞过程中地面对小球垂直冲量的大小；

(2) 碰撞过程中地面对小球水平冲量的大小.

**2-23** 一股水流从水管中喷射到墙上，如果水流的速率为 5.0m/s，水管每秒喷出水量为 $300\text{cm}^3$.

(1) 假定水喷到墙上不溅回来，试估计水流作用于墙上的平均作用力有多大?

(2) 若水喷到墙上后又以 3.0m/s 的速率溅回来，试估计水流作用于墙上的平均作用力有多大?

**2-24** 如题 2-24 图所示，一个质量 $m=140\text{g}$ 的棒球以 $v_0=40\text{m/s}$ 的速度沿水平向右方向飞向击球手，被击打后它又以相同的速率沿 $\theta=60°$的仰角飞出，设棒球受球棒击打的接触时间为 $\Delta t=1.2\text{ms}$，求棒球所受到的平均击打力的大小和方向.

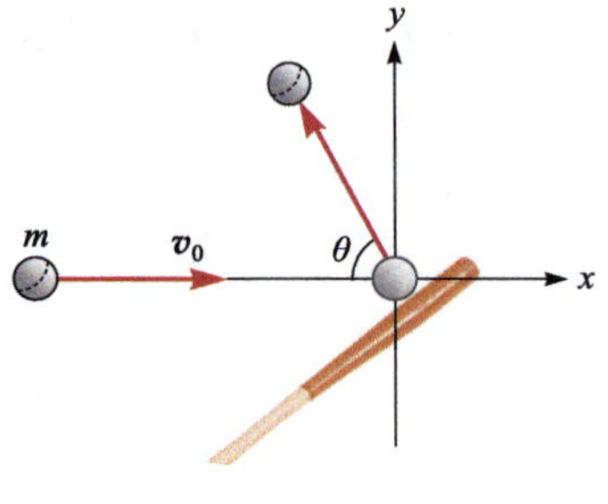

题 2-24 图

**2-25** 某物体受一方向固定、大小变化的力 $F$ 的作用，$F$ 随时间变化的关系如下：在 0.1s 内，$F$ 均匀地由 0 增加到 20N，以后的 0.2s 内，$F$ 保持不变，再经 0.1s，$F$ 从 20N 均匀地减小到 0.

(1) 画出 $F$-$t$ 图；

(2) 求这段时间内力的冲量及平均冲力；

(3) 如果物体的质量为 3kg，开始速度为 1m/s，方向与 $F$ 方向一致，求 0.4s 后当 $F$ 又变为 0 时物体速度的大小.

**2-26** 氢分子的质量 $m=3.3\times10^{-27}\text{kg}$，它在碰撞容器壁前后的速度大小不变，均为 $v=1.6\times10^3\text{m/s}$，并且碰撞前后的运动方向和垂直于器壁的法线 $x$ 成 $\alpha=60°$角，如题 2-26 图所示，碰撞的时间是 $10^{-13}\text{s}$. 求氢分子碰撞容器器壁的平均作用力.

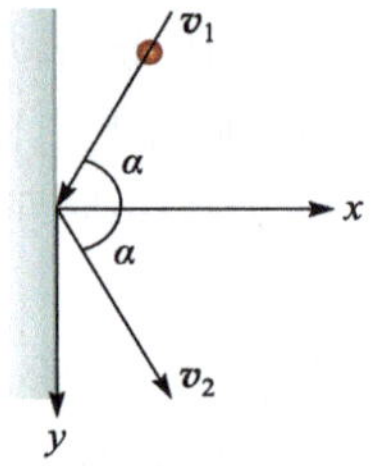

题 2-26 图

**2-27** 如题 2-27 图所示，传送带将质量 $m=20\text{kg}$ 的行李包以速度 $v_0=4.0\text{m/s}$ 装到处于同一高度，质量 $M=40\text{kg}$ 的静止小车上. 行李包与车板间的滑动摩擦系数 $\mu=0.4$，小车与地面间的摩擦忽略不计，取 $g=10\text{m/s}^2$. 求：

(1) 当行李包与小车达到相对静止时，车的速度.

(2) 行李包从滑上小车到它相对小车静止所需时间.

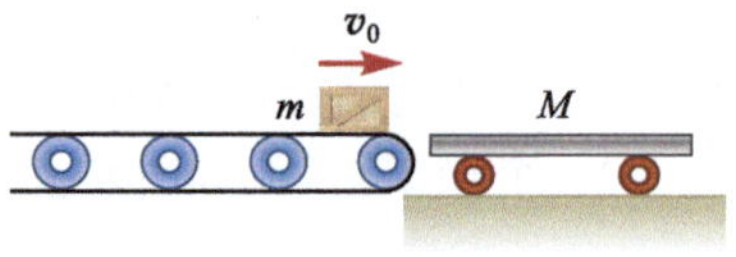

题 2-27 图

**2-28** 一团质量为 1kg，速率为 3m/s 的黏土，与前面一辆质量为 24kg、速率为 0.5m/s 并沿同一方向运动的小车相碰后粘合在一起. 设小车与地面间的摩擦力可以忽略不计，求它们粘合后的运动速率.

**2-29** 一质量为 8.0kg 的物体，在无外力影响下，以 3.0m/s 的速度运动. 在某一时刻，该物体被炸成质量相等的两块，其中一块以 2.0m/s 的速度继续向前运动，求另一块的速度.

**2-30**　如题 2-30 图所示，质量 $M$=1.5kg 的物体，用一根长 $l$=1.25m 的细绳悬挂在天花板上. 细绳可以承受的最大张力 $T_{max}$=26.5N. 现有一质量为 $m$=10g 的子弹以 $v_0$= 500m/s 的水平速度射穿物体. 设子弹刚穿出物体时，细绳刚好被拉断. 求子弹穿出物体时的速度大小.

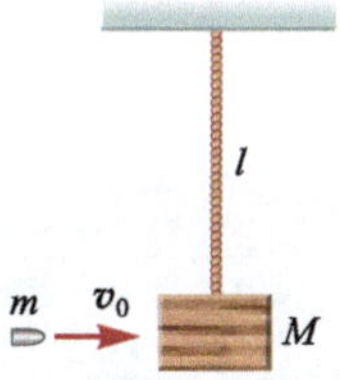

题 2-30 图

**2-31**　静水中停着两只质量均为 $M$ 的小船，第一只小船上站着一个质量为 $m$ 的人，当此人以相对于地面的水平速度 $v$ 跳上第二只船后，两只船的运动速度各为多大？(设水对船的阻力忽略不计)

**2-32**　两个长方形物体 $A$ 和 $B$ 紧靠放在光滑的水平桌面上，如题 2-32 图所示. 已知 $m_A$=2kg，$m_B$=3kg，有一质量 $m$=100g 的子弹以速率 $v_0$= 800m/s 水平射入长方体 $A$，经 $t$= 0.01s，又射入长方体 $B$，最后停留在长方体 $B$ 内未射出. 设子弹射入 $A$ 时所受的摩擦力 $F_f$=3×10$^3$N，求：

(1) 子弹在射入 $A$ 的过程中，$B$ 受到 $A$ 的作用力的大小；

(2) 当子弹留在 $B$ 中时，$A$ 和 $B$ 的速度大小.

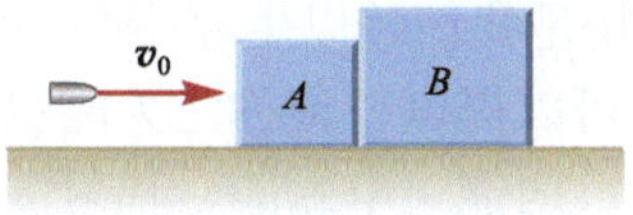

题 2-32 图

**2-33**　如题 2-33 图所示，一质量为 $m$ 的物体 $A$(大小不计)放置在质量为 $M$ 的平板车 $B$ 的左端，$A$、$B$ 间的摩擦系数为 $\mu$，$B$ 可在光滑的水平地面上运动. 开始时 $B$ 静止，而 $A$ 以初速度 $v_0$ 向右运动. 要使 $A$ 不会在 $B$ 的右端滑出去，求平板车的长度 $l$ 至少为多少？

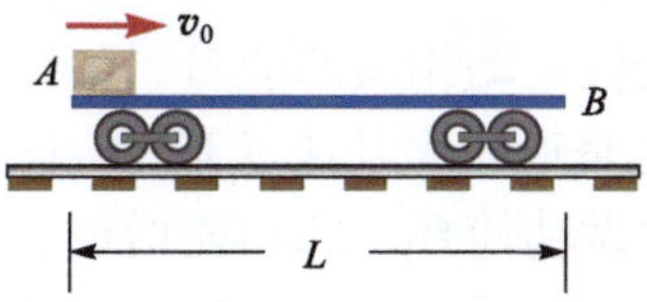

题 2-33 图

**2-34**　哈雷彗星绕太阳的轨道是以太阳为一个焦点的椭圆. 它离太阳最近的距离是 $r_1$=8.75×10$^{10}$m，此时它的速率是 $v_1$=5.46×10$^4$m/s. 它离太阳最远时的速率是 $v_2$=9.08×10$^2$m/s，求这时它离太阳的距离 $r_2$.

**2-35**　两个滑冰运动员的质量都为 70kg，以 6.5m/s 的速率沿相反的方向滑行，滑行路线间的垂直距离为 10m，当他们彼此交错时，各抓住同一根 10m 长绳索的一端，然后相对旋转，求抓住绳索后各自对绳中心的角动量.

**2-36**　在光滑的水平面上，一根长 $l$=2m 的轻绳，一端固定于 $O$ 点，另一端系一质量 $m$ = 0.5kg 的物体，如题 2-36 图所示. 开始时，物体位于位置 $A$，$OA$ 间距 $d$=0.5m，绳子处于松弛状态. 现在使物体以初速度 $v_A$= 4m/s 垂直于 $OA$ 向右滑动，如题 2-36 图所示. 设某时刻物体运动到位置 $B$，此时物体速度的方向与绳垂直，求此时刻：

(1) 物体对 $O$ 点的角动量 $L_B$ 的大小；

(2) 物体在 $B$ 点时速度 $v_B$ 的大小.

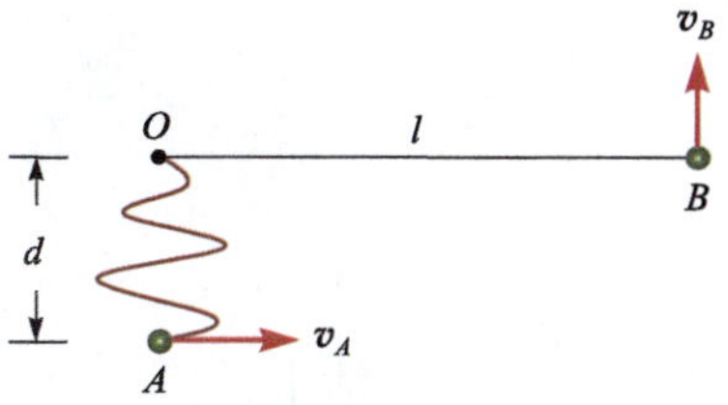

题 2-36 图

第 2 章练习题答案

# 第3章 机械能守恒

蹦极(bungee)是近年来兴起的一项非常惊险刺激的户外运动. 跳跃者站在40m以上高度的桥梁、塔顶、吊车甚至热气球上，把一根一端固定的长长的橡皮绳绑在踝关节处，然后两臂伸开，双腿并拢，头朝下跳下去！跳跃者先会在空中“享受”几秒钟的自由落体运动，之后橡皮绳被逐渐张紧，以减缓人体的下落速度. 当人体将要落到水面上时，会再次被橡皮绳拉起，如此反复多次. 从能量的角度来讲，蹦极运动实际上就是在重力和弹性力的共同作用下，动能和势能不断转化的过程(不计阻力)

“能量”是自然科学和工程学中最为普遍、最为重要的概念之一. 在日常生活中，每当我们提到能量一词，就会联想到燃烧汽油产生的能量可以驱动车辆，燃烧煤炭发电可用于照明和家用电器，食物是我们赖以生存所必需的能量来源. 这些例子告诉我们，上面提到的这些物质可以提供一种称之为能量的东西，也告诉我们能量具有各种形式，比如机械能、内能、电磁能、辐射能、化学能、生物能、核能等. 更为重要的是，各种形式的能量之间可以相互转化，并且在转化的过程中具有**守恒性**. 能量的守恒性在自然科学的发展史上曾经起到过重要的作用. 在一些新发现的物理现象中，似乎有一部分能量凭空产生或消失了，但科学家们总能找到一种新的能量形式，使能量的守恒定律得以保持. 每当发现一种新的能量形式之后建立起来的理论，又能预言一大批新的效应. 能量守恒与转化定律和动量守恒定律、角动量守恒定律等一样，是自然界中普遍成立的规律.

本章我们讨论的机械能是与物体的机械运动相关的能量，包括动能和势能两种形式，这两种形式的能量之间的转化是通过做功来实现的. 比如你不小心将手中的玻璃杯掉落在地，一开始，重力做功使杯子的动能增加，势能减小，杯子的速度不断增大，动量也不断增大. 当杯子落地时，杯子的动量在极短的时间内发生变化，杯子与地面之间产生很大的冲击力，将杯子摔得粉碎. 在这个例子中，动量、动量定理和冲击力的概念在第 2 章中已经讨论过. 本章我们将讨论功、动能、势能等概念，以及与这些物理量相联系的物理规律.

在本章中，我们首先介绍功的概念. 力对物体做功必须同时满足两个条件，即物体有位移和力在位移方向有分力. 然后，我们讨论动能和动能定理. 接着，通过讨论一类被称之为保守力的力做功的特点来引入势能的概念. 一般，当物体具有做功的本领时，我们就说物体具有了能量. 动能是与物体的运动速度相关的能量，势能是与物体在保守力场中的位置相关的能量. 之后，我们在前面讨论的基础上，建立质点系的功能原理和机械能守恒定律. 最后，我们结合第 2 章和本章中所学的知识，讨论物体间的碰撞过程. 需要说明的是，本章所有的结论尽管都是以牛顿运动定律为基础建立起来的，但在解决某些较复杂的问题，比如在物体相互作用的过程中，力的大小和方向随时间变化的情况时，利用动能定理和机械能守恒定律要比直接利用牛顿定律简单得多.

随着全球化石燃料(石油、煤炭、天然气等)储量的不断减少，以及因使用化石燃料对地球大气的破坏，太阳能已逐渐成为新能源的重要组成部分. 太阳能是指太阳光的辐射能量，广义地讲，太阳能也包括风能和水能等. 将太阳能转变为电能可以驱动太阳能汽车. 截至 2016 年底，我国风力发电累计装机容量达到 1.7 亿千瓦，成为继煤电和水电之后的第三大电力资源

## 3.1 功 功率

### 1. 功

功是物体机械运动能量变化的量度，外力对物体做功可使物体机械运动的能量发生变化. 如图 3-1 所示，大力士通过对卡车做功，使卡车获得运动的能量，卡车从静止状态开始运动.

图 3-1 在国际大力士比赛中，大力士通过对卡车做功使卡车运动起来

如图 3-2a 所示，设一物体在恒力 $\boldsymbol{F}$ 的作用下沿直线运动，作用力 $\boldsymbol{F}$ 的方向与物体运动的方向相同，物体运动的位移为 $\boldsymbol{s}$，则定义力 $\boldsymbol{F}$ 对物体所做的**功** $W$ 为

$$W = Fs \tag{3-1}$$

◀ 沿物体直线运动方向的恒力所做的功

可见，作用在物体上的力越大或物体直线运动的位移越大，则力做的功越大. 在国际单位制中，功的单位是牛 · 米(N · m)，称为焦耳(J).

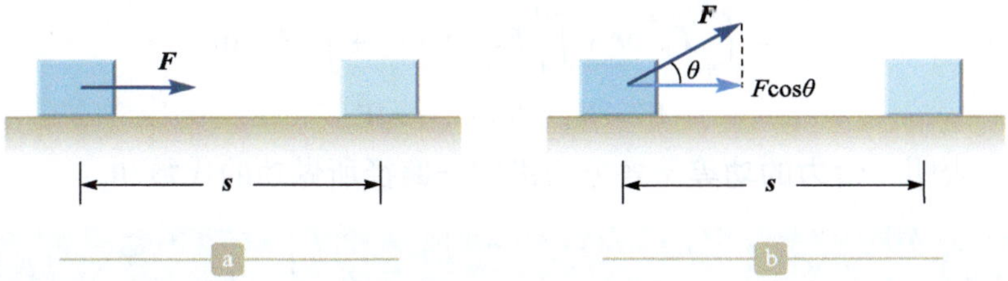


图 3-2 恒力对做直线运动物体做的功. a.力的方向和物体位移的方向相同. b.力的方向和物体位移的方向不同

如果恒力 $\boldsymbol{F}$ 的方向与做直线运动物体的位移 $\boldsymbol{s}$ 的方向不同(图 3-2b)，两者之间有一不变的角度 $\theta$，则功 $W$ 的定义为力矢量 $\boldsymbol{F}$ 与位移矢量 $\boldsymbol{s}$ 的点积(或称标积)，即

$$W = \boldsymbol{F} \cdot \boldsymbol{s} = Fs\cos\theta \tag{3-2}$$

◀ 恒力 $\boldsymbol{F}$ 与物体直线运动方向夹角为 $\theta$ 时所做的功

式中，$F\cos\theta$ 为力 $\boldsymbol{F}$ 在物体运动方向上的分力. 也就是说，力对物体所做的功等于力沿运动方向的分量和物体位移大小的乘积. 由功的定义可知：功是标量，力对物体做功的大小，除了与力和位移的大小有关外，还与力和位移间的夹角有关. 力对物体所做的功可以是正的、负的或等于零. 当 $0 \leqslant \theta < \pi/2$ 时，功是正

值，称外力对物体做正功．当 $\pi/2<\theta\leqslant\pi$ 时，功是负值，称外力对物体做负功．当一个力做负功时，通常也说物体反抗这个力做功．例如，竖直上抛运动中，当物体上升时，重力做负功；而当物体下落时，重力做正功．若 $\boldsymbol{F}$ 与 $\boldsymbol{s}$ 相互垂直，即 $\theta=\pi/2$ 时，力不做功．如在圆周运动中，向心力对物体不做功．

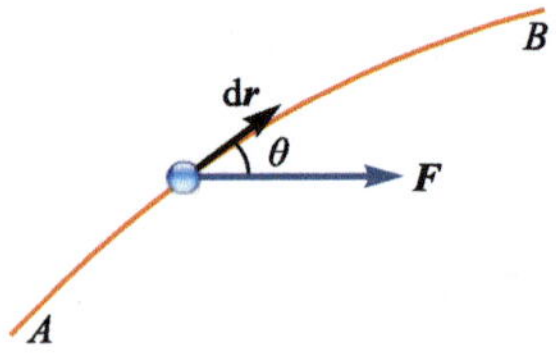

图 3-3 变力 $\boldsymbol{F}$ 对做曲线运动的质点做功

上面讨论的两种情况中，力是恒力，且物体做直线运动．更为一般的情况是力 $\boldsymbol{F}$ 为变力，即力的大小或(和)方向随时间变化，而物体做曲线运动．图 3-3 表示一个质点在变力 $\boldsymbol{F}$ 的作用下沿曲线路径 $AB$ 运动．这时可将质点运动的轨迹曲线 $AB$ 看成由许多极小的位移(元位移)所组成(图中的 $\mathrm{d}\boldsymbol{r}$ 为这些元位移之一)．由于元位移很小，所以，可以认为在每段元位移上力的大小和方向都不变．因此，在质点运动了元位移 $\mathrm{d}\boldsymbol{r}$ 的过程中，力 $\boldsymbol{F}$ 对质点所做的**元功** $\mathrm{d}W$ 可利用式(3-2)表示为

$$\mathrm{d}W=\boldsymbol{F}\cdot\mathrm{d}\boldsymbol{r} \tag{3-3a}$$

如果用元路程 $\mathrm{d}s$ 表示元位移 $\mathrm{d}\boldsymbol{r}$ 的大小，$\theta$ 表示 $\boldsymbol{F}$ 与 $\mathrm{d}\boldsymbol{r}$ 的夹角，则上式也可表示为

$$\mathrm{d}W=F\cos\theta\,\mathrm{d}s \tag{3-3b}$$

质点沿曲线 $AB$ 从 $A$ 点运动到 $B$ 点的过程中，变力 $\boldsymbol{F}$ 对质点所做的总功可对式(3-3a)或式(3-3b)积分求得，即

$$W=\int_A^B\boldsymbol{F}\cdot\mathrm{d}\boldsymbol{r} \tag{3-4a}$$

通过积分求变力做的功 ▶ 或

$$W=\int_A^B F\cos\theta\,\mathrm{d}s \tag{3-4b}$$

当质点同时受到几个力，如 $\boldsymbol{F}_1$，$\boldsymbol{F}_2$，…，$\boldsymbol{F}_n$ 的作用而沿曲线 $AB$ 运动时，因为合力等于各分力的矢量和，即 $\boldsymbol{F}=\boldsymbol{F}_1+\boldsymbol{F}_2+\cdots+\boldsymbol{F}_n$．所以，合力 $\boldsymbol{F}$ 对质点做的功为

$$\begin{aligned}W&=\int_A^B\boldsymbol{F}\cdot\mathrm{d}\boldsymbol{r}=\int_A^B(\boldsymbol{F}_1+\boldsymbol{F}_2+\cdots+\boldsymbol{F}_n)\cdot\mathrm{d}\boldsymbol{r}\\&=\int_A^B\boldsymbol{F}_1\cdot\mathrm{d}\boldsymbol{r}+\int_A^B\boldsymbol{F}_2\cdot\mathrm{d}\boldsymbol{r}+\cdots+\int_A^B\boldsymbol{F}_n\cdot\mathrm{d}\boldsymbol{r}\end{aligned}$$

合力的功 ▶ 即

$$W=W_1+W_2+\cdots+W_n \tag{3-5}$$

这一结果表明：**合力的功等于各分力沿同一路径所做功的代数和．**

**例题 3-1　恒力对直线运动物体做的功**

如图 3-4 所示，用恒力 $\boldsymbol{F}$ 拉着一个质量 $m=30\mathrm{kg}$ 的物体在水平地面上匀速前进，物体在水平地面上沿直线运动了 $s=100\mathrm{m}$ 的距离．$\boldsymbol{F}$ 的方向与水平线的夹角 $\theta=30°$，物体与地面间的滑动摩擦因数 $\mu=0.3$．求物体所受各个分力所做的功和合力做的功．

**解**　以物体为研究对象，它共受到四个力的作用：拉力 $\boldsymbol{F}$、重力 $\boldsymbol{P}=m\boldsymbol{g}$、地面支持力 $\boldsymbol{N}$ 和滑动摩擦力 $\boldsymbol{f}$，各力的方向如图 3-4 所示．取水平向右(物体的运动方向)为 $x$ 轴正方向，竖直向上为 $y$ 轴正方向．因为物体匀速前进，所以加速度 $a=0$．分别写出 $x$ 方向和 $y$ 方向牛顿第二定律的分量式，有

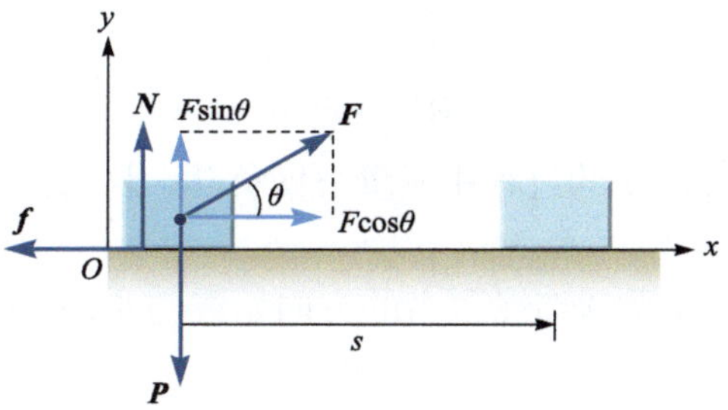


图 3-4 在水平地面上做直线运动的物体受到 4 个力的作用，即重力 **P**、地面支持力 **N**、拉力 **F** 和物体受到地面的摩擦力 **f**

$$F\cos\theta-\mu N=0$$

$$N+F\sin\theta-mg=0$$

由以上两式求出支持力 $N$ 和拉力 $F$

$$N=\frac{mg}{1+\mu\tan\theta}=\frac{30\times9.8}{1+0.3\times\tan30^\circ}=250.6(\mathrm{N})$$

$$F=\frac{\mu N}{\cos\theta}=\frac{0.3\times250.6}{\cos30^\circ}=86.81(\mathrm{N})$$

从而求得摩擦力

$$f=\mu N=0.3\times250.6=75.18(\mathrm{N})$$

所以，物体沿水平地面运动 100m 时，拉力 **F** 对物体所做的功为

$$W_F=Fs\cos\theta=86.81\times100\times\cos30^\circ=7518\mathrm{J}$$

摩擦力 **f** 对物体所做的功

$$W_f=fs\cos180^\circ=75.18\times100\times\cos180^\circ=-7518(\mathrm{J})$$

而支持力 **N** 和重力 **P** 的方向与物体的运动方向垂直，所以这两个力都不做功. 因此合力做的总功

$$W=W_F+W_f=0$$

### 例题 3-2 变力对曲线运动物体做的功

如图 3-5 所示，一个质量为 $m$ 的小球，通过一根轻质细绳悬挂在天花板上，小球沿圆弧从最低点 $O$ 点运动到 $A$ 点时，细绳与竖直方向夹角为 $\theta_0$. 求在此过程中重力 **P** 所做的功.

**解** 设小球在 $OA$ 曲线上某一位置时，细绳与竖直方向的夹角为 $\theta$，此时重力 **P** 与元位移 d**r** 间的夹角为(π/2)+$\theta$，对元位移 d**r**，重力所做的元功为

$$\mathrm{d}W=\boldsymbol{P}\cdot\mathrm{d}\boldsymbol{r}=mg\cos\left(\frac{\pi}{2}+\theta\right)\mathrm{d}s$$

$$=-mg\sin\theta\mathrm{d}s$$

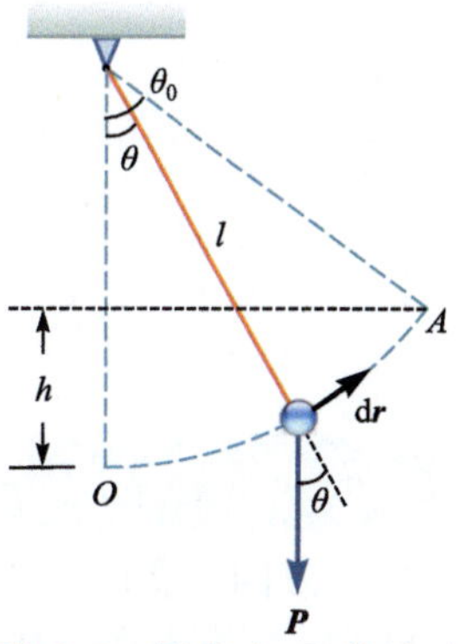


图 3-5 摆球从 $O$ 点运动到 $A$ 点时重力做的功

式中，d$s$ 是元位移 d**r** 对应的元弧长. 设细绳长为 $l$，则 d$s$=$l$d$\theta$. 对上式两边积分，求得小球从 $O$ 点运动到 $A$ 点时，重力所做的功为

$$W=-mg\int_0^A\sin\theta\mathrm{d}s=-mgl\int_0^{\theta_0}\sin\theta\mathrm{d}\theta$$

$$=-mgl(1-\cos\theta_0)$$

上式中，$l(1-\cos\theta_0)=h$ 为从 $O$ 点运动到 $A$ 点时，小球上升的高度，所以上式也

可写为

$$W = -mgh$$

可见，小球从 $O$ 运动到 $A$ 的过程中，重力做负功，且功只与初末两位置的高度差有关.

注：本题中，小球受到细绳张力的方向始终与小球的运动方向垂直，所以张力不做功.

图 3-6　国际大力士冠军赛中的硬举巨石(阿特拉斯巨石)项目. 大力士们要将 5 个分别重达 100kg、112kg、120kg、140kg 和 160kg 的巨石放到 5 个平台上，用时最短者获胜

### 2. 功率

上面关于功的定义与做功完成的时间无关，但在实际问题中，除了要知道一个力做功的大小外，还要知道做功的快慢，即做功的效率. 比如，在一年一度的国际大力士冠军赛中有一个项目，大力士们要将 5 个重达 100～160kg 的巨石搬到 5 个平台上(图 3-6). 假如参赛的大力士们都完成了任务，但只有用时最短的选手才是比赛的胜者. 我们把力在单位时间内所做的功称为**功率**. 如果力在 $\Delta t$ 时间内做功 $\Delta W$，则力在这段时间内做功的**平均功率**是

平均功率 ▶

$$\bar{N} = \frac{\Delta W}{\Delta t} \tag{3-6}$$

上式定义的平均功率只反映了力在 $\Delta t$ 时间内做功的平均效率，当力做功的快慢随时间变化时，为了知道力在每一瞬时做功的效率，我们定义：当 $\Delta t \to 0$ 时平均功率 $\bar{N}$ 的极限为某时刻的**瞬时功率**，简称**功率**，用 $N$ 表示，即

瞬时功率 ▶

$$N = \lim_{\Delta t \to 0} \frac{\Delta W}{\Delta t} = \frac{\mathrm{d}W}{\mathrm{d}t} \tag{3-7}$$

由功的定义式(3-3a)，瞬时功率还可以表示为

功率的另一种表示 ▶

$$N = \frac{\mathrm{d}W}{\mathrm{d}t} = \boldsymbol{F} \cdot \frac{\mathrm{d}\boldsymbol{r}}{\mathrm{d}t} = \boldsymbol{F} \cdot \boldsymbol{v} \tag{3-8}$$

由上式可见，瞬时功率可以表示为力与速度的标积. 当力 $\boldsymbol{F}$ 的方向与速度 $\boldsymbol{v}$ 的方向相同时，$\cos\theta=1$，这时 $N=Fv$. 汽车发动机提供的最大功率是一定的，由式(3-8)可见，当车速较低时，发动机的牵引力较大，而当车速较快时，发动机的牵引力较小. 因此，在汽车启动或上坡时，因所需牵引力较大，此时应将发动机的挡位调到低速挡.

由瞬时功率的定义式(3-7)，当功率随时间变化的函数关系已知时，也可以通过功率求得力在一段时间 $t_1 \to t_2$ 内做的功. 即

由功率求功 ▶

$$W = \int_{t_1}^{t_2} N \mathrm{d}t \tag{3-9}$$

在国际单位制中，功率的单位是焦/秒(J/s)，称为瓦(W).

**例题 3-3　变力的功率和功**

方向不变的作用力 $F=6t$($F$，$t$ 的单位分别为 N 和 s)，作用在一质量为 2kg 的物体上，物体从静止开始运动. 试求此作用力的瞬时功率和前 2s 内所做的功.

**解** 由于 $F$ 是一个方向不变的力，而且开始时物体静止，所以物体将做直线运动，$F$ 与物体的运动方向始终保持一致. 物体的加速度大小为

$$a=\frac{F}{m}=3t$$

考虑到初始条件 $t=0$ 时，$v=0$，物体在任意时刻 $t$ 的速度为

$$v=\int_0^t a\mathrm{d}t=\int_0^t 3t\mathrm{d}t=1.5t^2$$

由于 $F$ 与物体运动方向相同，根据式(3-8)，力 $F$ 的瞬时功率为

$$N=Fv=6t\times1.5t^2=9.0t^3\ (\mathrm{W})$$

利用上面的结果和式(3-9)，可以利用积分求得作用力 $F$ 在开始 2s 内所做的功

$$W=\int_0^2 N\mathrm{d}t=\int_0^2 9.0t^3\mathrm{d}t=36\ (\mathrm{J})$$

或由式(3-4b)，$F$ 在 $t=0$ 到 $t=2\mathrm{s}$ 时间内做的功为

$$W=\int F\cos\theta\mathrm{d}s=\int_0^2 Fv\mathrm{d}t=\int_0^2(6t\times1.5t^2)\mathrm{d}t$$

$$=\int_0^2 9.0t^3\mathrm{d}t=36\ (\mathrm{J})$$

## 3.2 质点的动能 动能定理

在第 2 章中我们得知，当力对质点作用了一段时间之后(即力对时间的累积效果)，质点的动量发生了变化. 而功是力对空间的累积效果，那么，力对质点作用了一段路程之后，又对质点的运动产生了什么样的效果呢？下面，我们就来讨论这个问题.

我们常见到，落下的铁锤对钉子做功，将钉子钉入木板；飞流而下的水流推动水轮机做功发电等. 物体之所以有做功的能力，是因为物体具有能量. 物体的能量与物体的状态有关，它是物体状态的函数. 对做机械运动的物体来说，能量有动能和势能，统称为机械能. 动能是物体因为运动而具有的能量，下节中将要讨论的势能是与物体在保守力场中的位置相关的能量.

先考虑一种简单的情况，即物体在恒力 $\boldsymbol{F}$ 的作用下做匀加速直线运动. 如图 3-7 所示，设物体质量为 $m$，加速度为 $\boldsymbol{a}$，如果物体经过直线位移 $\boldsymbol{s}$ 后速度由 $\boldsymbol{v}_0$ 变化到 $\boldsymbol{v}$，则由匀变速直线运动公式，得

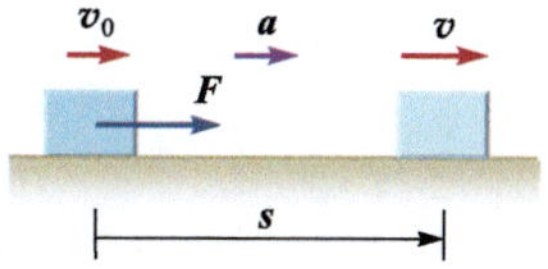

图 3-7 恒力 $\boldsymbol{F}$ 对物体做正功，使物体加速运动，速度增大，动能增大

$$v^2=v_0^2+2as$$

所以，物体经过位移 $\boldsymbol{s}$ 后，力 $\boldsymbol{F}$ 对物体所做的功为

$$W=Fs=mas=\frac{1}{2}mv^2-\frac{1}{2}mv_0^2$$

物理量 $\frac{1}{2}mv^2$ 被定义为物体的**动能**，用 $E_k$ 表示，即

$$E_k=\frac{1}{2}mv^2 \tag{3-10}$$

◀ 动能的定义

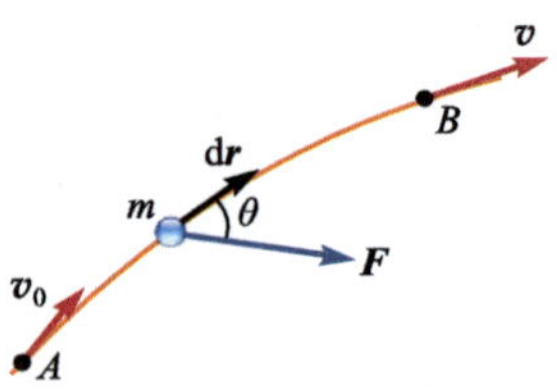


图 3-8 变力 $\boldsymbol{F}$ 对质点做功，使质点的动能改变

这样，力 $\boldsymbol{F}$ 对物体做的功 $W$ 可以表示为

$$W = E_k - E_{k0} \tag{3-11}$$

式中，$E_k$ 是物体的末动能，$E_{k0}$ 是物体的初动能. 上式说明，力对物体做功可以改变物体的动能.

上面得到的是恒力对做直线运动的质点所做的功与动能增量的关系. 下面我们将要证明的是更一般的情况，即当质点在变力的作用下沿曲线运动时，式(3-11)的关系依然成立. 如图 3-8 所示，一个质量为 $m$ 的质点在变力 $\boldsymbol{F}$ 的作用下沿曲线由 $A$ 运动到 $B$. 根据式(3-3a)和式(3-3b)，对质点的元位移 $\mathrm{d}\boldsymbol{r}$，作用力 $\boldsymbol{F}$ 所做的元功为

$$\mathrm{d}W = \boldsymbol{F}\cdot\mathrm{d}\boldsymbol{r} = F\cos\theta\,\mathrm{d}s$$

式中 $F\cos\theta$ 是力 $\boldsymbol{F}$ 在曲线上的切向分量. 根据牛顿第二定律

$$F\cos\theta = ma_t = m\frac{\mathrm{d}v}{\mathrm{d}t}$$

设 $\mathrm{d}s$ 是 $\mathrm{d}\boldsymbol{r}$ 在曲线上对应的元路程，则 $\mathrm{d}s=v\mathrm{d}t$，所以，$\boldsymbol{F}$ 所做的元功又可表示为

$$\mathrm{d}W = m\frac{\mathrm{d}v}{\mathrm{d}t}v\mathrm{d}t = mv\mathrm{d}v$$

对上式积分，可以得到当质点沿曲线从 $A$ 点运动到 $B$ 点的过程中，力 $\boldsymbol{F}$ 所做的功为

质点的动能定理 ▶

$$W = \int_{v_0}^{v} mv\mathrm{d}v = \frac{1}{2}mv^2 - \frac{1}{2}mv_0^2 = E_k - E_{k0} \tag{3-12}$$

与前面质点在恒力作用下沿直线运动的结果相同.

**作用在物体上的合外力做的功等于物体动能的增量**，这一结论称为**质点的动能定理**. 动能定理说明力的空间累积效果使物体的动能发生变化.

由动能定理可见，动能与功有相同的单位. 在国际单位制中，动能的单位是牛 · 米(N · m)，称为焦(J).

由式(3-12)可见，若 $W>0$，即合外力对物体做正功，则物体的末动能 $E_k$ 大于初动能 $E_{k0}$，说明合外力对物体做正功时，物体的动能增加；若 $W<0$，即合外力对物体做负功，则物体的末动能 $E_k$ 小于初动能 $E_{k0}$，说明合外力对物体做负功时，物体的动能减小.

需要注意的是，尽管功与物体动能的增量相等，但功和动能是两个完全不同的物理量. 动能和物体的运动状态相联系，物体的每一运动状态对应一定的动能，所以动能是一个**状态量**；而功则与物体运动的过程相联系，所以功是一个**过程量**. 物体动能的变化需要通过做功来实现. 因此说，功是物体动能变化的量度.

历史上曾经有过这样的争论，动量和动能都是由质点的质量和速度决定的. 那么有了动量，为什么还要动能这个物理量呢？其实无论从数学上还是从物理上看两者都是不同的. 首先，动量是矢量而动能是标量. 考虑一个由两个质量相等而运动方向相反的质点组成的系统. 由于动量是矢量，两个质点的动量大小相等而方向相反，即 $\boldsymbol{p}_1=-\boldsymbol{p}_2$，所以系统的总动量等于零(即 $\boldsymbol{p}_1+\boldsymbol{p}_2=0$). 而动能是

标量，对这两个质点有 $E_1=E_2=E_k$，所以系统的总动能等于两个质点动能的和(即 $E_1+E_2=2E_k$). 其次，动量的形式只有一种，而能量的形式有多种，在质点相互作用的过程中，动能可以转化为其他形式的能量，如势能或内能等. 这些区别足以说明这两个物理量是不能相互替代的.

**例题 3-4　动能定理的应用**

如图 3-9 所示，为将木箱通过斜面装上货车，使木箱由粗糙斜面的底部以初速度 $v_0$=8.0m/s 向斜面上方运动. 由于 $v_0$ 不够大，未能将木箱运上车，木箱到达最高处后又沿着斜面下滑，滑到底部时速度大小变为 $v$=5.0m/s. 已知斜面倾角为 $\theta$=30°，求木箱能达到的高度 $h$ 和木箱与斜面间的摩擦系数 $\mu$.

**解**　木箱在斜面上受重力 $\boldsymbol{P}=m\boldsymbol{g}$、斜面支持力 $\boldsymbol{N}$ 以及物体与斜面间的摩擦力 $\boldsymbol{f}$ 作用，重力 $\boldsymbol{P}$ 沿斜面法向的分量与 $\boldsymbol{N}$ 平衡，即

$$N = mg\cos\theta$$

而摩擦力 $\boldsymbol{f}$ 的大小为

$$f = \mu N = \mu mg\cos\theta$$

当木箱沿斜面向上冲时，摩擦力 $\boldsymbol{f}$ 沿斜面向下；木箱沿斜面向下滑时，摩擦力 $\boldsymbol{f}$ 沿斜面向上. 设木箱沿斜面向上运动的最大距离为 $l$，则上冲过程中，木箱所受合力做的功为

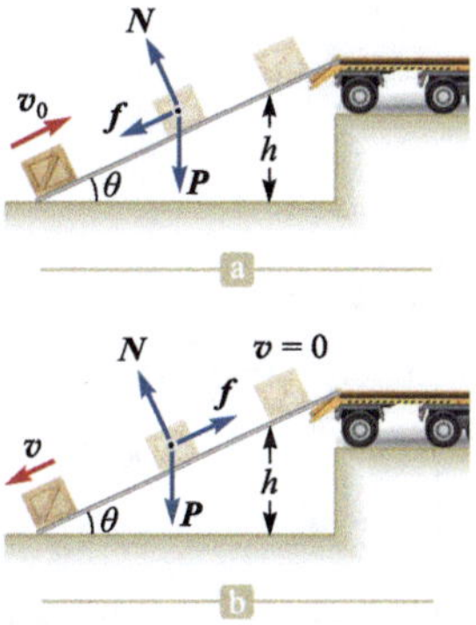

图 3-9　将木箱通过斜面运上货车. a.木箱以速度 $v_0$ 沿斜面向上运动. b.木箱从高为 $h$ 处沿斜面由静止向下滑动

$$W_1 = (-mg\sin\theta - \mu mg\cos\theta)l$$

木箱冲到最高处速度为零，根据动能定理有

$$W_1 = 0 - \frac{1}{2}mv_0^2$$

所以有

$$mgl\sin\theta + \mu mgl\cos\theta = \frac{1}{2}mv_0^2 \qquad ①$$

木箱在下滑过程中合力做功

$$W_2 = (mg\sin\theta - \mu mg\cos\theta)l$$

根据动能定理

$$W_2 = \frac{1}{2}mv^2 - 0$$

即

$$mgl\sin\theta - \mu mgl\cos\theta = \frac{1}{2}mv^2 \qquad ②$$

将①、②两式相加，得

$$\frac{1}{2}(v_0^2 + v^2) = 2gl\sin\theta = 2gh \qquad ③$$

即

$$h = \frac{v_0^2 + v^2}{4g} = 2.3\text{ m}$$

将①、②两式相减，得

$$\frac{1}{2}(v_0^2 - v^2) = 2\mu gl\cos\theta = 2\mu g\frac{h}{\sin\theta}\cos\theta \qquad ④$$

式④除以式③，得

$$\mu = \frac{v_0^2 - v^2}{v_0^2 + v^2}\tan\theta = 0.25$$

## 3.3 势能 保守力和非保守力

图 3-10 射箭手张弓拉箭时，外力克服弹性力做的功转换为弓弦的弹性势能

物体有了速度就有了动能，即拥有了做功的本领. 比如，用榔头快速砸向钉子，就能够把钉子砸入墙中. 那么，静止的物体有没有做功的本领呢? 如图 3-10 所示，射箭运动员张弓拉箭，在放箭之前，箭处于静止状态，因此没有动能. 但此时由弓和箭组成的系统有另一种形式的机械能，称为**势能**. 当运动员放箭后被张紧的弓弦对箭做功，使箭快速射出，因此箭也就有了做功的本领. 运动员张弓拉箭，就是所谓的“蓄势待发”，这里的“势”指的就是势能. 箭被射出的过程，就是势能转换为动能的过程. 水力发电也是利用了水的势能. 大坝将河上游的水拦住，使大坝两边的水位差增加，高处的水于是就有了势能. 当高处的水倾泻而下时，水的势能转换为动能，驱动发电机组的转子旋转. 下面我们将通过重力、弹性力和万有引力做功的特点，引入势能的概念.

### 1. 重力的功 重力势能

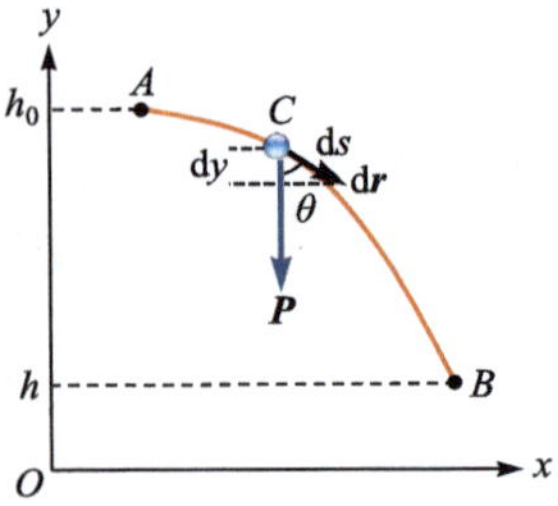


图 3-11 物体在地球重力场中运动时，重力对物体做功

设有一质量为 $m$ 的物体，在重力 $\boldsymbol{P}=m\boldsymbol{g}$ 的作用下，沿路径 $ACB$ 从 $A$ 点运动到 $B$ 点(图 3-11)，$A$ 点和 $B$ 点距地面的高度分别为 $h_0$ 和 $h$. 因为物体的运动路径为曲线，所以重力和物体运动方向之间的夹角 $\theta$ 是随物体的运动而不断改变的. 我们将路径 $ACB$ 分为许多元位移. 设当物体在 $C$ 点时有元位移 $\mathrm{d}\boldsymbol{r}$，重力 $\boldsymbol{P}$ 对物体所做的元功为

$$\mathrm{d}W = \boldsymbol{P}\cdot\mathrm{d}\boldsymbol{r} = mg\cos\theta\,\mathrm{d}s$$

式中，$\mathrm{d}s$ 是与元位移 $\mathrm{d}\boldsymbol{r}$ 相对应的元路程. 由图 3-11 可见，与元位移 $\mathrm{d}\boldsymbol{r}$ 相对应的质点高度的变化为 $\mathrm{d}y=-\cos\theta\mathrm{d}s$. 所以，上式也可写成

$$\mathrm{d}W = -mg\,\mathrm{d}y$$

物体由 $A$ 点运动到 $B$ 点的过程中，重力所做的总功为

$$W = -mg\int_{h_0}^{h}\mathrm{d}y = -(mgh - mgh_0)$$

即

$$W = mgh_0 - mgh \tag{3-13}$$

由式(3-13)，可以得到重力做功的两个特点：

(1) **重力所做的功只由物体运动的始、末位置**(即距地面的高度 $h_0$ 和 $h$)**决定，而与物体运动所经过的具体路径无关**(这在例题 3-2 中已有所体现). 正是重力做功的这个特点，说明了在重力场中存在着一个仅由高度决定的物理量 $mgh$，称为**重力势能**，用符号 $E_\mathrm{p}$ 表示，即

重力势能的定义 ▶

$$E_\mathrm{p} = mgh \tag{3-14}$$

(2) 如果我们以地面($h$=0)作为重力势能的参考点，即令地面的重力势能为零，则式(3-13)中的 $mgh_0$ 和 $mgh$ 分别表示物体在始、末位置的重力势能，式(3-13)可表示为

$$W_{\text{重}} = E_{p0} - E_p = -(E_p - E_{p0}) \tag{3-15}$$

◀ 重力做功等于重力势能增量的负值

这就是说，**重力对物体所做的功等于物体重力势能增量的负值**.

需要说明的是，高度 $h$ 是一个相对量，与参照平面的选取有关. 也就是说，参照平面选取不同，重力势能的数值也不同. 例如，当质量为 $m$ 的物体距地面的高度为 $h$ 时，如果我们选取地面的重力势能为零，则此物体的重力势能为 $mgh$. 但如果选取离地面高度为 $h'$处的重力势能为零，则此物体的重力势能就是 $mg(h-h')$，所以重力势能只具有相对的意义. 但由式(3-13)可见，两个高度之间重力势能的差值是个绝对量，与参照平面的选取无关.

需要特别强调的是，**重力势能是物体和地球组成的系统(称为重力系统)所共有的**，而不是仅仅属于物体的. 我们知道，物体重力势能的变化是重力做功的结果，而没有地球就没有重力，也谈不上重力做功和重力势能的问题. 但是，对于由物体和地球组成的系统，地球的质量远远大于物体的质量，因此地球在重力做功的过程中可以看作是不动的，所以有时我们把重力系统的势能简称为物体的势能.

### 例题 3-5　重力做功与重力势能零点的选取无关

如图 3-12 所示，一矿井深度为 50m，用卷扬机将质量为 300kg 的料车从井底匀速提至离地面高度为 10m 的地方. 求在此过程中，重力及钢丝绳拉力所做的功.

**解**　如果按图 3-12 所示，将坐标原点 $O$ 选在地面上，以竖直向上的方向作为 $y$ 轴的正方向，则按此坐标系的选择，$h_1$=−50m，$h_2$=10m. 所以根据式(3-15)，重力在此过程中所做的功为

$$\begin{aligned} W_G &= -(mgh_2 - mgh_1) = mg(h_1 - h_2) \\ &= 300 \times 9.8 \times (-50 - 10) \\ &\approx -1.76 \times 10^5 (\text{J}) \end{aligned}$$

式中负号表示重力对料车做负功.

因为料车是被匀速提升的，所以钢丝绳的拉力与重力大小相等、方向相反. 钢丝绳拉力所做的功为重力做功的负值，即

$$W_T = -W_G = 1.76 \times 10^5 \text{ J}$$

如果将井底选为 $y$ 轴的坐标原点，那么 $h_1'$=0，而 $h_2'$=60m. 因此重力所做的功为

$$W_G = -(mgh_2' - 0) = -1.76 \times 10^5 \text{ J}$$

与上面所得结果相同. 由此可见，尽管重力势能具有相对意义，与所选择的势能零点有关，但给定两点间重力势能的差值是绝对的. 所以，在计算重力做功时，重力势能的零点可以任意选取.

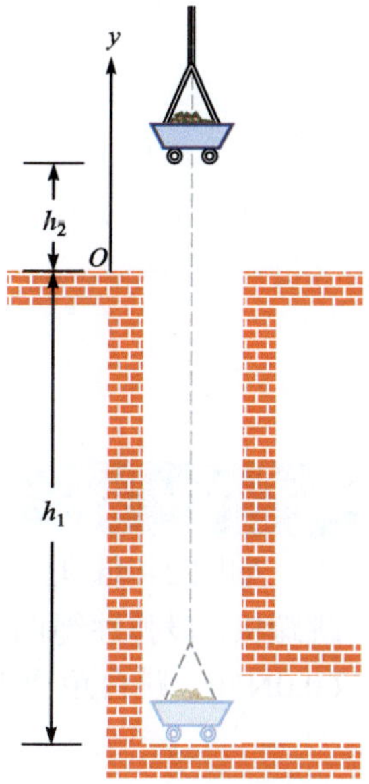


图 3-12　用卷扬机将料车从深为 60m 的矿井底部匀速提至地面以上 10m 处

### 2. 弹性力的功 弹性势能

弹性力是物体因受力发生形变而产生的一种抵抗形变的恢复力，其大小与物体形变的程度有关，方向为形变恢复的方向. 以弹簧为例，图 3-13 所示是一个由物体和弹簧组成的系统，物体可看作质点，弹簧的质量不计. 弹簧的一端固定，另一端与一个放置在光滑水平面上质量为 $m$ 的物体相连. 当弹簧在水平方向不受外力作用时，弹簧处于自然伸长状态，取此时物体的位置(平衡位置)为坐标原点 $O$. 若物体沿 $x$ 轴的正向受到外力作用而产生位移 $x$，则在弹簧的弹性限度内，弹性力可以表示成

胡克定律 ▶

$$f=-kx \tag{3-16}$$

上式称为**胡克定律**，负号表示弹性恢复力的方向与物体位移方向相反. 式中 $k$ 称为**弹性系数**，也称**劲度系数**，其值由弹簧的性质决定. $x$ 是弹簧的形变量，也就是物体偏离其平衡位置的位移.

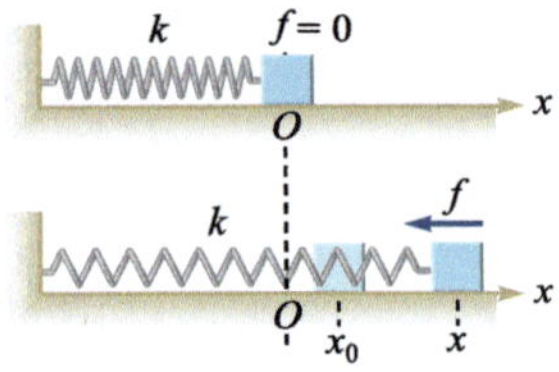

图 3-13 物体在弹簧的弹性力作用下运动时，弹簧的弹性力对物体做功

在质点从 $x_0$ 处运动到 $x$ 处的过程中，弹性力所做的功可由积分求得，即

$$W=\int_{x_0}^{x}(-kx)\mathrm{d}x=\frac{1}{2}kx_0^2-\frac{1}{2}kx^2 \tag{3-17}$$

与重力做功的特点相似，弹性力做功也有两个重要的特点. 由式(3-17)可见：

(1) **弹性力做功只由物体的始、末位置**(即物体偏离平衡点的位移 $x_0$ 和 $x$)**决定，而与物体是如何从 $x_0$ 运动到 $x$ 的具体过程无关**. 弹性力做功的这个特点，说明在 $x$ 轴上存在着一个仅由物体的位移决定的物理量 $kx^2/2$，称为**弹性势能**，也用符号 $E_p$ 表示，即

弹性势能的定义 ▶

$$E_p=\frac{1}{2}kx^2 \tag{3-18}$$

(2) 如果我们以弹簧为原长时物体所处位置为坐标原点($x$=0)，并以此点作为零势能参考点，即令坐标原点的弹性势能为零，则式(3-17)中的 $kx_0^2/2$ 和 $kx^2/2$ 分别表示物体在始、末位置时系统的弹性势能. 所以有

弹性力做功等于弹性势能增量的负值 ▶

$$W_{弹}=E_{p0}-E_p=-(E_p-E_{p0}) \tag{3-19}$$

这就是说，**弹性力对物体所做的功等于系统弹性势能增量的负值.**

需要说明的是，弹性势能是属于由物体和弹簧所组成的系统(弹性系统)的. 弹性势能的零点一般总是取在弹簧自然伸长时物体所在的位置.

#### 例题 3-6 蹦极

如图 3-14a 所示，一个质量 $m$=70.0kg 的人跳蹦极. 设弹性绳的原长 $l$=20.0m，劲度系数 $k$=60.0N/m，跳台距离下方水面的高度为 60m. 忽略空气的阻力和弹性绳的质量，并将人看作质点. 问此人跳下后会不会碰触到水面?

**解** 设此人下落的总高度为 $H$，则当他下落到最低点时，弹性绳的伸长量 $h=H-l$. 根据式(3-19)，此人下落过程中弹性绳的弹性力所做的功为

$$W_T=-\left(\frac{1}{2}kh^2-0\right)=-\frac{1}{2}kh^2$$

图 3-14　一个人脚踝上绑着弹性绳从离水面高 60m 的跳台上向下跳跃(蹦极)，当他下落至最低点时会不会碰触到水面

式中负号表示下落过程中弹性力做负功. 从此人离开跳台到下落至最低点的整个过程中，重力所做的功为

$$W_G = mgH = mg(l + h)$$

因为此人离开跳台时的速率和下落至最低点时的速率均为零，即整个过程动能的增量为零，所以根据动能定理，有

$$\Delta E = W_G + W_T = mg(l + h) - \frac{1}{2}kh^2 = 0$$

上式整理后得

$$kh^2 - 2mgh - 2mgl = 0$$

解此二元一次方程，得($h<0$ 的解舍去)

$$h = \frac{mg + \sqrt{mg(mg + 2kl)}}{k} = 35.7\ \text{m}$$

即此人下落的总高度为 $H=l+h=20.0\text{m}+35.7\text{m}=55.7\text{m}<60\text{m}$，所以不会碰触到水面.

### 3. 引力的功　引力势能

自然界中所有物体之间都存在着相互作用的万有引力. 万有引力是一种场力，两个相距一定距离(有时是很远的距离)的质点间相互作用的万有引力可以这样来理解：质点 $M$ 在它周围的空间建立起了一种场，称为**引力场**，凡是处在这一引力场中的其他质点 $m$ 都会受到这一引力场所施加的万有引力；同样，质点 $M$ 也会受到质点 $m$ 产生的引力场所施加的万有引力. 也就是说，两质点间的万有引力是通过引力场来实现的. 地球对地面附近物体的万有引力叫**重力**，所以地球的引力场又称为**重力场**. 带电体之间的电磁相互作用与引力相互作用类似，是通过电磁场来实现的. 下面，我们讨论万有引力做功的特点.

如图 3-15 所示，质量为 $m$ 的质点 $P$ 在质量为 $M$ 的质点(或匀质球体)$Q$ 的万有引力场中沿曲线 $AB$ 运动. 设 $M \gg m$，在这种情况下，可以认为 $Q$ 是静止

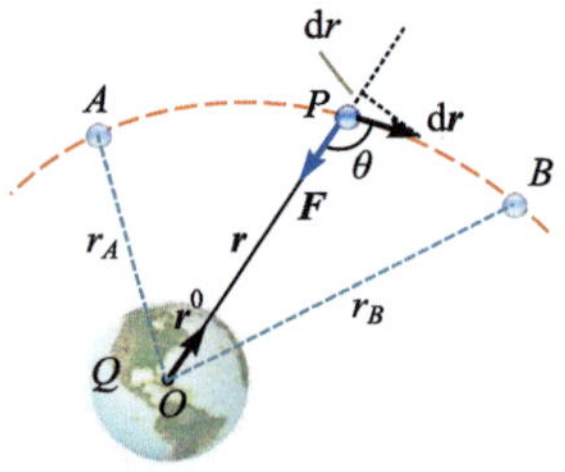


图 3-15 物体在地球万有引力场中运动时，万有引力对物体做功

的，取 $Q$ 所在处(或 $Q$ 的质心)为坐标原点 $O$，$P$ 的位置可用由坐标原点指向质点 $P$ 的矢径 $\boldsymbol{r}$ 表示. 质点 $P$ 受到质点 $Q$ 的万有引力为

$$\boldsymbol{F}=-G\frac{Mm}{r^2}\boldsymbol{r}^0$$

式中，$\boldsymbol{r}^0$ 是矢径 $\boldsymbol{r}$ 的单位矢量，式中的负号表示两者之间的相互作用力为引力，即质点 $P$ 受到质点 $Q$ 的作用力 $\boldsymbol{F}$ 的方向与单位矢量 $\boldsymbol{r}^0$ 的方向相反. 当质点 $P$ 有元位移 $\mathrm{d}\boldsymbol{r}$ 时，根据式(3-3a)，万有引力所做的元功为

$$\mathrm{d}W=\boldsymbol{F}\cdot\mathrm{d}\boldsymbol{r}=-G\frac{Mm}{r^2}\boldsymbol{r}^0\cdot\mathrm{d}\boldsymbol{r}$$

由图 3-15 可见，$\boldsymbol{r}^0\cdot\mathrm{d}\boldsymbol{r}=\mathrm{d}r$，其中 $\mathrm{d}r$ 是矢径 $\boldsymbol{r}$ 大小的元变量. 对上式积分，可得质点 $P$ 由 $A$ 点运动到 $B$ 点时，万有引力 $\boldsymbol{F}$ 所做的功

$$W=\int_{r_A}^{r_B}-G\frac{Mm}{r^2}\mathrm{d}r=-G\frac{Mm}{r_A}-\left(-G\frac{Mm}{r_B}\right) \tag{3-20}$$

与重力做功和弹性力做功相似，由式(3-20)可得到万有引力做功的两个特点：

(1) **万有引力所做的功只与质点的始、末位置**(即 $r_A$ 和 $r_B$)**有关，而与质点的运动路径无关**. 说明在质点 $M$ 的引力场中存在着一个仅由距离 $r$ 决定的物理量 $-GMm/r$，称为**引力势能**，也用符号 $E_\mathrm{p}$ 表示，即

引力势能的定义 ▶

$$E_\mathrm{p}=-G\frac{Mm}{r} \tag{3-21}$$

(2) 两质点间的万有引力与它们之间距离的平方成反比，当质点 $m$ 距离质点 $M$ 无穷远时所受的万有引力为零. 通常我们就取质点 $m$ 在无穷远处的引力势能为参考点，即当 $r\to\infty$时，$E_{\mathrm{p}\infty}=0$. 若取 $r_b\to\infty$，则 $E_{\mathrm{p}b}=0$，则由式(3-20)有

万有引力做功等于引力势能增量的负值 ▶

$$W_{引}=E_{\mathrm{p}A}-E_{\mathrm{p}B}=-(E_{\mathrm{p}B}-E_{\mathrm{p}A}) \tag{3-22}$$

这就说明，万有引力所做的功等于引力势能增量的负值.

同样需要注意的是，两个质点间的引力势能是属于由这两个质点组成的系统(引力系统)的.

实际上，重力势能是地球表面附近的物体与地球间引力势能的特例. 对于在地球重力场中的物体，相应的引力势能也可以用式(3-21)表示. 其中 $M$ 为地球质量 $M_\mathrm{E}$，$m$ 为地面上物体的质量. 设地球半径为 $R$，则物体在地球表面的引力势能为

$$E_{\mathrm{p},R}=-G\frac{M_\mathrm{E}m}{R}$$

而物体在地球表面上方 $h$ 高度的引力势能为

$$E_{\mathrm{p},R+h}=-G\frac{M_\mathrm{E}m}{R+h}$$

以上两式之差为物体相对于地球表面的重力势能，即

$$E_{\mathrm{p},h}=-G\frac{M_\mathrm{E}m}{R+h}-\left(-G\frac{M_\mathrm{E}m}{R}\right)=\frac{GM_\mathrm{E}mh}{R(R+h)}$$

如果物体离地面的高度远小于地球的半径，即 $R \gg h$，上式可近似写为

$$E_{\mathrm{p},h} \approx \frac{GM_{\mathrm{E}}mh}{R^2} = mgh$$

其中 $g = \dfrac{GM_{\mathrm{E}}}{R^2} \approx 9.80\mathrm{m/s}$ 就是地球表面附近的重力加速度，所以上式只对近地物体才适用.

## 例题 3-7 物体摆脱地球引力的“逃逸速度”

如图 3-16 所示，质量为 $m$ 的火箭从地球表面竖直向上发射.

(1) 试由万有引力的功求此火箭能到达离地高度 $h$ 所需要的初速度 $v_{\mathrm{i}}$；

(2) 求火箭能够摆脱地球引力的最小速度(即“逃逸速度”)$v_{\mathrm{esc}}$.(假设空气的阻力忽略不计)

**解** (1) 火箭刚发射时，它到地心的距离为地球的半径 $R_{\mathrm{E}}$，当它到达最大离地高度 $h$ 时，离地心的距离为 $r_{\max}=R_{\mathrm{E}}+h$. 因此，根据式(3-22)，从火箭发射到它到达最大高度的过程中，万有引力做的功为

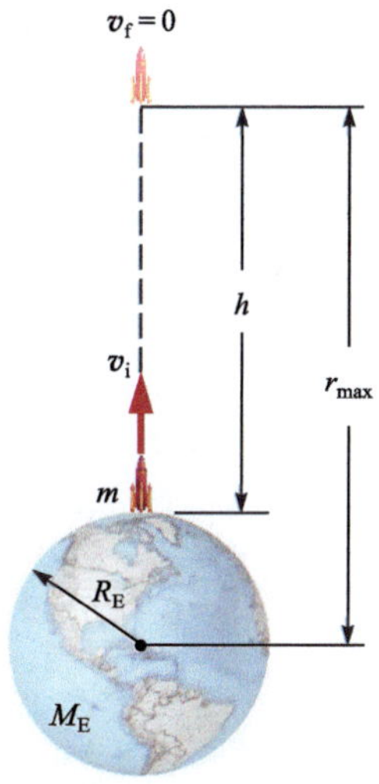


图 3-16 一个质量为 $m$ 的火箭从地球表面以速度 $v_{\mathrm{i}}$ 竖直向上发射，能到达的最大高度为 $h$

$$W_{引} = -\left[-G\frac{mM_{\mathrm{E}}}{r_{\max}} - \left(-G\frac{mM_{\mathrm{E}}}{R_{\mathrm{E}}}\right)\right] = -GmM_{\mathrm{E}}\left(\frac{1}{R_{\mathrm{E}}} - \frac{1}{R_{\mathrm{E}}+h}\right)$$

根据动能定理，万有引力所做的功等于火箭动能的增量. 由于火箭到达最大高度时的速度为零，所以

$$W_{引} = 0 - \frac{1}{2}mv_{\mathrm{i}}^2$$

由上述两式，求得火箭能到达离地高度 $h$ 所需要的初速度为

$$v_{\mathrm{i}}^2 = 2GM_{\mathrm{E}}\left(\frac{1}{R_{\mathrm{E}}} - \frac{1}{R_{\mathrm{E}}+h}\right)$$

(2) 物体的**逃逸速度**是指物体能从地球表面运动到离地球无限远处所需要的最小速度. 物体以逃逸速度 $v_{\mathrm{esc}}$ 离开地球表面后，随着离开地球的距离越来越远，它的速度越来越小，直到物体离开地球无限远时，它的速度趋于零. 所以，令上式中的 $h \to \infty$，可得火箭能够摆脱地球引力的最小速度，即逃逸速度为

$$v_{\mathrm{esc}} = \sqrt{\frac{2GM_{\mathrm{E}}}{R_{\mathrm{E}}}} \tag{3-23}$$

◀ 物体摆脱地球引力的“逃逸速度”

以引力常数 $G=6.67\times10^{-11}\mathrm{N\cdot m^2/kg^2}$，地球质量 $M_{\mathrm{E}}=5.97\times10^{24}\mathrm{kg}$ 和地球平均半径 $R_{\mathrm{E}}=6.37\times10^{6}\mathrm{m}$ 代入上式，得 $v_{\mathrm{esc}}=11.2\mathrm{km/s}$. 可见，地球表面的逃逸速度即为第二宇宙速度.

由式(3-23)可见，物体的逃逸速度 $v_{\mathrm{esc}}$ 与物体的质量无关. 换言之，宇宙飞船的逃逸速度与地球大气中分子的逃逸速度相等. 根据气体分子动理论(将在第 2 篇中学习)，在相同温度下，空气中质量较小的氢分子的平均速率比质量较大的氧分子的平均速率大得多(比如在 0℃时，氢分子的平均速率约为 1670m/s，

而氧分子的平均速率约为 425m/s). 因此在高层大气中的氢分子比氧分子更容易在分子间碰撞的过程中获得大的速率，因而逃逸出地球大气层. 目前地球大气中氢的含量(约占地球大气的 1%)远低于地球早期大气中氢的含量就是很好的例证.

### 4. 保守力和非保守力

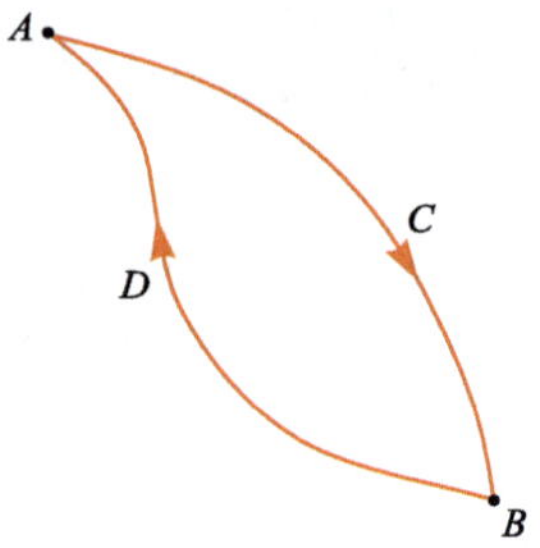

图 3-17 沿闭合曲线一周，保守力做功为零

由上面的讨论可见，重力做的功、弹簧的弹性力做的功和万有引力做的功都有一个共同的特点，即都只与物体运动的始、末两点的位置有关，而与物体运动的具体路径无关. 我们把具有这种性质的力，称为**保守力**.

保守力的另一个定义是：沿闭合路径一周，保守力做功为零. 如图 3-17 所示，设一物体在保守力 $\boldsymbol{F}$ 的作用下自 $A$ 点沿路径 $ACB$ 到达 $B$ 点，或沿路径 $ADB$ 到达 $B$ 点. 根据保守力做功与路径无关的特点，有

$$W_{ACB}=W_{ADB}=\int_A^B \boldsymbol{F}\cdot \mathrm{d}\boldsymbol{r} \tag{3-24}$$

如果质点沿闭合回路 $ACBDA$ 一周，则保守力所做的功为

$$W_{ACBDA}=\oint \boldsymbol{F}\cdot \mathrm{d}\boldsymbol{r}=\underset{(ACB)}{\int_A^B} \boldsymbol{F}\cdot \mathrm{d}\boldsymbol{r}+\underset{(BDA)}{\int_B^A} \boldsymbol{F}\cdot \mathrm{d}\boldsymbol{r}=\underset{(ACB)}{\int_A^B} \boldsymbol{F}\cdot \mathrm{d}\boldsymbol{r}-\underset{(ADB)}{\int_A^B} \boldsymbol{F}\cdot \mathrm{d}\boldsymbol{r}$$
$$=W_{ACB}-W_{ADB}=0$$

保守力的定义 ▶

即
$$\oint \boldsymbol{F}_{保}\cdot \mathrm{d}\boldsymbol{r}=0 \tag{3-25}$$

上式中 $\oint$ 表示沿闭合曲线积分一周. 式(3-24)和式(3-25)都可看作保守力的定义，也就是说，保守力做功与路径无关和保守力沿任意闭合路径一周做功为零，这两种说法是等效的.

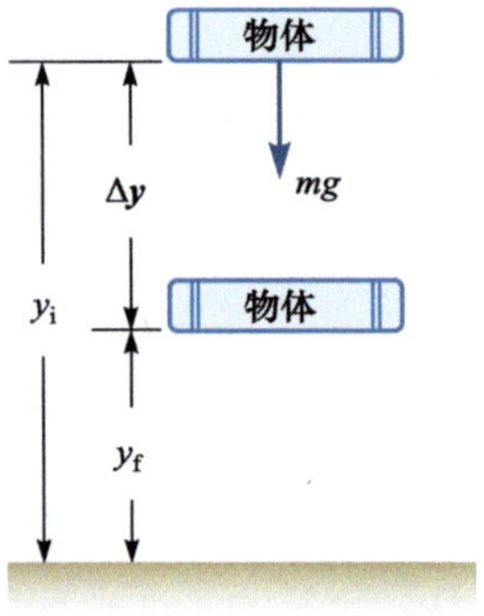

图 3-18 书本向下运动，重力做正功，书本的重力势能减小

由前面的讨论还可知，保守力做功等于相应势能增量的负值. 比如，重力所做的功等于重力势能增量的负值. 即若重力做正功，则重力势能减小；重力若做负功，则重力势能增大. 如图 3-18 所示，用手托住一本书，当手向下运动时，书本运动的方向与重力的方向相同，此时重力做正功，而书本的重力势能减小，即 $\Delta E_{\mathrm{p}}=mgy_{\mathrm{f}}-mgy_{\mathrm{i}}<0$. 而当手向上运动时，书本的运动方向与重力的方向相反，此时重力做负功，而书本的重力势能增加. 又如前面图 3-10 所示的射箭运动员拉弓时，弓弦的弹性力做负功，系统的弹性势能增加；而在箭被射出的过程中，弓弦做正功，系统的弹性势能减小，这部分弹性势能转化成了被射出的箭的动能. 除了上面提到的重力、弹性力和万有引力是保守力外，两个带电体之间的静电场力也是保守力. 所以在静电场中可以引入电势能的概念，而且当电场力做正功时，电势能减小；电场力做负功时，电势能增加.

非保守力(耗散力)的定义 ▶

然而在物理学中并非所有的力做功都具有与路径无关的特点. 例如，摩擦力就不是保守力，因为摩擦力做功与路径有关，路径不同摩擦力做功的数值就不同. 我们把这种做功与路径有关的力称为**非保守力**或**耗散力**. 对于非保守力不能引入势能的概念.

# 3.4　功能原理 机械能守恒定律

## 1. 质点系的动能定理

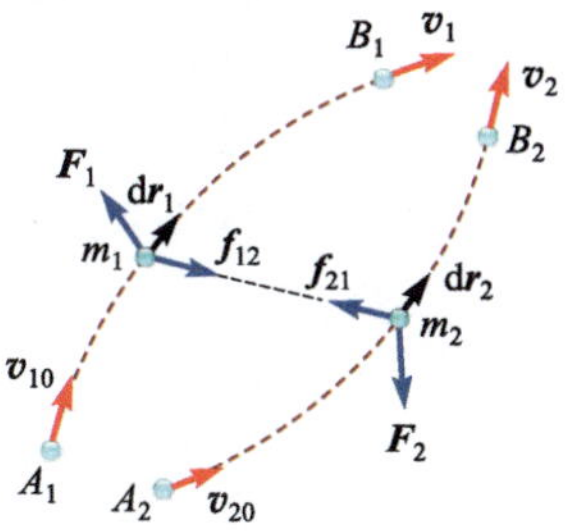

图 3-19　两个质点组成的质点系

本章 3.2 节导出的单个质点的动能定理，也可以推广到由两个或多个质点组成的质点系. 下面讨论质点系中功和动能之间的关系.

首先考虑由两个质量分别为 $m_1$ 和 $m_2$ 的质点组成的质点系. 对一个质点系而言，系统以外的物体对系统内质点施加的作用力为外力，而系统内各质点间的相互作用力为内力. 如图 3-19 所示，设两个质点受到的外力分别为 $\boldsymbol{F}_1$ 和 $\boldsymbol{F}_2$，两质点间相互作用的内力分别为 $\boldsymbol{f}_{12}$ 和 $\boldsymbol{f}_{21}$，对图中所示系统的某一变化过程，分别对两个质点应用质点的动能定理[见式(3-12)]，得

$$\int_{A_1}^{B_1}\boldsymbol{F}_1\cdot \mathrm{d}\boldsymbol{r}_1+\int_{A_1}^{B_1}\boldsymbol{f}_{12}\cdot \mathrm{d}\boldsymbol{r}_1=\frac{1}{2}m_1v_1^2-\frac{1}{2}m_1v_{10}^2$$

$$\int_{A_2}^{B_2}\boldsymbol{F}_2\cdot \mathrm{d}\boldsymbol{r}_2+\int_{A_2}^{B_2}\boldsymbol{f}_{21}\cdot \mathrm{d}\boldsymbol{r}_2=\frac{1}{2}m_2v_2^2-\frac{1}{2}m_2v_{20}^2$$

将上面两式相加，得

$$\int_{A_1}^{B_1}\boldsymbol{F}_1\cdot \mathrm{d}\boldsymbol{r}_1+\int_{A_2}^{B_2}\boldsymbol{F}_2\cdot \mathrm{d}\boldsymbol{r}_2+\int_{A_1}^{B_1}\boldsymbol{f}_{12}\cdot \mathrm{d}\boldsymbol{r}_1+\int_{A_2}^{B_2}\boldsymbol{f}_{21}\cdot \mathrm{d}\boldsymbol{r}_2$$
$$=\frac{1}{2}m_1v_1^2+\frac{1}{2}m_2v_2^2-\left(\frac{1}{2}m_1v_{10}^2+\frac{1}{2}m_2v_{20}^2\right)$$

上式等号左边前两项为外力对质点系做功的代数和，用 $W_{外}$ 表示；左边后两项为质点系内力做功的代数和，用 $W_{内}$ 表示. 等号右边前两项为系统的末动能，用 $E_{\mathrm{k}}$ 表示；后两项为系统的初动能，用 $E_{\mathrm{k0}}$ 表示，则上式可简写为

$$W_{外}+W_{内}=E_{\mathrm{k}}-E_{\mathrm{k0}} \tag{3-26}$$

◀ 质点系的动能定理

显然，这一结论可以推广到由任意多个质点组成的质点系. 式(3-26)表明，**所有外力的功和内力的功的代数和等于质点系总动能的增量**，这个结论称为**质点系的动能定理**.

下面我们将质点系的动能定理和质点系的动量定理做一个比较. 由质点系的动能定理可知：系统的外力和内力做的功都可以改变质点系的总动能. 而由第 2 章中质点系的动量定理[式(2-25)]得知：只有外力的冲量才可以改变质点系的总动量，而内力的冲量不能改变系统的总动量. 根据牛顿第三运动定律，质点系内任意一对质点 $i$ 和 $j$ 之间的内力 $\boldsymbol{f}_{ij}$ 和 $\boldsymbol{f}_{ji}$ 大小相等、方向相反并且作用在同一直线上，所以每一对内力之和为零，即 $\boldsymbol{f}_{ij}+\boldsymbol{f}_{ji}=0$. 因此在 $\Delta t$ 时间内，每一对内力的冲量和都等于零，即 $\boldsymbol{f}_{ij}\Delta t+\boldsymbol{f}_{ji}\Delta t=(\boldsymbol{f}_{ij}+\boldsymbol{f}_{ji})\Delta t=0$，可见系统的内力不改变系统的总动量. 而同一对质点 $i$ 和 $j$ 在 $\Delta t$ 时间内的位移 $\mathrm{d}\boldsymbol{r}_i$ 和 $\mathrm{d}\boldsymbol{r}_j$ 一般不相同，所以它们的内力 $\boldsymbol{f}_{ij}$ 和 $\boldsymbol{f}_{ji}$ 所做的功之和一般不为零，即 $\boldsymbol{f}_{ij}\cdot \mathrm{d}\boldsymbol{r}_i+\boldsymbol{f}_{ji}\cdot \mathrm{d}\boldsymbol{r}_j\neq 0$，因此系统内力可以改变系统的总动能. 例如，在空中飞行的炸弹爆炸后，弹片四处飞散，它们的总动量和爆炸前相等，但总动能显然比爆炸前大得多. 这是因为

图 3-20 花样滑冰双人滑. 两个运动员之间的内力不改变系统的总动量,却改变系统的总动能

火药爆炸时产生的巨大内力对所有的弹片都做正功. 再比如，一对花样滑冰运动员在比赛开始前静立在冰面上，他们的总动量和总动能均为零. 当音乐响起，比赛开始，假如运动员并没有用脚蹬冰(没有外力)，而是互相推了对方一下(图 3-20)，这个推力是系统内力. 这时两个运动员向相反的方向运动，质量大的运动员速率较小，而质量小的运动员速率较大，他们的动量大小相等而方向相反，总动量依然为零，但他们的总动能不再为零.

### 2. 质点系的功能原理

在由式(3-26)表示的质点系的动能定理中，如果我们进一步把系统的内力再分为保守内力$W_{保内}$和非保守内力$W_{非保内}$. 这样，质点系的动能定理又可表示为

$$W_{外}+W_{保内}+W_{非保内}=E_k-E_{k0} \tag{3-27}$$

由前面的讨论可知，对于每一个保守内力都可以定义与之相应的势能. 考虑到保守内力(如万有引力、重力、弹性力)做功等于系统势能(引力势能、重力势能、弹性势能)增量的负值，即

$$W_{保内}=-(E_p-E_{p0})=-\Delta E_p$$

将上式代入式(3-27)，得到

$$W_{外}-(E_p-E_{p0})+W_{非保内}=E_k-E_{k0}$$

或

$$W_{外}+W_{非保内}=(E_k+E_p)-(E_{k0}+E_{p0}) \tag{3-28}$$

我们将系统的动能和势能之和称为系统的**机械能**，用符号 $E$ 表示，即

机械能的定义 ▶

$$E=E_k+E_p \tag{3-29}$$

机械能是系统机械运动能量的量度. 物体的机械运动状态由物体的位置和速度确定，速度决定动能，而位置决定势能. 所以，当质点系处于一定的机械运动状态时，就具有一定的动能和势能，即具有一定的机械能. 定义了系统的机械能之后，式(3-28)就可以写成

质点系的功能原理 ▶

$$W_{外}+W_{非保内}=E-E_0 \tag{3-30}$$

上式说明，**外力所做的功和系统内非保守内力所做的功之和等于质点系机械能的增量**，这一结论称为**质点系的功能原理**.

由质点系的功能原理可见，外力做功和系统的非保守内力做功都可以改变系统的机械能. 外力做功是系统外物体的能量与系统内机械能之间的传递和转化. 当外力对系统做正功时，表明有能量从外界传入系统，使系统的机械能增加；反之，当外力做负功时，表明系统向外界传递能量，使系统机械能减少. 而系统内非保守内力做功意味着系统内机械能与其他形式能量之间的转化. 非保守内力做正功时,表明有其他形式的能量转化为机械能;非保守内力做负功时，则表明系统内的机械能转化为其他形式的能量.

必须注意的是，质点系的动能定理和功能原理都给出了质点系的能量变化与功之间的关系，但在使用这两个定理求解力学问题时，需要注意它们之间的区别. 系统的动能定理给出的是系统动能的变化与功的关系，应当把所有力(外

力、非保守内力和保守内力)的功都计算在内；而在质点系的功能原理中，已将保守内力的功以势能的形式表示，并与系统的动能一起统称为系统的机械能，所以在质点系的功能原理中计算功时，已不再包括保守内力的功.

**例题 3-8　用动能定理和功能原理计算变力所做的功**

如图 3-21 所示，一质量 $m$=2.0kg 的物体，由静止开始沿一圆弧形轨道从 $A$ 点下滑到 $B$ 点，到达 $B$ 点时的速率为 $v$=6.0m/s. 已知圆弧形轨道的半径 $R$=4m，求物体从 $A$ 点到 $B$ 点的过程中，摩擦力所做的功.

**解**　物体在下滑过程中受到的摩擦力 $\boldsymbol{f}$ 的大小和方向都在不断变化. 若由功的定义 $W_{\mathrm{f}}=\int_A^B f\cos\theta \mathrm{d}s$ 求摩擦力的功，计算过程比较复杂. 但若应用动能定理或功能原理来解本题，则比较简单，下面分别用这两种方法来计算.

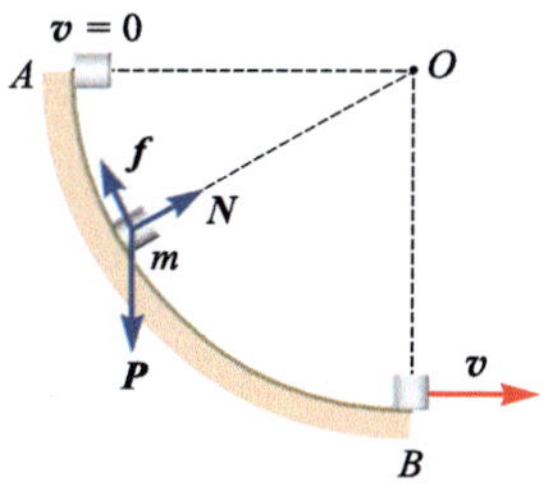

图 3-21　物体沿圆弧轨道下滑

选物体 $m$ 和地球作为系统，物体下滑过程中所受的外力有两个：轨道对物体的支持力 $\boldsymbol{N}$，方向始终指向圆心 $O$；摩擦力 $\boldsymbol{f}$，方向沿轨道的切向，并与物体的运动方向相反. 物体受到的重力 $\boldsymbol{P}=m\boldsymbol{g}$ 为系统的保守内力，系统中没有非保守内力.

**方法一**　利用质点系的动能定理

$$W_{外}+W_{保内}+W_{非保内}=E_{\mathrm{k}}-E_{\mathrm{k0}}$$

上式中 $W_{外}=W_{\mathrm{f}}$ 为摩擦力所做的功. 当选取 $B$ 点所在水平面的重力势能为零时，$W_{保内}=mgR$. 因系统中无非保守内力，所以 $W_{非保内}=0$. $E_{\mathrm{k0}}=0$，而 $E_{\mathrm{k}}=\frac{1}{2}mv^2$，所以

$$W_{\mathrm{f}}+mgR=\frac{1}{2}mv^2$$

得

$$\begin{aligned}W_{\mathrm{f}}&-\frac{1}{2}mv^2-mgR\\&=\frac{1}{2}\times2\times6^2-2\times9.8\times4=-42.4(\mathrm{J})\end{aligned}$$

**方法二**　利用系统的功能原理

$$W_{外}+W_{非保内}=(E_{\mathrm{k}}+E_{\mathrm{p}})-(E_{\mathrm{k0}}+E_{\mathrm{p0}})$$

式中 $W_{外}=W_{\mathrm{f}}$，$W_{非保内}=0$. $E_{\mathrm{k0}}=0$，$E_{\mathrm{p}}=0$，而 $E_{\mathrm{k}}=\frac{1}{2}mv^2$，$E_{\mathrm{p0}}=mgR$. 所以

$$W_{\mathrm{f}}=\frac{1}{2}mv^2-mgR=-42.4\ \mathrm{J}$$

### 3. 机械能守恒定律

由质点系的功能原理可知，如果没有外力和非保守内力的作用，或外力和非保守内力都不做功，或者做功但所做的总功为零，则系统的机械能不随时间改变，这一结论称为**机械能守恒定律**，用数学式表示为

机械能守恒定律 ▶

$$若W_{外}=0，\ W_{非保内}=0，则E=E_k+E_p=常量 \tag{3-31}$$

机械能守恒定律是自然界最普遍规律之一的能量守恒与转化定律在机械运动中的特殊情形.

在我们研究地球表面上物体的运动情形时，可将物体和地球看作是一个系统，则物体受到的重力就是系统的保守内力. 在没有外力(如摩擦力、空气阻力等)和非保守内力做功的情况下，这个系统的机械能守恒，即

$$\frac{1}{2}mv_2^2+mgh_2=\frac{1}{2}mv_1^2+mgh_1 \tag{3-32}$$

即对物体和地球组成的系统来说，在除重力以外的一切外力和非保守内力都不做功的条件下，系统的动能和重力势能可以相互转化，但它们的总和是守恒的. 当动能增加一定数值时，势能必然减小同一数值，反之亦然. 例如，当物体向上抛射时，随着物体高度的增加，其势能逐渐增加而动能逐渐减少. 物体到达最高点时，全部动能转化为了势能. 之后，物体下落时，势能又逐渐转化为了动能.

如果所讨论的系统中仅有弹性力做功，而其他非保守内力和外力都不做功，则可将该系统机械能守恒的规律写成

$$\frac{1}{2}mv_2^2+\frac{1}{2}kx_2^2=\frac{1}{2}mv_1^2+\frac{1}{2}kx_1^2 \tag{3-33}$$

式(3-32)和式(3-33)是机械能守恒定律的两个特例.

**例题 3-9　利用机械能守恒定律再解第 2 章例题 2-7**

如图 3-22 所示，一个质量为 $m$ 的小球系在一根长为 $l$ 的轻绳的一端，轻绳的另一端固定在 $O$ 点. 先拉动小球使轻绳保持水平静止，然后松手使小球自然下落. 忽略空气阻力，求轻绳摆下 $\theta$ 角时，小球的速率 $v$.

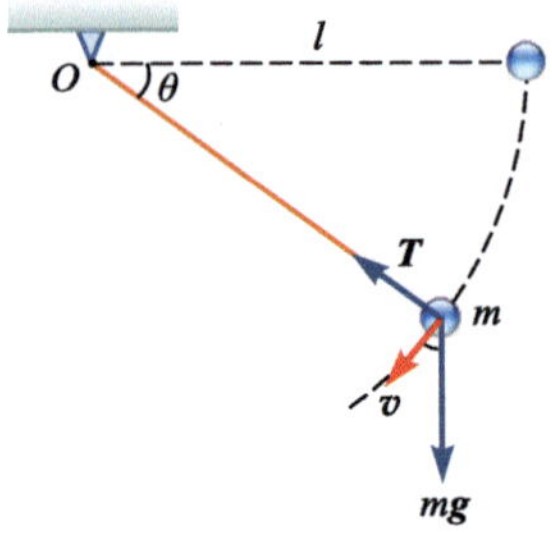


图 3-22　摆球由水平位置自然下摆到摆线与水平方向成 $\theta$ 角的过程机械能守恒

**解**　如图所示，取小球和地球作为被研究的系统. 以轻绳的悬挂点 $O$ 所在的水平面的重力势能为零. 在小球下落的过程中，轻绳的张力 $\boldsymbol{T}$ 为外力，它与小球的运动速度 $\boldsymbol{v}$ 始终垂直，所以张力不做功，而小球所受的重力 $\boldsymbol{P}=m\boldsymbol{g}$ 为系统的保守内力，所以系统的机械能守恒. 系统初态的机械能为

$$E_0=E_{k0}+E_{p0}=0$$

考虑到 $h=-l\sin\theta$，所以轻绳摆下 $\theta$ 角时系统末态的机械能为

$$E=E_k+E_p=\frac{1}{2}mv^2-mgl\sin\theta$$

由机械能守恒定律

$$E=E_0$$

即

$$\frac{1}{2}mv^2-mgl\sin\theta=0$$

因此得到

$$v=\sqrt{2gl\sin\theta}$$

与例题 2-7 的结果相同.

比较例题 2-7 和例题 3-9 的解法，在直接利用牛顿第二定律解本题时，需要知道过程中小球受力的详细情况，由于小球所受合力为变力，所以需要用积分来求解. 而利用机械能守恒定律解本题时，无须知道小球受力的详细情况，只需知道系统的初态和末态的机械能，从而大大简化了计算过程. 请读者用机械能守恒定律再解例题 3-6.

### 4. 能量守恒与转化定律

一般情况下，非保守力或耗散力(如摩擦力、空气阻力等)通常做负功，使系统的机械能减少. 但事实证明，在机械能减少的同时，必然伴随着其他形式能量的增加. 比如，冬天时我们经常靠摩擦双手来使双手保持温暖. 摩擦双手时，摩擦力做负功使双手的动能减少，但同时双手的内能增加了，内能(在第 2 篇中介绍)是不同于机械能的另一种形式的能量. 事实上，在自然界中发生的所有过程中，各种形式的能量可以相互转化，但所有形式能量的总和保持不变. 也就是说，**能量既不能被创造，也不能被消灭，它只能从一种形式转化为另一种形式**. 这一结论称为**能量守恒与转化定律**. 它是自然界中最具有普遍性的规律之一.

◀ 能量守恒与转化定律

## 3.5 碰　　撞

在第 2 章学习了动量守恒定律和本章学习了机械能守恒定律的基础上，下面我们详细地讨论物体间相互作用的一个重要过程——碰撞过程. 当两个或两个以上的物体相互作用时，它们的运动状态将发生变化，从而物体间有动量和能量的交换. **碰撞过程**是指物体间在很短的时间内以相当大的作用力(冲击力或冲力)相互作用的过程. 比如用球棒击打棒球的瞬间，球棒与球之间相当大的冲击力使球发生明显的形变(图 3-23). 宏观物体之间的碰撞一般总是涉及物体间的物理接触(图 3-24a)，但并非所有的碰撞都有物理接触. 比如一个质子和一个 α 粒子(氦原子核)的碰撞(图 3-24b)，由于两个粒子都带正电，它们之间的作用力为斥力. 根据库仑定律，这一斥力与它们之间距离的平方成反比(平方反比律)，所以当它们之间非常接近时，强大的电场力就会迫使它们相互离开.

图 3-23　棒球在很大的冲击力作用下产生了明显的形变

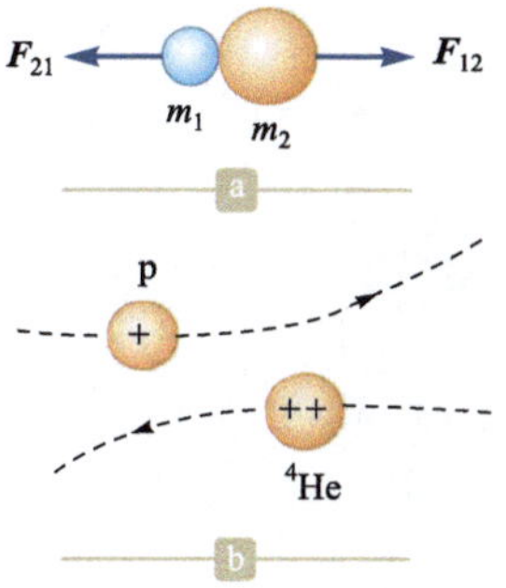


图 3-24　a.两个宏观物体碰撞时，因接触形变而相互作用. b.两个微观带电粒子间的相互作用来自于非接触的库仑力

由于碰撞过程中物体间相互作用的时间极短，而相互作用力很大，因此，如果以相互作用的物体为系统，则系统所受的外力远小于系统内物体间相互作用的冲击力，因而可以忽略不计. 由于系统内物体间相互作用的冲击力为系统的内力，根据质点系的动量定理，系统的内力不改变系统的总动量，所以**碰撞系统的总动量在碰撞过程中保持守恒**，即

$$\sum_i \boldsymbol{p}_i = \text{常矢量}$$

但是，系统的非保守内力可以改变系统的机械能，所以，与任意碰撞系统在碰撞过程中动量总是守恒不变，碰撞过程中系统的机械能不一定守恒. 实际

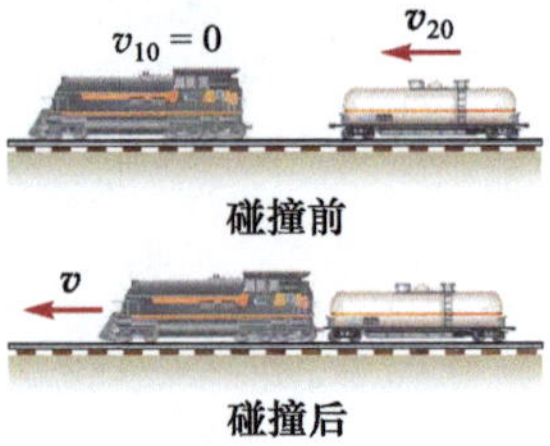


图 3-25 火车头与车厢对接的过程为完全非弹性碰撞

上，我们就是以碰撞前后系统的动能是否守恒来定义弹性碰撞和非弹性碰撞的. **弹性碰撞**(或称**完全弹性碰撞**)是指系统内的物体在碰撞前后，系统的总动能守恒. 比如弹性很好的桌球间的碰撞和常温下气体分子与容器壁的碰撞就很接近于弹性碰撞. 非弹性碰撞是指碰撞前后系统的总动能不守恒，非弹性碰撞又可分为两种情况：如果相互碰撞的两个物体在碰撞后完全结合在了一起，如图 3-25 所示两节车厢的连接过程，则这种碰撞称为**完全非弹性碰撞**. 如果相互碰撞的两个物体在碰撞后没有结合在一起，但碰撞过程中有部分动能损失了，比如一个橡胶球与坚硬的地面碰撞时，部分动能损失了，则这种碰撞就称为**非弹性碰撞**.

需要说明的是，大多数的碰撞过程都属于非弹性碰撞，碰撞过程中有一部分动能转化成了内能等其他形式的能量. 比如我们能听到两个桌球碰撞时发出的清脆响声，说明部分动能转化成了声波的能量. 完全弹性碰撞和完全非弹性碰撞是碰撞过程的两个理想的极端情况. 下面我们分别讨论这三种碰撞过程，在讨论过程中，我们假设相互碰撞的物体都可以看作质点.

### 1. 完全弹性碰撞

考虑由两个小球(都看作质点)组成的系统. 设两个小球的质量分别为 $m_1$ 和 $m_2$，它们分别以初速度 $\boldsymbol{v}_{10}$ 和 $\boldsymbol{v}_{20}$ 沿同一直线运动，两球发生碰撞后的速度分别为 $\boldsymbol{v}_1$ 和 $\boldsymbol{v}_2$. 由于碰撞过程中系统的总动量守恒，所以由动量守恒定律，有

$$\boldsymbol{p}_{10}+\boldsymbol{p}_{20}=\boldsymbol{p}_1+\boldsymbol{p}_2$$

或

$$m_1\boldsymbol{v}_{10}+m_2\boldsymbol{v}_{20}=m_1\boldsymbol{v}_1+m_2\boldsymbol{v}_2 \tag{3-34}$$

如图 3-26 所示，如果两球碰撞前后的速度都在两球球心的连线上，则这种碰撞称为**对心碰撞**或**正碰**. 两球发生对心碰撞时的作用力和反作用力沿两球质心的连线. 由于两球碰撞前后的速度都沿同一直线，所以式(3-34)可以用标量形式表示为

对心碰撞(正碰) ▶

$$m_1v_{10}+m_2v_{20}=m_1v_1+m_2v_2 \tag{3-35}$$

式中，速度方向向右(设为 $x$ 轴正方向)时，速度前面取正号；反之，速度前面取负号.

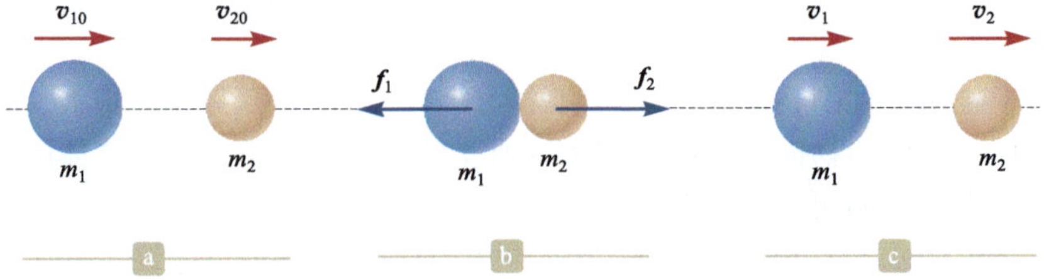


图 3-26 两球间的对心碰撞(正碰)，碰撞前后两球速度沿通过两球质心的同一直线. a.碰撞前. b.碰撞时. c.碰撞后

由于在弹性碰撞过程中，除了系统的总动量守恒之外，系统的总动能也守恒，所以两球的动能之和在碰撞前后也保持不变，即

$$\frac{1}{2}m_1v_{10}^2+\frac{1}{2}m_2v_{20}^2=\frac{1}{2}m_1v_1^2+\frac{1}{2}m_2v_2^2 \tag{3-36}$$

将式(3-35)和式(3-36)分别改写为

$$m_1(v_{10}-v_1)=m_2(v_2-v_{20})$$

$$m_1(v_{10}-v_1)(v_{10}+v_1)=m_2(v_2-v_{20})(v_2+v_{20})$$

上面两式相除，可得

$$v_{10}-v_{20}=v_2-v_1 \tag{3-37}$$

上式中 $v_{10}-v_{20}$ 为两球碰撞前的相对速度，称为**接近速度**，$v_2-v_1$ 为两球碰撞后的相对速度，称为**分离速度**. 可见，对于完全弹性碰撞，两球碰撞前的接近速度等于碰撞后的分离速度. 由式(3-36)和式(3-37)可解得两球碰撞后的速度分别为

$$v_1=\frac{(m_1-m_2)v_{10}+2m_2v_{20}}{m_1+m_2} \tag{3-38a}$$

$$v_2=\frac{(m_2-m_1)v_{20}+2m_1v_{10}}{m_1+m_2} \tag{3-38b}$$

下面就完全弹性的对心碰撞讨论几个特例.

(1) 如果 $m_1 \gg m_2$，且 $v_{20}=0$，则 $v_1 \approx v_{10}$ 和 $v_2 \approx 2v_{10}$. 这说明，当一个质量很大的质点与一个质量很小且静止的质点发生完全弹性的对心碰撞后，质量很大的质点的速度几乎不变，而质量很小的质点的速度为质量很大的质点初速度的 2 倍.

(2) 如果 $m_1 \ll m_2$，且 $v_{20}=0$，则 $v_1 \approx -v_{10}$ 和 $v_2 \approx 0$. 这说明，当一个质量很小的质点与一个质量很大且静止的质点发生完全弹性的对心碰撞后，质量很小质点的速度大小几乎不变，但方向相反，而质量很大的质点几乎不动. 例如，气体分子与容器壁的垂直碰撞，弹性很好的篮球与地球的垂直碰撞都属于这种情况.

(3) 如果 $m_1=m_2$，则 $v_1=v_{20}$ 和 $v_2=v_{10}$. 这表明，两个质量相等的质点发生完全弹性的对心碰撞后，彼此交换速度. 在桌球比赛时，经常可以看到这种情况. 当母球击中目标球时，母球停止，同时目标球以母球碰撞前的速度运动.

### 2. 完全非弹性碰撞

两个质点发生完全非弹性的对心碰撞过程是最简单的情形. 如图 3-27 所示，设两个质量分别为 $m_1$ 和 $m_2$，初速度分别为 $v_{10}$ 和 $v_{20}$ 的小球沿同一直线运动，碰撞后两球结合成为一体，然后以相同的速度 $v$ 一起运动，即 $v_1=v_2=v$，则直接由动量守恒定律，即式(3-34)可得

$$v=\frac{m_1v_{10}+m_2v_{20}}{m_1+m_2} \tag{3-39}$$

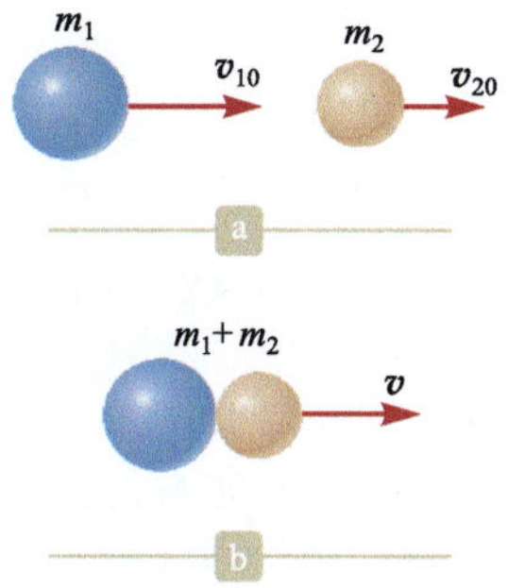


图 3-27 两个质点间的完全非弹性碰撞. a.碰撞前. b.碰撞后两个质点结合在一起，以同一个速度运动

### 3. 非弹性碰撞

前面讨论的完全弹性碰撞和完全非弹性碰撞是两种理想的情况，实际的碰撞过程既不是完全弹性的，也不是完全非弹性的. 碰撞过程中，系统的动能总有一部分转化为其他形式的能量. 仍以两球的对心碰撞为例，尽管碰撞前后系

统的总动量是守恒的，即

$$m_1v_{10}+m_2v_{20}=m_1v_1+m_2v_2 \tag{3-40}$$

但由于非弹性碰撞系统的总动能不守恒，为了求出碰撞前后两球的末速度，还需要一个关于 $v_1$ 和 $v_2$ 的关系式. 牛顿在总结了各种碰撞实验的结果后，引入了**恢复系数**的概念. 在两个物体的对心碰撞中，恢复系数 $e$ 被定义为碰撞后两个物体的分离速度 $v_2-v_1$ 与碰撞前两个物体的接近速度 $v_{10}-v_{20}$ 之比，即

牛顿碰撞定律 ▶

$$e=\frac{v_2-v_1}{v_{10}-v_{20}} \tag{3-41}$$

上式称为**牛顿碰撞定律**，式中 $e$ 的值可由实验测定. 可以看出，在完全弹性碰撞中，$e=1$；在完全非弹性碰撞中 $e=0$；而在非弹性碰撞中，$0<e<1$.

由式(3-40)和式(3-41)，可求出两个物体发生非弹性的对心碰撞后的速度分别为

$$v_1=v_{10}-\frac{(1+e)m_2(v_{10}-v_{20})}{m_1+m_2} \tag{3-42a}$$

$$v_2=v_{20}+\frac{(1+e)m_1(v_{10}-v_{20})}{m_1+m_2} \tag{3-42b}$$

由上两式，可求出非弹性碰撞过程中损失的动能为

$$E_k-E_{k0}=\frac{1}{2}(1-e^2)\frac{m_1m_2}{m_1+m_2}(v_{10}-v_{20})^2 \tag{3-43}$$

由上式可见，对完全弹性碰撞，$e=1$，所以完全弹性碰撞的动能损失为零；对完全非弹性碰撞，$e=0$，所以完全非弹性碰撞中的动能损失是最大的.

## 例题 3-10　冲击摆

利用冲击摆可测量子弹的速度. 如图 3-28 所示，冲击摆是一个用质量可以忽略的轻绳挂着的沙箱，设摆长为 $l$，沙箱的质量为 $M$. 一颗质量为 $m$ 的子弹射入沙箱后，与沙箱一起摆过角度 $\theta_0$. 求子弹射入沙箱前的速率 $v_0$.

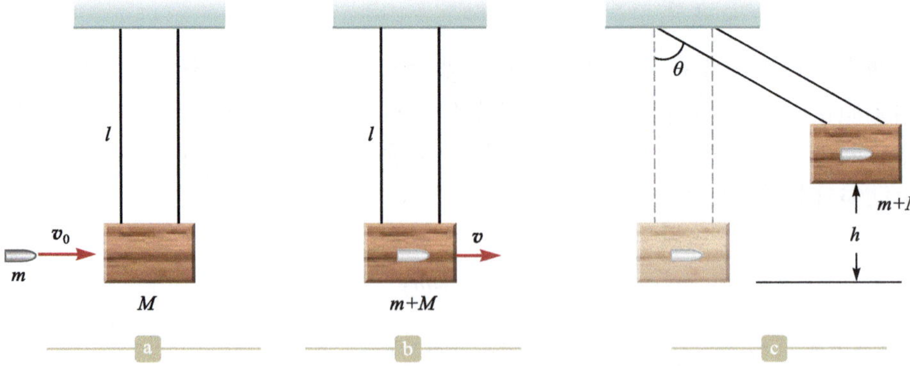


图 3-28　冲击摆. a.子弹射入沙箱前，沙箱不动. b.子弹射入沙箱后，子弹-沙箱系统一起开始向上摆动. c.子弹-沙箱系统摆动到最高点时瞬时静止

**解**　本题可以分解为两个过程. 第一个过程为子弹射入沙箱的过程(图 3-28a 和 b)，此过程持续时间极短、作用力很大，可以看成是完全非弹性碰撞. 设子弹射入沙箱后两者的共同运动速度为 $v$，以子弹和沙箱为系统，则系统的动量

守恒.

系统的初动量为 $mv_0$，末动量为$(M+m)v$，根据动量守恒定律，得

$$v=\frac{mv_0}{M+m}$$

第二个过程为子弹射入沙箱后随沙箱一起向上摆动的过程(图 3-28c). 以子弹、沙箱和地球为系统，由于绳子的张力始终与速度垂直，所以不做功，而重力是系统的保守内力，所以系统的机械能守恒. 取沙袋在竖直悬垂时的重力势能为零，摆动 $\theta_0$ 角度后的相对高度为 $h$，则由机械能守恒定律，得

$$(M+m)gh=\frac{1}{2}(M+m)v^2=\frac{1}{2}\frac{m^2v_0^2}{M+m}$$

由上式得

$$v_0=\frac{M+m}{m}\sqrt{2gh}$$

由于 $h=l\,(1-\cos\theta_0)$，所以

$$v_0=\frac{M+m}{m}\sqrt{2gl(1-\cos\theta_0)}$$

如果设本题中的 $l$=1.0m，$M$=1.0kg，$m$=10g，$\theta_0$=60°，则有

$$v_0=316\text{m/s}\ ,\quad v=3.13\text{m/s}$$

所以，子弹的初动能

$$E_{k0}=\frac{1}{2}mv_0^2=500\text{J}$$

而碰撞后瞬间，子弹和沙袋一起开始运动时的动能为

$$E_k=\frac{1}{2}(M+m)v^2=5.0\text{J}$$

可见子弹与沙袋的碰撞过程中有 99%的动能因摩擦力做功而损失掉了.

### 例题 3-11 打桩机

如图 3-29 为打桩机示意图，重锤从高处自由落下，将木桩打入地面. 重锤和木桩的质量分别为 $m_1$ 和 $m_2$，假设地基对木桩的阻力恒定不变，当重锤下落高度 $h$ 时，将木桩打进土中的深度为 $d$，求地基对木桩的阻力 $f$.

**解** 本题应分三个过程来讨论. 第一个过程为重锤自由下落高度 $h$ 的过程. 以重锤和地球为系统，此过程机械能守恒. 容易得到重锤落到桩头时的速度为

$$v_1=\sqrt{2gh}$$

第二个过程为重锤和木桩的碰撞过程，此过程从重锤落到木桩上开始，到重锤和木桩达到同一速度 $v$ 为止. 假设重锤不回跳，表明重锤和木桩之间是完全非弹性碰撞. 由于重锤和木桩之间的冲力很大且作用时间很短，以重锤和木桩为系统，外力(地基阻力和重力)可以忽略不计，所以系统的动量守恒，即

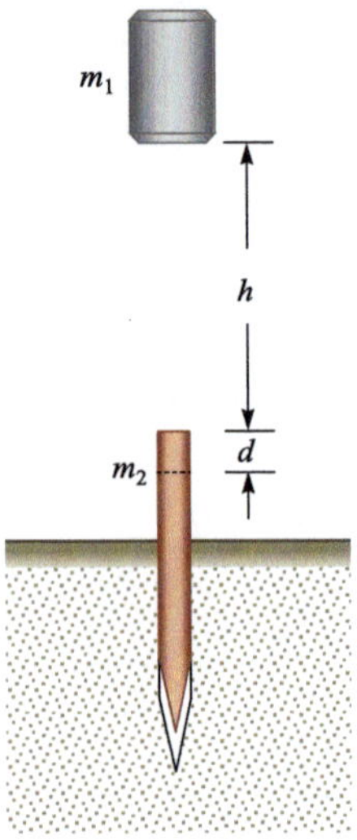

图 3-29 重锤从高处下落，将木桩打入地基中

$$m_1 v_1 = (m_1 + m_2) v$$

或
$$v = \frac{m_1\sqrt{2gh}}{m_1 + m_2} \qquad ①$$

第三个过程为重锤和木桩一起以速度 $v$ 向下运动直到静止为止. 地基阻力对重锤和木桩做负功，其大小为 $fd$. 以重锤、木桩和地球为系统，应用功能原理，系统中动能和势能的减少等于克服地基阻力所做的功，即

$$\frac{1}{2}(m_1 + m_2)v^2 + (m_1 + m_2)gd = fd \qquad ②$$

由①、②两式，求出 $f$ 为

$$f = \frac{m_1^2 gh}{(m_1 + m_2)d} + (m_1 + m_2)g$$

通常，地基阻力 $f$ 远大于重力 $(m_1+m_2)g$，此时上式可近似表示为

$$f = \frac{m_1^2 gh}{(m_1 + m_2)d}$$

或
$$\frac{fd}{m_1 gh} = \frac{m_1}{m_1 + m_2}$$

可见，打桩时有用的功 $fd$ 比重锤下落时获得的能量(即输入的功) $m_1gh$ 小，两者之比为 $m_1/(m_1+m_2)$，这一比率即为打桩时的工作效率. 显然，要提高打桩效率，应尽量增大重锤的质量 $m_1$.

### 4. 非对心碰撞

在上面讨论的三种碰撞过程中，相互碰撞的两个物体之间的碰撞都是对心碰撞，碰撞前后两个物体的初速度和末速度都在同一直线上(一维碰撞). 如果两个物体之间发生的是非对心碰撞，则碰撞后两个小球的速度方向就与碰撞前的速度方向不同(二维碰撞). 如图 3-30 所示，质量为 $m_1$ 的小球以水平初速度 $\boldsymbol{v}_{10}$ 与质量为 $m_2$ 的静止小球发生非对心碰撞，碰撞后小球 1 的速度 $\boldsymbol{v}_1$ 与水平方向的夹角为 $\theta$，小球 2 的速度 $\boldsymbol{v}_2$ 与水平方向的夹角为 $\varphi$. 根据动量守恒定律，碰撞前后系统在水平方向($x$ 方向)和竖直方向($y$ 方向)的动量都守恒. 根据动量守恒定律的分量式并考虑到系统在 $y$ 方向的初动量为零，所以有

$$m_1 v_{10} = m_1 v_1 \cos\theta + m_2 v_2 \cos\varphi \qquad (3\text{-}44)$$

$$0 = m_1 v_1 \sin\theta - m_2 v_2 \sin\varphi \qquad (3\text{-}45)$$

这样，我们由动量守恒定律的分量式得到了两个独立的方程. 如果碰撞是完全弹性的，则碰撞过程的动能也守恒，即

$$\frac{1}{2}m_1 v_{10}^2 = \frac{1}{2}m_1 v_1^2 + \frac{1}{2}m_2 v_2^2 \qquad (3\text{-}46)$$

如果我们已知碰撞前两个小球的初速度，则依然有 4 个未知量($v_1$、$v_2$、$\theta$ 和 $\varphi$)，为此还需要知道这 4 个未知量中的 1 个，才能求出另外的 3 个未知量.

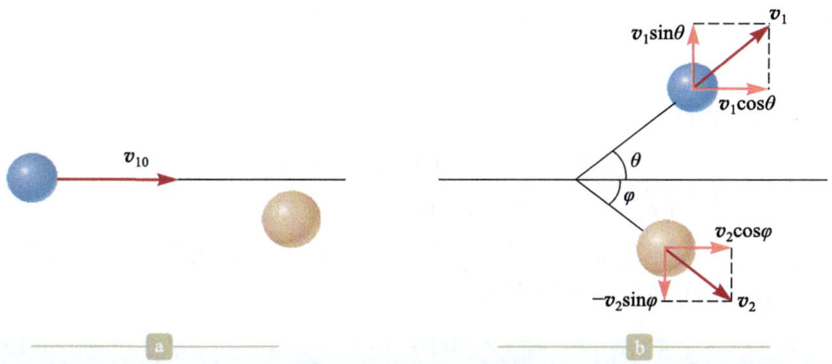


图 3-30　两球间的非对心碰撞. a.碰撞前. b.碰撞后

## 例题 3-12　两辆车发生非对心完全非弹性碰撞

一辆质量为 $m_1$=1500kg 的红色小轿车以 $v_1$=25.0m/s 向东行驶，与另一辆质量为 $m_2$=2500kg，以 $v_2$=20.0m/s 向北行驶的灰色旅行车在路口发生碰撞，如图 3-31a 所示. 假设碰撞是完全非弹性的，求碰撞发生后的瞬间两辆车一起运动的速度 $\boldsymbol{v}_f$ 的大小和方向.

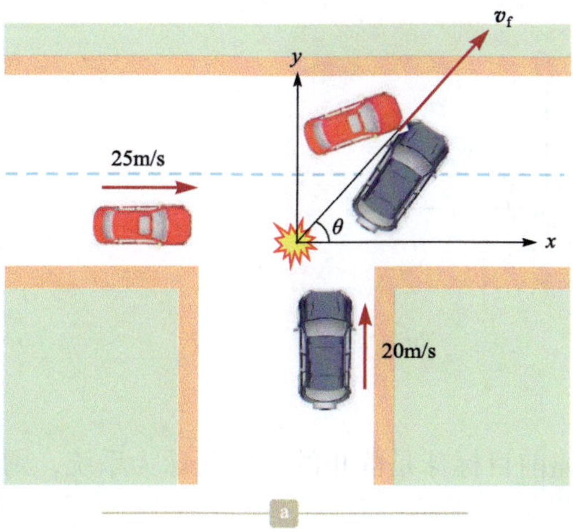


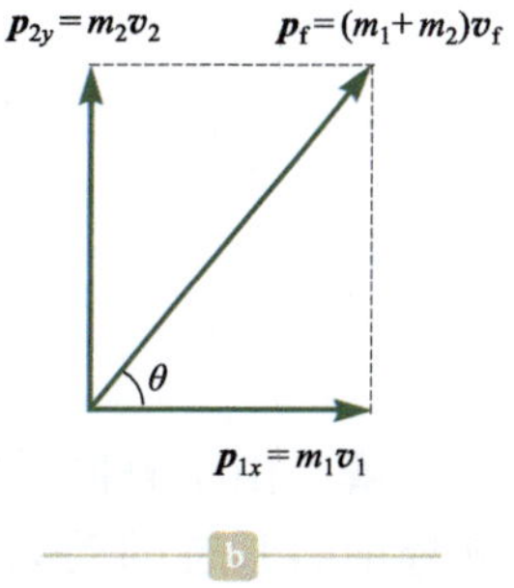


图 3-31　a.红色轿车与灰色旅行车在路口发生完全非弹性碰撞. b.碰撞后系统的总动量等于碰撞前两车初动量的矢量和

**解**　如图 3-31a 所示，取向东为 $x$ 轴正方向，向北为 $y$ 轴正方向. 以两辆车为系统，则碰撞发生前系统在 $x$ 方向的初动量为小汽车的动量 $\boldsymbol{p}_{1x}=m_1v_1\boldsymbol{i}$；系统在 $y$ 方向的初动量为旅行车的动量 $\boldsymbol{p}_{2y}=m_2v_2\boldsymbol{j}$. 设碰撞后两辆车一起运动的速度 $v_f$ 与 $x$ 轴正方向的夹角为 $\theta$，则碰撞后系统沿 $x$ 方向的末动量为

$$\boldsymbol{p}_{fx}=(m_1+m_2)v_f\cos\theta\,\boldsymbol{i}$$

碰撞后系统沿 $y$ 方向的末动量为

$$\boldsymbol{p}_{fy}=(m_1+m_2)v_f\sin\theta\,\boldsymbol{j}$$

由于两车的碰撞过程系统的总动量守恒，因此总动量沿 $x$ 和 $y$ 方向的动量分量分别守恒，即

$$m_1v_1=(m_1+m_2)v_f\cos\theta \qquad ①$$

$$m_2v_2=(m_1+m_2)v_f\sin\theta \qquad ②$$

将式②除以式①，得

$$\frac{\sin\theta}{\cos\theta}=\tan\theta=\frac{m_2v_2}{m_1v_1}=\frac{2.50\times10^3\times20.0}{1.50\times10^3\times25.0}\approx1.33$$

可求得

$$\theta = 53.1°$$

将此 $\theta$ 值代入式①，得

$$v_f = \frac{m_1 v_1}{(m_1+m_2)\cos\theta} = \frac{1.50\times10^3\times25}{4.00\times10^3\times\cos53.1°} = 15.6(\text{m/s})$$

碰撞前、后系统动量的矢量关系见图 3-31b 所示，可见碰撞后系统的末动量为碰撞前两车初动量的矢量和.

## 例题 3-13　两个同种粒子间的非对心完全弹性碰撞

如图 3-32 所示，在桌球比赛中，运动员要想通过母球(白色球)将目标球(蓝色球)打入角袋中. 如果目标球要以与 $x$ 轴成 35°角的方向运动才能入袋，求母球与目标球碰撞后的运动方向 $\theta$.(假设两球碰撞前目标球是静止的，球与桌面间的摩擦及球的滚动效果不考虑，两球间的碰撞是完全弹性的)

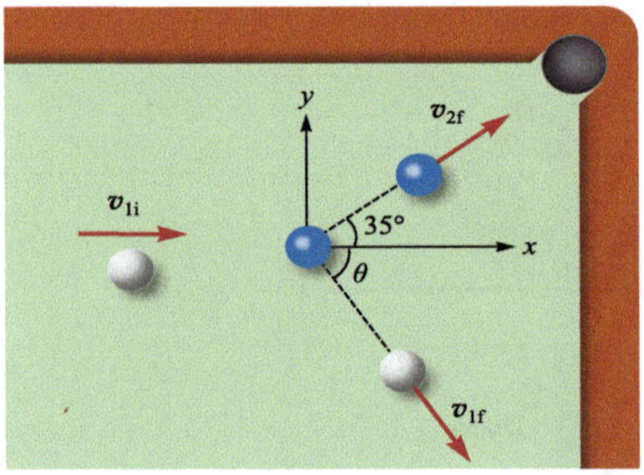


图 3-32　母球与目标球之间的非对心完全弹性碰撞

**解**　由于碰撞是完全弹性的，碰撞前目标球是静止的，以两球为系统，则碰撞前后系统的动能守恒，即

$$\frac{1}{2}m_1 v_{1i}^2 = \frac{1}{2}m_1 v_{1f}^2 + \frac{1}{2}m_2 v_{2f}^2$$

因为 $m_1=m_2$，所以

$$v_{1i}^2 = v_{1f}^2 + v_{2f}^2 \quad ①$$

碰撞前后系统的动量也守恒，即

$$m_1\boldsymbol{v}_{1i} = m_1\boldsymbol{v}_{1f} + m_2\boldsymbol{v}_{2f}$$

或

$$\boldsymbol{v}_{1i} = \boldsymbol{v}_{1f} + \boldsymbol{v}_{2f} \quad ②$$

根据矢量点积的定义，由式②得

$$v_{1i}^2 = \boldsymbol{v}_{1i}\cdot\boldsymbol{v}_{1i} = (\boldsymbol{v}_{1f}+\boldsymbol{v}_{2f})\cdot(\boldsymbol{v}_{1f}+\boldsymbol{v}_{2f}) = v_{1f}^2 + v_{2f}^2 + 2\boldsymbol{v}_{1f}\cdot\boldsymbol{v}_{2f}$$

因为 $\boldsymbol{v}_{1f}$ 和 $\boldsymbol{v}_{2f}$ 间的夹角为 $\theta+35°$，所以

$$\boldsymbol{v}_{1f}\cdot\boldsymbol{v}_{2f} = v_{1f}\cdot v_{2f}\cos(\theta+35°)$$

因此

$$v_{1i}^2 = v_{1f}^2 + v_{2f}^2 + 2v_{1f}\cdot v_{2f}\cos(\theta+35°) \quad ③$$

将式①代入式③，有

$$2v_{1f} \cdot v_{2f} \cos(\theta + 35°) = 0$$

由上式得

$$\theta + 35° = 90° \quad 或 \quad \theta = 55°$$

从本题所得结果可以看出，两个桌球在碰撞后沿着相互垂直的方向运动. 事实上，任何两个质量相等的质点(比如两个完全相同的微观粒子)发生完全弹性的非对心碰撞后，如果其中有一个质点碰撞前处于静止状态，则碰撞后，它们总是沿着相互垂直的方向运动.

## 第 3 章练习题

**3-1**　设某轮船在静水中航行时所受水的阻力与船速的平方成正比，当船速增加为原来的 2 倍时，发动机输出的功率是否为原来的 4 倍?

**3-2**　根据动量定理，物体受到外力的冲量时，其动量必然改变；根据动能定理，外力对物体做功时，其动能必然改变. 问：

(1) 物体受到外力的冲量时，其动能是否一定改变?

(2) 外力对物体做功时，其动量是否一定改变?

**3-3**　质点系的内力不会改变系统的总动量，但可以改变系统的总动能，为什么?

**3-4**　一升降机载有 10 人，每人质量均为 80kg，升降机质量为 1000kg，在 180s 内匀速上升 80m. 求升降机做的功和功率.

**3-5**　一个质量 $m$=2kg 的质点在力 $\boldsymbol{F}=12t\boldsymbol{i}$(SI)的作用下，从静止出发沿 $x$ 轴正向做直线运动，求前 3 秒内该力所做的功.

**3-6**　一力作用在质量 $m$=3.0kg 的质点上，已知质点的运动方程为 $x=3t-4t^2+t^3$，这里 $x$ 以米为单位，$t$ 以秒为单位. 求：

(1) 力在前 4 秒内力所做的功；

(2) 在 $t$=1.0 秒时，力对质点做功的瞬时功率.

**3-7**　假设在紧急刹车时，汽车轮子不在路面上滚动，而仅有滑动. 一质量 $m$=1.5t 的汽车以速率 $v$=100km/h 沿水平道路行驶，求从开始刹车到完全停下所需的最短距离. (设车轮与路面之间的滑动摩擦因数 $\mu$=0.8)

**3-8**　质量 $m$=5.6g 的子弹，以 $v_0$=501m/s 的速率水平地射入一静止在水平面上的质量 $M$=2kg 的木块内，子弹射入木块后，木块向前移动了 50cm 后停止，求：

(1) 木块与水平面间的摩擦系数；

(2) 木块对子弹所做的功 $W_1$；

(3) 子弹对木块所做的功 $W_2$.

**3-9**　一颗速率为 700m/s 的子弹打穿一块木板后速率降低到 500m/s，若让它继续穿过与第一块完全相同的第二块木板，求穿过第二块木板后子弹的速率降低到多少? (假设木块对子弹的阻力与子弹速率无关)

**3-10**　质量 $m$=2kg 的物体沿 $x$ 轴做直线运动，所受合力 $F=10+6x^2$(SI). 如果在 $x_0$=0 处时速度 $v_0$=0，求该物体运动到 $x$=4m 处时的速度大小.

**3-11**　甲将劲度系数为 $k$ 的弹簧由原长拉伸 0.3m，乙又继甲之后将弹簧继续拉伸 0.2m. 甲、乙两人各做了多少功? 谁做的功多?

**3-12**　一个上端固定的轻弹簧下端挂质量为 0.1kg 的砝码时长为 0.07m，挂质量为 0.2kg 的砝码时长度为 0.09m. 现把此弹簧平放在光滑桌面上，并沿水平方向将弹簧从长度为 0.1m 缓慢拉长到 0.14m，求此过程中外力做功的大小.

**3-13**　如题 3-13 图所示，劲度系数为 $k$、原长为 $l$ 的弹簧，一端固定在圆周上的 $A$ 点，圆周的半径 $R=l$，弹簧的另一端从距 $A$ 点 $2l$ 的 $B$ 点沿圆周移动 1/4 周长到 $C$ 点. 求弹性力在此过程中所做的功.

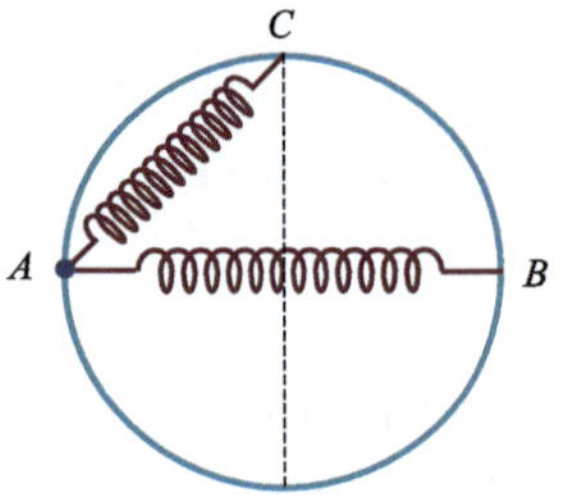

题 3-13 图

**3-14** 一根劲度系数为 $k_1$ 的轻弹簧 $A$ 的下端，悬挂另一根劲度系数为 $k_2$ 的轻弹簧 $B$，$B$ 的下端又挂一质量为 $m$ 的物体 $C$，求：

(1) 这一系统静止时两弹簧的伸长量之比和弹性势能之比.

(2) 如果将此物体用手托起，让两弹簧恢复原长，然后放手任其下落，弹簧可伸长多少？弹簧对物体 $C$ 的最大作用力有多大？

**3-15** 质量为 $m$ 的地球卫星，在地球上空高度为 2 倍于地球半径的圆轨道上运动，试用卫星质量 $m$、地球半径 $R$ 和引力常量 $G$ 和地球质量 $M_E$ 来表示：

(1) 卫星的动能；

(2) 卫星的引力势能；

(3) 卫星的总能量.

**3-16** 把一质量 $m$=0.4kg 的物体，以初速度 $v_0$=20m/s 竖直向上抛出，测得上升的最大高度 $H$=16m，求空气对它的阻力(设为恒力).

**3-17** 如题 3-17 图所示，劲度系数为 $k$ 的弹簧，一端固定在墙壁上，另一端连一质量为 $m$ 的物体，物体静止在坐标原点 $O$，此时弹簧为原长. 物体与水平面间的摩擦系数为 $\mu$. 若物体在不变的外力 $\boldsymbol{F}$ 的作用下向右移动，求物体达到最远位置时系统的弹性势能.

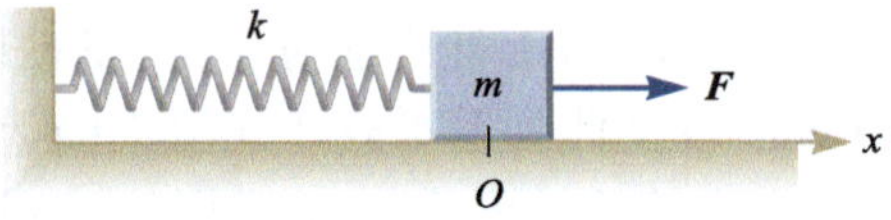

题 3-17 图

**3-18** 如题 3-18 图所示，质量 $m$=0.1kg 的木块，在一个水平面上和一个劲度系数 $k$=20N/m 的轻弹簧碰撞，木块将弹簧由原长压缩了 0.4m. 假设木块与水平面间的滑动摩擦系数 $\mu_k$=0.25，求木块与弹簧发生碰撞时的速率 $v$.

题 3-18 图

**3-19** 弹簧枪中弹簧的劲度系数为 $k$=500N/m，先将弹簧压缩 $\Delta x$=0.05m，再将一个质量为 $m$=0.01kg 的小球放在枪筒内，紧贴弹簧.

(1) 如果不计枪筒阻力，求松开弹簧后，小球离开枪筒时的最大速率；

(2) 如果有 $F$=10N 的恒定阻力作用在小球上，试求小球的最大速率.

**3-20** 一水平放置的轻弹簧，劲度系数 $k$=20N/m，其一端固定，另一端连接一质量 $m$=5kg 的物体，物体起初静止，弹簧也没有伸长. 假设一个水平恒力 $F$=10N 作用于物体上(不考虑摩擦). 试求：

(1) 该物体移动 0.5m 时的速率；

(2) 如果移到 0.5m 时撤去外力，物体静止前尚可移动多远？

**3-21** 如题 3-21 图所示，一物体与斜面间的摩擦因数 $\mu$=0.20，斜面固定，倾角 $\alpha$= 45°. 现给予物体以初速度 $v_0$=10m/s，使它沿斜面向上滑. 求：

(1) 物体能够上升的最大高度 $h$；

(2) 该物体到达最高点后，沿斜面返回到原出发点时的速率 $v$.

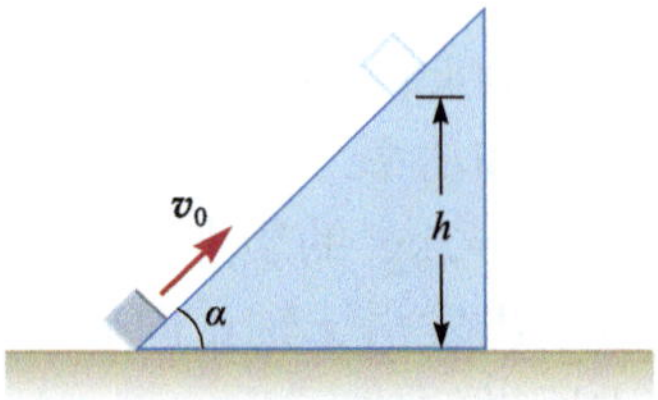

题 3-21 图

**3-22** 一质量为 $m$ 的物体，系在细绳一端，绳的另一端固定，此物体在粗糙的水平桌面上做半径为 $r$ 的圆周运动. 设物体的初速度是 $v_0$，当它运动一周时，其速率为 $v_0/2$，求：

(1) 摩擦力做的功；

(2) 摩擦因数；

(3) 物体在静止前运动的圈数.

**3-23** 一长为 $l$，质量均匀的链条，放在光滑的水平桌面上，若使其长度的一半悬于桌边下，然后由静止释放,任其滑动,求它全部离开桌面时的速率.

**3-24**　一劲度系数为 $k$ 的水平轻弹簧，其一端固定，另一端系一质量为 $m$ 的滑块 $A$，$A$ 旁又有一质量相同的滑块 $B$，如题 3-24 图所示. 设两滑块与桌面间无摩擦. 若用外力将 $A$、$B$ 一起推压使弹簧被压缩距离为 $d$ 而静止，然后撤去外力，求 $B$ 离开 $A$ 时的速度.

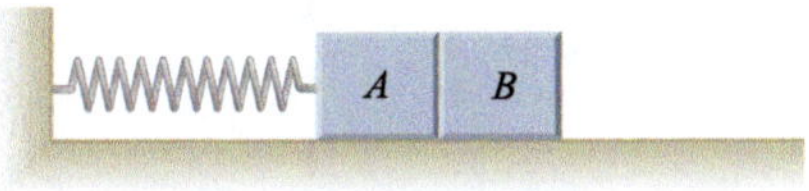


题 3-24 图

**3-25**　质量 $m$=1kg 的球以水平速度 $v_0$=10m/s 与放在地面上的质量为 $M$= 3kg 的静止物块发生完全弹性碰撞. 设碰撞后物块在水平地面上运动了 $s$=10m 的距离后停下. 求：

(1) 碰撞后球的速度 $v$ 和物块的速度 $V$；

(2) 物块与地面间的摩擦系数 $\mu$. (重力加速度 $g$=9.8m/s$^2$)

**3-26**　如题 3-26 图所示，一轻质弹簧的劲度系数为 $k$，两端各固定一质量为 $M$ 的物块 $A$ 和 $B$，放在水平光滑桌面上静止. 今有一质量为 $m$ 的子弹沿水平方向以速度 $v_0$ 射入一物块而不飞出，求此后弹簧的最大压缩距离.

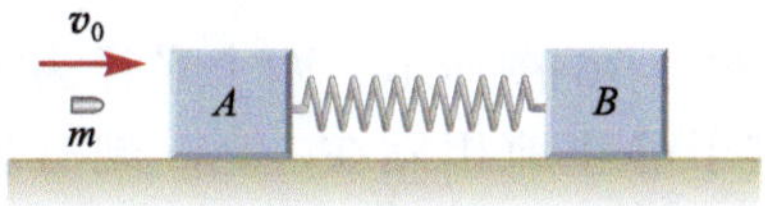


题 3-26 图

**3-27**　如题 3-27 图所示，一根轻绳跨过一质量不计的定滑轮，轻绳两端各系一质量为 $m$ 的小球，开始时小球 $A$ 被放在地上. 小球 $B$ 被拉至水平位置时，绳刚好被拉直. 现将小球 $B$ 由静止释放. 求当两段绳的夹角为多少时，小球 $A$ 刚好被拉离地面?

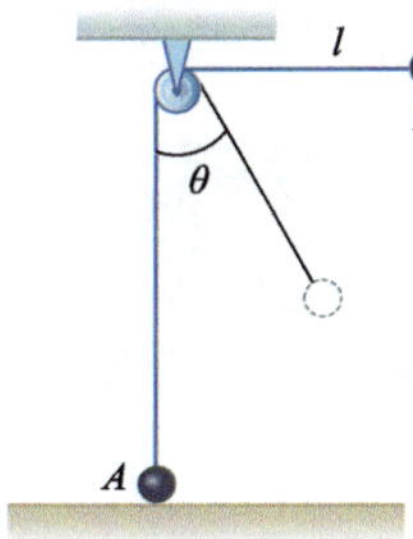


题 3-27 图

**3-28**　如题 3-28 图所示，一弹簧可被 100N 的力压缩 0.1m，将这弹簧固定在无摩擦的斜面下端，斜面倾角 $\theta$=30°. 将一质量为 10kg 的物体由斜面顶部静止释放，把弹簧压缩 2.0m 后瞬时静止. 求：

(1) 物体在瞬时静止前，在斜面上滑了多少距离?

(2) 物体与弹簧接触时的速率.

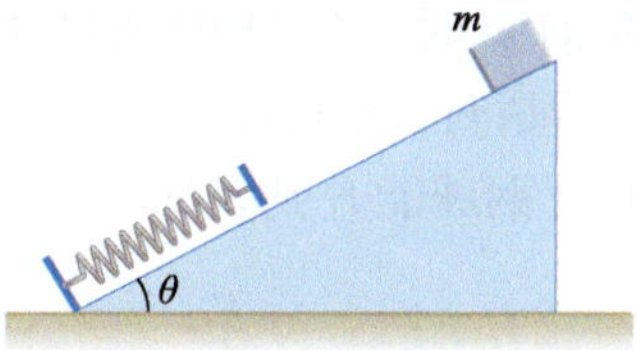


题 3-28 图

**3-29**　劲度系数为 $k$ 的弹簧，悬挂一质量为 $m$ 的物体，若使此物体在平衡位置以初速度 $v$ 突然向下运动，求物体下降的最大距离.

**3-30**　一轻弹簧的劲度系数 $k$=200N/m,竖直静止在桌面上，如题 3-30 图所示. 今在其上端轻轻地放置一质量为 $m$=2.0kg 的物体后松手. 求：

(1) 此物体下降的最大距离 $h$；

(2) 物体下降 $h$/2 时的速度.

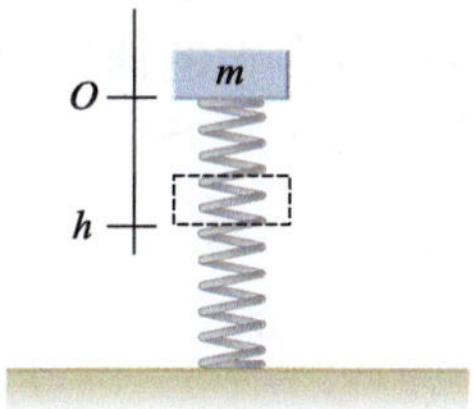


题 3-30 图

**3-31**　如题 3-31 图所示，用一弹簧把质量分别为 $m_1$ 和 $m_2$ 的两块木板连起来，一起放在地面上，弹簧质量不计，$m_2$>$m_1$.

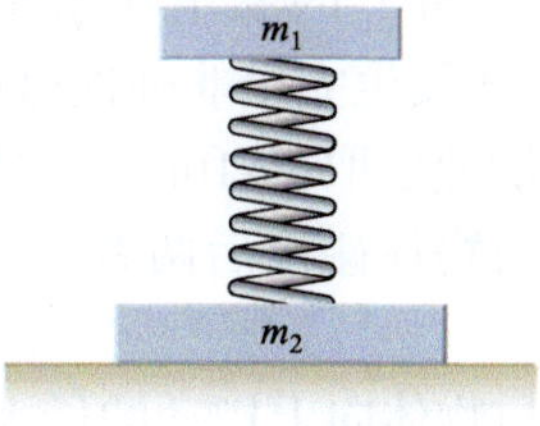


题 3-31 图

(1) 对上面的木板必须施加多大的正压力 $\boldsymbol{F}$，才能使 $\boldsymbol{F}$ 突然撤去后上面的木块跳起来，恰能使下面的木板提离地面？

(2) 如果两木板的位置交换，结果是否变化？

**3-32** 如题3-32图所示，一质量 $m = 1\text{kg}$ 的钢球，系在一长 $l=0.8\text{m}$ 的轻绳一端，绳的另一端固定. 把绳拉至水平位置后将球由静止释放，球在最低点与光滑水平面上一质量 $M = 5\text{kg}$ 的钢块作完全弹性碰撞. 求：(取 $g = 10\text{m/s}^2$)

(1) 碰撞前瞬时，钢球的速度大小；

(2) 碰撞后瞬时，钢球和钢块的速度大小；

(3) 碰撞后钢球能升到多高.

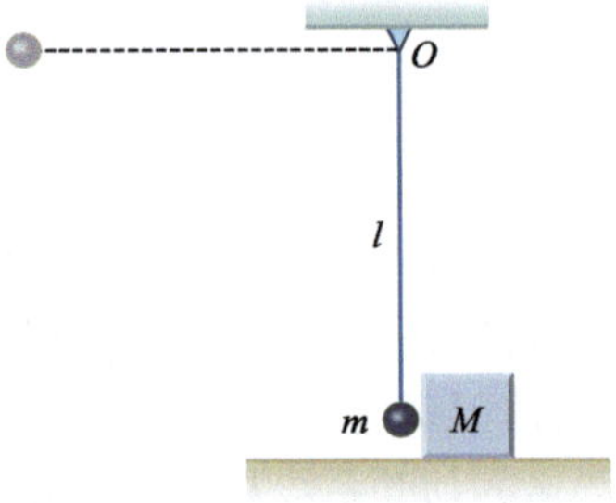


题 3-32 图

**3-33** 一质量为 $m$ 的子弹，水平射入悬挂着的静止木块中，如题3-33图所示. 木块质量为 $M$，摆长为 $l$. 为使木块能在竖直平面内完成整个圆周运动，子弹至少应以多大的速度射入？

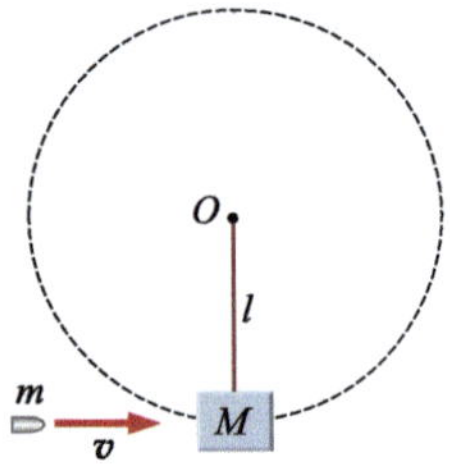


题 3-33 图

**3-34** 质量 $M=20\text{kg}$ 的物体用轻绳竖直悬挂于 $O$ 点，一质量 $m=5\text{kg}$ 的黏土在水平方向以速度 $v_0=10\text{m/s}$ 与物体发生完全非弹性碰撞，如题3-34图所示. 重力加速度取 $g=10\text{m/s}^2$，求：

(1) 黏土与物体碰撞后两者一起开始向上摆动的速度 $v$；

(2) 黏土与物体向上摆动的最大高度 $h$；

(3) 若将黏土改为弹性球与物体发生弹性碰撞，碰撞后弹性球被弹回，上述其他条件不变，试讨论弹性球与物体碰撞后，物体向上摆动的高度与第(2)问中的 $h$ 相比是增大还是减小？

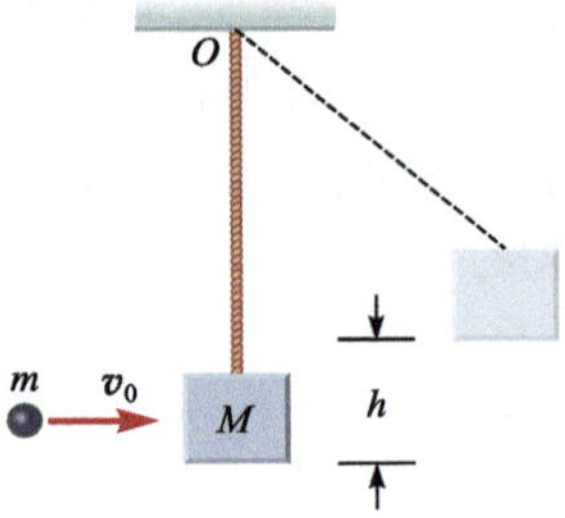


题 3-34 图

**3-35** 如题3-35图所示，一个质量 $M=10\text{kg}$ 的物体 $A$ 放在光滑水平桌面上，与一水平轻弹簧相连. 弹簧的劲度系数 $k=1000\text{N/m}$. 有一质量为 $m$ 的小球 $B$，以水平速度 $v_0=4\text{m/s}$ 与物体 $A$ 相撞后，又以 $v_1=2\text{m/s}$ 的速度弹回. 求：

(1) $A$ 被撞击后，弹簧将被压缩多少？

(2) 如果小球与 $A$ 相撞后粘在一起，则(1)的结果又如何？

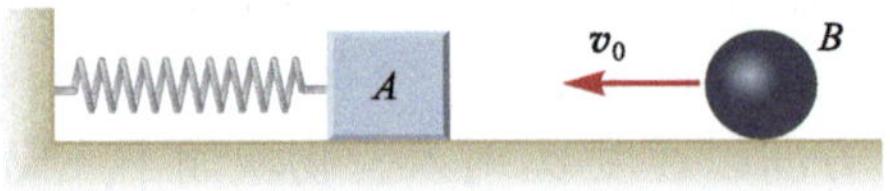


题 3-35 图

**3-36** 如题3-36图所示，两个半径为 $r$ 的光滑匀质小棋子静止地相靠在一起. 现有另一半径为 $2r$ 的同样厚度的同质大棋子以速度 $\boldsymbol{v}_0$ 向两个小棋子飞来，$\boldsymbol{v}_0$ 的方向正好在小棋子中心连线的中垂线上，并与两个小棋子发生完全弹性碰撞. 求碰撞后大棋子的速度.

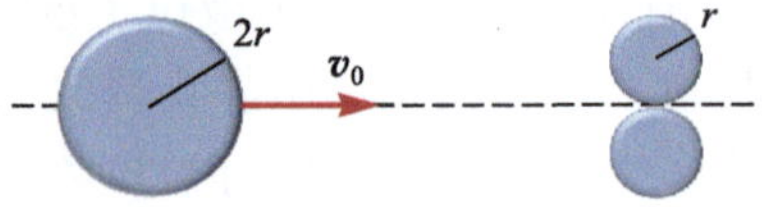


题 3-36 图

第 3 章练习题答案

# 第 4 章　刚体力学

伦敦眼(The London Eye)，坐落于英国伦敦泰晤士河畔，其总高度 135m，是世界上首座巨型观景摩天轮. 伦敦眼是一个有 32 个乘座舱、重达 1500 多吨、可绕其中心轴转动的巨大转轮. 运行时，每个座舱的运动速度约为每秒 0.26m，整个摩天轮转动一周需时约 30min. 像这种刚性物体(刚体)绕一根固定轴转动的例子在我们的日常生活中比比皆是，如机器中齿轮的转动，自行车轮的转动等. 本章我们讨论的就是刚体转动的运动学和动力学. (图片来自互联网)

在前面三章的讨论中，我们都把所讨论的物体看作是有质量但没有大小、形状和结构的点，即把物体当作质点来看待. 当我们不需要考虑物体作为整体绕某一根轴或某一个点的转动或不需要考虑物体在运动过程中的形变时，把物体当作质点来考虑是很方便的. 因为把物体看作质点时，物体上任一点(如质心)的线速度和线加速度就代表了物体上所有质元的线速度和线加速度. 比如，当我们讨论地球绕太阳的公转时，就不考虑地球本身绕地轴的转动情况而把地球看作质点. 但是，当我们对物体的运动规律作进一步的研究时，有必要把研究的对象从质点扩大到有形状和大小的物体. 比如在讨论地球的自转运动所带来的各种效应(如地球自转对卫星发射的影响、对气候的影响和地球自转产生的科里奥利力等)时，就不能把地球当作质点来看待. 因为在地球上不同纬度处绕地轴转动的线速度和线加速度是不同的(见第 1 章例题 1-8).

本章我们考虑一种比较简单的情况，即物体的形状和大小在外力的作用下不发生改变，这样的物体称为**刚体**. 刚体是一种理想模型，事实上任何物体在外力作用下的形状和大小都有一定程度的变化，但如果这种变化产生的影响可以忽略，就可以把它看作刚体.

在研究刚体的运动时，可以将它看成是由无数质点构成的一个质点系统.

动能回收系统(kinetic energy recovery system，KERS)是在F1 方程式赛车上使用的一项新技术，它通过高速旋转的刚性飞轮储存赛车制动时的能量，并在赛车加速过程中将其作为辅助动力释放，以瞬间提高赛车的加速性能．为了减小空气的摩擦阻力，要将飞轮置于极高的真空($1\times10^{-7}$Pa)中．同时，为了不明显增加赛车的重量而获得最大的动能储存，要求 KERS 系统能做到使小质量的飞轮有大的转动惯性(转动惯量)和使飞轮能够达到很高的转速(每分钟六万转以上)．通过本章的学习，可以了解飞轮转动时的惯性和转速与飞轮转动能量之间的关系

由于刚体的形状和大小在运动过程中保持不变，因此这个系统的特征就是：刚体内任意两个质点之间的距离在运动过程中保持不变．研究刚体运动规律的方法是：首先运用质点力学研究刚体中每一个质点所服从的运动规律，再把构成刚体的全部质点的运动加以综合，就可以得出刚体运动所服从的规律．一般情况下，刚体的运动可以是很复杂的，本章讨论刚体最简单的运动形式，即刚体的平动和刚体绕某一根轴的转动．

本章我们将按照前面三章讨论质点运动规律的顺序来讨论刚体的运动规律．首先讨论刚体运动学．刚体绕定轴转动时，其上任一点都做圆周运动，所以，通常都用角量来描述刚体的运动．其次讨论牛顿第二定律应用于刚体的转动，得到转动定理．然后，讨论刚体定轴转动时的角动量定理和能量关系．最后，讨论刚体的平面平行运动．

## 4.1 刚体运动学

### 1．刚体的运动

刚体的基本运动可以分为平动和转动．

当刚体内任意两点间连线的方向在运动过程中始终保持不变时，这种运动称为刚体的**平动**．例如，图 4-1a 中升降机沿竖直方向上升或下降的过程中，直线 $AB$ 平行于直线 $A'B'$，直线 $BC$ 平行于直线 $B'C'$，所以升降机的运动为平动．刚体做平动时，刚体上各点的运动轨迹不一定是直线．如图 4-1b 所示，叉车将货物运上货车时，货物上每一点都做曲线运动，但因为货物上的各条边(如 $AB$ 或 $BC$)的方向在货物的运动过程中始终不变，所以货物的运动也是平动．刚体做平动时的基本特征是，刚体上的每一点在相同时间内的位移都是相同的，因而各点的速度和加速度都相同．所以，刚体做平动时，刚体上任何一点的运动都可以代表整个刚体的运动．换句话说，做平动的刚体可以简化为质点来处理，前面三章关于质点运动的讨论同样适用于刚体的平动．

图 4-2　机床夹具的定轴转动

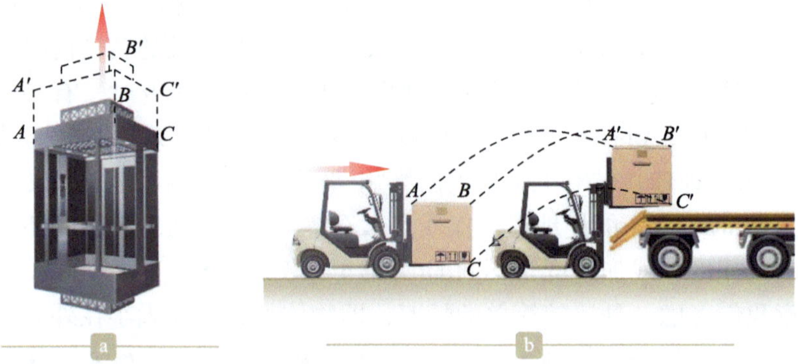


图 4-1　刚体做平动时，刚体上任意两点间的连线在运动过程中始终保持平行．a.电梯轿厢沿上下直线做平动．b.被叉车装运到货车上的货物沿曲线做平动

如果刚体上所有质点都绕同一直线做圆周运动，则称刚体做**转动**，这一直线称为**转轴**．例如，地球绕通过南北极的地轴的自转，机器的转动(图 4-2)，开门或关门时门的转动等．转轴可以是通过刚体的某条直线，也可以是在刚体之

外的某条直线. 例如，一个中空的圆筒在地上滚动时，它的转轴并不在圆筒上，而是圆筒的中心线. 如果在所选择的参照系内，转轴是固定不动的，这种转动就称为**刚体绕固定轴的转动**，简称**定轴转动**.

刚体的一般运动是比较复杂的，但可以证明，刚体的一般运动可以看成是平动和转动的叠加. 例如，沿直线行驶的自行车，其车轮的运动可以看成是轮轴的平动和整个车轮绕轮轴转动的合成. 又如图 4-3 所示玩具陀螺在地面上的转动，一方面陀螺绕自身的中心轴转动，同时其中心轴又绕竖直方向转动.

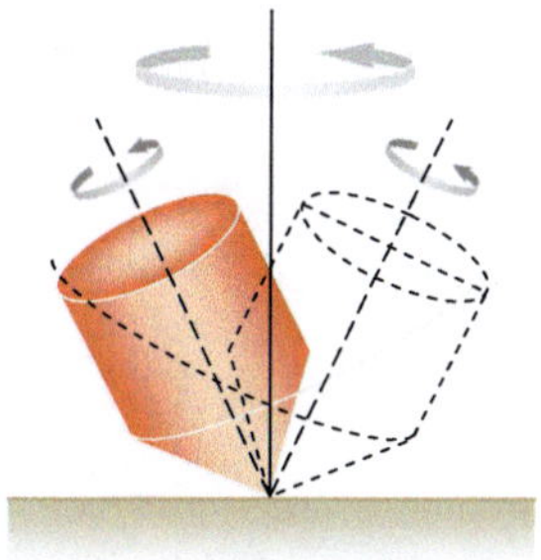

图 4-3 刚体的一般运动. 陀螺在自转的同时，其中心轴也在绕竖直方向转动

### 2. 定轴转动刚体的角位置、角速度和角加速度

当我们讨论质点做直线运动的情况时，通常取质点的直线运动轨迹为坐标轴，用位置、速度和加速度这些“线量”来描述质点的运动是很方便的. 但是，当刚体绕某定轴转动时，刚体上的每一个质点都各自在垂直于转轴的平面内做圆周运动，这些平面称为**转动平面**. 如图 4-4 所示，一刚体绕固定轴 $z$ 转动，显然刚体上不同质点 $A$ 和 $B$ 所在的转动平面不同，它们绕 $z$ 轴做圆周运动的半径 $r_1$ 和 $r_2$ 也不同. 因此在相同的时间内，它们转过的圆弧长度 $\overset{\frown}{AA'}$ 和 $\overset{\frown}{BB'}$ 也不相同. 但由于刚体上各质点之间的相对位置不变，所以在同一时间内，某一质点的半径转过的角度与刚体上所有其他质点的半径转过的角度大小相等(见图 4-4 中的 $\Delta\theta$ 角)，因此整个刚体在同一时间内也必定绕同一转轴转过这一角度. 我们可以用这一转角来描述整个刚体的转动.

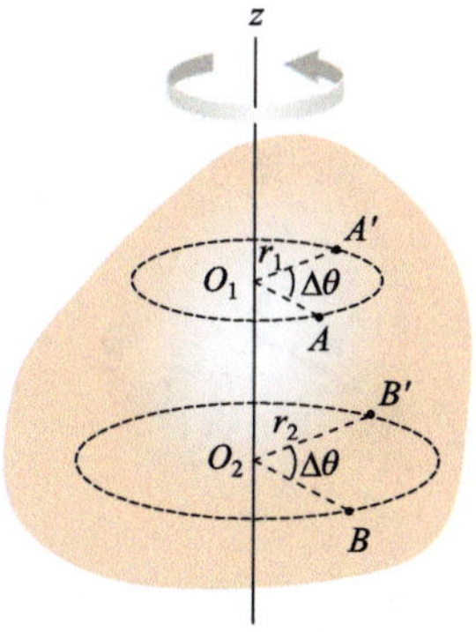


图 4-4 刚体做定轴转动时，不同质点的转动平面、转动半径和路程都不同，但角位移相同

图 4-5 所示的 $xOy$ 平面为某刚体上的一个转动平面，此刚体绕通过坐标原点 $O$ 并垂直于转动平面的固定轴转动. $P$ 为刚体上的一个质点，我们以极坐标 $(r, \theta)$来表示质点 $P$ 在任意时刻的位置，其中 $r$ 为质点 $P$ 绕固定轴做圆周运动的半径，$r$ 的大小不随时间变化；$\theta$ 为 $t$ 时刻坐标原点与质点 $P$ 的连线 $OP$ 与 $x$ 轴正方向之间的夹角，称为质点 $P$ 在 $t$ 时刻的**角位置**(或**角坐标**). 在国际单位制中，角坐标的单位是弧度(rad). 当刚体转动时，角坐标 $\theta$ 随时间 $t$ 变化的函数关系 $\theta=\theta(t)$称为刚体绕定轴转动的**转动方程**. 只要转动方程已知，则刚体在任意时刻的位置也就完全确定了.

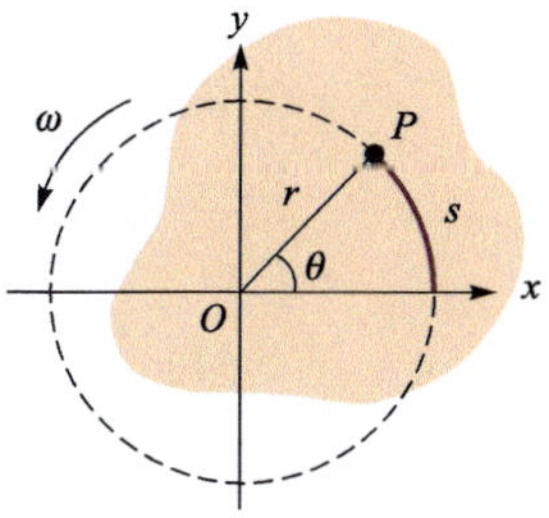


图 4-5 绕通过 $O$ 点并垂直于 $xOy$ 平面的定轴转动的刚体在 $t$ 时刻的角位置为 $OP$ 连线与 $x$ 轴的夹角

设刚体在 $t$ 时刻的角坐标为 $\theta$，$t+\Delta t$ 时刻的角坐标为 $\theta+\Delta\theta$，则 $\Delta\theta$ 表示刚体在 $\Delta t$ 时间内的位置变化，称为刚体在 $\Delta t$ 时间内的**角位移**. 角位移 $\Delta\theta$ 与所经历的时间 $\Delta t$ 的比值，称为刚体在 $\Delta t$ 时间内的**平均角速度**，用 $\bar{\omega}$ 表示，即

$$\bar{\omega}=\frac{\Delta\theta}{\Delta t} \tag{4-1}$$

当 $\Delta t$ 趋近于零时，平均角速度 $\bar{\omega}$ 的极限称为刚体在 $t$ 时刻的**瞬时角速度**，简称**角速度**，用 $\omega$ 表示，即

$$\omega=\lim_{\Delta t\to 0}\frac{\Delta\theta}{\Delta t}=\frac{\mathrm{d}\theta}{\mathrm{d}t} \tag{4-2}$$

◀ 定轴转动刚体的角速度

角速度是描述刚体转动快慢的物理量，在国际单位制中，角速度的单位为弧度/秒(rad/s). 工程上，机器转动的角速度常用每分钟的转数作单位. 设一台机器每分钟转 $n$ 转，则

$$\omega=\frac{2\pi n}{60}\ \text{rad/s}=\frac{\pi n}{30}\ \text{rad/s}$$

瞬时角速度是矢量，其方向沿转轴. 为了方便起见，可采用右手螺旋法则来表示角速度的方向. 如图 4-6 所示，右手拇指伸直，其余四指沿刚体转动的方向弯曲，则右手拇指所指的方向就是角速度矢量 $\boldsymbol{\omega}$ 的方向.

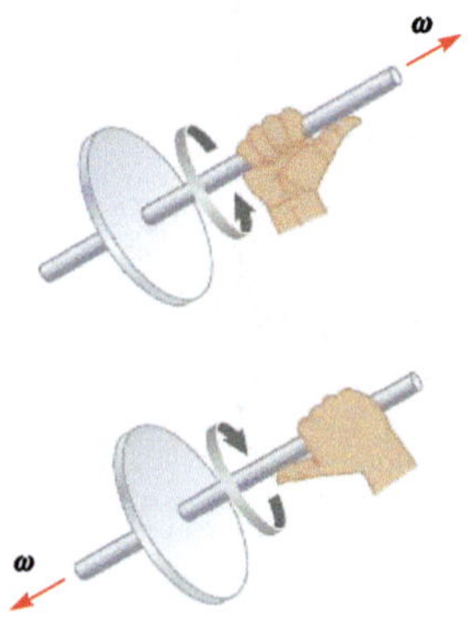

图 4-6 用右手螺旋法则确定做定轴转动刚体的角速度矢量的方向

当刚体做匀速转动时，角速度是常量；而当刚体做变速转动时，角速度要随时间变化. 设在 $t$ 时刻，刚体的角速度为 $\omega$，$t+\Delta t$ 时刻，刚体的角速度为 $\omega+\Delta\omega$，则 $\Delta\omega$ 与 $\Delta t$ 之比，称为刚体在 $\Delta t$ 时间内的**平均角加速度**，用 $\bar{\beta}$ 表示，即

$$\bar{\beta}=\frac{\Delta\omega}{\Delta t} \tag{4-3}$$

当 $\Delta t$ 趋近于零时，平均角加速度 $\bar{\beta}$ 的极限称为刚体在 $t$ 时刻的**瞬时角加速度**，简称**角加速度**，用 $\beta$ 表示，即

定轴转动刚体的角加速度 ▶

$$\beta=\lim_{\Delta t\to 0}\frac{\Delta\omega}{\Delta t}=\frac{d\omega}{dt}=\frac{d^2\theta}{dt^2} \tag{4-4}$$

角加速度是描述刚体角速度变化快慢的物理量. 在国际单位制中，角加速度的单位是弧度/秒$^2$(rad/s$^2$). 角加速度也是矢量，当刚体做定轴转动时，角加速度的方向也沿转轴的方向. 角速度 $\boldsymbol{\omega}$ 和角加速度 $\boldsymbol{\beta}$ 的方向可以相同，也可以相反. 当刚体加速转动时，$\boldsymbol{\beta}$ 与 $\boldsymbol{\omega}$ 的方向相同(图 4-7a)；当刚体减速转动时，$\boldsymbol{\beta}$ 与 $\boldsymbol{\omega}$ 的方向相反(图 4-7b).

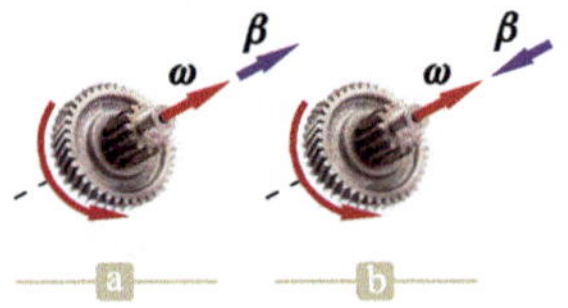

图 4-7 a. 当刚体加速转动时，角速度和角加速度的方向相同. b. 当刚体减速转动时，角速度和角加速度的方向相反

由以上讨论可见，刚体做定轴转动时，刚体上每一个质点的位移、速度和加速度各不相同，所以用这些"线量"来描述定轴转动刚体的运动是很不方便的. 但刚体上所有质点绕定轴转动时的各"角量"，即角位置、角速度和角加速度在任意时刻都是相等的. 所以，用角量来描述刚体的定轴转动要简单和方便得多.

### 3. 刚体的匀变速转动

当刚体做定轴转动时，若在任意相等的时间内角速度的变化都相等，即 $\beta$ 为一常量，则刚体的这种运动称为**匀变速转动**. 设刚体在 $t=0$ 时刻的角位置为 $\theta_0$，角速度为 $\omega_0$，则在任意时刻 $t$，刚体的角速度为

式(4-5)到式(4-8)为刚体做匀变速定轴转动的运动学公式 ▶

$$\omega=\omega_0+\beta t \tag{4-5}$$

任意时刻 $t$ 的角位置为

$$\theta=\theta_0+\omega_0 t+\frac{1}{2}\beta t^2 \tag{4-6}$$

从式(4-5)和(4-6)中消去 $\beta$，又可得

$$\theta=\theta_0+\frac{1}{2}(\omega_0+\omega)t \tag{4-7}$$

从式(4-5)和(4-6)中消去 $t$，可得

$$\omega^2-\omega_0^2=2\beta(\theta-\theta_0) \tag{4-8}$$

上面四个公式与第 1 章 1.5 节质点做匀变速圆周运动时的公式相同. 这是因为做定轴转动刚体上所有质点的角位置、角速度和角加速度都相等，所以刚体上任一质点的运动情况代表了整个刚体的运动情况.

### 4. 角量与线量的关系

由上面的讨论可知，在描述刚体的转动时，用角量要比用线量方便得多. 但在很多情况下，我们还需要知道刚体上各点运动的线速度和线加速度. 例如，为了知道传送带传送货物的速度，就要考虑驱动传送带的轮子边缘的线速度. 在我们讨论转动刚体的动能时，要将刚体上每一个质点的动能 $E_k = mv^2/2$ 相加，这就需要知道刚体上每一个质点的线速度.

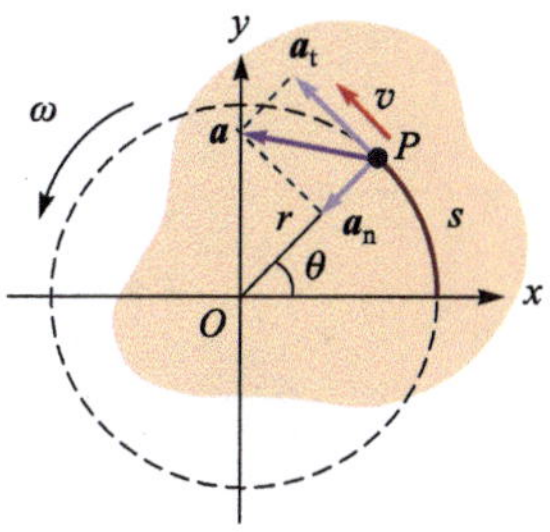

图 4-8 绕通过 O 点并垂直于 xOy 平面的定轴转动刚体上某质点 P 的线速度 $v$、法向加速度 $a_n$ 和切向加速度 $a_t$. 图中的刚体在做加速转动

当刚体做定轴转动时，刚体上每一个质点都在其转动平面内绕轴做圆周运动，刚体转动越快，每个质点的速度就越大. 图 4-8 表示一个刚体绕通过 $O$ 点并垂直于 $xOy$ 平面的轴以角速度 $\omega$ 做定轴转动，刚体上某质点 $P$ 绕 $O$ 点做半径为 $r$ 的圆周运动. 任意时刻，$P$ 点的角位置 $\theta$ 与弧长 $s$ 的关系为

$$s = r\theta$$

对刚体上一个确定的质点 $P$，其做圆周运动的半径 $r$ 为常量，所以将上式对时间 $t$ 求导数，得

$$\left|\frac{\mathrm{d}s}{\mathrm{d}t}\right| = r\left|\frac{\mathrm{d}\theta}{\mathrm{d}t}\right|$$

式中，$|\mathrm{d}s/\mathrm{d}t|$是质点 $P$ 的线速度 $v$ 的大小，$|\mathrm{d}\theta/\mathrm{d}t|$是刚体角速度 $\omega$ 的大小，所以有

$$v = r\omega \tag{4-9}$$

可见，质点离转轴越远，其线速度越大. 线速度的方向沿圆周的切线方向(图 4-8).

根据第 1 章 1.5 节中关于质点做圆周运动时法向加速度和切向加速度的定义，图 4-8 中 $P$ 点的法向加速度 $a_n$ 和切向加速度 $a_t$ 与刚体定轴转动的角速度 $\omega$ 和角加速度 $\beta$ 的关系分别为

$$a_n = \frac{v^2}{r} = r\omega^2 \tag{4-10}$$

$$a_t = \frac{\mathrm{d}v}{\mathrm{d}t} = r\frac{\mathrm{d}\omega}{\mathrm{d}t} = r\beta \tag{4-11}$$

可见，做定轴转动刚体上各质点的线速度、法向加速度和切向加速度都正比于质点到转轴的距离.

**例题 4-1 飞轮的匀减速转动(角加速度 $\beta$ 为常量)**

一飞轮以 $n = 1500$ r/min 的转速转动，受到制动后均匀地减速，经过时间 $t$ = 50s 后停止转动. 求：

(1) 飞轮的角加速度 $\beta$；

(2)从制动开始到静止，飞轮转过的转数 $N$；

(3) 制动开始后 $t = 25$s 时飞轮的角速度 $\omega$；

(4) 设飞轮的半径 $r$ = 1m，求 $t$ = 25s 时飞轮边缘上一点的速度和加速度.

**解** (1) 设开始制动时 $t = 0$，则飞轮的初角速度为

$$\omega_0=2\pi\times\frac{1500}{60}=50\pi(\text{rad/s})$$

根据题意，当 $t=50\text{s}$ 时，飞轮的末角速度为

$$\omega=0$$

由式(4-5)得飞轮的角加速度为

$$\beta=\frac{\omega-\omega_0}{t}=\frac{0-50\pi}{50}\approx-3.14(\text{rad/s}^2)$$

式中负号表示飞轮做减速运动.

(2) 设 $t=0$ 时飞轮的初角位置 $\theta_0=0$，则由式(4-6)，从开始制动到飞轮停止，飞轮的角位移 $\theta$ 为

$$\theta=\omega_0 t+\frac{1}{2}\beta t^2=50\pi\times50-\frac{1}{2}\times\pi\times(50)^2=1250\pi(\text{rad})$$

所以，整个过程飞轮转过的转数 $N$ 为

$$N=\frac{\theta}{2\pi}=\frac{1250\pi}{2\pi}=625(\text{转})$$

(3) 由式(4-5)，在 $t$=25s 时刻，飞轮的角速度为

$$\omega=\omega_0+\beta t=50\pi-\pi\times25=25\pi\approx78.6(\text{rad/s})$$

$\omega$ 的方向与 $\omega_0$ 相同.

(4) 由式(4-9)～式(4-11)，$t=25\text{s}$ 时，飞轮边缘上一点的速度 $\boldsymbol{v}$、法向加速度 $\boldsymbol{a}_n$ 和切向加速度 $\boldsymbol{a}_t$ 的大小分别为

$$v=r\omega=1\times25\pi\approx78.6(\text{m/s})$$

$\boldsymbol{v}$ 的方向沿飞轮边缘的切线方向.

$$a_n=r\omega^2=1\times(25\pi)^2\approx6.16\times10^3(\text{m/s}^2)$$

$$a_t=r\beta=1\times(-\pi)\approx-3.14(\text{m/s}^2)$$

飞轮边缘上该点的加速度 $\boldsymbol{a}=\boldsymbol{a}_n+\boldsymbol{a}_t$，其中 $\boldsymbol{a}_t$ 的方向和 $\boldsymbol{v}$ 的方向相反，$\boldsymbol{a}_n$ 的方向指向飞轮中心，$\boldsymbol{a}$ 的大小为

$$a=\sqrt{a_n^2+a_t^2}=\sqrt{\left(6.16\times10^3\right)^2+\left(-3.14\right)^2}\approx6.16\times10^3(\text{m/s}^2)$$

可见，本题中，由于 $a_n\gg a_t$，所以 $\boldsymbol{a}$ 的大小几乎与 $\boldsymbol{a}_n$ 的大小相等，$\boldsymbol{a}$ 的方向也几乎与 $\boldsymbol{a}_n$ 相同.

## 例题 4-2 光盘的转动(光盘上一点的线速度 $v$ 为常量)

CD 光盘(compact disk)是一种利用激光进行二进制数据读、写的信息载体(图 4-9)，它是利用会聚的激光束在光盘表面的有机染料层上烧制出的“坑”来记录数字“1”，而未被烧制的平坦部分则代表数字“0”. 设某音乐光盘的音轨区域的内半径 $R_1=2.2\text{cm}$，外半径 $R_2=5.6\text{cm}$，径向音轨密度 $N=650$ 条/mm. 播放时，光盘每转一圈，激光头沿径向向外移动一条音轨，激光束相对光盘以 $v=1.3\text{m/s}$ 的恒定线速度运动. 问：

(1) 这张光盘总的放音时间是多少？

(2) 当激光束到达离盘心 $r=5.0\text{cm}$ 处时，光盘转动的角速度和角加速度各是多少？

**解** (1) 放音时，激光束相对于光盘做由里向外的螺旋线运动. 但因径向音

轨密度很大，所以激光束速度 $\boldsymbol{v}$ 的切向分量远大于径向分量. 设在 $\mathrm{d}t$ 时间内，激光头的径向位移为 $\mathrm{d}r$，读取的音轨数是 $N\mathrm{d}r$，相对于音轨运动的长度为 $v\mathrm{d}t=2\pi rN\mathrm{d}r$，则 $\mathrm{d}t$ 可表示为

$$\mathrm{d}t=\frac{2\pi rN\mathrm{d}r}{v}$$

对上式积分，即可得到此光盘总的放音时间为

$$t=\int_{R_1}^{R_2}\mathrm{d}t=\frac{2\pi N}{v}\int_{R_1}^{R_2}r\mathrm{d}r=\frac{\pi N}{v}\left(R_2^2-R_1^2\right)=4.16\times10^3\,\mathrm{s}=69.3\,\mathrm{min}$$

图 4-9　CD 光盘

(2) 光盘每转一圈，激光束的径向位移很小，可以近似认为激光束相对光盘的每一音轨做圆周运动. 当激光束在 $r$=5.0cm 处时，光盘转动的角速度近似为

$$\omega\approx\frac{v}{r}=\frac{1.3}{0.050}\mathrm{rad/s}=26\mathrm{rad/s}$$

考虑到激光束相对于音轨运动的线速度 $v$ 恒定，由角加速度的定义

$$\beta=\frac{\mathrm{d}\omega}{\mathrm{d}t}=\frac{\mathrm{d}}{\mathrm{d}t}\left(\frac{v}{r}\right)=-\frac{v}{r^2}\frac{\mathrm{d}r}{\mathrm{d}t}$$

由(1)中的讨论可得

$$\frac{\mathrm{d}r}{\mathrm{d}t}=\frac{v}{2\pi rN}$$

所以，当激光束到达离盘心 $r$=5.0cm 处时，光盘转动的角加速度为

$$\beta=-\frac{v^2}{2\pi Nr^3}=-3.3\times10^{-3}\mathrm{rad/s^2}$$

角加速度 $\beta$ 为负，表示当激光束由里向外运动时，光盘做减速转动.

## 4.2　转动定理　转动惯量

在质点动力学中，根据牛顿第二定律，作用于质点上的合外力使质点产生加速度，即：力使质点的运动状态发生了变化. 但要使一个具有固定轴的刚体的运动状态发生变化(即产生角加速度)，除了与作用力的大小和方向有关外，还与力的作用点有关. 下面，我们通过研究力矩与定轴转动刚体角加速度的关系，得到描述刚体定轴转动时所遵从的动力学规律.

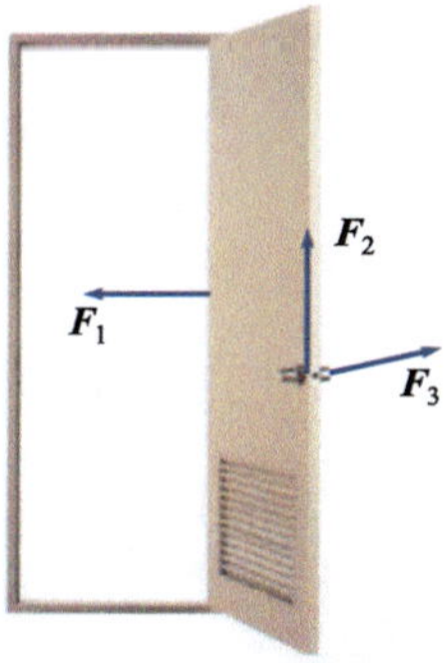


图 4-10　作用于门轴上的力 $F_1$ 和平行于门轴的力 $F_2$ 对门的转动不起作用，但不在门轴上且垂直于门面的作用力 $F_3$，可轻松地开门和关门

### 1. 力矩

我们知道，力有三个要素，即力的大小、力的方向和力的作用点. 在第 2 章讨论质点动力学时，因为质点没有大小，所以只需考虑力的大小和方向对质点运动的影响. 但刚体有一定的大小和不同的结构，同时转轴相对于刚体的位置也可以不同，所以同一个力作用在做定轴转动刚体上的不同地方，对刚体运动的影响也是不同的. 比如，当我们开关门时，若将力作用在门轴上(图 4-10 中的 $\boldsymbol{F}_1$)，则对门不起作用. 如果作用力与门的转轴平行(图 4-10 中的 $\boldsymbol{F}_2$)，也对门的

转动不起作用. 若将力作用在远离门轴的地方，且作用力的方向与门面垂直(图 4-10 中的 $\boldsymbol{F}_3$)，则可以方便地开门和关门，这就是为什么门把手总是安装在远离门轴的地方. 由此可见，一个具有固定转轴的静止物体，在外力作用下，可能发生转动，也可能不发生转动. 物体在外力作用下的转动效果，不仅与力的大小有关，还与作用力的方向和作用点有关. 力矩这一物理量就同时体现了力的这三个要素.

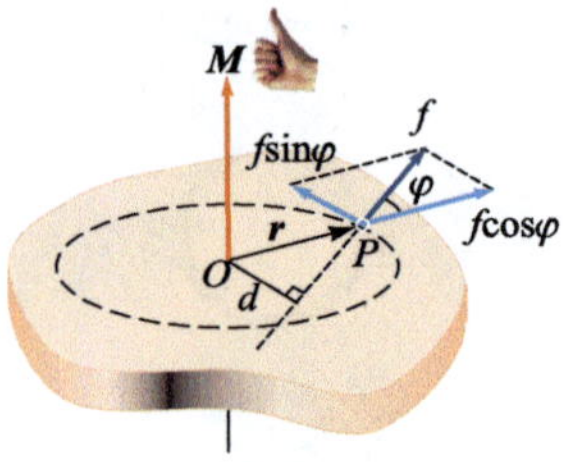


图 4-11　外力 $\boldsymbol{f}$ 对定轴转动刚体产生的力矩 $\boldsymbol{M}$ 的大小为 $\boldsymbol{f}$ 的切向分量 $f\sin\varphi$ 与力的作用点到转轴的距离 $r$ 的乘积，或力的大小 $f$ 与力臂 $d=r\sin\varphi$ 的乘积

由于平行于转轴的外力对定轴转动的刚体不起作用，所以在后面的讨论中给出的外力都是垂直于转轴的，即都平行于转动平面. 设图 4-11 中的刚体所受的外力 $\boldsymbol{f}$ 在垂直于转轴的转动平面内，外力的作用点 $P$ 到转轴的距离是 $r$，$\boldsymbol{f}$ 的方向与由 $O$ 点指向 $P$ 点的矢径 $\boldsymbol{r}$ 的方向之间的夹角为 $\varphi$，则可将外力 $\boldsymbol{f}$ 分解为：①沿 $\boldsymbol{r}$ 方向(径向)的分力 $f_n = f\cos\varphi$；②沿垂直于 $\boldsymbol{r}$ 方向(切向)的分力 $f_t = f\sin\varphi$. 因为径向分力 $f\cos\varphi$ 的作用线通过转轴，它对定轴转动的刚体不产生影响，只有 $\boldsymbol{f}$ 的切向分力 $f\sin\varphi$ 对定轴转动的刚体有影响. 所以将作用力 $\boldsymbol{f}$ 相对于转轴的**力矩**大小定义为

$$M = rf\sin\varphi = fd \tag{4-12}$$

式中，$d = r\sin\varphi$ 为转轴到外力 $\boldsymbol{f}$ 的作用线的垂直距离，称为外力 $\boldsymbol{f}$ 对转轴的**力臂**. 所以，外力 $\boldsymbol{f}$ 对定轴转动刚体作用的力矩大小可以理解为 $\boldsymbol{f}$ 的切向分量 $f\sin\varphi$ 与力的作用点到转轴的距离 $r$ 的乘积. 也可以理解为力的大小 $f$ 与力的作用线与转轴的垂直距离(即力臂 $d=r\sin\varphi$)的乘积. 需要注意的是，只有当转轴确定之后，力矩的定义才有意义. 力矩是力和力臂的乘积，而力臂是相对于某一确定的转轴来定义的.

力矩是矢量，其方向沿转轴，由右手螺旋法则判定：将右手拇指伸直，其余四指从矢径 $\boldsymbol{r}$ 的方向经小于 180°的角度转到外力 $\boldsymbol{f}$ 的方向，则右手拇指所指的方向就是力矩 $\boldsymbol{M}$ 的方向(图 4-11). 由于力矩 $\boldsymbol{M}$ 的大小为 $fr\sin\theta$，因此，根据两矢量的矢积的定义，力矩 $\boldsymbol{M}$ 就是 $\boldsymbol{r}$ 与 $\boldsymbol{f}$ 的矢积，即

力矩的定义 ▶

$$\boldsymbol{M} = \boldsymbol{r}\times\boldsymbol{f} \tag{4-13}$$

力矩的单位为牛 · 米(N · m). 由于做定轴转动的刚体所受外力矩的方向沿转轴，因此，可在转轴上规定一个力矩的正方向. 若按右手螺旋法则判定某力矩 $\boldsymbol{M}$ 的方向与规定的正方向一致，则该力矩为正；反之，该力矩为负. 所以做定轴转动的刚体所受的力矩可以作为代数量来处理. 当有几个外力同时作用于一个做定轴转动的刚体上时，其合力矩的数值等于几个分力矩的代数和.

需要指出的是，力矩的概念不能与功的概念相混淆. 虽然力矩和功都是由力与距离的乘积来计算，但两者的物理意义完全不同. 功是能量变化的量度，是标量；而力矩是使物体改变转动状态的原因，即产生角加速度的原因，是矢量. 所以，力矩的单位不能用焦耳表示. 在国际单位制中，力矩的单位只能用牛 · 米(N · m)来表示.

### 2. 刚体的转动定理

与质点运动时的惯性相似，一个绕定轴转动的刚体，当它受到对于转轴的合

外力矩为零时，它将保持原有的角速度不变，即保持静止或做匀角速转动，这反映了任何转动的物体都具有转动惯性. 当刚体受到对于转轴的合外力矩不等于零时，它将获得角加速度. 下面来讨论外力矩和刚体角加速度之间的关系.

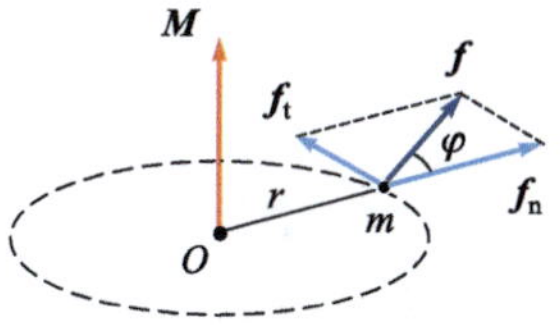

图 4-12 质点做圆周运动时受到的力矩

首先讨论一个简单的例子，即一个质量为 $m$ 的质点在外力 $\boldsymbol{f}$ 的作用下绕定点 $O$ 做半径为 $r$ 的圆周运动，如图 4-12 所示. 设外力 $\boldsymbol{f}$ 在圆周所在的平面内，将 $\boldsymbol{f}$ 分解为沿圆周半径方向的法向分力 $\boldsymbol{f}_n$ 和沿圆周切线方向的切向分力 $\boldsymbol{f}_t$. 因为法向分力 $\boldsymbol{f}_n$ 的作用线通过定点 $O$，其对 $O$ 点的力臂为零，所以 $\boldsymbol{f}_n$ 对 $O$ 点的力矩为零. 根据牛顿第二定律，切向分力 $f_t$ 和质点的切向加速度 $a_t$ 之间的关系为

$$f_t = ma_t = mr\beta$$

根据力矩的定义，切向分力 $f_t$ 对 $O$ 点的力矩为 $M=rf_t$，所以力矩 $M$ 与质点做圆周运动的角加速度的关系可写成

$$M = (mr^2)\beta \tag{4-14}$$

上式表明，外力对做圆周运动质点的力矩与质点的角加速度成正比. 上式中令

$$I = mr^2 \tag{4-15}$$

◀ 质点做圆周运动的转动惯量

称为质点做圆周运动时的**转动惯量**，在国际单位制中，转动惯量 $I$ 的单位为千克 · 米 $^2$(kg · m$^2$). 它是质点做圆周运动时惯性的量度，将式(4-15)代入式(4-14)，可得质点做圆周运动时所受力矩与角加速度的关系为

$$M = I\beta \tag{4-16}$$

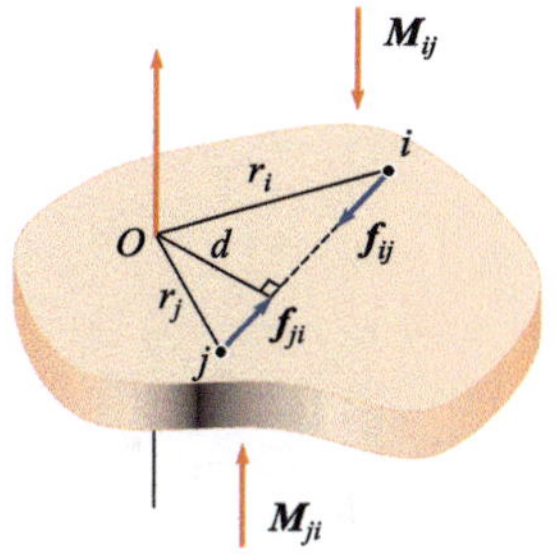

图 4-13 刚体上所有质点间的内力对同一根轴产生的力矩的矢量和为零

接下来讨论刚体做定轴转动时的情况. 刚体做定轴转动时，刚体上所有质点的运动情况与上面例子中的质点一样，都围绕转轴在各自的转动平面内做圆周运动. 但刚体可以看成是一个质点系，所以刚体上所有质点除了可受外力作用，它们之间还有内力的相互作用. 如图 4-13 所示，设刚体上质点 $i$ 受到质点 $j$ 的内力为 $\boldsymbol{f}_{ij}$；质点 $j$ 受到质点 $i$ 的内力为 $\boldsymbol{f}_{ji}$. 根据牛顿第三定律，$\boldsymbol{f}_{ij}$ 和 $\boldsymbol{f}_{ji}$ 大小相等、方向相反，并作用在同一直线上，即它们对同一转轴的力臂相等，都为 $d$. 同时，根据右手螺旋定则，这一对内力对轴的力矩 $\boldsymbol{M}_{ij}$ 和 $\boldsymbol{M}_{ji}$ 方向相反，因此合力矩为零. 这说明刚体上每一对质元间内力矩的矢量和为零. 因此，只需考虑外力矩对定轴转动刚体的影响.

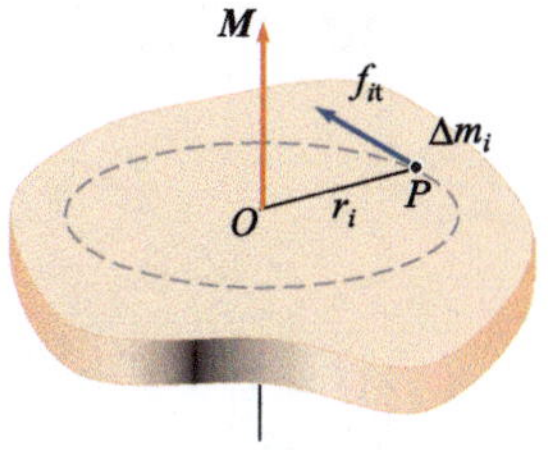

图 4-14 只有作用在刚体上某点 $P$ 的外力 $f_i$ 的切向分力 $f_{it}$ 才对刚体的定轴转动有影响

如图 4-14 所示，一个绕定轴转动的刚体上某质点 $P$ 的质量为 $\Delta m_i$，它到转轴的垂直距离为 $r_i$，$\Delta m_i$ 受到的外力为 $\boldsymbol{f}_i$. 前已述及，外力 $\boldsymbol{f}_i$ 的法向分力 $\boldsymbol{f}_{in}$ 对转轴的力矩为零，因此只需考虑外力 $\boldsymbol{f}_i$ 的切向分力 $\boldsymbol{f}_{it}$ 对刚体转动的影响.

设质点 $\Delta m_i$ 受到的外力矩为 $M_i$，则由式(4-12)和式(4-14)得

$$M_i = f_{it}r_i = \left(\Delta m_i r_i^2\right)\beta \tag{4-17}$$

对刚体上的每一个质点，都可以得到类似的方程，由于每个质点对转轴的角加速度都相等，所以，把刚体受到的所有外力矩相加，即可得到

$$\sum_i M_i = (\sum_i \Delta m_i r_i^2)\beta \tag{4-18}$$

上式中 $\sum_i M_i$ 为作用于刚体上所有外力矩的代数和，即刚体受到的合外力矩，用 $M$ 表示. 而 $\sum_i \Delta m_i r_i^2$ 只和刚体的形状、质量分布以及转轴的位置有关，也就是说，是由做定轴转动刚体的本身性质决定的物理量，对于给定转轴的刚体而言，它是一个常量，称为**转动惯量**，以 $I$ 表示，即

刚体做定轴转动的转动惯量 ▶

$$I = \sum_i \Delta m_i r_i^2 \tag{4-19}$$

于是式(4-18)可写为

刚体的转动定理 ▶

$$M = I\beta \tag{4-20}$$

式(4-18)表明，**在合外力矩的作用下，刚体获得的角加速度 $\boldsymbol{\beta}$ 与合外力矩 $\boldsymbol{M}$ 成正比，与转动惯量 $\boldsymbol{I}$ 成反比**. 这一关系，称为**刚体绕定轴转动的转动定理**.

### 3. 转动惯量的计算

将式(4-20)与描述质点运动的牛顿第二定律 $\boldsymbol{f} = m\boldsymbol{a}$ 比较，可以看出它们的形式很相似，转动定理在转动中的地位和牛顿第二定律在平动中的地位相当. 刚体转动时的转动惯量 $I$ 和质点运动时的惯性质量 $m$ 相当，它是刚体做定轴转动时转动惯性大小的量度.

由转动惯量的定义式 $I = \sum \Delta m_i r_i^2$ 可见，转动惯量与刚体的质量、质量的分布以及转轴的位置都有关，刚体的质量越大、质量分布得离转轴越远，转动惯量就越大，即刚体越不容易改变其转动的状态.

如果刚体的质量是连续分布的，则式(4-19)应改由积分表示，即

$$I = \int r^2 \mathrm{d}m \tag{4-21}$$

当刚体的质量分布在一条线上(质量线分布)时，上式中 $\mathrm{d}m = \lambda \mathrm{d}l$，$\lambda$ 表示单位长度上的质量，称为质量线密度，$\mathrm{d}l$ 表示线元；当刚体的质量分布在一个面上(质量面分布)时，$\mathrm{d}m = \sigma \mathrm{d}S$，$\sigma$ 表示单位面积上的质量，称为质量面密度，$\mathrm{d}S$ 表示面积元；当刚体的质量为体分布时，$\mathrm{d}m = \rho \mathrm{d}V$，$\rho$ 表示单位体积内的质量，称为质量体密度，$\mathrm{d}V$ 表示体积元.

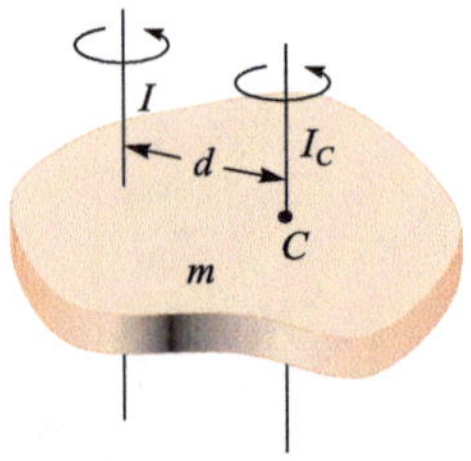

图 4-15 平行轴定理

对于质量分布均匀、几何结构简单的刚体的转动惯量，可以利用式(4-21)通过积分来计算. 而对于质量分布不均匀，或形状较为复杂的刚体，则要通过实验来确定其转动惯量. 下面介绍的两个定理可以简化转动惯量的计算(证明从略).

(1) 平行轴定理. 如图 4-15 所示，设一质量为 $m$ 的刚体绕通过质心 $C$ 的转轴(质心轴)的转动惯量为 $I_C$，若将转轴平移距离 $d$，则绕此转轴的转动惯量 $I$ 为

平行轴定理 ▶

$$I = I_C + md^2 \tag{4-22}$$

上式称为**平行轴定理**. 由上式可见，通过质心轴的转动惯量最小.

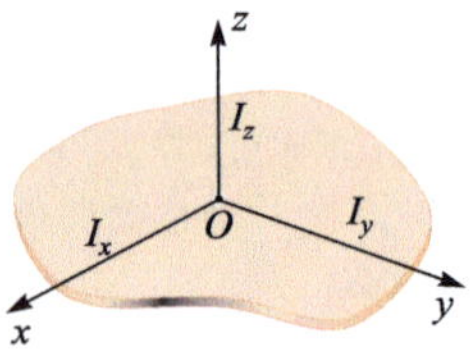

图 4-16 正交轴定理(只适用于薄板形刚体)

(2) 正交轴定理. 对于薄板形状的刚体，设通过刚体上某点 $O$ 有两条相互垂直且都处于薄板内的转轴 $x$ 和 $y$，刚体对这两根轴的转动惯量分别为 $I_x$ 和 $I_y$，如图 4-16 所示，则对于通过 $O$ 点且垂直于板面的转轴 $z$ 的转动惯量 $I_z$ 等于 $I_x$ 和 $I_y$ 之和，即

$$I_z = I_x + I_y \tag{4-23}$$

◀ 正交轴定理

上式称为**正交轴定理**. 需要注意的是，正交轴定理只适用于平面薄板形刚体.

下面，通过例题来计算几个质量分布均匀，形状简单的刚体的转动惯量.

### 例题 4-3　匀质细棒的转动惯量

(1) 求一质量为 $m$，长为 $l$ 的均匀细棒对于垂直于细棒且通过细棒一端的转轴的转动惯量.

(2) 求此细棒对于垂直于细棒且通过细棒中心的转轴的转动惯量.

**解**　(1) 如图 4-17a 所示，以棒的左端为坐标原点 $O$，通过 $O$ 点并垂直于细棒的转轴为 $y$. 在细棒上离转轴距离为 $x$ 处取一线元 $\mathrm{d}x$，则该线元的质量为

$$\mathrm{d}m = \lambda \mathrm{d}x = \frac{m}{l}\mathrm{d}x$$

由式(4-21)，整个细棒绕 $y$ 轴的转动惯量为

$$I = \int x^2 \mathrm{d}m = \frac{m}{l}\int_0^l x^2 \mathrm{d}x$$

通过积分得

$$I = \frac{1}{3}ml^2 \tag{4-24}$$

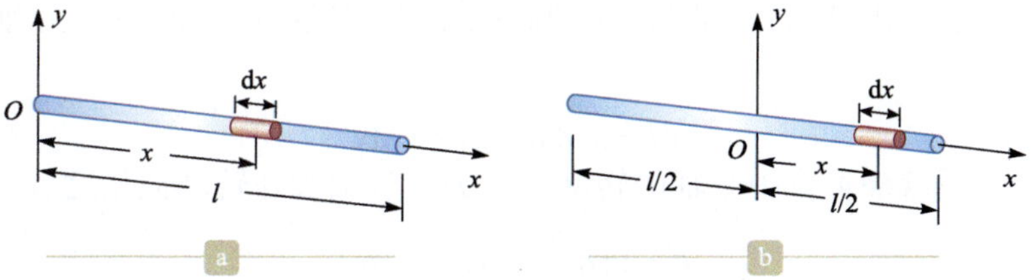


图 4-17　a. 转轴垂直于匀质细棒并通过细棒的一端. b. 转轴垂直于匀质细棒并通过细棒的质心

(2) 当转轴为细棒的垂直中心轴时，设坐标原点 $O$ 在细棒中心，通过 $O$ 点并垂直于细棒的转轴为 $y$，如图 4-17b 所示，则整个细棒对此垂直中心轴的转动惯量为

$$I = \int x^2 \mathrm{d}m = \frac{m}{l}\int_{-\frac{l}{2}}^{\frac{l}{2}} x^2 \mathrm{d}x$$

积分得

$$I = \frac{1}{12}ml^2 \tag{4-25}$$

由本题的讨论得：同一刚体，转动轴的位置不同，转动惯量也不相等. 由于第(2)问中的转轴通过细棒的质心，所以转动惯量 $I = I_C = ml^2/12$ 即为细棒对通过质心转轴的转动惯量. 由平行轴定理，细棒对通过其一端的垂直轴的转动惯量为

$$I = I_C + m\left(\frac{l}{2}\right)^2 = \frac{1}{12}ml^2 + \frac{1}{4}ml^2 = \frac{1}{3}ml^2$$

与本例题第(1)问的结果相同.

### 例题 4-4　匀质圆环和圆盘对垂直中心轴的转动惯量

(1) 求质量均匀分布的圆环对通过环心且与环面垂直的转轴的转动惯量；

(2) 求质量均匀分布的圆盘对通过盘心且与盘面垂直的转轴的转动惯量.

**解** (1) 如图 4-18a 所示，设圆环半径为 $r$，质量为 $m$. 在圆环上取质元 d$m$，它对转轴的转动惯量为 d$I$ = $r^2$d$m$. 由于圆环上各质元到转轴的距离相等，均为 $r$，所以整个圆环对转轴(垂直中心轴)的转动惯量为

$$I=\int r^2\mathrm{d}m=r^2\oint\mathrm{d}m=mr^2$$

可见，质量均匀分布的圆环对垂直中心轴的转动惯量与一个质点做圆周运动的转动惯量相同，该质点的质量为整个圆环的质量，该质点圆周运动的半径等于圆环的半径.

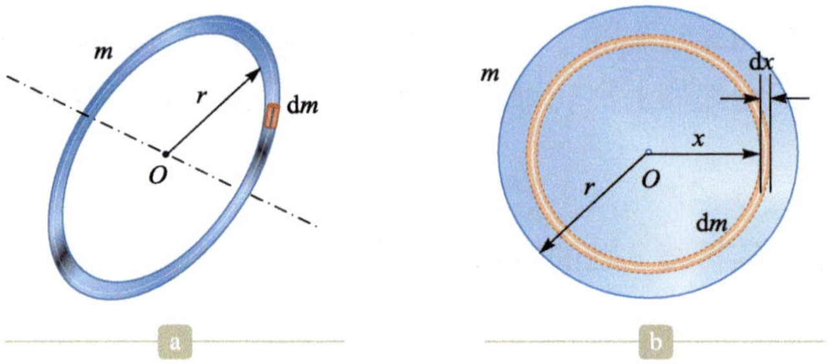


图 4-18 a.转轴通过圆环中心(质心)并垂直于环面. b.转轴通过圆盘中心(质心)并垂直于盘面

(2) 设圆盘的半径为 $r$，质量为 $m$，质量面密度为 $\sigma$. 将此圆盘看成是由许多同心细圆环组成的(图 4-18b)，其中半径为 $x$ 宽为 d$x$ 的细圆环的面积为 $2\pi x$d$x$，所以此细圆环的质量为 d$m$=$2\pi\sigma x$d$x$. 由本题(1)中的结果，此细圆环的转动惯量为

$$\mathrm{d}I=x^2\mathrm{d}m=2\pi\sigma x^3\mathrm{d}x$$

所以，整个圆盘绕垂直中心轴的转动惯量为所有细圆环转动惯量之和，即

$$I=2\pi\sigma\int_0^r x^3\mathrm{d}x=\frac{\pi}{2}\sigma r^4$$

因为圆盘的质量面密度 $\sigma=m/(\pi r^2)$，所以

$$I=\frac{1}{2}mr^2$$

本题两个例子中，转轴都是通过刚体质心的，如果将转轴平移至圆环或圆盘的边缘，转动惯量分别是多少?

几种常见的形状简单的刚体对不同转轴的转动惯量如表 4-1 所示.

**表 4-1 常见简单物体(质量均为 $m$)对不同转轴的转动惯量**

| | | | |
|---|---|---|---|
| $I=\frac{1}{12}ml^2$ 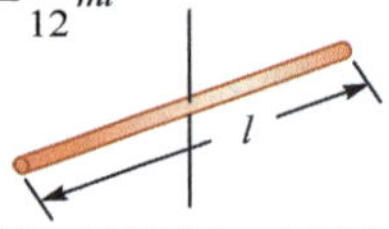 转轴通过细棒中点与棒垂直 | $I=\frac{1}{3}ml^2$ 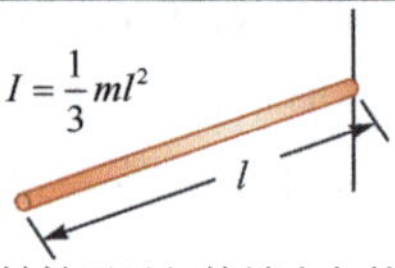 转轴通过细棒端点与棒垂直 | $I=\frac{1}{2}mr^2$ 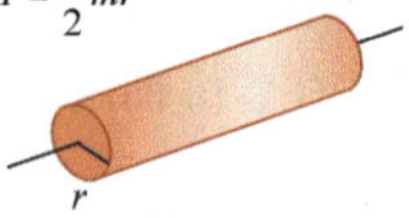 转轴沿圆柱体几何轴 | $I=\frac{1}{4}mr^2+\frac{1}{12}ml^2$ 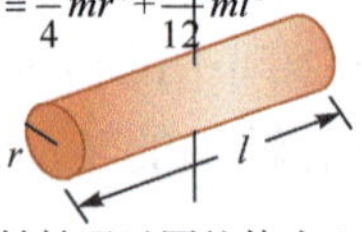 转轴通过圆柱体中心并垂直于几何轴 |
| $I=mr^2$ 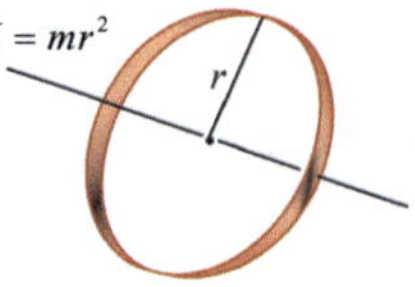 转轴通过圆环中心与环面垂直 | $I=\frac{1}{2}mr^2$ 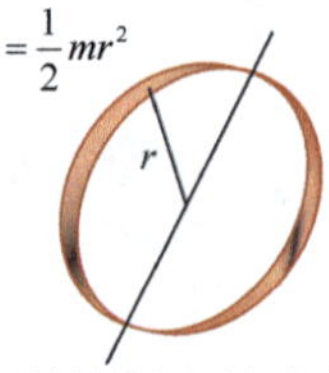 转轴沿圆环中直径 | $I=\frac{1}{2}mr^2$ 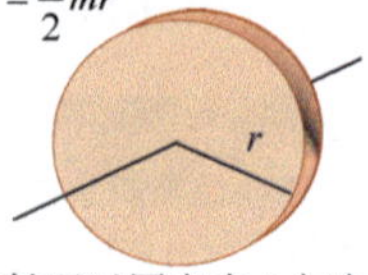 转轴通过圆盘中心与盘面垂直 | $I=\frac{1}{2}m(r_1^2+r_2^2)$ 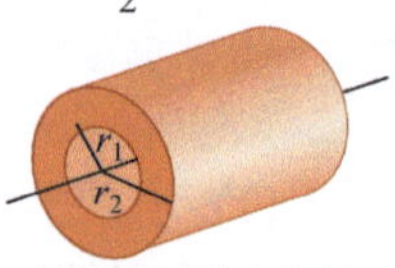 转轴沿圆筒几何轴 |

续表

| | | | |
|---|---|---|---|
| $I=\frac{2}{5}mr^2$ | $I=\frac{2}{3}mr^2$ | $I=\frac{1}{3}ma^2$ | $I=\frac{1}{12}m(a^2+b^2)$ |
| 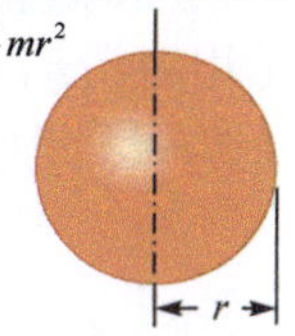 | 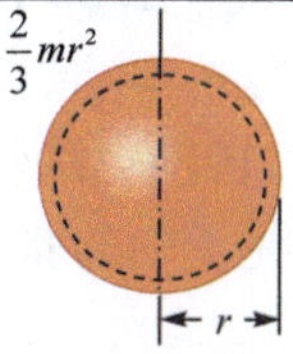 | 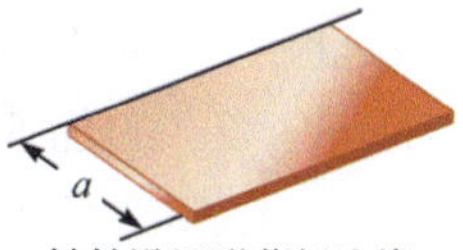 | 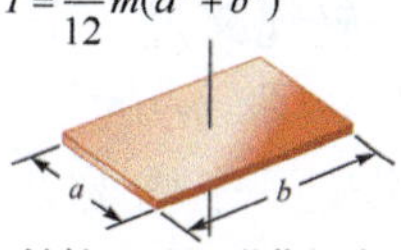 |
| 转轴沿球体直径 | 转轴沿薄球壳直径 | 转轴沿矩形薄板边缘 | 转轴通过矩形薄板中心并与板垂直 |

## 例题 4-5　飞轮的制动

如图 4-19a 所示，一半径 $r=0.5\text{m}$，质量 $m=50\text{kg}$ 的飞轮以角速度 $\omega_0=25\text{rad/s}$ 转动. 现用制动器杠杆使飞轮在 $t=15\text{s}$ 时间内制动. 设制动块与飞轮边缘之间的摩擦系数 $\mu=0.6$，飞轮轴的摩擦力不计. 求在制动器杠杆(其质量忽略不计)端点处需加多大的作用力 $F$?

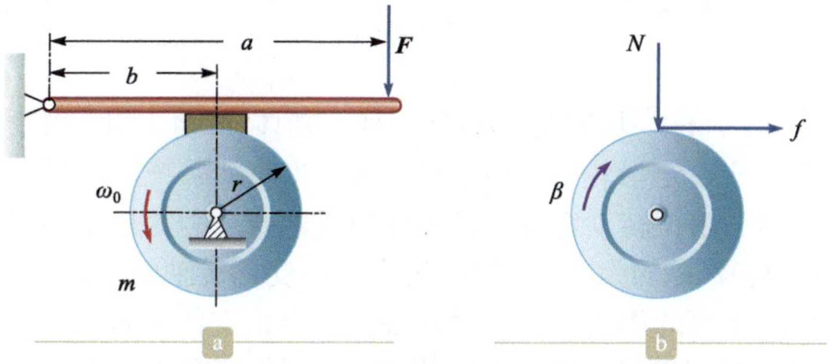


图 4-19　a.用杠杆制动器使飞轮制动. b.飞轮的示力图

**解**　画出飞轮的示力图(图 4-19b)，飞轮受到的重力和轮轴的作用力(图中未画出)都通过轮轴，对飞轮转动无影响. 根据杠杆原理，飞轮受到的正压力 $N$ 与作用力 $F$ 的关系为 $Nb=Fa$，即

$$N=\frac{Fa}{b}$$

所以，飞轮受到的摩擦力大小为

$$f=\mu N=\frac{\mu Fa}{b} \qquad ①$$

飞轮在制动时的角加速度 $\beta$ 可由匀变速转动公式求出

$$\beta=\frac{\omega-\omega_0}{t}=-\frac{\omega_0}{t} \qquad ②$$

式中负号表示 $\beta$ 与 $\omega_0$ 的方向相反，即飞轮做减速转动.

设逆时针方向为转动的正方向，则由转动定理，有

$$-fr=I\beta=\frac{1}{2}mr^2\beta \qquad ③$$

联立求解式①、②和③(设 $a=2.0\text{m}$，$b=1.0\text{m}$)，得

$$F=\frac{mbr\omega_0}{2\mu at}=\frac{50\times1.0\times0.5\times25}{2\times0.6\times2.0\times15}\approx17.4\text{N}$$

## 例题 4-6　阿特伍德机(考虑定滑轮的质量)

如图 4-20a 所示，一轻绳跨过一个定滑轮，绳的两端分别悬挂质量为 $m_1$ 和 $m_2$ 的物体，并且 $m_1<m_2$. 设定滑轮可以看作是一个均质圆盘，质量为 $m$，半径为 $r$，轻绳与滑轮间无相对滑动，轻绳不可伸长，转轴对滑轮的摩擦力为零. 求物体的加速度和绳子中的张力.

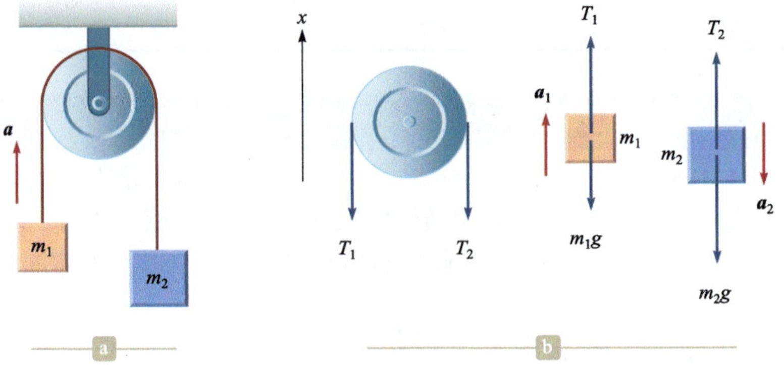


图 4-20　a.阿特伍德机(考虑定滑轮质量). b.隔离物体的示力图

**解**　因为 $m_1 < m_2$，所以物体 $m_2$ 将下降，物体 $m_1$ 将上升. 由于轻绳与滑轮间无相对滑动，所以定滑轮将做顺时针转动. 当整个系统运动时，定滑轮的角加速度 $\boldsymbol{\beta}$ 不为零，根据转动定理，定滑轮所受的合外力矩也不为零，即定滑轮两边绳的张力 $\boldsymbol{T}_1$ 和 $\boldsymbol{T}_2$ 的大小不相等. 定滑轮还受到转轴的支持力 $\boldsymbol{N}$ 和重力 $m\boldsymbol{g}$ 的作用，但这两个力的作用线均通过转轴，所以，支持力 $\boldsymbol{N}$ 和重力 $m\boldsymbol{g}$ 对转轴的力矩均为零，对定滑轮的转动没有影响. 分别作两个物体和定滑轮的受力分析图，如图 4-20b 所示. 取 $x$ 轴竖直向上，因为轻绳不可伸长，所以两个物体上下运动的加速度大小相等，对两个物体分别应用牛顿第二定律，有

$$T_1 - m_1 g = m_1 a \qquad ①$$

$$T_2 - m_2 g = -m_2 a \qquad ②$$

对定滑轮应用转动定理，有

$$T_2 r - T_1 r = I\beta = \frac{1}{2} m r^2 \beta \qquad ③$$

物体的加速度大小 $a$ 即为定滑轮边缘各点的切向加速度，所以

$$a = r\beta \qquad ④$$

联立求解以上四个方程，得

$$a = \frac{(m_2 - m_1)g}{m_1 + m_2 + m/2}$$

$$T_1 = m_1(g + a) = \frac{m_1(2m_2 + m/2)g}{m_1 + m_2 + m/2}$$

$$T_2 = m_2(g - a) = \frac{m_2(2m_1 + m/2)g}{m_1 + m_2 + m/2}$$

$$\beta = \frac{a}{r} = \frac{(m_2 - m_1)g}{(m_1 + m_2 + m/2)r}$$

如果不计定滑轮的质量，即 $m=0$，由上面的式子，可以得到定滑轮两边绳子的张力相等，设为 $T$，这时

$$a=\frac{(m_2-m_1)g}{m_1+m_2}$$

$$T=T_1=T_2=\frac{2m_1m_2g}{m_1+m_2}$$

与第 2 章例题 2-1 的结果相同. 请读者比较这两题的题设条件和结果之间的关系.

## 4.3 刚体的角动量 角动量守恒定律

在描述质点的运动规律时，动量 $\boldsymbol{p}=m\boldsymbol{v}$ 在讨论质点的运动状态和在研究质点间的碰撞等问题时都是一个非常重要的物理量. 但在讨论刚体的运动状态时，不能用动量来描述. 我们用一个简单的例子来说明为什么. 如图 4-21 所示为一根匀质的细棒绕其垂直中心轴 $O$ 转动. 当此棒静止时，组成此棒的各质点的动量皆为零，因此棒的总动量也为零. 而当此棒转动时，棒上各质点的线速度不为零，所以各质点的动量也不为零. 但棒上与转轴距离相同的两个质量相等(假设都为 $\Delta m$)的质点 1 和 2 的线速度大小相等而方向相反，因此它们的动量也大小相等而方向相反($\boldsymbol{p}_1=-\boldsymbol{p}_2$)，即它们的动量之和为零. 以此类推，得此棒的总动量依然为零. 由此可见，无论此棒是静止还是转动，转得快还是转得慢，它的总动量始终为零. 同样，对于一个绕垂直中心轴转动的圆盘状刚体来说，情况也是如此(请读者自行分析). 但根据质点角动量的定义，质点 1 和 2 的角动量大小相等、方向也相同(均为垂直纸面向外)，即质点 1 和 2 的角动量之和不为零，因此棒的总角动量也不为零，并且角动量大小随棒转动的快慢而不同. 所以，描述刚体的转动时，不能用动量，而是要用角动量.

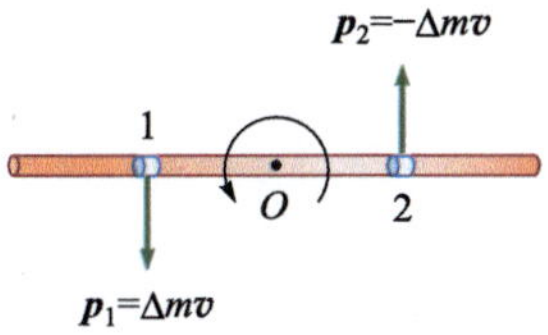


图 4-21 刚体的一般运动. 陀螺在自转的同时，其中心轴也在绕竖直方向转动

### 1. 刚体的角动量

由第 2 章 2.6 节得知，一个质量为 $m$ 的质点绕某定点 $O$ 做半径为 $r$ 的圆周运动时的角动量 $L$ 被定义为

$$L=pr=mvr$$

由线速度和角速度的关系 $v=r\omega$，上式又可写为

$$L=mr^2\omega$$

对一个刚体而言，其总角动量是组成该刚体的所有质点的角动量的矢量和. 如果刚体做定轴转动，则组成此刚体的每个质点的角速度 $\boldsymbol{\omega}$ 的大小相等，方向也相同，都指向转轴的方向，因此做定轴转动的刚体的总角动量可用组成此刚体的所有质点角动量的代数和来计算. 如图 4-22 所示，设刚体上某质点 $i$ 的质量为 $\Delta m_i$，到转轴的距离为 $r_i$，线速度大小为 $v_i$，则该质点对转轴的角动量为

$$L_i=\Delta m_i v_i r_i=(\Delta m_i r_i^2)\omega$$

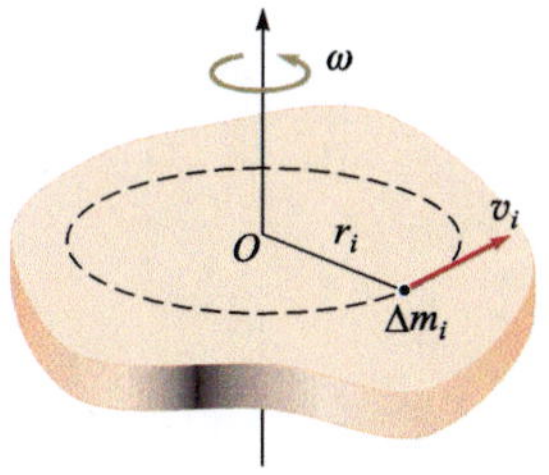


图 4-22 刚体做定轴转动的角动量等于组成刚体的所有质点绕同一转轴的角动量之和

对刚体上所有质点的角动量求和，即可得到整个刚体对转轴的角动量

$$L = (\sum_i \Delta m_i r_i^2)\omega$$

显然，上式中 $\sum_i \Delta m_i r_i^2$ 为刚体对转轴的转动惯量 $I$，于是刚体对该定轴的角动量为

刚体的角动量 ▶

$$L = I\omega \tag{4-26}$$

应该指出，上式中 $L$、$I$ 和 $\omega$ 都是对同一定轴而言的.

由式(4-26)可见，尽管角动量与动量是两个不同的物理量，但刚体的角动量定义式与质点动量的定义式 $\boldsymbol{p}=m\boldsymbol{v}$ 在形式上非常相似. 这里刚体的角动量 $L$ 对应于质点的动量 $p$，刚体的转动惯量 $I$ 对应于质点的质量 $m$，而角速度 $\omega$ 对应于质点的速度 $v$.

## 2. 刚体的角动量定理

根据刚体定轴转动时角动量的定义 $L=I\omega$，刚体绕定轴转动的转动定理式(4-20)可写为

$$M = I\beta = I\frac{\mathrm{d}\omega}{\mathrm{d}t} = \frac{\mathrm{d}(I\omega)}{\mathrm{d}t}$$

转动定理的普遍表达式 ▶

即

$$M = \frac{\mathrm{d}L}{\mathrm{d}t} \tag{4-27}$$

式(4-27)是转动定理的另一种表达方式. 它表明，作用于定轴转动刚体上的合外力矩，等于刚体对同一转轴的角动量的时间变化率. 需要说明的是，上式也是刚体转动定理的普遍表达式，如果物体不是刚体，则当它绕轴转动时，转动惯量 $I$ 可能发生变化，此时式(4-20)已不成立，但式(4-27)仍然成立.

设一个做定轴转动刚体的转动惯量为 $I$，在外力矩 $M$ 的作用下，经时间 $\Delta t = t - t_0$，角速度由 $\omega_0$ 变为 $\omega$，则对式(4-27)积分，有

刚体的角动量定理 ▶

$$\int_{t_0}^{t} M\mathrm{d}t = \int_{L_0}^{L} \mathrm{d}L = L - L_0 = I\omega - I\omega_0 \tag{4-28}$$

如果外力矩 $M$=常量，则上式也可写为

$$M\Delta t = I\omega - I\omega_0 \tag{4-29}$$

式中 $\int_{t_0}^{t} M\mathrm{d}t$ 和 $M\Delta t$ 都是合外力矩对时间的积累，称为合外力矩对给定轴的**冲量矩**.

由于式(4-27)对转动惯量可变的非刚体也成立，所以当物体在转动过程中对转轴的转动惯量由 $I$ 变为 $I_0$ 时，式(4-28)中的 $L_0 = I_0\omega_0$，$L = I\omega$，于是式(4-28)和式(4-29)可分别表示为

角动量定理对非刚体也成立 ▶

$$\int_{t_0}^{t} M\mathrm{d}t = I\omega - I_0\omega_0 \tag{4-30}$$

和

$$M\Delta t = I\omega - I_0\omega_0 \tag{4-31}$$

上面两式表明：**作用在物体上的冲量矩等于物体对同一转轴角动量的增量，**

这一结论称为**角动量定理**. 它与质点的动量定理式(2-20)在形式上相似.

在国际单位制中，角动量的单位是千克 · 米$^2$/秒(kg · m$^2$/s)，冲量矩的单位是牛 · 米 · 秒(N · m · s).

### 3. 角动量守恒定律

由式(4-28)或式(4-30)可见，如果刚体所受的合外力矩 $M=0$，则有

$$I\omega = \text{常量}$$

◀ 角动量守恒定律

这就是说，**如果刚体受到的合外力矩为零，或者刚体不受外力矩的作用，则刚体的角动量保持不变**. 这个结论称为**角动量守恒定律**.

由于角动量定理既适用于刚体也适用于非刚体，所以角动量守恒定律也分两种情况：

(1) 当物体绕定轴转动时，转动惯量保持不变，则由角动量守恒定律，因为 $I\omega=$ 常量，所以 $\omega=$ 常量，此时物体做匀角速转动.

(2) 当物体绕定轴转动时，若转动惯量可以改变，则由角动量守恒定律 $I\omega = I_0\omega_0=$ 常量，得

$$\omega = \frac{I_0\omega_0}{I}$$

即物体的角速度随转动惯量的变化而变化. 当 $I$ 变大时，$\omega$ 变小；反之，当 $I$ 变小时，$\omega$ 变大. 这种情况可用图 4-23 说明. 设某人站在一个能绕竖直中心轴转动的转台上，此系统转动时，各种摩擦忽略不计，因而转动时系统的角动量守恒. 此人两手中各握有一个哑铃，当他将两臂平举时，系统以一定的角速度 $\omega_0$ 转动(图 4-23a). 若在转动过程中，他将两臂放下，则系统绕轴的转动惯量将减小. 由于角动量守恒，结果角速度 $\omega$ 要变大，即系统较此人两臂平举时要转动得快一些(图 4-23b).

日常生活中，利用角动量守恒的例子是很多的. 例如，花样滑冰运动员、跳水运动员在做转体和翻滚动作时的情况. 当他们旋转时，通过尽量收拢身体可减小转动惯量，这样他们可以快速地旋转；而当跳水运动员准备入水时，通过尽量伸展身体使转动惯量迅速增大以减小角速度，以便平稳地竖直进入水中，见图 4-23c.

图 4-23 角动量守恒例子. a.手持哑铃站在转台上的人将两臂张开时转动惯量大、角速度小. b.两臂合拢时转动惯量小、角速度大. c.跳水运动员通过改变身体姿态控制转速

最后应该指出，到目前为止，我们已经学习了动量守恒定律、角动量守恒

定律和机械能守恒定律(能量守恒定律). 这些定律都是用经典的牛顿定律推导出来的. 但它们的适用范围却远远超出了经典理论. 在经典理论失效的领域中仍成立.

**例题 4-7 刚体(匀质细棒)和质点系统的角动量守恒**

如图 4-24 所示，一根质量为 $M$，长为 $l$ 的匀质细棒，可以在竖直平面内绕通过其中心并垂直于它的水平固定轴无摩擦地转动，开始时细棒静止于水平位置. 一质量为 $m$ 的橡皮泥块，以速度 $\boldsymbol{u}$ 垂直落到棒的端点并与棒的端点黏合在一起. 求碰撞后瞬间，棒与橡皮泥块一起运动的角速度 $\omega$.

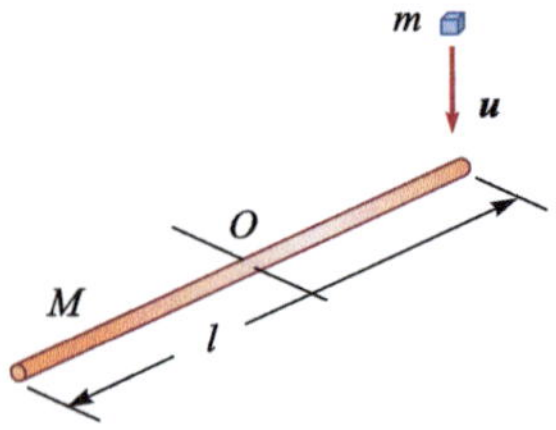

图 4-24 竖直下落的橡皮泥与可绕水平光滑中心轴转动的细棒一端做完全非弹性碰撞

**解** 以匀质细棒和橡皮泥块为系统，由于转轴无摩擦，所以细棒和橡皮泥块组成的系统不受外力矩的作用，系统的角动量守恒.

由于系统中既有刚体，也有质点，但由于刚体的运动不能用动量而要用角动量来描述，因此在对系统使用角动量守恒定律时，质点(橡皮泥块)也要用角动量来描述. 在碰撞前瞬间，细棒处于静止状态，其初角动量为零. 橡皮泥块的初速度 $\boldsymbol{u}$ 垂直于细棒，在碰撞时与转轴的距离为 $l/2$，所以整个系统对轴的初角动量为

$$L_0 = \frac{1}{2}mul \quad ①$$

由于碰撞是完全非弹性的，碰撞后橡皮泥块与细棒一起转动，所以碰撞后系统的转动惯量为细棒和橡皮泥块的转动惯量之和，即

$$\frac{1}{12}Ml^2 + m\left(\frac{l}{2}\right)^2 = \frac{1}{12}(M+3m)l^2$$

所以，系统的末角动量为

$$L = \frac{1}{12}(M+3m)l^2\omega \quad ②$$

根据角动量守恒定律，有 $L = L_0$. 由①、②两式，求得碰撞后细棒和橡皮泥块一起运动的角速度 $\omega$ 为

$$\omega = \frac{6mu}{(M+3m)l}$$

**例题 4-8 刚体(转台)和质点系统的角动量守恒**

一个质量为 $M$、半径为 $R$ 的大转台，可绕通过中心的竖直轴无摩擦地转动. 有一质量为 $m$ 的人，站在转台边缘，开始时人和转台都静止. 如果人沿转台边缘相对于转台走动 1 周，求相对于地面，人和转台分别转动了多少角度?

**解** 转台绕转轴的转动惯量 $I = MR^2/2$. 将人看作质点，当他沿转台边缘走动时，可以看作绕轴做圆周运动，转动惯量为 $I' = mR^2$. 在应用角动量守恒定律时，转台和人的角动量应该是对同一个参照系而言的. 以地面为参照系，设转

台相对于地面的角速度为 $\omega$，人相对于地面的角速度为 $\omega'$(图 4-25)，则转台和人对于转轴的角动量分别为

$$L = I\omega = \frac{1}{2}MR^2\omega$$

$$L' = I'\omega' = mR^2\omega'$$

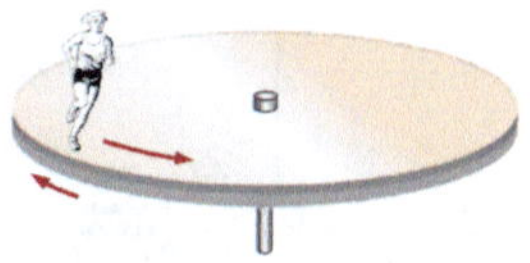

图 4-25 人在大转台边缘走动时，系统的角动量守恒

对于由转台和人组成的系统，由于无外力矩作用，系统角动量守恒. 因为开始时系统静止，角动量为零，由角动量守恒定律，有

$$\frac{1}{2}MR^2\omega + mR^2\omega' = 0$$

解得

$$\omega = -\frac{2m}{M}\omega'$$

设人相对于转台的角速度为 $\omega_{\mathrm{rel}}$. 根据相对运动的概念，人相对于地的角速度 $\omega'$ 等于人相对于转台的角速度 $\omega_{\mathrm{rel}}$ 加上转台相对于地的角速度 $\omega$，即 $\omega' = \omega_{\mathrm{rel}} + \omega$，或，

$$\omega_{\mathrm{rel}} = \omega' - \omega = \omega - \left(-\frac{2m}{M}\omega'\right) = \frac{M+2m}{M}\omega'$$

设人在转台上走 1 周所用的时间为 $T$，则有

$$2\pi = \int_0^T \omega_{\mathrm{rel}}\mathrm{d}t = \int_0^T \frac{M+2m}{M}\omega'\mathrm{d}t = \frac{M+2m}{M}\int_0^T \omega'\mathrm{d}t$$

因此，当人沿转台边缘相对于转台走动 1 周时(即在 $T$ 时间内)，人相对于地面转动的角位移为

$$\theta' = \int_0^T \omega'\mathrm{d}t = \frac{2\pi M}{M+2m}$$

转台相对于地面转动的角位移为

$$\theta = \int_0^T \omega\,\mathrm{d}t = \int_0^T \left(-\frac{2m}{M}\omega'\right)\mathrm{d}t = -\frac{2m}{M}\int_0^T \omega'\,\mathrm{d}t$$

$$= -\frac{2m}{M}\cdot\frac{M}{M+2m}\cdot 2\pi = -\frac{4\pi m}{M+2m}$$

上式中的负号说明转台的转动方向和人的转动方向相反.

## 4.4 刚体绕定轴转动的动能定理

质点在外力作用下产生位移时，我们称力对质点做了功，并且力对质点所做的功等于质点动能的增量. 同样，当做定轴转动的刚体在外力的作用下产生运动时，外力也对刚体做了功. 这个功可以用力矩和角位移的乘积来表示，并且等于刚体转动动能的增量.

### 1. 力矩的功和功率

刚体转动时，合外力对刚体所做的功依然被定义为合外力和作用点位移的

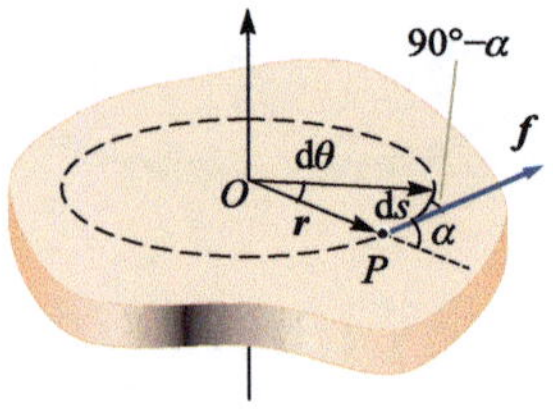


图 4-26　作用于定轴转动刚体上的外力$f$对刚体所做的功可用外力矩与角位移的乘积表示

标量积. 如图 4-26 所示，刚体受到合外力 $\boldsymbol{f}$ 的作用，$\boldsymbol{f}$ 的方向平行于转动平面. 外力 $\boldsymbol{f}$ 的作用点 $P$ 到转轴的距离为 $r$. 设刚体在 $\mathrm{d}t$ 时间内对转轴有一微小的角位移 $\mathrm{d}\theta$，由于角位移 $\mathrm{d}\theta$ 很小，因此在 $\mathrm{d}t$ 时间内 $P$ 点的位移 $\mathrm{d}\boldsymbol{s}$ 的大小可表示为 $\mathrm{d}s=r\mathrm{d}\theta$，位移 $\mathrm{d}\boldsymbol{s}$ 的方向与 $P$ 点的位矢 $\boldsymbol{r}$ 垂直. 设合外力 $\boldsymbol{f}$ 与 $P$ 点位矢 $\boldsymbol{r}$ 间的夹角为 $\alpha$，则 $\boldsymbol{f}$ 与 $\mathrm{d}\boldsymbol{s}$ 的夹角为 $90°-\alpha$. 按照力做功的定义，在 $\mathrm{d}t$ 时间内力 $\boldsymbol{f}$ 对刚体所做的元功为

$$\mathrm{d}W=\boldsymbol{f}\cdot\mathrm{d}\boldsymbol{s}=f\cos(90°-\alpha)\mathrm{d}s=fr\sin\alpha\,\mathrm{d}\theta$$

由于上式中，$fr\sin\alpha$ 就是力 $\boldsymbol{f}$ 对转轴的力矩 $\boldsymbol{M}$ 的大小，故上式可写成

$$\mathrm{d}W=M\,\mathrm{d}\theta$$

可见，外力对定轴转动的刚体所做的元功可以表示为外力矩与刚体元角位移的乘积. 当刚体在力矩 $\boldsymbol{M}$ 的作用下由角位置 $\theta_0$ 转到角位置 $\theta$ 时，力矩所做的功为

力矩的功 ▶

$$W=\int_{\theta_0}^{\theta}M\mathrm{d}\theta$$

如果 $M$ 是恒力矩，则力矩所做的功可以用下式表示：

$$W=M(\theta-\theta_0) \tag{4-32}$$

以上讨论的是合外力对刚体所做的功. 而组成刚体的所有质点间内力所做的功可以表示为所有内力矩所做的功之和. 由于刚体内任何一对内力都大小相等、方向相反并作用于同一直线上. 因此，每一对内力对于转动轴的力矩之和为零. 所以，在考虑力矩对刚体做功时，只需考虑定轴转动刚体所受合外力矩做的功.

我们知道，力对质点做功的快慢是用力在单位时间内做功的多少来表示的. 同样，可以用单位时间内力矩所做的功来表示力矩做功的快慢，称为力矩的功率，用字母 $N$ 来表示.

设刚体在力矩 $M$ 的作用下绕定轴转动，在 $\mathrm{d}t$ 时间内转过角位移 $\mathrm{d}\theta$，力矩所做的元功为 $\mathrm{d}W$，则**力矩的功率**为

$$N=\frac{\mathrm{d}W}{\mathrm{d}t} \tag{4-33}$$

若作用在刚体上的力矩为恒力矩 $M$，则力矩的功率可表示为

$$N=\frac{\mathrm{d}W}{\mathrm{d}t}=M\frac{\mathrm{d}\theta}{\mathrm{d}t}=M\omega \tag{4-34}$$

即恒力矩的功率等于力矩的大小与角速度大小的乘积. 当力矩的功率一定时，转速越低，则力矩越大；反之，转速越高，则力矩越小. 自行车在上陡坡时(图 4-27)，为了使车轮获得更大的扭矩，通常都将变速器设置在低转速挡上.

图 4-27　越野自行车运动员为了骑上陡坡，必须用较小的齿轮比降低车轮的转速以获得较大的扭矩

### 2. 刚体的转动动能

刚体做定轴转动时，整个刚体的动能就是刚体上所有质点的动能之和. 设刚体中任意一个质点 $i$ 的质量为 $\Delta m_i$，离转轴的垂直距离为 $r_i$，线速度大小为 $v_i=r_i\omega$. 根据质点动能的定义，该质点的动能为

$$E_{ki}=\frac{1}{2}\Delta m_i v_i^2=\frac{1}{2}(\Delta m_i r_i^2)\omega^2$$

对刚体上所有质点的动能求和，得刚体的总动能为

$$E_k=\frac{1}{2}\left(\sum_i \Delta m_i r_i^2\right)\omega^2$$

式中，$\sum_i \Delta m_i r_i^2$ 即为刚体对定轴的转动惯量 $I$，所以上式又可写为

$$E_k=\frac{1}{2}I\omega^2 \tag{4-35}$$

◀ 刚体的转动动能

即刚体绕定轴以角速度 $\omega$ 转动时的**转动动能**等于刚体的转动惯量与角速度平方乘积的 1/2. 这个关于定轴转动刚体的转动动能公式与质点的动能公式 $E_k = mv^2/2$ 相似.

### 3. 刚体绕定轴转动的动能定理

当合外力矩对刚体做功时，刚体的转动动能将会如何变化呢？为了得到合外力矩做功对刚体转动动能的影响，我们对刚体的转动定理 $M = I\beta$ 作如下的变换：

$$M=I\beta=I\frac{d\omega}{dt}=I\frac{d\omega}{d\theta}\cdot\frac{d\theta}{dt}=I\frac{\omega d\omega}{d\theta}$$

上式中，$\frac{d\theta}{dt}$ 为刚体的角速度 $\omega$，所以有

$$Md\theta=I\omega d\omega \tag{4-36}$$

设刚体在合外力矩 $M$ 的作用下，角位置由 $\theta_0$ 变化到 $\theta$，同时角速度由 $\omega_0$ 变化到 $\omega$，并考虑到刚体做定轴转动时，转动惯量 $I$ 不变，则在该过程中合外力矩对刚体所做的功为

$$W=\int_{\theta_0}^{\theta}Md\theta=I\int_{\omega_0}^{\omega}\omega d\omega$$

即

$$W=\int_{\theta_0}^{\theta}Md\theta=\frac{1}{2}I\omega^2-\frac{1}{2}I\omega_0^2 \tag{4-37}$$

◀ 刚体定轴转动的动能定理

上式称为**刚体定轴转动的动能定理**. 它说明，**合外力矩对一个绕定轴转动的刚体所做的功等于刚体转动动能的增量**.

### 4. 刚体的重力势能

如果一个刚体受到保守力的作用，也可以引入势能的概念. 例如，在重力场中的刚体就具有一定的重力势能. 对于一个尺寸不太大的质量为 $m$ 的刚体，它的重力势能等于组成刚体的所有质点重力势能的总和. 如图 4-28 所示，设刚体上质元 $\Delta m_i$ 离地面(设地面为重力势能零点)的高度为 $h_i$，则该质元的重力势能为 $\Delta m_i g h_i$. 而整个刚体的重力势能为

$$E_p=\sum_i \Delta m_i g h_i = g\sum_i \Delta m_i h_i$$

根据第 2 章 2.5 节关于质心的定义式(2-32)或式(2-33)，刚体质心的高度 $h_C$ 为

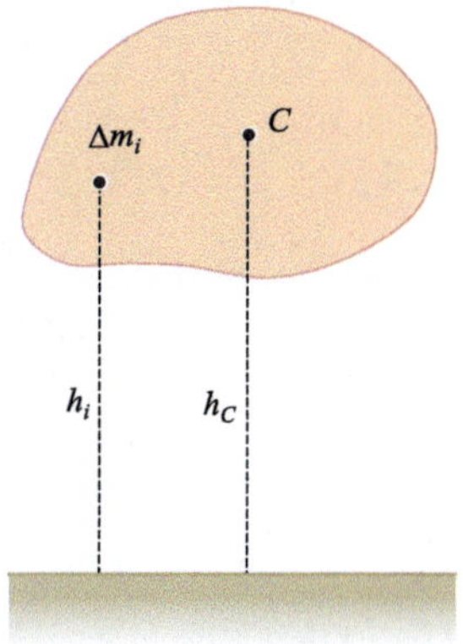


图 4-28 刚体的重力势能等于将整个刚体的质量集中在其质心时，质心的重力势能

$$h_C = \frac{\sum_i \Delta m_i h_i}{m}$$

将此式代入上式，有

刚体的重力势能 ▶

$$E_p = mgh_C \tag{4-38}$$

这一结果表明，一个不太大的刚体的重力势能与将该刚体全部质量集中在其质心时所具有的重力势能一样.

由本章上面内容的学习可知，当用角量来描述刚体的定轴转动时，所得到的刚体运动学和动力学公式与质点的直线运动公式很相似. 为了便于比较和记忆，将质点直线运动和刚体定轴转动的一些重要公式列于表 4-2 中.

表 4-2　质点直线运动与刚体定轴转动公式比较

| 质点的直线运动 | 刚体的定轴转动 |
|---|---|
| 速度　$v=\dfrac{dx}{dt}$ | 角速度　$\omega=\dfrac{d\theta}{dt}$ |
| 加速度　$a=\dfrac{dv}{dt}$ | 角加速度　$\beta=\dfrac{d\omega}{dt}$ |
| 匀速直线运动　$s=vt$ | 匀角速转动　$\theta=\omega t$ |
| 匀变速直线运动　$v=v_0+at$<br>$s=v_0t+\frac{1}{2}at^2$<br>$v^2=v_0^2+2as$ | 匀变速转动　$\omega=\omega_0+\beta t$<br>$\theta=\omega_0 t+\frac{1}{2}\beta t^2$<br>$\omega^2=\omega_0^2+2\beta\theta$ |
| 力 $f$，质量 $m$，牛顿第二定律 $f=ma$ | 力矩 $M$，转动惯量 $I$，转动定理 $M=I\beta$ |
| 动量 $mv$，冲量 $ft$<br>动量定理　$ft=mv-mv_0$ (恒力) | 角动量 $I\omega$，冲量矩 $Mt$<br>角动量定理　$Mt=I\omega-I\omega_0$ (恒力矩) |
| 动量守恒定律　$\sum mv=$常量 | 角动量守恒定律　$\sum I\omega=$常量 |
| 动能 $\frac{1}{2}mv^2$，恒力做功 $W=fs$<br>动能定理　$W=\frac{1}{2}mv^2-\frac{1}{2}mv_0^2$ | 转动动能 $\frac{1}{2}I\omega^2$，恒力矩做功 $W=M\theta$<br>动能定理　$W=\frac{1}{2}I\omega^2-\frac{1}{2}I\omega_0^2$ |
| 重力势能　$mgh$ | 重力势能　$mgh_C$ |
| 机械能守恒　只有保守力做功时，$E_k+E_p=$ 恒量 | 机械能守恒　只有保守力做功时，$E_k+E_p=$ 恒量 |

需要说明的是，如 4.3 节所述，讨论定轴转动刚体的运动时，不能用动量，而要用角动量的概念. 因此，当考虑一个既有质点又有刚体的系统时，不能用动量守恒定律而要用角动量守恒定律. 这时，系统中的质点的运动，也要用角动量来描述. 但由本节的讨论可知，定轴转动刚体的转动动能就是用刚体的转动惯量和角速度表示的刚体上所有质元动能的总和. 因此，机械能守恒定律适用于一个同时包含质点和刚体的系统. 为了说明上述情况，请看下面的例题.

## 例题 4-9 动能定理和机械能守恒定律应用于刚体和质点组成的系统

如图 4-29a 所示，一质量为 $M$、半径为 $R$ 的定滑轮，可绕一无摩擦的水平轴转动．一条轻绳绕在定滑轮的边缘上，其一端悬挂一质量为 $m$ 的物体．假设轻绳与定滑轮间无相对滑动，求当物体由静止下落高度 $h$ 时，物体速度 $v$ 的大小．

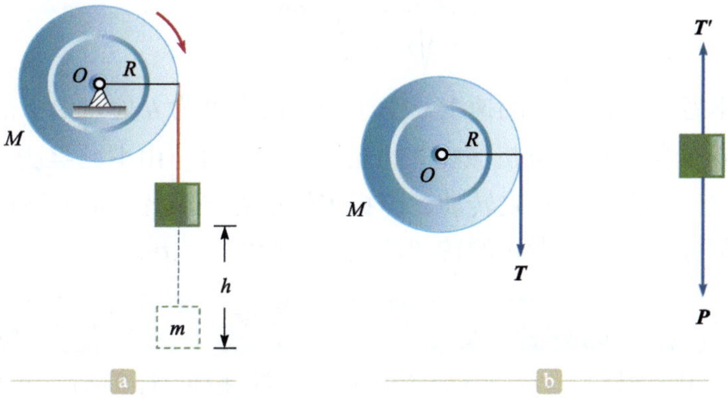


图 4-29 质量为 $m$ 的物体用轻绳挂在质量为 $M$ 的定滑轮的边缘由静止加速下降

**解法一** 利用动能定理．以定滑轮和物体为系统，重力作为系统受到的外力．图 4-29b 为定滑轮和物体的示力图，作用于定滑轮的重力和转轴对定滑轮的支持力均通过转轴，它们对定滑轮的力矩均为零，所以图 4-29b 只画出了轻绳对定滑轮的作用力．由于轻绳的质量忽略不计，所以绳对物体的拉力 $\boldsymbol{T}'$ 和对定滑轮的拉力 $\boldsymbol{T}$ 大小相等，即 $T'=T$．对物体来说，根据质点的动能定理，重力 $\boldsymbol{P}$ 和拉力 $\boldsymbol{T}'$ 所做的功(取向下为正)为

$$mgh - T'h = \frac{1}{2}mv^2 \qquad ①$$

对定滑轮，根据刚体的动能定理，拉力 $\boldsymbol{T}$ 的力矩所做的功(相应取顺时针转动为正)为

$$TR\Delta\theta = \frac{1}{2}I\omega^2$$

$\Delta\theta$ 为物体下落 $h$ 高度时定滑轮转过的角度，所以有 $h = R\Delta\theta$．考虑到 $v = R\omega$，$I = \frac{1}{2}MR^2$，上式可写为

$$Th = \frac{1}{2}\cdot\frac{1}{2}MR^2\cdot\omega^2 = \frac{1}{4}Mv^2 \qquad ②$$

解①、②两式，并考虑到 $T'=T$，得

$$v = \sqrt{\frac{m}{m+\dfrac{M}{2}}2gh}$$

**解法二** 利用机械能守恒定律．以定滑轮、物体和地球为系统，共有三个内力，即轻绳作用于定滑轮的拉力 $\boldsymbol{T}'$、作用于物体的拉力 $\boldsymbol{T}$ 和作用于物体上的重力 $\boldsymbol{P}$．其中，绳子对物体的拉力所做的功 $-T'h$ 与绳子对定滑轮所做的功

$TR\Delta\theta = Th$ 等值而符号相反，代数和为零，而重力 $\boldsymbol{P}$ 为系统的保守内力，所以系统的机械能守恒，即

$$mgh = \frac{1}{2}mv^2 + \frac{1}{2}I\omega^2 = \frac{1}{2}mv^2 + \frac{1}{2}\cdot\frac{1}{2}MR^2\cdot\omega^2 = \frac{1}{2}mv^2 + \frac{1}{4}M^2v^2$$

由上式求物体的速度，得

$$v = \sqrt{\frac{m}{m+\frac{M}{2}}2gh}$$

讨论：本题中物体下落的速度 $v$ 小于物体由高度为 $h$ 处自由下落的末速度 $v' = \sqrt{2gh}$ . 这个问题可以从机械能守恒定律加以解释，由本题解法二可知，物体下落过程中，定滑轮也随之转动，即物体的重力势能有一部分转换为物体的动能，另一部分转换为定滑轮的转动动能了，所以 $v < v'$.

### 例题 4-10　含刚体系统的角动量守恒与机械能守恒

如图 4-30 所示，一根长为 $l$ 的匀质细棒，可以在竖直平面内绕通过其一端的水平轴 $O$ 无摩擦地转动，开始时，细棒自由下垂. 紧靠 $O$ 点挂有一个单摆，其轻质摆线的长度也是 $l$，摆球的质量为 $m$. 单摆从水平位置由静止开始下摆，与细棒做完全弹性碰撞. 碰撞后，单摆刚好静止. 求：

(1) 细棒的质量 $M$ 和碰撞后瞬间细棒的角速度 $\omega$；

(2) 碰撞后细棒摆动的最大角度 $\theta$.

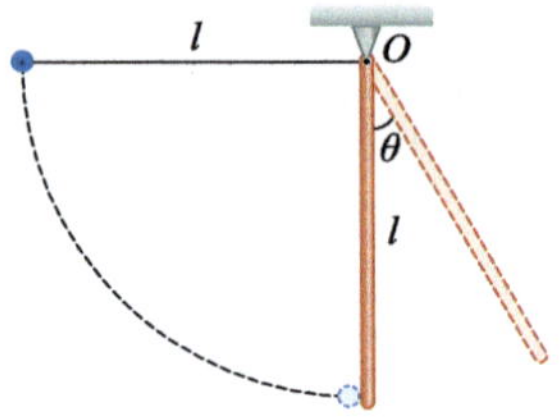

图 4-30　长为 $l$ 的单摆从水平位置释放，与竖直悬挂的匀质细棒做完全弹性碰撞

**解**　此题的整个过程可以分为三个阶段. 第一阶段为单摆由水平位置下摆至竖直位置；第二阶段为摆球与细棒的碰撞过程；第三阶段为碰撞后细棒上摆的过程. 每一阶段的讨论需根据不同情况选取合适的系统，并根据其物理过程选择合适的方程.

(1) 对第一阶段，取单摆和地球为系统. 摆球所受的重力为系统的保守内力，所以机械能守恒

$$mgl = \frac{1}{2}mv_0^2 \qquad ①$$

得摆球与细棒碰撞前瞬间的速度为

$$v_0 = \sqrt{2gl}$$

对第二阶段，选单摆和细棒为系统. 此系统所受外力(重力和轴的支持力等)对转轴 $O$ 的力矩为零，而摆球与细棒的相互作用力为系统的内力. 所以系统的角动量在碰撞过程中守恒. 由于碰撞后摆球静止，所以有

$$mv_0l = I\omega = \frac{1}{3}Ml^2\omega \qquad ②$$

式中 $mv_0l$ 为碰撞前瞬间小球对转动中心 $O$ 的角动量，$\omega$ 为碰撞后瞬间细棒的角速度.

因为碰撞是完全弹性的，所以系统的机械能也守恒，即

$$\frac{1}{2}mv_0^2 = \frac{1}{2}I\omega^2 = \frac{1}{2}\cdot\frac{1}{3}Ml^2\cdot\omega^2 \qquad ③$$

联立求解①、②和③三式，解得

$$M = 3m, \quad \omega = \sqrt{\frac{2g}{l}}$$

(2) 对第三阶段，取细棒和地球为系统. 因细棒上摆过程中仅有保守内力(重力)做功，故系统的机械能守恒. 细棒的重力势能等于其质心的重力势能. 取细棒在竖直位置时质心的位置为重力势能零点，当细棒摆动到最高位置时，其质心的位置升高 $l(1-\cos\theta)/2$，所以由机械能守恒定律得

$$\frac{1}{2}\cdot\frac{1}{3}Ml^2\cdot\omega^2 = Mg\cdot\frac{l}{2}(1-\cos\theta)$$

解上式可得细棒上摆的最大角度为

$$\theta = \arccos\frac{1}{3} = 70.5°$$

讨论：若以单摆、细棒和地球为系统，由于单摆与细棒的碰撞是完全弹性的，即单摆与细棒的作用力是保守力. 因此从单摆开始下摆到细棒上摆至最高位置的整个过程系统的机械能守恒. 所以本题第(2)问也可以用下式求解：

$$mgl = Mg\frac{l}{2}(1-\cos\theta) = 3m\cdot g\frac{l}{2}(1-\cos\theta)$$

## 4.5 刚体的平面平行运动

到目前为止，我们只讨论了刚体绕固定轴的转动，但在很多情况下，刚体的运动要比定轴转动复杂得多，本节将讨论刚体的平面平行运动. 什么是刚体的平面平行运动呢？当刚体运动时，它的质心始终在某一平面上运动，而且刚体上各点绕其转动的转轴既通过质心，又始终和该平面平行，这种运动就称为刚体的**平面平行运动**. 比如，自行车运动员在平直的赛道上沿直线行驶时，车轮的运动就属于平面平行运动(图 4-31)，这时车轮的运动可以看作是车轮轴的平动和车轮绕轴转动的叠加. 关于刚体的平动可由其质心的运动来确定，假设刚体的质心在 $xOy$ 平面内运动，则根据质心运动定理[见第 2 章 2.5 节式(2-35)]，可得刚体质心的两个平动方程，即

图 4-31 自行车沿直线行驶时，其车辆的运动为刚体的平面平行运动

$$\begin{aligned} f_x &= ma_{Cx} \\ f_y &= ma_{Cy} \end{aligned} \tag{4-39}$$

式中，$f_x$ 和 $f_y$ 是刚体在 $x$ 轴和 $y$ 轴方向所受的合外力，$m$ 是刚体的质量，$a_{Cx}$ 和 $a_{Cy}$ 是质心加速度在 $x$ 轴和 $y$ 轴方向的分量. 关于刚体绕通过质心轴的转动，可以证明，也遵守定轴转动的转动定理，即

$$M = I\beta \tag{4-40}$$

式中，$M$、$I$ 和 $\beta$ 分别是刚体所受的合外力矩、刚体的转动惯量和角加速度，三者都是对于通过质心的转轴而言的，所以刚体的平面平行运动就可以由式(4-39)和式(4-40)联合求解.

## 例题 4-11　车轮在地面上的匀速滚动

一车轮在地面上沿直线做纯滚动(即车轮与地面间无滑动)，假设车轮半径为 $R$，车轮中心以匀速 $\boldsymbol{v}_0$ 前进，如图 4-32 所示. 求：

(1) 车轮边缘各点的运动速度；

(2) 任意时刻车轮边缘与车轮中心等高的点 $A$、$C$ 和与车轮中心处于同一竖直线上的两点 $B$、$D$ 的速度.

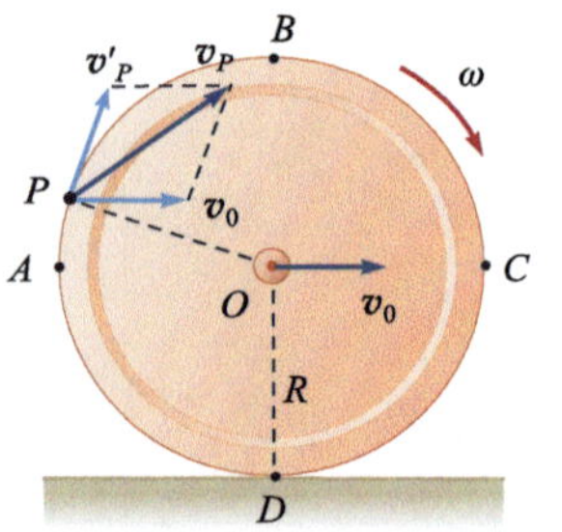


图 4-32　半径为 $R$ 的轮子以匀速 $\boldsymbol{v}_0$ 沿水平地面做纯滚动

**解**　(1) 车轮的运动可以看作是整个车轮以速度 $\boldsymbol{v}_0$ 随车轮中心运动和车轮以角速度 $\boldsymbol{\omega}$ 绕车轮中心转动的合成. 所以，车轮边缘某点 $P$ 的速度等于平动速度 $\boldsymbol{v}_0$ 和 $P$ 点相对于车轮中心速度 $\boldsymbol{v}_P'$ 的矢量和(图 4-32). 由于车轮与地面间无相对滑动，所以车轮中心前进的距离 $x$ 和车轮相对轮心转过的角度 $\theta$ 有如下关系：

$$x = R\theta$$

上式对时间 $t$ 求导数得

$$\frac{\mathrm{d}x}{\mathrm{d}t} = R\frac{\mathrm{d}\theta}{\mathrm{d}t}$$

即

$$v_0 = R\omega$$

上式就是车轮做纯滚动时，车轮中心的速度 $\boldsymbol{v}_0$ 和车轮相对于轮心转动的角速度 $\boldsymbol{\omega}$ 之间的关系式. $P$ 点相对于车轮中心转动的速度 $\boldsymbol{v}'_P = \boldsymbol{\omega}\times\boldsymbol{r}$ ($\boldsymbol{r}$ 是轮心到 $P$ 点的矢径)，所以车轮在滚动时轮边缘上任一点 $P$ 的线速度是

$$\boldsymbol{v}_P = \boldsymbol{v}_0 + \boldsymbol{v}'_P = \boldsymbol{v}_0 + \boldsymbol{\omega}\times\boldsymbol{r} \tag{4-41}$$

由于 $\boldsymbol{\omega}$ 垂直纸面向里，并与 $\boldsymbol{r}$ 垂直，因此 $\boldsymbol{v}'_P$ 的大小与 $\boldsymbol{v}_0$ 相等，也等于 $R\omega$.

(2) $A$、$B$、$C$ 和 $D$ 各点任意时刻的速度各由两个速度叠加而成. 首先，考虑整个车轮随轮心一起做平动，此时 $A$、$B$、$C$ 和 $D$ 各点的平动速度与轮心速度 $\boldsymbol{v}_0$ 相同，见图 4-33a. 其次，考虑车轮绕轮心 $O$ 的转动，这时 $A$、$B$、$C$ 和 $D$ 各点绕 $O$ 点转动的速度 $\boldsymbol{v}'_A$、$\boldsymbol{v}'_B$、$\boldsymbol{v}'_C$ 和 $\boldsymbol{v}'_D$ 都沿轮边缘的切线方向，见图 4-33b，它们的大小都为 $v_0 = R\omega$.

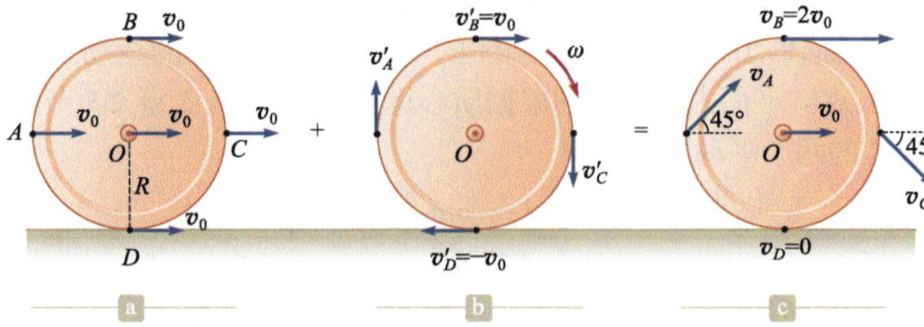


图 4-33　车轮在地面做纯滚动时，车轮边缘各点的线速度等于车轮整体的平动速度与绕轴运动速度之和

在车轮与地面接触的 $D$ 点，$\boldsymbol{v}_0$ 和 $\boldsymbol{v}'_D$ 大小相等、方向相反，因此

$$\boldsymbol{v}_D = \boldsymbol{v}_0 + \boldsymbol{v}'_D = 0$$

即 $D$ 点是瞬时静止的，即车轮与地面没有相对滑动，车轮在地面上做纯滚动. 同理，在 $B$ 点，$\boldsymbol{v}_0$ 和 $\boldsymbol{v}'_B$ 大小相等、方向相同，所以 $\boldsymbol{v}_B$ 的方向与 $\boldsymbol{v}_0$ 相同，其大小

$$v_B = v_0 + v'_B = 2v_0$$

在 $A$、$C$ 两点，$\boldsymbol{v}_0$ 和 $\boldsymbol{v}'_A$、$\boldsymbol{v}'_C$ 互相垂直，所以

$$v_A = v_C = \sqrt{v_0^2 + (\omega R)^2} = \sqrt{2}v_0$$

$\boldsymbol{v}_A$ 的方向与 $\boldsymbol{v}_0$ 成 45°角向上，而 $\boldsymbol{v}_C$ 的方向与 $\boldsymbol{v}_0$ 成 45°角向下，见图 4-33c.

在研究刚体的平面平行运动时，若转轴通过质心，可以证明其运动的动能可以简单地表示为质心运动的平动动能和刚体对转轴的转动动能之和，即

$$E_k = \frac{1}{2}mv_C^2 + \frac{1}{2}I_C\omega^2 \qquad (4\text{-}42)$$

式中，$v_C$ 为质心的运动速度，$I_C$ 为刚体绕通过质心轴的转动惯量. 而刚体运动的机械能应该包括平动动能、转动动能和重力势能等.

## 例题 4-12 圆柱体沿斜面的加速滚动

一质量为 $m$、半径为 $R$ 的匀质实心圆柱体沿倾角为 $\theta$ 的斜面无滑动地向下滚动，见图 4-34. 求：

(1) 圆柱体质心的加速度 $a_C$、圆柱体绕质心的角加速度 $\beta$ 和斜面作用于圆柱体的摩擦力 $f_r$；

(2) 设圆柱体由静止开始向下滚动，当其质心下降高度 $h$ 时，其质心的速度 $v_C$.

**解** (1) 圆柱体共受三个力的作用：重力 $m\boldsymbol{g}$ 竖直向下、斜面对圆柱体的支持力 $\boldsymbol{N}$ 垂直斜面向上和摩擦力 $\boldsymbol{f}_r$ 沿斜面向上，如图 4-34 所示. 取直角坐标系的 $x$ 轴沿斜面向下，$y$ 轴垂直于斜面向上. 根据式(4-39)和式(4-40)，并考虑到 $a_{Cx} = a_C$，$a_{Cy} = 0$，有

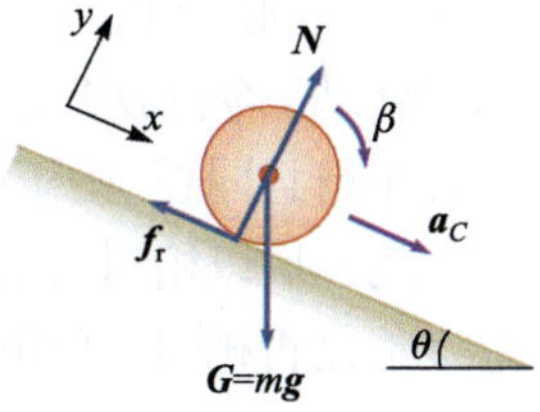

图 4-34 匀质实心圆柱体在斜面上由静止加速向下做纯滚动

$$mg\sin\theta - f_r = ma_{Cx} \qquad ①$$

$$N - mg\cos\theta = ma_{Cy} = 0 \qquad ②$$

$$f_r R = I\beta \qquad ③$$

由于圆柱体在斜面上做纯滚动，所以

$$a_C = a_{Cx} = R\beta \qquad ④$$

圆柱体的转动惯量为

$$I = \frac{1}{2}mR^2 \qquad ⑤$$

联立求解上面的五个方程，得

$$a_C = \frac{2g\sin\theta}{3}, \quad \beta = \frac{2g\sin\theta}{3R}, \quad f_r = \frac{mg\sin\theta}{3}$$

(2) 由上面的结果可见，圆柱体的质心沿斜面以加速度 $a_C$ 向下做匀加速直线运动，当圆柱体由静止开始沿斜面向下运动至质心下降高度 $h$ 时，其在斜面上滚动的距离为 $x = h/\sin\theta$. 根据匀变速直线运动公式，此时圆柱体质心的速度满足

$$v_C^2 = 2a_C x = 2\cdot\frac{2}{3}g\sin\theta\cdot\frac{h}{\sin\theta} = \frac{4}{3}gh$$

即

$$v_C = \sqrt{\frac{4}{3}gh}$$

这一结果也可由机械能守恒定律来求解. 以圆柱体和地球为系统，因为圆柱体做纯滚动，其与斜面接触处相对于斜面无运动，所以 $\boldsymbol{f}_r$ 不做功，支持力 $\boldsymbol{N}$ 与质心运动方向垂直，也不做功，而重力为系统的保守内力，所以系统的机械

能守恒. 当圆柱体的质心下降高度 $h$ 时, 圆柱体的动能为

$$E_k = \frac{1}{2}mv_C^2 + \frac{1}{2}I\omega^2 = \frac{1}{2}mv_C^2 + \frac{1}{2}\cdot\frac{1}{2}mR^2\cdot\left(\frac{v_C}{R}\right)^2 = \frac{3}{4}mv_C^2$$

由机械能守恒定律, $E_k = E_p = mgh$, 得

$$v_C = \sqrt{\frac{4}{3}gh}$$

## 第 4 章练习题

**4-1** 当一个飞轮做加速转动时，在飞轮上半径不同的两个质点，切向加速度是否相同？法向加速度是否相同？角加速度是否相同？

**4-2** 设有两个圆盘用密度不同的金属制成，质量和厚度都相同. 问：哪个圆盘绕其中心轴的转动惯量较大？

**4-3** 一个水平圆盘以一定的角速度绕通过中心的竖直轴转动，今再放上另一个原来不动的圆盘，两盘的盘面平行且同心. 由于接触面之间的摩擦力，使两盘合二为一后以相同的角速度转动. 问放置前后两盘的总动能是否相同？总角动量是否相同？为什么？

**4-4** 把一根细杆的一端固定，并使它能绕固定点在竖直平面内自由转动. 把杆拉到水平位置，挂上一重物，然后释放. 第一次把重物挂在杆的中点，第二次把重物挂在杆的自由端，杆由水平位置转到竖直位置时，哪种情况所用的时间较短？

**4-5** 在一个系统中，如果角动量守恒，动量是否也一定守恒？反之，如果该系统的动量守恒，角动量是否也一定守恒？

**4-6** 一刚体由静止开始绕一固定轴做匀角加速转动，任意时刻刚体上某点的切向加速度 $a_t$ 和法向加速度 $a_n$ 可由实验测得. 设 $\theta$ 为任意时间内刚体转过的角度，试证明 $a_n/a_t = 2\theta$.

**4-7** 一个以恒定角加速度转动的圆盘，如果在某一时刻的角速度为 $\omega_1 = 20\pi$(rad/s)，再转 60 圈后角速度为 $\omega_2 = 30\pi$(rad/s). 求：

(1) 圆盘的角加速度；

(2) 转过上述 60 圈所需要的时间.

**4-8** 半径为 30cm 的飞轮，从静止开始以 0.50rad/s$^2$ 的角加速度转动，求飞轮边缘上一点在飞轮转过 240° 时的切向加速度 $a_t$ 和法向加速度 $a_n$ 的大小.

**4-9** 一根细杆长为 $L$，在细杆两端和中心各固定一相同质量 $m$ 的小物体，转轴和细杆垂直并通过距杆一端 $L/4$ 处.

(1) 如果不计杆的质量，求系统质心的位置和对轴的转动惯量；

(2) 如果杆的质量为 $M$，求系统质心的位置和对轴的转动惯量.

**4-10** 一匀质圆盘的质量为 $m$，半径为 $R$. 转动轴通过距盘心 $R/3$ 处，且与盘的中心轴平行，求圆盘绕此轴的转动惯量.

**4-11** 一个绕定轴转动的飞轮，在 20N · m 的总力矩作用下，在 10s 时间内转速由零均匀地增加到 8rad/s. 求飞轮的转动惯量.

**4-12** 如题 4-12 图所示，定滑轮半径 $r = 0.5$m，质量 $m = 25$kg，能绕其水平中心轴转动，一细绳绕在定滑轮子上，自由端挂一质量 $M = 10$kg 的重物，试求：

(1) 定滑轮的角加速度；

(2) 重物的加速度；

(3) 细绳中的张力；

(4) 若以与重物重量相等的向下拉力(98N)取代重物，定滑轮的角加速度与(1)中的结果是否相同？

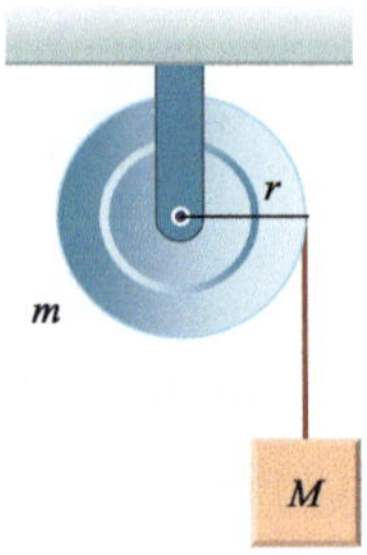


题 4-12 图

**4-13**　如题 4-13 图所示，定滑轮半径 $R = 0.10\text{m}$，质量 $M = 15\text{kg}$. 一两端系有重物的细绳跨过定滑轮，可带动定滑轮绕水平轴转动，重物的质量分别为 $m_1 = 50\text{kg}$，$m_2 = 200\text{kg}$. 不考虑轴的摩擦，细绳与定滑轮间无相对滑动，求重物加速度和细绳中的张力的大小.

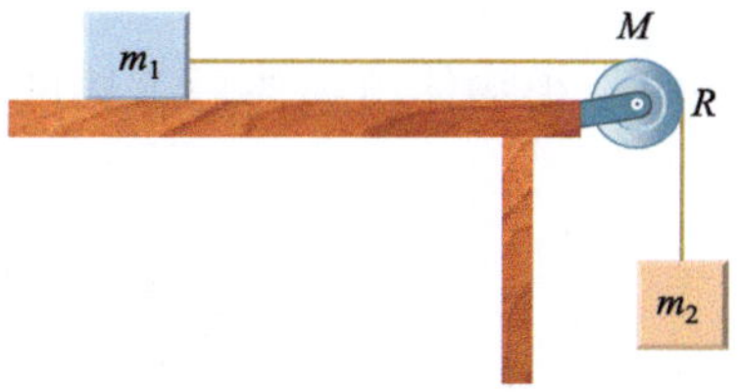


题 4-13 图

**4-14**　如题 4-14 图所示，一个组合轮由两个匀质圆盘 $A$ 和 $B$ 固结而成，小盘质量 $m_A = 4\text{kg}$，半径 $r_A = 0.05\text{m}$，大盘质量 $m_B = 6\text{kg}$，半径 $r_B = 0.10\text{m}$，两盘边缘上分别绕有细绳，细绳的下端各挂有质量为 $m_1 = m_2 = 2\text{kg}$ 的物体，离地高度均为 $h = 2\text{m}$. 这一系统由静止开始运动. 求：

(1) 组合轮的转动惯量；

(2) 两物体 $m_1$、$m_2$ 的加速度大小，下降物体着地的时间；

(3) 两绳中的张力.

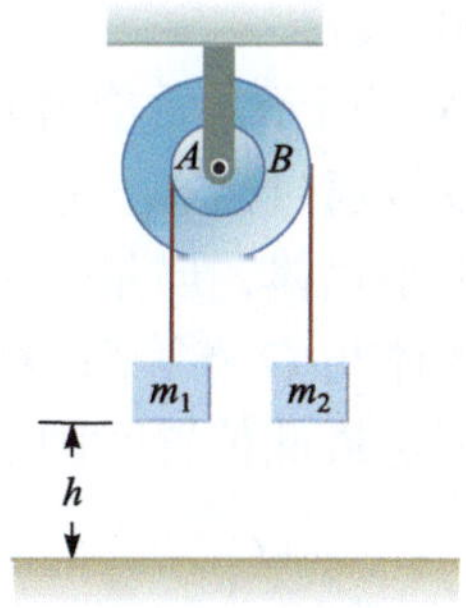


题 4-14 图

**4-15**　一轻绳跨过两个质量均为 $m$、半径均为 $r$ 的匀质圆盘状定滑轮，绳的两端分别挂着质量为 $m$ 和 $2m$ 的重物，如题 4-15 图所示. 绳与滑轮间无相对滑动，滑轮轴光滑. 将整个系统由静止释放，求两滑轮之间绳的张力.

**4-16**　以 $20\text{N}\cdot\text{m}$ 的不变力矩作用在一转轮上，在 10s 内该轮的角速度由零增大到 100r/min，然后移去此力矩，转轮因受轴承的摩擦经 100s 后停止，试求：

(1) 转轮的转动惯量；

(2) 转轮所受的摩擦力矩；

(3) 从开始转动到停止转动的总转数.

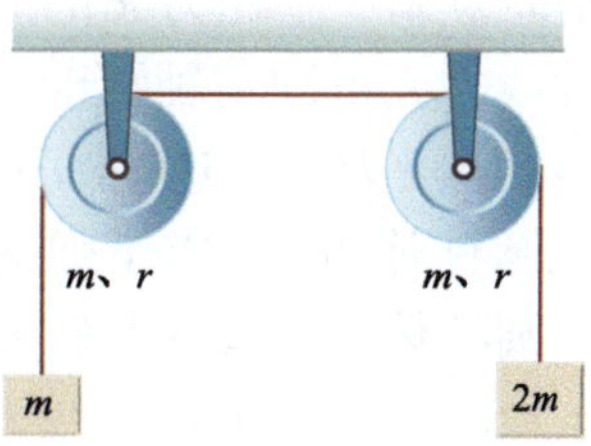


题 4-15 图

**4-17**　如题 4-17 图所示，一根长为 $l$、质量为 $m$ 的均质细杆，两端各牢固地连接一个质量也为 $m$ 的小球，整个系统可绕过 $O$ 点并垂直于杆的水平轴无摩擦地转动. 当系统转到水平位置时，求：

(1) 系统所受的合外力矩；

(2) 系统对转动轴的转动惯量；

(3) 系统的角加速度；

(4) 细杆转到竖直位置时的角速度.

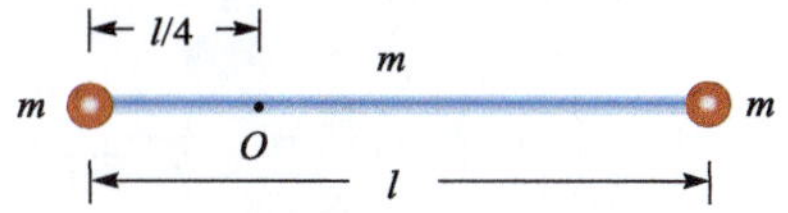


题 4-17 图

**4-18**　如题 4-18 图所示，一质量为 $m$、长为 $l$ 的匀质细杆，$B$ 端放在桌子的边缘，$A$ 端用手托住，使杆呈水平状态. 如果突然释放 $A$ 端，求在此瞬间：

(1) 杆质心的加速度；

(2) 杆的 $B$ 端所受的力.

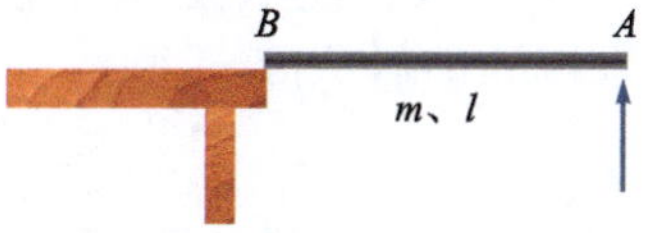


题 4-18 图

**4-19**　地球的自转角速度可以认为是恒定不变的. 地球对于自转轴的转动惯量 $I = 9.8\times10^{37}\text{kg}\cdot\text{m}^2$. 求地球对自转轴的角动量.

**4-20**　一质量为 1.12kg、长为 1.0m 的均匀细棒，

可以绕通过其上端的光滑轴在竖直面内转动，开始时棒静止于竖直位置. 当以 100N 的力打击棒的下端时，打击时间为 1/50s，求：

(1) 棒在打击过程中角动量的变化；

(2) 打击后，棒的最大偏转角.

**4-21** 一个质量为 $M$、半径为 $R$ 的圆柱体，可绕通过其中心轴线的光滑固定轴转动，开始时圆柱体静止. 现有一质量为 $m$、速度为 $v$ 的子弹，沿切线方向射入圆柱体边缘. 求子弹嵌入圆柱体边缘后的瞬间，圆柱体与子弹一起转动的角速度.

**4-22** 如题 4-22 图所示，$A$ 和 $B$ 两飞轮的轴杆在同一中心线上，设两轮的转动惯量分别为 $I_A=10\text{kg}\cdot\text{m}^2$ 和 $I_B=20\text{kg}\cdot\text{m}^2$. 开始时，$A$ 轮转速为 $n_A=600\text{r/min}$，$B$ 轮静止. $C$ 为摩擦啮合器，其转动惯量可忽略不计. $A$、$B$ 分别与 $C$ 的左、右两个组件相连，当 $C$ 的左右组件啮合时，$B$ 轮加速而 $A$ 轮减速，直到两轮的转速相等. 设轴光滑，求：

(1) 两轮啮合后的转速 $n$；

(2) 两轮各自所受的冲量矩.

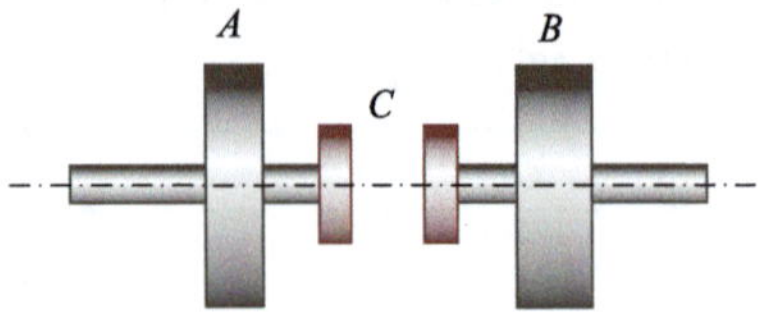

题 4-22 图

**4-23** 如题 4-23 图所示，一半径为 $R$、质量为 $M$ 的圆柱体，可绕水平固定轴 $O$ 无摩擦地转动. 开始时圆柱体静止，一质量为 $m$ 的木板以速度 $v_1$ 在光滑平面上向右滑动，并经过圆柱体后到达另一同高度的光滑平面. 木板与圆柱体接触时有摩擦力，且摩擦力足够大，使木板与圆柱体之间无相对滑动. 求木板的最后速度 $v_2$.

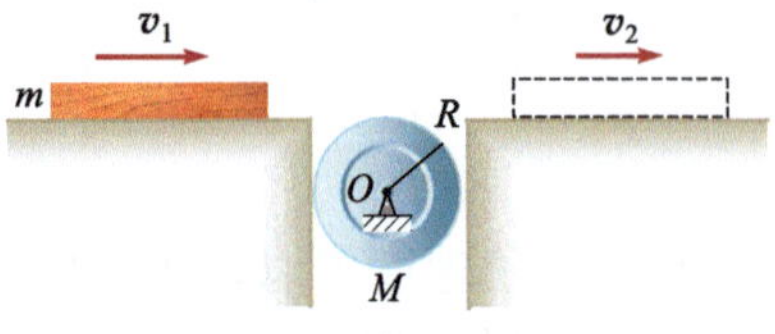

题 4-23 图

**4-24** 如题 4-24 图所示，质量为 0.03kg、长为 0.2m 的匀质棒，在水平面内绕通过棒的质心并与棒垂直的光滑固定轴转动. 棒上套着两个可沿棒滑动的小物体，它们的质量均为 0.02kg. 开始时，两个小物体分别用夹子固定在棒两边距离棒的质心 0.05m 处，整个系统以 15r/min 的转速绕轴转动. 然后松开夹子，小物体沿棒向外滑去，直至滑离棒端. 问：

(1) 当两个小物体到达棒端时，系统的角速度是多少？

(2) 当两个小物体滑离棒后，棒的角速度是多少？

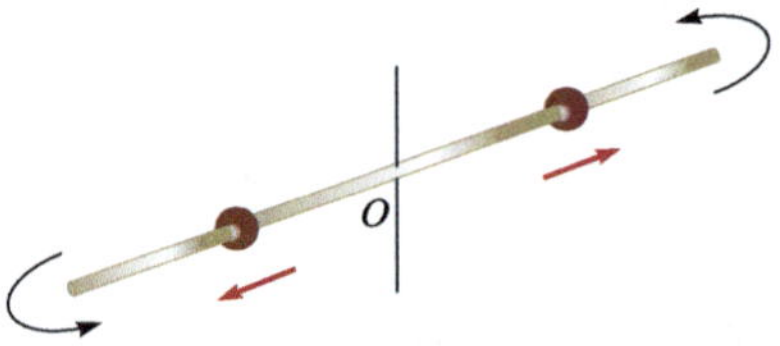

题 4-24 图

**4-25** 一人坐在转椅上，双手各持一个哑铃，哑铃与转轴的距离均为 $r_1 = 0.6\text{m}$. 先让人和哑铃一起以 $\omega_0 = 5\text{rad/s}$ 的角速度随转椅旋转，然后，人将哑铃拉回至与转轴相距 $r_2 = 0.2\text{m}$ 处. 假如人对转轴的转动惯量恒定为 $I_1 = 5\text{kg}\cdot\text{m}^2$，每个哑铃质量为 $m = 5\text{kg}$. 设哑铃可视为质点，不计转动中的摩擦，问：

(1) 系统的初角动量是多少？

(2) 哑铃被拉回后，系统的角速度是多少？

(3) 哑铃拉回前后系统的动能各为多少？有无不同？试说明原因.

**4-26** 如题 4-26 图所示，质量为 $m$、半径为 $R$ 的一个圆盘，可以绕通过盘心、垂直于盘面的水平轴 $O$ 转动. 一个小物体，质量也是 $m$，附着在圆盘边缘上，小物体与 $O$ 点等高. 将圆盘由静止释放，求小物体到达最低位置时圆盘的角速度.

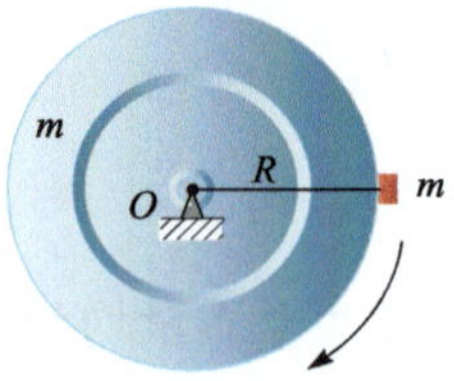

题 4-26 图

**4-27** 如题 4-27 图所示，一质量为 $M$、半径为 $R$ 的飞轮，以角速度 $\omega$ 绕通过中心的水平轴转动. 在某瞬间，有一质量为 $m$ 的小碎片从飞轮边缘脱落并竖直向上飞出. 求：

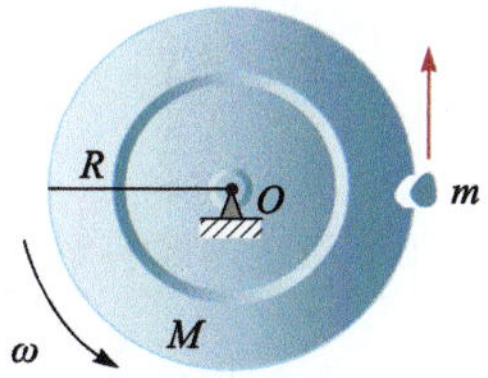

题 4-27 图

(1) 碎片的飞行高度；

(2) 碎片从飞轮上飞出的瞬间，缺损飞轮的角速度、角动量和转动动能.

**4-28** 如题 4-28 图所示，一根长 $l$=0.40m 的匀质木棒，质量 $M$=1.00kg，可绕水平轴 $O$ 在竖直平面内转动. 开始时木棒自然地竖直悬垂. 现有质量 $m$=8g 的子弹以 $v$ = 200m/s 的速率从 $A$ 点射入木棒中，$A$ 点与 $O$ 点相距 $3l/4$，求：

(1) 木棒开始运动时的角速度；

(2) 木棒的最大偏转角.

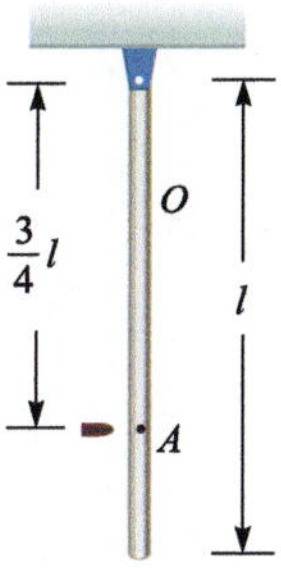

题 4-28 图

**4-29** 如题 4-29 图所示，空心圆环可绕光滑的竖直固定轴 $AC$ 自由转动，转动惯量为 $I_0$，环的半径为 $R$，初始时环的角速度为 $\omega_0$. 质量为 $m$ 的小球静止在环内最高处 $A$ 点，由于受到微小干扰，小球沿环向下滑动. 设环内壁和小球都是光滑的，小球可视为质点，环的截面半径 $r \ll R$. 问：

(1) 小球滑到与环心 $O$ 同一高度的 $B$ 点时，环的角速度及小球相对于环的速度各为多大?

(2) 小球滑到环的最低处 $C$ 点时，环的角速度及小球相对于环的速度各为多大?

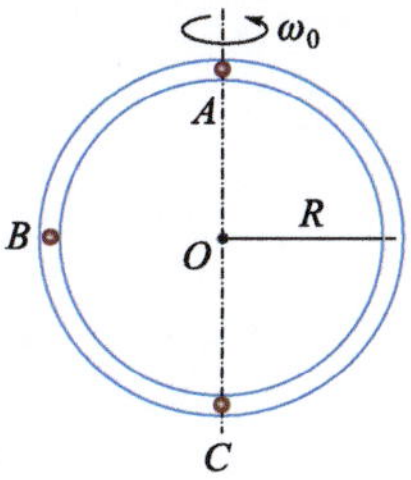

题 4-29 图

**4-30** 如题 4-30 图所示，一半径为 $r$ 的小球体从高度为 $h$ 的斜面顶端，由静止无滑动地滚下. 然后又滚入半径为 $R$ 的半圆环. 试证明小球恰能到达半圆环最高点的条件是 $h=27(R-r)/10$.

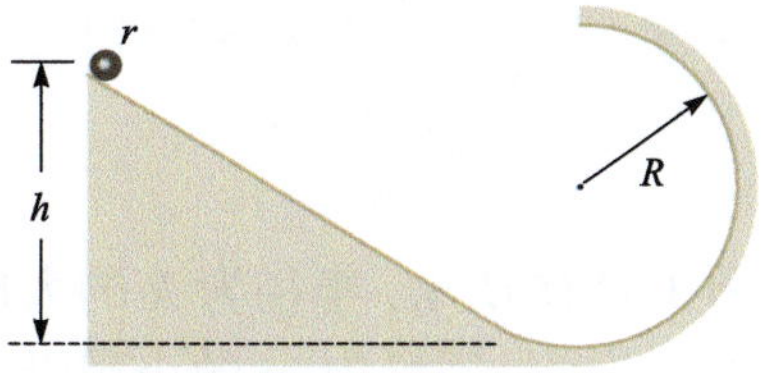

题 4-30 图

**4-31** 如题 4-31 图所示，一质量为 $M$，半径为 $R$ 的匀质圆柱体，放在粗糙的水平面上. 圆柱体上绕着细绳，绳与圆柱体之间无滑动. 现用水平力 $\boldsymbol{F}_0$ 拉细绳，使圆柱体在水平面上做无滑动的滚动. 求：

(1) 圆柱体质心 $C$ 的加速度；

(2) 水平面对圆柱体的摩擦力 $f_r$.

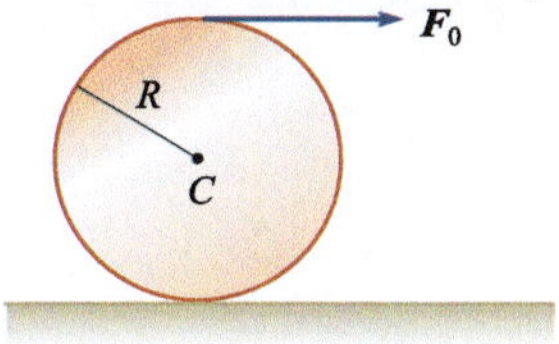

题 4-31 图

**4-32** 一绕有电缆的大木轮，质量 $M$ = 1000kg，绕中心轴的转动惯量 $I$ = 300kg · m$^2$，$R_1$=1.00m，$R_2$=0.40m，如题 4-32 图所示. 设大木轮与地面间无相对滑动，当用 $F$=9800N 的水平力拉电缆时，问：

(1) 木轮将向左还是向右运动?

(2) 轴心的加速度多大? 木轮受地面的摩擦力多大?

(3) 为保证木轮与地面间无相对滑动，木轮与地面间的摩擦因数至少为多大?

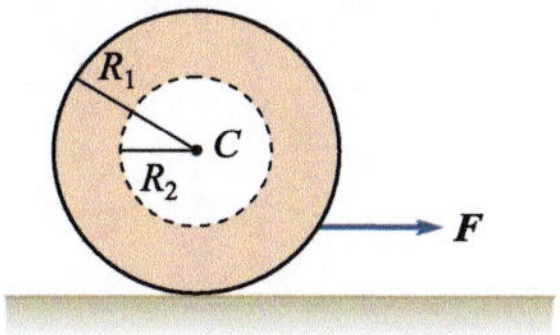

题 4-32 图

**4-33** 如题 4-33 图所示，一根质量为 $M$、半径为 $R$ 的长圆柱体用两根轻软的绳子环绕，两绳的另一端固定在天花板上. 开始时圆柱体水平静止，两绳竖直张紧，然后释放. 求：

(1) 圆柱体向下运动时的平动加速度；

(2) 每根绳子中的张力.

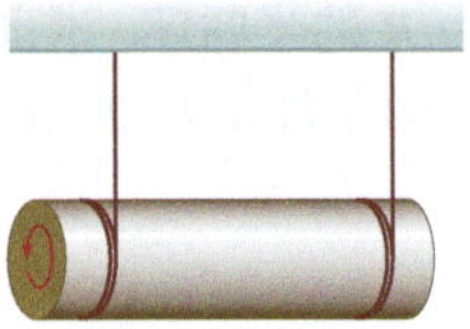

题 4-33 图

第 4 章练习题答案

**4-34** 如题 4-34 图所示，半径为 $R$ 的大球固定不动，有一半径为 $r$、质量为 $m$ 的小球沿大球表面从顶点 $A$ 由静止无滑动地滚下. 当两球刚开始分离时，求两球球心的连线与竖直线的夹角 $\theta$.

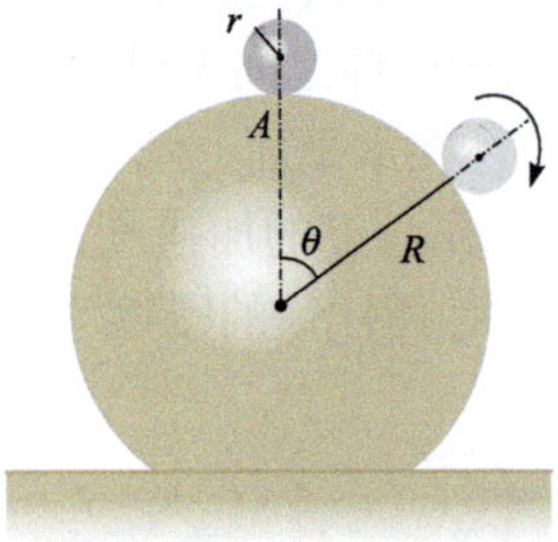


题 4-34 图

**4-35** 一质量为 $m_1$ 的木板，在水平力 $\boldsymbol{F}$ 的作用下沿水平面运动，木板与水平面间的摩擦系数为 $\mu$. 在木板上有一质量为 $m_2$ 的圆柱体，如题 4-35 图所示. 假设此圆柱体在木板上做纯滚动，求木板加速度的大小.

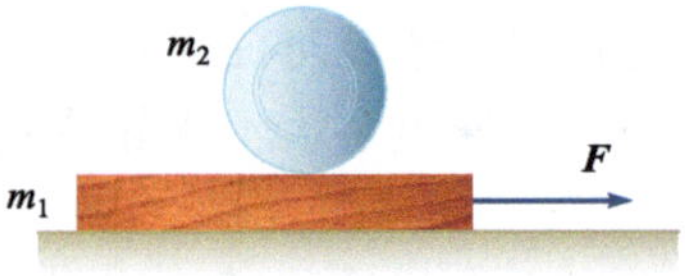


题 4-35 图

# 第5章　流 体 力 学

风洞，又称风洞实验室，是利用人工方式产生并控制气流，从而进行空气动力学研究的有效工具. 因其控制性佳，可重复性高，所以被广泛用于航空和航天工程、汽车空气动力学研究、建筑物的风力荷载和振动等. 实验时，将模型或实物固定在风洞中进行吹风，通过测控仪器取得实验数据，以确定实验对象的气动布局和气动性能. 作为设计和制造汽车、飞机、桥梁和高大建筑物时参考的依据

物质通常可以分为三种形态(物态)：固体、液体和气体. 气体容易被压缩，而液体和固体几乎不可压缩. 日常经验告诉我们，固体有确定的体积和形状；一定量的液体有确定的体积，但其形状不确定；可以自由流动的气体既没有确定的体积也没有确定的形状. 但有时固体也会表现出液体的流动性特征. 比如，常温下的沥青是固体，但经过很长的时间它也会像液体一样流动. 1927 年，澳大利亚昆士兰州的帕内尔教授将沥青样本放入一个漏斗内，直到 1938 年 12 月第 1 滴沥青由漏斗内滴出，此后大约每经过 10 年会滴下一滴沥青(图 5-1). 他也因此获得了 2005 年“搞笑诺贝尔”物理学奖. 大多数物质在不同的温度和压强下，可以是固体、液体或气体，或是不同物态共存的形态. 比如在一个大气压下的水在零摄氏度以下时是固态，在零摄氏度时可以是冰水共存的状态，在零到一百摄氏度之间是液态水，在一百摄氏度时可以是气液共存的状态，而在一百摄氏度以上时，则变为水蒸气. 一般来说，我们是根据物体在外力作用下改变形状所需要的时间来确定它是固体还是液体或气体的.

本章我们讨论的对象是流体，流体是指能流动的任何物体，是液体和气体的总称. 流体在我们日常生活的各个方面都扮演着重要的角色，例如，我们呼吸空气，喝水，以及在水中游泳. 血液流过我们的身体，为我们的器官提供氧气. 飞机在大气中飞行，轮船在水面上航行，大气的运动还决定着四季的天气状况.

本章我们首先讨论流体静力学，它揭示流体处于静止的平衡状态时所表

图 5-1　沥青滴漏实验. 澳大利亚的帕内尔教授为了向学生证明沥青实际上是黏性极高的液体，于 1927 年将沥青放入一个漏斗内，直到 1938 年 12 月第 1 滴沥青由漏斗内滴出. 现今这个实验由约翰·梅恩斯顿教授负责，并可能再持续数百年. 这项已持续了 90 年的实验还创造了吉尼斯世界纪录. 研究人员估计，沥青的黏性大约是水的 1000 亿倍. 2005 年 10 月，约翰·梅恩斯顿教授与已故的帕内尔教授凭借这项实验获得“搞笑诺贝尔”物理学奖

现出的力学规律. 我们利用牛顿定律来讨论静止流体的压强、浮力等基本概念. 接下来我们讨论流体动力学. 由于流体具有流动性，其密度、压强和温度、流速之间有着复杂的关系，而且流体内部各部分之间还存在着非保守的内摩擦力作用，所以实际流体流动时的情况是非常复杂的. 为简单起见，又不失大多数实际情况下流体运动的一般性，我们的讨论基于流体的最简单模型，即理想流体，并从质量守恒和能量守恒出发，得到流体的连续性原理和伯努利方程. 最后，我们简单讨论实际流体，即黏滞流体的力学规律.

## 5.1 流体静力学

### 1. 静止流体中一点的压强

液体和气体都是具有流动性的连续介质，统称**流体**. 当流体静止时，组成流体的分子却在不停地运动着，流体内部各部分之间的相互作用，就是来自于这些运动着的分子与周围分子或容器的器壁之间的碰撞. 流体静力学的基本任务就是研究静止流体中这种相互作用力的大小和方向的.

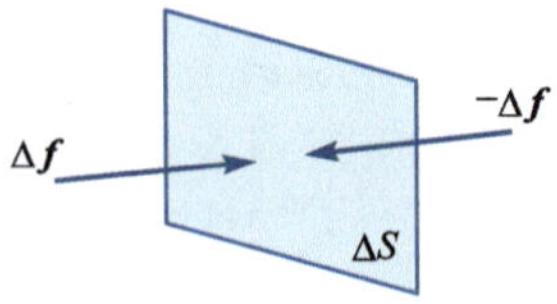

图 5-2 作用于流体内面积元 $\Delta S$ 上的力 $\Delta \boldsymbol{f}$ 垂直于 $\Delta S$

如图 5-2 所示，设想在流体内部任一点处取一面积元 $\Delta S$，面积元两边的流体以力 $\Delta \boldsymbol{f}$ 相互作用. 一般来说，力 $\Delta \boldsymbol{f}$ 可以与面积元 $\Delta S$ 成任意角度，但在静止流体这一特殊情况下，如果作用力沿面积元的表面有切向分量，那么，面积元两侧相邻的流层之间将要发生滑动，使流体不再静止. 所以静止流体中任何一个面积元受到的作用力有如下两个基本特点：

(1) 在静止流体内任一点，作用于任一面积元 $\Delta S$ 的作用力 $\Delta \boldsymbol{f}$ 必垂直于 $\Delta S$，不存在平行于 $\Delta S$ 的切向分量.

(2) 对静止流体内同一点处，作用力 $\Delta \boldsymbol{f}$ 的大小与面积元 $\Delta S$ 的比值和所取面积元 $\Delta S$ 的方位无关.

我们把面积元 $\Delta S$ 上所受压力 $\Delta \boldsymbol{f}$ 的大小定义为该面积元上的**平均压强**，用 $\bar{p}$ 表示，即

$$\bar{p}=\frac{\Delta f}{\Delta S}$$

当 $\Delta S\to 0$ 时，平均压强的极限就是流体中该点处的**压强**，用 $p$ 表示，即

压强的定义 ▶

$$p=\lim_{\Delta S\to 0}\frac{\Delta f}{\Delta S}=\frac{\mathrm{d}f}{\mathrm{d}S} \tag{5-1}$$

在国际单位制中，压强的单位是牛/米$^2$(N/m$^2$)，这一单位称为帕斯卡，简称帕，记作 Pa，即 1Pa=1N/m$^2$.

应该指出，上述关于静止流体内压力的两个基本特点中，只要第一个基本特点成立，就可导出第二个基本特点. 为此，在流体中某一点周围作一个直角

三角柱体元，如图 5-3a 所示. 根据上述第一个基本特点，三角柱体元侧面受到的压强垂直于各侧面并指向柱体元内部，如图 5-3b 所示. 若流体的密度为 $\rho$，则三角柱体元受到的重力为

$$\Delta G = \rho g \Delta V = \frac{1}{2}\rho g \Delta x \Delta y \Delta z$$

因为三角柱体元处于平衡状态，其在 $x$ 方向和 $y$ 方向受到的合力均为零，所以在 $x$ 和 $y$ 方向，分别有

$$p_x \Delta y \Delta z = p_l \Delta l \Delta z \sin\theta$$

和

$$p_y \Delta x \Delta z = p_l \Delta l \Delta z \cos\theta + \frac{1}{2}\rho g \Delta x \Delta y \Delta z$$

因为 $\Delta l \sin\theta = \Delta y$，$\Delta l \cos\theta = \Delta x$，上面两式化简后，有

$$p_l = p_x$$

和

$$p_y = p_l + \frac{1}{2}\rho g \Delta y$$

当直角三角柱体元的体积 $\Delta V \to 0$ 时，有 $\Delta y \to 0$，所以

$$p_x = p_y = p_l$$

同理可以证明

$$p_x = p_y = p_z$$

由此可见，静止流体中任一点处的压强 $p$ 是一个定值，与所取面积元 $\Delta S$ 的方位无关，它是各向同性的. 上面的结论尽管是在静止流体的情况下得出的，但可以证明它对流动的流体同样成立. 后面在讨论流动的流体时，要用到这个结论.

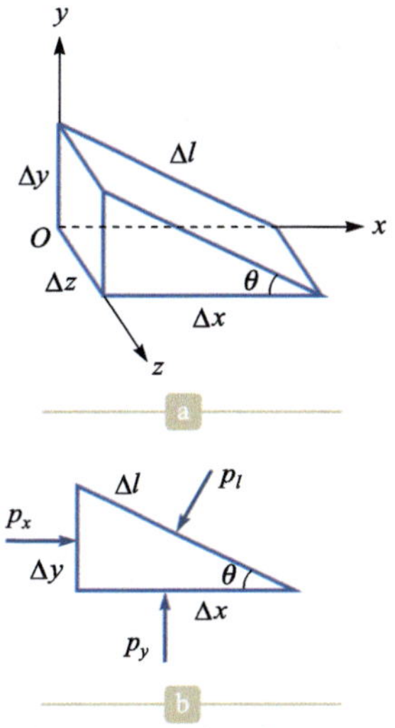

图 5-3 压强大小与面元取向无关. a.流体中的直角三角柱体元. b.柱体元各面受到的压强

从压强的定义可知，同样的压力作用在不同大小的面积上时，压强的大小是不一样的，面积越小则压强越大. 可以做这样一个小实验，如图 5-4 所示，用食指和拇指捏着一个图钉，稍稍用力捏时拇指会感到疼痛而食指则不会. 根据牛顿第三定律，图钉作用于拇指和食指的力是一样的，但图钉尖的部分面积很小，所以拇指受到的压强远大于食指. 在滑雪运动中，运动员穿着面积很大的滑板，就是为了减小对雪面的压强，避免陷入雪中，见图 5-5.

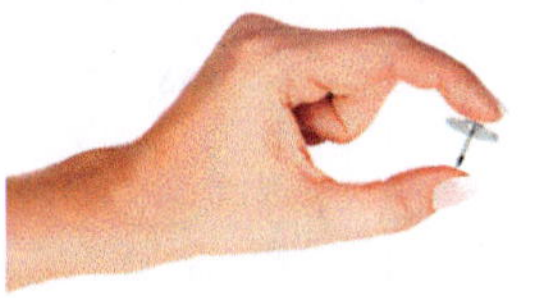
图 5-4 手捏图钉，图钉尖的部分压强远大于宽而平的部分

图 5-5 滑雪运动员脚穿宽大的滑雪板是为了避免陷入雪中

### 2. 静止流体中两点间的压强差

(1) 等高线上的压强相等.

设在静止流体的内部取等高的两点 $A$ 和 $B$. 为了证明 $A$ 点的压强 $p_A$ 和 $B$ 点的压强 $p_B$ 大小相等，设想在流体内以 $A$、$B$ 的连线为轴取一横截面积为 $\Delta S$ 的细圆柱体，并使圆柱体的两个端面分别通过 $A$、$B$ 两点，如图 5-6 所示. 我们来分析这一段圆柱形流体的受力情况.

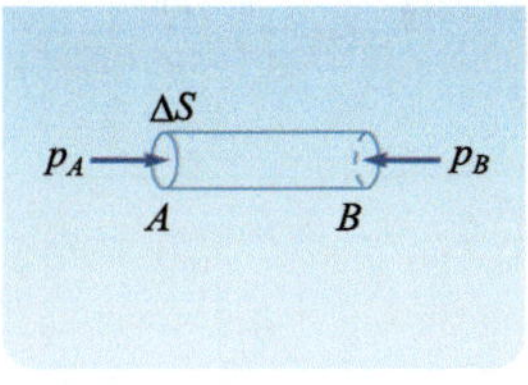

图 5-6 静止流体中水平细圆柱液块两端的压强相等

这段流体除了受到竖直向下的重力以外，还受到四周流体对它的压力. 圆柱体左边的流体通过其左端面 $A$ 给它的压力等于 $p_A \Delta S$，方向沿 $A$、$B$ 的连线向右；右边的流体通过其右端面 $B$ 给它的压力等于 $p_B \Delta S$，方向沿 $A$、$B$ 的连线向左；而侧面以外的流体给圆柱体的压力都垂直于 $A$、$B$ 的连线.

由于这段圆柱形流体是静止的，所以根据牛顿定律，它在任意方向所受的

合外力都等于零. 因此对于 $A$、$B$ 连线方向，有

$$p_A\Delta S - p_B\Delta S = 0$$

等高的两点间压强相等 ▶

由此得到

$$p_A = p_B \tag{5-2}$$

(2) 高度相差 $h$ 的两点间压强差为 $\rho gh$($\rho$ 为流体的密度).

如图 5-7 所示，设想在静止的流体内，沿同一条竖直线取 $A$、$B$ 两点，以 $A$、$B$ 的连线为轴取一截面积为 $\Delta S$、高为 $h$ 的圆柱体，使圆柱体的两个端面分别通过 $A$、$B$ 两点. 这段圆柱形流体在竖直方向所受的合力有三个：竖直向下的重力 $G=\rho gh\Delta S$；圆柱体上面的流体通过上端面 $A$ 给它的向下的压力 $p_A\Delta S$；圆柱体下面的流体通过下端面 $B$ 给它的向上的压力 $p_B\Delta S$. 至于圆柱体周围的流体通过侧面给它的压力都垂直于侧面，因而没有沿竖直方向的分力. 由于流体是静止的，所以这三个力的合力应等于零，即

$$p_A\Delta S + \rho gh\Delta S - p_B\Delta S = 0$$

高度相差 $h$ 的两点间的压强差 ▶

由此得到

$$p_B - p_A = \rho gh \tag{5-3}$$

由(1)的结果可知，在流体中同一水平面上各点的压强相等，所以，即使 $A$ 点与 $B$ 点不在同一竖直线上，这一结论仍然成立.

由上面的讨论可知，根据流体的密度和静止流体表面处的压强，就可以知道流体内部任一点的压强. 如果流体的表面与大气相接触，则表面处的压强即为大气压强. 根据静止流体内的压强分布，就可以计算出作用在水坝、闸门等水利建筑物上的压强.

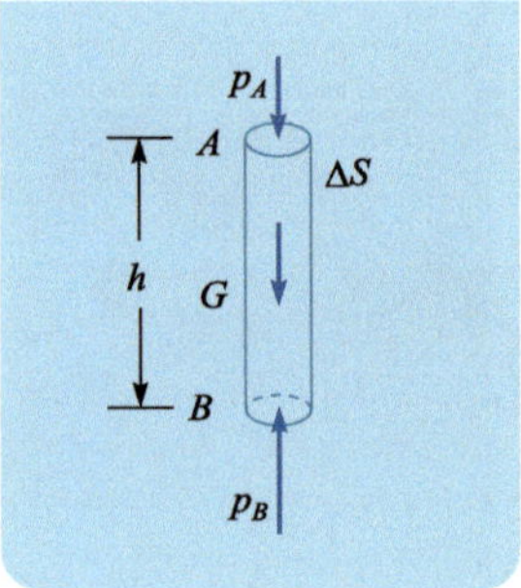

图 5-7 静止流体中高为 $h$ 的圆柱体两端的压强差为 $\rho gh$

### 3. 大气压强

地球表面被一层厚厚的大气层所覆盖，大气的密度随海拔的增加而减小，大气在地球表面附近的压强称为**大气压强**，简称**大气压**. 在海拔 8848m 的珠穆朗玛峰顶的大气压强约为海平面处大气压强的 1/3. 我们通常所说的标准大气压强是指零海拔(即海平面)附近的大气压强.

1644 年，意大利物理学家埃万杰利斯塔·托里拆利(E.Torricelli, 1608—1647)制成了世界上第一个用于测量大气压强的水银气压计. 如图 5-8 所示，将一根一端封闭的长玻璃管内注满水银，然后将开口的一端插入水银槽内. 在水银柱的上端仅有少量水银蒸气，其压强很小，可以忽略. 水银柱在其底端 $A$ 点处产生的压强与大气在等高的 $B$ 点产生的压强相等，当大气压强变化时，水银柱的高度也会相应发生变化. 设水银柱底端处，$y_A = 0$，$p_A = p_0$($p_0$ 为大气压强)，而水银柱顶端处 $y_B = h$，$p_B = 0$. 则由式(5-3)，有

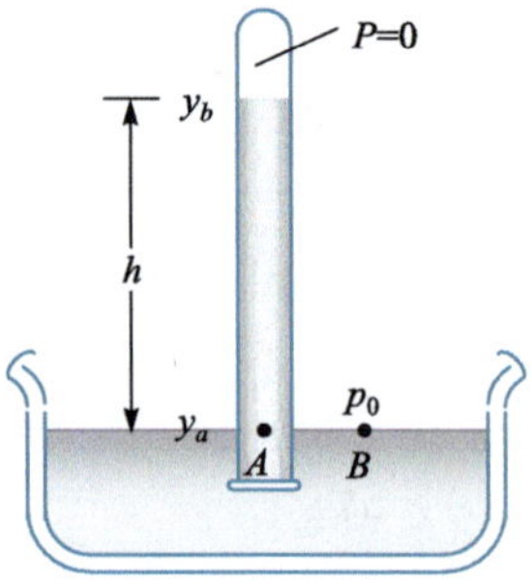

图 5-8 水银气压计示意图

$$p_0 = \rho gh$$

式中 $\rho$ 为水银的密度. 当 $t=0$℃时，$\rho=13.6\times10^3\text{kg/m}^3$，$g$ 取 $9.80\text{m/s}^2$，在海平面处(即海拔为零处)，可测得水银柱的高度 $h = 76\text{cm} = 0.76\text{m}$. 则由上式得

标准大气压强 ▶

$$p_0 = 13.6\times10^3\times9.80\times0.76 = 1.013\times10^5\ \text{Pa}$$

通常把零摄氏度时海平面处的大气压强称为**标准大气压**，用 atm 表示，所以 $1\text{atm} = 1.013\times10^5\text{Pa}$.

图 5-9 马德堡半球实验

1654 年，马德堡市长奥托·冯·格里克听说有许多人不相信大气压的存在，甚至有人嘲笑托里拆利. 为了向公众证明大气压的存在，他在德国雷根斯堡的广场上向众人展示了一个实验. 他将两个铜制的半球中间垫上橡胶圈，先将里面灌满水，然后把水全部抽出，使球内形成真空，周围的空气将两个半球紧紧地压在了一起. 最后竟用了十六匹高头大马才将两个半球拉开，见图 5-9. 请读者思考：是否能够只用八匹马就可以将两个半球拉开？当时所用的两个半球的直径为 37cm，你能算出大气将两个半球压在一起的力有多大吗？

**例题 5-1　手掌上受到的大气压力**

请量一下你手掌的大小，然后计算你手掌受到的大气压力. 假设某人手掌的宽度为 9cm，长度为 18cm. 当大气压强为一个标准大气压时，请计算一下此人手掌上受到的大气压力约为多少？

**解**　标准大气压 $1\text{atm} = 1.013\times10^5\text{Pa}$，即在 $1\text{m}^2$ 的面积上有 $1.013\times10^5\text{N}$ 的作用力，相当于每平方厘米面积上有 10.13N 的压力. 如果手掌的面积为 $S = 9\text{cm}\times18\text{cm} = 162\text{cm}^2$，则手掌受到的大气压力为 1640N，或 167kg！为什么平时我们并没有感觉到这个强大的压力呢？这是因为我们身体内部的压强与外面的压强相等，以及手背受到的压强与手掌受到的压强相等.

4. 帕斯卡原理

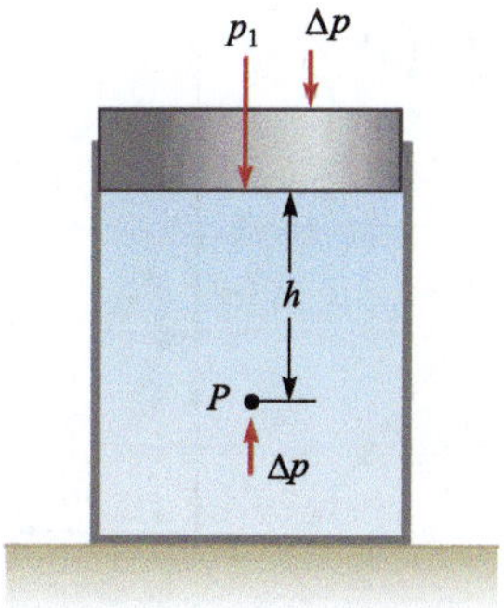


图 5-10 封闭容器中，活塞上方增加的压强等量地传到容器内各点

设有一个封闭的容器内装有不可压缩的流体，容器上方用一个可以移动的活塞封住，如图 5-10 所示. 活塞作用于流体上表面的压强为 $p_1$，则根据式(5-3)，流体内深为 $h$ 处 $P$ 点的压强为 $p = p_1 + \rho gh$. 如果在活塞上附加一个压强 $\Delta p$，使流体上表面的压强变为 $p_1' = p_1 + \Delta p$. 因为流体不可压缩，因此 $\rho$ 和 $h$ 都保持不变. 根据式(5-3)，这时 $P$ 点的压强变为

$$p' = p_1' + \rho gh = p_1 + \Delta p + \rho gh \tag{5-4}$$

这就是说，**流体中任一点的压强变化 $\Delta p$ 将等量地传到流体中的每一点和容器的器壁上**. 这一结论是法国物理学家布莱士·帕斯卡(B.Pascal, 1623—1662)于 1653 年提出的，称为**帕斯卡原理**.

◀ 帕斯卡原理

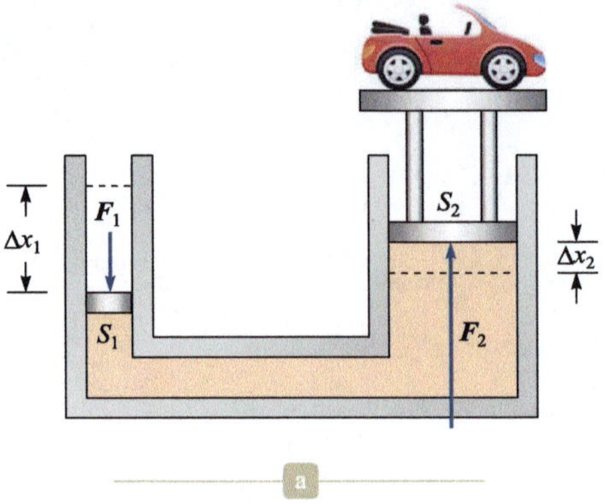

图 5-11 a.液压机原理图. b.修车厂内一辆待修的汽车被液压机轻松地顶了起来

帕斯卡原理的一个重要应用是液压机. 如图 5-11a 所示，一个 U 形容器的两端用活塞密封,活塞的面积分别是 $S_1$ 和 $S_2$. 若 $S_1$ 上有一个向下的作用力 $F_1$，在液体中产生压强 $p=F_1/S_1$，则根据帕斯卡原理，此压强将等量地传到另一端活塞的 $S_2$ 上，产生一个向上的作用力 $F_2$，$F_2$ 的大小为

$$F_2 = pS_2 = \frac{S_2}{S_1}F_1$$

如果 $S_2 \gg S_1$，则 $F_2 \gg F_1$. 所以，可以通过液压机，用较小的力产生巨大的动力.

**例题 5-2　水坝迎水面受到的压力**

如图 5-12 所示，一大坝内充满水，大坝的迎水面与水平面垂直，水面离坝底的高度为 $H$. 试计算此大坝宽为 $W$ 的一段迎水面受到的水的总压力.

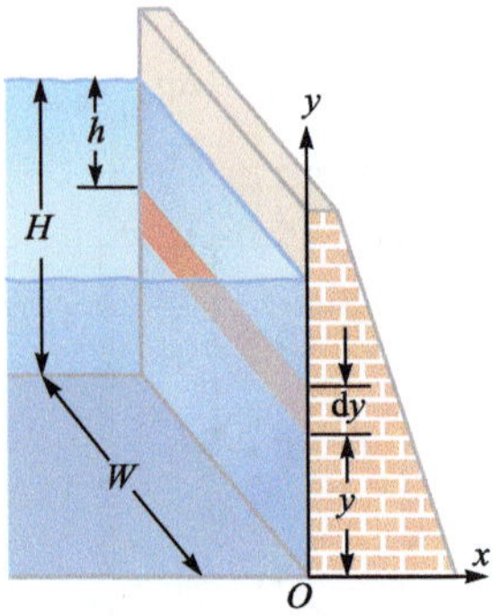


图 5-12 水对水坝迎水面的压力

**解法一** 以坝底为原点取 $y$ 轴竖直向上，在大坝迎水面的坝面上距离坝底 $y$ 处取一长为 $W$、高为 $\mathrm{d}y$ 的窄条面积元 $\mathrm{d}S$(如图 5-12 中所示的红色水平窄条面积). 此面积元受到的水的作用力垂直于坝面，大小为

$$\mathrm{d}F = p\mathrm{d}S = \rho gh \cdot W\mathrm{d}y = \rho g(H-y)\cdot W\mathrm{d}y$$

对上式积分，即可得到大坝长为 $W$ 的一段迎水面受到水的总压力为

$$F = \rho gW\int_0^H (H-y)\mathrm{d}y = \frac{1}{2}\rho gWH^2$$

由图可见，大坝的厚度随水的深度而增加，这是因为水越深处，水的压强越大. 另外，根据帕斯卡原理，水面处的大气压强也会等量地传递到大坝的迎水面上，但在计算中没有考虑大气压强，这是因为水坝两面都受到同样的大气压力的作用，因而不必考虑. 就像你的手心和手背受到的大气压力相等，尽管这压力有一百多公斤(见例题 5-1)，你依然不会感觉到它的存在.

**解法二** 由式(5-3)可知，水面下压强随水深的变化是均匀的(线性的). 因此，水对大坝迎水面的平均压强可由下式计算：

$$p_{\text{平均}} = \frac{p_{\text{水面}} + p_{\text{水底}}}{2} = \frac{0+\rho gH}{2} = \frac{1}{2}\rho gH$$

所以，大坝受到水的总压力也可以由平均压强乘以大坝迎水面的总面积 $S$ 求得

$$F = p_{平均}S = \frac{1}{2}\rho gH \cdot WH = \frac{1}{2}\rho gWH^2$$

### 5. 流体的浮力　阿基米德原理

如果你试图将一个篮球压入水中(图 5-13a)，你会发现需要用很大的力(相对于篮球本身的重量而言)才能做到，因为水会对篮球施加一个竖直向上的作用力. 流体对任何浸入其中的物体都会施加一个竖直向上的作用力，这个力称为**浮力**. 为了说明浮力的存在，我们观察静止的水中与篮球一样大小的一团水，如图 5-13b 所示. 因为这团水是静止的，所以它受到的合力等于零. 这说明水团周围的水对这团水施加的向上的浮力 $F_B$ 等于它所受到的向下的重力 $F_G$. 浮力是物体周围的流体作用于物体上的，与被作用的对象是篮球、水团还是其他材质的物体无关. 压入水中的篮球受到的浮力等于与篮球同体积的水受到的重力，这浮力远大于篮球的重量，这就解释了为什么要用很大的力才能将篮球压入水中.

由上讨论可知，**作用在一个物体上的浮力的大小总是等于该物体所排开的流体的重量**，这个结论称为**阿基米德原理**.

阿基米德(Archimedes，公元前 287?—前 212)，伟大的古希腊哲学家、数学家、物理学家，静态力学和流体静力学的奠基人，并且享有“力学之父”的美称. 阿基米德和高斯、牛顿并列为世界三大数学家. 杠杆原理也是阿基米德发现的，阿基米德曾说过：“给我一个支点，我就能撬起整个地球.”

◀ 阿基米德原理

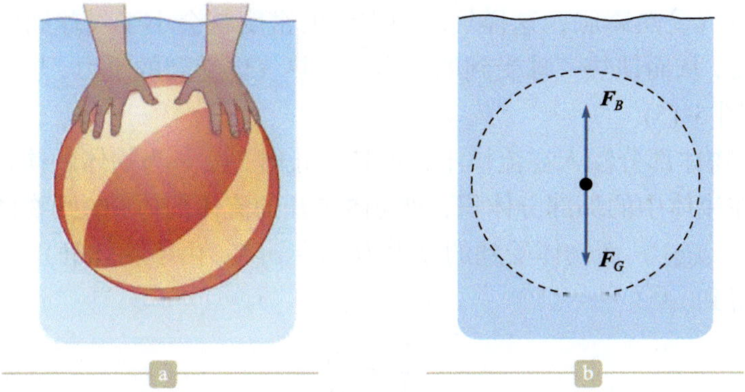


图 5-13　a.用手将一个篮球压入水中时，可以明显感到篮球受到一个向上的作用力. b.静止在水中的一团水之所以静止，是因为它受到一个与其重量相等的浮力

下面我们来说明浮力产生的原因. 为了方便起见，我们假设有一个圆柱体浸没在静止的流体中. 圆柱体的横截面积为 $S$，高为 $h$，其中心轴在竖直方向，如图 5-14 所示. 由于在流体中越深处的压强越大，因此圆柱体上表面处受到液体施加的向下方向的压力小于圆柱体下表面处受到的向上方向的压力. 设圆柱体下表面处的压强大小为 $p_b$，上表面处的压强大小为 $p_t$，则根据式(5-3)，圆柱体上下表面的压强差为 $p_b-p_t=\rho gh$. 这里，$\rho$ 是流体的密度. 圆柱体下表面处的压强对圆柱体产生一个向上的压力 $p_bS$，同时其上表面处的压强对圆柱体产生一个向下的压力 $p_tS$. 由于流体作用在圆柱体侧面的压力沿水平方向，在竖直方向没有分量，所以圆柱体上、下表面受到的压力之差即为圆柱体受到的浮力 $F_B$，即

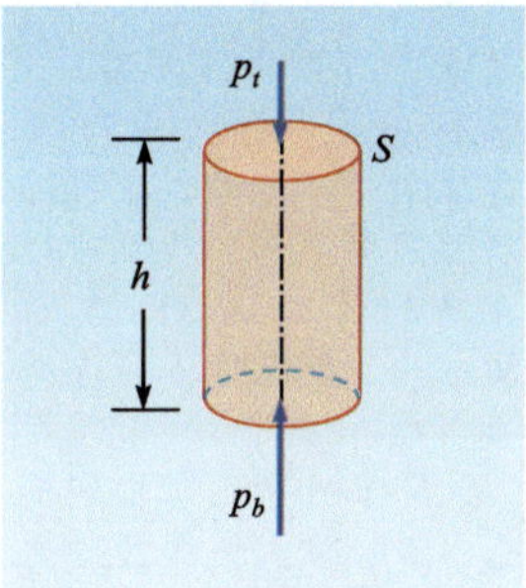


图 5-14　浸没于流体中的圆柱体受到的浮力等于其排开的同体积流体的重力

图 5-15 热气球内部是加热的空气，其密度小于热气球外空气的密度．当热气球受到的浮力大于热气球的重量(包括其内部的热空气)时，热气球就会上升

图 5-16 人体很容易漂浮在盐浓度远高于一般海水的死海的海面上

曹冲称象．孙权送给曹操一只大象．曹操十分高兴，对大臣们说："你们哪个有办法称一下这只大象到底有多重呢？"大臣们想了许多办法，但都行不通．这时曹冲对曹操说："父亲，我有办法可以称大象．"曹冲趴在曹操耳边说出了自己的办法，曹操听后连连叫好．众人随曹冲来到河边，曹冲叫人把象牵到船上，在船舷上齐水面的地方刻了一条记号．再叫人把象牵到岸上，把石头一块一块地搬上船，等船身沉到刚才刻的那条记号处时，曹冲就叫人停止

$$F_B=(p_b-p_t)S=\rho gh\times S$$

上式中 $V=hS$ 为圆柱体的体积，所以

$$F_B=\rho gV \tag{5-5}$$

由上面的讨论可知，圆柱体上方和下方的流体对圆柱体都产生压力(当圆柱体全部浸没在流体中时)，所以浮力是物体周围所有的流体对该物体的作用力的合力．而 $m=\rho V$ 为圆柱体所排开的同体积流体的质量，所以 $F_B=\rho gV=mg$ 就是圆柱体排开的流体的重量．在上面的讨论中，我们选择形状规则的圆柱体，是因为圆柱体侧面受到的流体的压力在竖直方向的分力为零，因此圆柱体受到的浮力只是其上、下表面受到的竖直方向的压力差．但式(5-5)的结果同样适用于浸没在流体中的任意形状的物体．

需要注意的是，当物体只是部分浸入流体中时(比如航行在水面上的船只)，式(5-5)中的 $V$ 只是物体浸入流体中的这部分体积．下面我们分别讨论物体全部浸入流体中和部分浸入流体中的两种情况．

(1) 当物体全部浸入流体中时，设物体的密度为 $\rho_0$，体积为 $V$，则物体受到的重力为 $F_G=\rho_0 gV$．如果物体的密度小于流体的密度($\rho_0<\rho$)，则浮力大于物体受到的重力，这时物体会在流体中向上运动；当 $\rho_0>\rho$ 时，浮力小于物体的受到的重力，物体会在流体中向下运动；而当 $\rho_0=\rho$ 时，浮力与物体受到的重力相等，物体可以静止在流体中．热气球就是通过向气球内喷射热空气，使气球内的空气受热膨胀，这样气球内空气的密度就会小于气球周围相对较冷的空气密度，从而使热气球受到的浮力大于热气球受到的重力，热气球就会上升到空中(图 5-15)．

(2) 当物体部分浸入在流体中并保持静止时，设 $V$ 为物体的体积，而 $V_i$ 为物体浸入在流体中的那部分体积，即物体排开的流体的体积，则物体受到的重力仍为 $F_G=\rho_0 gV$，而物体受到的浮力为 $F_B=\rho gV_i$．由于物体静止，所以 $F_G=F_B$，因此得到

$$\frac{V_i}{V}=\frac{\rho_0}{\rho} \tag{5-6}$$

上式说明，物体所排开的流体的体积与物体总体积之比等于物体的密度与流体的密度之比．由于 $V_i<V$，所以 $\rho_0<\rho$，说明物体的密度小于流体的密度时，可以漂浮在水面上．

人体的含水量大约等于人体重量的 70%，所以人体的密度接近于淡水．人在游泳池里游泳时，不会像木头一样漂浮在水面上．但海水的密度大于淡水，尤其是地处以色列和约旦之间的内陆盐湖——死海，它的含盐浓度是一般海水的 8.6 倍左右，其海水的密度比人体的密度大不少．根据式(5-6)，很容易理解为什么一个不会游泳的人可以轻松地漂浮在死海的海面上，见图 5-16．

浮力的作用点称为**浮心**，它位于被物体所排开的同体积液块的质心(或重心)上，如图 5-17a 中的 $B$ 点所示．只有浮心 $B$ 高于浮体的质心(或重心)$C$ 时，

浮体的姿态才是稳定的. 因为当船体发生倾斜时，作用在浮体上的浮力 $\boldsymbol{F}_B$ 和重力 $\boldsymbol{F}_G$ 产生的力矩能够恢复船体的平衡. 为了提高浮心，海轮的横截面被设计成上宽下窄的形状；为了降低船舶的重心，船舶的动力装置、货物等都被安放在船舶的底部，俗称“压舱”. 对于在浅水河道内航行的平底船，则可以依靠改变浮心的位置来使船保持平衡. 如图 5-17b 所示，当平底船发生倾斜时，浮心就会朝着向下倾斜的一侧移动，使浮力 $\boldsymbol{F}_B$ 与重力 $\boldsymbol{F}_G$ 产生的力矩能够恢复船体的平衡.

装石头. 大臣们看后恍然大悟：只要把船里的石头都称一下，把重量加起来，就知道象有多重了

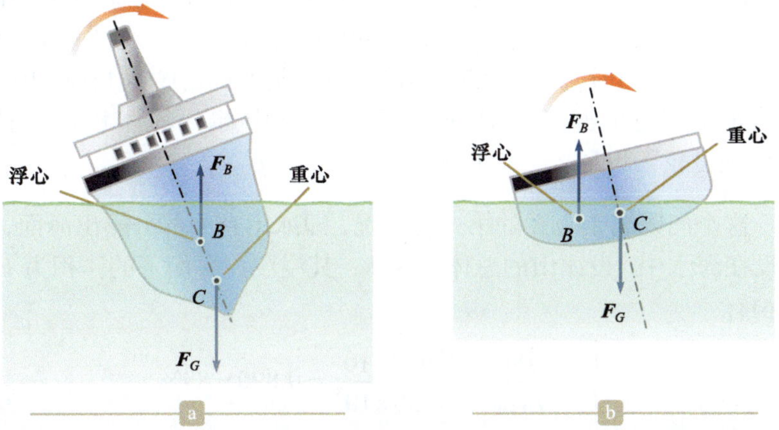


图 5-17 a. 在深水中航行的大船是采用降低重心、提高浮心的方法保持船体的平衡. b. 在浅水河道内行驶的平底船则是采用改变浮心的位置来保持船的平衡

**例题 5-3 国王的王冠是纯金的吗?**

有这样一个传说：叙拉古赫农王让工匠替他做了一顶纯金的王冠. 尽管这顶金冠与当初交给金匠的纯金一样重，但国王还是怀疑工匠私吞了黄金，所做的金冠并非纯金. 由于不能破坏王冠，这个问题难倒了国王和诸位大臣. 后来国王请阿基米德来检验王冠. 假设阿基米德解决这个问题的方法是分别称出王冠在空气中和在水中的重量. 王冠在空气中的重量是 7.84N，在水中的重量(示重)是 6.84N. 如何判断王冠是不是纯金的?

**解** 这个问题属于上述的第一种情况，即放入水中的王冠会全部浸没在水中. 如图 5-18a 所示，当王冠在空气中时，弹簧秤的示数就是王冠的重量，即 $T_1 = F_g$(空气的浮力很小，所以忽略不计). 当王冠全部浸没在水中并保持静止(图 5-18b)时，由于王冠受到向上的浮力 $\boldsymbol{F}_B$，所以弹簧秤的示数变为 $T_2=F_g-F_B$. 所以浮力的大小为

$$F_B = F_g - T_2$$

设王冠的体积为 $V$，$V$ 也是王冠排开的水的体积，所以王冠在水中受到的浮力为

$$F_B = \rho_{水} g V$$

设王冠的质量为 $m_c$，则由上面两式，可求得王冠的密度为

$$\rho_c = \frac{m_c}{V} = \frac{m_c g}{Vg} = \frac{m_c g \rho_{水}}{F_B} = \frac{F_g \rho_{水}}{F_g - T_2}$$

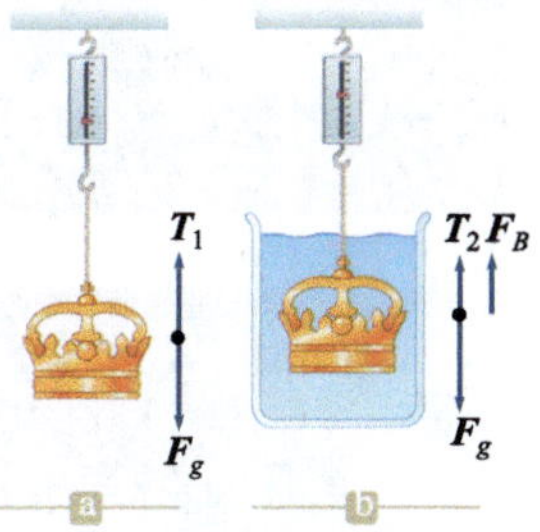


图 5-18 王冠在水中的示重 $T_2$ 小于其在空气中的示重 $T_1$

水的密度为 $\rho_{水}=1000\text{kg/m}^3$，代入上式得

$$\rho_c=\frac{7.84\times1000}{7.84-6.84}=7.84\times10^3(\text{kg/m}^3)$$

纯金的密度为 $\rho_{金}=19.3\times10^3\text{kg/m}^3$. 显然，王冠不是纯金的.

请读者思考：如果王冠是纯金的，那它在水中称得的重量应该是多少?

**例题 5-4　漂浮于海面上的冰山**

漂浮在海上的冰山对航行的船只是非常危险的，因为露出海面的只是整个冰山的一小部分，如图 5-19 所示. 当船只靠近冰山时，船的底部很有可能撞上冰山的水下部分而漏水沉没. 号称“永不沉没”的英国游轮泰坦尼克号 1912 年 4 月在其处女航时就因为撞上了冰山而沉没于大西洋中. 设冰山的密度为 $0.917\times10^3\text{kg/m}^3$，海水的密度为 $1.030\times10^3\text{kg/m}^3$，求冰山浸没在海中部分的体积占总体积的比值.

图 5-19　漂浮于海面上的冰山

**解**　这个问题属于上述的第二种情况，即冰山有一部分露出海面，另一部分则浸没在海水中. 设冰山的总体积为 $V$，其浸没在海面下的体积为 $V_i$，则根据式(5-6)有

$$\frac{V_i}{V}=\frac{\rho_{冰}}{\rho_{海水}}=\frac{0.917\times10^3}{1.030\times10^3}=0.890=89\%$$

也就是说，漂浮在海上的冰山只有约 11%的部分是露出海面的.

### 6. 表面张力

前面我们讨论的都是流体内部的应力，在两种互不相溶的液体间或液体与气体之间会形成分界面，在分界面上也存在着一种应力，称为**表面张力**. 表面张力的存在会使液体表面如一层张紧的弹性薄膜，有使液体的表面积收缩至最小的趋势. 花瓣上的小水珠呈现球状(图 5-20a)，是因为对一定体积的水滴来说，球形相比其他形状表面积更小. 水黾(黾读 mǐn)能在水的表面行走(图 5-20b)，也是因为水面的表面张力.

a

b

图 5-20　a.花瓣上的小水珠呈球状. b.水黾轻松行走于水面

表面张力是一种面应力，如果在液体表面引入一条假想的线元 $\Delta l$，由于表面张力的存在，线元两侧的液面会互相施以拉力(图 5-21). 拉力 $\Delta f$ 的大小正比于线元的长度 $\Delta l$，即

$$\Delta f=\gamma\Delta l \tag{5-7}$$

式中的比例系数 $\gamma$ 表示线元 $\Delta l$ 两侧单位长度之间的相互作用力，称为**表面张力系数**. 在国际单位制中，表面张力系数的单位是牛/米(N/m)，常用的单位是毫牛/米(mN/m). 表 5-1 给出了一些物质在不同温度下的表面张力系数. 从表中可见，液体的表面张力系数随温度的上升而变小，同时肥皂水的表面张力系数小于水. 织物纤维与水之间的界面处的表面张力，会使水进入纤维变得困难. 用温度较高的肥皂水可明显减小表面张力，使水更容易渗入衣物纤维内，从而洗得更干净.

表 5-1　几种物质在不同温度下的表面张力系数

| 物质 | 温度/℃ | $\gamma$/(mN/m) | 物质 | 温度/℃ | $\gamma$/(mN/m) |
|---|---|---|---|---|---|
| 水 | 0<br>20<br>60<br>100 | 75.6<br>72.8<br>66.2<br>58.9 | 水银<br>酒精 | 20<br>20 | 470<br>22 |
| 肥皂水 | 20 | 25.0 | 甘油 | 20 | 63.4 |

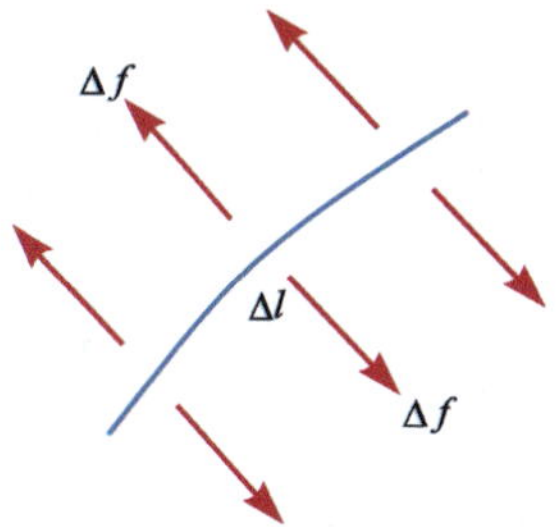

图 5-21　液体表面线元 $\Delta l$ 两侧的表面张力

我们可以用一个简单的装置来测量液体的表面张力. 如图 5-22 所示，用金属丝弯成一个倒 U 形的框架，用另一根金属丝作为水平滑竿，滑竿可以在 U 形框架上沿竖直方向上下滑动. 当在框架内形成液膜(如肥皂膜)时，滑竿会在表面张力的作用下迅速向上移动(只要滑竿够轻). 为了保持滑竿的平衡，我们需要在滑竿上悬挂一个重量为 $W$ 的砝码，设滑竿的重量为 $w$，长为 $l$，则平衡时滑竿受到向下的合力 $F=w+W$ 等于肥皂膜作用于滑竿上的表面张力 $2\gamma l$，即

$$F = 2\gamma l \tag{5-8}$$

这里出现因子 2，是因为肥皂膜有前后两个表面. 测出滑竿的重量 $w$、长度 $l$ 和砝码的重量 $W$，即可算出肥皂膜的表面张力系数 $\gamma$.

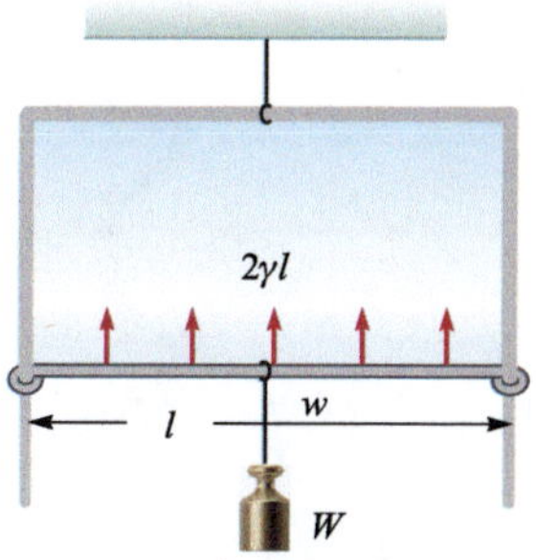

图 5-22　表面张力系数测量装置

由于表面张力的存在，当液面弯曲时会在液面的两边产生压强差. 请看下面的例题.

### 例题 5-5　球形液泡和液滴内外的压强差

在表面张力的作用下，液泡(如肥皂泡)或液滴为使其表面积达到最小而向内收缩，但同时液泡或液滴内部因被压缩而压强增大，阻止液泡或液滴被进一步压缩，最后内外的压力达到平衡. 设有一半径为 $R$ 的球形液泡或液滴，组成液泡壁或液滴的液体的表面张力系数为 $\gamma$，液泡或液滴外的大气压强为 $p_0$，液泡内空气或液滴内液体的压强为 $p$，求液泡或液滴内外的压强差.

**解**　首先计算液泡内外的压强差. 如图 5-23 所示，将液泡分为上下两个半球，图示为其下半部分. 下半液泡的横截面上受到液泡内空气竖直向下的压力(内压力)，其大小为 $p \cdot \pi R^2$；同时，它还受到液泡外大气的压力(外压力)，其竖直向上的分量相当于 $p_0$ 均匀作用在其横截面上，数值等于 $p_0 \cdot \pi R^2$. 由于液泡壁很薄，可认为液泡的内外半径均为 $R$，所以下半液泡周边受到竖直向上的表面张力大小为 $2\gamma \cdot 2\pi R$. 由于下半液泡受力平衡，所以有

$$p_0 \pi R^2 + 4\gamma \pi R = p \pi R^2$$

即

$$\Delta p = p - p_0 = \frac{4\gamma}{R} \text{(对液泡)} \tag{5-9}$$

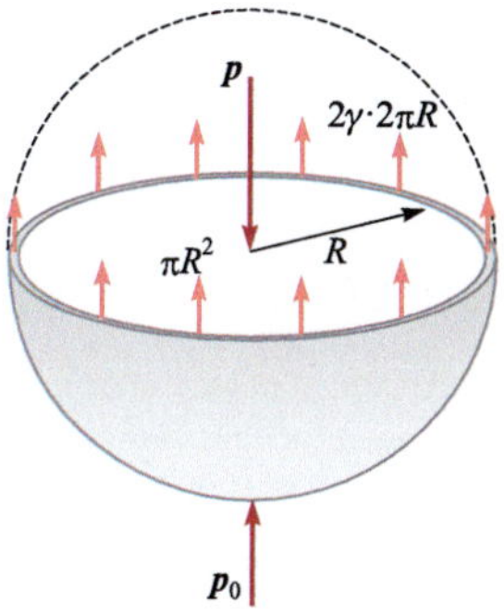

图 5-23　球形液泡下半球面在内压力 $p \cdot \pi R^2$、外压力 $p_0 \cdot \pi R^2$ 和表面张力 $2\gamma \cdot 2\pi R$ 的共同作用下保持平衡

接下来看液滴内外的压强差. 因为液滴只有一个表面，因此表面张力为 $\gamma \cdot 2\pi R$，是液泡表面张力的一半. 当达到受力平衡时，液滴内外的压强差也是液泡内外压强差的一半，即

$$\Delta p = p - p_0 = \frac{2\gamma}{R} \text{(对液滴)} \tag{5-10}$$

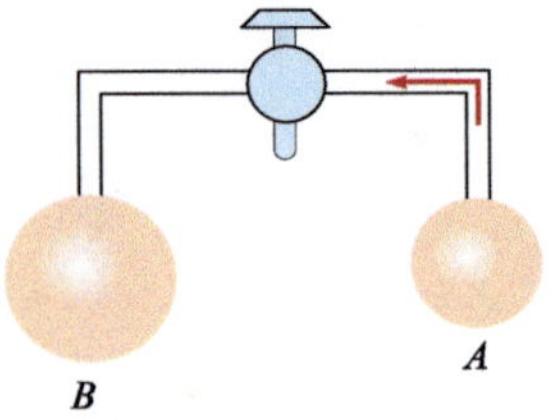

图 5-24　小肥皂泡 $A$ 内的压强大于大肥皂泡 $B$，所以 $A$ 内的气体不断充入 $B$

可以看到，液泡或液滴的半径越小，其内外的压强差越大. 可以用一个直观的实验来证实这一结论. 如图 5-24 所示，在一中间有阀门的玻璃管的两端分别吹两个半径不相等的肥皂泡 $A$ 和 $B$. 两个肥皂泡外面的压强都是大气压强，但由于小肥皂泡 $A$ 内外的压强差较大，即小肥皂泡 $A$ 内的压强大于大肥皂泡 $B$ 内的压强. 所以，当打开阀门时会发现小肥皂泡不断收缩，而大肥皂泡不断增大.

## 5.2　流体的流动

### 1. 理想流体的稳定流动

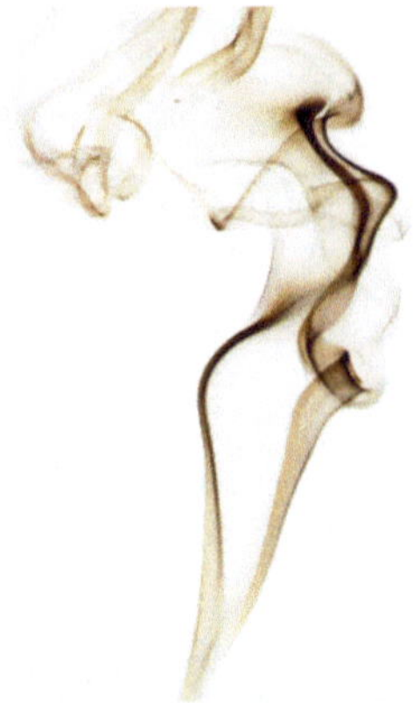
图 5-25　在静止的空气中向上腾起的烟雾，其下面部分为层流，上面部分为湍流

前面我们讨论的流体都是处于静止状态的，下面我们将讨论流体运动时的情况. 流体的运动可以看成是组成流体的所有质点的运动总和，流体的运动情况可分为两种类型. 如果流体中的每个质点的运动路径是平滑的，不同质点的流动路径互不相交，则称为**稳定流动或层流**. 如本章开头图片所示风洞中烟的微粒流过汽车顶部时就属于这种情况. 当流体的流动速度达到一定值时，流动就不再是稳定的，这时流动的情况变得非常复杂和不规律. 这种不规律和混乱的流动称为**湍流**. 在静止的空气中上升的烟雾(如被点燃的蚊香产生的烟雾)开始时流动情况很稳定，属于层流. 但当烟雾上升到一定的高度时，稳定的流动状态被打乱，出现了湍流，如图 5-25 所示.

由于实际流体的运动情况往往是很复杂的，我们下面只讨论流体的稳定流动，并对流体作一些简化的假设.

首先，假定流体是不可压缩的，即流体的密度 $\rho$ 是一个常量. 实际上，任何流体都是可以压缩的. 但液体的可压缩性很小，可以近似看成不可压缩流体. 气体的可压缩性较大，但其流动性也较大，对不受限制的气体，只要不同部分之间有很小的压强差，就可以使气体迅速流动起来，从而使各处的密度差减小到最小. 因此，在研究气体在开放空间的流动时，也可以近似地把气体看作是不可压缩的. 其次，假定流体内部的摩擦力(称为**内摩擦力**或**黏滞力**)为零. 实际流体的内部是存在着内摩擦力的，如果我们在流动的流体内沿流动的方向取一个小面积元，则面积元两侧的流体除了有沿法线方向的正压力外，还有沿切向方向的内摩擦力，这种摩擦力会阻碍面积元两侧流体的相对运动，还会损耗流体运动时的动能，这种性质称为**黏滞性**. 流动性好的流体，比如水、酒精等，内摩擦力较小，气体的内摩擦力更小，可以忽略. 不计内摩擦力的作用，实际上就意味着流体流动时的能量守恒. 我们把**不可压缩的、无内摩擦力的流体**称为**理想流体**.

理想流体定义 ▶

一般情况下，流体中各质点在流过空间某一点时的速度，是会随时间变化的，是时间的函数. 但在流体的稳定流动中，流体经过每一点的速度不随时间变化，流体的这种流动也称为**定常流动**. 因此，流体做稳定流动时，虽然空间各点的流速矢量的大小和方向各不相同，但流速的空间分布是不随时间变化的. 流速矢量的空间分布称为流速场.

### 2. 流线和流管

为了形象地描述流体的流动情况，设想在流体流动的区域中有这样的一些曲线，曲线上每一点的切线方向是该处流体质点的速度方向，则这种曲线称作**流线**，如图 5-26 所示. 流线不会相交，因为如果有两条流线相交于一点，则该点处流体质点的速度就有两个方向，这显然与流线的定义相违背. 对于做稳定流动的流体，流线的形状和分布不随时间改变，并且流线和流体质点的运动径迹重合. 图 5-27 给出了流体流过不同形状的物体时，形成的流线的形状.

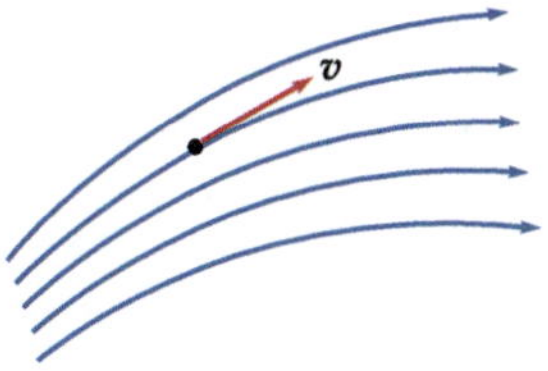


图 5-26 流线上任一点的切向方向与该点流速的方向相同

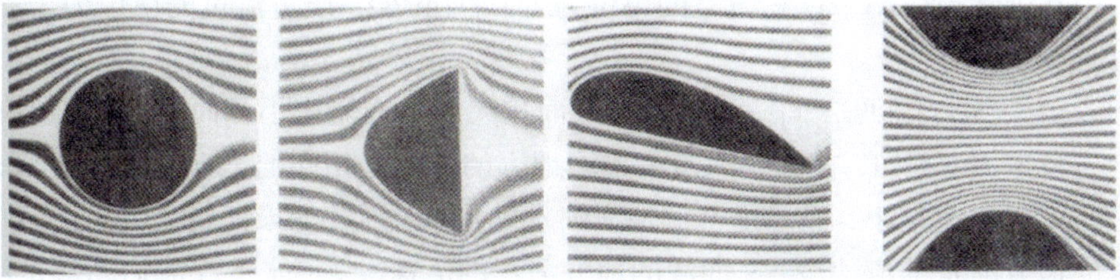

图 5-27 流体流过不同形状障碍物时的流线图

如果在流体内取一个面元，使该面元的法线方向与流经面元的流线平行，则通过面元周边各点的流线就在流体内形成一根**流管**，如图 5-28 所示. 对于稳定流动的流体，由于任意两条流线不会相交，所以流管内的流体不会流出管外，同样，流管外的流体也不会流入管内. 因此，做稳定流动的流体内，流管的形状不随时间而改变. 流体在流管中的流动规律代表了流体的运动规律，这就为我们研究流体的运动提供了方便.

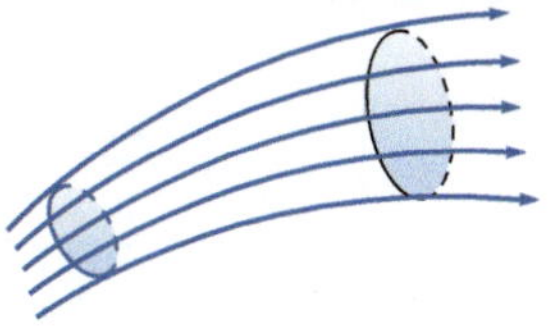

图 5-28 由流线围成的流管

### 3. 流体的连续性方程

根据理想流体的不可压缩性，可以导出一根流管内流体的流速与流管横截面积之间的关系式. 如图 5-29 所示，在做稳定流动的理想流体中取一根细流管，假定流管两端的横截面积分别为 $\Delta S_1$ 和 $\Delta S_2$，两端的流速分别为 $v_1$ 和 $v_2$. 经过时间 $\Delta t$，$\Delta S_1$ 处的流体流过了一段距离 $\Delta l_1 = v_1\Delta t$，这样就有体积为 $\Delta V_1 = \Delta S_1\Delta l_1 = v_1\Delta S_1\Delta t$ 的流体通过截面 $\Delta S_1$ 流入流管. 在同一时间内，有体积为 $\Delta V_2 = v_2\Delta S_2\Delta t$ 的流体通过截面 $\Delta S_2$ 流出流管. 由于理想流体不可压缩，而且没有流体通过流管壁流入或流出流管，因此处于 $\Delta S_1$ 和 $\Delta S_2$ 之间的流体的体积不变，所以在 $\Delta t$ 时间内通过截面 $\Delta S_1$ 流入这一段流管的流体体积，应该等于同一时间内通过截面 $\Delta S_2$ 流出该段流管的流体体积，即 $\Delta V_1 = \Delta V_2$，或

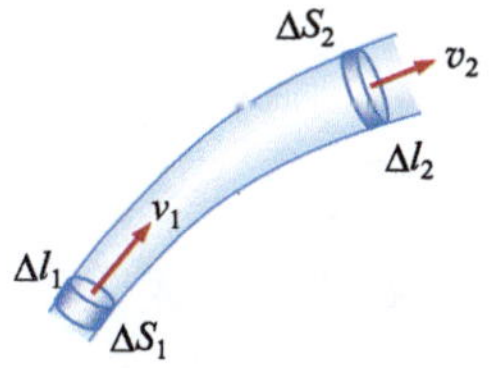


图 5-29 从流管一端流入的流体体积与从另一端流出的流体体积相等

$$v_1\Delta S_1 = v_2\Delta S_2 \tag{5-11}$$

上式对流管内任意两个和流管垂直的截面都是正确的，所以上式也可以写成

$$v\Delta S = 常量 \tag{5-12}$$

◀ 流体的连续性方程

这说明，**当理想流体做稳定流动时，流管中任一处的横截面积与该处流速**

**的乘积是个常量**，式(5-11)和式(5-12)称为**流体的连续性方程**. 式中 $v\Delta S$ 表示单位时间内流过流管某截面的流体体积，称为**体积流量**. 若在式(5-11)两边都乘以流体的密度 $\rho$，则有

$$\rho v_1 \Delta S_1 = \rho v_2 \Delta S_2 \tag{5-13}$$

式中 $\rho v\Delta S$ 表示单位时间内流过流管某截面的流体质量，称为**质量流量**. 可见，对理想流体的稳定流动，任意时间内流入某流管内的流体质量，等于流出该流管的流体质量. 因此，流体的连续性原理实质上就是质量守恒定律在不可压缩的理想流体这一特殊情形下的具体表现形式.

在国际单位制中体积流量的单位为米$^3$/秒($m^3/s$)，质量流量的单位为千克/秒(kg/s).

图 5-30 水龙头放出的水流形状上粗下细

由式(5-11)可见，同一流管中横截面积大的地方流速小，而横截面积小的地方流速大. 例如，在同一河道中不同地方的流量是相同的，所以河道宽的地方河水的流速较小，而河道窄的地方河水的流速较大. 如果河道是等宽的，则深的地方河水的流速较小，而浅的地方河水的流速较大. 水上漂流运动就是利用了河道的宽窄或深浅来形成快慢不同的水流. 又如，当水龙头流出的水流较小时(近似稳定流动)，你会发现水流越往下越细，这是因为在重力的作用下，越往下水的流速越大(图 5-30).

## 5.3 伯努利方程

伯努利方程是研究理想流体在重力场中做稳定流动时，一根流管(或流线)上的压强、流速和高度的关系. 这一关系可以通过功能原理来推导.

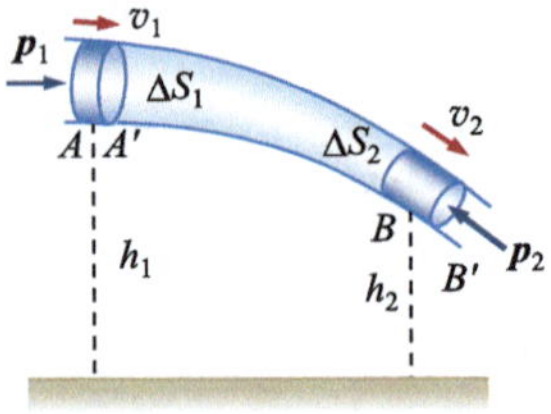

图 5-31 推导伯努利方程用图

如图 5-31 所示，在做稳定流动的理想流体中任取一根细流管 $AB$，设在该流管 $A$、$B$ 两点处的横截面积分别是 $\Delta S_1$、$\Delta S_2$，流速分别是 $v_1$、$v_2$，压强分别是 $p_1$、$p_2$. 对于同一参照平面，它们的高度分别是 $h_1$、$h_2$. 经过时间间隔 $\Delta t$，位于 $A$、$B$ 间的一段流体流到了 $A'$、$B'$处，即位于 $A$、$A'$之间的流体流入流管内，位于 $B$、$B'$之间的流体流出流管外. 由于流体不可压缩并做稳定流动，所以 $A'B$ 这一段流管内流体的运动状态在 $\Delta t$ 时间内没有变化，流体的质量也没有发生变化，因而动能和势能都没有变化. 所以，要计算此过程中 $AB$ 段流体能量的变化，只需要考虑流出流管外的小流块 $BB'$和流入流管内的小流块 $AA'$的能量变化就可以了.

令 $\overline{AA'} = \Delta l_1$，$\overline{BB'} = \Delta l_2$，则流入流管内的流块的体积为 $\Delta V_1=\Delta S_1\Delta l_1$，流出流管外的流块的体积为 $\Delta V_2=\Delta S_2\Delta l_2$. 由于理想流体不可压缩，所以根据流体的连续性方程，有 $\Delta V_1=\Delta V_2=\Delta V$. 在 $\Delta t$ 时间内，流出和流入流管的流块动能的改变为

$$\Delta E_k = \frac{1}{2}\rho\Delta V v_2^2 - \frac{1}{2}\rho\Delta V v_1^2$$

以所讨论的流块和地球为系统，流出和流入流块的重力势能的改变为

$$\Delta E_p = \rho g \Delta V h_2 - \rho g \Delta V h_1$$

因为理想流体内部无内摩擦力，所以根据功能原理，系统总的机械能的改变，应等于外力所做的功，即

$$\Delta E_k + \Delta E_p = W_{外} \tag{5-14}$$

作用在流管两截面 $\Delta S_1$ 和 $\Delta S_2$ 上的压强 $p_1$ 和 $p_2$ 都垂直于这两个截面，并指向流管内部. 所以在流管中 $AB$ 这一段流体运动到 $A'B'$的过程中，外力 $p_1\Delta S_1$ 对该段流体做正功，而外力 $p_2\Delta S_2$ 对该段流体做负功，因此外力对这段流体做的总功为

$$W_{外} = p_1\Delta S_1\Delta l_1 - p_2\Delta S_2\Delta l_2 = p_1\Delta V - p_2\Delta V \tag{5-15}$$

因为 $A'B$ 这段流体在这一运动过程中的动能和势能没有改变，所以上式中的 $W_{外}$ 就是外力对流入的流块 $\Delta V_1$ 和流出的流块 $\Delta V_2$ 所做的功. 将式(5-15)代入式(5-14)，并消去 $\Delta V$，得到

$$\frac{1}{2}\rho v_1^2 + \rho g h_1 + p_1 = \frac{1}{2}\rho v_2^2 + \rho g h_2 + p_2 \tag{5-16}$$

因为 $\Delta S_1$ 和 $\Delta S_2$ 的位置是在流管内任意选取的，所以对同一流管内任一位置都有

$$\frac{1}{2}\rho v^2 + \rho g h + p = 常量 \tag{5-17}$$

◀ 伯努利方程

式(5-16)或式(5-17)就是**伯努利方程**. 它是理想流体做稳定流动时的基本动力学规律.

从上面的推导过程可以看出，式(5-16)和式(5-17)中左边的三项分别是单位体积流体所受压力做的功(也称为压强能)，以及单位体积流体的动能和势能. 因此，若把压强能也归入机械能，则伯努利方程是机械能守恒定律应用在流体力学中的一种形式.

在上面的推导中，我们选取流体沿一定的流管运动，所涉及的压强 $p$ 和流速 $v$ 实际上是流管截面上的平均值. 如果令流管的截面积 $\Delta S_1$ 和 $\Delta S_2$ 缩小，使流管变为流线，伯努利方程(5-16)和(5-17)仍然成立.

伯努利方程在水利工程、化工工程以及造船、航空等领域有广泛的应用. 由伯努利方程可见，在高度 $h$ 相同处，流体的速率 $v$ 越大，则压强 $p$ 越小. 飞机宽大的机翼总是做成下面平上面凸的形状，当气流通过机翼时，其上方空气的流速大于下方，因此机翼上方向下的压强小于机翼下方向上的压强，使机翼获得一个向上的升力. 又如，不要太靠近高速驶来的列车，因为身体靠近列车的一侧空气流速大，而远离列车的一侧空气流速小，会将人“吸”向列车.

丹尼尔·伯努利(D. Bernoulli, 1700—1782)，瑞士物理学家、数学家、医学家. 1700 年 2 月 8 日生于荷兰格罗宁根. 1725 年，成为圣彼得堡科学院数学院士. 1747 年当选柏林科学院院士，1748 年当选巴黎科学院院士，1750 年当选英国皇家学会会员. 1738 年出版了《流体动力学》一书. 这是他最重要的著作. 书中用能量守恒定律解决了流体的流动问题，得出了流体动力学的基本方程，后人称之为“伯努利方程”

**例题 5-6　小孔流速**

如图 5-32 所示，设有一个容积和截面都很大的容器装满水，在水面下方 $h$ 处的器壁上有一个小孔，水从小孔中流出，求小孔处水的流速.

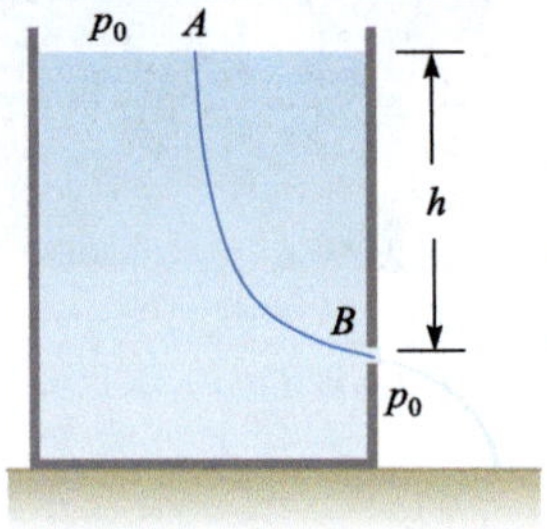


图 5-32　在一个开口大容器距离水面下方 $h$ 处开有一个小孔，水从小孔流出的速率为 $\sqrt{2gh}$

**解**　由于容器很大，水从小孔流出时液面下降的速度很小，可以近似地看作为零. 取一条流线，一端在液面上的 $A$ 点处，另一端在小孔 $B$ 点处. 水面处的压强是大气压强 $p_0$，$A$ 点处水的流速近似为零，$A$ 点距离 $B$ 点的高度为 $h$. 小孔 $B$ 点处的压强也是 $p_0$，高度为零，流速为 $v$. 根据伯努利方程，有

$$p_0+\rho gh=p_0+\frac{1}{2}\rho v^2$$

由此解得

$$v=\sqrt{2gh}$$

此结果表明，小孔处流速和物体自高度 $h$ 处自由下落得到的速度是相同的.

**例题 5-7　文丘里流量计**

如图 5-33 所示是一种测量管道内流体流量的装置，称为文丘里流量计. 流量计的入口和出口分别与管道相连，中间部分比两端细. 在较粗处的位置 1 和较细处的位置 2 之间连接一根 U 形管，管内充入一定量的水银. 设位置 1 和位置 2 处的横截面积分别为 $S_1$ 和 $S_2$，压强分别为 $p_1$ 和 $p_2$. U 形管中水银密度为 $\rho'$，两端水银面的高度差为 $h$，流量计管中流过的流体密度为 $\rho$（$\rho'>\rho$）. 假设管道中的流体是理想流体，求管道内流体流量 $Q$ 的表达式.

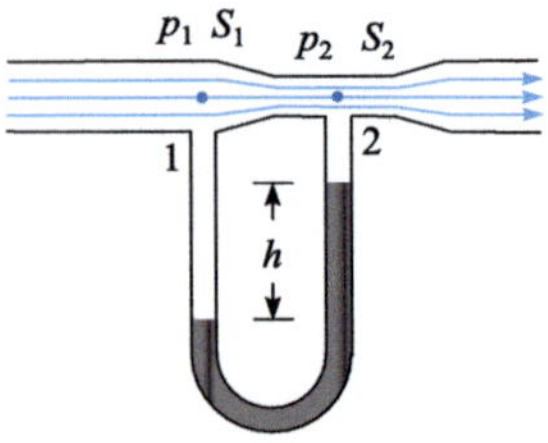


图 5-33　文丘里流量计

**解**　取流量计的水平管道为流管，因为 1、2 两点高度相同，所以根据伯努利方程，有

$$p_1+\frac{1}{2}\rho v_1^2=p_2+\frac{1}{2}\rho v_2^2$$

又根据流体的连续性方程，有

$$v_1S_1=v_2S_2$$

U 形管中水银柱高度差 $h$ 与 1、2 两点的压强 $p_1$ 和 $p_2$ 有如下关系：

$$p_1-p_2=(\rho'-\rho)gh$$

由以上三式，可解得管道中流体的流量为

$$Q=v_1S_1=v_2S_2=\sqrt{\frac{2(\rho'-\rho)gh}{\rho(S_1^2-S_2^2)}}S_1S_2$$

## 5.4　黏 滞 流 体

### 1. 流体的黏滞性

在前面 3 节的讨论中，所研究的流体都被当作理想流体来处理，即流体不可压缩、无黏滞性(即流体层之间不存在内摩擦力). 但实际的流体在流动的过程中或多或少地存在内摩擦力．例如，在圆形管道内流动的流体，在管道的横截面上，各点的流速并不都相同．通常离中心轴越近，流速越快；离中心轴越远，流速越慢，如图 5-34a 所示．于是，在管道内流动的流体出现了分层流动，各层流体只做相对滑动而彼此不相混合，这种流动即为层流．在任意两个流层之间，流速快的要带动流速慢的，流速慢的要阻碍流速快的，这就是内摩擦力．内摩擦力与流层平行，是切向力．流体内部具有内摩擦力的性质，就称为**流体的黏滞性**．

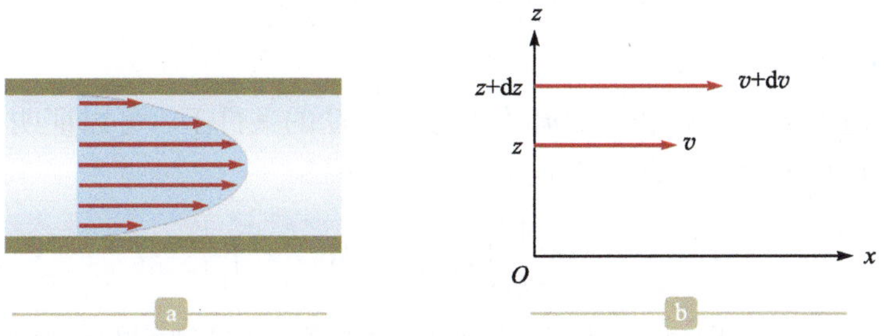


图 5-34 a.流体的黏滞性使管道内流体出现了分层流动，越靠近中心线流动越快．b.沿 $x$ 方向流动的流体流速随 $z$ 的增大而增大

如图 5-34b 所示，假定流体流层沿 $x$ 轴方向，层面与 $z$ 轴正交，不同 $z$ 值的流层具有不同的流速．若 $z$ 层的流速为 $v$，$z+\mathrm{d}z$ 层的流速为 $v+\mathrm{d}v$，那么，$\mathrm{d}v/\mathrm{d}z$ 称为 $z$ 层的**速度梯度**，它表示流速沿 $z$ 轴方向的变化率．实验证明，两层流体之间的内摩擦力和流层的面积 $\Delta S$ 以及该处的流速梯度成正比，即

$$f=\eta\frac{\mathrm{d}v}{\mathrm{d}z}\Delta S \tag{5-18}$$

◀ 内摩擦力公式

其中 $\eta$ 称为流体的**黏滞系数**，也称为流体的黏度，在国际单位制中，它的单位为帕·秒(Pa·s)．黏滞系数除了与流体的性质有关外，还与温度有关．表 5-2 给出了几种流体在不同温度时的黏滞系数．

表 5-2 几种流体在不同温度下的黏滞系数

| 流体 | 温度/℃ | $\eta/(\times10^{-3}$ Pa·s) | 流体 | 温度/℃ | $\eta/(\times10^{-3}$ Pa·s) |
|---|---|---|---|---|---|
| 水 | 0<br>20<br>50<br>100 | 1.79<br>1.01<br>0.55<br>0.28 | 空气<br>水蒸气 | 20<br>671<br>0<br>100 | 1.82<br>4.0<br>0.9<br>1.27 |
| 水银 | 0<br>20 | 1.69<br>1.55 | $CO_2$ | 20<br>302 | 1.47<br>2.7 |
| 酒精 | 0<br>20 | 1.84<br>1.20 | 氢 | 20<br>251 | 0.89<br>1.30 |
| 轻机油 | 15 | 11.3 | 氦 | 20 | 1.96 |
| 重机油 | 15 | 66 | $CH_4$ | 20 | 1.10 |

### 2. 湍流和雷诺数

流体在管道内的流动并不总是保持层流，由于速度和其他条件的不同，流动会出现沿垂直于管轴方向的不规则流动．层流被破坏，流动呈现混杂、紊乱的特征，这样的流动即为湍流．

实验表明，发生湍流的临界流速与一个无量纲的量 $Re$ 相对应．$Re$ 由下式表示：

雷诺数 ▶

$$Re=\frac{\rho vr}{\eta} \tag{5-19}$$

式中，$\rho$、$\eta$ 和 $v$ 分别是流体的密度、黏滞系数和速度，$r$ 是流管半径，$Re$ 称为**雷诺数**. 由层流过渡到湍流的雷诺数，称为**临界雷诺数**，记作 $Re_c$.

在光滑的金属圆管中，$Re_c$ 在 2000～2300 的范围内，当 $Re<Re_c$ 时，流动表现为层流；当 $Re>Re_c$ 时，流动表现为湍流.

### 3. 泊肃叶公式

在流速不大或管径较小，流体做分层流动的条件下，可以证明，流体流经长为 $l$ 的水平细管时，离中心 $r$ 处的流速是

$$v=\frac{1}{4\eta l}(p_1-p_2)\left(R^2-r^2\right) \tag{5-20}$$

式中 $R$ 是管径，$p_1$ 和 $p_2$ 是细管两端流体的压强. 通过细管的流量为

$$Q=\int v\mathrm{d}S=\int_0^R 2\pi vr\mathrm{d}r=\frac{\pi\left(p_1-p_2\right)}{2\eta l}\int_0^R\left(R^2-r^2\right)r\,\mathrm{d}r$$

可得

泊肃叶公式 ▶

$$Q=\frac{1}{8\eta l}\pi R^4\left(p_1-p_2\right) \tag{5-21}$$

上式称为**泊肃叶公式**. 泊肃叶公式提供了一种测定黏滞系数的方法. 根据式(5-21)，测定了 $l$，$R$，$p_1$，$p_2$ 和 $Q$，就可以求得 $\eta$.

### 4. 斯托克斯公式

固体在黏滞流体中运动时，会有两种阻力：一种是附着在固体表面的流体与邻层流体之间的内摩擦力，称为**黏滞阻力**；另一种是固体运动时，固体前后压力差引起的压差阻力. 当固体运动速度较小时，压差阻力可以忽略. 在这种情况下，半径为 $r$ 的球形物体在黏滞系数为 $\eta$ 的流体中以速度 $v$ 运动时所受的阻力 $f$ 为

斯托克斯公式 ▶

$$f=6\pi\eta rv \tag{5-22}$$

上式称为**斯托克斯公式**.

**例题 5-8　小球在黏滞流体中的收尾速度**

有一半径为 $r$、密度为 $\rho$ 的小球，在密度为 $\rho_0(\rho_0<\rho)$、黏滞系数为 $\eta$ 的静止流体中下落. 若所受阻力满足斯托克斯公式，求小球在流体中的收尾速度.

**解**　小球的重量为

$$G=\frac{4}{3}\pi r^2\rho g$$

在流体中所受浮力为

$$F=\frac{4}{3}\pi r^3\rho_0 g$$

因 $G>F$，小球在流体中加速下落，随着速度的增大，黏滞阻力 $f$ 也增大. 当重量、浮力和阻力三个力平衡时，即 $G=F+f$ 时，小球不再加速，而以匀速 $v_T$(收尾速度)下落. 由

$$\frac{4}{3}\pi r^3\rho g=\frac{4}{3}\pi r^3\rho_0 g+6\pi\eta r v_T$$

解得小球在黏滞流体中下落时的收尾速度为

$$v_T=\frac{2(\rho-\rho_0)}{9\eta}gr^2$$

## 第 5 章练习题

**5-1**　如题 5-1 图所示，把一段上宽下窄锥形管的下端口用一块平玻璃板 $AB$ 盖住后插入水中，使水不能渗入管内. 如果水作用于玻璃底板向上的合力为 1kg，在下列情况下，玻璃底板会不会脱离锥形管？

(1) 从锥形管上端口向管内缓缓注入 1kg 的水；

(2) 轻轻地在底板上放一个 1kg 的砝码.

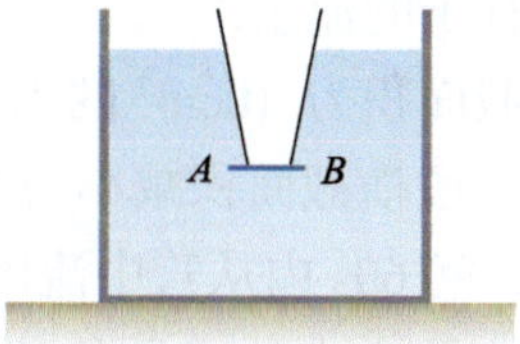


题 5-1 图

**5-2**　在一根细棒的一端系一根细绳，用手捏住细绳的另一端，把细棒慢慢地竖直插入水中. 如果是木棒，则棒会在水中倾斜，最后横着浮在水面上；如果是铁棒，它会竖直浸入水中，直到与水底接触. 请解释为什么？

**5-3**　某船的竖直舱壁上出现了一个漏水孔，水手想用木板封住漏水孔，但水总是把板冲开. 后来在另一位水手的帮助下，一起将木板紧压住漏水孔以后，他就可以一个人抵住木板了. 试解释为什么两种情况需要的力不同？孔封住前和封住后所需的力之比为多少？

**5-4**　一根横截面积为 $1\text{cm}^2$ 的管子，连在一个容器上面，容器高度为 1cm，横截面积为 $100\text{cm}^2$. 往管内注水，使管中水面相对于容器底部的高度为 100cm，如题 5-4 图所示. 问：

(1) 水对容器底面的作用力是多少？

(2) 系统内水受到的重力是多少？

(3) 试解释上面两问中求得的数值为什么不同？

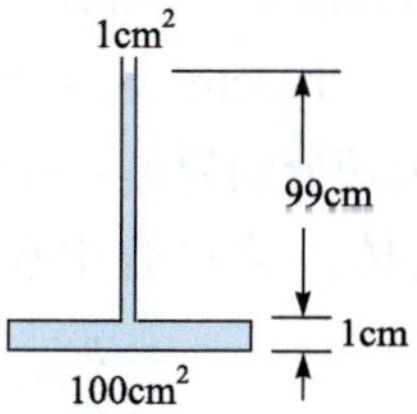


题 5-4 图

**5-5**　在弹簧测力计 $D$ 的下端系一物块 $A$，将 $A$ 浸没在烧杯 $B$ 的液体 $C$ 中，如题 5-5 图所示. 已知烧杯重 7.3N，液体重 11.0N，弹簧测力计的读数是 18.3N，台秤 $E$ 的读数是 54.8N，物块 $A$ 的体积是 $2.83\times10^{-3}\text{m}^3$，问：

(1) 烧杯中液体的密度是多少？

(2) 如果把物块 $A$ 提到液体之外，弹簧测力计 $D$ 的读数是多少？

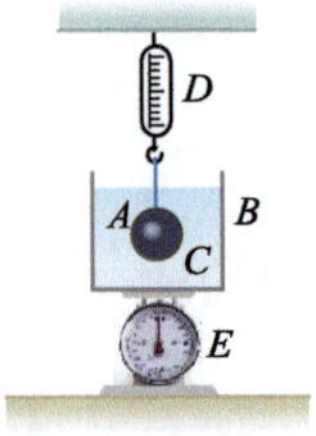


题 5-5 图

**5-6** 一水坝闸门的上边缘与水面齐平，闸门宽度 $L=3\text{m}$，高 $H=5\text{m}$. 问：

(1) 水对闸门的压力是多少?

(2) 如果闸门的转轴安装在闸门的下底边上，水压对闸门转轴的力矩是多少?

(3) 如果闸门的转轴安装在过闸门中心的水平线上，水压对闸门转轴的力矩是多少?

(4) 如果闸门的转轴安装在闸门的一个竖直边上，水压对闸门转轴的力矩是多少?

**5-7** 一个体积为 $V=0.03\text{m}^3$ 的救生圈全部浸入海水时，恰能使体重为 $m=80\text{kg}$ 的人身体体积的 1/5 浮在水面之上. 已知海水的密度为 $\rho_1=1.03\times10^3\text{kg/m}^3$，人体的平均密度为 $\rho_2=1.2\times10^3\text{kg/m}^3$，问救生圈材料的密度是多少?

**5-8** 在题 5-8 图所示的水管中，水流过 $A$ 管后，又沿 $B$、$C$ 两水管流动. 已知 $A$、$B$、$C$ 三管的横截面积分别为 $S_A=100\text{cm}^2$、$S_B=40\text{cm}^2$、$S_C=80\text{cm}^2$. $A$、$B$ 两管中水的流速分别为 $v_A=40\text{cm/s}$、$v_B=30\text{cm/s}$. 把水看作理想流体，求 $C$ 管中水的流速 $v_C$.

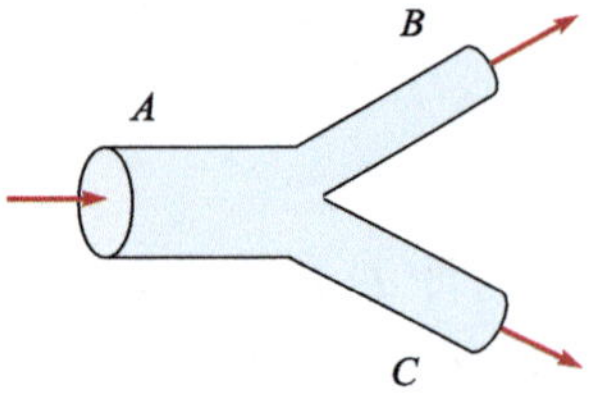


题 5-8 图

**5-9** 均匀地将水注入一容器中，注入的流量为 $Q=150\text{cm}^3/\text{s}$，由于容器的底部有一个面积为 $S=0.5\text{cm}^2$ 的小孔，使水不断流出，求容器中的水面达到稳定状态时水的深度.

**5-10** 油箱内盛有水和石油，上层是厚度为 4m、密度为 $0.9\text{g/cm}^3$ 的石油，下层是厚度为 1m 的水. 求水自箱底小孔流出的速度.

**5-11** 如题 5-11 图所示，一截面积为 $S$ 的均匀管子在某处被弯成 90°，管中流体的密度为 $\rho$，流速为 $v$. 设管内流体不可压缩，求弯管处流体对管壁的正压力.

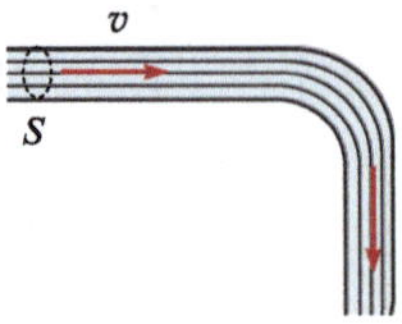


题 5-11 图

**5-12** 火箭刚发射时，发动机燃烧室内高温气体的压强为 $p$，密度为 $\rho$，气体从面积为 $S$ 的狭窄喷嘴喷出. 视燃烧室内的气体为理想气体，并做稳定流动，求气体从喷嘴喷出时的速度 $v$ 和火箭受到的推力 $F$. (设喷嘴处的气体压强为 $p'$)

**5-13** 一水平管子，其中一段的横截面积为 $0.1\text{m}^2$，另一段的横截面积为 $0.05\text{m}^2$，第一段中水的流速为 5m/s，第二段中水的压强为 $2\times10^5\text{Pa}$，求：

(1) 第二段中水的流速和第一段中水的压强；

(2) 通过管子的流量.

**5-14** 在一横截面积为 $10\text{cm}^2$ 的水平管内有水流动，在管的另一段横截面积减小为 $5\text{cm}^2$，两处压力差为 300Pa，问 60s 内从管中流出多少 $\text{m}^3$ 水?

**5-15** 一水平水管中水的流量是 $0.004\text{m}^3/\text{s}$，水管的横截面积是 $0.001\text{m}^2$，该处压强是 $1.2\times10^5\text{Pa}$. 若要使压强减小为 $1.0\times10^5\text{Pa}$，水管的横截面积应为多少?

**5-16** 由于多年的泥沙淤积，黄河下游的河面常高于坝外的地面，为了引水灌溉，可使用虹吸管装置. 如题 5-16 图所示，一根截面均匀的弯管 $ABC$，充满水后将 $A$ 端插入河水中，$C$ 端开放. 设 $A$、$B$、$C$ 三处的高度分别为 $h_A$、$h_B$ 和 $h_C$，大气压强为 $p_0$，求：

(1) 水由 $C$ 端流出时的速度；

(2) 管中 $B$ 处水的压强.

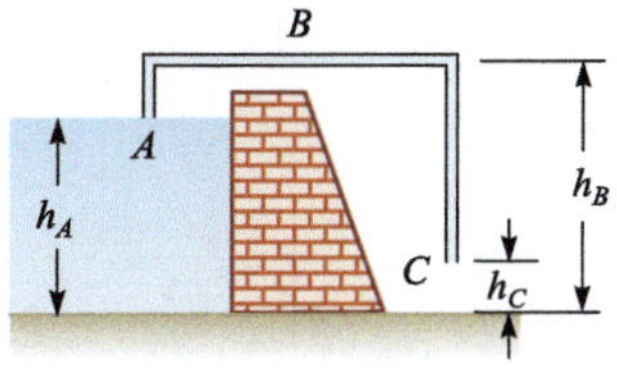


题 5-16 图

**5-17** 一个开口的柱形大水池，水深 $H$，在水池一侧水面下 $h$ 处开一小孔，如题 5-17 图所示．问：

(1) 从小孔射出的水的落地点距池壁的距离(即水的水平射程) $R$ 是多少?

(2) 在池壁上多高处另开一个小孔，可使射出的水流与(1)有相同的射程?

(3) 在什么地方开孔，可以使水流有最大的射程? 最大射程是多少?

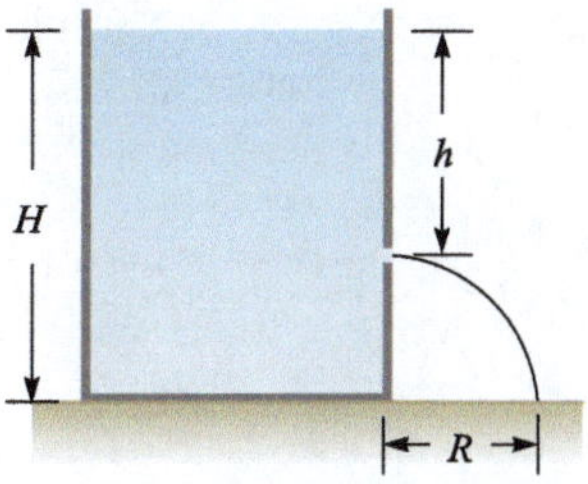


题 5-17 图

**5-18** 在一直径为 0.10m、高为 0.20m 的圆筒形容器的底上，开一个截面积为 $1\text{cm}^2$ 的小孔，水注入容器内的流量为 $1.4\times10^{-4}\text{m}^3/\text{s}$.

(1) 容器中水面能上升到多高?

(2) 达到这个高度后，停止向容器内注水，容器内水流出一半时所需要的时间是多少?

(3) 水全部流出需要的时间是多少?

**5-19** 如题 5-19 图所示，水平水管的横截面积在粗处为 $40\text{cm}^2$，细处为 $10\text{cm}^2$，流量为 $3000\text{cm}^3/\text{s}$，求：

(1) 粗处和细处水的流速；

(2) 粗处和细处的压强差；

(3) U 形管中水银柱的高度差.

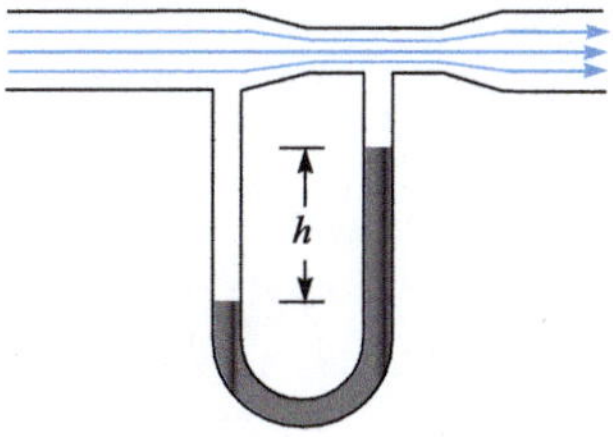


题 5-19 图

**5-20** 在一个大气压和 20℃时，水的黏滞系数 $\eta=1.0\times10^{-3}\text{Pa}\cdot\text{s}$，密度 $\rho=1.0\times10^3\text{kg/m}^3$. 设水在内径 $d=0.025\text{m}$ 的自来水管中流动，临界雷诺数 $Re_c=2000$. 求水由层流转变为湍流时在管内的平均流速.

**5-21** 如题 5-21 图所示，在一个大容器的底部有一根内径 $d=0.1\text{cm}$、长 $l=10\text{cm}$ 的水平细玻璃管，容器内盛有深 $h=50\text{cm}$ 的硫酸，硫酸的密度 $\rho=1.9\times10^3\text{kg/m}^3$. 测得在一分钟内由细管流出的硫酸质量为 6.6g，求容器内硫酸的黏滞系数 $\eta$.

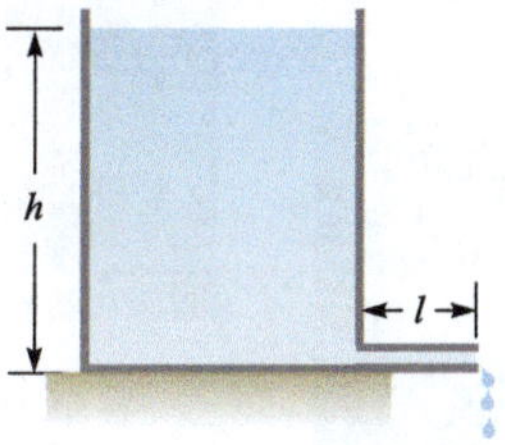


题 5-21 图

**5-22** 假定牛奶中的奶油滴为小球状，它在牛奶中运动时所受的阻力满足斯托克斯公式. 已知奶油滴的直径 $d=2\mu\text{m}$，奶油的密度 $\rho_1=9.4\times10^2\text{kg/m}^3$，牛奶的黏滞系数 $\eta=1.1\times10^{-3}\text{Pa}\cdot\text{s}$，牛奶的密度 $\rho_2=1.03\times10^3\text{kg/m}^3$，求奶油滴在牛奶中匀速上升时的速度.

第 5 章练习题答案

# 第 6 章　振　动

蜂鸟(学名: trochilidae)是生活在美洲的一种体型娇小的鸟，多数生活在南美洲的热带雨林中，是属于雨燕目的蜂鸟科. 蜂鸟的飞行本领高超，它能敏捷地上下飞、侧飞和倒飞，因此被人们称为“神鸟”、“森林女神”和“花冠”等. 吸蜜蜂鸟体重仅 1.8 克，是世界上最小的鸟，得益于其强健的肌肉，它能够以每秒 80 次左右的频率快速拍打翅膀而使自己悬停在空中，以取食花蜜和昆虫

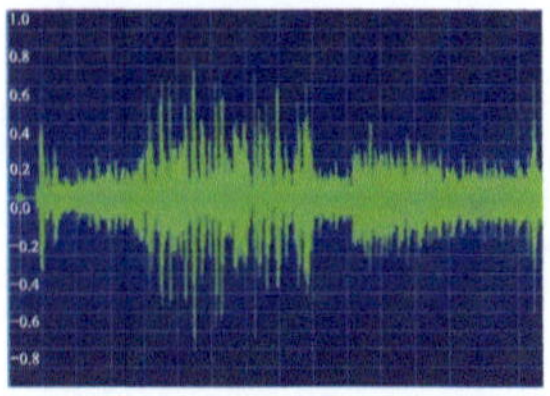

图 6-1　人讲话声音的波形图

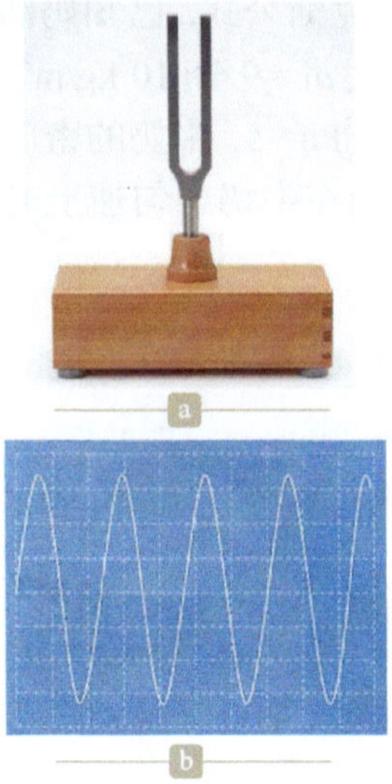

图 6-2　a.音叉. b.音叉发出声音的波形图

本章我们讨论一种重要的运动形式，即物体在一定位置附近做来回往复的运动，物体的这种运动形式称为**机械振动**，简称**振动**. 我们周围存在着各种各样的机械振动，如心脏的跳动，小提琴弦的振动，汽车发动机中活塞的运动，人讲话或唱歌时声带的振动，声带的振动还会引起周围空气的振动，而空气的振动传入耳蜗时，又会使耳膜随之振动.

研究机械振动有着重要的意义，因为广义地说，任何一个物理量随时间做周期性变化的运动都可以称为振动. 如交流电路中的电流、电压随时间的变化，电磁波中的电场强度和磁场强度也都随时间做周期性变化(称为电磁振荡)等. 尽管这些振动与机械振动有着许多本质的不同，但它们随时间变化的形式和其他许多性质都遵从相同的规律. 因此从研究机械振动入手，有助于了解其他种类的振动规律.

有些振动的形式非常复杂，如人讲话时声带的振动，如图 6-1. 而有些振动的形式则相对简单，如被敲击的音叉的振动，见图 6-2. 最简单、最基本的振动形式，称为**简谐运动**. 简谐运动是进一步讨论其他振动形式的基础，因为任意复杂的振动都可以看作是有限或无限多个简谐运动的合成.

本章我们首先讨论简谐运动的动力学和运动学方程及其特征量. 之后讨论简谐运动的矢量图表示法. 简谐运动的矢量图示法对于理解和求解简谐运动有

重要的意义，它也是我们学习波动光学时常用的方法. 作为简谐运动的应用，我们接下来讨论几种常见的做简谐运动的系统. 然后讨论简谐运动的能量和简谐运动的合成. 简谐运动的合成是我们学习光的干涉、衍射等波动光学理论的重要基础，学好这部分知识可对光学的学习起到事半功倍的作用. 简谐运动是一种理想的振动形式，实际的振动系统总是会或多或少地受到周围介质的摩擦力、外加的驱动力等的作用，所以本章的最后我们简单地讨论实际系统的阻尼振动、受迫振动和共振.

## 6.1 简谐运动

### 1. 简谐运动方程

作为简谐运动的一个典型例子，我们考虑一个质量为 $m$ 的物体连接在一端固定的一根轻弹簧的自由端，弹簧的另一端固定，物体可在无摩擦的水平面上自由运动，这一由轻弹簧和物体构成的系统称为**弹簧振子**，如图 6-3 所示. 由于我们忽略了弹簧振动过程中的所有摩擦阻力和能量损耗，弹簧振子的这种运动称为无阻尼自由振动. 当弹簧处于自然长度时，物体在水平方向不受力，这时物体所处的位置称为系统的平衡位置，将此位置设为坐标原点 $O$，并取水平向右为 $x$ 轴正方向，见图 6-3a. 经验告诉我们，若将物体沿弹簧的长度方向拉伸或压缩一定的距离后释放，则它将在平衡位置附近做来回往复的周期性运动.

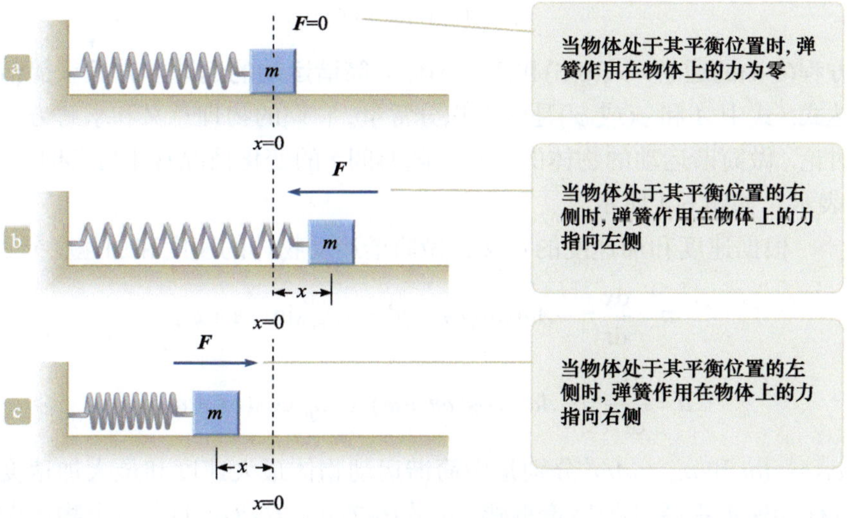


图 6-3 一个放置在光滑水平面上的弹簧振子. a.物体在平衡位置时受力为零. b.和 c.物体偏离平衡位置时，受力的方向始终与位移方向相反

当物体的位移为 $x$ 时，物体会受到弹簧所施加的一个指向平衡位置的力 $F$，这个力由**胡克定律**给出，即

$$F = -kx \tag{6-1}$$

◀ 胡克定律

式中 $k$ 称为弹簧的**劲度系数**. 式中的负号表示力的方向始终与位移的方向相反. 当物体位于 $x = 0$ 的右方(即 $x > 0$)时，力 $F$ 指向 $x < 0$ 的方向，见

图 6-3b；而当物体位于平衡位置的左方(即 $x<0$)时，力 $F$ 指向 $x>0$ 的方向，见图 6-3c. 像这种作用力的大小正比于位移的大小而方向与位移相反的力称为**弹性回复力**或**线性回复力**.

根据牛顿第二运动定律和胡克定律，物体的加速度为

$$a=\frac{\mathrm{d}^2 x}{\mathrm{d}t^2}=\frac{F}{m}=-\frac{k}{m}x \tag{6-2}$$

对于给定的弹簧振子，$k$ 和 $m$ 都是正的常量，定义

弹簧振子的圆频率或角频率 ▶

$$\omega^2=\frac{k}{m} \tag{6-3}$$

式中，$\omega$ 称为振动系统的**圆频率**或**角频率**，其物理意义会在后面讨论. 圆频率或角频率的单位为弧度/秒(rad/s). 由于"弧度"是一个无量纲的量，所以圆频率或角频率的单位有时也用 1/秒(1/s). 将式(6-3)代入式(6-2)得

简谐运动的动力学方程 ▶

$$\frac{\mathrm{d}^2 x}{\mathrm{d}t^2}+\omega^2 x=0 \tag{6-4}$$

上式称为**简谐运动的动力学方程**. 这一微分方程的通解可用余弦函数表示为

简谐运动的运动学方程 ▶

$$x=A\cos(\omega t+\varphi) \tag{6-5}$$

因为 $\cos(\omega t+\varphi)=\sin\left(\omega t+\varphi+\frac{\pi}{2}\right)$. 若令 $\varphi'=\varphi+\frac{\pi}{2}$，则

$$x=A\sin(\omega t+\varphi') \tag{6-6}$$

也是方程(6-4)的通解. 式(6-5)和式(6-6)称为**简谐运动的运动学方程**或**简谐运动的表达式**. 式中 $A$ 和 $\varphi$(或 $\varphi'$)是两个积分常量，它们的物理意义和求解方法将在下面讨论. 做简谐运动的物体的位移 $x$ 随时间 $t$ 的变化情况常用位移时间图($x$-$t$ 图)来表示，如图 6-4 所示.

根据速度和加速度的定义，做简谐运动物体的速度和加速度分别为

简谐运动的速度方程 ▶

$$v=\frac{\mathrm{d}x}{\mathrm{d}t}=-A\omega\sin(\omega t+\varphi)=-v_{\mathrm{m}}\sin(\omega t+\varphi) \tag{6-7}$$

简谐运动的加速度方程 ▶

$$a=\frac{\mathrm{d}^2x}{\mathrm{d}t^2}=-A\omega^2\cos(\omega t+\varphi)=-a_{\mathrm{m}}\cos(\omega t+\varphi) \tag{6-8}$$

式中 $v_{\mathrm{m}}=A\omega$ 和 $a_{\mathrm{m}}=A\omega^2$ 分别是做简谐运动物体最大速度和最大加速度的绝对值，称为**速度振幅**和**加速度振幅**. 由式(6-7)和式(6-8)可见，一个物体做简谐运动时，它的速度 $v$ 和加速度 $a$ 也在做频率相同但幅值不同(当 $\omega\neq 1$ 时)的简谐运动.

由上面的讨论可知，一个物体是否做简谐运动可从两个方面加以判断. ①由式(6-2)或式(6-4)，当物体所受的作用力与位移成正比而方向相反，即当物体受到线性回复力的作用时，该物体做简谐运动；②因为式(6-5)是式(6-4)的解，

也就是说，这两式描述的是相同的运动规律．所以按式(6-5)，当物体的位移随时间按余弦(或正弦)的形式做周期性变化时，该物体做简谐运动．在下面的 6.3 节，我们将讨论其他几种做周期性振动的力学系统，这些系统是否做简谐运动也是以上面的标准来界定的．

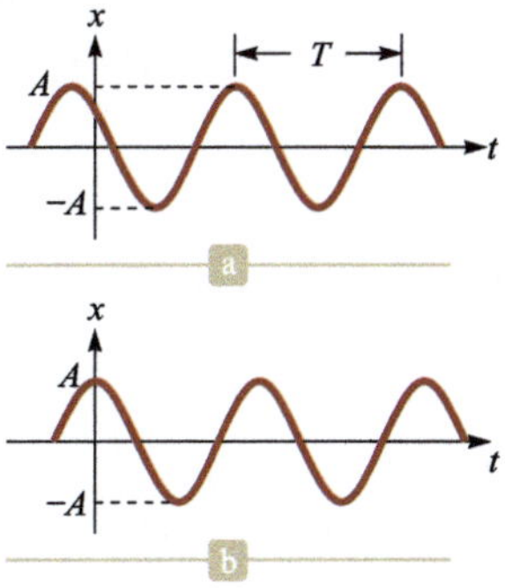


图 6-4 a. 简谐运动的 $x$-$t$ 图，物体最大位移的绝对值 $A$ 即为振幅，完成一次完全振动的时间即为周期 $T$. b. 当 $t=0$ 时，$x_0=A$ 的 $x$-$t$ 图. 在这种情况下，用式(6-5)表示的简谐运动的初相 $\varphi=0$

### 2. 简谐运动的特征量：振幅、周期、频率和相位

(1) 振幅：在简谐运动的表达式中，因余弦(或正弦)函数的绝对值不可能大于 1，所以物体振动的范围介于 $+A$ 和 $-A$，我们把做简谐运动的物体与平衡位置之间最大位移的绝对值 $A$ 称为**振幅**，见图 6-4a.

(2) 周期和频率：简谐运动是周期性运动，我们把物体完成一次完全振动所经历的时间称为**时间周期**，简称**周期**，用 $T$ 表示，单位为秒(s). 由图 6-4a 可见，质点在每个周期内的运动情况完全相同，所以掌握了质点在一个周期内的运动情况，就知道了整个简谐运动的规律．因为余弦(或正弦)函数的周期为 $2\pi$，所以有

$$x=A\cos(\omega t+\varphi)=A\cos(\omega t+\varphi+2\pi)$$
$$=A\cos\left[\omega\left(t+\frac{2\pi}{\omega}\right)+\varphi\right]$$

由上式可见，从时间上讲，振动物体每经过一定的时间 $2\pi/\omega$，就完成一次完全振动，所以简谐运动的周期为

$$T=\frac{2\pi}{\omega} \tag{6-9}$$

◀ 简谐运动的周期

单位时间内物体完成完全振动的次数称为振动的**频率**，用希腊字母 $\nu$ 表示，它的单位是赫兹(Hz). 显然，频率与周期互为倒数，即

$$\nu=\frac{1}{T}=\frac{\omega}{2\pi} \tag{6-10}$$

◀ 简谐运动的频率

由上两式可见，简谐运动的圆频率可表示为

$$\omega=2\pi\nu=\frac{2\pi}{T} \tag{6-11}$$

◀ 简谐运动的圆频率

对于弹簧振子，因为圆频率 $\omega=\sqrt{k/m}$，即圆频率是由系统本身的性质决定的，所以弹簧振子的周期

$$T=2\pi\sqrt{\frac{m}{k}} \tag{6-12}$$

◀ 弹簧振子的周期和频率

和频率

$$\nu=\frac{1}{2\pi}\sqrt{\frac{k}{m}} \tag{6-13}$$

也完全由振动系统本身的性质决定，因此 $\omega$、$T$ 和 $\nu$ 又称为振动系统的**固有圆频率**、**固有周期**和**固有频率**.

利用周期 $T$ 和频率 $\nu$，简谐运动的运动方程又可写为

$$x=A\cos\left(\frac{2\pi}{T}t+\varphi\right)$$

$$x = A\cos(2\pi\nu t + \varphi)$$

(3) 相位和初相位：由简谐运动的运动学方程(6-5)和速度方程(6-7)可知，当圆频率 $\omega$ 和振幅 $A$ 已知时，振动物体在任一时刻 $t$ 的运动状态(位置和速度)也就确定了，并且由$(\omega t+\varphi)$决定．所以$(\omega t+\varphi)$是决定简谐运动状态的重要物理量，称为**相位**，而其中 $\varphi$ 是 $t=0$ 时刻的相位，称为**初相位**，简称**初相**．在国际单位制中，相位的单位为弧度(rad).

简谐运动的相位 ▶

前面提到，在简谐运动的特征量中，周期 $T$ 和频率 $\nu$(或 $\omega$)由系统本身的性质所决定，但振幅 $A$ 和初相 $\varphi$ 则要由系统在 $t=0$ 时刻的状态(称为初始条件)所决定．设 $t=0$ 时刻，物体的初位移为 $x_0$，初速度为 $v_0$，将这两个量代入式(6-5)和式(6-7)，可得

$$\begin{cases} x_0 = A\cos\varphi \\ v_0 = -\omega A\sin\varphi \end{cases} \tag{6-14}$$

由此两式可求得简谐运动的振幅 $A$ 和初相 $\varphi$ 分别为

$$\begin{cases} A = \sqrt{x_0^2 + \dfrac{v_0^2}{\omega^2}} \\ \varphi = \arctan\left(-\dfrac{v_0}{\omega x_0}\right) \end{cases} \tag{6-15}$$

利用初始条件计算简谐运动的振幅和初相 ▶

如果当 $t=0$ 时，$x_0=A$，则此时物体的运动速度 $v_0=0$，由上式可见此物体振动的初相 $\varphi=0$，见图 6-4b.

需要指出的是，因为在 0～2π 有两个 $\varphi$ 值的正切函数有相同的值，所以由式(6-15)得到的 $\varphi$ 值还要代回到式(6-14)中判定取舍.

### 3. 关于相位和相位差的进一步讨论

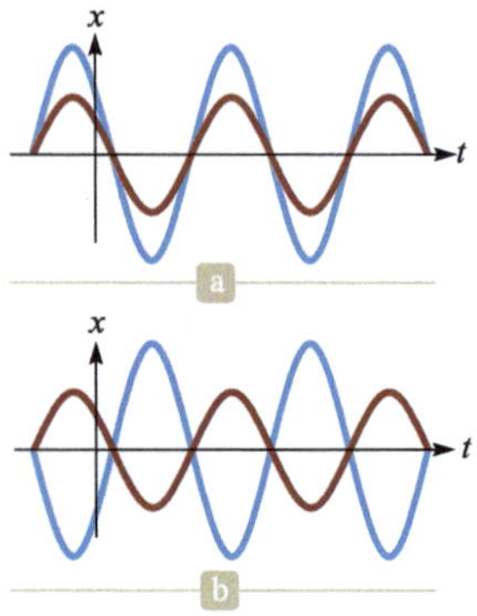


图 6-5　a. 两个同方向、同频率简谐运动的相位相同. b. 两个同方向、同频率简谐运动的相位相反

在相位从 0 到 2π 的一个振动周期内，物体每一时刻的运动状态都不相同．例如，在用余弦函数表示的简谐运动中，若某时刻相位为零，即 $\omega t+\varphi=0$，则该时刻物体的位移 $x=A$，速度 $v=0$，表示此时物体处于正最大位移处而速度为零；而当相位 $\omega t+\varphi=\pi/2$ 时，有 $x=0$ 和 $v=-A\omega$，表示物体处于平衡位置并以最大速率向 $x$ 轴负方向运动；而当相位 $\omega t+\varphi=3\pi/2$ 时，有 $x=0$，$v=A\omega$，这时物体也在平衡位置，但以最大速率向 $x$ 轴正方向运动．根据简谐运动的周期性，以及周期为 2π，对同一个振动系统，只要两个时刻的相位相差 2π 或 2π 的整数倍，物体的位移和速度都相同，由此可见，相位反映了简谐运动在时间上的周期性特点.

另外，在讨论振动的合成等问题时，我们需要比较两个简谐运动之间在同一时刻的相位关系．设有两个同方向、同频率的简谐运动，它们的运动方程分别为

$$x_1 = A_1\cos(\omega t + \varphi_1)$$
$$x_2 = A_2\cos(\omega t + \varphi_2)$$

则这两个振动系统的相位差为

$$\Delta\varphi=(\omega t+\varphi_2)-(\omega t+\varphi_1)=\varphi_2-\varphi_1$$

◀ 两个同频率振动的相位差

即两个同频率简谐运动的相位差等于它们的初相差，并且等于常量.

当 $\Delta\varphi$ 等于零或 $2\pi$ 的整数倍时，即 $\Delta\varphi=\pm 2k\pi$($k$ 为零或正整数)时，这两个振动的“步调”完全一致，它们同时到达各自的最大位移处，又同时通过平衡位置而向相同的方向运动. 我们称这样的两个振动为**同相位**(或**同相**)的振动，见图 6-5a. 人走路时左手和右脚(或右手和左脚)的摆动就是同相的.

当 $\Delta\varphi$ 等于 $\pi$ 或 $\pi$ 的奇数倍时，即 $\Delta\varphi=\pm(2k+1)\pi$($k$ 为零或正整数)，这两个振动的“步调”完全相反，即一个物体运动到正的最大位移处时，另一个物体运动到负的最大位移处，或它们同时通过平衡位置但向相反的方向运动. 我们称这样的两个振动为**反相位**(或**反相**)振动，见图 6-5b. 人走路时左手和右手(或左脚和右脚)的摆动就是反相的.

当 $\Delta\varphi=\varphi_2-\varphi_1>0$ 时，我们称第二个振动超前于第一个振动 $\Delta\varphi$，或者第一个振动落后于第二个振动 $\Delta\varphi$. 而当 $\Delta\varphi=\varphi_2-\varphi_1<0$ 时，我们称第二个振动落后于第一个振动 $\Delta\varphi$，或者第一个振动超前于第二个振动 $\Delta\varphi$.

相位也可用于比较不同物理量之间变化的步调. 根据前面的讨论知道，做简谐运动的物体，其速度和加速度也在做简谐运动，但这三个简谐运动的相位(或“步调”)是不相同的，为方便比较，我们将简谐运动的速度公式(6-7)和加速度公式(6-8)改写为

$$v=-v_m\sin(\omega t+\varphi)=v_m\cos\left(\omega t+\varphi+\frac{\pi}{2}\right) \tag{6-16}$$

$$a=-a_m\cos(\omega t+\varphi)=a_m\cos(\omega t+\varphi\pm\pi) \tag{6-17}$$

图 6-6 分别画出了位移、速度和加速度随 $\omega t$ 的变化关系. 由图可见，除了它们的幅值不同外，相位也不同. 速度的相位比位移的相位超前 $\pi/2$(或落后 $3\pi/2$). 加速度的相位比位移的相位超前 $\pi$(或落后 $\pi$)，也就是说两者是反相的. 速度的相位比加速度的相位落后 $\pi/2$(或超前 $3\pi/2$).

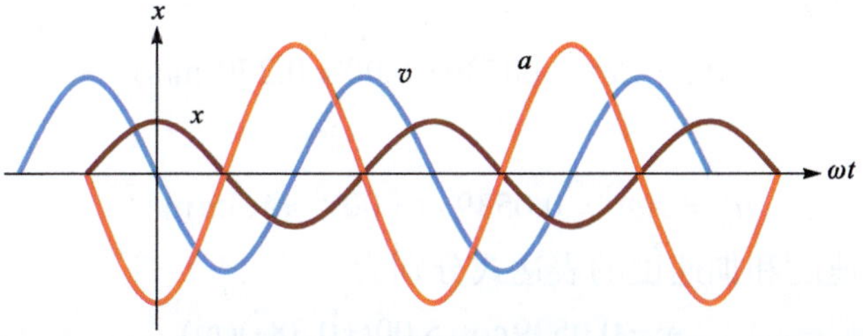


图 6-6 简谐运动的位移 $x$、速度 $v$ 和加速度 $a$ 的相位关系. 图中速度 $v$ 的相位比位移 $x$ 超前 $\pi/2$(或落后 $3\pi/2$)，加速度 $a$ 与位移 $x$ 的相位相反

## 例题 6-1 沿水平方向运动的弹簧振子

如图 6-7 所示，一根劲度系数为 5.00N/m 的轻弹簧一端固定，另一端连接一个质量为 0.200kg 的物体，组成一个弹簧振子. 物体可在光滑的水平面上自由运动. 开始时，将物体向右拉离平衡位置 5.00cm 处并静止释放. 求：

(1) 该弹簧振子的周期；

(2) 物体振动的最大速度和最大加速度；

(3) 根据初始条件，写出物体位移、速度和加速度随时间变化的关系式；

(4) 如果物体的初位移也是 5.00cm，但初速度为−0.100m/s，再做上面的三问.

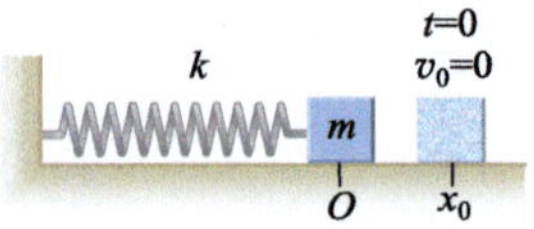

图 6-7 沿水平方向运动的弹簧振子，$t=0$ 时，$x=x_0$，$v_0=0$

**解** (1)根据式(6-12)，得弹簧振子的圆频率

$$\omega=\sqrt{\frac{k}{m}}=\sqrt{\frac{5.00}{0.200}}=5.00(\text{rad/s})$$

所以，弹簧振子的周期

$$T=\frac{2\pi}{\omega}=\frac{2\pi}{5.00}\approx 1.26(\text{s})$$

(2) 振动物体的最大速度(即速度振幅)为

$$v_\text{m}=A\omega=\left(5.00\times10^{-2}\right)\times5.00=0.250(\text{m/s})$$

振动物体的最大加速度(即加速度振幅)为

$$a_\text{m}=A\omega^2=\left(5.00\times10^{-2}\right)\times(5.00)^2=1.25(\text{m/s}^2)$$

(3) 根据题设的初始条件：当 $t=0$ 时，$x_0=A$. 由 $x_0=A\cos\varphi$，得此弹簧振子的初相 $\varphi=0$. 由式(6-5)、式(6-7)和式(6-8)分别得到位移、速度和加速度的表达式为

$$x=A\cos(\omega t+\varphi)=0.0500\cos 5.00t(\text{m})$$

$$v=-A\omega\sin(\omega t+\varphi)=-0.250\sin 5.00t(\text{m/s})$$

$$a=-A\omega^2\cos(\omega t+\varphi)=-1.25\cos 5.00t(\text{m/s}^2)$$

(4) 由于弹簧振子的周期只取决于系统本身的性质，与初始条件无关，所以此时系统的周期与(1)中相同. 根据题意，此时的初始条件为：$t=0$ 时，$x_0=5.00\text{cm}$，$v_0=-0.100\text{m/s}$，根据式(6-15)得

$$A=\sqrt{x_0^2+\frac{v_0^2}{\omega^2}}=\sqrt{\left(5.00\times10^{-2}\right)^2+\frac{(-0.100)^2}{(5.00)^2}}=0.0539(\text{m})$$

$$\varphi=\arctan\left(-\frac{v_0}{\omega x_0}\right)=\arctan\left(-\frac{-0.100}{5.00\times5.00\times10^{-2}}\right)=0.381(\text{rad})$$

所以，最大速度为

$$v_\text{m}=A\omega=0.0539\times5.00\approx0.270(\text{m/s})$$

最大加速度为

$$a_\text{m}=A\omega^2=0.0539\times(5.00)^2\approx1.35(\text{m/s}^2)$$

所以，位移、速度和加速度的表达式分别为

$$x=0.0539\cos(5.00t+0.381)(\text{m})$$

$$v=-0.270\sin(5.00t+0.381)(\text{m/s})$$

$$a=-1.35\cos(5.00t+0.381)(\text{m/s}^2)$$

## 6.2 简谐运动的矢量图示法

### 1. 简谐运动与匀速圆周运动的关系

将圆周运动与简谐运动作对比，对理解简谐运动的规律和解决简谐运动的

问题提供了直观和简单的方法. 如图 6-8 所示，设一质点 $P$ 以 $O$ 点为圆心，以简谐运动的振幅 $A$ 的大小为半径做逆时针方向的匀速圆周运动，运动的角速度大小为 $\omega$. 以 $O$ 点为原点，水平向右为 $x$ 轴的正方向，则由 $O$ 点指向质点 $P$ 的矢径 $\boldsymbol{A}$(图中以 $OP$ 连线代替)以角速度 $\omega$ 沿逆时针方向转动，矢径 $\boldsymbol{A}$ 称为**旋转矢量**，因其大小与简谐运动的振幅相等，所以又称为**振幅矢量**，$P$ 点的运动轨迹称为**参考圆**. 设 $t=0$ 时，旋转矢量与 $x$ 轴之间的夹角为 $\varphi$，见图 6-8a，则在任意时刻 $t$，旋转矢量与 $x$ 轴之间的夹角 $\theta$ 为 $\omega t+\varphi$，见图 6-8b. 这时，质点 $P$(或旋转矢量 $\boldsymbol{A}$ 的端点)在 $x$ 轴上的投影点 $Q$ 的坐标为

◀ 旋转矢量或振幅矢量定义

$$x = A\cos(\omega t+\varphi)$$

◀ 旋转矢量的端点在 $x$ 轴上的投影做简谐运动

这正是式(6-5)所表示的简谐运动的表达式. 由此可知，以角速度 $\omega$ 逆时针方向做半径为 $A$ 的匀速转动的质点 $P$ 在参考圆某一直径(取作 $x$ 轴)上的投影点 $Q$ 的运动就是简谐运动. 简谐运动的圆频率 $\omega$ 就等于质点做圆周运动的角速度，简谐运动的周期 $T$ 就是圆周运动的周期，简谐运动的振幅 $A$ 就等于圆周的半径. $t=0$ 时，$OP$ 连线(或旋转矢量)与 $x$ 轴的夹角就是简谐运动的初相 $\varphi$，而任意时刻 $t$ 旋转矢量与 $x$ 轴之间的夹角就是简谐运动的相位 $\omega t+\varphi$.

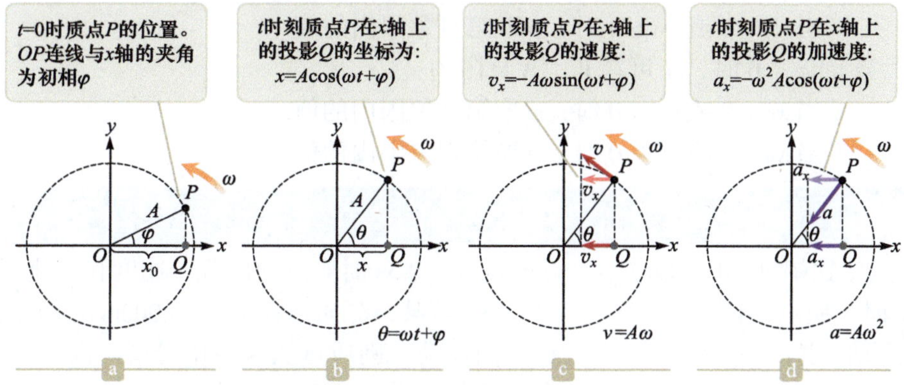


图 6-8 用旋转矢量法(或参考圆法)表示简谐运动. a. 在 $t=0$ 时刻，$OP$ 连线与 $x$ 轴的夹角为初相 $\varphi$. b.在任意时刻 $t$，$OP$ 连线与 $x$ 轴的夹角为相位 $\omega t+\varphi$. c.质点 $P$ 的速度在 $x$ 轴上的投影为简谐运动的速度 $\boldsymbol{v}$. d.质点 $P$ 的加速度在 $x$ 轴上的投影为简谐运动的加速度 $a$

利用旋转矢量或参考圆不但可以表示简谐运动的位移，还可以表示简谐运动的速度和加速度. 根据角速度与线速度的关系，做圆周运动质点 $P$ 的线速度大小为 $v=v_m=A\omega$，速度方向指向圆周的切线方向. 由图 6-8c 可见，质点 $P$ 的速度矢量 $\boldsymbol{v}$ 在 $x$ 轴上的投影为

$$v_x = v\sin\theta = -A\omega\sin(\omega t+\varphi)$$

◀ 旋转矢量端点的速度在 $x$ 轴上的投影为简谐运动的速度

这正是在 $x$ 轴上做简谐运动质点的速度方程(6-7).

由于质点 $P$ 做匀速圆周运动，它只有法向加速度，加速度的大小为 $a=a_m=v^2/A=A\omega^2$. 从图 6-8d 可见，此加速度矢量 $\boldsymbol{a}$ 在 $x$ 轴上的投影为

$$a_x = a\cos\theta = -A\omega^2\cos(\omega t+\varphi)$$

◀ 旋转矢量端点的加速度在 $x$ 轴上的投影为简谐运动的加速度

这正是在 $x$ 轴上做简谐运动质点的加速度方程(6-8).

### 2. 由矢量图示法确定简谐运动的初相

简谐运动的相位(或初相)的求解是学习简谐运动的一个难点，而利用矢量

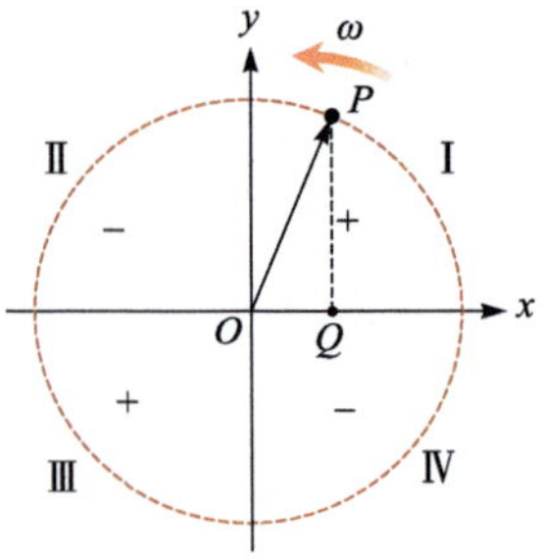


图 6-9 旋转矢量在Ⅰ、Ⅳ象限时，$x>0$；在Ⅱ、Ⅲ象限时，$x<0$. 旋转矢量在Ⅰ、Ⅱ象限时，$v<0$；在Ⅲ、Ⅳ象限时，$v>0$

图示法能方便我们根据初始条件确定初相.

如图 6-9 所示，由于旋转矢量沿逆时针方向做匀速转动，因此，当旋转矢量 $\boldsymbol{A}$ 在第Ⅰ和第Ⅳ象限内时，质点 $P$ 在 $x$ 轴上的投影点 $Q$ 在原点 $O$ 的右侧，表示位移为正($x>0$)；而当旋转矢量 $\boldsymbol{A}$ 在第Ⅱ和第Ⅲ象限内时，$Q$ 点在原点 $O$ 的左侧，表示位移为负($x<0$). 又当 $\boldsymbol{A}$ 在Ⅰ、Ⅱ象限内时，$Q$ 点的速度指向 $x$ 轴的负方向，即 $v<0$；而当 $\boldsymbol{A}$ 在Ⅲ、Ⅳ象限内时，$Q$ 点的速度指向 $x$ 轴的正方向，即 $v>0$.

根据式(6-15)中的第二式，当初始条件给定后，振动的初相可由下式求得：

$$\varphi=\arctan\left(-\frac{v_0}{\omega x_0}\right)$$

但根据三角函数的知识，当 $\tan\varphi>0$ 时，旋转矢量 $\boldsymbol{A}$ 既可以在第Ⅰ象限内，也可以在第Ⅲ象限内；而当 $\tan\varphi<0$ 时，旋转矢量 $\boldsymbol{A}$ 既可以在第Ⅱ象限内，也可以在第Ⅳ象限内. 但结合上面的讨论，我们可以由下面的方法方便地确定初相的值：

根据 $x_0$ 和 $v_0$ 的符号确定初相 ▶

当 $\tan\varphi>0$ 时，$\boldsymbol{A}$ 可在Ⅰ、Ⅲ象限内：

当 $x_0>0$ 或 $v_0<0$ 时，$\varphi$ 取第Ⅰ象限内的值.

当 $x_0<0$ 或 $v_0>0$ 时，$\varphi$ 取第Ⅲ象限内的值.

当 $\tan\varphi<0$ 时，$\boldsymbol{A}$ 可在Ⅱ、Ⅳ象限内：

当 $x_0<0$ 或 $v_0<0$ 时，$\varphi$ 取第Ⅱ象限内的值.

当 $x_0>0$ 或 $v_0>0$ 时，$\varphi$ 取第Ⅳ象限内的值.

### 例题 6-2 旋转矢量法的应用

一质点沿 $x$ 轴做简谐运动，振幅 $A=0.100\text{m}$，周期 $T=2.00\text{s}$. 当 $t=0$ 时，质点的位移 $x=5.00\text{cm}$，且向 $x$ 轴正方向运动. 求：

(1) 质点的运动方程；

(2) $t=0.5\text{s}$ 时质点的位置、速度和加速度.

(3) 若某时刻质点在 $x=-5.00\text{cm}$ 处向 $x$ 轴负方向运动，则质点从这一位置第一次回到平衡位置所需要的时间 $\Delta t$ 是多少?

**解** (1)设质点的运动方程为

$$x=A\cos(\omega t+\varphi)$$

由题设条件，质点做简谐运动的圆频率 $\omega=2\pi/T=\pi\ \text{rad/s}$. 将初始条件 $t=0$ 时，$x_0=0.05\text{m}$ 代入上式，得

$$0.05=0.1\cos\varphi$$

解得 $\varphi=\pi/3$，或 $\varphi=-\pi/3$. 由简谐运动的速度表达式

$$v=-A\omega\sin(\omega t+\varphi)$$

当 $t=0$ 时

$$v_0=-0.1\pi\sin\varphi$$

因为 $v_0>0$，所以 $\sin\varphi<0$，即 $\varphi$ 的取值应为 $\varphi=-\pi/3$.

初相 $\varphi$ 也可以由旋转矢量来确定. 因为 $t=0$ 时，旋转矢量在 $x$ 轴上的投影为 $x_0=A/2=5.00\text{cm}$，所以旋转矢量与 $x$ 轴正向之间的夹角(即初相)有 $\pi/3$ 和

$-\pi/3$ 两种可能，如图 6-10 所示. 但同时考虑到 $v_0>0$，说明 $t=0$ 时旋转矢量应该在第Ⅳ象限，所以取 $\varphi=-\pi/3$. 因此，质点的运动方程为

$$x=0.1\cos\left(\pi t-\frac{\pi}{3}\right)\text{m}$$

(2) 将 $t$=0.5s 分别代入运动方程、速度方程和加速度方程，得

$$x_{t=0.5\text{s}}=0.1\cos\left(\frac{\pi}{2}-\frac{\pi}{3}\right)=0.0866(\text{m})$$

$$v_{t=0.5\text{s}}=-0.1\pi\sin\left(\frac{\pi}{2}-\frac{\pi}{3}\right)=-0.157(\text{m/s})$$

$$a_{t=0.5\text{s}}=-0.1\pi^2\cos\left(\frac{\pi}{2}-\frac{\pi}{3}\right)=-0.855(\text{m/s}^2)$$

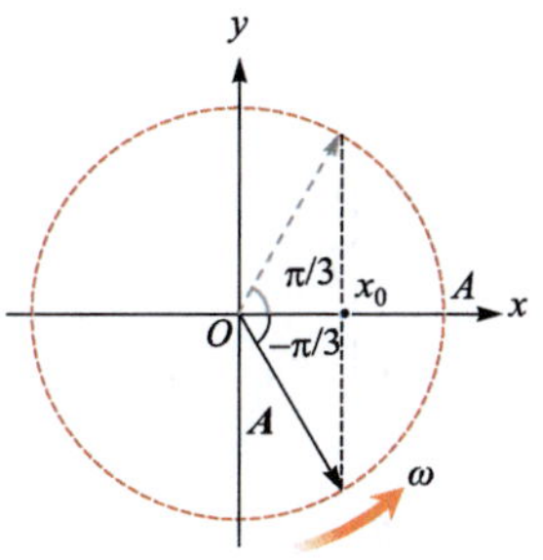


图 6-10 初始时刻($t=0$ 时)，如果 $x_0>0$，$v_0>0$，则旋转矢量应该在第Ⅳ象限

(3) 这里涉及质点在两个不同时刻的运动状态，利用旋转矢量法来解答比较直观方便. 如图 6-11 所示，设 $t_1$ 时刻，质点在 $x=-5.00$cm 处且向 $x$ 轴负方向运动，则旋转矢量位于图中 $M$ 处，此时的相位为 $\omega t_1+\varphi=2\pi/3$；$t_2$ 时刻，质点第一次回到平衡位置，则旋转矢量应位于图中 $N$ 处，此时的相位为 $\omega t_2+\varphi=3\pi/2$. 两状态之间的相位角之差为

$$\Delta\varphi=\frac{3\pi}{2}-\frac{2\pi}{3}=\frac{5\pi}{6}$$

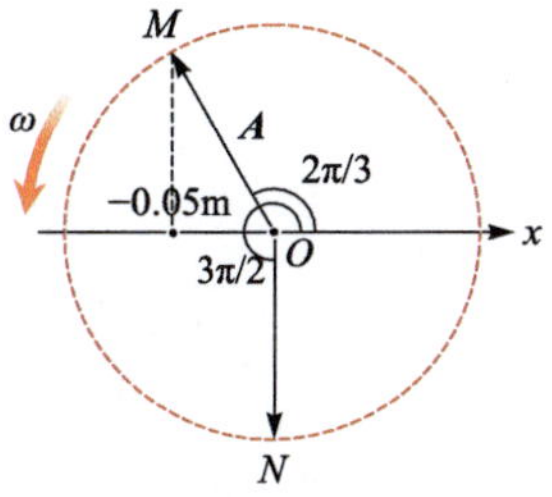


图 6-11 利用旋转矢量计算简谐运动从一个状态到另一个状态的时间就像对待圆周运动一样的方便

因为旋转矢量以角速度 $\omega=\pi$ rad/s 逆时针旋转，所以它从位置 $M$ 旋转到位置 $N$ 需要的时间为

$$\Delta t=\frac{\Delta\varphi}{\omega}=\frac{5}{6}\text{s}$$

由本题的讨论可见，利用简谐运动的矢量图示法，既可以加深对简谐运动过程的理解，也可以方便相位的求解.

## 6.3 几种常见的简谐运动

### 1. 竖直悬挂的弹簧振子

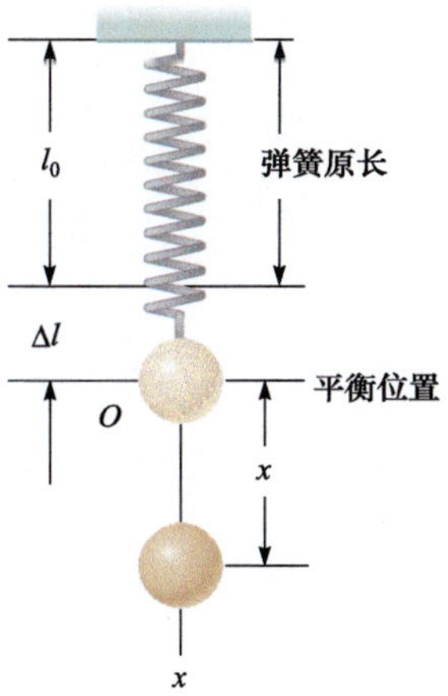


图 6-12 竖直悬挂的弹簧振子依然做简谐运动(取物体的平衡位置为坐标原点 $O$)

当弹簧振子在水平方向无摩擦运动时，若取弹簧自然伸长时物体的位置为坐标原点 $O$，则弹簧振子做简谐运动. 现将弹簧振子竖直悬挂，即将一根劲度系数为 $k$ 的轻弹簧上端固定，下端悬挂一个质量为 $m$ 的物体，使物体上下振动，如图 6-12 所示. 这时物体在振动方向除了受到弹簧弹性力的作用外，还受到一个恒力(即重力)的作用，此时弹簧振子的振动还是简谐运动吗?

设弹簧的原长为 $l_0$，当物体处于静止状态时，即物体在重力和弹性力的共同作用下处于平衡位置时，弹簧的伸长量为 $\Delta l$，根据胡克定律，$\Delta l$ 的大小由下式确定：

$$mg=k\Delta l$$

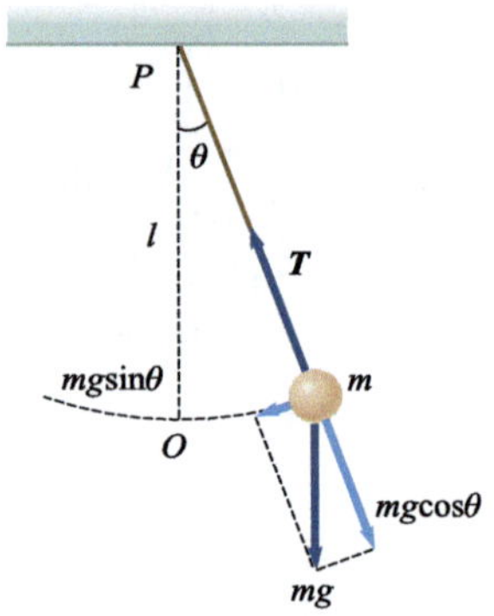


图 6-13 单摆做小角度摆动时，其摆球在平衡位置 $O$ 附近做简谐振动

现取物体的平衡位置为坐标原点 $O$，取 $x$ 轴竖直向下为正，则当物体的位移为 $x$ 时，它所受到的合力为

$$f = mg - k(x + \Delta l) = -kx$$

可见，此时物体受到的合力依然为线性恢复力. 所以，当弹簧振子竖直悬挂时，如果取物体的平衡位置 $O$ 为坐标原点，则物体以 $O$ 点为中心沿竖直方向做简谐运动. 其动力学方程与水平振动的弹簧振子一样，即

$$\frac{\mathrm{d}^2 x}{\mathrm{d}t^2} + \omega^2 x = 0$$

振动的圆频率和周期也与水平放置时的弹簧振子一样，即

$$\omega = \sqrt{\frac{k}{m}}, \quad T = 2\pi\sqrt{\frac{m}{k}}$$

由上面的讨论可见，恒力只改变弹簧振子的平衡位置，而不影响振子的振动形式、固有频率和固有周期.

### 2. 单摆

**单摆**(又称**数学摆**)是另一个做周期运动的力学系统，它由一个可看作质点的质量为 $m$ 的小球悬挂在一根长为 $l$ 的轻绳下端所组成的，轻绳的上端固定于 $P$ 点，如图 6-13 所示. 小球可在竖直平面内沿半径为 $l$ 的圆弧摆动. 我们将看到，在小角度(比如 $\theta < 5°$)摆动的情况下，单摆在其平衡位置附近的摆动近似为简谐运动.

作用在小球上的力有摆线的张力 $T$ 和重力 $mg$，当摆线竖直时，作用在小球上的张力和重力等值而反向，小球处于平衡位置 $O$，角位移为零. 当小球摆动的角位移为 $\theta$ 时，重力的切向分量 $mg\sin\theta$ 对定点 $P$ 的力矩为

$$M = -mgl\sin\theta$$

式中的负号表示力矩 $M$ 的方向与角位移 $\theta$ 的方向相反. 由于小球对于 $P$ 点的转动惯量为 $ml^2$，所以由转动定理 $M=I\beta$，得

$$ml^2\frac{\mathrm{d}^2\theta}{\mathrm{d}t^2} = -mgl\sin\theta$$

或

$$\frac{\mathrm{d}^2\theta}{\mathrm{d}t^2} + \frac{g}{l}\sin\theta = 0 \tag{6-18}$$

上式称为**单摆的动力学方程**. 将上式与式(6-4)相比较，由于角加速度 $\mathrm{d}^2\theta/\mathrm{d}t^2$ 与 $\sin\theta$ 成正比，而不是与角位移 $\theta$ 成正比，说明单摆的运动不是简谐运动. 但若假设 $\theta$ 很小(小于 10°或 0.2rad)，则 $\sin\theta$ 与 $\theta$ 相差很小($\theta$ 取 10°时，两者相对偏差为 0.5%)，取近似关系 $\sin\theta\approx\theta$($\theta$ 以弧度为单位)，则对单摆的小角度摆动，其动力学方程可写为

小角度摆动的单摆方程 ▶

$$\frac{\mathrm{d}^2\theta}{\mathrm{d}t^2} + \omega^2\theta = 0 \tag{6-19}$$

式(6-19)就是单摆小角度摆动时的动力学方程. 由此可见，单摆的小角度摆动是简谐运动. 其运动表达式可写为

$$\theta = \theta_m \cos(\omega t + \varphi) \tag{6-20}$$

式中 $\theta_m$ 为单摆的最大角位移，称为**角位移振幅**. 单摆的圆频率和周期分别为

$$\omega = \sqrt{\frac{g}{l}} \tag{6-21}$$

◀ 单摆的圆频率

$$T = 2\pi\sqrt{\frac{l}{g}} \tag{6-22}$$

◀ 单摆的周期

可见，单摆的圆频率 $\omega$ 和周期 $T$ 与小球的质量 $m$ 无关，只取决于摆线的长度 $l$ 和重力加速度 $g$. 地球表面重力加速度 $g$ 的大小因所在地地壳的构成和海拔的不同而稍有不同. 式(6-22)可用于测量地表某处的重力加速度.

## 例题 6-3 单摆

一单摆的摆长 $l$=0.800m，摆锤的质量 $m$=0.300kg，把摆线向右拉离平衡位置 15°后自由释放，假定振动是简谐的，求：

(1) 圆频率 $\omega$ 和振动周期 $T$；

(2) 角位移振幅 $\theta_m$、初相 $\varphi$ 和振动方程；

(3) 最大角速度 $\omega_m$；

(4) 摆锤在什么位置时，摆线中的张力最大？最大张力 $T_m$ 是多少？

**解** (1)尽管摆角较大，但依然当作小角度摆动. 根据式(6-21)和式(6-22)，得此单摆的圆频率和周期分别为

$$\omega = \sqrt{\frac{g}{l}} = \sqrt{\frac{9.80}{0.800}} = 3.50(\text{rad/s})$$

$$T = 2\pi\sqrt{\frac{l}{g}} = 2\pi\sqrt{\frac{0.80}{9.8}} \approx 1.795(\text{s})$$

(2) 设此单摆的振动方程为

$$\theta = \theta_m \cos(3.50t + \varphi)$$

则其角速度方程为

$$\omega = \frac{d\theta}{dt} = -3.50\theta_m \sin(3.50t + \varphi)$$

将初始条件：$t = 0$ 时，$\theta_0 = 15° = 0.262\text{rad}$ 和 $\omega_0 = 0$ 代入上两式中，得

$$0.262 = \theta_m \cos\varphi$$

$$0 = -3.50\theta_m \sin\varphi$$

解得 $\varphi = 0$，$\theta_m = 0.262\text{rad}$. 所以，单摆的振动方程为

$$\theta = 0.262\cos(3.50t)\text{rad}$$

(3) 当摆锤在平衡位置时，角速度最大，所以最大角速度(即角速度振幅)为

$$\omega_m = \theta_m \omega = 0.262 \times 3.50 = 0.917(\text{rad/s})$$

(4) 由图 6-13 和牛顿第二定律，当摆角为 $\theta$ 时，摆线中的张力为

$$T = mg\cos\theta + m\frac{v^2}{l} = mg\cos\theta + ml\omega^2$$

显然，当摆角 $\theta=0$ 时，摆线中的张力最大. 最大张力 $T_m$ 为

$$T_m = m\left(g + l\omega_m^2\right) = 0.30\left[9.80 + 0.80\times(0.917)^2\right] \approx 3.14(\text{N})$$

讨论：本题中单摆的最大摆角 $\theta_m = 15° = 0.262\text{rad}$，应该不符合小角度摆动的要求. 这时，单摆的动力学方程应由式(6-18)表示. 理论上可以证明，一个由式(6-18)表示的非线性单摆的振动周期可表示为

$$T = 2\pi\sqrt{\frac{l}{g}}\left(1 + \frac{1}{4}\sin^2\frac{\theta_m}{2} + \frac{9}{64}\sin^4\frac{\theta_m}{2} + \cdots\right) \tag{6-23}$$

由上式可得本题中单摆的实际周期为

$$T = 1.795\left(1 + \frac{1}{4}\sin^2 7.5° + \frac{9}{64}\sin^4 7.5° + \cdots\right) = 1.803\text{s}$$

可见，当角位移振幅是 15°时，如果仍把单摆的运动视为简谐运动，其振动周期的相对误差约为 0.44%.

图 6-14 位于美国费城富兰克林科技馆内的傅科摆装置

傅科摆(图 6-14)是以法国物理学家让·傅科(J.L. Foucault)的名字命名的. 为了证明地球的自转，傅科于 1851 年在法国巴黎先贤祠的穹顶下方悬挂了一个巨大的单摆，其摆长为 67m，摆锤重达 28kg，摆锤的下方是巨大的沙盘. 摆锤在沙盘上方运动时，摆锤上的指针就会在沙盘上留下运动的轨迹. 在实验中人们看到，傅科摆的摆动平面沿顺时针方向缓缓转动. 但事实上，由于傅科摆在垂直于摆动方向上并没有受到外力作用，按照惯性定律，摆动面的空间方位是固定的. 因此，人们所看到的摆动面方向的变化，实际上是因为傅科摆下面的地球沿着逆时针方向转动. 因此傅科摆实验有力地证明了地球是在不停地自转着. 傅科摆在南、北半球摆动情况不同. 在北半球时，摆动平面顺时针转动；在南半球时，摆动平面逆时针转动. 而且纬度越高，摆面的转动速度越快. 在赤道上方摆面几乎不转动，而在南、北两极摆面旋转一周的周期为一恒星日(23 小时 56 分 4 秒). 傅科摆实验被评为“最美物理实验”之一.

### 3. 复摆

如果一个刚体在重力的作用下在竖直平面内绕水平轴自由摆动，这样的一个刚体摆就被称为**复摆**(又称**物理摆**).

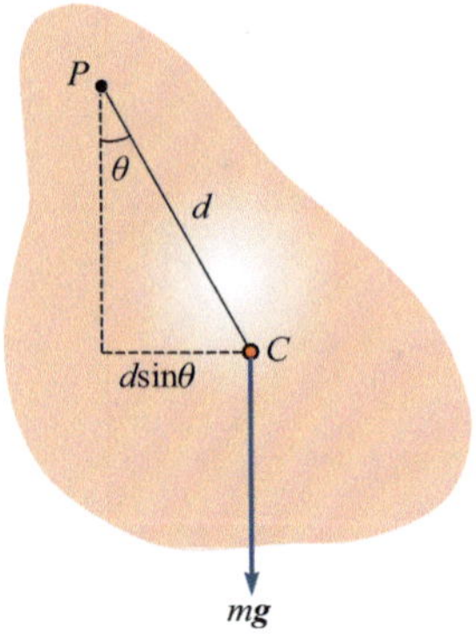


图 6-15 刚体绕不通过其质心 C 的水平转轴 O 自由摆动，称为复摆或物理摆

如图 6-15 所示，一个形状不规则的刚体可绕光滑水平轴 $P$ 自由摆动，此水平轴不通过刚体的质心 $C$，则当此复摆处于平衡状态时，$PC$ 连线必垂直于水平面. 设此刚体对 $P$ 轴的转动惯量为 $I$，转轴 $P$ 到刚体质心 $C$ 的距离为 $d$，如果使 $PC$ 连线偏离竖直位置而有一个角位移 $\theta$，则重力 $mg$ 对 $P$ 轴的力矩为

$$M = -mgd\sin\theta$$

式中的负号表示力矩 $M$ 的方向与角位移 $\theta$ 的方向相反. 根据刚体的转动定理 $M = I\beta$，有

$$I\frac{\mathrm{d}^2\theta}{\mathrm{d}t^2} = -mgd\sin\theta$$

如果考虑小角度摆动，即 $\sin\theta \approx \theta$，则上式可改写为

$$\frac{\mathrm{d}^2\theta}{\mathrm{d}t^2}+\frac{mgd}{I}\theta=0$$

或

$$\frac{\mathrm{d}^2\theta}{\mathrm{d}t^2}+\omega^2\theta=0 \tag{6-24}$$

◀ 小角度摆动的复摆方程

可见，当复摆做小角度摆动时，其运动规律也符合简谐运动的动力学方程，所以是简谐运动. 其运动表达式为

$$\theta=\theta_{\mathrm{m}}\cos(\omega t+\varphi) \tag{6-25}$$

式中 $\theta_{\mathrm{m}}$ 为复摆的角位移振幅，$\varphi$ 为振动的初相位，$\omega$ 为复摆的圆频率，其定义为

$$\omega=\sqrt{\frac{mgd}{I}} \tag{6-26}$$

◀ 复摆的圆频率

所以复摆的周期为

$$T=2\pi\sqrt{\frac{I}{mgd}} \tag{6-27}$$

◀ 复摆的周期

如果将复摆的周期表达式(6-27)与单摆的周期表达式(6-22)做比较，可以看出，一个复摆的振动周期与一个摆长为

$$l_0=\frac{I}{md} \tag{6-28}$$

◀ 复摆的等值摆长

的单摆的振动周期相同. 所以 $l_0$ 称为**复摆的等值摆长**.

### 例题 6-4 细杆摆动的周期

如图 6-16 所示，一根长为 $l$，质量为 $m$ 的匀质刚性细杆可绕垂直其一端的水平轴在竖直平面内自由摆动. 假设此细杆做小角度摆动，求摆动的周期 $T$ 和等值摆长 $l_0$.

**解** 一根长为 $l$，质量为 $m$ 的细杆绕其一端的垂直轴转动的转动惯量为

$$I=\frac{1}{3}ml^2$$

因为细杆的质心 $C$ 到转轴的距离 $d=l/2$. 根据式(6-27)和式(6-28)，细杆摆动的周期 $T$ 和摆动的等值摆长 $l_0$ 分别为

$$T=2\pi\sqrt{\frac{I}{mgd}}=2\pi\sqrt{\frac{2l}{3g}}$$

$$l_0=\frac{I}{md}=\frac{2}{3}l$$

即一根长为 $l$ 的细杆绕通过其一端的水平轴摆动的周期与一个摆长为 $l=2l/3$ 的单摆的摆动周期相等.

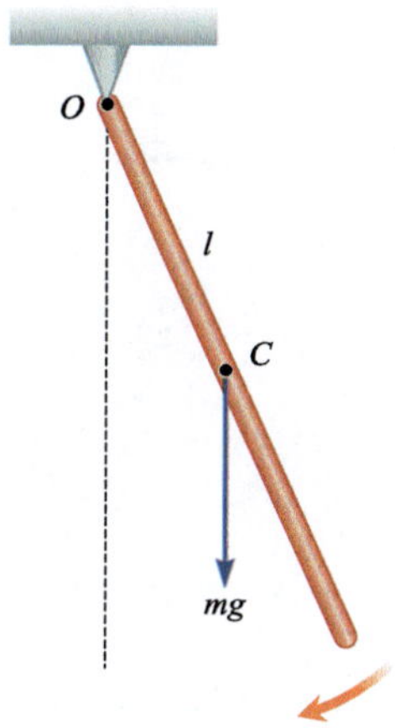

图 6-16 长为 $l$，可绕通过其上端的水平轴 $O$ 在竖直平面内自由摆动的刚性细杆

#### 4. 扭摆

图 6-17 为用一根金属线悬挂着的均匀圆盘，金属线上端固定，下端固定在

水平圆盘的中心．当圆盘处于平衡状态时，从盘心 $O$ 点到边缘某点 $P$ 画一径向直线 $OP$．当圆盘绕竖直悬线转动时，其转过的角度就是直线 $OP$ 转过的角度．．这样的装置称为**扭摆**．如果将圆盘转一角度 $\theta$，则金属线同时也扭转一个角度 $\theta$，从而施于圆盘一个力矩 $M$．这个力矩是一个恢复力矩，因为力矩 $M$ 的大小正比于圆盘角位移 $\theta$ 的大小而方向相反．对于小角度扭转，实验证明，此力矩可表示为

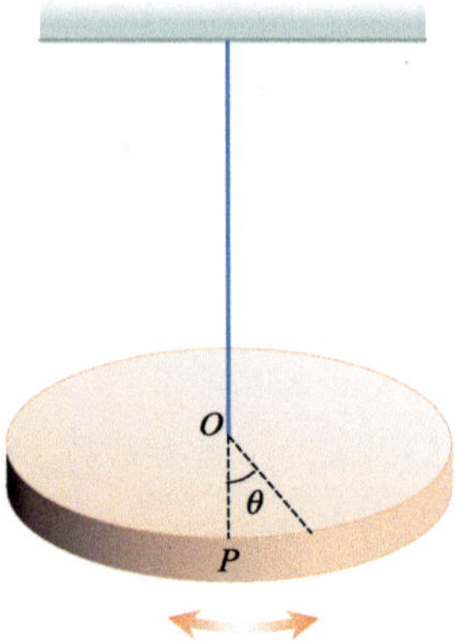

图 6-17 用弹性线悬挂的水平圆盘，圆盘以悬线为轴在水平面内摆动，称为扭摆

$$M=-\kappa\theta \tag{6-29}$$

式中 $\kappa$(希腊字母，读作“卡帕”)是一个与金属线性质有关的常量，称为**扭转常量**．由式(6-29)可见，圆盘受到金属线施加的力矩大小与圆盘的角位移成正比而方向相反，所以扭摆的小角度摆动也是简谐运动．设圆盘的转动惯量为 $I$，根据转动定理 $M=I\beta$，有

$$I\frac{\mathrm{d}^2\theta}{\mathrm{d}t^2}=-\kappa\theta$$

或

小角度摆动的扭摆做简谐运动 ▶

$$\frac{\mathrm{d}^2\theta}{\mathrm{d}t^2}+\omega^2\theta=0 \tag{6-30}$$

其运动表达式为

$$\theta=\theta_{\mathrm{m}}\cos(\omega t+\varphi) \tag{6-31}$$

式中 $\omega$ 为扭摆运动的圆频率，其定义为

$$\omega=\sqrt{\frac{\kappa}{I}} \tag{6-32}$$

所以扭摆的周期为

$$T=2\pi\sqrt{\frac{I}{\kappa}} \tag{6-33}$$

如果已知扭转常量 $\kappa$，并通过实验测出周期 $T$，则可以求出圆盘的转动惯量 $I$；反之，如果已知转动惯量 $I$，并通过实验测出周期 $T$，则可以求出金属线的扭转常量 $\kappa$．

许多仪器都涉及扭转振动，如电流计和电压计指针的转动．用于测量万有引力常数的卡文迪许(Cavendish)秤也是一个扭摆．另外，机械钟表中摆轮的运动也是扭摆的例子，不过它的恢复力矩是由螺旋形的游丝提供的，见图 6-18．

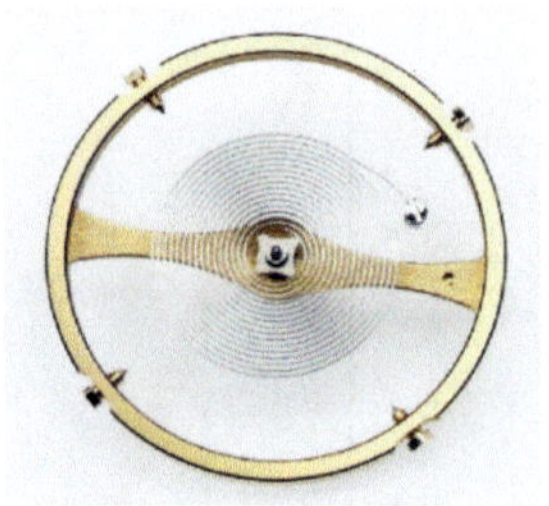
图 6-18 机械钟表中的摆轮．其扭矩是由盘状的螺旋形弹性金属丝(游丝)提供的

由以上讨论可见，只要物体所受的力(或力矩)与位移(或角位移)大小成正比而方向相反时，物体的运动就是简谐运动．广义地说，任何一个按时间的余弦(或正弦)关系变化的物理量(如市电中电压和电流的变化)，都在做简谐运动．所以式(6-4)和式(6-5)中的 $x$ 可称为“广义位移”．

## 6.4 简谐运动的能量

简谐运动是一种理想的振动形式，简谐运动的振幅 $A$ 是一个不随时间改变的常量，也就是说其振动的幅度不会随时间衰减．下面我们以弹簧振子为例来

分析做简谐运动的系统的能量. 在图 6-3 所示的弹簧振子系统中，我们忽略了水平面的摩擦和空气的阻力，并假设弹簧的质量不计，以及忽略弹簧在振动过程中的损耗. 这样由物体和弹簧组成的系统所受的合外力和非保守的内力均为零，根据机械能守恒定律，这个系统的总机械能是守恒的. 利用式(6-7)，可以将系统的动能表示为

$$E_k = \frac{1}{2}mv^2 = \frac{1}{2}mA^2\omega^2\sin^2(\omega t+\varphi) \tag{6-34}$$

◀ 简谐运动的动能

利用式(6-5)，并取物体在平衡位置(弹簧自然伸长)时的势能为零，则系统的弹性势能可表示为

$$E_p = \frac{1}{2}kx^2 = \frac{1}{2}kA^2\cos^2(\omega t+\varphi) \tag{6-35}$$

◀ 简谐运动的势能

式(6-34)和式(6-35)说明物体做简谐运动时，其动能和势能都是随时间 $t$ 做周期性变化的，并且都是大于等于零的. 考虑到 $\omega^2=k/m$，我们可将简谐运动的总机械能 $E$ 表示为

$$E = E_k + E_p = \frac{1}{2}kA^2\left[\sin^2(\omega t+\varphi)+\cos^2(\omega t+\varphi)\right] \tag{6-36}$$

因为 $\sin^2(\omega t+\varphi)+\cos^2(\omega t+\varphi)=1$，所以

$$E = \frac{1}{2}mv^2 + \frac{1}{2}kx^2 = \frac{1}{2}kA^2 \tag{6-37}$$

◀ 简谐运动的机械能守恒

上式说明，做简谐运动的系统在运动过程中的动能和势能虽然都随时间变化，但总的机械能在振动过程中却是常量. 做简谐运动系统的总机械能与振幅的平方成正比，且等于系统的最大势能，这一结论对于任一简谐系统都是正确的. 考虑到简谐运动的速度振幅 $v_m = A\omega$，式(6-37)还可以表示为

$$E = \frac{1}{2}k\frac{v_m^2}{\omega^2} = \frac{1}{2}mv_m^2 \tag{6-38}$$

即简谐运动的总机械能也等于系统的最大动能.

图 6-19a 是一个理想弹簧振子做简谐运动的位移-时间图. 图 6-19b 是其动能 $E_k$(蓝色线表示)、势能 $E_p$(橙色线表示)和机械能 $E$(绿色线表示)随时间的变化关系. 从图中可以得到以下结论：①简谐运动的动能 $E_k$ 和势能 $E_p$ 都随时间做周期性变化，但总的机械能 $E$ 为常量；②动能和势能的变化频率是弹簧振子振动频率的两倍(或周期是弹簧振子振动周期的一半)；③动能和势能在一个周期内的平均值是总机械能的一半.

由简谐运动的能量关系式(6-37)，可将速度 $v$ 表示为位移 $x$ 的函数

$$v = \pm\sqrt{\frac{k}{m}}\sqrt{A^2-x^2} = \pm\omega\sqrt{A^2-x^2}$$

可见，当物体在最大位移处(即 $x=\pm A$)时，速度为零；而当物体在平衡位置(即 $x=0$)时，速度最大，其值为 $v_m = A\omega$. 这与前面根据简谐运动的速度方程得出的结果一致.

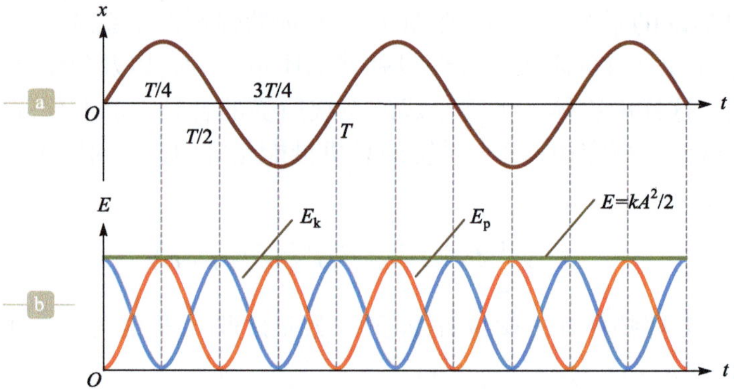


图 6-19 a.简谐运动的位移-时间曲线($x$-$t$ 图). b.简谐运动的动能 $E_k$、势能 $E_p$ 和机械能 $E$ 与时间的关系曲线

## 例题 6-5 简谐运动的能量

一个质量 $m = 0.10\text{kg}$ 的物体，以振幅 $A = 1.0\times10^{-2}\text{m}$ 做简谐运动，其最大加速度 $a_m = 4.0\text{m/s}^2$. 求：

(1) 振动的周期；

(2) 物体通过平衡位置时的动能与总能量；

(3) 物体的动能与势能相等时的位置；

(4) 当物体的位移为振幅的一半时，其动能、势能占总能量的比值.

**解** (1)由简谐运动的最大加速度 $a_m = A\omega^2$，得物体做简谐运动的周期为

$$T = \frac{2\pi}{\omega} = 2\pi\sqrt{\frac{A}{a_m}} = 2\pi\sqrt{\frac{1.0\times10^{-2}}{4.0}} \approx 0.31\text{s}$$

(2) 当物体通过平衡位置时，其位移 $x = 0$，速度最大，即 $v = v_m = A\omega$. 所以，这时系统的势能 $E_k = kx^2/2 = 0$，而动能

$$E_k = \frac{1}{2}mv_m^2 = \frac{1}{2}ma_m A = \frac{1}{2}\times0.10\times4.0\times1.0\times10^{-2} = 2.0\times10^{-3}(\text{J})$$

因为系统的总能量 $E = E_k + E_p$，所以物体通过平衡位置时的总能量 $E$ 与此时的动能 $E_k$ 相等，即

$$E = E_k = 2.0\times10^{-3}(\text{J})$$

(3) 当 $E_k = E_p$ 时，系统的总能量 $E = 2E_p$，即

$$E = \frac{1}{2}kA^2 = 2\times\frac{1}{2}kx^2$$

得

$$x = \pm\frac{A}{\sqrt{2}} = \pm\frac{1.0\times10^{-2}}{\sqrt{2}} \approx \pm7.1\times10^{-3}(\text{m})$$

(4) 当物体的位移 $x = A/2$ 时，系统的势能为

$$E_p = \frac{1}{2}kx^2 = \frac{1}{2}k\left(\frac{A}{2}\right)^2 = \frac{1}{4}\times\frac{1}{2}kA^2 = \frac{1}{4}E$$

即此时系统的势能为总能量的 1/4. 而物体的动能为

$$E_k = E - E_p = \frac{3}{4}E$$

即此时物体的动能为总能量的 3/4.

## 6.5 简谐运动的合成

我们经常会同时听到来自不同声源发出的声音. 比如当你去聆听一场音乐会时，各种不同乐器发出的声音会同时进入你的耳朵，这时你耳朵中鼓膜的振动会是怎样的呢? 其实，你的鼓膜将以各种振动叠加后的形式振动，这就是振动的合成. 下面我们讨论振动合成的最简单情况，即讨论两个简谐运动的合成，所得到的结论在以后研究电磁波和光波的干涉和衍射时会应用到.

### 1. 同方向简谐运动的合成

1) 同方向、同频率简谐运动的合成

设一个质点在 $x$ 方向同时参与两个独立的简谐运动，这两个简谐运动的方程分别为

$$x_1 = A_1\cos(\omega t+\varphi_1)$$

$$x_2 = A_2\cos(\omega t+\varphi_2)$$

即这两个振动具有相同的振动方向、相同的频率，但具有不同的振幅和初相. 质点的合位移应为两个分位移的矢量和，但由于两个振动都发生在 $x$ 方向，所以合振动可用代数和表示为

$$x = x_1 + x_2 = A_1\cos(\omega t+\varphi_1) + A_2\cos(\omega t+\varphi_2)$$

应用三角函数公式，上式可化为

$$x = A\cos(\omega t+\varphi)$$

◀ 两个同方向、同频率简谐运动合成后仍为简谐运动

其中合振动的振幅 $A$ 和初相 $\varphi$ 分别为

$$A = \sqrt{A_1^2 + A_2^2 + 2A_1A_2\cos(\varphi_2-\varphi_1)} \tag{6-39}$$

◀ 合振动的振幅

$$\varphi = \arctan\frac{A_1\sin\varphi_1 + A_2\sin\varphi_2}{A_1\cos\varphi_1 + A_2\cos\varphi_2} \tag{6-40}$$

◀ 合振动的初相

可见，**两个同方向、同频率的简谐运动合成后，仍是一个同频率的简谐运动**. 由式(6-39)和式(6-40)可见，合振动的振幅除了与两个分振动的振幅有关外，还与两个分振动的相位差(初相差)有关.

应用简谐运动的矢量图示法，也可以方便地得到同样的结果. 如图 6-20a 所示，由于两个分振动的频率相同，所以它们的旋转矢量 $\boldsymbol{A}_1$ 和 $\boldsymbol{A}_2$ 将以相同的角速度 $\omega$ 逆时针方向旋转. 在时刻 $t$，它们与 $x$ 轴之间的夹角分别为 $\omega t+\varphi_1$ 和 $\omega t+\varphi_2$，它们在 $x$ 轴上的投影分别为 $x_1$ 和 $x_2$，$\boldsymbol{A}_1$ 和 $\boldsymbol{A}_2$ 的合矢量 $\boldsymbol{A}$ 在 $x$ 轴上的投影就是合振动的位移. 由于 $\boldsymbol{A}_1$ 和 $\boldsymbol{A}_2$ 旋转的角速度相同，所以两者的夹角 $\varphi_2-\varphi_1$(即两个分振动的相位差)不随时间改变，这样它们的合矢量 $\boldsymbol{A}$ 的大小也不随时间变化，同时合矢量也将以角速度 $\omega$ 逆时针方向旋转. 合矢量 $\boldsymbol{A}$ 在 $x$ 轴上的投影 $x = A\cos(\omega t+\varphi)$. 这就说明了两个同方向、同频率简谐运动的合振动也是简谐运动.

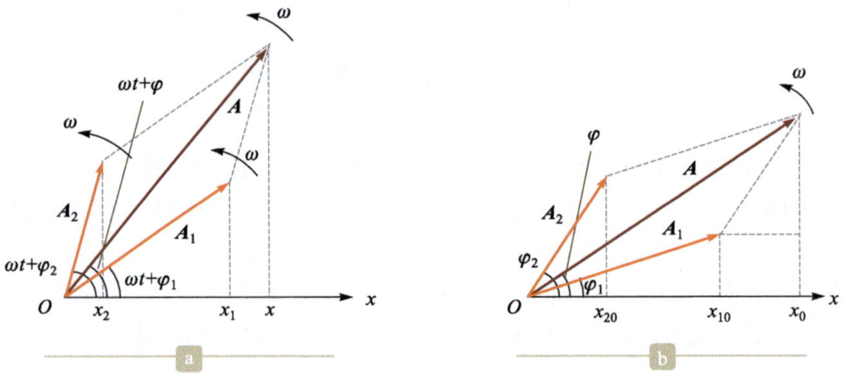


图 6-20 a.两个同方向、同频率简谐运动合成时，合振动的旋转矢量大小不变，并与分振动的角速度相同. b.$t=0$ 时刻合振动和分振动的旋转矢量图

图 6-20b 为分振动和合振动在 $t=0$ 时刻的旋转矢量图，图中 $\varphi_1$、$\varphi_2$ 为两个分振动的初相，$A$ 与 $x$ 轴的夹角 $\varphi$ 即为合振动的初相. 根据图中的几何关系，同样可以得到式(6-39)和式(6-40). 请读者自行验证.

由式(6-39)可以看出，两个分振动的相位差 $\varphi_2-\varphi_1$ 对合振动的强弱起着关键性的作用. 下面考虑两种特殊的情况：

(1) 如果 $\varphi_2-\varphi_1$ 是 $2\pi$ 的整数倍，即 $\varphi_2-\varphi_1=\pm 2k\pi$($k$ 等于零或正整数)，这时两个分振动是同相位的，由式(6-39)可得

两分振动同相时合振动振幅最大 ▶

$$A=A_1+A_2$$

即合振幅是两个分振幅之和，这是合振幅的最大可能值，见图 6-21.

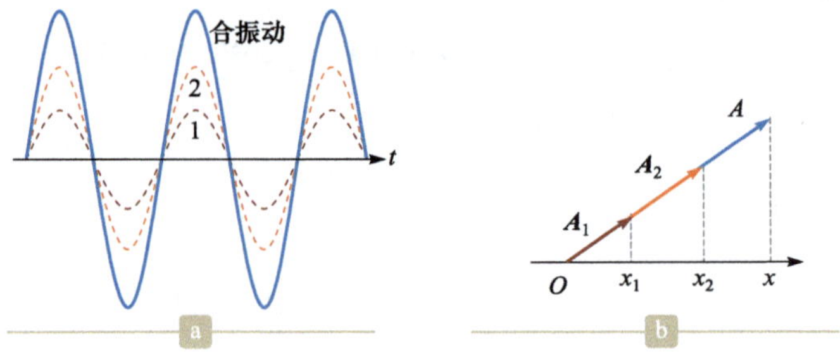


图 6-21 两个同相位简谐振动的合成. a.分振动和合振动的位移-时间图. b.分振动和合振动的旋转矢量图

(2) 如果 $\varphi_2-\varphi_1$ 是 $\pi$ 的奇数倍，即 $\varphi_2-\varphi_1=\pm(2k+1)\pi$($k$ 等于零或正整数)，这时两个分振动是反相位的，由式(6-39)可得

两分振动反相时合振动振幅最小 ▶

$$A=\left|A_1-A_2\right|$$

即合振幅是两个分振幅之差，这是合振幅的最小可能值，见图 6-22. 尤其当 $A_1=A_2$ 时，合振幅 $A=0$，两个简谐运动相互抵消.

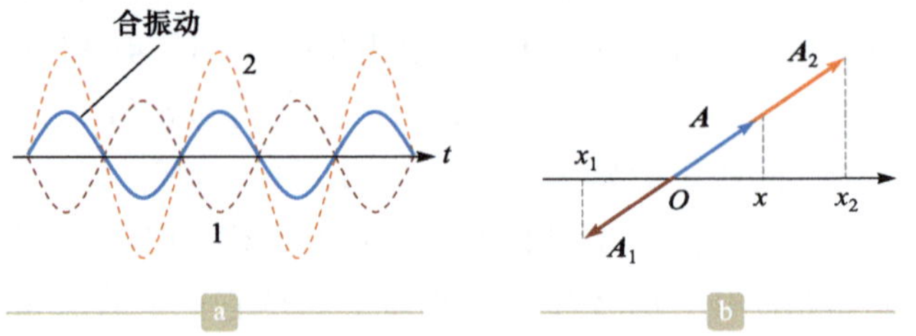


图 6-22 两个反相位简谐振动的合成. a.分振动和合振动的位移-时间图. b.分振动和合振动的旋转矢量图

一般情况下，两分振动既不是同相位，也不是反相位时，合振动的振幅介于 $A_1+A_2$ 和 $|A_1-A_2|$ 之间.

需要指出的是，在本章讨论振动时，初相位的取值范围在 $0\sim2\pi$，所以两个分振动的初相差不可能大于 $2\pi$. 但在第 7 章的讨论中，波场中各质点的振动相位除了与时间有关外，还与波传播的距离有关. 所以在研究两列同方向、同频率简谐波在空间某点的叠加时，相位差可以大于 $2\pi$. 上面(1)、(2)中的结论也同样适用于波的叠加.

2) 同方向、不同频率简谐运动的合成

如果两个同方向的分振动具有不同的振动圆频率 $\omega_1$ 和 $\omega_2$，则根据简谐运动的矢量表示法，与它们相应的两个旋转矢量 $\boldsymbol{A}_1$ 和 $\boldsymbol{A}_2$ 将以不同的角速度 $\omega_1$ 和 $\omega_2$ 旋转，它们之间的夹角(即两分振动的相位差)将随时间而变化. 于是 $\boldsymbol{A}_1$ 和 $\boldsymbol{A}_2$ 的合矢量，即合振动的旋转矢量 $\boldsymbol{A}$ 的长度不再保持恒定. 当某时刻两个分矢量的方向相同时，两个分矢量为同相位，此时合矢量最大；而当两个分矢量的方向相反时，两个分矢量为反相位，此时合矢量最小. 因此，合振动虽然与两个分振动的振动方向相同，但它不再是简谐运动，而是比较复杂的振动形式.

为方便起见，假设两个分振动具有相同的振幅 $A$，初相均为零，则这两个分振动的表达式分别为

$$x_1 = A\cos\omega_1 t$$

$$x_2 = A\cos\omega_2 t$$

它们的合振动表达式为

$$x = x_1 + x_2 = A\cos\omega_1 t + A\cos\omega_2 t$$

利用三角函数的和差化积公式，上式可写作

$$x = 2A\cos\left(\frac{\omega_2-\omega_1}{2}t\right)\cos\left(\frac{\omega_2+\omega_1}{2}t\right) \tag{6-41}$$

◀ 两个同方向、不同频率简谐运动的合振动公式

可见，合振动中包含了两个振动项，一个低频项 $\cos[(\omega_2-\omega_1)t/2]$和一个高频项 $\cos[(\omega_2+\omega_1)t/2]$，此时合振动的形式比较复杂. 但当两个分振动的频率 $\omega_1$ 和 $\omega_2$ 相近时，或$|\omega_2-\omega_1|$比 $\omega_1$(或 $\omega_2$)小得多时，上式中的第一个因子 $2A\cos[(\omega_2-\omega_1)t/2]$随时间变化很缓慢，而第二个因子 $\cos[(\omega_2+\omega_1)t/2]$是圆频率接近 $\omega_1$(或 $\omega_2$)的简谐函数. 因此，合振动可以近似看作是圆频率为$(\omega_2+\omega_1)/2(\approx\omega_1$ 或 $\omega_2)$、振幅为$|2A\cos[(\omega_2-\omega_1)t/2]|$的振动，而这一振动的振幅大小是随时间做周期性变化的. 这种振幅时而强，时而弱的振动现象称为**拍**，合振动振幅的变化频率称为**拍频**. 图 6-23a 给出了两个振幅相同而频率稍有差别的同方向简谐运动的位移-时间图，图 6-23b 表示两个分振动合成后的结果.

◀ 拍现象和拍频

由于余弦函数绝对值的变化周期是 $\pi$，所以合振动振幅的变化周期 $T$ 由下式决定：

$$\frac{|\omega_2-\omega_1|}{2}T = \pi$$

因此，合振动振幅的变化频率，即**拍频**为

$$\nu = \frac{1}{T} = \frac{|\omega_2-\omega_1|}{2\pi} = |\nu_2-\nu_1| \tag{6-42}$$

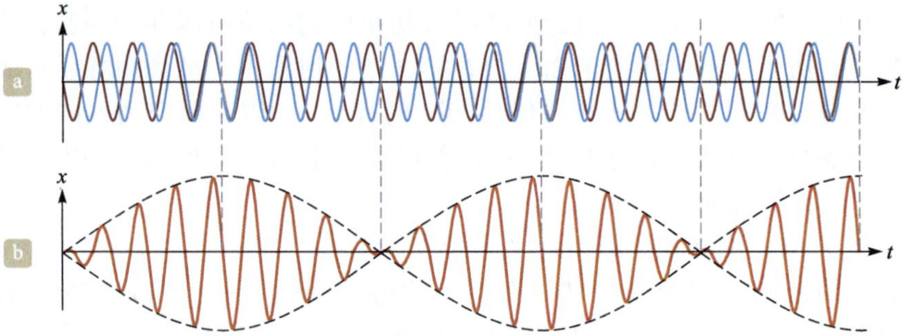


图 6-23 同方向、不同频率简谐运动的合成. a.两个频率相差很小的简谐运动的 $x$-$t$ 图. b.合振动的 $x$-$t$ 图

即拍频等于两个分振动频率之差的绝对值.

我们可以用一个简单的实验来观察拍的现象. 图 6-24 所示为两个振动频率相同的音叉，在其中一个音叉上套上一个小物体，使两个音叉发出的声音频率稍有不同. 将音叉的机械振动转换为电信号，就可以在示波器上观察到音叉的振动图形. 当我们只敲击一个音叉时，可以看到音叉的振动是等幅的，见图 6-24a. 而当我们同时敲击两个音叉时,从示波器上观察到的合振动的振幅随时间时而加强、时而减弱，即产生了拍的现象，见图 6-24b. 假设两个音叉的频率分别为 438Hz 和 442Hz，则它们合成后的声音具有 440Hz 的平均频率和 442Hz − 438Hz = 4Hz 的拍频，也就是说我们能听到频率为 440Hz 的声音，而该声音的强度在 1 秒内有 4 次强弱的变化.

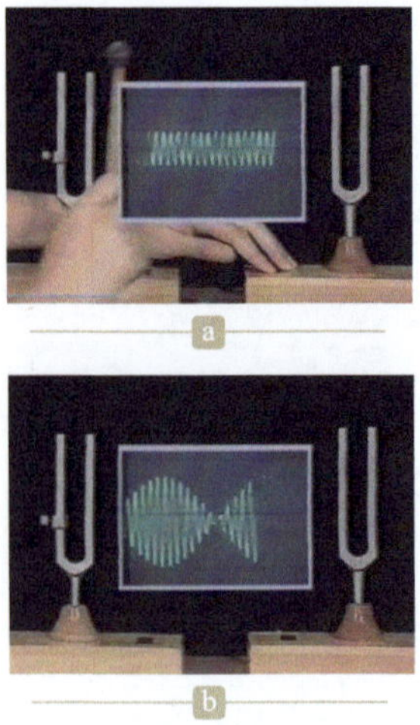

图 6-24 拍的现象. a.只敲击一个音叉时振动是等幅的. b.同时敲击两个音叉时，合振动的振幅随时间变化

拍是一种重要的物理现象，在声学和电子技术中有广泛的应用. 例如，在钢琴调律时，让标准音叉与待调整钢琴的某一个键(通常是中央 C 键)同时发音，如果听到拍的现象，则说明该键发出的频率与标准音叉的频率有差异. 调整该键的频率直至拍音消失，则该键的频率就被校准了. 拍现象的另一个重要的应用是调幅(AM)广播. 声波在空气中传播的距离有限，但高频无线电波可以传到很远的地方. 因此，在电台的调幅广播中，将声音信号去调制高频载波信号(等幅振荡)的振幅，得到调幅波信号，调幅波信号中的拍频即为音频信号. 当收音机接收到电台发射的调幅波信号后，将信号中的高频部分滤掉(这一过程称为检波)，检出的音频信号经过放大并驱动扬声器还原成声音. 可见，在无线电广播中，音频信号相当于要运输的货物，载波信号相当于运输工具(如飞机)，调幅波信号相当于装载了货物的飞机，而收音机的检波则相当于卸货.

### 2. 相互垂直简谐运动的合成

1) 相互垂直、同频率简谐运动的合成

如果一个质点同时参与两个垂直方向的简谐运动，这两个简谐运动以相同的圆频率 $\omega$ 分别沿相互垂直的 $x$ 轴方向和 $y$ 轴方向运动，则它们的运动方程分别为

$$x = A_1\cos(\omega t + \varphi_1)$$

$$y = A_2\cos(\omega t + \varphi_2)$$

那么，质点将在 $x$-$y$ 平面内振动，其运动范围被限制在 $x = \pm A_1$ 和 $y = \pm A_2$ 的矩形区域内. 从上面的两个方程中消去 $t$，可得合振动的轨迹方程为

$$\frac{x^2}{A_1^2}+\frac{y^2}{A_2^2}-\frac{2xy}{A_1A_2}\cos(\varphi_2-\varphi_1)=\sin^2(\varphi_2-\varphi_1) \tag{6-43}$$

这是一个椭圆方程，椭圆的形状和绕行方向由两个振动的相位差 $\varphi_2-\varphi_1$ 决定. 下面讨论几种特殊的情况.

(1) 若两个分振动同相位，即 $\varphi_2-\varphi_1$ 等于零或 $2\pi$ 的整数倍，则式(6-43)可简化为

$$y=\frac{A_2}{A_1}x \tag{6-44}$$

这时质点合振动的轨迹为通过坐标原点 $O$ 且在第一和第三象限中的直线，见图 6-25a.

(2) 若两个分振动反相位，即 $\varphi_2-\varphi_1$ 等于 $\pi$ 的奇数倍，则式(6-43)可简化为

$$y=-\frac{A_2}{A_1}x \tag{6-45}$$

这时质点合振动的轨迹为通过坐标原点 $O$ 且在第二和第四象限中的直线，见图 6-25b.

(3) 若两个分振动的相位相差 $\varphi_2-\varphi_1$ 等于 $\pi/2$ 的奇数倍，则式(6-43)可简化为

$$\frac{x^2}{A_1^2}+\frac{y^2}{A_2^2}=1 \tag{6-46}$$

这是一个正椭圆方程，合振动的轨迹是以 $x$ 和 $y$ 为长短轴的椭圆(图 6-26). 如果 $\varphi_2-\varphi_1=-\pi/2$，即 $x$ 方向的振动比 $y$ 方向的振动超前 $\pi/2$，则当 $x$ 轴方向的振动相位为零时，$x$ 轴方向的位移为 $A_1$，此时 $y$ 轴方向的振动相位为 $-\pi/2$，所以 $y$ 轴方向的位移为零，且向正方向运动，所以合振动为逆时针方向的椭圆运动(图 6-26a). 相反，若 $\varphi_2-\varphi_1=\pi/2$，即 $x$ 方向的振动比 $y$ 方向的振动落后 $\pi/2$，则当 $x$ 方向相位是零时，$x$ 方向的位移为 $A_1$，此时 $y$ 轴方向的振动相位为 $\pi/2$，所以 $y$ 轴方向的位移为零，且向负方向运动，所以合振动为顺时针方向的椭圆运动(图 6-26b).

(4) 若相位差取其他数值，则合振动的轨迹仍是椭圆，但椭圆长短轴的方向，椭圆的绕向随相位差的不同而不同. 图 6-27 给出了两个相互垂直的同频率振动在不同相位差时的几个例子.

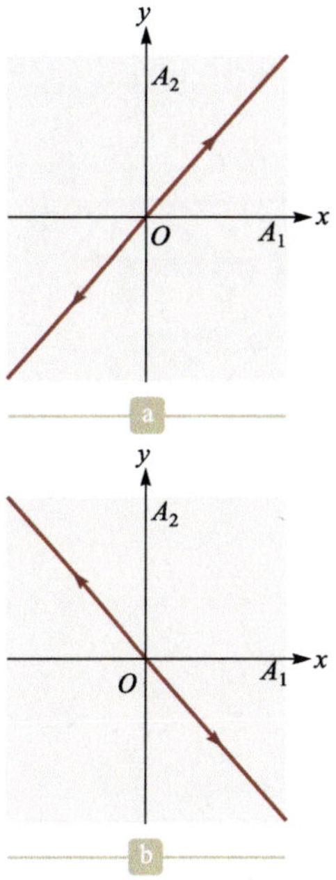


图 6-25 垂直方向同频简谐振动的合成. a.两个分振动同相位时. b. 两个分振动反相位时

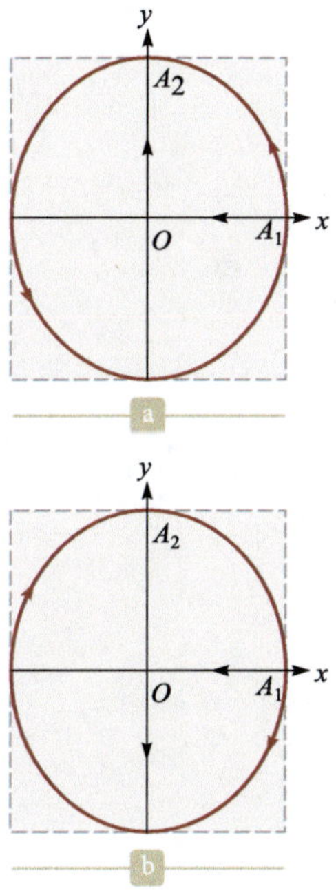


图 6-26 垂直方向同频简谐振动的合成. a. $\varphi_2-\varphi_1=-\pi/2$ 时. b. $\varphi_2-\varphi_1=\pi/2$ 时

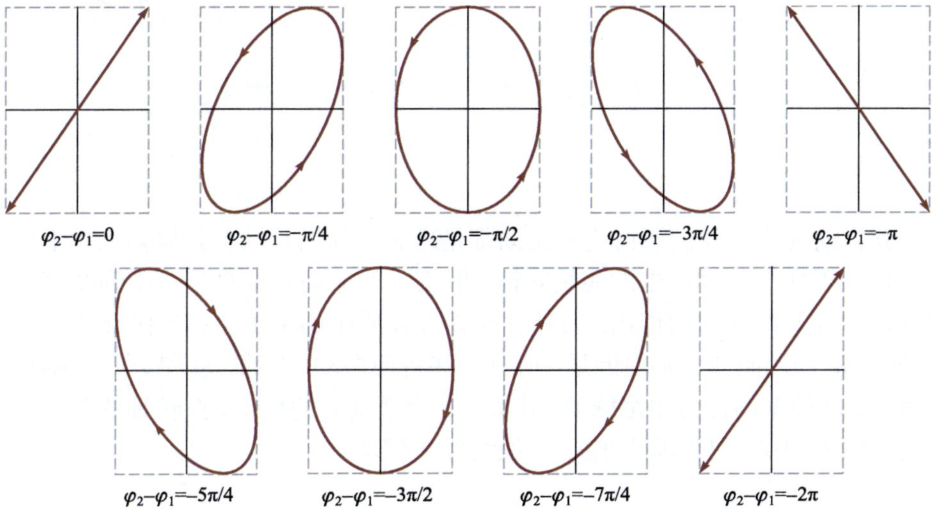


图 6-27 同频率垂直振动在不同相位差时的李萨如图形

应该指出，与垂直振动的合成相反，一个圆运动或椭圆运动也可以分解为相互垂直的两个简谐运动. 在光学中讨论光的偏振性时，圆偏振光和椭圆偏振光可以看成两个相互垂直的线偏振光的合成.

2) 相互垂直、不同频率简谐运动的合成

如果两个垂直分振动的频率不同，则合振动的轨迹与两个分振动的频率和初相差均有关. 设两个分振动的方程分别为

$$x = A_1 \cos \omega_1 t$$

$$y = A_2 \cos(\omega_2 t + \varphi)$$

当两个分振动的频率 $\omega_1$ 和 $\omega_2$ 成简单整数比时，合振动轨迹为稳定的封闭曲线，称为**李萨茹图形**，如图 6-28 所示.

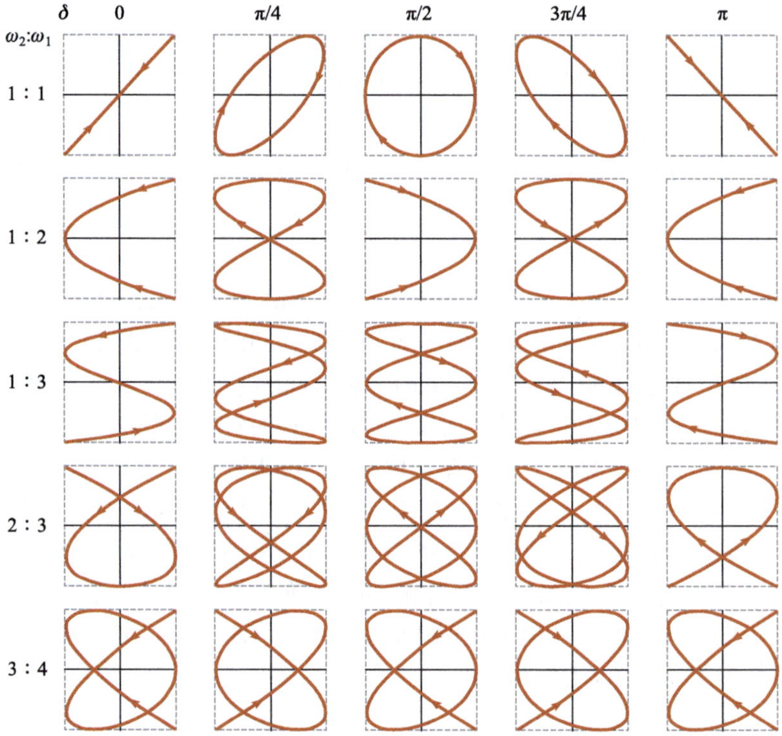


图 6-28 不同频率垂直振动当频率比为简单整数比和不同相位差时的李萨如图形

## 6.6 阻尼振动 受迫振动 共振

### 1. 阻尼振动

到目前为止，我们所讨论的振动都是理想的简谐运动，其振幅大小不随时间变化，因而振动过程中的能量守恒. 但实际的振动系统总是会受到摩擦力和空气阻力等非保守力的作用. 另外，在弹性介质中的振子会在周围介质中产生波动(见第 7 章)而向外辐射能量. 所有这些将使振动的能量逐渐减少，振幅也逐渐减小，这种振动称为**阻尼振动**. 比如，一个摆动着的秋千，在转轴的摩擦阻力和空气阻力的作用下做阻尼振动，最终停止摆动.

阻尼振动 ▶

图 6-29 为一个竖直悬挂的弹簧振子，振动物体被浸没在液体中，由于液体的黏滞阻力做功而使振子的能量逐渐耗散. 假设物体是被浸没在均匀液体中，而物体的振动速度不太大，则物体受到的液体阻力 $f$ 与其运动速度 $v$ 的大小成正比而方向相反，即

$$f=-bv=-b\frac{\mathrm{d}x}{\mathrm{d}t}$$

式中 $b$ 称为**阻力系数**. 根据牛顿第二定律，在弹性力和阻力的共同作用下，阻尼振动的动力学方程为

$$m\frac{\mathrm{d}^2x}{\mathrm{d}t^2}=-kx-b\frac{\mathrm{d}x}{\mathrm{d}t} \tag{6-47}$$

如果令

$$\omega_0^2=\frac{k}{m},\quad \beta=\frac{b}{2m}$$

式中 $\omega_0$ 为无阻尼时系统做简谐运动时的圆频率，即为系统的固有圆频率，$\beta$ 称为**阻尼因数**，则方程(6-47)可改写为

$$\frac{\mathrm{d}^2x}{\mathrm{d}t^2}+2\beta\frac{\mathrm{d}x}{\mathrm{d}t}+\omega_0^2x=0 \tag{6-48}$$

将上式与无阻尼时的简谐运动方程(6-4)比较，多了一个附加项 $2\beta\frac{\mathrm{d}x}{\mathrm{d}t}$. 关于微分方程(6-48)的求解过程请参照数学中的相关内容，我们只针对下面的三种情况作相应的讨论.

(1) 当阻尼较小，即 $\beta<\omega_0$ 时，方程(6-48)的解为

$$x=A\mathrm{e}^{-\beta t}\cos(\omega' t+\varphi) \tag{6-49}$$

其中

$$\omega'=\sqrt{\omega_0^2-\beta^2} \tag{6-50}$$

式(6-49)中 $A$ 和 $\varphi$ 为两个积分常量，由初始条件决定. 由式(6-49)可见，在阻尼较小的情况下，系统的振动特性被保留了下来，系统将以圆频率 $\omega'$ 做振动，但其振动的幅值 $A\mathrm{e}^{-\beta t}$ 将随时间 $t$ 按指数规律衰减. 并且随着阻尼因数 $\beta$ 的增大，振动衰减得越快，振动的圆频率 $\omega'$ 也会随着 $\beta$ 的增大而减小，即由于阻尼的存在，振动变慢了，系统的这种运动状态称为**欠阻尼状态**，其位移-时间图如图 6-30 所示.

(2) 当阻尼达到一个临界值，即 $\beta=\omega_0$ 时，由式(6-50)可见，此时 $\omega'=0$，说明系统不会再振动. 在这种情况下，物体在偏离平衡位置的某处静止释放后，会逐渐接近但不会通过平衡位置，其位移随时间的变化过程如图 6-31 中红色的曲线所示，系统的这种运动状态称为**临界阻尼状态**.

(3) 当阻尼大到超过临界值，即 $\beta>\omega_0$ 时，系统也不会振动，此时物体由偏离平衡位置的某处回到平衡位置所花的时间比临界阻尼状态长，并且这一时间随着阻尼的增大而变长，如图 6-31 中黑色曲线所示. 我们称系统的这种运动状态为**过阻尼状态**.

临界阻尼与过阻尼状态下，物体都不会振动，但临界阻尼下物体回到平衡

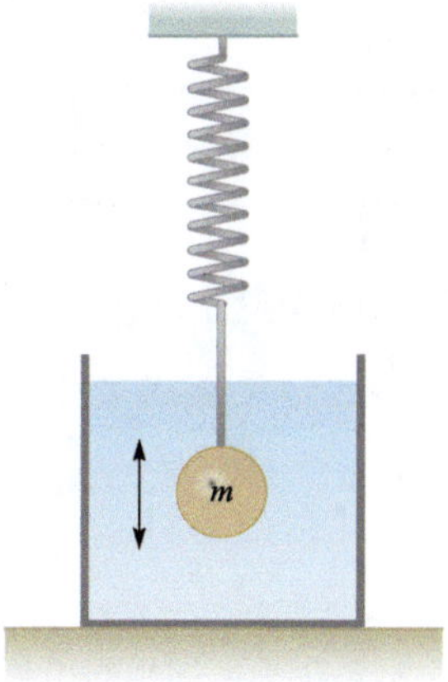


图 6-29 振动物体浸没在液体中的弹簧振子因为液体阻力的存在而做阻尼振动

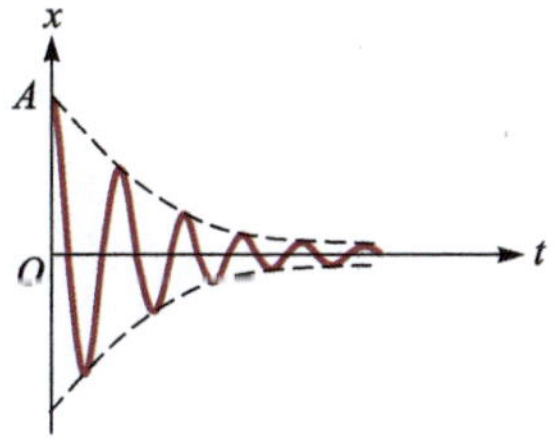


图 6-30 欠阻尼振动的幅值将按 $A\mathrm{e}^{-\beta t}$ 规律随时间衰减

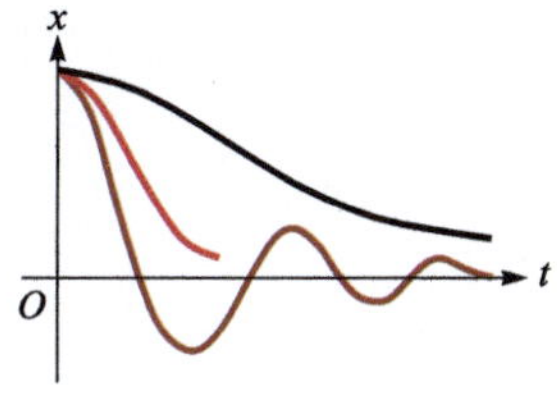


图 6-31 临界阻尼(红色)和过阻尼(黑色)的幅值随时间衰减的情况

位置的时间最短. 许多精密的测量仪器中都应用了阻尼的原理. 比如分析天平可以测量微小的质量. 因为它特别灵敏, 阻尼因数很小, 如果不采取一定的措施, 它将用很长时间才能停止摆动. 为了使天平尽快达到平衡, 必须增大阻尼. 为此, 在天平的左右两臂下分别安装了两个类似于倒扣着的"锅", 如图 6-32 所示. 两个"锅"之间有狭小的缝隙以便空气通过, 当这样的机械阻尼装置产生的阻尼接近于临界阻尼时, 可使天平快速地达到平衡. 又比如, 灵敏检流计上都设置了一个"短路"按键, 按下此按键可使测量线圈短路, 在电磁阻尼的作用下, 指针会快速地回到平衡位置.

图 6-32 分析天平利用空气阻尼使平衡臂快速达到平衡状态

### 2. 受迫振动

实际的振动系统由于总避免不了阻力的存在, 所以系统的机械能随时间不断减小, 如果没有能量的补充, 系统将以阻尼振动的形式逐渐衰减并最终停止下来. 为了使系统能够持续地振动, 可以在系统上施加一个周期性的外力, 当周期性外力在每个振动周期内对系统所做的正功正好等于每个周期内阻尼力所消耗的能量时, 系统依然可以持续稳定地振动. 这种周期性的外力称为**驱动力**, 系统在驱动力作用下的振动就叫**受迫振动**. 受迫振动很常见, 例如, 当汽车静止而发动机正在工作时, 车身的振动就是受迫振动. 我们的耳朵之所以能听到声音, 就是耳膜在外界声波的周期性压力作用下做受迫振动的结果.

受迫振动 ▶

为简单起见, 假设驱动力有如下的形式:

$$F = F_0 \cos \omega t \tag{6-51}$$

式中 $F_0$ 为驱动力的幅值, $\omega$ 为驱动力的圆频率. 物体在弹性力、阻力和驱动力的共同作用下做受迫振动的动力学方程为

$$m\frac{\mathrm{d}^2 x}{\mathrm{d}t^2} = -kx - b\frac{\mathrm{d}x}{\mathrm{d}t} + F_0 \cos \omega t \tag{6-52}$$

令

$$\omega_0^2 = \frac{k}{m}, \quad 2\beta = \frac{b}{m}, \quad f_0 = \frac{F_0}{m}$$

则式(6-52)可写成

受迫振动的动力学方程 ▶

$$\frac{\mathrm{d}^2 x}{\mathrm{d}t^2} + 2\beta\frac{\mathrm{d}x}{\mathrm{d}t} + \omega_0^2 x = f_0 \cos \omega t \tag{6-53}$$

这个微分方程的解为

$$x = A_0 \mathrm{e}^{-\beta t} \cos\left(\sqrt{\omega_0^2 - \beta^2}\, t + \varphi'\right) + A\cos\left(\omega t + \varphi\right) \tag{6-54}$$

上式中的第一项是一个振幅随时间按指数衰减的振动, 第二项是一个振幅不变的振动. 所以, 开始时系统的振动比较复杂, 有一段暂态过程. 经过足够的时间后, 第一项衰减到零, 此后系统进入稳定的振动状态, 即

$$x = A\cos(\omega t + \varphi) \tag{6-55}$$

应该指出, 稳态时受迫振动的表达式(6-55)虽然和无阻尼自由振动的表达式相同, 都是简谐运动的形式, 但它们的实质却不相同. 首先, 受迫振动的圆频率不是振子的固有圆频率, 而是驱动力的圆频率; 其次, 受迫振动的振幅和初相

不是由振子的初始状态决定，而是依赖于振子的性质、阻尼的大小和驱动力的特征. 根据理论计算可得受迫振动的振幅和初相分别为

$$A=\frac{f_0}{\sqrt{\left(\omega^2-\omega_0^2\right)^2+4\beta^2\omega^2}} \tag{6-56}$$

◀ 稳定受迫振动的振幅

$$\tan\varphi=\frac{-2\beta\omega}{\omega_0^2-\omega^2} \tag{6-57}$$

从能量角度看，在受迫振动过程中，系统一方面因阻尼的作用而消耗能量，另一方面因驱动力做功而获得能量. 开始时，驱动力所做的功往往大于阻尼消耗的能量，所以总的趋势是能量逐渐增大. 由于阻尼一般随速度的增大而增大，当振动加强时，因阻尼而消耗的能量也增多. 当驱动力所做的功恰好补偿因阻尼而消耗的能量时，系统进入稳定的受迫振动状态. 所以说，受迫振动就是在周期性外力作用下的阻尼振动.

### 3. 共振

最后，我们来进一步讨论稳定状态下受迫振动的振幅 $A$ 与周期性外力的圆频率 $\omega$ 之间的关系. 由式(6-56)可见，如果驱动力的力幅 $f_0$ 一定，则受迫振动稳定时的位移振幅 $A$ 随周期性外力的圆频率 $\omega$ 改变而改变，图 6-33 画出了几种不同阻尼因数下受迫振动的振幅与驱动力的圆频率之间的关系曲线，图中 $\omega_0$ 为振动系统的固有圆频率. 从图中可以看出，当驱动力的圆频率 $\omega \gg \omega_0$ 或 $\omega \ll \omega_0$ 时，受迫振动的振幅 $A$ 较小；而当 $\omega$ 与 $\omega_0$ 接近，即 $\omega\approx\omega_0$ 时，受迫振动的振幅 $A$ 较大. 当驱动力的圆频率 $\omega$ 为某个特定值时，受迫振动的位移振幅达到极大值. 我们可以用求极值的方法来求受迫振动的位移为极大值时驱动力的圆频率. 为此，将式(6-56)对 $\omega$ 求导，并令 $\mathrm{d}A/\mathrm{d}\omega=0$，即可得到：当 $\omega=\sqrt{\omega_0^2-2\beta^2}$ 时，受迫振动的振幅有极大值. 我们把受迫振动的振幅达到极大值的现象称为**位移共振**，简称**共振**. 而发生共振时驱动力的圆频率称为**共振圆频率**，用 $\omega_{共振}$ 表示，即

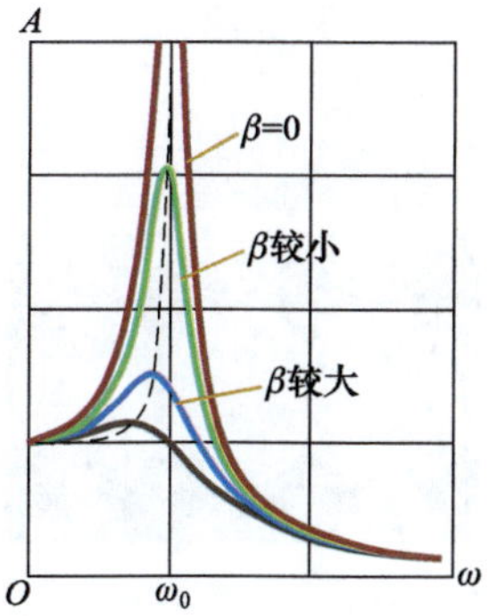


图 6-33 阻尼因数 $\beta$ 越小，共振圆频率 $\omega_{共振}$ 越接近系统的固有圆频率 $\omega_0$ 且位移振幅 $A$ 越大

$$\omega_{共振}=\sqrt{\omega_0^2-2\beta^2} \tag{6-58}$$

将式(6-58)代入式(6-56)和式(6-57)，即可得到共振时受迫振动的振幅和初相(即受迫振动与驱动力之间的相位差)分别为

$$A_{共振}=\frac{f_0}{2\beta\sqrt{\omega_0^2-\beta^2}} \tag{6-59}$$

$$\varphi=\arctan\frac{-\sqrt{\omega_0^2-2\beta^2}}{\beta} \tag{6-60}$$

由上面三式可见，系统的共振圆频率 $\omega_{共振}$、共振振幅 $A_{共振}$ 以及共振时受迫

振动与驱动力之间的相位差 $\varphi$ 都与系统自身的性质(即固有圆频率 $\omega_0$)有关，也与阻尼力(由阻尼因数 $\beta$ 表征)有关. 阻尼因数 $\beta$ 越小，则共振圆频率 $\omega_{共振}$ 越接近受迫振动的固有圆频率 $\omega_0$，同时共振振幅也越大. 当共振发生时，系统的振动速度与驱动力的相位相同，这时，驱动力总是对系统做正功，系统可以最大限度地从外界获得能量. 这是共振时系统振幅达到最大的原因.

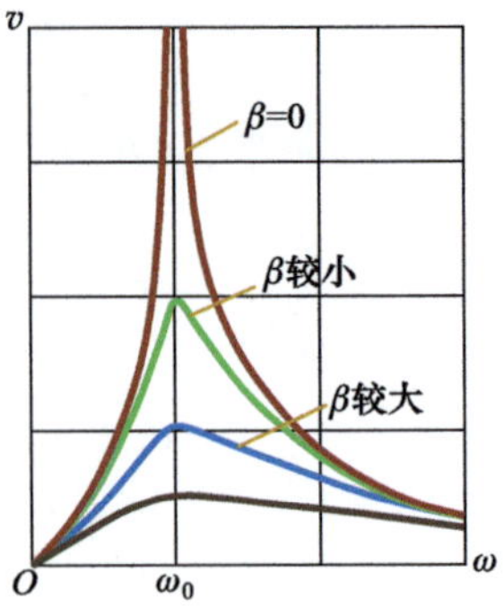

图 6-34 当驱动力的圆频率 $\omega$ 等于系统的固有圆频率 $\omega_0$ 时，发生速度共振. 阻尼因数 $\beta$ 越小，速度幅值 $v_0$ 越大

由式(6-55)可以求出，当受迫振动达到稳态时的振动速度为

$$v=\frac{\mathrm{d}x}{\mathrm{d}t}=-A\omega\sin(\omega t+\varphi)=A\omega\cos\left(\omega t+\varphi+\frac{\pi}{2}\right) \tag{6-61}$$

式中 $A\omega$ 称为速度幅值，用 $v_0$ 表示. 由式(6-56)得

$$v_0=A\omega=\frac{\omega f_0}{\sqrt{\left(\omega^2-\omega_0^2\right)^2+4\beta^2\omega^2}} \tag{6-62}$$

由上式可见，受迫振动的速度在一定条件下也可以发生共振，称为**速度共振**. 可以用求极值的方法，求得当驱动力的圆频率 $\omega$ 等于系统的固有圆频率 $\omega_0$ 时，即

$$\omega_{共振}=\omega_0 \tag{6-58}$$

时，振动速度的幅值达到最大值. 另外，在外加驱动力一定的情况下，阻尼越小，速度振幅的极大值也越大，共振曲线也越尖锐，如图 6-34 所示.

需要说明的是，在阻尼很小的情况下，位移共振圆频率接近于速度共振圆频率，此时，位移共振与速度共振可不加以区分.

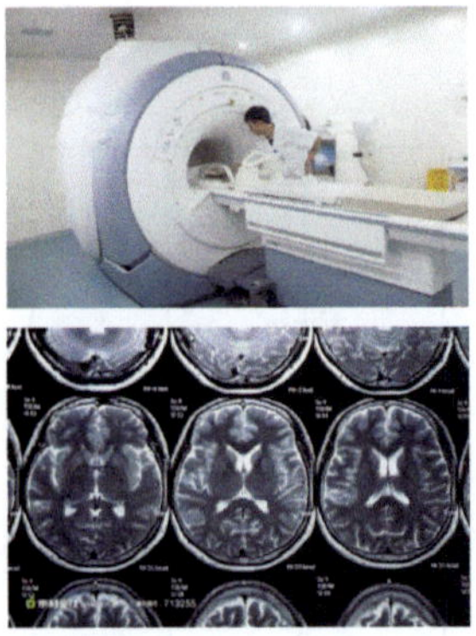

图 6-35 核磁共振成像(MRI)是一种利用核磁共振原理的最新医学影像新技术，已经成为肿瘤、心脏病及脑血管疾病早期筛查的利器. 核磁共振具有成像参数多、扫描速度快、组织分辨率高和图像更清晰等优点，可帮助医生“看见”不易察觉的早期病变

共振现象的存在是极为普遍的，在声学、光学、电子学、原子物理及核物理和工程技术等领域有广泛的应用. 例如，收音机、电视机的调谐电路，就是利用电磁共振来选择接收某一频率的电磁波信号；一些乐器利用共振箱来提高音响效果；原子核内的核磁共振现象被用来进行物质结构的研究以及医疗诊断等，见图 6-35. 当然，共振现象有时也有不利的一面. 例如，地震时，固有频率与地震频率相等或接近的建筑物容易损毁. 大型建筑物或桥梁若因受到大风的影响而发生共振时也极易发生损坏. 1940 年，著名的美国塔科马海峡大桥垮塌的主要原因就是峡谷间的阵阵大风引起的桥梁共振(图 6-36).

a b

图 6-36 a.塔科马海峡大桥受大风影响发生共振时，桥面发生严重摇摆. b.塔科马海峡大桥发生垮塌瞬间

# 第 6 章练习题

6-1 什么是简谐运动？下列运动中哪个是简谐运动？

(1) 拍皮球时球的运动；

(2) 圆锥摆的运动；

(3) 一小球在半径很大的光滑凹球面底部的小幅度摆动.

6-2 一重物挂在上端固定的竖直弹簧的下端，将重物向下拉离平衡位置后由静止释放. 若第一次拉开的距离比第二次拉开的距离短，问两种情况下系统的振动周期和振幅是否相等？

6-3 在上端固定的弹簧下端分别挂上质量不同的两个小球，将小球由平衡位置下拉同样的距离释放，使之做上下振动. 问两种情况下小球的振动周期和振幅是否相等？

6-4 将一个弹簧振子和一个单摆放到月球上做实验，它们的振动周期和在地球上相比有何不同？

6-5 弹簧振子在水平方向做简谐运动时，弹性力在 1 个周期内、1/2 周期内和 1/4 周期内分别做多少功？

6-6 安装在楼板上的鼓风机在工作时会产生令人讨厌的震动. 为了减小震动，把鼓风机安装在由 4 个弹簧支撑的底座上. 鼓风机和底座的总质量为 563kg，鼓风机的转速为 1800r/min. 实验指出，当驱动频率为振动系统固有频率的 5 倍时，可减震 90%以上. 若按 5 倍计算，求每个弹簧的劲度系数.

6-7 一简谐振子的运动由下列方程描述($x, t$ 的单位分别为 m, s)：

$$x = 4\cos(0.1t + 0.5)$$

(1) 求振动的振幅、周期、频率和初相位；

(2) 求振动速度和加速度的表达式；

(3) 求 $t = 0$ 时的位移、速度和加速度；

(4) 求 $t = 5$s 时的位移、速度和加速度；

(5) 画出位移、速度和加速度作为时间 $t$ 的函数曲线.

6-8 一质量为 $1\times10^{-3}$kg 的质点做简谐运动，其振幅为 $2\times10^{-4}$m，质点在其轨道末端的加速度大小为 $8\times10^{3}$m/s$^2$.

(1) 计算该质点的振动频率；

(2) 求当质点通过平衡位置和位移为 $1.2\times10^{-4}$m 时的速度；

(3) 写出作用在该质点上的力作为坐标的函数和作为时间的函数.

6-9 已知一个谐振子的振动曲线如题 6-9 图所示.

(1) 求与 $a$、$b$、$c$、$d$、$e$ 各状态相应的相位；

(2) 写出振动表达式.

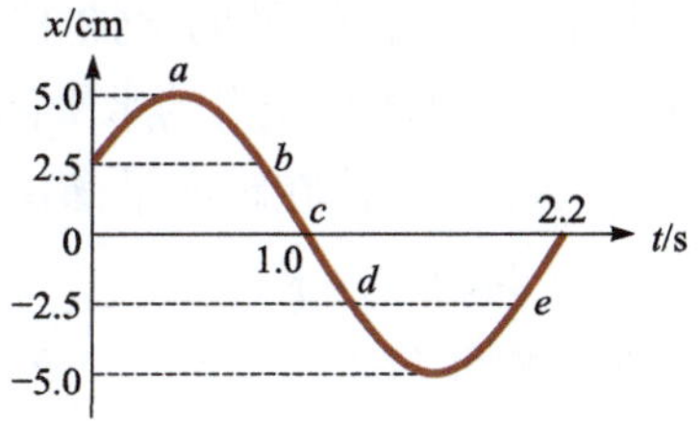


题 6-9 图

6-10 一物体做简谐运动，其位移振幅 $A = 2\times10^{-2}$m，速度振幅 $v_m = 3\times10^{-2}$m/s. 若 $t = 0$，物体位于平衡位置且向 $x$ 轴负方向运动，求：

(1) 振动周期 $T$；

(2) 加速度振幅 $a_m$；

(3) 振动表达式.

6-11 一物体做简谐运动，振幅为 15cm，频率为 4Hz，求：

(1) 物体运动的最大速度和最大加速度；

(2) 位移为 9cm 时物体的速度和加速度；

(3) 物体从平衡位置运动到相距平衡位置 12cm 处所需的最短时间.

6-12 如题 6-12 图所示，劲度系数分别为 $k_1$ 和 $k_2$ 的两根弹簧和质量为 $m$ 的物体相连，水平面光滑. 试写出物体的动力学方程并证明该振动系统的

周期为 $2\pi\sqrt{\dfrac{m}{k_1+k_2}}$.

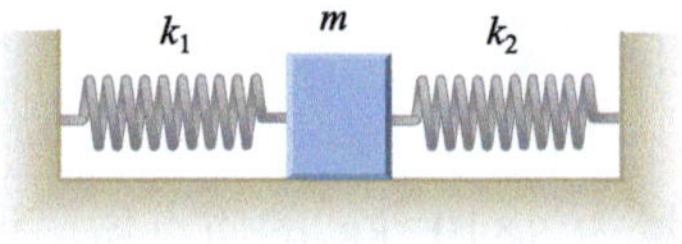


题 6-12 图

**6-13** 一个沿 $x$ 轴做简谐运动的弹簧振子，振幅 $A=2.0\times10^{-2}$m，周期 $T=0.5$s，其位移与时间的关系用余弦函数表示. 如果 $t=0$，振子的状态分别为以下几种情况，试用旋转矢量法判断初相的值并写出振动表达式.

(1) 物体在负最大位移处；

(2) 物体过平衡位置向 $x$ 轴正方向运动；

(3) 物体过 $x=A/2$ 处向 $x$ 轴负方向运动；

(4) 物体过 $x=-A/\sqrt{2}$ 处向 $x$ 轴正方向运动.

**6-14** 质量为 $m$ 的物体在光滑的水平面上做简谐振动，振幅为 12cm，物体在距离平衡位置 6cm 处时的速度大小为 24cm/s，求：

(1) 振动的周期 $T$；

(2) 当速度大小等于 12cm/s 时的位移.

**6-15** 在水平光滑的桌面上用轻弹簧连接两个质量都是 $m=0.05$kg 的小球，如题 6-15 图所示. 弹簧的劲度系数 $k=1\times10^3$N/m. 今沿弹簧轴线向相反方向拉开两球然后释放，求此后两球的振动频率.

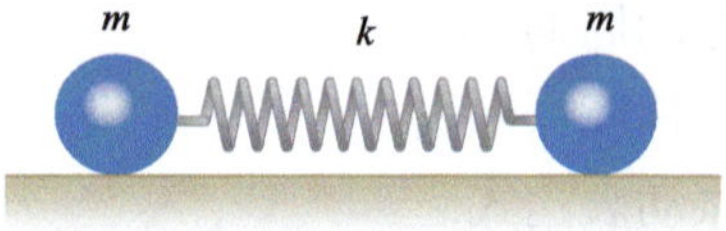


题 6-15 图

**6-16** 如题 6-16 图所示，一个弹簧振子在光滑水平面上做简谐运动，振幅为 $A$，弹簧的劲度系数为 $k$，物体的质量为 $M$. 当物体刚好通过平衡位置时，一质量为 $m$ 的黏土正好落在物体上并与物体一起运动，求系统的振动周期和振幅.

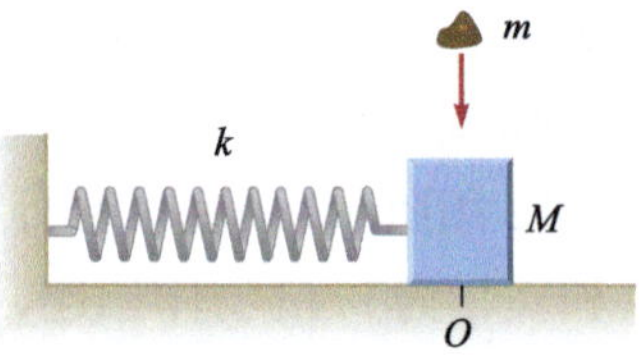


题 6-16 图

**6-17** 质量为 4kg 的物体悬挂在劲度系数为 400N/m 的弹簧下端，现将物体向下拉 20cm 后由静止释放. 问：

(1) 当物体在平衡位置上方 10cm 处并向上运动时，物体的加速度多大？方向如何？

(2) 物体从平衡位置向上运动 10cm 所需的最短时间是多少？

(3) 如果在物体上再放一小物体，仍按上述初始条件开始振动，那么放在振动物体上的小物体在何处与振动物体分离？

**6-18** 一定滑轮的半径为 $R$，转动惯量为 $I$，其上挂一轻绳，绳的一端系一质量为 $m$ 的物体，另一端与一固定的轻弹簧相连，如题 6-18 图所示. 设弹簧的劲度系数为 $k$，绳与滑轮间无相对滑动，忽略轴的摩擦力及空气阻力. 现将物体 $m$ 从平衡位置向下拉一微小距离后放手，证明物体做简谐振动，并求其振动的圆频率.

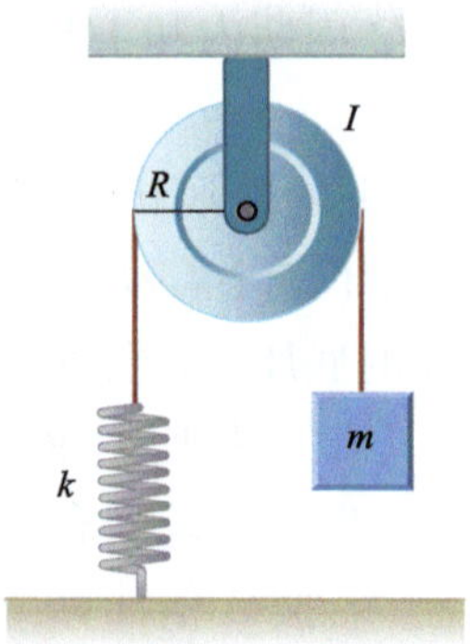


题 6-18 图

**6-19** 一摆钟的钟摆可看作单摆，其振动周期为 2s，如果摆长增加 $1\times10^{-4}$m，重力加速度 $g$ 取 $9.8\text{m/s}^2$，求该摆钟在 24 小时后的走时误差.

**6-20** 一根长为 1m 的匀质细棒，可绕通过其一端的悬挂点在竖直平面内摆动，构成一复摆.

(1) 求此复摆的振动周期和等值摆长；

(2) 在棒上另取一悬挂点，此悬挂点距棒一端的距离等于(1)中求出的等值摆长．求棒以该悬挂点摆动的周期．

**6-21** 一半径 $R=12\text{cm}$ 的匀质圆盘，可绕垂直于盘面的水平轴转动而形成一个复摆．转轴与盘心的距离为 $r(r\leqslant R)$．当 $r=0$，$R/4$，$R/2$，$3R/4$ 和 $R$ 时，分别求复摆小角度振动的周期．

**6-22** 一根米尺，挂在通过其一端的水平轴上而形成复摆，一体积很小但质量和米尺相同的物体固定在米尺上，此物体与转轴相距 $h$．设由米尺和物体组成的系统的振动周期为 $T$，米尺单独振动时的周期为 $T_0$．

(1) 试求 $h=0.5\text{m}$ 和 $h=1.0\text{m}$ 时 $T$ 和 $T_0$ 的比值；

(2) 是否存在一个 $h$，使 $T=T_0$？如果存在，试解释周期相同的原因．

**6-23** 在直立的 U 形管中装有质量为 $m=240\text{g}$ 的水银(密度 $\rho=13.6\text{g/cm}^3$)，管的截面积为 $S=30\text{cm}^2$，忽略水银与管壁的摩擦．当水银面上下振动时，

(1) 证明水银做简谐运动并写出振动表达式；

(2) 求水银的振动周期．

**6-24** 一弹簧的下端悬挂质量为 50g 的物体，物体沿竖直方向的运动方程为

$$x=2\sin 10t$$

其中时间 $t$ 的单位为 s，位移 $x$ 的单位为 cm．取物体受力平衡时的位置为势能零点．求：

(1) 弹簧的劲度系数；

(2) 振动的最大动能；

(3) 振动系统的总机械能．

**6-25** 一个弹簧振子沿 $x$ 轴做简谐运动，振幅为 0.1m，周期为 0.2s，在 $t=0$ 时，振动质点在 $x_0=-0.05\text{m}$ 处向 $x$ 轴正方向运动．求：

(1) 振动的初相位；

(2) 振动表达式；

(3) 如果弹簧的劲度系数为 100N/m，则在 $t=0$ 时，系统的弹性势能和动能．

**6-26** 一物体质量为 0.25kg，在弹性力作用下做简谐振动，弹簧的劲度系数为 25N/m，如果开始振动时系统具有势能 0.06J 和动能 0.02J，求：

(1) 振动的振幅；

(2) 动能等于势能时物体的位移；

(3) 经过平衡位置时物体的速度．

**6-27** 质量为 $10\times10^{-3}\text{kg}$ 的小球与轻弹簧组成弹簧振子，运动方程为

$$x=0.1\cos\left(8\pi t+\frac{2\pi}{3}\right)$$

式中 $t$ 以 s 为单位，$x$ 以 m 为单位．

(1) 求 $t=1\text{s},2\text{s},5\text{s}$ 和 10s 各时刻振动的相位；

(2) 分别画出振动的 $x$-$t$ 图线，$v$-$t$ 图线和 $a$-$t$ 图线；

(3) 求最大回复力、振动能量、平均动能和平均势能．

**6-28** 质量为 0.10kg 的物体，以振幅 $1.0\times10^{-2}\text{m}$ 做简谐振动，其最大加速度为 $4.0\text{m/s}^2$．求：

(1) 振动的周期；

(2) 物体通过平衡位置时的总能量与动能；

(3) 物体的动能与势能相等的位置；

(4) 当物体的位移为振幅的一半时，其动能、势能与总能量的比值．

**6-29** 如题 6-29 图所示，已知弹簧的劲度系数为 $k$，两物体的质量分别为 $m_1$ 和 $m_2$，两物体之间的最大静摩擦因数为 $\mu_0$，水平面是光滑的．试求使两物体间不发生相对滑动的系统的最大振动能量．

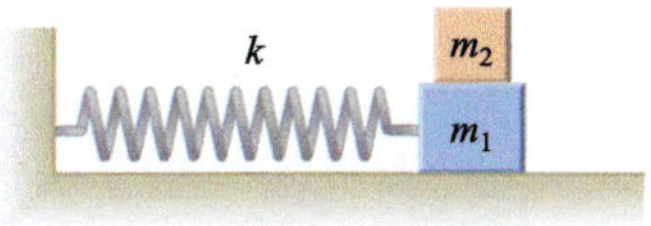


题 6-29 图

**6-30** 一质点同时参与两个在同一直线上的简谐运动，两个简谐运动的表达式分别为

$$x_1=4\cos\left(2t+\frac{\pi}{6}\right)(\text{SI})$$

$$x_2 = 3\cos\left(2t - \frac{5\pi}{6}\right)(\text{SI})$$

求合振动的振幅和初相.

6-31 一质点同时参与两个同方向的简谐振动，振动方程分别为

$$x_1 = 5\times10^{-2}\cos\left(4t + \frac{\pi}{3}\right) \quad (\text{SI})$$

$$x_2 = 3\times10^{-2}\sin\left(4t - \frac{\pi}{6}\right) \quad (\text{SI})$$

画出两振动的旋转矢量图，并求合振动的振动方程.

6-32 一物体同时参与两个同方向的简谐振动：

$$x_1 = 0.04\cos\left(2\pi t + \frac{\pi}{2}\right)(\text{SI})$$

$$x_2 = 0.03\cos(2\pi t + \pi)(\text{SI})$$

求此物体的振动方程.

6-33 有两个同方向、同频率的简谐运动，其合成振动的振幅为 0.20m，合振动的相位与第一振动的相位差为 π/6. 已知第一振动的振幅为 0.173m，求第二振动的振幅以及第一、第二振动之间的相位差.

6-34 一单摆的摆长为 1.00m，初始振幅为 $\theta_0 = 5°$. 因受空气阻力的影响，经过 100s，其振幅减小为 $\theta_1 = 4°$. 求此阻尼摆的阻尼因数 $\beta$. 再经过多长时间，它的振幅将减小为 $\theta_2 = 2°$?

第 6 章练习题答案

# 第 7 章　波　动

在平静的水面上滴下一滴水或落下一颗小石子，就会在水面上产生圆形的波纹，引起阵阵涟漪. 在重力和水的表面张力等的共同作用下，水波纹从中心开始由近及远向外扩张并最终消失在远处. 在我们周围的世界中，甚至在广袤的宇宙中，波动现象无处不在，从机械波到电磁波再到引力波等. 本章我们主要研究的是机械振动在弹性介质中的传播，但本章所得到的主要结论，同样也适用于电磁波、光波甚至物质波的传播

在第 6 章研究了振动的基础上，本章我们进一步研究振动的传播过程——波动. 波动是一种常见的物质运动形式，波动的现象几乎都会出现在物理学的每个分支中. 比如力学中的水面波、声波等，都是机械振动在弹性介质中的传播过程，这类波叫做**机械波**. 但是波动并不仅限于机械波，无线电波、光波等也是波动，这类波是交变的电磁场在空间的传播过程，称为电磁波. 近代物理学的研究还表明，像电子、质子等微观粒子也具有波动性，称为物质波. 2016 年 2 月 11 日，美国加州理工学院、麻省理工学院和激光干涉引力波天文台(LIGO)的科学家向全世界宣布，他们在 2015 年 9 月 14 日探测到了引力波的存在. 在爱因斯坦广义相对论预言引力波存在的 100 年后，终于获得了实验的证实. 当黑洞、中子星等高密度天体碰撞时，会使质量的分布发生剧烈的变化，时空也会在引力的作用下发生弯曲. 就像投入水中的石头一样，在宇宙空间产生"时空涟漪"，这一时空涟漪在宇宙中以光速向外传播，就是引力波. 中国科学家也公布了一项称为"太极"的引力波探测计划，这一计划是在 2030 年前后发射三颗卫星组成的引力波探测星组，用激光干涉方法进行中低频波段引力波的直接探测.

1993 年 5 月，IBM 研究中心的科学家在 4K 的极端低温下用电子束将单层铁原子蒸发到清洁的铜表面，然后用扫描隧穿显微镜(STM)操纵这些铁原子排成一个由 48 个原子组成的"量子围栏". 在围栏内可以观察到电子密度波形成的驻波

虽然不同类型的波产生和传播的机制是不相同的，比如声波的传播需要弹性介质，而电磁波可以在真空中传播. 但它们也有着许多共同的性质，有相似

LIGO 是借助激光干涉仪"聆听"来自宇宙深处引力波的大型研究装置. 它由两个相距 3000km 的干涉仪组成. 每个干涉仪都有组成 L 形的两个 4km 长的臂，每个臂由直径为 1.2m 的真空钢管组成，管内有连续稳定的高功率激光

的波动方程，都有反射、折射、干涉等波的共性.

本章我们仅讨论机械波，即机械振动在弹性介质中的传播. 最简单的波是**简谐波**，它是简谐运动在空间的传播. 正像任意复杂的振动可以看成是由许多简谐运动合成的一样，任何复杂的波也可以看成是由许多简谐波叠加而成的. 因此，研究简谐波的规律对于研究其他类型的波具有重要的意义. 本章我们首先讨论机械波的产生过程，之后引入平面简谐波方程，在此基础上讨论波的能量特点和强度，以及人耳对声波强度的主观感觉. 我们日常生活中总是会遇到在同一环境中有多个声音同时存在的现象，本章接下来讨论波之间的干涉现象和驻波. 波的干涉现象也是波动光学的主要内容之一，理解和掌握机械波的干涉对光学的学习至关重要. 本章最后介绍声波的多普勒效应.

## 7.1 机械波的产生和传播

### 1. 横波和纵波

图 7-1 艺术体操中的绳操. 运动员挥舞的棒就是波源，而彩带就是传播振动的介质

为了说明机械波的产生和传播过程，我们以绳波为例来进行讨论. 艺术体操运动员舞动着一根短棒就可以使系在棒上的彩带变幻出各种复杂的波形(图 7-1). 为了简单起见，我们讨论机械波沿一根张紧的水平绳的传播.

如图 7-2 所示，使一根水平绳子的左端上下做周期性运动，绳子一端的这种上下振动就是激发波动的波源，而绳子则是传播这种振动的弹性介质. 我们首先假定这根绳子很长，因此不必考虑波在绳的另一端的反射；其次假定绳上各质元间的相互作用力是完全弹性的，而没有类似摩擦力一类的非保守力存在，于是波在传播过程中就不会因为能量损耗而逐渐衰减. 当绳的左端开始振动时，在弹性力的作用下会带动邻近的质元一起振动，邻近质元的振动又会带动它前面的下一个质元产生振动. 这样依次带动，就把振动沿绳子从左向右传播了下去，形成了波动. 这说明，机械波的产生和传播必须具备两个条件，即作为波源的机械振动物体和能够传播这种机械振动的弹性介质，两者缺一不可.

为了具体说明波的形成过程，设想把绳子分成许多等宽的小段，并将每一小段都看成是一个质点，点上箭头的方向代表它们的运动方向或运动趋势. 图 7-2a 表示 $t=0$ 时，这些质点都在各自的平衡位置，而质点 1 正要离开其平衡位置，开始做周期为 $T$ 的上下振动. 由于质点间有弹性力的作用，质点 1 就带动它前面的质点 2 向上运动. 同样，质点 2 又带动其前面的质点 3 运动...... 由于每个质点还受到它后面的质点施加的指向平衡位置的回复力的作用，于是质点 2，3，4，…先后依次在它们的平衡位置附近上下振动起来. 它们的振动周期与质点 1 一样都是 $T$.

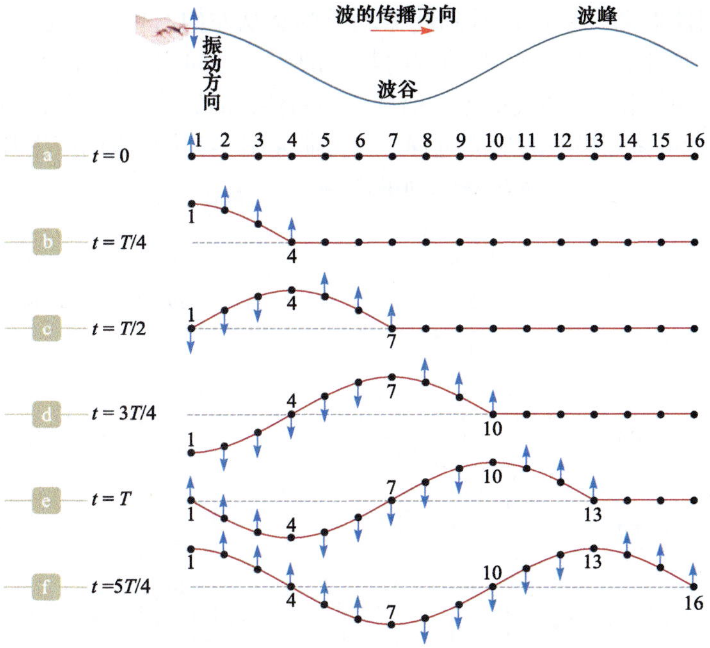


图 7-2 绳上横波的形成过程. 绳上各质点只在它们的平衡位置附近上下振动，但绳左端质点 1 的振动状态依次经过其右方各质点的相继振动而以一定的速度向右传播

图 7-2b、c、d、e 和 f 分别为波源的振动经过 1/4 周期、1/2 周期、3/4 周期、1 个周期和 5/4 周期时，绳子上各质点的位移和运动方向. 经过一个周期，即当 $t=T$ 时(图 7-2e)，质点 1 完成了一次完全振动回到平衡位置，并又将开始向上运动做第二个周期的振动，而质点 13 将开始向上运动. 此时，1 到 13 各质点位于一条曲线上，形成一个完整的波形. 在这个波形上位移为正最大处称为**波峰**，而位移为负最大处称为**波谷**. 质点 1 每经过一个周期的振动，就向右传播一个具有波峰和波谷的完整波形.

由以上讨论，我们可以总结出以下几个结论：①在 $t=T/4$、$t=T/2$、$t=3T/4$ 和 $t=T$ 各时刻，质点 4、7、10 和 13 重复质点 1 在 $t=0$ 时刻的运动状态(在平衡位置处将要向上运动)，即在相同的时间 $\Delta t=T/4$ 内，波传播相同的距离，说明波在绳子上的传播是**匀速**的. ②绳子上各质点的相继振动是因为其后面的质点对其施以弹性力做功，使各质点获得能量而振动，但每个振动质点仅在其平衡位置附近振动，并没有随波动一起向右传播. 说明**波动传播的是振动的状态和能量，而不是质量**. ③绳上各质点做上下的振动，而波沿水平方向从左向右传播，这种振动方向和波的传播方向垂直的波称为**横波**. ④如果质点 1 做简谐运动，则绳子上各质点也将陆续做简谐运动. 但与第 6 章介绍的单个质点的简谐运动不同，由于波在传播时伴随着能量的传播，所以绳子上各质点振动的机械能是不守恒的(见 7. 3 节).

◀ 横波的定义

还有一种波，例如，在空气中传播的声波，各质元的振动方向和波的传播方向平行，称为**纵波**. 横波和纵波是两种最简单的波. 其他如水面波、地震波等，都是横波和纵波的合成波.

◀ 纵波的定义

图 7-3 所示为纵波在一很长的水平弹簧上产生和传播的过程. 将一根相当长的轻质软弹簧的每一个环用细线悬挂起来，用手推拉弹簧的左端使其做水平

方向的周期性振动，则可以看到此振动沿弹簧从左向右传播. 与绳子上传播的横波不同，弹簧上各质点的振动方向与波的传播方向相同，可以看到在弹簧上形成“疏”“密”相间的状态. 振动沿弹簧向右传播时，其“疏”“密”的状态也向右传播. 读者可参照横波的形成过程，自行研究图 7-3 中纵波的产生和传播过程.

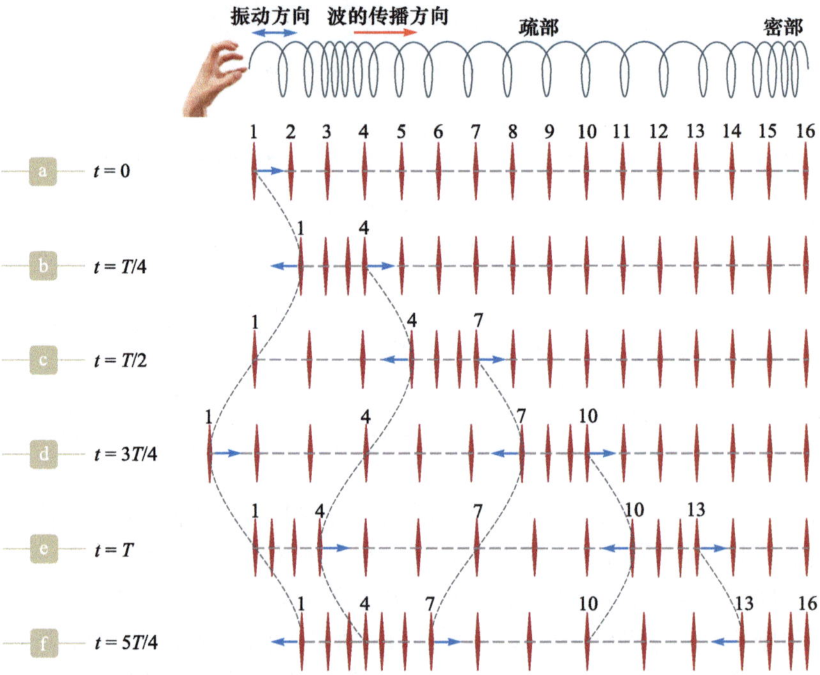


图 7-3 轻质软弹簧上纵波的形成过程. 弹簧上的每一环都在其平衡位置附近左右振动，振动的方向与纵波的传播方向相同. 弹簧左端第 1 环振动状态依次经过其右方各环的相继振动而以不变的速度向右传播

从横波在绳子上的传播过程可以看出，横波在弹性介质中传播时，相邻两层介质之间发生了切向的平移，称为**切变**. 固体可以在相邻介质间产生切向的弹性力，而液体和气体不能产生这种切变弹性力，所以横波可以在固体中传播而不能在液体和气体中传播. 纵波在介质中传播时，介质内部要产生压缩或扩张的形变，这种形变叫做**容变**(体积的改变). 固体、液体和气体都能在有容变时产生沿相邻两层介质法线方向的弹性力. 因此，纵波在固体、液体和气体中都可以传播.

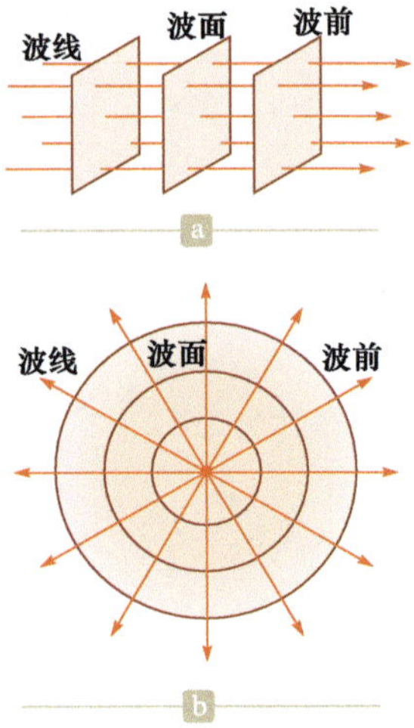


图 7-4 波线和波面. 波面中最靠前的那个称为波前. a.平面波，b.球面波

### 2. 波线和波面

当波源在各向同性的均匀弹性介质中振动时，波就由波源出发向各个方向传播，使介质中各质元产生振动. 如某人讲话时，声波向四周传播，其周围空气也随之发生振动. 为了形象地描述波在空间的传播情况，如图 7-4 所示，我们沿波的传播方向画一些带有箭头的线段，称为**波射线**或**波线**，而把介质中振动相位相同的各点所连成的曲面，称为**同相面**或**波面**. 所有波面中最靠前的那个，称为**波前**. 波面是平面的波称为**平面波**，而波面为球面的波则称为**球面波**. **在各向同性的介质中，波线恒与波面垂直**.

### 3. 波长 波的周期(或频率) 波速

波长、波的周期(或频率)和波速是描述波动特征的重要物理量. 在同一波

线上相位相差 $2\pi$ 的两个相邻振动质点之间的距离，称为**波长**(即一个“波形”的长度)，用 $\lambda$ 表示. 例如，图 7-2 和图 7-3 中，质点 1 和 13、2 和 14、3 和 15 等之间的距离，都是一个波长. 显然，横波上相邻两个波峰或相邻两个波谷之间的距离都是一个波长；纵波上相邻两个密部或相邻两个疏部之间的距离也是一个波长.

◀ 波的周期和频率

波向前传播一个波长的距离所需要的时间，称为**波的周期**，用 $T$ 表示. 单位时间内，波向前传出的完整波形的个数，称为**波的频率**，用 $\nu$ 表示. 显然，波的周期和波的频率成倒数关系，即 $\nu=1/T$. 由波的形成过程可知，经过一个周期，质点做一次完全振动，同时波沿波线传出一个完整的波形. 所以，波的周期(或频率)与波源的周期(或频率)在数值上是相等的.

◀ 波速(相速)

在波动的传播过程中，某一振动状态(即某一相位)在单位时间内传播的距离叫做**波速**，也称**相速**，用 $u$ 表示. 波速的大小取决于弹性介质的性质，与波源无关，也与波源是否在介质中运动无关. 因此在同一种各向同性的均匀介质中，机械波的传播速度恒定，而在不同种类的介质中，机械波的传播波速是不同的.

因为在一个周期 $T$ 内，波前进一个波长 $\lambda$ 的距离，所以波速与波长和频率之间有如下的关系：

◀ 波长、频率与波速的关系

$$u=\frac{\lambda}{T}=\lambda\nu \tag{7-1}$$

上式具有普遍的意义，对各类波都适用. 必须指出，波在不同的介质中传播时，由于波速与介质有关，而波的频率与波源频率相等，与介质无关，因此，由上式可见，**同一频率(或周期)的波在不同种类的介质中传播时，其波长不同**.

### 例题 7-1 声波在空气中和水中的波长

已知在室温下，空气中的声速为 $u_1$=340m/s，水中的声速为 $u_2$=1450m/s. 求频率分别为 $\nu_1$= 200Hz 和 $\nu_2$=2000Hz 的声波在空气中和在水中的波长.

**解** 由式(7-1)可得

$$\lambda=\frac{u}{\nu}$$

所以，频率为 $\nu_1$ =200Hz 的声波在空气中的波长为

$$\lambda_1=\frac{u_1}{\nu_1}=\frac{340}{200}=1.70\ (\text{m})$$

而频率 $\nu_2$ =2000Hz 的声波在空气中的波长为

$$\lambda_2=\frac{u_1}{\nu_2}=\frac{340}{2000}=0.170\ (\text{m})$$

频率为 $\nu_1$ =200Hz 的声波在水中的波长为

$$\lambda_1'=\frac{u_2}{\nu_1}=\frac{1450}{200}=7.25\,(\text{m})$$

而频率 $\nu_2$ =2000Hz 的声波在水中的波长为

$$\lambda_2'=\frac{u_2}{\nu_2}=\frac{1450}{2000}=0.725\,(\text{m})$$

可见，同一频率的声波在水中的波长要大于其在空气中的波长；而在同一种介质中，频率高的声波波长要短于频率低的声波波长.

横波和纵波都可以在固体中传播，但传播的速度不同. 可以证明，固体内横波和纵波的传播速度分别为

固体中横波、纵波的波速 ▶

$$u_{横}=\sqrt{\frac{G}{\rho}} \tag{7-2}$$

$$u_{纵}=\sqrt{\frac{Y}{\rho}} \tag{7-3}$$

式中 $G$ 为固体的切变弹性模量，$Y$ 为固体的杨氏弹性模量，$\rho$ 为固体的密度. 地震波中既有横波，也有纵波，由于地震波中的横波与纵波沿地球表面的传播速度不同，所以地震波中的横波与纵波传到同一地点时有一个时间差，地震观察站就是利用这个时间差来确定震源位置的.

一根张紧的细绳中，横波的波速为

绳上横波的波速 ▶

$$u=\sqrt{\frac{T}{\mu}} \tag{7-4}$$

式中，$T$ 为细绳中的张力，$\mu$ 为细绳的线密度(单位长度的质量).

纵波只能在液体和气体中传播，纵波的传播速度为

$$u=\sqrt{\frac{B}{\rho}} \tag{7-5}$$

式中 $B$ 为液体或气体的容变弹性模量，$\rho$ 为液体或气体的密度.

在空气中，声波的传播速度可用下式计算：

$$u=\sqrt{\frac{\gamma p}{\rho}} \tag{7-6}$$

图 7-5 打雷时我们先看到闪电，过了几秒钟之后才听到雷声. 这是因为光传播的速度远大于声速. 所以有"迅雷不及掩耳"的说法

式中，$\gamma$ 是气体的比热容比，对于空气 $\gamma$=1.40. $p$ 为空气的压强，$\rho$ 为空气的密度. 在标准状态下，$p=1.013\times10^5$Pa，$\rho$=1.293kg/m$^3$，可求得声波在空气中的传播速度为

$$u=\sqrt{\frac{1.40\times1.013\times10^5}{1.293}}\approx331\,(\text{m/s})$$

这一结果与常温下空气中声速的实测结果 330~340m/s 相符. 而标准状态下，声波在氢气中的传播速度为 1263m/s.

不同种类的波在同一种介质中的传播速度是不同的，如光波在空气中的传播速度近似于其在真空中的速度，为 $3\times10^8$m/s，远大于声波在空气中的传播速度. 所以打雷时，先看到闪光，后听到雷声(图 7-5).

## 7.2 平面简谐波方程

### 1. 平面简谐波方程简介

波面为平面而每个质元都做简谐运动的波称为**平面简谐波**. 在第 6 章讨论简谐运动时, 方程(6-5)给出的是**一个**做简谐运动质点的位移随时间变化的情况, 本章讨论的简谐波则是弹性介质中**每一个**质点都随时间做简谐运动的情况, 因此我们要找到一个能反映某波线上所有质点的位移随时间变化的方程, 称为**波动方程**(或**波函数**). 图 7-6 给出了一列沿 $x$ 方向向右传播的简谐横波在不同时刻的波形, 图中的 $x$ 轴为这列平面简谐波的一根波线, $y$ 轴表示该波线上各质点的位移. 假设我们对这列波在 $t=0$、$t=T/4$、$t=T/2$、$t=3T/4$ 和 $t=T$ 各时刻进行了“拍照”, 则在图 7-6 中从图 a 到图 e 分别给出了这列波在上述各时刻的“照片”, 称为**波形图**. 从各波形图中我们可以看到, 在 $x=0$ 处的质点在 $t=0$ 时刻的运动状态(正的最大位移)每经过 1/4 周期的时间向右传播相同的距离(见图中蓝色的小箭头), 而 $x=0$ 处的质点却只在其平衡位置附近做振幅为 $A$ 的振动(见图中绿色的圆点), 即波传递的只是振动的状态(和能量)而非质量. 每经过一个周期 $T$, 波线上的每一个质点完成了一次完全的振动, 而 $x=0$ 处的质点在 $t=0$ 时刻的振动状态在 $T$ 时间内沿 $x$ 轴的正方向传播了一个波长 $\lambda$ 的距离. 下面我们来推导平面简谐波的波动方程.

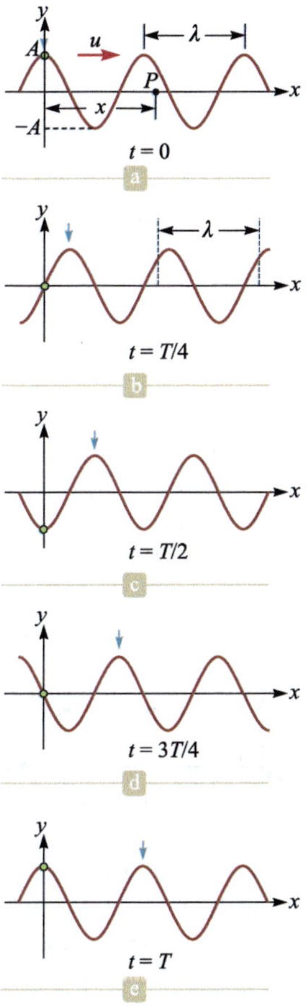


图 7-6 一列沿 $x$ 正方向传播的简谐波的波形图. 从图 a 到图 e 为从 $t=0$ 时刻起每经过 1/4 周期时的波形图

假设一平面简谐波在无吸收的均匀无限大介质中传播, 任取一波线为 $x$ 轴, 波沿 $x$ 轴的正方向传播, 波速为 $u$. 设在原点 $O$ 处质点做简谐运动的方程为

$$y_O = A\cos(\omega t+\varphi) \tag{7-7}$$

式中 $y_O$ 表示原点 $O$ 处的质点在 $t$ 时刻相对于其平衡位置的位移, $A$ 是振动的振幅, $\omega$ 是振动的圆频率, $\varphi$ 为振动的初相. 在波线上任取一点 $P$(图 7-6a), $P$ 点距原点的距离为 $x$. 当振动从 $O$ 点传播到 $P$ 点时, $P$ 点将以相同的频率和振幅做与 $O$ 点相同的简谐运动, 但是其振动的状态从时间上要落后于 $O$ 点的振动状态. $P$ 点的振动落后于 $O$ 点的时间是 $x/u$, 也就是说, $P$ 点在 $t$ 时刻的振动状态就是 $O$ 点在 $t-x/u$ 时刻的振动状态. 因此, 用 $t-x/u$ 代替 $O$ 点振动方程(7-7)中的 $t$, 就可以得到 $P$ 点的振动方程, 即

$$y = A\cos\left[\omega\left(t-\frac{x}{u}\right)+\varphi\right] \tag{7-8a}$$

◀ 沿 $x$ 轴正方向传播的平面简谐波方程

由于 $P$ 点可以是波线上的任意一点, 所以上式表示的是波线上任一点的振动方程, 反映了波线上(即介质中)各点位移随时间变化的整体情况. 因此, 式(7-8a)即为沿 $x$ 轴正向传播的平面简谐波的运动学方程, 称为**平面简谐波方程**, 或平面简谐波的**波函数**.

因为 $\omega=2\pi/T=2\pi\nu$, $u=\lambda\nu=\lambda/T$, 所以波函数(7-8a)也可以写成

$$y = A\cos\left[2\pi\left(\nu t - \frac{x}{\lambda}\right) + \varphi\right] \tag{7-8b}$$

或

$$y = A\cos\left[2\pi\left(\frac{t}{T} - \frac{x}{\lambda}\right) + \varphi\right] \tag{7-8c}$$

式(7-8)就是沿 $x$ 轴**正方向**传播的平面简谐波方程. 在推导式(7-8a)时, 曾假定波是沿 $x$ 轴正方向传播的. 如果波沿 $x$ 轴负方向传播, 则图 7-6a 中的 $P$ 点将先于 $O$ 点一段时间 $\frac{x}{u}$ 开始振动. 若 $O$ 点振动了时间 $t$, 则 $P$ 点已经振动了 $t+\frac{x}{u}$ 的时间. 所以 $P$ 点任意时刻的位移为

沿 $x$ 轴负方向传播的平面简谐波方程 ▶

$$y = A\cos\left[\omega\left(t + \frac{x}{u}\right) + \varphi\right] \tag{7-9a}$$

上式即为沿 $x$ 轴**负方向**传播的平面简谐波方程. 同样, 上式也可以写成以下的两种形式:

$$y = A\cos\left[2\pi\left(\nu t + \frac{x}{\lambda}\right) + \varphi\right] \tag{7-9b}$$

或

$$y = A\cos\left[2\pi\left(\frac{t}{T} + \frac{x}{\lambda}\right) + \varphi\right] \tag{7-9c}$$

### 2. 对平面简谐波方程的进一步讨论

由式(7-8)可见, 如果原点 $O$ 做简谐运动, 则波线上任一点也做简谐运动, 但式(7-8)与第 6 章中的简谐运动方程(6-5)不同, 它是波线上所有点的振动方程. 波线上各点的相位除了取决于时间 $t$ 还取决于位置 $x$ 两个自变量, 下面对平面简谐波方程作几点讨论.

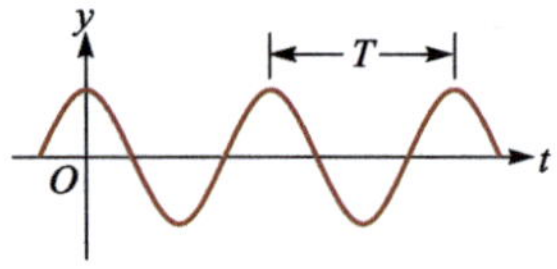


图 7-7 波线上给定位置 $x$ 处质点振动的位移-时间图($y$-$t$ 图). 图上相位相差 $2\pi$ 的两点间为一个周期 $T$

(1) 如果给定波线上某质点的位置 $x$(即考察波线上某固定点 $x$), 则 $y$ 仅为时间 $t$ 的函数, 此时波动方程给出的是距原点为 $x$ 处的给定点在各个不同时刻的位移, 即该质点做简谐运动的情况. 图 7-7 所示即为波线上 $x$ 点处质点的位移-时间图. 此时, 式(7-8a)就变为 $x$ 点处质点的振动方程, 可写成

$$y = A\cos\left[\omega t + \left(\varphi - \omega\frac{x}{u}\right)\right] = A\cos\left[\omega t + \left(\varphi - 2\pi\frac{x}{\lambda}\right)\right]$$

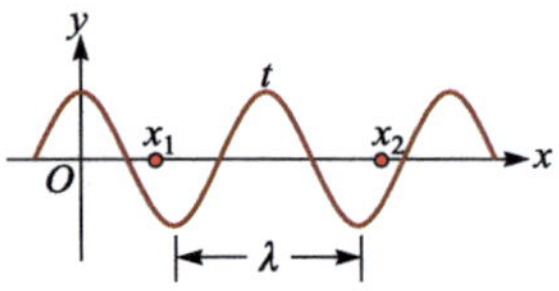


图 7-8 给定时刻 $t$, 波线上所有质点的位移分布图, 即波形图($y$-$x$ 图). 波形图上相位相差 $2\pi$ 的两点间的距离为一个波长 $\lambda$

式中 $\varphi - 2\pi\frac{x}{\lambda}$ 为 $x$ 点处质元振动的初相, 而 $-2\pi\frac{x}{\lambda}$ 为 $x$ 点处振动落后于 $O$ 点处振动的相位, 即 $x$ 点处质点与 $O$ 点处质点振动的相位差.

(2) 如果给定时刻 $t$, 则式(7-8)中 $y$ 仅为位置 $x$ 的余弦函数. 此时, 波动方程表示出给定时刻波线上各质点的位移 $y$ 的分布情况, 相当于在 $t$ 时刻给波形拍了一张照片. 以 $y$ 为纵坐标, $x$ 为横坐标, 可得如图 7-8 所示的 $t$ 时刻的波形图.

从波形图中还可以看出, 在同一时刻 $t$, 距离波源 $O$ 分别为 $x_1$ 和 $x_2$ 的两质点, 它们的相位是不同的. $x_1$ 和 $x_2$ 两质点在同一时刻 $t$ 的相位分别为

$$\omega\left(t-\frac{x_1}{u}\right)+\varphi=2\pi\left(\frac{t}{T}-\frac{x_1}{Tu}\right)+\varphi=2\pi\left(\frac{t}{T}-\frac{x_1}{\lambda}\right)+\varphi$$

$$\omega\left(t-\frac{x_2}{u}\right)+\varphi=2\pi\left(\frac{t}{T}-\frac{x_2}{Tu}\right)+\varphi=2\pi\left(\frac{t}{T}-\frac{x_2}{\lambda}\right)+\varphi$$

因此两质点间的相位差

$$\Delta\varphi=\varphi_{\mathrm{II}}-\varphi_{\mathrm{I}}=-2\pi\frac{x_2-x_1}{\lambda} \tag{7-10}$$

式中 $\Delta x=x_2-x_1$ 叫做**波程差**．可见，同一时刻 $t$，波线上两点间的相位差取决于该两点的位置．上式也可写成

$$\Delta\varphi=-\frac{2\pi}{\lambda}\Delta x \quad 即相位差=-\frac{2\pi}{\lambda}波程差$$

◀ 同一波线上两点之间的相位差

式(7-10)给出了在同一时刻，波线上两点的相位差 $\Delta\varphi$ 和波程差 $\Delta x$ 之间的关系．可以看出，当 $\Delta\varphi=2\pi$ 时，$x_1$ 和 $x_2$ 两质点波程差的绝对值 $|\Delta x|=|x_2-x_1|=\lambda$，所以波形图上相位相差 $2\pi$ 的两点间的距离即为波长 $\lambda$．

(3) 当 $t$ 和 $x$ 都变化时，波动方程表示波线上所有质点在各个时刻的位移分布情况．图 7-9 给出了 $t$ 时刻和 $t+T/4$ 时刻的波形图．由图可见，$t$ 时刻的波形和 $t+T/4$ 时刻的波形完全相同，只不过后者比前者沿 $x$ 轴正方向移动了一段距离 $\Delta x=u\Delta t=\lambda/4$．可以想象，每经过 $T/4$ 时间，波形就向 $x$ 轴正方向移动 $\lambda/4$，即波形以恒定的速度沿波传播的方向运动，所以平面简谐波又称为平面简谐**行波**．

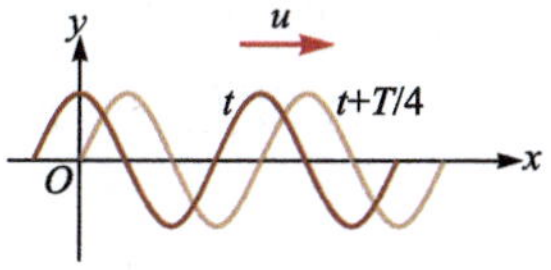


图 7-9 $t$ 时刻和 $t+T/4$ 时刻的波形图．其中 $t+T/4$ 时刻的波形比 $t$ 时刻的波形沿 $x$ 轴正方向移动了 $\lambda/4$

**例题 7-2 由波函数求波的特征量**

设某平面简谐波的波动表达式为：$y=0.05\cos(10\pi t-4\pi x)\,\mathrm{m}$．式中，$x$ 的单位为 m，$t$ 的单位为 s．求：

(1) 此平面简谐波的振幅、波长、波速和频率；

(2) 波线上各质点振动的最大速度和最大加速度；

(3) 波线上 $x_1$=1.0m 和 $x_2$=2.5m 处两个振动质点间的相位差．

**解** (1) 将题中的波函数改写为

$$y=0.05\cos\left[10\pi\left(t-\frac{x}{2.5}\right)\right]\mathrm{m}$$

和

$$y=0.05\cos\left[2\pi\left(5t-\frac{x}{0.5}\right)\right]\mathrm{m}$$

并与式(7-8a)和式(7-8b)比较，可得：波的振幅 $A$=0.05m，波长 $\lambda$=0.5m，波速 $u$=2.5m/s 和频率 $\nu$=5Hz．

(2) 因为圆频率 $\omega=2\pi\nu=10\pi$ rad/s，所以各质点振动的最大速度为

$$v_{\mathrm{m}}=A\omega=0.05\times10\pi=0.5\pi=1.57\ (\mathrm{m/s})$$

最大加速度为

$$a_{\mathrm{m}}=A\omega^2=0.05\times(10\pi)^2=5\pi^2\approx49.3\ (\mathrm{m/s^2})$$

需要注意的是，波线上质点的振动速度是随时间变化的，而波在介质中的传播速度 $u$ 是常量，两者的物理意义并不相同.

(3) 由式(7-10)，波线上 $x_1$=1.0m 和 $x_2$=2.5m 两点间的相位差为

$$\Delta\varphi = -2\pi\frac{x_2 - x_1}{\lambda} = -6\pi \text{ rad}$$

$\Delta\varphi$ 的大小为 $2\pi$ 的 3 倍(整数倍)，说明 $x_1$ 和 $x_2$ 这两点的振动是同相位的，两点相距 3 个波长的距离.

**例题 7-3　由波的特征量求波函数**

一正弦横波沿一张紧的水平弦从左向右传播，振幅 $A$=10cm，波长 $\lambda$=200cm，波速 $u$=100cm/s. 当 $t$=0 时，弦左端经平衡位置向下运动. 求：

(1) 弦左端的振动方程；

(2) 此横波的波函数；

(3) $x$=150cm 处质元的振动方程；

(4) $t$=3.25s 时，$x$=150cm 处质元的位移和速度.

**解**　(1) 以弦的左端为坐标原点 $O$，$x$ 轴向右为正. 设弦左端处质元的振动方程为

$$y_0 = A\cos(\omega t+\varphi)$$

因为 $A$=10cm=0.1m，$\omega=2\pi\nu=2\pi u/\lambda=\pi$ rad/s. 根据题意，$t$=0 时，弦左端处于平衡位置，即 0=0.1cos$\varphi$. 又 $t$=0 时，$v_0$<0，所以弦左端质元振动的初相为 $\varphi=\pi/2$. 因此弦左端质元的振动方程为

$$y_0 = 0.1\cos\left(\pi t+\frac{\pi}{2}\right)\text{m}$$

(2) 因为 $u$=100cm/s=1m/s，所以根据式(7-8a)弦上的波函数为

$$y = 0.1\cos\left[\pi(t-x)+\frac{\pi}{2}\right]\text{m}$$

(3) 将 $x$=150cm=1.5m 代入波函数中，得弦上 1.5m 处质元的振动方程为

$$y_{x=1.5\text{m}} = 0.1\cos\left[\pi(t-1.5)+\frac{\pi}{2}\right]\text{m}$$

(4) 将 $t$=3.25s、$x$=1.5m 代入波函数中，得质元的位移和速度分别为

$$y_{x=1.5\text{m},t=3.25\text{s}} = 0.1\cos\left(1.75\pi+\frac{\pi}{2}\right) = 7.1\times10^{-2}\ (\text{m})$$

$$v_{x=1.5\text{m},t=3.25\text{s}} = -0.1\pi\sin\left(1.75\pi+\frac{\pi}{2}\right) = -0.22\ (\text{m/s})$$

## 7.3　波的能量和能流

### 1. 波的能量和能量密度

在波的传播过程中，波源的振动通过弹性介质将振动的形式和能量传播了

出去，使介质中各点也依次在其平衡位置附近振动了起来，因而介质中振动的质点具有动能，同时介质因发生形变而具有势能. 所以，波动过程也是能量传递的过程. 下面我们以简谐弹性纵波在均匀细棒中的传播过程为例，来分析能量传播的特征.

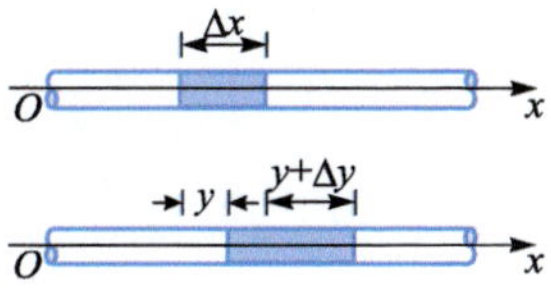

图 7-10 纵波在细杆上传播时，杆上一小体积元产生形变

如图 7-10 所示，有一密度为 $\rho$，横截面积为 $S$ 的均匀长细杆沿 $x$ 轴放置. 当平面纵波在杆中沿杆长的方向传播时，杆中的每一小段将不断受到其前后介质的作用而拉伸和压缩，并在其平衡位置附近振动. 现在杆上距原点 $O$ 为 $x$ 处取一长为 $\Delta x$ 的小体积元，其体积 $\Delta V=S\Delta x$，质量 $\Delta m=\rho\Delta V$. 当波传到这个小体积元时，其振动的动能为

$$\Delta E_{\mathrm{k}}=\frac{1}{2}\Delta m\cdot v^2$$

式中 $v$ 为体积元的振动速度. 根据式(7-8a)，为简单起见，假设 $O$ 点的初相 $\varphi=0$，有

$$v=\frac{\partial y}{\partial t}=-A\omega\sin\left[\omega\left(t-\frac{x}{u}\right)\right]$$

所以小体积元的动能又可写为

$$\Delta E_{\mathrm{k}}=\frac{1}{2}(\rho\Delta V)A^2\omega^2\sin^2\left[\omega\left(t-\frac{x}{u}\right)\right] \tag{7-11}$$

◀ 波线上质元的动能

设小体积元的位移为 $y$，其形变量为 $\Delta y$，可以证明，体积元因发生弹性形变而具有的势能为

$$\Delta E_{\mathrm{p}}=\frac{1}{2}k(\Delta y)^2=\frac{1}{2}(\rho\Delta V)A^2\omega^2\sin^2\left[\omega\left(t-\frac{x}{u}\right)\right] \tag{7-12}$$

◀ 波线上质元的势能

体积元的总能量为其动能和势能之和，即 $\Delta E=\Delta E_{\mathrm{k}}+\Delta E_{\mathrm{p}}$，所以

$$\Delta E=(\rho\Delta V)A^2\omega^2\sin^2\left[\omega\left(t-\frac{x}{u}\right)\right] \tag{7-13}$$

◀ 波线上质元的机械能

式(7-11)～式(7-13)表明，对平面简谐纵波在均匀细杆中传播的情况，尽管细杆中的每一质元都在做简谐运动，但波动的能量和第 6 章中讨论的简谐运动的能量有显著的不同. 对单一的、孤立的做简谐运动的质点，动能和势能相互转化，动能达到最大时，势能为零；势能达到最大时，动能为零，而质点的总机械能守恒. 在波动的情况下，由上述公式可以看出，任意时刻体积元的动能、势能和总能量都随时间 $t$ 做周期性的变化；同时，动能和势能的变化是同相位的，并且在任意时刻动能和势能都相等. 当体积元通过其平衡位置时，它的速度最大，形变也最大，动能和势能同时达到最大值；当体积元达到最大位移时，它的速度和形变都为零，这时动能和势能同时为零. 可见**对弹性介质中的任一体积元来说，它的机械能是不守恒的**. 正是因为波动中体积元能量变化的这种特点，当某体积元后面的介质对它做功时，是能量的输入过程，而当该体积元对它前面的介质做功时，是能量输出的过程，波动的能量就这样通过体积元之间的相互做功而沿波传播的方向传了下去. 所以说，**波动是能量传递的一种方式**.

◀ 波场中任一体积元的机械能不守恒

由式(7-13)可见，体积元的总能量 $\Delta E$ 是和体积元的体积 $\Delta V$ 成正比的. 为

了精确地描述波的能量分布情况，我们引入**波的能量密度**，即单位体积介质中波的能量，用 $w$ 表示，即

波的能量密度 ▶

$$w=\frac{\Delta E}{\Delta V}=\rho A^2\omega^2\sin^2\left[\omega\left(t-\frac{x}{u}\right)\right] \tag{7-14}$$

可见，在介质中的某体积元处，波的能量密度是随时间 $t$ 变化的，通常取波的能量密度在一个周期 $T$ 内的平均值为波的**平均能量密度**，用 $\overline{w}$ 表示. 根据数学知识，$\sin^2\omega(t-x/u)$在一个周期内的平均值为 1/2，所以

波的平均能量密度 ▶

$$\overline{w}=\frac{1}{2}\rho A^2\omega^2 \tag{7-15}$$

由上式可知，波的平均能量密度与振幅的平方、频率的平方和介质的密度都成正比. 上式虽然是从简谐弹性纵波的特殊情况导出的，但它对所有的弹性波都适用.

## 2. 波的能流和能流密度

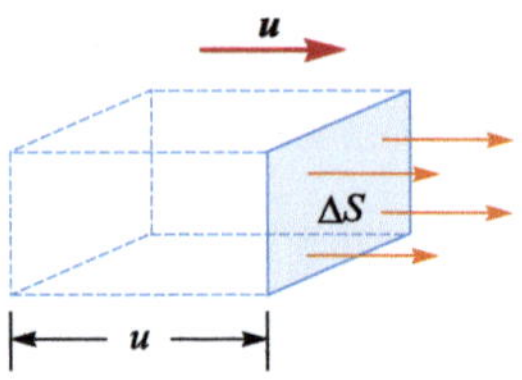

图 7-11 流过面元 $\Delta S$ 的能量

由上面关于波的能量传播的特点可知，波的能量沿波的传播方向流动着. 我们把单位时间内通过介质中某一面积的能量，叫做通过该面积的**能流**，用 $P$ 表示，单位为焦耳/秒(J/s).

如图 7-11 所示，设想在介质内取一长方形体积元，其垂直于波速方向的面积为 $\Delta S$，沿波的传播方向的长度为 $u$，则平均来说，在单位时间内通过面积元 $\Delta S$ 的能量等于体积元 $u\Delta S$ 中的平均能量. 因此，通过面积 $\Delta S$ 的**平均能流**为

波的平均能流 ▶

$$\overline{P}=\overline{w}u\Delta S=\frac{1}{2}\rho A^2\omega^2u\Delta S \tag{7-16}$$

我们把单位时间内通过垂直于波的传播方向单位面积上的平均能量称为**能流密度**或**波的强度**，用 $I$ 表示，单位为瓦/米$^2$(W/m$^2$)，即

波的能流密度(波的强度) ▶

$$I=\frac{\overline{P}}{\Delta S}=\overline{w}u=\frac{1}{2}\rho A^2\omega^2u \tag{7-17}$$

事实上，能流密度是矢量，其方向与波速相同，因此上式可表示为

$$\boldsymbol{I}=\overline{w}\boldsymbol{u}=\frac{1}{2}\rho A^2\omega^2\boldsymbol{u} \tag{7-18}$$

由于波的强度与振幅有关，所以可以借助式(7-17)和能量守恒的概念研究波传播时振幅的变化. 请看下面的讨论.

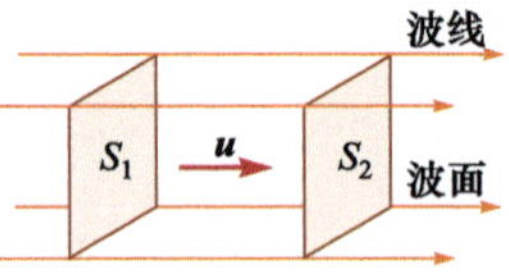

图 7-12 平面波中能量的传播

设有一平面波在均匀介质中沿 $x$ 轴方向传播，图 7-12 表示被相同的波线所限的两个截面 $S_1$ 和 $S_2$. 如果介质不吸收波的能量，则根据能量守恒定律，在一个周期 $T$ 的时间内通过 $S_1$ 的能量也全部通过 $S_2$. 以 $I_1$ 表示 $S_1$ 处波的强度，$I_2$ 表示 $S_2$ 处波的强度，则有

$$I_1S_1T=I_2S_2T$$

根据式(7-17)，有

$$\frac{1}{2}\rho A_1^2\omega^2uS_1T=\frac{1}{2}\rho A_2^2\omega^2uS_2T \tag{7-19}$$

对于平面波，$S_1=S_2$，所以有

$$A_1 = A_2$$

这就是说，在均匀的不吸收能量的理想介质中传播的平面波的振幅保持不变. 这一结论在讨论平面简谐波方程时已经用到了.

如果有一球面波在均匀介质中传播，球面波的波线沿半径方向向外，如图 7-13 所示. 如果介质也不吸收波的能量，球面波的振幅将随半径 $r$ 的增大而变小. 设以点波源 $O$ 为圆心画出半径分别为 $r_1$ 和 $r_2$ 的两个球面波的波面，在介质不吸收波的能量的条件下，一个周期内通过这两个球面的能量应该相等. 这时式(7-19)仍然成立，但 $S_1$ 和 $S_2$ 应分别用球面面积 $4\pi r_1^2$ 和 $4\pi r_2^2$ 代替. 因此，对于球面波应该有 $A_1^2 r_1^2 = A_2^2 r_2^2$，或

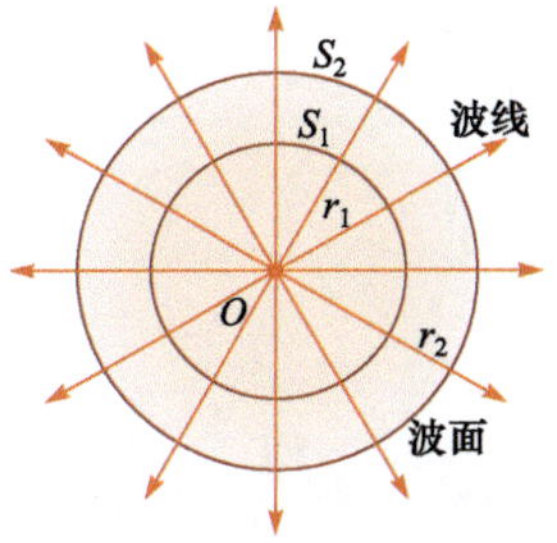

图 7-13 球面波中能量的传播

$$A_1 r_1 = A_2 r_2$$

这说明，球面波的振幅与离点波源的距离成反比. 若以 $A$ 表示离波源单位距离处的振幅，则在均匀的、不吸收能量的理想介质中传播的球面简谐波的波函数为

$$y = \frac{A}{r}\cos\left[\omega\left(t - \frac{x}{u}\right) + \varphi\right] \tag{7-20}$$

◀ 球面波的波函数

实际上，介质总是要吸收一部分波的能量，因此即使是平面波的振幅(或强度)也要随波的传播而逐渐减小，被吸收的能量通常转换成介质的内能或热. 这种现象称为**波的吸收**.

**例题 7-4 超声波在水中的振幅**

用聚焦超声波的方法可以在水中产生强度高达 $I$=120kW/cm$^2$ 的超声波. 设该超声波的频率为 $\nu$ =500kHz，水的密度 $\rho$=10$^3$kg/m$^3$，超声波在水中的波速为 $u$=1500m/s. 求此超声波在水中引起的质元振动的振幅.

**解** 由式(7-17)可得超声波在水中的振幅为

$$A = \frac{1}{\omega}\sqrt{\frac{2I}{\rho u}} = \frac{1}{2\pi\nu}\sqrt{\frac{2I}{\rho u}}$$

$$= \frac{1}{2\pi \times 500 \times 10^3}\sqrt{\frac{2 \times 120 \times 10^7}{10^3 \times 1500}} \approx 1.27 \times 10^{-5}\ \text{m}$$

可见，在水中超声波的振幅是很小的. 但比起水分子之间的间距($10^{-10}$m)还是要大得多.

## 7.4 声　　波

### 1. 声波的分类

声波是机械纵波，它可以在任何介质中传播. 但多数情况下，我们是通过声音在空气中的传播来体验声波的存在的，比如人们相互之间的交谈或听音乐

等. 当声波在空气中传播时，空气中的质元便在它们的平衡位置附近振动，伴随着这种振动，空气中各部分的密度和压强沿声波传播的方向发生变化. 如果声源做简谐运动，则空气中的密度和压强也按简谐规律变化. 声波按频率范围的不同可以分为三类：

(1) 频率在 20～20000Hz 的声波能引起人的听觉反应，称为**可闻声波**，或简称**声波**. 我们在日常生活中听到的各种各样的声音就处于这个频率范围内，它可由人的声带、各种乐器或喇叭等发出.

(2) 频率低于 20Hz 的声波称为**次声波**或**亚声波**，人耳听不到次声波. 次声波的频率低，但在大气中传播时的衰减极小，具有远距离传播的突出特点. 相隔几公里之外的大象就是通过发出次声波彼此交流的.

图 7-14 蝙蝠通过发出超声波来引导飞行和捕食昆虫. 它能捕食大小近似于其发出超声波波长的小昆虫. 若其发出的声波频率为 6 万 Hz，你能算出它能捕食的最小昆虫的大小吗

(3) 频率高于 20000Hz 的声波称为**超声波**，人类同样不能听到超声波. 超声波的显著特点是频率高、波长短，在传播过程中的衍射不明显(参见 7.5 节)，因而具有良好的定向传播特性，并且易于聚焦. 超声波的穿透本领很大，特别是在液体和固体中传播时的衰减很小. 在不透明的固体中，超声波能穿透几十米的厚度，因此在工业上广泛应用于探测工件内部的缺陷(超声探伤). 另外，像医用“B 超”仪、声呐(超声雷达)等也是超声波在医疗和军事上的应用. 蝙蝠可发出超声波，用于引导飞行和捕食飞行中的昆虫(图 7-14).

由于超声波的频率高，因此根据式(7-17)，其声强比一般声波大得多，用聚焦的方法，可以获得声强高达 $10^9\mathrm{W/m^2}$ 的超声波.

### 2. 声强和声强级

能引起人的听觉反应的声波，除了要求频率在 20～20000Hz 范围内，还要有一定的声强范围，即声强的上下两个限值. **声强**就是声波的平均能流密度. 人能听到的声强范围在 $10^{-12}\mathrm{W/m^2}$(闻域)到 $1\mathrm{W/m^2}$(痛感域)之间，其上下限值跨越了 12 个数量级！低于下限的声强不能引起听觉响应，人就感觉不到声音；高于上限的声强也不能引起听觉响应，还可能使人产生痛感，伤害人的听觉系统.

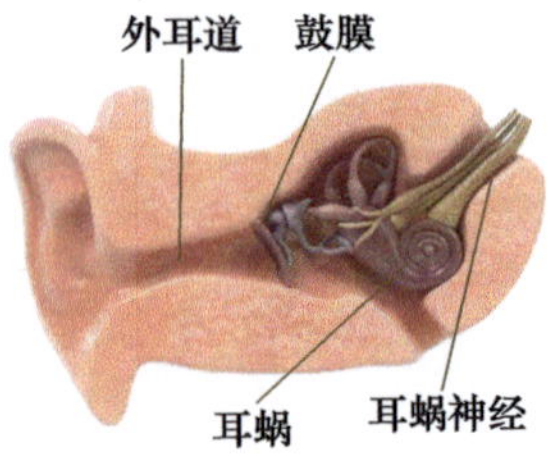


图 7-15 人耳的构造

声音在传到人耳内的鼓膜前，先要经过外耳道，成年人的外耳道长约 2.5cm，直径约 7.0mm(图 7-15). 所以，耳道的面积约为 $\pi r^2=3.8\times10^{-5}\mathrm{m^2}$. 人们在正常交谈时，进入耳道内的声波强度大约为 $3.2\times10^{-6}\mathrm{W/m^2}$. 因此，通过外耳道的平均能流(平均功率)约为

$$\overline{P}=I\pi r^2=\left(3.2\times10^{-6}\right)\times\left(3.8\times10^{-5}\right)=1.2\times10^{-10}\ (\mathrm{W})$$

这一极小的功率被鼓膜吸收，鼓膜的振动进入中耳和内耳，并转换为电信号后传入大脑. 人耳能听到的最低声强为 $10^{-12}\mathrm{W/m^2}$，这时进入耳道的平均能流仅为 $3.8\times10^{-17}\mathrm{W}$. 可见人类的听力是极其灵敏的！所以，长时间处于大音量的环境中会损伤人的听力.

可闻声强上、下限值的数量级相差悬殊(一万亿倍)，但人耳对声音强弱的感觉并不是与声强成正比的. 也就是说，如果声强大 10 倍，人并未感觉到声音强了 10 倍. 人耳对声音强弱的主观感觉称为**响度**. 实验表明响度近似地与声强

的对数成正比，所以声波的强度通常用**声强级**来表示，某一声强 $I$ 的声强级 $L$ 定义为

$$L=\lg\frac{I}{I_0} \tag{7-21}$$

式中 $I_0$ 是频率为 1000Hz 时人耳能感觉到的最低声强(闻域)，$I_0=10^{-12}\mathrm{W/m^2}$. 声强级 $L$ 的单位为贝尔，符号为 B. 由于贝尔这个单位太大，所以通常以分贝(dB)为声强级的单位，1B=10dB. 当用分贝为单位时，式(7-21)可表示为

$$L=10\lg\frac{I}{I_0}(\mathrm{dB}) \tag{7-22}$$

◀ 声强级的定义

当声强级以分贝为单位表示时，声强每增大 10 倍，声强级增加 10 分贝；声强增大 1 倍，则声强级约增加 3 分贝. 表 7-1 列出了日常生活中常遇到的一些声音的声强和声强级.

表 7-1　几种声音的声强和声强级

| 声源 | 声强/(W/m²) | 声强级/dB |
|---|---|---|
| 聚焦超声波 | $10^{9}$ | 210 |
| 炮声 | 1 | 120 |
| 痛感域 | 1 | 120 |
| 响雷 | 0.1 | 110 |
| 地铁 | $10^{-2}$ | 100 |
| 繁忙十字路口的噪声 | $10^{-4}$ | 80 |
| 交谈声 | $10^{-6}$ | 60 |
| 室内轻声收音机 | $10^{-8}$ | 40 |
| 耳语 | $10^{-10}$ | 20 |
| 落叶声 | $10^{-11}$ | 10 |
| 闻域 | $10^{-12}$ | 0 |

## 例题 7-5　声强级

设狗叫声的功率为 1mW，如果叫声均匀地向四周传播，问 5m 远处的声强级是多少？如果有两条狗在同一地方同时叫，则 5m 远处的声强级又是多少？

**解**　由于叫声均匀地向四周传播，所以假设其为球面波. 设狗叫声的功率为 $P$，则离声源 5m 处的声强为

$$I=\frac{P}{4\pi r^2}=\frac{10^{-3}}{4\pi\times 25}\approx 3.18\times10^{-6}\ (\mathrm{W/m^2})$$

声强级为

$$L = 10\lg\frac{I}{I_0} = 10\lg\frac{3.18\times10^{-6}}{10^{-12}} = 65\,(\text{dB})$$

如果两条狗同时叫，则离声源 5m 处的声强为

$$I' = 2I = 6.36\times10^{-6}\,(\text{W/m}^2)$$

所以声强级为

$$L' = 10\lg\frac{I'}{I_0} = 10\lg\frac{6.36\times10^{-6}}{10^{-12}} = 68\,(\text{dB})$$

可见，声强加倍，声强级增加 3dB.

## 7.5 惠更斯原理与波的传播

### 1. 惠更斯原理

图 7-16 水面波通过小孔后的衍射波纹

在波动中，波源的振动是通过介质中相邻质点依次传播出去的，因此每个质点都可以看作是一个新的波源. 如图 7-16 所示，水面波在传播时遇到一个带有小孔的障碍物，当小孔的大小与水面波的波长差不多时，就可以看到穿过小孔后的波是圆形的波，就好像这圆形的波是以小孔为波源而产生的一样. 这说明小孔可以看成是新的波源.

惠更斯原理 ▶

惠更斯(C. Huygens, 1629—1695)于 1690 年提出：介质中任意波阵面(波前)上的各点都可以看作是发射球面子波的波源，其后任意时刻新的波阵面，就是这些子波的包迹面，这就是**惠更斯原理**. 惠更斯原理对任何波动(机械波或电磁波)通过均匀或非均匀的、各向同性或各向异性的介质都适用.

根据惠更斯原理，只要知道某时刻的波阵面，就可以用几何作图法确定下一时刻的波阵面. 因此，这一原理又叫**惠更斯作图法**. 下面举例说明惠更斯原理在均匀无限大各向同性介质中的应用.

如图 7-17a 所示，若已知平面波在某时刻 $t$ 的波阵面 $S_1$，根据惠更斯原理，$S_1$ 上各点都是发射子波的波源. 以 $S_1$ 上各点为中心，以 $r=u\Delta t$ 为半径画出许多球面子波，这些子波在波前进方向的包迹面 $S_2$，就是 $t+\Delta t$ 时刻新的波阵面. 显然 $S_2$ 依然是平面.

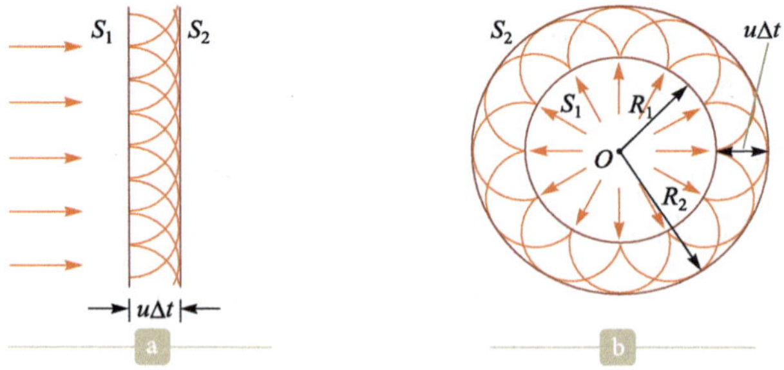


图 7-17 利用惠更斯作图法求新的波阵面. a.平面波，b.球面波

如图 7-17b 所示，若已知球面波在某时刻 $t$ 的波阵面 $S_1$，应用同样的方法，以 $S_1$ 上各点为中心，以 $r=u\Delta t$ 为半径画出许多球面子波，则这些子波在 $t+\Delta t$ 时

刻的包迹面 $S_2$，就是该时刻新的波阵面. 显然 $S_2$ 是以 $R_1+u\Delta t$ 为半径的球面.

由以上讨论可见，当波在各向同性的均匀介质中传播时，各时刻波阵面的几何形状不变. 但是，如果波在传播过程中遇到障碍物，或波在各向异性的介质中传播时，波阵面的几何形状和波的传播方向都可能发生变化. 在这些情况下，依然可用惠更斯作图法来确定波阵面和波的传播方向.

当波在传播过程中遇到障碍物时，能绕过障碍物的边缘继续前进，其传播方向会发生改变，这种现象称为**波的衍射(或波的绕射)**. 如图 7-18a 所示，当一平面波的波阵面到达一障碍物上的缝时，缝上各点可看作发射子波的波源. 根据惠更斯作图法，可分别得到后续各时刻的波阵面. 显然，平面波通过缝后，其波阵面已不再是平面，在靠近缝的边缘处，波阵面发生弯曲. 由于在各向同性的均匀介质中，波线恒与波面垂直，所以，波的传播方向也发生改变，波能绕过障碍物进入波直线传播时不能到达的阴影区域. 图 7-18 表明，当缝宽远大于波长时，平面波通过缝后的波阵面与原来的差不多，波的衍射现象不明显. 而当缝宽减小到与波长差不多时(图 7-19)，平面波通过缝时，在缝的边缘处波阵面发生了明显的弯曲，衍射现象比较明显. 而当缝宽小于波长时，通过缝后的波阵面接近于圆形，衍射现象更加明显，见图 7-16 和图 7-19a.

◀ 波的衍射(或绕射)

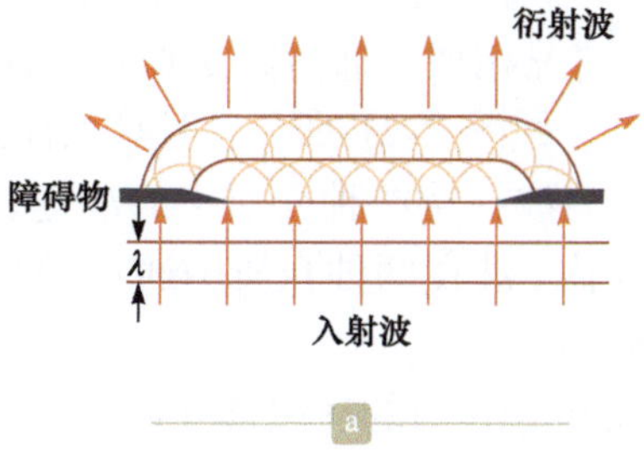


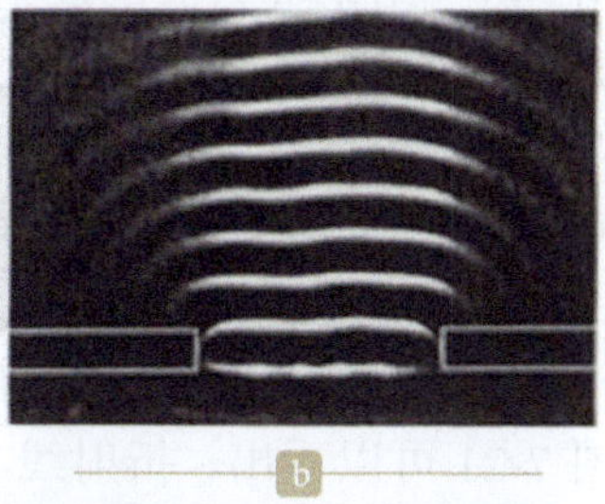


图 7-18 波通过宽缝时的衍射. a.利用惠更斯原理讨论波通过宽缝时衍射的示意图. b.水面波通过宽缝时的衍射图像

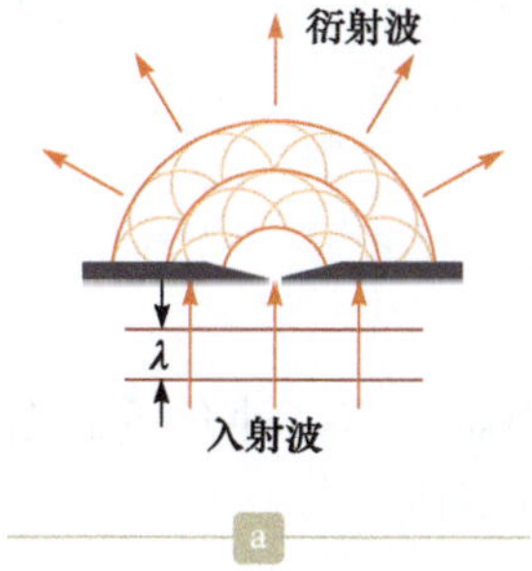

图 7-19 波通过窄缝时的衍射. a.利用惠更斯原理讨论波通过窄缝时衍射的示意图. b.水面波通过窄缝时的衍射图像

根据声波的频率和在空气中的传播速度，空气中声波的波长在 1.7cm 到 17m 之间，与房门的宽度相近，所以声波通过门框时的衍射现象明显. 光波通过障碍物时也有衍射现象，但可见光的波长在 $10^{-1}\mu m$ 数量级，与门的宽度相比实在太小，所以可见光在通过门框时几乎看不到衍射现象. 这就是为什么人在开着的门外看不到门内说话人时，依然能听到他讲话的声音.

应该指出，惠更斯原理不能说明子波的强度分布，因而不能解决衍射波沿各方向传播时强度不同的问题. 在本书下册讨论波动光学时，要用到由菲涅耳作了补充和修改后的惠更斯-菲涅耳原理.

### 2. 波的反射和折射定律

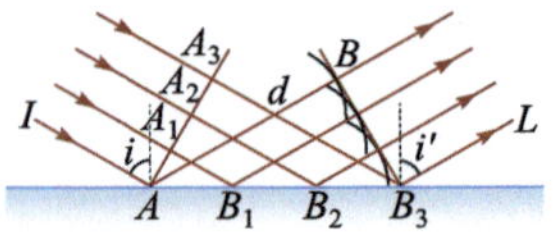


图 7-20 波在两种介质分界面上的反射

利用惠更斯作图法也可以说明波的反射和折射的规律. 先讨论反射定律. 如图 7-20 所示，有一平面波以波速 $u$ 入射到两种介质的分界面上，入射平面波的波阵面和两种介质的分界面均垂直于图面. 在 $t$ 时刻，入射波的波阵面到达 $AA_3$ 位置，$A$ 点正好在两种介质的分界面上，入射波的波线 $I$ 与分界面法线之间的夹角 $i$ 称为**入射角**. 此后，$A_1$、$A_2$、$A_3$ 各点将依次到达分界面上的 $B_1$、$B_2$、$B_3$ 各点，设 $AB_1=B_1B_2=B_2B_3$，$A_3B_3=d$，在 $t+\Delta t$ 时刻，$A_3$ 点到达分界面上的 $B_3$ 点. 以 $A$、$B_1$、$B_2$ 各点为子波源分别画出 $t+\Delta t$ 时刻的各子波. 由于在同一种介质中的波速 $u$ 不变，所以在 $t+\Delta t$ 时刻从 $A$、$B_1$、$B_2$ 各点发出的子波的波面与图面的交线，分别是半径为 $d$、$2d/3$ 和 $d/3$ 的圆弧，其中 $d=u\Delta t$. 显然，反射波在 $t+\Delta t$ 时刻的波阵面与图面的交线就是通过 $B_3$ 点并与这些圆弧相切的直线 $BB_3$. 作垂直于此波阵面的直线即得到反射线 $L$，$L$ 与分界面法线之间的夹角 $i'$ 称为**反射角**.

由图 7-20 可见，反射线、入射线和分界面的法线都在同一平面内. 根据几何关系，$\angle A_3AB_3=i$，$\angle BB_3A=i'$，且 $\Delta BB_3A\cong\Delta A_3AB_3$，所以 $i'=i$，即反射角等于入射角. 这一结论称为**波的反射定律**.

波的反射定律 ▶

下面讨论折射定律. 与讨论反射时的情况相似，通过惠更斯作图法得到折射波的波阵面，从而确定出折射线的方向，如图 7-21 所示. 但必须注意的是，波在不同介质中传播时的波速不同. 设 $u_1$ 为波在第一种介质中的波速，$u_2$ 为波在第二种介质中的波速，则在同一时间 $\Delta t$ 内，波在两种介质中通过的距离分别为 $A_3B_3=u_1\Delta t$ 和 $AB=u_2\Delta t$，因此 $A_3B_3/AB=u_1/u_2$.

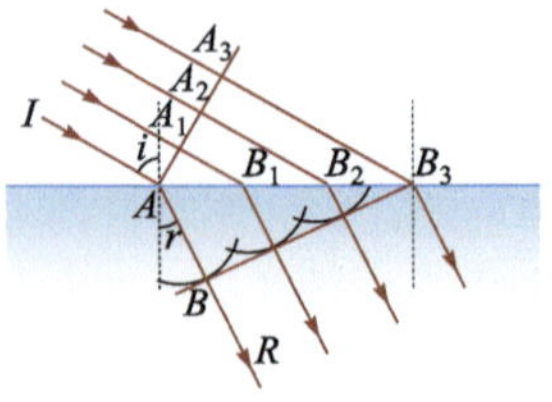


图 7-21 波在两种介质分界面上的折射

从图 7-21 可以看出，折射线、入射线和分界面的法线都在同一平面内. 图中 $\angle A_3AB_3=i$，$\angle BB_3A=r$，$r$ 为折射线与分界面法线的夹角，称为**反射角**. 因为 $A_3B_3=AB_3\sin i$，$AB=AB_3\sin r$，因此有

$$\frac{\sin i}{\sin r}=\frac{A_3B_3}{AB}=\frac{u_1}{u_2} \tag{7-23}$$

波的折射定律 ▶

上式即为**波的折射定律**.

在式(7-23)中，比值 $u_1/u_2$ 称为第二种介质相对于第一种介质的**相对折射率**，通常以 $n_{21}$ 表示，即 $n_{21}=u_1/u_2$. 所以式(7-23)也可写成

$$\frac{\sin i}{\sin r}=n_{21} \tag{7-24}$$

图 7-22 光导纤维，又称光纤

由式(7-23)可知，当 $u_1>u_2$ 时，$r<i$，即波从波速大的介质进入波速小的介质时，折射线折向法线；当 $u_1<u_2$ 时，$r>i$，说明波从波速小的介质进入波速大的介质时，折射线偏离法线. 对于后一种情况，当 $r\geqslant 90°$ 时，入射波将不会折射进入第二种介质，而是全部反射回第一种介质，这种情况称为**全反射**. 光的全反射现象在现代光通信技术中有广泛的应用，光纤就是利用光的全反射原理制成的一种可以高效传输光信号的线材(图 7-22). 它具有传输信息量大、转送距离远、抗干扰和抗腐蚀能力强等特点. 在医学上，它可用于诊断人体器官病变的内窥镜；在网络通信领域，利用光纤传输网络信号，可以达到几百兆甚至上千兆的带宽.

# 7.6 波的干涉

## 1. 波的叠加原理

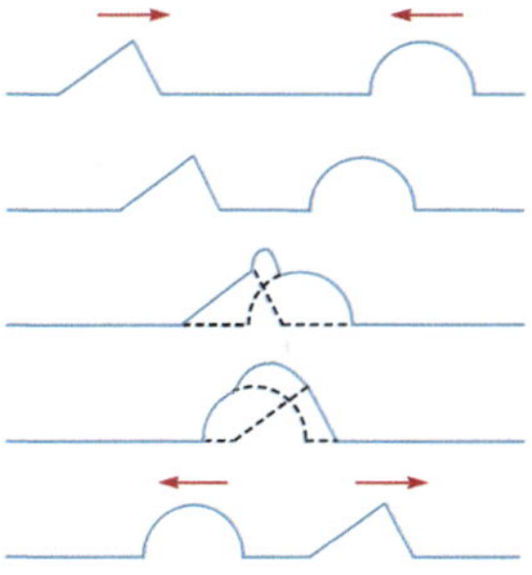
图 7-23 在同一直线上沿相反方向传播的两列脉冲波相遇时产生的叠加情况

本章前面各节讨论的只是一列波在介质中传播的情况，但更多情况下，我们会遇到有几列波同时在介质中传播并相遇的情况．例如，我们经常会同时听到几个人讲话的声音．图 7-23 表示两列振动方向相同(都在 $y$ 方向)的脉冲波，在同一直线($x$ 方向)上相向传播的情况，两列脉冲波的振动位移方向相同．仔细观察各时刻两列波传播和相遇的情况可以看出：① 两列波在相遇前和分开后的波形完全相同，就好像它们从来没有相遇过一样．可见，波的传播是独立进行的．当我们同时听到几个人在讲话时，依然能够分辨出每个人的声音特点．这表明某个人发出的声波，并不会因为其他人同时也发出声波而受到影响．② 当两列波在直线上相遇时，相遇处各点的位移，是各列波单独在该点引起的振动位移之和．当几个人讲话的声波同时传入我们的耳朵时，耳朵内的鼓膜将以这几个声波各自引起的分振动的合成形式振动．以上观察结果可总结出下列的规律．

◀ 波的独立传播原理

(1) **波的独立传播原理**：几列波在空间传播时，无论是否相遇，都将保持其原有的特性(频率、波长、振幅、振动方向等)不变，并且仍然按照自己原来的传播方向继续传播．就好像在各自的传播过程中没有遇到其他波一样．

◀ 波的叠加原理

(2) **波的叠加原理**：当几列波在空间相遇时，相遇处各点的振动位移为各列波单独存在时在该点所引起的振动位移的矢量和．

## 2. 波的干涉

图 7-24 水面波的干涉图样

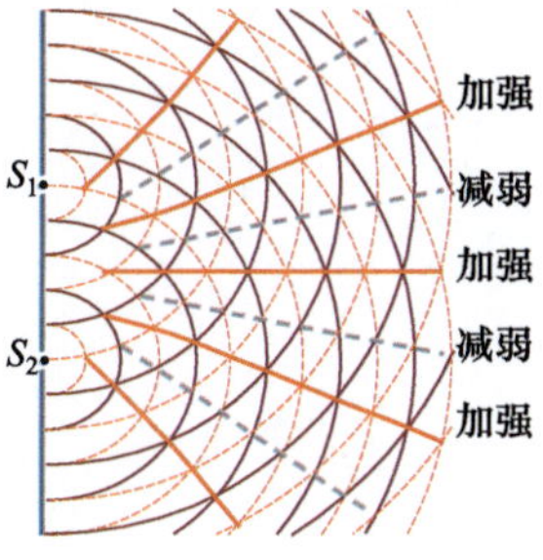

图 7-25 波的干涉示意图

与波的衍射一样，波的干涉也是波动的重要特征．但一般情况下，振动方向、频率、相位都不相同的几列波在空间某点处相遇时，相遇处质点的合振动情况是很复杂的．下面我们讨论的是一种简单而重要的波的合成情况．

先来观察一个水波干涉实验的结果．在紧贴水面处，有两个安装在同一支架上的小球．当支架沿垂直于水面方向按一定频率振动时，两小球就同时周期性地拍打水面，小球与水面的接触点就是两个振动方向相同、频率相同、相位相同的波源，它们各自发出的圆形水面波在水面上相遇叠加后，呈现出如图 7-24 所示的图像．图中某些地方水面起伏较大，说明两列水面波在这些地方相遇时，水面的振动加强了；而在另一些地方水面起伏较弱，甚至几乎不动，说明这些地方水面的振动被削弱或完全抵消了．而且水面上振动被加强和减弱处的位置是固定的，不随时间发生变化．图 7-25 是这两列波在水面上叠加的示意图，$S_1$ 和 $S_2$ 代表上述的两个波源，图中相邻细实线(棕色)间相位相差 $2\pi$，即相邻实线间的距离为一个波长 $\lambda$；相邻细实线与细虚线(橙色)间相位差为 $\pi$，即相邻细实线与虚线间的距离为 $\lambda/2$．在两细实线或两虚线相交处，两分振动同相位，所以这些点处的振幅最大；在实线与虚线相交处，两分振动反相位，这些点处的振幅最小. 像这种两列波在空间相遇叠加，使空间某些地方的振动始终加强，而另一些地方的振动始终减弱的现象，称为**波的干涉现象**. 能产生干涉现象的两列波称为**相干波**，它们的波源称为**相干波源**. 两列波要成为相干波，必须同时满足下面的三个**相干条件**：①两列波的振动方向相同；②两列波的振动频率相同；③两列波的相位相同或相位差恒定. 下面从波的叠加原理出发，分析波的干涉现象.

波的相干条件 ▶

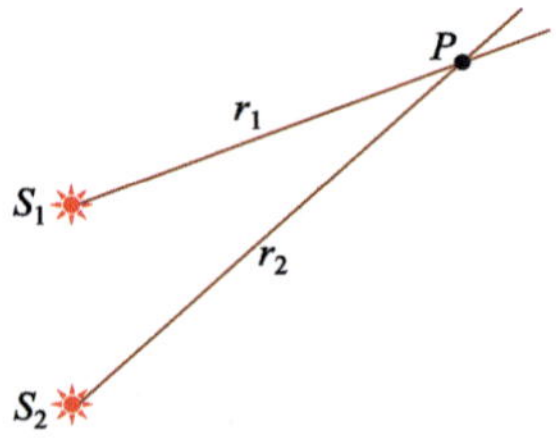

图 7-26　两相干波源发出的波在空间 $P$ 点相遇

如图 7-26 所示，设 $S_1$ 和 $S_2$ 为两个符合上述相干条件的相干波源，它们都做简谐运动，它们的振动方程分别为

$$y_{10} = A_1\cos(\omega t + \varphi_1)$$
$$y_{20} = A_2\cos(\omega t + \varphi_2)$$

式中 $\omega$ 为振动的圆频率，$A_1$、$A_2$ 为两波源的振幅，$\varphi_1$、$\varphi_2$ 为两波源振动的初相. 设 $S_1$ 和 $S_2$ 发出的两列波分别经过 $r_1$ 和 $r_2$ 的距离同时传播到介质中的 $P$ 点，则根据平面简谐波的波动方程(7-8)，两相干波在 $P$ 点引起的两个分振动分别为

$$y_1 = A_1\cos\left(\omega t + \varphi_1 - \frac{2\pi r_1}{\lambda}\right)$$
$$y_2 = A_2\cos\left(\omega t + \varphi_2 - \frac{2\pi r_2}{\lambda}\right)$$

显然，这是两个同方向、同频率的简谐运动. 一般情况下两个波源的初相差 $\varphi_2-\varphi_1$ 不为零，所以上述两相干波在 $P$ 点引起的两个分振动的相位差为

$$\Delta\varphi = \varphi_2 - \varphi_1 - \frac{2\pi}{\lambda}(r_2 - r_1) \tag{7-25}$$

式中 $\varphi_2-\varphi_1$ 是两波源的初相差，$\frac{2\pi}{\lambda}(r_2 - r_1)$ 是两列波传播的距离不同(波程不同)而引起的相位差[见式(7-10)]. 根据第 6 章关于两个同方向、同频率简谐运动合成的讨论，这两个分振动在 $P$ 点的合振动方程为

$$y = y_1 + y_2 = A\cos(\omega t + \varphi)$$

式中 $A$ 为 $P$ 点合振动的振幅，其大小由下式确定：

$$A = \sqrt{A_1^2 + A_2^2 + 2A_1A_2\cos\Delta\varphi} \tag{7-26}$$

其中 $\Delta\varphi$ 由式(7-25)确定. 而 $P$ 点合振动的相位 $\varphi$ 满足下式：

$$\tan\varphi = \frac{A_1\sin\left(\varphi_1 - \frac{2\pi r_1}{\lambda}\right) + A_2\sin\left(\varphi_2 - \frac{2\pi r_2}{\lambda}\right)}{A_1\cos\left(\varphi_1 - \frac{2\pi r_1}{\lambda}\right) + A_2\cos\left(\varphi_2 - \frac{2\pi r_2}{\lambda}\right)} \tag{7-27}$$

由式(7-26)可见，因为两相干波在 $P$ 点的相位差 $\Delta\varphi$ 是一个恒量，所以由式(7-26)所确定的两列波在 $P$ 点的合振动的振幅也是一个恒量. 这说明，尽管介质中不同点处的振幅因为相位差的不同而不同，但两列相干波传到空间某些点时引起的两个分振动是同相位的，因而这些点处的振动始终被加强；而在另一些点处，两个分振动是反相的，这些点处的振动始终被减弱.

由式(7-25)和式(7-26)可见，在满足

$$\Delta\varphi = \varphi_2 - \varphi_1 - \frac{2\pi}{\lambda}(r_2 - r_1) = \pm 2k\pi, \quad k = 0, 1, 2, \cdots$$

的空间各点，合振动的振幅最大，其值为 $A=A_1+A_2$，称为**相长干涉**或**干涉相长**.　◀ 相长干涉(干涉相长)

而满足

$$\Delta\varphi = \varphi_2 - \varphi_1 - \frac{2\pi}{\lambda}(r_2 - r_1) = \pm(2k+1)\pi, \quad k = 0, 1, 2, \cdots$$

的空间各点，合振动的振幅最小，其值为 $A=|A_1-A_2|$，称为**相消干涉**或**干涉相消**.　◀ 相消干涉(干涉相消)

如果两相干波源的初相相同，即 $\varphi_2=\varphi_1$，则上述两种情况可简化为，当

$$\Delta\varphi = \frac{2\pi}{\lambda}(r_1 - r_2) = \pm 2k\pi, \quad k = 0, 1, 2, \cdots$$

时，合振动的振幅最大. 而当

$$\Delta\varphi = \frac{2\pi}{\lambda}(r_1 - r_2) = \pm(2k+1)\pi, \quad k = 0, 1, 2, \cdots$$

时，合振动的振幅最小.

由于 $\delta=r_1-r_2$ 为两相干波从各自的波源到达 $P$ 点时的波程差，所以当两相干波源的初相差为零时，上述条件又可简化为，当

$$\delta = r_1 - r_2 = \pm 2k\cdot\frac{\lambda}{2} = \pm k\lambda, \quad k = 0, 1, 2, \cdots \tag{7-28}$$

时，即在波程差等于零或半波长偶数倍的空间各点，合振动的振幅最大. 而当

$$\delta = r_1 - r_2 = \pm(2k+1)\frac{\lambda}{2}, \quad k = 0, \pm 1, \pm 2, \cdots \tag{7-29}$$

时，即在波程差等于半波长的奇数倍的空间各点，合振动的振幅最小.

在其他情况下，即波程差 $\delta$ 既不是半波长的偶数倍，也不是半波长的奇数倍时，合振幅的数值在最大值 $A_1+A_2$ 和最小值$|A_1-A_2|$之间.

由上讨论可知，两相干波源在空间任一点相遇时，其干涉加强和减弱的条件，除了与两波源的初相差相关之外，还取决于该点至两相干波源间的波程差.

必须注意，如果两波源不符合相干条件，即两波源不是相干波源，则不会出现干涉现象.

**例题 7-6　根据干涉情况确定波源相位差**

如图 7-27 所示，在 $x$ 轴上有两个相干波源 $S_1$ 和 $S_2$ 相距 $3\lambda/4$，$\lambda$ 为波长. 设它们发出的波沿 $x$ 轴传播时振幅不变，且 $A_1=A_2$. 已知两列波传播到 $S_1$ 左侧各点时引起的合振动强度为其中一个波强度的 4 倍，求两波源相位差应满足的条件.

**解**　设 $P$ 为 $x$ 轴上 $S_1$ 左侧的任意一点，两波源 $S_1$ 和 $S_2$ 发出的波沿 $x$ 轴传播到 $P$ 点时的波程差为 $\overline{S_2P}-\overline{S_1P}=3\lambda/4$. 根据式(7-17)，波的强度正比于振幅

的平方，所以 $I_1=A_1^2$，$I_2=A_2^2$，且 $I_1=I_2$. 根据题意和式(7-26)得 $P$ 点合振动的强度为

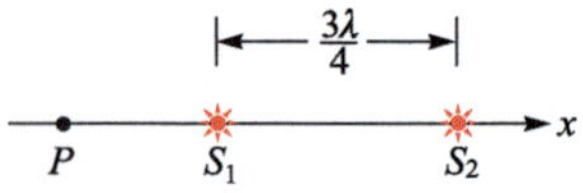


图 7-27 两个相距 $3\lambda/4$ 的相干波源 $S_1$ 和 $S_2$ 发出的波沿 $x$ 轴无衰减地传播到 $P$ 点，并在 $P$ 点干涉相长

$$I=I_1+I_2+2\sqrt{I_1I_2}\cos\Delta\varphi=2I_1\left(1+\cos\Delta\varphi\right)=4I_1$$

由上式可得

$$\cos\Delta\varphi=1 \quad 或 \quad \Delta\varphi=2k\pi \quad (k=0,1,2,\cdots)$$

说明两列波在 $S_1$ 左侧各点的叠加均为相长干涉. 由式(7-25)，两列波到达 $P$ 点时的相位差为

$$\Delta\varphi=\varphi_2-\varphi_1-\frac{2\pi}{\lambda}\left(\overline{S_2P}-\overline{S_1P}\right)=\varphi_2-\varphi_1-\frac{3\pi}{2}=2k\pi$$

所以，两波源的相位差满足以下条件：

$$\varphi_2-\varphi_1=2k\pi+\frac{3\pi}{2}$$

当取 $k=0$ 时，两波源的相位差为 $3\pi/2$.

**例题 7-7 根据干涉情况确定波长**

如图 7-28 所示，$A$、$B$ 是两个相干的点波源，它们的相位差为 π. 图中 $A$、$B$ 两点相距 30cm，$B$ 点和 $P$ 点相距 40cm，且 $\overline{AB}\perp\overline{BP}$. 如果由 $A$、$B$ 两波源发出的波在 $P$ 点引起干涉相消，求波长 $\lambda$ 的最大可能值.

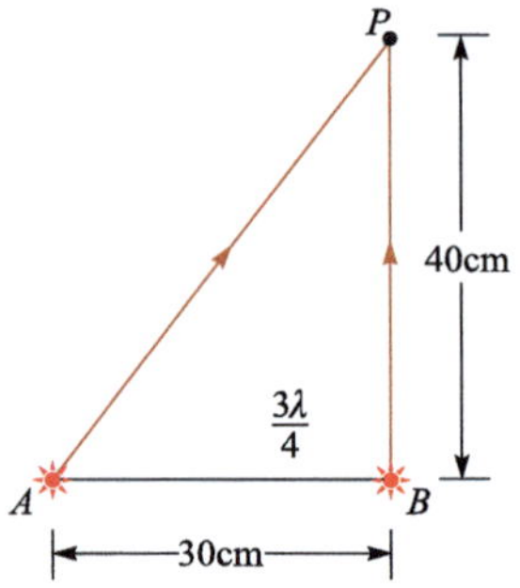


图 7-28 两相干波源发出的波在空间 $P$ 点相遇

**解** 由图 7-28 可见

$$\overline{AP}=\sqrt{\left(\overline{AB}\right)^2+\left(\overline{BP}\right)^2}=0.50\text{ m}$$

设两波源的相位差为 $\varphi_B-\varphi_A=\pi$，则根据题意和式(7-25)，得两列波到达 $P$ 点时的相位差为

$$\Delta\varphi=\varphi_B-\varphi_A-\frac{2\pi}{\lambda}\left(\overline{BP}-\overline{AP}\right)=\pi+2\pi\frac{0.10}{\lambda}=\left(2k+1\right)\pi$$

由上式得

$$\lambda=\frac{0.10}{k}$$

可见，当 $k=1$ 时波长最长，即波长的最大可能值为 $\lambda_{max}=0.10\text{m}=10\text{cm}$.

## 7.7 驻 波

### 1. 驻波的形成

驻波是干涉现象的一个特例，它是由两列振幅相同的相干波沿相反方向传播时相互干涉的结果. 图 7-29a 是一种驻波实验装置的示意图. 图中左边为一个电振音叉，音叉上系一根水平细绳 $AB$，$B$ 处有一个可以左右移动的劈尖，移动它可以调节 $AB$ 间的距离. 细绳绕过一个定滑轮后，在其末端悬挂砝码，使细绳上产生张力. 当音叉振动时，便有一列入射波沿细绳向右传播，这列波到

达 $B$ 点时被反射，从而产生一列向左传播的反射波. 这样在同一根细绳上就有沿相反方向传播的两列相干波，它们会在细绳上相互叠加. 调节劈尖至适当的位置，就会在细绳上形成如图 7-29b 所示的稳定振动状态. 通过观察可以发现：细绳上各点振动的振幅不同，有些点始终静止不动，即振幅为零；而另一些点则振动最强，即振幅最大. 这种由两列沿相反方向传播的相干波形成的稳定振动状态就称为**驻波**.

◀ 驻波的定义

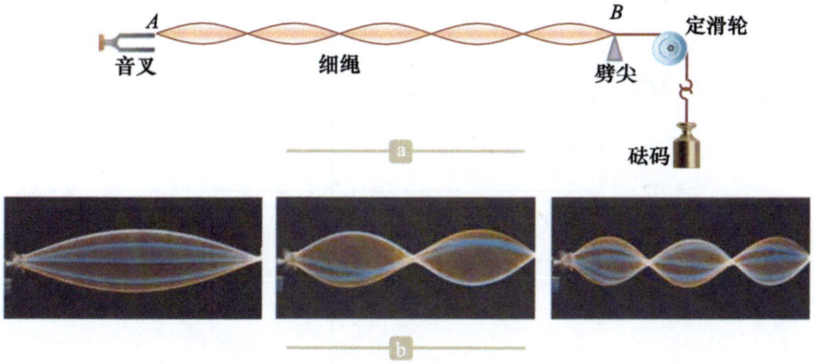


图 7-29 a.驻波实验示意图. b.细绳上产生的驻波图像，图中分别为在细绳上产生的一个波腹、两个波腹和三个波腹的图像

下面，我们通过两列沿相反方向传播的行波在不同时刻的叠加来说明驻波的形成过程和驻波的特点. 图 7-30 中绿色的曲线代表一列向右传播的平面简谐行波的波形图，蓝色曲线代表一列向左传播的平面简谐行波的波形图，两列波的振幅相等，均为 $A$(图中为了区分这两列波，将它们的振幅画得稍微有些不同)，而棕色的曲线则表示这两列波在 $x$ 轴上各点的位移相加后的波形图，两相邻竖直虚线的间隔为 $\lambda/8$. 在 $t=0$ 时刻，入射波和反射波的波形刚好重合，它们在 $x$ 轴上各点产生的振动位移都是同相位的，因此 $x$ 轴上各点合振动的位移最大，如图 7-30a 所示. 在 $t=T/8$ 时，两列波分别向右和向左传播了 $\lambda/8$ 的距离，其合成波形的形状与 $t=0$ 时刻相同，但各点的合振动位移较小，如图 7-30b 所示. 在 $t=T/4$ 时，两列波分别向右和向左传播了 $\lambda/4$ 的距离，此时两列波在 $x$ 轴上各点产生的振动位移都是反相位的，合成波形为一条与 $x$ 轴重合的直线，即各点的合振动位移均为零，见图 7-30c. 在 $t=3T/8$ 和 $t-T/2$ 时，合成波形的位移分别与 $t=T/8$ 和 $t=0$ 时大小相等，但方向相反，见图 7-30d 和图 7-30e. 图 7-30f 是将各时刻的波形图画在一起时的情况. 由上面的讨论可见，在每一时刻，驻波都有一定的波形，但整个波形既不沿波线 $x$ 向左移，也不向右移，各点只是以确定的振幅在各自的平衡位置附近振动，这就是“驻”波这一名称的由来.

结合图 7-30 中各时刻的波形图可以得到以下结论：

(1) 从振动的振幅方面：$x$ 轴上的某些点(如 $x=\pm\lambda/4$、$\pm3\lambda/4$ 等)处的振幅始终为零，即始终静止不动，波形图上的这些点称为**波节**；而另一些点(如 $x=0$、$\pm\lambda/2$、$\pm\lambda$ 等)处的振幅最大，等于每一列行波振幅 $A$ 的两倍，波形图上的这些点称为**波腹**；$x$ 轴上其余各点的振幅介于 $0\sim2A$. 从驻波的波形图上还可以看出，波节和波腹的位置固定不动，相邻波节之间或相邻波腹之间的距离都是 $\lambda/2$，一个波节(或波腹)与它相邻的波腹(或波节)之间的距离都为 $\lambda/4$. 这是驻波与行波的第一个不同，因为平面简谐行波的波线上各点的振幅都是相等的.

◀ 波节和波腹

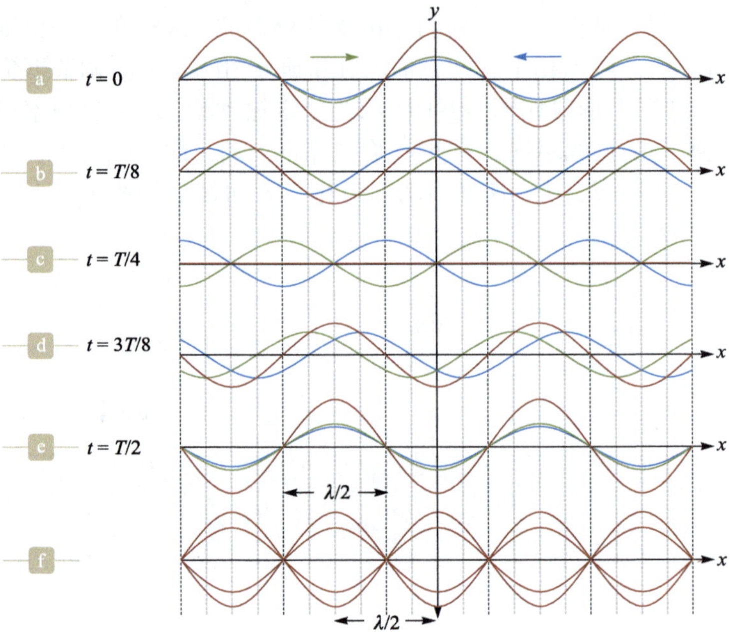


图 7-30 振幅、波长、频率相同的两列平面简谐波沿相反方向(绿色沿 $x$ 轴正方向、蓝色沿 $x$ 轴反方向)传播并叠加后形成的驻波波形图

(2) 从振动的相位方面：尽管 $x$ 轴上各点的振幅各不相同，但相邻波节间所有的点同时振动到它们各自正的最大位移处(如$-\lambda/4\leqslant x\leqslant\lambda/4$ 的各点在 $t=0$ 时都到达它们的正最大位移)；又同时振动到各自负的最大位移处(如$-\lambda/4\leqslant x\leqslant\lambda/4$ 的各点在 $t=T/2$ 时的情况)，这说明**相邻波节间所有点的振动是同相位的**. 从图 7-30 还可以看到，当一个波节一侧的各点振动到正最大位移时，其另一侧的各点振动到负最大位移处，这说明**同一个波节两侧各点的振动是反相位的**. 这是驻波与行波的第二个不同，因为行波波线上各点的相位是逐点变化的.

(3) 从振动的能量方面：形成驻波的两列波的频率和振幅都是相等的，但传播的方向相反. 根据式(7-18)可得，两列波的能流密度大小相等，而方向相反，所以，没有能量在 $x$ 轴上传播. 就好像一列货车将货物从 $A$ 地运往 $B$ 地的同时，另一列货车将等量的货物从 $B$ 地运往 $A$ 地，使 $A$、$B$ 两地间没有实际的货物流动一样. 这是驻波与行波的第三个不同，因为行波在传播时，伴随着振动能量的传播.

图 7-31 跳绳游戏

综上所述，驻波虽有“波”之名，但无波之实，它只是两列沿相反方向传播的波干涉时，在 $x$ 轴上形成的一种特殊的振动状态. 如图 7-31 所示，在跳绳游戏中，从正面看跳绳的状态就是驻波，两个甩绳的人将两列行波分别向左、右传播，手所在处为波节，而两个波节中间有一波腹.

### 2. 驻波方程

上面我们只是定性地说明了驻波的形成和特点，下面做定量分析. 设有两列振幅相同的相干平面简谐波沿相反的方向传播，取两列波重合的某一时刻为 $t=0$，并取该时刻两列波的某一波峰处为坐标原点，所以这两列波的初相都为零，与图 7-30a 所示的情况一样. 于是这两列波的表达式分别为

$$y_1 = A\cos 2\pi\left(\nu t - \frac{x}{\lambda}\right)$$

$$y_2 = A\cos 2\pi\left(\nu t + \frac{x}{\lambda}\right)$$

两列波在相遇处的合位移为

$$y = y_1 + y_2 = A\cos 2\pi\left(\nu t - \frac{x}{\lambda}\right) + A\cos 2\pi\left(\nu t + \frac{x}{\lambda}\right)$$

应用三角函数的和差化积公式，上式可写成

$$y = 2A\cos\frac{2\pi x}{\lambda}\cos 2\pi\nu t \tag{7-30}$$

◀ 驻波方程

上式就是**驻波方程**. 从方程中可以看出，$2A\cos\frac{2\pi x}{\lambda}$ 与时间 $t$ 无关，它只与 $x$ 有关. 所以，波线上 $x$ 点处的质点做振幅为 $\left|2A\cos\frac{2\pi x}{\lambda}\right|$，频率为 $\nu$ 的简谐运动. 在波节处，振幅为零，即

$$\cos\frac{2\pi x}{\lambda} = 0$$

或
$$\frac{2\pi x}{\lambda} = \pm(2k+1)\frac{\pi}{2}$$

因此波节的位置为

$$x = \pm(2k+1)\frac{\lambda}{4}, \quad k = 0, 1, 2, \cdots \tag{7-31}$$

与图 7-30 中波节的位置相符. 而相邻波节间的距离为

$$x_{n+1} - x_n = \left[2(n+1)+1\right]\frac{\lambda}{4} - (2n+1)\frac{\lambda}{4} = \frac{\lambda}{2}$$

即相邻波节间的距离为 $\lambda/2$. 在波腹处，振幅最大，所以

$$\left|\cos\frac{2\pi x}{\lambda}\right| = 1$$

或
$$\frac{2\pi x}{\lambda} = \pm k\pi$$

因此波腹的位置为

$$x = \pm k\frac{\lambda}{2}, \quad k = 0, 1, 2, \cdots \tag{7-32}$$

与图 7-30 中波腹的位置相符. 而相邻波腹间的距离为

$$x_{n+1} - x_n = (n+1)\frac{\lambda}{2} - n\frac{\lambda}{2} = \frac{\lambda}{2}$$

即相邻波腹间的距离也为 $\lambda/2$. 显然，波节与相邻波腹之间的距离为 $\lambda/4$.

由驻波方程(7-30)可见，$x$ 轴上各点振动的相位与 $\cos\frac{2\pi x}{\lambda}$ 的正负有关. 由

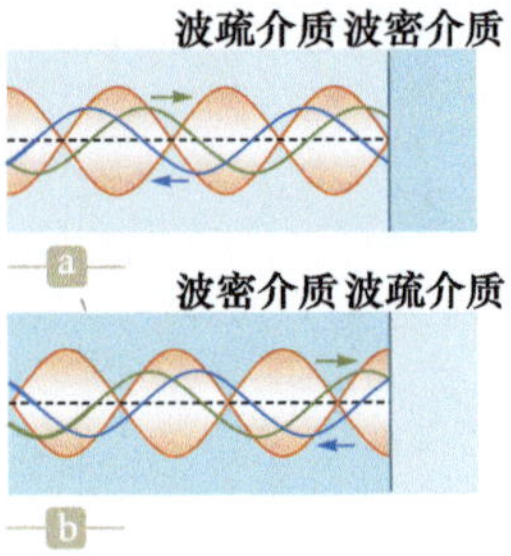


图 7-32 波在两种介质分界面上的反射. 绿色为入射波，蓝色为反射波，橙色为入射波和反射波形成的驻波. a.波由波疏介质入射到波密介质时，反射点处为波节. b. 波由波密介质入射到波疏介质时，反射点处为波腹

于在相邻两个波节之间各点，$\cos\dfrac{2\pi x}{\lambda}$具有相同的符号，因此相邻两波节间各点的振动相位相同；而$\cos\dfrac{2\pi x}{\lambda}$在一个波节的两边符号相反，所以波节两边各点的振动相位相反.

### 3. 半波损失

在图 7-29 的实验中，因为反射点 $B$ 是固定的，所以在 $B$ 点一定形成一个波节. 如果反射点 $B$ 是不固定的自由端，则反射点处将有可能出现波腹. 一般情况下，在两种介质的分界面处是形成波节还是波腹，与波的种类、两种介质的性质和入射角的大小有关. 我们把弹性介质的密度与波在这种介质中波速的乘积 $\rho u$ 称为**波阻**，波阻大的介质称为**波密介质**，波阻小的介质称为**波疏介质**. 理论上可以证明，当波从波疏介质垂直入射到波密介质(即 $\rho_1u_1<\rho_2u_2$)并在分界面上反射时，则在反射点处出现波节，说明入射波和反射波在反射点处的相位相反，见图 7-32a. 反之，当波从波密介质垂直入射到波疏介质(即 $\rho_1u_1>\rho_2u_2$)并在分界面上反射时，则在反射点处出现波腹，说明入射波和反射波在反射点处的相位相同，见图 7-32b.

在两种介质的分界面上形成波节，说明入射波与反射波在分界面处的相位相反，相当于反射波在分界面处相位突变了 π. 由于相距半波长的两点间的相位差为 π，所以把这种相位突变 π 的现象形象地称为**半波损失**.

半波损失 ▶

相位突变的情况在电磁波和光波的反射中也存在. 对于光波，我们把折射率 $n$ 较大的介质称为光密介质，而把折射率 $n$ 较小的介质称为光疏介质，当光由光疏介质入射在光密介质的表面并反射时，反射光在反射点处也有相位 π 的突变.

应当指出，对两端都固定的弦线，并不是任何频率(或波长)的波都能形成驻波. 由于两个波节之间只能出现整数个波腹，所以，只有当弦线长度 $l$ 等于半波长的整数倍时，才能在弦线上形成驻波. 例如，吉他上的弦线，两端都是固定的，当拨动琴弦时，波就沿弦线往返传播形成驻波. 显然，弦线上能够形成驻波的波长 $\lambda_n$ 与弦长 $l$ 之间必须满足

$$l = n\frac{\lambda_n}{2}, \quad n=1, 2, \cdots \tag{7-33}$$

说明弦长必须是半波长的整数倍. 由式(7-4)，当弦线的线密度和张力一定时，波速 $u$ 为定值，由关系式 $u=\lambda_n\nu_n$ 可以得到，弦线上可能出现的振动频率为

$$\nu_n = n\frac{u}{2l}, \quad n=1, 2, \cdots \tag{7-34}$$

图 7-33 吉他的弦上形成的都是驻波. 弦的粗细和张力决定弦上的波速，波速和弦长决定弦发出的频率

可见，只有频率符合上式的振动才会在琴弦上形成驻波. 由于张力与波速有关，所以调节琴弦的张力，可以改变驻波的频率，所有弦乐器的调音都是通过调节琴弦的张力来实现的(图 7-33). 由式(7-34)可见，弦线上可能产生的频率是不连续的，这些频率称为固有频率. 其中对应于 $n=1$ 的最低频率称为**基频**，而其他对应于 $n=2, 3, \cdots$的频率是基频的整数倍，称为**倍频**.

**例题 7-8 驻波**

设两列波在一很长的弦线上传播，两列波的波函数分别为

$$y_1 = 4.00\times10^{-2}\cos\left[\frac{\pi}{3}(24t-4x)\right],$$

$$y_2 = 4.00\times10^{-2}\cos\left[\frac{\pi}{3}(24t+4x)\right]$$

求：(1) 两列波的频率、波长和波速；

(2) 两列波叠加后振幅最小的那些点的位置；

(3) 两列波叠加后振幅最大的那些点的位置.

**解** (1) 这是两列在 $x$ 轴上沿相反方向传播的同振动方向、同振幅、同频率的简谐波，它们在弦线上叠加后形成驻波. 根据式(7-30)，两波叠加后的驻波方程为

$$y = y_1 + y_2 = 2A\cos\frac{2\pi x}{\lambda}\cos 2\pi\nu t = 8.00\times10^{-2}\cos\frac{4\pi x}{3}\cos 8\pi t$$

所以，两列波的频率 $\nu = 4.00\text{Hz}$，波长 $\lambda = 3/2\text{m} = 1.5\text{m}$，所以波速 $u = \lambda\nu = 6.00\text{m/s}$.

(2) 驻波上振幅最小的位置，即波节的位置满足

$$\cos\frac{4\pi x}{3} = 0 \quad 或 \quad \frac{4\pi x}{3} = \pm(2k+1)\frac{\pi}{2}$$

所以波节的位置为

$$x = \pm\frac{3}{4}\left(k+\frac{1}{2}\right)(\text{m}) \quad (k = 0, 1, 2, \cdots)$$

(3) 驻波上振幅最大的位置，即波腹的位置满足

$$\left|\cos\frac{4\pi x}{3}\right| = 1 \quad 或 \quad \frac{4\pi x}{3} = \pm k\pi$$

所以波腹的位置为

$$x = \pm\frac{3}{4}k\,(\text{m}) \quad (k=0,1,2,\cdots)$$

## 7.8 多普勒效应

### 1. 多普勒效应

当波源和观察者(或接收器)都相对于介质静止时，波的频率和波源的频率相等，观察者接收到的波的频率也和波源的频率相等. 但若波源和观察者之一相对于介质运动，或两者同时相对于介质运动，则会发现观察者接收到的频率和波源的频率不相等. 日常生活中我们可能注意到，当高速行驶的列车鸣笛驶来时，你听到的汽笛声音的音调会变高，而当它高速驶离时，汽笛的声调会变低. 这种因波源或(和)观察者相对于介质运动，而使观察者接收到的波的频率不同于波源频率的现象，是由多普勒(J.C. Doppler)在 1842 年首先发现的，称为**多普勒效应**. 上面提到的现象就是声波的多普勒效应.

◀ 多普勒效应

下面，我们分三种情况来讨论声波在空气中传播时的多普勒效应. 为简单起见，假定介质(空气)不流动，波源和观察者的运动发生在两者的连线上. 设波源相对于介质的运动速率为 $v_S$，观察者相对于介质的运动速率为 $v_R$，而波在介质中的传播速率为 $u$. 波源的振动频率为 $\nu_0$，而观察者接收到的频率为 $\nu_R$.

1) 波源相对于介质静止，观察者相对于介质运动

如果一个点波源在均匀的介质中发出声波，则波沿所有方向的传播速度都是相同的，声波的波面为球面. 当波源相对于介质静止时，波面与纸面的交线是一组同心圆，如图 7-34 所示. 图中相邻波面之间的距离为波长 $\lambda$. 如果波源和观察者都相对于介质静止(即 $v_S=0$，$v_R=0$)，则声波通过观察者的速率为波速 $u$，这时观察者接收到的声波频率为 $\nu_R=u/\lambda=\nu_0$，即观察者接收到的声波频率与波源的频率相同.

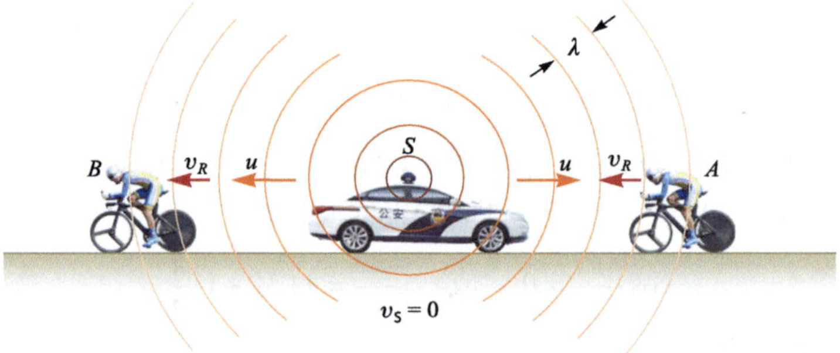


图 7-34 波源 $S$(汽车)相对于介质静止时，观察者 $A$ 和 $B$ 相对于介质以速度 $v_R$ 运动

如果观察者以速率 $v_R$ 向着静止的波源运动，如图 7-34 中的运动员 $A$，则声波相对于观察者的相对速率为 $u'=u+v_R$. 但由于波源静止，所以波长 $\lambda$ 不变，因此观察者 $A$ 接收到的声波频率为

$$\nu_R=\frac{u'}{\lambda}=\frac{u+v_R}{\lambda}$$

由于 $\lambda=u/\nu_0$，所以上式可表示为

$$\nu_R=\frac{u+v_R}{u}\nu_0 \tag{7-35}$$

这表明，当观察者向着波源运动时，观察者接收到的声波频率会高于波源的频率. 若观察者以速率 $v_R$ 离开波源，如图 7-34 中的运动员 $B$，则声波通过观察者的相对速率变为 $u'=u-v_R$，这时他接收到的声波频率为

$$\nu_R=\frac{u-v_R}{u}\nu_0 \tag{7-36}$$

即此时观察者 $B$ 接收到的声波频率低于波源的频率.

由上讨论可知，当波源静止而观察者运动时，观测到的频率与波源的频率之所以不同，是因为波相对于观察者的速度随观察者的速度发生了变化.

2) 波源相对于介质运动，观察者相对于介质静止

由于波速只取决于介质的性质，而与波源的运动无关，所以当波源相对于介质运动时，波沿各个方向的传播速度依然相等，即波面依然是球面. 但当波源以速率 $v_S$ 沿直线运动时，因为各个时刻波源的位置不同，所以各波面与纸面的交线就不是一组同心圆，而是像图 7-35a 所示的那样. 当波源向着观察者 $A$

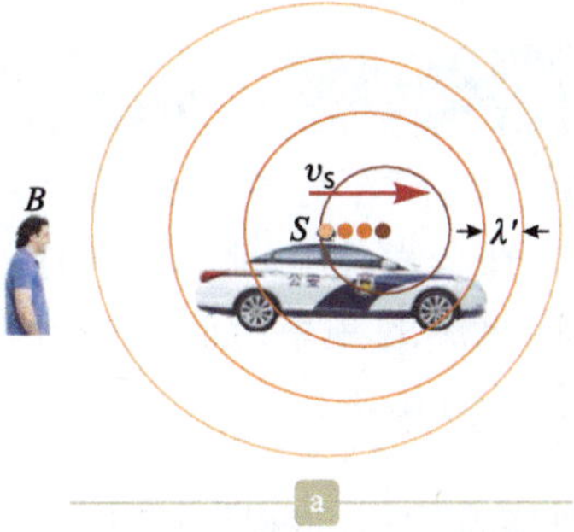


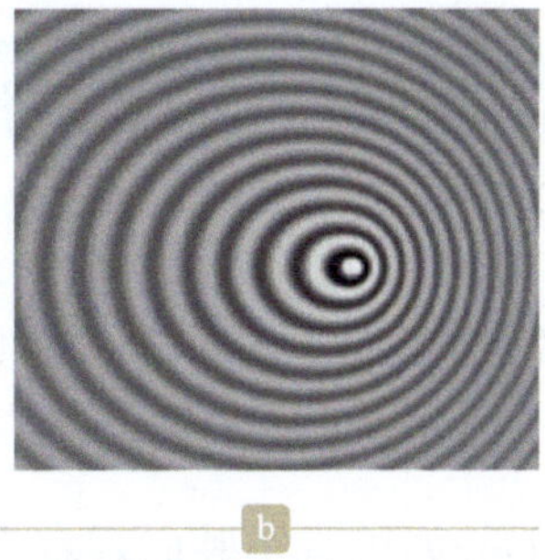


图 7-35 a.波源 $S$ 相对于介质以速度 $v_S$ 向右运动. 观察者 $A$ 和 $B$ 相对于介质静止. b.波源相对于介质向右运动时，右侧的波面相互接近，波长变短；左侧的波面相互远离，波长变长

以速率 $v_S$ 运动时，每经过一个周期 $T$ 的时间，波源就向观察者 $A$ 移动距离 $v_ST$. 所以，对于观察者 $A$ 来说，如果波源静止时的波长为 $\lambda$，则此时他接收到的声波的等效波长为 $\lambda' = \lambda - v_ST$. 由于观察者相对于介质静止，所以他观察到的波速就是介质中的波速 $u$，于是观察者 $A$ 接收到的声波频率为

$$\nu_R = \frac{u}{\lambda'} = \frac{u}{\lambda - v_ST}$$

由于 $\lambda = u/\nu_0$，$v_ST = v_S/\nu_0$，所以上式可写成

$$\nu_R = \frac{u}{u - v_S}\nu_0 \qquad (7\text{-}37)$$

这表明，当波源向着观察者运动时，观察者 $A$ 接收到的声波频率会高于波源的频率.

若波源以速率 $v_S$ 离开观察者 $B$，则他接收到的声波的等效波长为 $\lambda' = \lambda + v_ST$. 所以观察者 $B$ 接收到的声波频率为

$$\nu_R = \frac{u}{u + v_S}\nu_0 \qquad (7\text{-}38)$$

即观察者 $B$ 接收到的声波频率低于波源的频率.

由上讨论可知，当波源运动而观察者静止时，观测到的频率与波源的频率之所以不同，是因为波在介质中的波长随波源的运动发生了变化.

3) 波源和观察者都相对于介质运动

综合以上两种情况的分析可以得到，当波源和观察者都相对于介质运动时，观察者接收到的频率为

$$\nu_R = \frac{u \pm v_R}{u \mp v_S}\nu_0 \qquad (7\text{-}39)$$

上式中，当观察者向着波源运动时，$v_R$ 前面取正号，而当观察者离开波源运动时，$v_R$ 前面取负号；当波源向着观察者运动时，$v_S$ 前面取负号，而当波源离开观察者运动时，$v_S$ 前面取正号. 总之，当波源与观察者相互接近时，观察者测到的频率 $\nu_R$ 会大于波源的频率 $\nu_0$；反之，当波源与观察者相互远离时，观察者测到的频率 $\nu_R$ 会小于波源的频率 $\nu_0$. 若波源和观察者的运动速度不在两者的连线上，则上式中的 $v_S$ 和 $v_R$ 都应取它们在两者连线上的分量.

**例题 7-9　波源和观察者在同一直线上运动时的多普勒效应**

(1) 一辆汽车以 34m/s 的速率在一笔直的公路上行驶，它的喇叭发出的声音频率为 400Hz. 求站在公路边的观察者测得这辆汽车喇叭声的频率.

(2) 如果上述汽车停在公路旁，观察者以 34m/s 的速率在公路上运动. 求这时观察者测得这辆汽车喇叭声的频率. (假设声音在空气中的传播速率为 340m/s)

**解**　(1) 如果汽车驶向观察者，这时观察者测得的喇叭声频率为

$$\nu_R = \frac{u}{u - v_S}\nu_0 = \frac{340}{340-34}\times 400 \approx 444\ (\mathrm{Hz})$$

如果汽车驶离观察者，这时观察者测得的喇叭声频率为

$$\nu_R = \frac{u}{u + v_S}\nu_0 = \frac{340}{340+34}\times 400 \approx 364\ (\mathrm{Hz})$$

(2) 如果观察者向停在路旁的汽车运动，这时他测得的喇叭声频率为

$$\nu_R = \frac{u + v_R}{u}\nu_0 = \frac{340+34}{340}\times 400 = 440\ (\mathrm{Hz})$$

如果观察者向着远离路旁的汽车运动，这时他测得的喇叭声频率为

$$\nu_R = \frac{u - v_R}{u}\nu_0 = \frac{340-34}{340}\times 400 = 360\ (\mathrm{Hz})$$

由本题所得的结果可见，在波源与观察者的相对速度相同的情况下，频率的变化是波源运动引起的还是观察者运动引起的，其结果是不一样的. 这是因为仅观察者运动时，改变的是波相对于观察者的速度；而仅波源运动时，改变的是波在介质中的波长.

**例题 7-10　波源运动方向不在两者连线上时的多普勒效应**

如图 7-36a 所示，一辆汽车以 $v_0$=25m/s 的恒定速率在一笔直的公路上行驶，距离公路 100m 处有一个静止的观察者. 如果汽车喇叭声的频率 $\nu_0 = 400\mathrm{Hz}$，求观察者听到汽车喇叭声的频率. (设空气中的声速为 343.4m/s)

**解**　汽车相对于观察者的速率为

$$v_S = v_0 \cos\theta$$

式中 $\theta$ 为汽车前进方向与汽车和观察者之间连线的夹角(图 7-36a)，所以 $v_S$ 即为汽车速度沿汽车与观察者连线方向的分量. 观察者听到的汽车喇叭声的频率为

$$\nu_R = \frac{u}{u - v_S}\nu_0 = \frac{u}{u - v_0\cos\theta}\nu_0$$

如果以汽车在公路上前进的方向为 $x$ 轴，以观察者在公路上的投影点为坐标原点 $O$，汽车的位置用 $x$ 表示，则上式可改写为

$$\nu_R = \frac{u}{u + \dfrac{v_0 x}{\sqrt{x^2 + 100^2}}}\nu_0$$

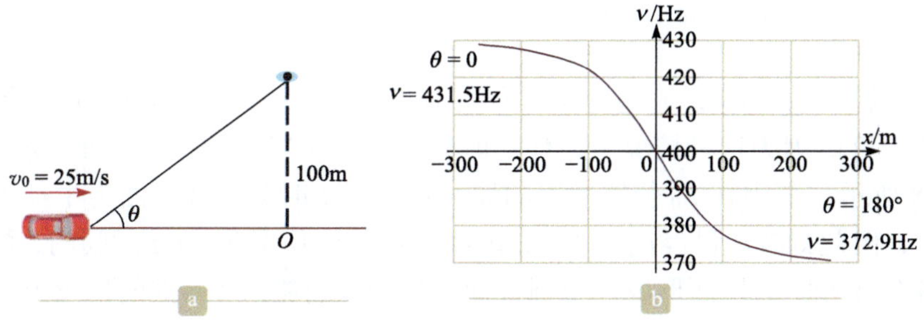


图 7-36 a.汽车沿直线公路行驶，观察者在公路外100m处. b.汽车在不同位置时观察者听到的喇叭声频率

按上式计算出汽车在各位置时观察者听到的喇叭声频率如图 7-36b 所示. 当汽车在很远处驶向观察者时，$\theta\approx 0$，这时观察者听到的频率为

$$\nu_R=\frac{343.4}{343.4-25}\times 400\approx 431.5(\text{Hz})$$

当汽车与观察者相距最近时，$\theta=\pi/2$，这时

$$\nu_R=\nu_0=400\ \text{Hz}$$

当汽车驶离观察者很远时，$\theta\approx 180°$，这时

$$\nu_R=\frac{343.4}{343.4+25}\times 400\approx 372.9\ (\text{Hz})$$

多普勒效应是波动的共同特征，光波也有多普勒效应，但光波的传播不需要介质，光在真空中的传播速率 $c$ 为常量，因此在光的多普勒效应中，由光源和观察者的相对速度 $v$ 来确定观测到的频率. 利用相对论时空变换关系可以证明，当光源和观察者在同一直线上运动时，观察者测到的频率 $\nu_R$ 和光源的频率 $\nu_0$ 之间的关系为

$$\nu_R=\sqrt{\frac{c\pm v}{c\mp v}}\nu_0 \tag{7-40}$$

当光源和观察者相互接近时，分子上的 $v$ 前面取加号，分母上的 $v$ 前取减号，这时接收到的光的频率变大，光的波长变短；当光源和观察者远离时，分子上的 $v$ 前面取减号，分母上的 $v$ 前取加号，这时接收到的频率变小，波长变长. 由于在可见光中紫光的频率比红光高，而波长比红光短，所以上述频率变大的现象称为“紫移”，而频率变小的现象称为“红移”. 天体物理学家将来自恒星的光谱与地球上相同元素的光谱进行比较，发现恒星发出的光谱在地球上测量时，几乎都发生红移现象，说明这些恒星都在远离地球，即都在“退行”，也就是说，宇宙正在不断地发生膨胀. 所以，这一观察结果被视为宇宙“大爆炸”理论的重要依据.

图 7-37 交通警察利用便携式多普勒测速仪在高速公路上测量过往车辆的行驶速度

目前，多普勒效应已广泛应用于科学研究、工程技术、交通管理和医疗诊断等各个方面. 例如，多普勒雷达系统已广泛用于车辆、飞机、人造卫星等运动目标的速度监测. 如图 7-37 所示，即为交警正在利用便携式多普勒测速仪测量过往车辆的速度. 在医学上所用的“D 超”，就是利用超声波的多普勒效应来检查人体血管中血液的流动速度和流量情况的. 在工业上常利用多普勒效应来测量管道中悬浮物液体的流速等.

### 2. 马赫锥 冲击波

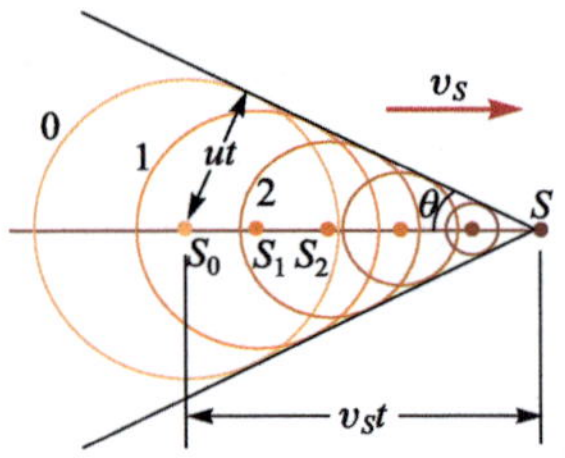


图 7-38 当波源在介质中的运动速度 $v_S$ 大于波在这种介质中的传播速度 $u$ 时，各波阵面的切面形成的马赫锥

当波源运动的速度 $v_S$ 超过波在介质中的速度 $u$ 时，式(7-37)将失去意义(波长不能为负). 因为这种情况下，任一时刻波源的位置将位于波阵面的前方. 如图 7-38 所示，波源在 $S_0$ 位置发出的波，在其后 $t$ 时刻的波阵面为半径等于 $ut$ 的球面，但此刻波源已经前进了 $v_St$ 的距离而到达位置 $S$. 在 $t$ 时间内，波源发出的各个波阵面的切面形成一个圆锥面，称为**马赫锥**. 马赫锥的顶角 $\theta$ 满足下式:

$$\sin\theta = \frac{ut}{v_St} = \frac{u}{v_S} \tag{7-41}$$

随着时间的推移，各波阵面不断扩展，锥面也不断扩展，这种以点波源为顶点的圆锥形的波称为**冲击波**. $v_S/u$ 称为**马赫数**，$\theta$ 称为**马赫角**. 锥面就是受扰动的介质与未受扰动的介质的分界面，在其两侧有压强、密度和温度的突变.

当飞机、炮弹以及落入地球大气层中的陨石等速度超过音速时，都会在空气中激起冲击波，强大的冲击波所掠过的区域中的物体有可能因此而造成损坏，这种现象称为**音爆**. 2013 年 2 月 15 日中午，俄罗斯车里雅宾斯克州发生陨石坠落事件，陨石穿越大气层和落地时产生的强大冲击波和爆炸，使许多建筑物的窗户玻璃被震裂，造成多人受伤. 船只航行时的速度如果超过水波的传播速度，也会产生类似的冲击波，会在水面上以船头为顶端产生 V 字形的波形，通常称为艏波. 因为水面波的速度较小，所以很容易观察到艏波的形成. 几种物体在运动速度超过波速时产生的冲击波现象见图 7-39.

图 7-39 a.子弹产生的冲击波. b.超音速飞机突破“音障”时产生的冲击波. c.船只在水面上产生的冲击波(艏波)

## 第 7 章练习题

**7-1** 设在介质中有一波源做简谐运动，并产生平面余弦波，问：

(1) 振动的周期与波的周期是否相等?

(2) 振动的速度与波的速度大小是否相等? 方向是否相同?

**7-2** 以下三个关于波长的说法是否正确?

(1) 同一波线上相位相差 $2\pi$ 的两个相邻点之间的距离;

(2) 在一个周期内波传播的距离;

(3) 在同一波线上相邻波峰(或波谷)之间的距离.

**7-3** 设某时刻横波的波形图如题 7-3 图所示，试分别用箭头表示出图中 $A$、$B$、$C$、$D$、$E$、$F$、$G$、$H$、$I$ 等处质点在该时刻的运动方向，并画出经过 1/4 周期后的波形图.

**7-4** 有一横波在张紧的橡皮绳上传播，在同一时刻，何处动能密度最大? 何处弹性势能密度最大? 何处总能量密度最大? 何处这些能量密度最小?

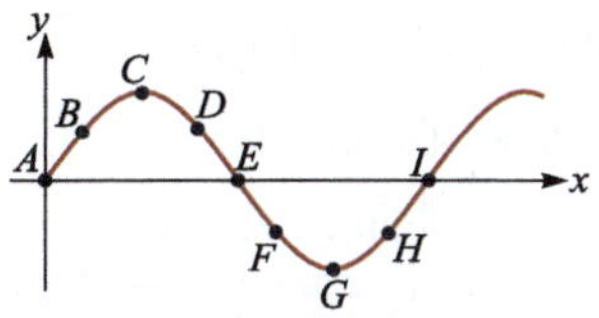


题 7-3 图

**7-5** 两相干波源振动的相位差为 $\pi$ 的奇数倍，两列波到达某相遇点 $P$ 的波程差为半波长的偶数倍，问：

(1) $P$ 点的合振动是加强还是减弱？

(2) 如果两列波到达 $P$ 点的波程差为半波长的奇数倍，$P$ 点的合振动又如何？

**7-6** 声源向观察者运动和观察者向声源运动时都会发生频率增高的效果. 这两种情况有何区别？如果两种情况下的运动速率相同，观察者接收到的频率会不同吗？

**7-7** 在一平面简谐波的波线上，有相距 2.0m 的两个质点 $A$ 与 $B$，$B$ 点振动相位比 $A$ 点落后 $\pi/6$，已知振动周期为 2.0s，求波长和波速.

**7-8** 质量为 0.5kg，长为 50m 的细绳，用 400N 的张力水平拉紧，使绳的一端在垂直于绳的方向做周期性振动，频率为 10Hz.

(1) 求绳波的波速和波长；

(2) 若将张力加倍，要使波长不变，频率应如何变化？

**7-9** 一简谐横波的波函数为

$$y = 0.05\cos(10\pi t - 4\pi x)\ (\mathrm{SI})$$

求：(1) 波的振幅、波速、频率和波长；

(2) 介质中质点振动的最大速度和最大加速度；

(3) $x$=0.2m 处的质点在 $t$=1s 时的相位，它是原点处质点在哪一时刻的相位？这个相位所代表的运动状态在 $t$=1.25s 时到达哪一点？在 $t$=1.5s 时到达哪一点？

(4) 分别画出 $t$=1s、1.25s 和 1.5s 时的波形图.

**7-10** 已知一平面余弦波波源的振动周期 $T$=1/2s，振幅 $A$=0.1m，余弦波的波长 $\lambda$=10m. 当 $t$=0 时，波源处振动的位移为正方向最大值，取波源处为坐标原点，波沿 $x$ 轴正方向传播.

(1) 求波动表达式；

(2) 画出 $t=T/4$ 和 $t=T/2$ 时的波形图.

**7-11** 一平面简谐波在 $t$=0 时刻的波形如题 7-11 图所示，波沿 $x$ 轴正方向传播，波速 $u$=330m/s，试写出其波动表达式.

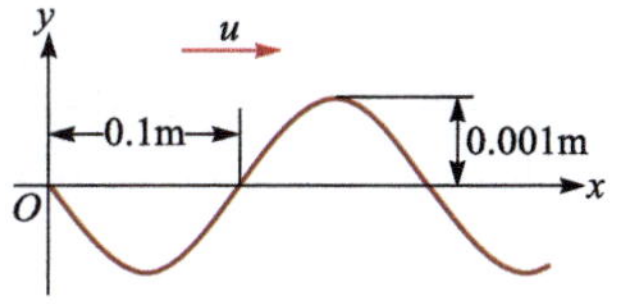


题 7-11 图

**7-12** 一振幅 $A$=10cm、波长 $\lambda$=200cm 的正弦横波，以 $u$=100cm/s 的速率沿一拉紧的弦从左向右传播，坐标原点取在弦的左端. $t$=0 时，弦的左端经平衡位置向下运动，求：

(1) 弦左端的振动方程；

(2) 波动方程；

(3) 离弦左端右方 150cm 处质点的振动方程；

(4) 弦上质点的最大振动速度；

(5) $t$=3.25s 时，(3)中质点的位移和速度.

**7-13** 如题 7-13 图所示，一平面简谐波以速度 $u$ 沿 $x$ 轴正方向传播，$O$ 为坐标原点，$OP=l$. 已知 $P$ 点的振动方程为

$$y_P = A\cos\left(\omega t + \frac{\pi}{2}\right)(\mathrm{SI})$$

求：(1) $O$ 点的振动方程；

(2) 波动表达式.

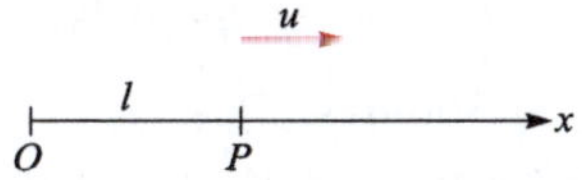


题 7-13 图

**7-14** 一平面简谐波以速度 $u$=0.8m/s 沿 $x$ 轴负方向传播. 已知原点的振动曲线如题 7-14 图所示. 试写出：

(1) 原点的振动表达式；

(2) 波动表达式；

(3) 同一时刻波线上相距 1m 的两点之间的相位差.

**7-15** 一平面简谐波在 $t$=0 时刻的波形如题 7-15 图所示，此时刻质点 $P$ 的运动方向向下，此简谐波的频率为 250Hz. 求：

(1) 该波的波动表达式；

(2) 在距原点 $O$ 为 100m 处质点的振动方程和速度方程.

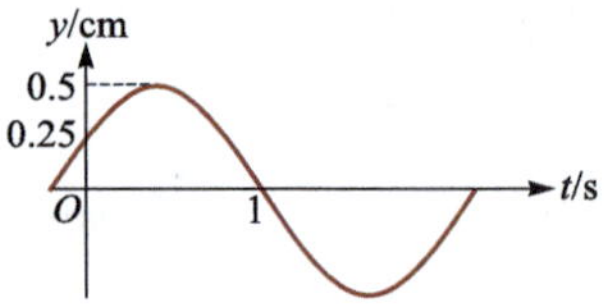


题 7-14 图

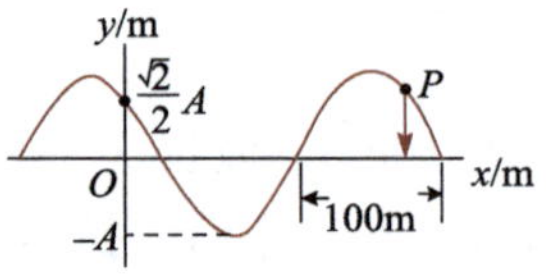


题 7-15 图

**7-16** 一平面余弦波沿 $x$ 轴正方向传播，$t=1/3\text{s}$ 时的波形如题 7-16 图所示，且周期 $T=2\text{s}$.

(1) 写出 $O$ 点的振动表达式；

(2) 写出该波的波动表达式；

(3) 写出 $A$ 点的振动表达式；

(4) 求 $A$ 点离 $O$ 点的距离.

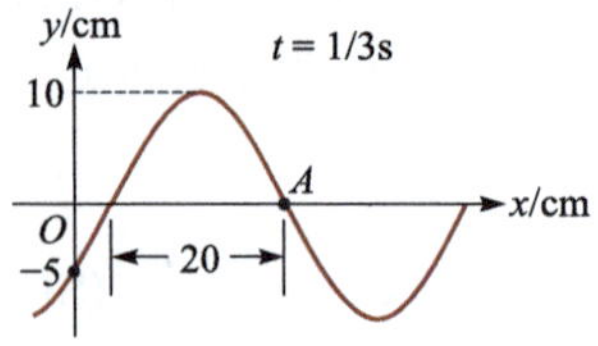


题 7-16 图

**7-17** 一正弦空气波沿直径为 14cm 的圆柱形管行进，波的平均强度为 $9\times10^{-3}\text{W/m}^2$，频率为 300Hz，波速为 300m/s. 求：

(1) 波的平均能量密度和最大能量密度；

(2) 两个相邻同相面间波的平均能量.

**7-18** 一弹性波在介质中传播的速度 $u=10^3\text{m/s}$，振幅 $A=1.0\times10^{-4}\text{m}$，频率 $\nu=10^3\text{Hz}$. 若该介质的密度为 $800\text{kg/m}^3$，求：

(1) 该波的平均能流密度；

(2) 1 分钟内垂直通过面积 $S=4.0\times10^{-4}\text{m}^2$ 的总能量.

**7-19** 一平面简谐波，频率为 300Hz，波速为 340m/s，在截面面积为 $3.00\times10^{-2}\text{m}^2$ 的管内空气中传播，若在 10s 内通过截面的能量为 $2.70\times10^{-2}\text{J}$，求：

(1) 通过截面的平均能流；

(2) 波的平均能流密度；

(3) 波的平均能量密度.

**7-20** 在临街的窗口测得噪声的声强级为 60dB，假如窗口的面积为 $40\text{m}^2$，求传入室内的声波功率是多少？

**7-21** 离一点声源 10m 的地方，声音的声强级为 20dB，求：

(1) 离声源 5m 处的声强级；

(2) 离声源多远的地方，就听不见 1000Hz 的声音了？

**7-22** $A$、$B$ 为两平面简谐波的波源，振动表达式分别为

$$y_1=2\times10^{-3}\cos2\pi t\ (\text{SI})$$

$$y_2=2\times10^{-3}\cos(2\pi t+\pi)\ (\text{SI})$$

由它们发出的波在 $P$ 点处相遇并叠加. 已知波速 $u=0.2\text{m/s}$，$\overline{PA}=0.4\text{m}$，$\overline{PB}=0.5\text{m}$，求：

(1) 两列波传到 $P$ 点时的相位差；

(2) $P$ 点处合振动的振幅；

(3) 如果两列波均为横波，振动方向相互垂直，则 $P$ 点处合振动的振幅为多大？

**7-23** 如题 7-23 图所示，两列平面相干波在两种不同的介质中传播，在分界面上的 $P$ 点相遇. 两列波的频率均为 $\nu=100\text{Hz}$，振幅 $A_1=A_2=1.00\times10^{-3}\text{m}$，波源 $S_1$ 的相位比 $S_2$ 的相位超前 $\pi/2$. 在介质 1 中的波速 $u_1=400\text{m/s}$，在介质 2 中的波速 $u_2=500\text{m/s}$，$r_1=4.00\text{m}$，$r_2=3.75\text{m}$，求 $P$ 点合振动的振幅.

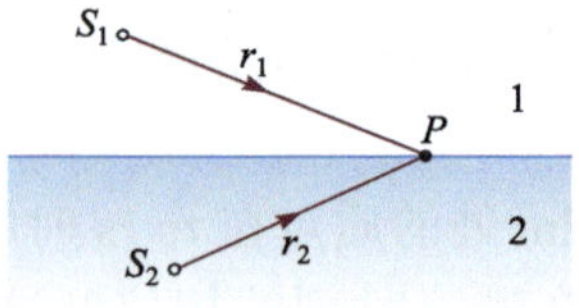


题 7-23 图

**7-24** 题 7-24 图所示为一种声波干涉仪，声波从入口 $E$ 进入仪器，分 $B$、$C$ 两路在管中传播至喇叭口 $A$ 汇合传出，弯管 $C$ 可以伸缩，当它缓慢移动时，从喇叭口发出的声音周期性地增强和减弱，设 $C$ 管每移动 10cm，声音减弱一次. 求该声波的频率.（空气中的声速取 340m/s）

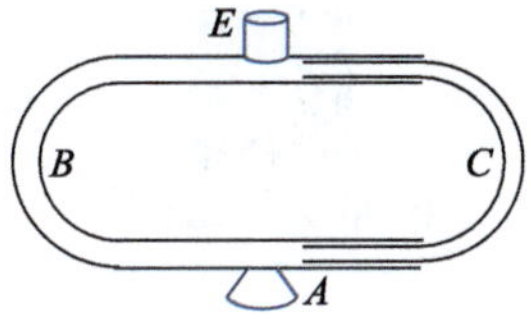


题 7-24 图

**7-25** 设 $S_1$ 与 $S_2$ 为两个相干波源，相距 1/4 波长，$S_1$ 比 $S_2$ 的相位超前 $\pi/2$. 若两波在 $S_1$、$S_2$ 连线方向上的强度均为 $I_0$，且不随距离变化，问：

(1) $S_1$、$S_2$ 连线上在 $S_1$ 外侧各点的合成波的强度如何？

(2) 在 $S_2$ 外侧各点的强度如何？

**7-26** 同一介质中的两个波源分别位于 $A$、$B$ 两点，它们的振幅相等，频率都是 100Hz，相位差为 π. 若 $A$、$B$ 两点相距 30m，两波传播的速率为 400m/s，求 $A$、$B$ 连线上因干涉而静止的点的位置.

**7-27** 一琴弦长 50cm，两端固定，不用手指按琴弦时，发出声音的频率是 A 调 440Hz. 若要发出 C 调 528Hz 的声音，手指应按在什么地方？

**7-28** 一弦上的驻波方程为($x$ 的单位为 cm，$t$ 的单位为 s)

$$y = 2\cos(0.16x)\cos(750t)\,(\text{cm})$$

(1) 求形成此驻波的两列行波的振幅和波速；

(2) 弦上相邻节点间的距离.

**7-29** 设一入射波在 $x$=0 处反射，反射点为一自由端，入射波方程为

$$y = A\cos\left[2\pi\left(\frac{t}{T}+\frac{x}{\lambda}\right)\right]$$

(1) 写出反射波的表达式；

(2) 写出驻波表达式，并计算波腹和波节的位置.

**7-30** 地面上波源 $S$ 与探测器 $D$ 之间的距离为 $d$，从 $S$ 直接发出的波与从 $S$ 发出经高度为 $H$ 的水平层反射后的波在 $D$ 处加强，反射线及入射线与水平层所成的角度相同，如题 7-30 图所示. 当水平层逐渐升高 $h$ 时，在 $D$ 处测不到信号. 不考虑大气的吸收，求此波源发出的波长.

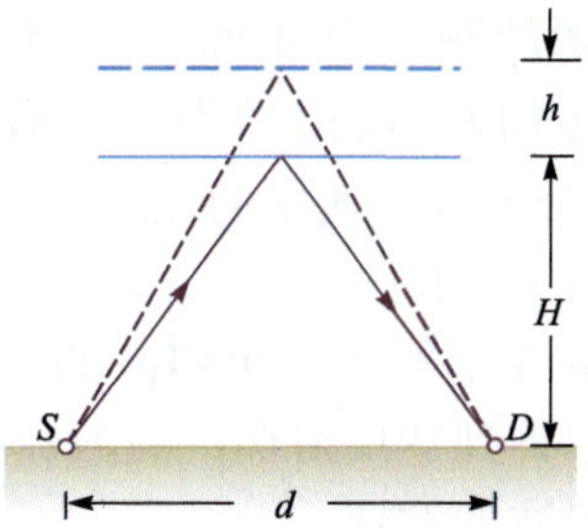


题 7-30 图

**7-31** 如题 7-31 图所示，一平面简谐波沿 $x$ 轴正方向传播，$BC$ 为波密介质的反射面. 波由 $P$ 点反射，$OP=3\lambda/4$，$DP=\lambda/6$. 当 $t$=0 时，入射波在 $O$ 点处引起的振动是经过平衡位置向负方向运动. 设入射波和反射波的振幅都为 $A$，频率为 $\nu$. 求：

(1) 入射波的表达式；

(2) 反射波的表达式；

(3) 入射波和反射波在 $D$ 点处引起的合振动方程.

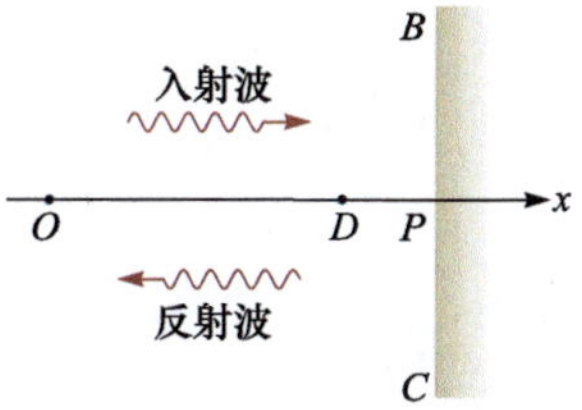


题 7-31 图

**7-32** 一艘潜艇向着一个固定的超声波探测器驶去，为测量潜艇的速率，探测器在海水中发出一束频率 $\nu$ =30000Hz 的超声波，被潜艇反射回来的超声波与原来的波合成后，得到频率为 241Hz 的拍频，求潜艇的速率.(设超声波在海水中的波速为 1500m/s)

**7-33** 蝙蝠在洞穴中飞行，是利用超声脉冲来导航的. 假定蝙蝠发出的超声频率为 39000Hz. 当它以空气中声速的 1/40 的运动速率朝着墙壁飞行时，试问它自己听到的从墙壁反射回来的脉冲频率是多少？

**7-34** 两观察者 $A$ 和 $B$ 分别携带频率均为 1000Hz 的声源. 如果 $A$ 静止，$B$ 以 10m/s 的速率向 $A$ 运动，那么 $A$ 和 $B$ 听到的拍频各是多少？(设声速为 340m/s)

**7-35** 一声源的频率为 1080Hz，相对于地面以 30m/s 的速度向右运动，在其右方有一反射面相对于地面以 65m/s 的速率向左运动，设空气中的声速为 331m/s，求：

(1) 声源在空气中发出声波的波长；

(2) 每秒钟到达反射面的波数；

(3) 反射波的波速；

(4) 反射波的波长.

**7-36** 如题 7-36 图所示，一振动的音叉以 2.5m/s 的速率接近墙壁，观察者在音叉后面听到的拍频为 3Hz，求音叉的振动频率. (设声速为 340m/s)

题 7-36 图

第7章练习题答案

# 第 8 章 狭义相对论基础

原子弹(atomic bomb)是核武器之一，是利用核反应的光热辐射、冲击波和感生放射性造成杀伤和破坏作用，以及造成大面积放射性污染，阻止对方军事行动以达到战略目的的大规模杀伤性武器. 主要包括裂变武器(第一代核武，通常称为原子弹)和聚变武器(亦称为氢弹，分为两级及三级式). 亦有些还在武器内部放入具有感生放射的轻元素，以增大辐射强度扩大污染，或加强中子放射以杀伤人员(如中子弹). 原子弹的爆炸成功证实了爱因斯坦的狭义相对论质能公式的正确性. 而2015年探测到的引力波也证实了广义相对论

相对论是 20 世纪物理学史上最重大的成就之一，它包括狭义相对论和广义相对论两个部分，狭义相对论变革了从牛顿以来形成的时空概念，提示了时间与空间的统一性和相对性，建立了新的时空观. 广义相对论把相性对原理推广到非惯性参照系和弯曲空间，从而建立了新的引力理论. 在相对论的建立过程中，爱因斯坦起了主要的作用.

阿尔伯特 · 爱因斯坦是美籍德国物理学家. 1914 年任德国威廉皇帝物理研究所所长和普鲁士科学院院士，1933 年因遭纳粹政权迫害迁往美国，任普林斯顿高等研究院主任. 1905 年，在法文科学杂志《物理年鉴》刊登了他的一篇论文《论运动物体的电动力学》，这篇论文是关于相对论的第一篇论文，它相当全面地论述了狭义相对论，解决了从 19 世纪中期开始，许多物理学家都未能解决的有关电动力学以及力学和电动力学结合的问题，那时他只有 26 岁.

本章主要介绍狭义相对论的基本概念和基本原理，首先回顾经典力学的时空观和伽利略坐标变换与速度变换，接着是洛伦兹的坐标变换与速度变换. 然后介绍爱因斯坦的狭义相对论的基本原理，并借助洛伦兹变换解释光速不变原理、同时的相对性、长度缩短效应、时钟延缓效应等. 最后介绍有关相对论的动力学问题，如相对论条件下的质能关系、能量与动量关系等.

阿尔伯特 · 爱因斯坦(A. Einstein，1879 年 3 月 14 日出生于德国符腾堡王国乌尔姆市，毕业于苏黎世联邦理工学院，犹太裔物理学家. 成功解释了

光电效应，并获得1921年诺贝尔物理奖，1905年创立狭义相对论. 1915年创立广义相对论. 1955年4月18日去世，享年76岁. 爱因斯坦为核能开发奠定了理论基础，被公认为是继伽利略、牛顿以来最伟大的物理学家. 爱因斯坦被美国《时代周刊》评选为“世纪伟人”. 1915年，提出广义相对论，他认为，由于物质的存在，空间和时间会发生弯曲，而引力场实际上是一个弯曲的时空. 100年后，2016年6月16日凌晨，LIGO合作组宣布:2015年12月26日，位于美国汉福德区和路易斯安那州的利文斯顿的两台引力波探测器同时探测到了一个引力波信号；这是继LIGO 2015年9月14日探测到首个引力波信号之后，人类探测到的第二个引力波信号

## 8.1 经典力学的相对性原理 伽利略变换及经典力学规律的不变性

### 1. 经典力学的相对性原理

1632年，伽利略发表了《关于托勒密和哥白尼两大世界体系的对话》一书，书中有一段关于生活在地球上的人为什么感受不到地球相对于太阳系的高速运动的描述：“把你和一些朋友关在一条大船甲板下的主舱里，让你们带着几只苍蝇、蝴蝶和其他小飞虫，舱内放一只大水碗，其中有几条鱼. 然后挂上一个水瓶，让水一滴一滴地滴到下面的一个宽口罐内. 船停着不动时，你留神观察，小虫都以等速向舱内各方向飞行，鱼向各个方向随便游动，水滴滴进下面的罐中，你把任何东西扔给你的朋友时，只要距离相等，向这一方向不必比另一方向用更多的力. 你双脚齐跳，无论向哪个方向起跳，跳过的距离都相同. 当你仔细观察这些事情之后，再使船以任何速度前进，只要运动是匀速，也不忽左忽右地摆动，你将发现，所有上述现象丝毫没有变化. 你也无法从其中任何一个现象来确定，船是在运动还是停着不动. 即使船运动得相当快，在跳跃时，你将和以前一样，在船底板上跳过相同的距离，你跳向船尾也不会比跳向船头来得远. 虽然你跳到空中时，脚下的船底板向着你跳的相反方向移动. 你把不论什么东西扔给你的同伴时，不论他是在船头还是在船尾，只要你自己站在对面，你也并不需要用更多的力. 水滴将像先前一样，滴进下面的罐子，一滴也不会滴向船尾. 虽然水滴在空中时船已行驶了一段距离，鱼在水中游向水碗前部所用的力并不比游向水碗后部来得大；它们一样悠闲地游向放在水碗边缘任何地方的食饵. 最后蝴蝶和苍蝇继续随便地到处飞行，它们也决不会向船尾集中，并不因为它们可能长时间留在空中，脱离了船的运动，为赶上船的运动而显出累的样子.”中国的古书《尚书纬·考灵曜》上也有类似的记载：“地恒动不止，而人不知，譬如人在大舟中，闭牖而坐，舟行而人不觉也.”这段文字可追溯到汉朝，即公元前202～220年，比伽利略书早1500多年. 上述的描述告诉我们，在惯性系中所做的一切力学实验，无法知道该惯性系的运动情况. 在此基础上，伽利略提出了经典力学的相对性原理：**一切彼此做匀速直线运动的惯性系，对于描写运动的力学规律来说是完全等价的，没有哪一个参照系具有优势，或者说对于彼此做匀速直线运动的一切惯性系来说牛顿方程的形式是完全相同的，人们无法在惯性参照系中用力学实验去判断该参照系是运动还是静止.**

经典力学的相对性原理 ▶

### 2. 伽利略变换

伽利略变换是读者所熟悉的，为了便于比较牛顿力学的时空理论与狭义相对论的时空理论，我们回顾一下伽利略变换的推导过程. 伽利略变换的导出基于两个基本假定：一个是相对性原理；另一个是时间和尺长在不同惯性

系中是相同的. 前一个假定同样适用于狭义相对论，后一假定则不成立，取而代之的是光速不变原理.

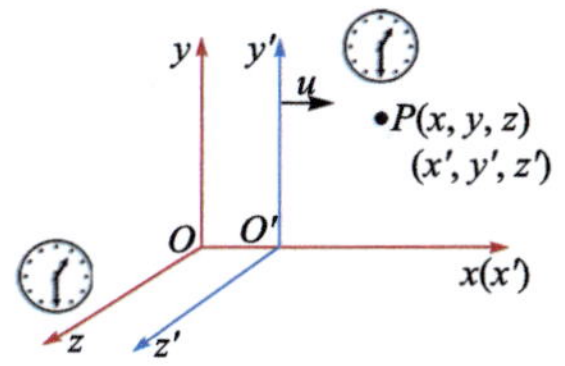


图 8-1　伽利略坐标

在 $P$ 点有一质点，在两个坐标系 $S(Oxyz)$和 $S'(O'x'y'z')$中描述它的运动，两参照系对应的坐标轴互相平行. $S'$相对 $S$ 以一定速度 $u$ 沿 $x$ 方向运动，并假设 $t=t'=0$ 时，坐标系 $S'$和 $S$ 的原点重合，如图 8-1 所示. 那么经时间 $t$ 后，质点 $P$ 在两坐标系间的变换关系，即伽利略变换是

$$\left.\begin{aligned} x' &= x - ut \\ y' &= y \\ z' &= z \\ t' &= t \end{aligned}\right\}\text{(伽利略正变换)} \tag{8-1a}$$

◀ 经典力学的伽利略变换

式(8-1a)称为伽利略正变换，其具体含义是：当已知 $t$ 时刻质点在 $S$ 系中的位置后，可以通过正变换求出该质点在 $S'$系中的位置. 相反的情况则由逆变换给出，即

$$\left.\begin{aligned} x &= x' + ut' \\ y &= y' \\ z &= z' \\ t &= t' \end{aligned}\right\}\text{(伽利略逆变换)} \tag{8-1b}$$

◀ 经典力学的伽利略逆变换

无论正变换还是逆变换均给出 $t=t'$，这一点在经典力学中是不言而喻的. 因为，在经典力学中认为时间的测量与参照系是无关的. 这一点跟我们日常生活中的经验是一致的. 无论我们坐高铁还是飞机，出发与到达的时间在地面上和飞机或高铁上都是一致的(地区时差除外).

式(8-1)是伽利略坐标变换或位置变换，根据速度的定义，我们可以导出伽利略速度变换与逆变换如下：

$$\left.\begin{aligned} v'_x &= \frac{\mathrm{d}x'}{\mathrm{d}t'} = \frac{\mathrm{d}(x-ut)}{\mathrm{d}t} = v_x - u \\ v'_y &= \frac{\mathrm{d}y'}{\mathrm{d}t'} = v_y \\ v'_z &= \frac{\mathrm{d}z'}{\mathrm{d}t'} = v_z \end{aligned}\right\}\text{(伽利略速度正变换)} \tag{8-2a}$$

◀ 伽利略速度变换

式(8-2a)称为伽利略速度正变换，其具体含义是：当已知 $t$ 时刻质点在 $S$ 系中的速度后，可以通过正变换求出该质点在 $S'$系中的速度. 相反的情况则由速度逆变换给出，即

$$\left.\begin{aligned} v_x &= \frac{\mathrm{d}x}{\mathrm{d}t} = \frac{\mathrm{d}(x'+ut')}{\mathrm{d}t'} = v'_x + u \\ v_y &= \frac{\mathrm{d}y}{\mathrm{d}t} = v'_y \\ v_z &= \frac{\mathrm{d}z}{\mathrm{d}t} = v'_z \end{aligned}\right\}\text{(伽利略速度逆变换)} \tag{8-2b}$$

◀ 伽利略速度逆变换

上述推导使用了伽利略变化下时间的不变性，即 $t=t'$及 $\mathrm{d}t=\mathrm{d}t'$.

### 3. 伽利略变换下经典力学规律的不变性

从上述的伽利略速度变换我们已经发现，其结果与经典力学的相对运动规律是一致的. 而经典力学的一些其他重要规律，如动量守恒、牛顿第二定律等，在伽利略变换下仍然是保持不变的.

1) 动量守恒规律的不变性

分别将式(8-1a)和(8-2a)写成矢量式如下：

$$\begin{aligned} \boldsymbol{r}' &= \boldsymbol{r} - \boldsymbol{u}t \\ \boldsymbol{v}' &= \boldsymbol{v} - \boldsymbol{u} \end{aligned} \tag{8-3}$$

考虑有两个质点构成一个质点系，它们的质量分别为 $m_1$ 和 $m_2$，它们在 $S$ 系中的速度分别为 $\boldsymbol{v}_1$ 和 $\boldsymbol{v}_2$，若该质点系不受外力或外力的矢量和为零，则该质点系的动量守恒，即

经典力学动量守恒定律的不变性 ▶

$$m_1\boldsymbol{v}_1 + m_2\boldsymbol{v}_2 = \text{常矢量}$$

而在 $S'$系中，它们的动量和为 $m_1\boldsymbol{v}_1' + m_2\boldsymbol{v}_2'$，将式(8-3)代入，并整理得

$$m_1\boldsymbol{v}_1' + m_2\boldsymbol{v}_2' = m_1\boldsymbol{v}_1 + m_2\boldsymbol{v}_2 - (m_1 + m_2)\boldsymbol{u}$$

从上式可见，质点系在 $S$ 系中的动量 $m_1\boldsymbol{v}_1 + m_2\boldsymbol{v}_2$ 守恒时，在 $S'$系中的动量 $m_1\boldsymbol{v}_1' + m_2\boldsymbol{v}_2'$ 也是守恒的，因为 $(m_1 + m_2)\boldsymbol{u}$ 也是恒量. 这表明动量守恒规律在伽利略变换下是保持不变的.

2) 牛顿第二定律的不变性

根据式(8-3)和加速度的定义，有

$$\boldsymbol{a}' = \frac{\mathrm{d}\boldsymbol{v}'}{\mathrm{d}t'} = \frac{\mathrm{d}(\boldsymbol{v} - \boldsymbol{u})}{\mathrm{d}t} = \boldsymbol{a}$$

即

$$\boldsymbol{a}' = \boldsymbol{a} \tag{8-4a}$$

其中 $\mathrm{d}\boldsymbol{u}/\mathrm{d}t=0$，因为 $\boldsymbol{u}$ 是恒量. 上式表明：加速度在伽利略变换下具有不变性. 另一方面，在经典力学范围内，质点的质量 $m$ 与参照系无关，即

$$m' = m$$

将此式与式(8-4a)两边相乘，得

$$m'\boldsymbol{a}' = m\boldsymbol{a} \tag{8-4b}$$

因此有

经典力学牛顿第二定律的不变性 ▶

$$\boldsymbol{F}' = m'\boldsymbol{a}' \tag{8-5a}$$

$$\boldsymbol{F} = m\boldsymbol{a} \tag{8-5b}$$

式(8-5a)与(8-5b)表明：在不同的惯性参照系中测得作用在质点上的力以及牛顿第二定律的形式是完全相同的，即牛顿第二定律在伽利略变换下保持不变.

由于牛顿第二定律和动量守恒定律是经典力学的基本定律，其他规律均是它们的推论，因此，可以得出如下结论：经典力学的所有规律在伽利略变换下均具有相同的形式.

### 4. 经典力学中的空间与时间

1) 伽利略变换下的长度测量

现有两把同样的杆子，长度都是 $L_0$，现在将一把杆子沿着 $x$ 轴固定在 $S$ 系中，另一把杆子沿着 $x'$轴固定在 $S'$系中. 设观察者静止在 $S$ 系中，现在分别测量在两个参照系中杆子的长度. 在 $S$ 系测得一端的坐标为 $x_1$，另一端的坐标为 $x_2$，则该杆子的长度为

$$L_0 = x_2 - x_1$$

现在再测量 $S'$系中的杆子，由于 $S'$系是运动的，处于 $S$ 系中的观察者必须同时读取 $S'$系中杆子两端的坐标 $x_1'$和 $x_2'$. 应用式(8-1a)中的第一式，得

$$x_1' = x_1 - ut_1 \quad 和 \quad x_2' = x_2 - ut_2$$

将上述两式相减，得

$$x_2' - x_1' = x_2 - x_1 - u(t_2 - t_1)$$

所谓同时读取 $x_1'$和 $x_2'$是指 $t_1=t_2$. 因此，有

$$x_2' - x_1' = x_2 - x_1 = L_0 \tag{8-6}$$

◀ 经典力学长度测量是绝对的

式(8-6)表明，在伽利略变换下，在不同的惯性参照系中，空间间隔是相同的，即空间间隔的不变性.

2) 同时的绝对性

伽利略变换指出，在 $S$ 系与 $S'$系中时间的测量是相等的，即

$$t' = t \tag{8-7a}$$

这表明在伽利略变换下，时间的测量与参照系无关，是绝对的. 具体地说，如果在 $S$ 系中发生了 $P$ 和 $Q$ 两事件，它们发生的时间分别是 $t_P$ 和 $t_Q$，它们之间的时间差为$\Delta t=t_Q-t_P$. 而在 $S'$系中，这两个事件发生的时间差为$\Delta t'=t_Q'-t_P'$. 根据时间变换式(8-7a)得

$$\Delta t = \Delta t' \tag{8-7b}$$

◀ 经典力学时间测量是绝对的

这表明，在经典力学中所有惯性系对时间的测量结果是一致的. 任何事件所发生的时间间隔具有绝对不变的量值，与观察者以及参照系的选择无关.

## 8.2 狭义相对论基础 洛伦兹变换

由 8.1 节我们已经知道，以牛顿运动定律为基础的经典力学规律在伽利略变换下具有不变性，在此启发下人们自然会想到，电磁学规律在不同的惯性系中是否也保持不变的形式呢?

众所周知，电磁学规律服从麦克斯韦基本方程组，并且由此可以得出一个重要结论是：光是一种电磁波，光在真空中的传播速度为 $c=2.998\times10^8$m/s. 研究电磁学规律以及电磁波性质时，一个基本问题是光在不同惯性系的传播速度是否服从伽利略变换?

1. 狭义相对论基础

设两个惯性系 $S(x, y, z)$ 和 $S'(x', y', z')$(其中 $S'$ 系相对于 $S$ 以一定的速度 $u$ 沿 $x$ 轴正向运动)，在 $t=0$ 时二者互相重合，若在 $t=0$ 时从 $S$ 系的原点 $O$ 发出一光波，试问经时间 $t$ 后此光波在 $S$ 和 $S'$ 系中传播的情况有没有区别?

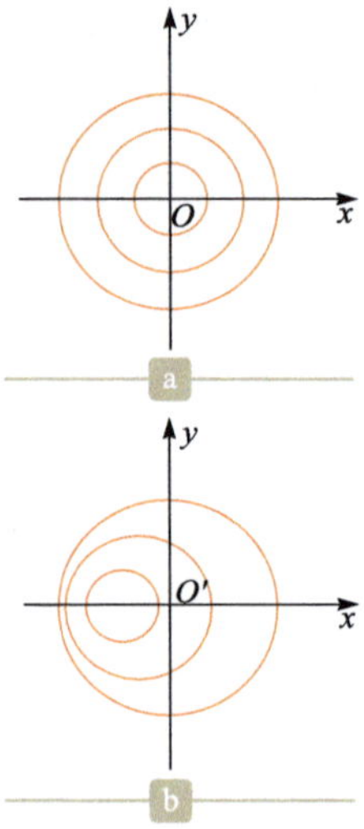


图 8-2 相对于不同参照系的波面. a.光源 $O$ 相对 $S$ 静止先后发出的同心球面波. b. 光源相对 $S'$ 运动若满足伽利略变换时的球面波

对于坐标系 $S$ 来说，从原点 $O$ 发出的光波经时间 $t$ 后将传播到以 $O$ 为中心，半径为 $R(=ct)$ 的球面上，该球面方程是

$$x^2+y^2+z^2=(ct)^2 \tag{8-8}$$

而且，随后从光源 $O$ 陆续发出的光，其波面形成以 $O$ 为中心的同心球面，如图 8-2a 所示.

对于坐标系 $S'(x',y',z')$ 来说，如果认为光的传播(或电磁学规律)仍然服从伽利略变换，那么在该系中形成的波面方程应该是

$$(x'-ut')^2+y'^2+z'^2=(ct')^2 \tag{8-9}$$

式(8-9)表明，在伽利略变换下，处于 $S$ 系原点 $O$ 处的光源所发出的光波，在 $S'$ 系看来其波面仍是一些球面，但这些球面的中心在以速度 $u$ 向着 $x'$ 轴的反向运动. 不同时刻发出的波面不再同心，如图 8-2b 所示.

从式(8-8)与式(8-9)可知，如果认为光波服从伽利略变换，则在 $S$ 和 $S'$ 中，它们的形式不同. 也就是说，可以得到如下的结论，即电磁学规律(麦克斯韦方程)不是对任意惯性系都成立，或者形式不同，而只对其中特殊的“静止系”是正确的. 因此，当应用力学定律不能确定坐标系是静止还是运动时，可借助电磁学的规律来确定.

然而，上述关于光波的传播揭示了一个问题，如果 $S'$ 系相对于 $S$ 以光速 $c$ 运动，$S'$ 系将看不到光.

古希腊的物理学家、哲学家亚里士多德曾提出宇宙中有一种特殊的物质——以太(ether)，这种物质是绝对静止的，自然界一切物质的运动都可以参照以太来描述. 十九世纪末期，有一些科学家也企图以以太为参照系描述电磁波的传播，如果把以太作为绝对静止的 $S$ 惯性系，只要测定 $S'$ 惯性系相对 $S$ 运动的速度，就可获得相对静止参照系的绝对速度.

为了证实以太的存在，历史上许多物理学家设计了各式各样的实验，其中最具代表性的实验是 1881 年迈克尔孙实验和 1887 年的麦克尔孙-莫雷实验，他们试图用精密的光学实验，即干涉仪和伽利略变换下的速度变换，通过观察干涉条纹变化的情况证实以太假说. 但所有实验均告失败，这些实验反过来证明了以太是不存在的.

在分析了实验结果与伽利略变换间的矛盾之后，爱因斯坦于 1905 年摒弃了伽利略变换和以太假说，从一个全新的视角，提出了狭义相对论的两条基本原理:

狭义相对论的两个基本原理 ▶

(1) 光学的相对性原理：每个物理定律在一切惯性参照系中具有完全相同的形式. 这说明运动的描写只有相对的意义. 而绝对静止的参照系是不存

在的. 在任一惯性系中所做的任何实验，包括光学实验，都不能确定系统本身的绝对运动，这一原理是伽利略相对性原理的推广.

(2) 光速不变原理：在任何惯性系中观察，真空中光速 $c$ 都相同. 或者说真空中的光速对于任何惯性系都是一个普适的常量.

爱因斯坦狭义相对论的两条基本原理给人们展示了一个全新的时空观，在物理学史上，开启了现代物理学的新时代. 其中的第一原理是基于自然界的对称性. 相对性原理告诉我们，所有惯性系在描述物理规律时都是等价的，物理规律在所有惯性系中都具有相同的数学形式. 例如，力学定律在所有惯性系中是一致的，电磁学规律也是一致的. 因此，不能借助任何物理实验来判断一个惯性系是运动的还是静止的. 这条基本原理将伽利略的力学相对性原理推广到物理学整个领域. 而第二原理是实验结果的直接表述. 光速不变原理告诉我们，在任何惯性系中，光在真空中的传播速率都相等，或者说光速与光源和观察者的相对运动无关. 这一原理也为很多天文观察和近代物理实验所证实. 20 世纪 60 年代，欧洲核子研究中心(CERN)在质子同步加速器中对于光速进行了精密测量，结果直接验证了光速不变原理. 这条基本原理实际上指出，对于光的传播而言，真空是各向同性的. 我们不能以适用于低速情况下的伽利略变换为根据去讨论光速应该如何，相反，应该以光速不变这个实验事实为前提和基础，去建立新的、正确的时空变换. 这个新的时空变换就是洛伦兹变换.

双中子星环绕辐射引力波，导致轨道缩小

### 2. 洛伦兹变换

1) 坐标变换

如图 8-3 所示，$S'(x',y',z')$系相对于 $S(x,y,z)$系沿着 $x$ 轴正向以速度 $u$ 运动. 当 $t=0$，$t'=0$ 时，原点 $O$、$O'$重合. 事件 $P$ 在 $t$ 时刻出现在$(x,y,z)$处，用$(x,y,z,t)$来描述，该事件在 $S'$系中用$(x',y',z',t')$来描述. 洛伦兹认为这个事件 $P$ 在 $S(x,y,z,t)$和 $S'(x',y',z',t')$中的描述满足如下的变换——洛伦兹变换：

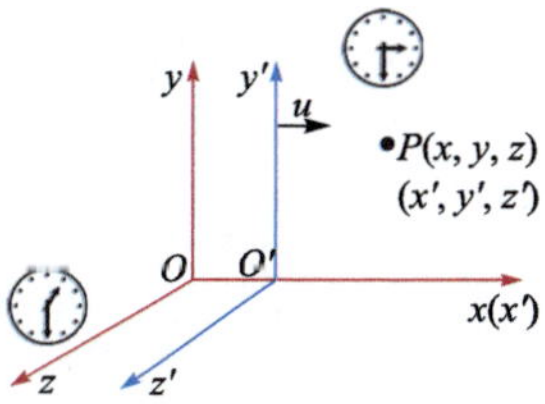

图 8-3 洛伦兹坐标

$$\left.\begin{aligned} x' &= \frac{x-ut}{\sqrt{1-\frac{u^2}{c^2}}} = \gamma(x-ut) \\ y' &= y \\ z' &= z \\ t' &= \frac{t-\frac{u}{c^2}x}{\sqrt{1-\frac{u^2}{c^2}}} = \gamma\left(t-\frac{u}{c^2}x\right) \end{aligned}\right\} \text{(洛伦兹正变换)} \qquad (8\text{-}10\text{a})$$

◀ 相对论的洛伦兹变换

洛伦兹逆变换为

相对论的洛伦兹逆变换 ▶

$$\left.\begin{aligned} x &= \frac{x' + ut'}{\sqrt{1-\dfrac{u^2}{c^2}}} = \gamma(x' + ut') \\ y &= y' \\ z &= z' \\ t &= \frac{t' + \dfrac{u}{c^2}x'}{\sqrt{1-\dfrac{u^2}{c^2}}} = \gamma\left(t' + \frac{u}{c^2}x'\right) \end{aligned}\right\} \text{(洛伦兹逆变换)} \tag{8-10b}$$

其中 $u$ 是 $S'$ 系相对于 $S$ 系的速度，$c$ 是光速，$\gamma = \dfrac{1}{\sqrt{1-u^2/c^2}}$.

式(8-10a)表明，当已知事件 $P$ 在 $t$ 时刻(在 $S$ 系测量的时间)发生在 $S$ 系的$(x, y, z)$时，通过该变换可以知道该事件 $P$ 在 $S'$ 系发生的时空，即$(x', y', z', t')$，而逆变换，即式(8-10b)反之亦然.

早在爱因斯坦之前，洛伦兹在研究高速运动电荷的电磁规律时，提出了同样的变换关系式，故而得名. 但是洛伦兹对变换式只是作为一种简化计算的辅助公式提出来的，由于一直抱着以太的观点，遗憾地没有对变换式作出正确的解释. 爱因斯坦则是根据相对论的两条基本原理得出这些变换式的. 洛伦兹变换式表明：时间和空间不是彼此独立的，相对论的时空是互相联系的，和运动速度也是不可分的.

2) 速度变换

如同式(8-2a)和(8-2b)的伽利略速度变换一样，我们可以推导出洛伦兹速度变换. 但是需要特别注意的是，在洛伦兹变换下，时间的测量不再是绝对的，即 $t \neq t'$，故 $\mathrm{d}t \neq \mathrm{d}t'$，具体推导如下：

$$v'_x = \frac{\mathrm{d}x'}{\mathrm{d}t'} = \frac{\mathrm{d}x'}{\mathrm{d}t} \cdot \frac{\mathrm{d}t}{\mathrm{d}t'} = \frac{1}{\sqrt{1-\dfrac{u^2}{c^2}}} \frac{\mathrm{d}(x-ut)}{\mathrm{d}t} \cdot \frac{\mathrm{d}t}{\mathrm{d}t'} = \frac{(v_x - u)}{\sqrt{1-\dfrac{u^2}{c^2}}} \Bigg/ \frac{\mathrm{d}t'}{\mathrm{d}t} \tag{8-11}$$

上式中 $\mathrm{d}t'/\mathrm{d}t$ 可用式(8-10a)的时间变换式求出，即

$$\frac{\mathrm{d}t'}{\mathrm{d}t} = \frac{\mathrm{d}\left(t - \dfrac{u}{c^2}x\right)}{\sqrt{1-\dfrac{u^2}{c^2}}\,\mathrm{d}t} = \frac{\left(1 - \dfrac{uv_x}{c^2}\right)}{\sqrt{1-\dfrac{u^2}{c^2}}} \tag{8-12}$$

将式(8-12)代入式(8-11)，整理后得

洛伦兹速度变换 ▶

$$v'_x = \frac{(v_x - u)}{\left(1 - \dfrac{uv_x}{c^2}\right)} \tag{8-13a}$$

同样的方法可以推导出 $v'_y$ 和 $v'_z$，即

$$v'_y = \frac{v_y}{\gamma\left(1 - \frac{u}{c^2} v_x\right)} \tag{8-13b}$$

$$v'_z = \frac{v_z}{\gamma\left(1 - \frac{u}{c^2} v_x\right)} \tag{8-13c}$$

也可以导出速度逆变换，即

$$\left.\begin{aligned} v_x &= \frac{v'_x + u}{1 + \frac{u}{c^2} v'_x} \\ v_y &= \frac{v'_y}{\gamma\left(1 + \frac{u}{c^2} v'_x\right)} \\ v_z &= \frac{v'_z}{\gamma\left(1 + \frac{u}{c^2} v'_x\right)} \end{aligned}\right\} \tag{8-14}$$

◀ 洛伦兹速度逆变换

**例题 8-1 洛伦兹速度变换**

一宇宙飞船以 0.8 倍的光速从左向右飞行，某时刻飞船上一盏灯点亮，试问向右传播的光束相对于地球的速度是多大？

**解** 根据题意，地球是 $S$ 系，宇宙飞船是 $S'$系. 若取向右为 $x$、$x'$轴，相对于飞船的光速 $c$ 应是洛伦兹速度逆变换中的 $v'_x$，即 $v'_x=c$，而 $u=0.8c$，将这些数据代入式(8-14)中的第一式，得

$$v_x = \frac{v'_x + u}{1 + \frac{u}{c^2} v'_x} = \frac{c + 0.8c}{1 + \frac{0.8c}{c^2} c} = c$$

宇宙飞船飞离地球

上述结果表明，尽管飞船的速度是 $0.8c$，光相对于飞船的速度为 $c$，但光相对于地球的速度并不是由伽利略变换给出的 $1.8c$，即超过光速，而是按照洛伦兹变换算出的速度 $c$，从这方面验证的光速不变原理.

本节所列举的结论不是孤立的，而是构成一个统一的理论整体，这些结论与经典物理中关于时间、空间和速度合成的概念不同，主要是因为经典物理中对所研究的现象或所观测的物体，或者是处在相对静止状态，或者是处在相对速度远远小于光速的情况，这种情况下，关于时间和空间的测量与参照系无关. 而且，在这样的极限条件下，洛伦兹变换也可以过渡到伽利略变换. 只要将 $u \ll c$ 的条件代入洛伦兹变换，便可以得到伽利略变换，因篇幅所限，此处不再赘述.

然而，根据洛伦兹变换，当 $S'$的速度 $u$ 大到可以跟光速比拟的情况下，时间和空间的测量都将发生变化.

## 8.3 狭义相对论的时空观

前面我们提到，在经典的伽利略变换下，时间和空间的测量均与参照系无关，即时间和空间的测量都是绝对的．也就是说，事件发生以及持续的时间与参照系无关；空间距离的测量也与参照系无关．然而，在相对论下，应用洛伦兹变换，情况则截然不同．

### 1. 同时的相对性

洛伦兹变换式表明：对于分散在空间不同地点的那些事件来说，同时性和惯性系有关，而对于同一地点的那些事件来说，如果它们在某一惯性系中是同时的，那么它们在一切惯性系中也都是同时的．

图 8-4 同时的相对性

具体来说，设在惯性系 $S$ 中有两事件，如图 8-4 所示，这两事件发生的时刻是 $t_1$ 和 $t_2$．相应的地点是 $x_1$ 和 $x_2$，而在相对于 $S$ 以速度 $u$ 向右运动的惯性系 $S'$ 中，对应的时刻是 $t_1'$ 和 $t_2'$，对应的地点是 $x_1'$ 和 $x_2'$．

如果这两个事件同时发生在 $S$ 系中的 $x_1$ 和 $x_2$ 处．那么在 $S'$ 中，观测的这两个事件是同时的吗？

根据洛伦兹变换，即式(8-10a)有

$$t_1' = \frac{t_1 - \frac{u}{c^2}x_1}{\sqrt{1-\frac{u^2}{c^2}}}, \quad t_2' = \frac{t_2 - \frac{u}{c^2}x_2}{\sqrt{1-\frac{u^2}{c^2}}}$$

由于在 $S$ 系中的两点是同时发生的，即 $t_1=t_2$．所以 $\Delta t = t_2 - t_1 = 0$．而在 $S'$ 系观测的时间差为

同时的相对性 ▶

$$\Delta t' = t_2' - t_1' = \frac{t_2 - \frac{u}{c^2}x_2}{\sqrt{1-\frac{u^2}{c^2}}} - \frac{t_1 - \frac{u}{c^2}x_1}{\sqrt{1-\frac{u^2}{c^2}}} = \frac{\frac{u}{c^2}(x_1 - x_2)}{\sqrt{1-\frac{u^2}{c^2}}} \tag{8-15}$$

式(8-15)表明，在 $S$ 系中不同地点同时发生的两件事，在 $S'$ 系观测的结果是不同时的．这表明，所谓同时是相对的．当且仅当这两个事件同时发生在 $S$ 系的同一点，即 $x_1=x_2$，在 $S'$ 系中，才是同时的．然而在物理上这是没有意义的，这相当于一个事件，同时同地不可能发生两个事件．

应该说明的是：①这种不同时的效应是相对的，对于所有惯性系都是等价的．也就是，如果在 $S'$ 中 $x_1'$、$x_2'$ 两点同时发生两个事件，在 $S$ 系中则也不是同时的，其正确性也可以通过洛伦兹逆变换，即式(8-10b)得以定量证明；②这种同时性的相对性在速度 $u \ll c$ 和在 $S$ 系中的两点的空间距离差不是很大时，可以退化到经典情况，即 $t_2' \approx t_1'$．读者可以假设一个宏观低速以及不大的差 $\Delta x = x_2 - x_1$，代入式(8-15)进行计算．

### 2. 长度缩短

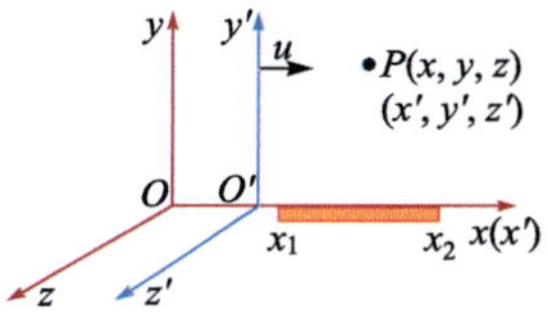

图 8-5 长度缩短

设有一直杆子在 $S$ 系中沿 $x$ 轴放置，如图 8-5 所示，在 $S$ 系中测量其长度为 $L_0$，$S'$系相对于 $S$ 系以速度 $u$ 沿着 $x$ 轴向右运动. 那么在 $S'$系中测量其长度是多少呢?

根据洛伦兹逆变换，有

$$x_1=\frac{x_1'+ut_1'}{\sqrt{1-\dfrac{u^2}{c^2}}},\quad x_2=\frac{x_2'+ut_2'}{\sqrt{1-\dfrac{u^2}{c^2}}}$$

其中 $x_1'$、$x_2'$ 是在 $S'$系中同时测量的杆子两端点的坐标. 因为 $S'$系是运动的，而杆子在 $S$ 系中是静止的. 所以必须保证 $t_1'=t_2'$. 从上述两式可得

$$x_2-x_1=\frac{x_2'+ut_2'}{\sqrt{1-\dfrac{u^2}{c^2}}}-\frac{x_1'+ut_1'}{\sqrt{1-\dfrac{u^2}{c^2}}}=\frac{x_2'-x_1'+u(t_2'-t_1')}{\sqrt{1-\dfrac{u^2}{c^2}}}$$

上式中 $t_1'=t_2'$，且 $x_2-x_1=L_0$. $x_2'-x_1'=L$，代入上式可得

$$L=L_0\sqrt{1-\frac{u^2}{c^2}} \tag{8-16}$$

◀ 长度缩短

式(8-16)表明，在 $S$ 系中沿着 $x$ 轴放置的长度为 $L_0$ 的杆子，在 $S'$系中测量的长度为 $L=L_0\sqrt{1-(u^2/c^2)}$，$L$ 小于 $L_0$，即长度缩短了. 在理解长度缩短时需要注意以下三点：①长度缩短效应对于所有参照系都是等价的. 具体地说，在同一参照系中两根等长的杆子，分别平行地放在 $S$ 与 $S'$系中，则 $S$ 系中的观察者测量 $S'$系中杆子是缩短的. 同样，$S'$系中的观察者测量 $S$ 系中杆子也是缩短的；②长度缩短效应仅仅是发生在沿着运动方向，而垂直于运动方向的长度则没有缩短效应；③长度缩短效应在低速条件下将减弱，甚至消失. 因为，若 $u\ll c$,则 $L\approx L_0$.

**例题 8-2 长度缩短**

2008 年奥运会主运动场北京鸟巢的 100m 跑道是南北方向的，若一宇宙飞船以 0.8 倍的光速从南向北飞行，则飞船上的观察者测量该跑道的长度是多少米?

**解** 根据题意，跑道静止于地球的 $S$ 系，宇宙飞船是 $S'$系. $L_0$=100m，飞船的速度 $u$=0.8$c$，代入式(8-16)可得

$$L=L_0\sqrt{1-\frac{u^2}{c^2}}=100\times\sqrt{1-\frac{(0.8c)^2}{c^2}}=60\text{m}$$

由此可见在飞船上的观察者看来，地面上的 100m 跑道也只有 60m!

2008 年奥运会主运动场跑道

### 3. 时钟变慢

洛伦兹变换把时间和空间建立了联系，从上边的讨论我们了解了同时的相对性与长度的缩短，类似地，我们可以从洛伦兹变换发现时钟可以变慢. 若在 $S'$系中的某点($x_1'=x_2'$)发生了一件事，该事件自 $t_1'$ 时刻开始，$t_2'$ 时刻结束，

持续时间为$\tau_0(=t_2'-t_1')$. 此事件在$S$系中的持续时间是多少呢?

根据洛伦兹逆变换，即式(8-10b)，得

$$t_2=\frac{t_2'+\frac{u}{c^2}x_2'}{\sqrt{1-\frac{u^2}{c^2}}},\quad t_1=\frac{t_1'+\frac{u}{c^2}x_1'}{\sqrt{1-\frac{u^2}{c^2}}}$$

将上述二式作差，得

$$\tau=t_2-t_1=\frac{t_2'+\frac{u}{c^2}x_2'}{\sqrt{1-\frac{u^2}{c^2}}}-\frac{t_1'+\frac{u}{c^2}x_1'}{\sqrt{1-\frac{u^2}{c^2}}}=\frac{(t_2'-t_1')+\frac{u}{c^2}(x_2'-x_1')}{\sqrt{1-\frac{u^2}{c^2}}}\tag{8-17a}$$

上式中，$x_1'=x_2'$，$\tau_0=t_2'-t_1'$，代入上式，得

时钟变慢 ▶

$$\tau=t_2-t_1=\frac{\tau_0}{\sqrt{1-\frac{u^2}{c^2}}}\tag{8-17b}$$

式(8-17b)表明，在$S'$系中事件持续的时间为$\tau_0$时，在$S$系中测量的持续时间为$\tau=\tau_0\Big/\sqrt{1-(u^2/c^2)}$，即时间变慢了，或者延缓了.

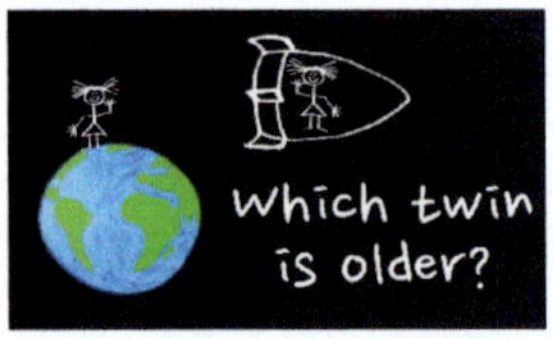


运动参照系中时钟变慢使飞船上的孪生妹妹比姐姐年轻

关于时间延缓，我们可以打个比方：假如有一对双胞胎姐妹在地球上的寿命是相同的(即从出生到去世所经历的时间都是$\tau_0$，设$\tau_0$=80岁). 但是，若姐妹两个出生时，姐姐落在地球上，妹妹落在正好经过的高速运动的飞船上. 若妹妹在飞船上的寿命是$\tau_0$，即80岁，然而在姐姐(地球上)看来，妹妹的寿命是$\tau=\tau_0\Big/\sqrt{1-(u^2/c^2)}$，若设飞船的速度为$u$=0.6$c$，代入数据得$\tau=80\Big/\sqrt{1-\left[(0.6c)^2/c^2\right]}$=100岁. 也就是说，在姐姐看来，妹妹活了100岁，而自己只活了80岁!

在理解时钟变慢效应时需要注意以下两点：①时钟变慢效应对于所有参照系都是等价的. 具体地说，若在同一参照系中两个事件持续的时间相等，分别放在$S$与$S'$系中,则$S$系中的观察者测量$S'$系中的该事件拖长了. 同样，在$S'$系中的观察者测量$S$系中该事件也拖长了；就上个例子是说，同寿命的孪生姐妹，姐姐看妹妹的寿命是100岁，妹妹看姐姐的寿命也是100岁；②时钟变慢效应在低速条件下将减弱，甚至消失. 因为，若$u\ll c$，则$\tau\approx\tau_0$.

### 例题 8-3 时钟变慢

2008年奥运会的100m冠军得主是牙买加运动员博尔特，其成绩是9.69s，若在以0.6倍的光速运动的宇宙飞船上测量，博尔特的成绩是多少秒?

**解** 根据题意，跑道静止于地球的$S$系中，宇宙飞船是$S'$系. 在鸟巢里博尔特从起跑到冲线的时间是$\tau_0$=9.69s，飞船的速度$u$=0.6$c$，代入式(8-17b)可得

$$\tau = \frac{\tau_0}{\sqrt{1-\dfrac{u^2}{c^2}}} = \frac{9.69}{\sqrt{1-\dfrac{(0.6c)^2}{c^2}}} = 12.11\text{s}$$

2008 年 8 月 16 日，牙买加运动员尤塞恩 · 博尔特在奥运会的主场地北京“鸟巢”以 9.69 秒打破了奥运会男子 100 米纪录

仔细分析，此题的解法有点问题. 在推导式(8-17b)时，我们认为事件是在 $S'$ 中的同一点发生的，即 $x_1' = x_2'$，但是严格地说，在 100m 比赛中，起跑和冲线不是在同一点发生的. 鸟巢参照系应该是 $S$ 系，根据与式(8-17a)类似的推导(利用洛伦兹正变换)有

$$\tau = t_2' - t_1' = \frac{t_2 - \dfrac{u}{c^2}x_2}{\sqrt{1-\dfrac{u^2}{c^2}}} - \frac{t_1 - \dfrac{u}{c^2}x_1}{\sqrt{1-\dfrac{u^2}{c^2}}} = \frac{(t_2 - t_1) - \dfrac{u}{c^2}(x_2 - x_1)}{\sqrt{1-\dfrac{u^2}{c^2}}}$$

其中，$t_2 - t_1 = 9.69\text{s}$，$x_2 - x_1 = 100\text{m}$，$u = 0.6c$，代入上式可以发现，分子第二项的数值为 $100/(3\times10^8) = 3.3\times10^{-7}\text{s}$!该数值远远小于 12.11s. 因此尽管事件的开始与结束不是在同一点，但是若空间距离不是很大，其影响可以忽略. 这个事实表明，相对论效应只有在速度可以跟光速相比，空间尺度可以跟一秒钟光行走的空间尺度相比时，效果才会明显显现.

**例题 8-4　μ介子在地球上能走多远?**

宇宙线进入地球大气时会产生μ介子，该介子以 $0.995c$ 的速度运动，但是它们不稳定，在静止时的平均生命 $\tau_0 = 2.15\times10^{-6}\text{s}$. 试分别根据经典力学和相对论理论计算在其寿命时间内走过的距离.

**解**　根据题意和经典力学规律可计算距离如下：

$$S = u\tau_0 = 0.995\times3\times10^8\times2.15\times10^{-6} \approx 641.8(\text{m})$$

然而μ介子的速度已经非常接近光速，在地球参照系中观察，其寿命将延长，根据式(8-17b)得

$$\tau = \frac{\tau_0}{\sqrt{1-\dfrac{u^2}{c^2}}} = \frac{2.15\times10^{-6}}{\sqrt{1-\dfrac{(0.995c)^2}{c^2}}} = 2.15\times10^{-5}(\text{s})$$

在实验室参照系中通过的距离为

$$S' = \mu\tau = 0.995\times3\times10^8\times2.15\times10^{-5} \approx 6418(\text{m})$$

因此在地球上的观察者，其寿命比静止时大一个数量级，在此期间内走过的距离应为 6418m.

关于μ介子的寿命实验是狭义相对论的一个有力证据，它是由物理学家罗西(B. Rossi)和霍尔(B.D. Hall)于 1941 年完成的. 他们使用的是从外层宇宙射线进入地球大气时会产生的速度为 $0.995c$ 的μ介子，该介子经 $\tau_0 = 2.15\times10^{-6}\text{s}$ 就衰变. 根据经典理论它们仅仅行走 641.8m，在大气层高处产生的μ介子在没有到达地面前就已衰变，能到达地面的残存μ介子应该很少. 但是，实验结果并非如此，究其原因，该介子的寿命也是某种“钟”，$\tau_0$ 是用自身的时

钟计算的，若以地面时钟测量，其寿命为$\tau=\tau_0\Big/\sqrt{1-(u/c)^2}$，在此时间内μ介子可以行走 6418m，这仅仅是平均值，有些μ介子还会运行得更远，所以地面上可以检测到可观的μ介子.

在宏观低速下，相对论效应往往并不显著，因此一些精密的仪器难以觉察. 这样，人们在一般情况下就作出了时间和长度与观察者的运动无关的结论. 也正是在这样的基础上导出了牛顿运动学中的绝对时空观以及速度合成原理. 然而，在一般情况下，牛顿运动学与实际符合得相当好. 但在研究运动物体的速度与光速可以比拟时，则必须用相对论的时间、空间和速度合成原理.

爱因斯坦认为，自然界应该是和谐的、统一的. 相对性原理与光速不变原理是狭义相对论的理论基础，从这两个基本原理出发，可以导出狭义相对论的全部内容. 狭义相对论的两个基本原理看上去是“简单事实”，但是它们的推论，从根本上摒弃了牛顿力学的绝对时间、绝对空间的概念(即否定了绝对静止参考系的存在). 相对论在批判牛顿绝对时空观的同时，提出了新的时空观，从而给出了许多能描述高速运动物体的力学规律，揭示了时间和空间、时间和物质运动、质量和能量等基本概念的内在联系，具有重大的物理意义和哲学意义.

相对论不仅在近代物理学中占有重要位置，而且对近代高新技术也有着深刻的影响. 很多高新技术，如电磁场的传播、粒子加速器的设计与运行、核能的开发与利用等都离不开相对论. 所以，相对论不仅是近代物理的理论基础，也是近代高新技术的理论基础.

## 8.4 相对论动力学

根据相对性原理和光速不变原理，物体的位置和速度等的运动学描述在洛伦兹变换下具有不变性，或协变性. 同理，描述物体的质量、受力、加速度以及能量等动力学量在洛伦兹变换下也应该具有不变性，这种性质称为洛伦兹协变性. 从洛伦兹协变性原则，我们发现，牛顿第二定律的表示式 $\boldsymbol{F}=m\boldsymbol{a}$，不符合洛伦兹协变性要求，需要修改. 而电磁场的麦克斯韦方程组、洛伦兹力、电荷守恒等电磁定律都符合洛伦兹协变性的要求.

在洛伦兹变换下，修正后的动力学方程，在一定条件下(即宏观低速)应可以退化到非相对论的经典结果，并通过实验检验，就像相对论的洛伦兹变换在该条件下退化到经典的伽利略变换一样. 而洛伦兹协变性和非相对论极限与经典理论一致这两个要求则是建立狭义相对论动力学方程的基本原则.

### 1.相对论的动量与质量

在经典力学动力学方程 $\boldsymbol{F}=m\boldsymbol{a}$ 中，人们认为质量 $m$ 是一个常量，与运动无关. 根据这个方程，若物体受到一个与其运动方向相同的力的持续作用，则其速率最终会达到并超过光速，这就违背了相对论的洛伦兹速度变换，洛伦兹速度变换式限制了超光速的可能性，因此必须加以修改.

1901 年，物理学家考夫曼(W. Kaufmann)在实验中发现高速运动的电子

的比荷 $e/m$ 随电子速率增大而减小. 这就引起了人们思考：比荷的减小是由于电子电荷量 $e$ 减小，还是电子质量增大呢？如果是电子的电量随速率而变化，那么就会被破坏电荷守恒定律，这一点是人们普遍不能接受的. 因此，就只能认为运动电子的质量会随它的速率变化而变化. 所以，可以认为，在高速运动的情况下，物体的质量 $m$ 与物体的运动速率 $v$ 有关

$$m = m(v)$$

相对论在确认系统总质量守恒和总动量守恒为物理学普遍定律的前提下，从物理定律在一切惯性系中具有相同形式出发，可以导出物体的质量 $m$ 与其运动速率 $v$ 的关系，即

$$m = \frac{m_0}{\sqrt{1-v^2/c^2}} = \gamma m_0 \tag{8-18}$$

◀ 运动物体的质量与静止质量

其中，$\gamma = \dfrac{1}{\sqrt{1-v^2/c^2}}$；$m_0$ 是在相对于物体静止的参考系中测得的物体质量，称为物体的静质量. 而相对于物体以速率 $v$ 运动的参考系中测得的物体质量为 $m$，称为动质量，即物体运动时的质量，也称为相对论性质量.

式(8-18)就是相对论质量公式，也称为质速关系. 它表明，在相对论中物体的质量与物体的运动状态有关，且随着它相对于惯性系运动速率的增大而增大，如图 8-6 所示. 所以当物体的运动速度 $v$ 接近于光速 $c$ 时，由式(8-18)知，物体质量趋于无穷大. 当物体的运动速率 $v \ll c$ 时，由式(8-18)知 $m = m_0$，也就是说在低速运动时可认为物体质量不变. 这与经典力学的结论是一致的.

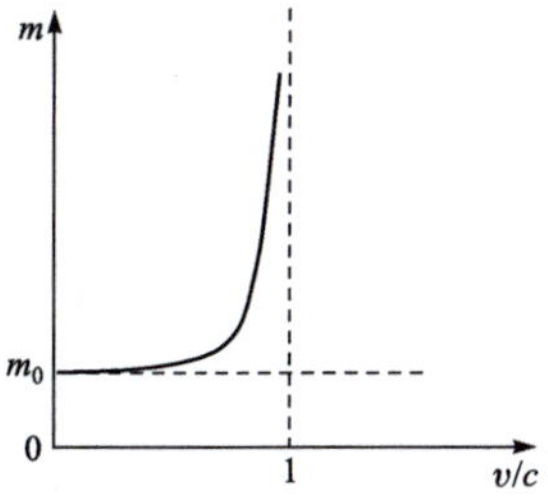


图 8-6　质量随速率变化趋势

此外，由质速关系式(8-18)知，当 $v = c$ 时，只有静止质量 $m_0$=0，动质量 $m$ 才可能为有限值. 所以，按相对论观点，一切以光速运动的微观粒子的静止质量必须为零，一切静止质量不为零的实物粒子的运动速率永远不能达到光速.

质速关系在高能物理中应用很广，例如，同步加速器的设计，就必须考虑带电粒子的质量随着运动速率变化这种效应.

在质速关系基础上，我们可以讨论相对论动量. 物体的相对论动量的定义仍是物体的质量 $m$ 乘以速度 $\boldsymbol{v}$，但要注意的是物体的质量是动质量. 于是，相对论动量为

$$\boldsymbol{p} = m\boldsymbol{v} = \frac{m_0\boldsymbol{v}}{\sqrt{1-v^2/c^2}} \tag{8-19}$$

◀ 相对论的动量

狭义相对论的动力学方程，即合力与动量的关系为

$$\boldsymbol{F} = \frac{\mathrm{d}\boldsymbol{p}}{\mathrm{d}t} = \frac{\mathrm{d}}{\mathrm{d}t}\left(\frac{m_0\boldsymbol{v}}{\sqrt{1-v^2/c^2}}\right) \tag{8-20}$$

◀ 相对论的合力与动量改变的关系

式(8-20)表明，在狭义相对论中，物体所受的合外力也等于物体的动量随时间的变化率. 显然，当 $v \ll c$ 时，式(8-20)也可以过渡到经典力学的 $\boldsymbol{F}=m\boldsymbol{a}$ 的形式.

### 2. 质量和能量的关系

在经典力学中，合力所做的功等于物体动能的增量，同样在相对论中此定理也是成立的. 设物体从静止开始($E_{k0}=0$)，在合力作用下速率达到 $v$ 时(动能为 $E_k$)，合力做的功为

$$E_k-0=\int \boldsymbol{F}\cdot d\boldsymbol{r}=\int_0^r \frac{d}{dt}\left(m_0\boldsymbol{v}\Big/\sqrt{1-\frac{v^2}{c^2}}\right)\cdot d\boldsymbol{r}=\int_0^v \boldsymbol{v}\cdot d\left(m_0\boldsymbol{v}\Big/\sqrt{1-\frac{v^2}{c^2}}\right)$$

上式分部积分得

$$E_k=m_0\boldsymbol{v}^2\Big/\sqrt{1-\frac{v^2}{c^2}}-\int_0^v m_0\boldsymbol{v}\Big/\sqrt{1-\frac{v^2}{c^2}}\cdot d\boldsymbol{v}$$

整理得

$$E_k=m_0\boldsymbol{v}^2\Big/\sqrt{1-\frac{v^2}{c^2}}+m_0c^2\sqrt{1-\frac{v^2}{c^2}}-m_0c^2=m_0c^2\Big/\sqrt{1-\frac{v^2}{c^2}}-m_0c^2 \quad (8\text{-}21a)$$

代入式(8-18)，得

相对论的动能与总能量和静止能量的关系 ▶

$$E_k=mc^2-m_0c^2 \quad (8\text{-}21b)$$

式(8-21b)称为相对论的动能公式. 它表明，当 $v$ 可以与 $c$ 比拟时，物体的动能 $E_k(=mc^2-m_0c^2)$不能用 $\frac{1}{2}mv^2$ 来表示. 当有 $v\ll c$ 时，对于式(8-21a)应用泰勒级数展开有

$$E_k=m_0c^2\Big/\sqrt{1-\frac{v^2}{c^2}}-m_0c^2=m_0c^2\left[1+\frac{1}{2}\left(\frac{v}{c}\right)^2+\cdots-1\right]\approx\frac{1}{2}m_0v^2$$

上式表明：在物体速度 $v$ 远远小于光速 $c$ 时，相对论的动能公式便退化为经典的动能.

在表达式(8-21b)中，$mc^2$ 称为运动物体的总能量，用 $E$ 表示，即

相对论的质能关系 ▶

$$E=mc^2=m_0c^2\Big/\sqrt{1-\frac{v^2}{c^2}} \quad (8\text{-}22a)$$

此式称为质能关系式，它表明物体的总能量与其质量成正比. 式(8-21b)还可以改写为

$$E=m_0c^2+E_k \quad (8\text{-}22b)$$

由此可见，当物体相对于惯性系静止时，虽然动能 $E_k=0$，但它仍有 $m_0c^2$ 的能量，这一能量称为物体的静止能量，简称为静能，用 $E_0$ 来表示，即

$$E_0=m_0c^2 \quad (8\text{-}23)$$

这样，运动物体的总能量可以写成

$$E=E_k+E_0 \quad (8\text{-}24)$$

式(8-24)表明，物体的总能量是物体动能和静止能量之和.

由式(8-22a)可知，当物体的总能量发生变化时，必然伴随有相应的质量变化，反之亦然，其定量关系为

$$\Delta E = \Delta m \cdot c^2 \tag{8-25}$$

◀ 质量亏损去哪了

由此可见，质能关系反映了物质的两种属性——能量和质量之间在数量上密切相关. 物质具有质量 $m$，必然具有相应的能量 $E$；质量发生变化$\Delta m$ 能量也随之发生相应的变化$\Delta E$，反之亦然. 换句话说，自然界既没有脱离质量的能量，也没有脱离能量的质量. 质量是约束能量的形式，是包含电磁能、机械能、分子和原子的动能及势能、核子结合能等物质全部能量总和的量度，从而解决了计算物质全部能量总和的经典问题.

震撼的原子弹爆炸场面

粒子总能的变化$\Delta E$ 一般说来既包括粒子动能的变化$\Delta E_k$，也包括粒子内部能量的变化$(\Delta m_0)c^2$. 假定粒子内部能量在过程中也参与变化，就意味着我们有可能利用这种以前还没有被认识的巨大能量. 仅此就可以看出这个假定的巨大价值. 爱因斯坦的假定为后来大量实验所证实. 例如，原子或原子核吸收(或发射)光子前后其静止质量要发生变化；又如，重原子核裂变和轻原子核聚变过程，反应前的静止质量大于反应后的静止质量，两者之差乘上 $c^2$ 即为释放的能量.

以原子核的裂变和聚变为例，1kg$^{238}$U 能够放出的裂变能量约为 $8.2\times10^{13}$J，相当于 20000 吨 TNT 炸药爆炸释放的能量. 而 1kg 氘和氚发生热核聚变时，释放的能量为 $28.7\times10^{13}$J，是 1kg$^{238}$U 裂变释放能量的 3.5 倍. 原子能发电、原子弹和氢弹的制造成功都是质能关系的应用成果，同时也是对相对论的重要检验.

## 例题 8-5　相对论下粒子的动能变化

分别计算将电子的速率从 0 加速到 0.1$c$ 和从 0.8$c$ 加速到 0.9$c$，需对它们做多少功？并加以比较.

**解**　从能量观点出发，对电子做的功等于电子能量的增量，即

$$W_1 = \Delta E = E_2 - E_1 = \frac{m_0c^2}{\sqrt{1-\frac{v_2^2}{c^2}}} - \frac{m_0c^2}{\sqrt{1-\frac{v_1^2}{c^2}}}$$

分别将两组数据，即 $v_1=0$，$v_2=0.1c$ 和 $v_1=0.8c$，$v_2=0.9c$ 代入上式，计算得

$$W_1 = 9.1\times10^{-31}\times(3\times10^8)^2\times\left(1\Big/\sqrt{1-\frac{(0.1c)^2}{c^2}}-1\right)$$
$$\approx 4.13\times10^{-16}(\text{J}) = 2.58\times10^3(\text{eV})$$

和

$$W_2 = 9.1\times10^{-31}\times(3\times10^8)^2\times\left(1\Big/\sqrt{1-\frac{(0.9c)^2}{c^2}}-1\Big/\sqrt{1-\frac{(0.8c)^2}{c^2}}\right)$$
$$\approx 5.14\times10^{-14}(\text{J}) = 3.21\times10^5(\text{eV})$$

从本题数据可以看出，同样是使电子速率提高 0.1 倍的光速，外界需要做的功相差两个数量级. 这表明在高能物理中，在已经获得了很高能量的情况下，再提高能量，难度越来越大！

**例题 8-6 相对论下粒子的动能变化**

已知氘核 d、质子 p 以及中子 n 的静止质量分别为 $m_d$=2.01360$u$, $m_p$=1.00728$u$, $m_n$=1.00867, 其中 u 为原子质量单位，1u=1.661×$10^{-27}$kg. 求一个中子和一个质子结合成氘核时所放出的 γ 辐射能量.

**解** 质子和中子质量之和为

$$1.00728\ \text{u}+1.00867\ \text{u}=2.01595\text{u}$$

一般地，反应前后总的静止质量之差，称为质量亏损. 中子和质子结合成氘核时的质量亏损为

$$\Delta m=2.01595\text{u}-2.01360\text{u}=0.00235\text{u}$$

由式(8-25)可知，所释放的辐射能量为

$$\begin{aligned}\Delta E &= \Delta m\cdot c^2 = 0.00235\times 1.661\times 10^{-27}\times(3\times 10^8)^2 \approx 3.51\times 10^{-13}(\text{J})\\ &= 2.20\times 10^6(\text{eV})\end{aligned}$$

### 3. 动量和能量的关系

经典力学中物体动量与动能有如下关系：

$$E_\text{k} = \frac{p^2}{2m}$$

其中 $m$ 是经典力学下的质量，然而在相对论下动量与能量的关系如何，且在经典近似条件下($v \ll c$)，动量与动能是否也可以退化为上式呢?

由式(8-19)和式(8-22a)可知，相对论动量和能量分别为

$$\boldsymbol{p} = m\boldsymbol{v} = \frac{m_0\boldsymbol{v}}{\sqrt{1-v^2/c^2}}$$

$$E = mc^2 = \frac{m_0c^2}{\sqrt{1-v^2/c^2}}$$

根据上述二式可得

$$E^2-(pc)^2 = \frac{m_0^2c^4}{1-\dfrac{v^2}{c^2}} - \frac{m_0^2v^2c^2}{1-\dfrac{v^2}{c^2}} = \frac{m_0^2c^4}{1-\dfrac{v^2}{c^2}}\left(1-\frac{v^2}{c^2}\right) = (m_0c^2)^2 = E_0^2$$

即

相对论的能量与动量关系 ▶

$$E^2 = E_0^2 + (pc)^2 \tag{8-26}$$

式(8-26)称为相对论的能量和动量的关系，它可用一个直角三角形来表示. 如图 8-7 所示，以 $E_0$ 和 $pc$ 的大小作两条直角边，斜边的大小代表总能量 $E$ 的大小. 从式(8-26)可见，能量 $E$ 和动量 $p$ 的关系将质量、能量、动量三个物理量联系起来了.

从式(8-26)变形可得

$$(pc)^2 = E^2 - E_0^2 = (E - E_0)(E + E_0)$$
$$= E_k(E + E_0)$$

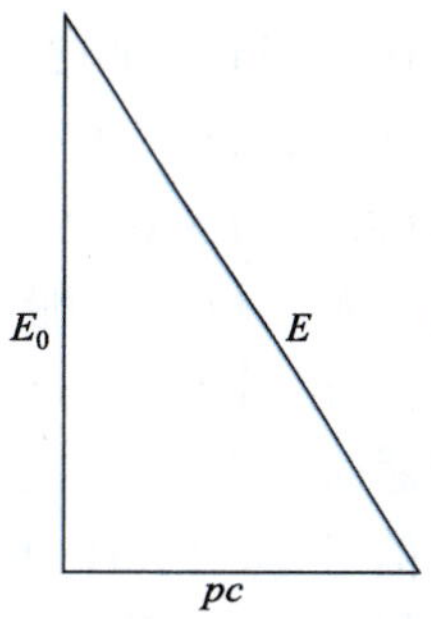

图 8-7　能量三角形

上式中将 $E_0$ 提出括弧，得

$$(pc)^2 = E_k E_0 \left(\frac{E}{E_0} + 1\right) = E_k E_0 \left(1 + \frac{1}{\sqrt{1 - v^2 / c^2}}\right)$$

当 $v \ll c$ 时，有

$$p^2 c^2 = 2E_k E_0 = 2E_k m_0 c^2$$

于是又退化到经典力学中能量与动量的关系，即

$$E_k = \frac{p^2}{2m_0}$$

狭义相对论的基本原理完全改变了经典力学的时空观，包括时间概念和长度概念、运动学方程、动力学方程以及守恒定律等. 似乎经典力学所依赖的框架均被破坏了. 从一定意义上说这是正确的. 但是，也不能说经典力学就完全被抛弃了. 前边已经讨论过，当物体运动速率远远小于光速时，时间延缓、长度缩短、质量的变化、动量的变化以及动能的变化等均不明显，经典的牛顿力学仍然是有效的. 事实上，牛顿力学中的每一个原理都可以看作相对论力学公式在低速下的特例. 牛顿力学体系在广泛领域里仍是适用的.

## 第 8 章练习题

**8-1**　惯性系 $S'$ 相对另一惯性系 $S$ 沿 $x$ 轴做匀速直线运动，取两坐标原点重合时刻作为计时起点. 在 $S$ 系中测得两事件的时空坐标分别为 $x_1=6\times10^4$m，$t_1=2\times10^{-4}$s，以及 $x_2=12\times10^4$m，$t_2=1\times10^{-4}$s. 已知在 $S'$ 系中测得该两事件同时发生. 试问：

(1) $S'$ 系相对 $S$ 系的速度是多少?

(2) $S'$ 系中测得的两事件的空间间隔是多少?

**8-2**　一火箭 A 以 $0.8c$($c$ 为真空中光速)的速度相对于地球向正东飞行，火箭 B 以 $0.6c$ 的速度相对于地球向正西飞行. 求：

(1) 由火箭 B 测得火箭 A 的速度大小和方向.

(2) 如果火箭 A 改为向正北飞行，B 同(1)，重复(1)的计算.

**8-3**　长度 $l_0$=1m 的米尺静止于 $S'$ 系中，与 $x'$ 轴的夹角 $\theta'$=30°，$S'$ 系相对 $S$ 系沿 $x$ 轴运动，在 $S$ 系中观测者测得米尺与 $x$ 轴夹角为 $\theta$= 45°. 试求：

(1) $S'$ 系和 $S$ 系的相对运动速度.

(2) $S$ 系中测得的米尺长度.

**8-4**　两个惯性系中的观察者 $O$ 和 $O'$ 以 $0.6c$($c$ 表示真空中光速)的相对速度相互接近，如果 $O$ 测得两者的初始距离是 20m，则 $O'$ 测得两者经过多少时间相遇?

**8-5**　观测者甲乙分别静止于两个惯性参考系 $S$ 和 $S'$ 中，甲测得在同一地点发生的两事件的时间间隔为 4s，而乙测得这两个事件的时间间隔为 5s. 求：

(1) $S'$ 相对于 $S$ 的运动速度.

(2) 乙测得这两个事件发生的地点间的距离.

**8-6**　学校 100m 赛道，在以 $0.6c$($c$ 为真空中光速)的速度沿着跑道方向运动的飞船看来，该赛道多长?

**8-7**　大学课堂一节课的时间是 50 分钟，在以 $0.8c$ 速度运动的宇宙飞船中观察，这一节课的时间是多少?

**8-8**　一个在实验室中以 $0.8c$($c$ 为真空中光速)

速率运动的粒子飞行了3m后衰变. 在实验室中该粒子存在了多长时间？若由与粒子一同运动的观察者测量，该粒子存在了多长时间？

**8-9** 飞船A以$0.8c$($c$为真空中光速)的速度相对地球向正东飞行，飞船B以$0.6c$($c$为真空中光速)的速度相对地球向正西方向飞行. 当两飞船即将相遇时，A飞船在自己的天窗处相隔2s发射两颗信号弹. 在B飞船的观测者测得两颗信号弹相隔的时间间隔为多少？

**8-10** π介子具有放射性，静止时，测得π介子的半衰期为$1.77\times10^{-8}$s(即在$1.77\times10^{-8}$s内有一半π介子衰变掉). 有一束π介子，速度为$0.99c$($c$为真空中光速)，测得飞行了37m后，π介子的强度减半. 试分别用经典和相对论观点分析实验结果.

**8-11** 试求以$0.6c$($c$为真空中光速)速度运动的粒子的动能与静能之比.

**8-12** 一个粒子的动量是按非相对论算得的2倍，该粒子的速率是多少？

**8-13** 一电子在电场中从静止开始加速，试问它应通过多大的电势差才能使其质量增加0.4%？此时电子速度是多少？已知电子的静止质量为$9.1\times10^{-31}$kg.

**8-14** 氢原子的同位素氘和氚在高温条件下发生聚变反应，产生氦原子核和一个中子并释放出能量，已知氘核的静止质量为2.0135u (u是原子质量单位，1u=$1.661\times10^{-27}$kg)，氚核和氦及中子的质量分别为3.0155u，4.0015u，1.00865u. 求上述聚变反应释放出来的能量.

**8-15** μ介子以$v=0.9c$($c$为真空中光速)的速度运动时，求此时的质量为其静止质量的多少倍？

第8章练习题答案

# 第 2 篇

# 热　　学

在远古时代，人类都是茹毛饮血，直到燧人氏的出现，钻木取火的时代开始了. 因为用石块捕食野兽时经常会与膳食相碰而产生火花，燧人氏从此得到了启发，以石击石产生火花来生火，后来演变成了钻木取火. 从此，茹毛饮血的时代过去了. 他把这种方法教给了人类，人类从此学会了人工取火，用火烤制食物、照明、取暖、冶炼等，人类的生活进入了一个新的阶段. 人们称这位圣人为燧人氏，奉他为“三皇之首”

燧，中国古代取火的工具，有金燧、木燧之分. 金燧取火于日，木燧取火于木. 据古籍的记载，古时常用“夫燧”“阳燧”(实际上是一种凹面镜，因用金属制成，所以统称为“金燧”)来取火.

热学是研究物质热运动规律及其应用的一门科学，它的发展与人们的日常生活和生产劳动密不可分. 热现象是人类生活中最早接触到的现象之一. 古代人们对于热的认识是从火开始的，中国古代道家的五行说，即金、木、水、火、土，认为世界上万事万物的源及其衍生变化均由五行来决定，而火是五行之一，可见火的重要性. 据记录周朝历史文化的《礼记 · 内则》记载：“左佩金燧，右佩木燧”，“晴则以金燧取火於日；阴则以木燧钻火也”. 我国考古学者发现西周到春秋时期的墓葬中就有阳燧(金燧)陪葬，证实了 2800 多年前，我们的祖先就掌握了金燧、木燧或两者结合的取火方式. 他们在长期的生活和生产实践中，观察到了由于火的烧烤，物体受热，性质会发生变化，产生膨胀、缩、蒸发、凝固和物态变化，以及许多类似的热学现象，于是逐步积累了许多热学方面的知识.

中国古代人对于热的本性进行过探讨，除了道家的“五行说”之外，南北朝成书的《关尹子》中写道：“日寒暑温凉之变，如瓦石之类，置之火则热，置之水即寒，呵之即温，吹之即凉，特因外物有来有去，而彼瓦石实无去来”. 作者把热看作一种可以自由出入物体的“外物”，当瓦石与高温的火接触，则有热进入瓦石，故热，当瓦石与低温的水接触，则有热流出瓦石，故冷.

《周礼·秋官司寇》中就有"司烜氏，掌以夫燧，取明火于日"的记载.《淮南子·天文训》中写道："阳燧见日，则燃而为火."

纽克曼发明的用于排水的蒸汽机

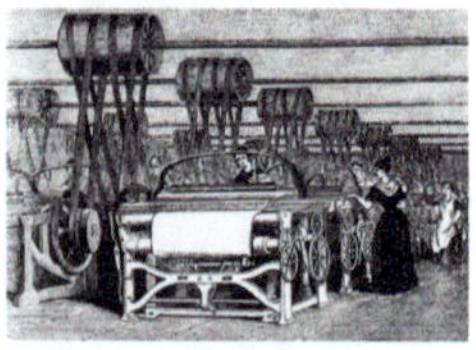
瓦特发明的用于大规模纺织加工的蒸汽机，从而开启了第一次工业革命

17 世纪末期人们对于机器动力的需求，导致了蒸汽机的发明，促进了热能转化为机械能的技术发展. 英国铁匠托马斯·纽克曼在萨维里和巴本设计的蒸汽机基础上，发明了大气压力蒸汽机，并于 1712 年有效地应用于矿井排水和农田灌溉. 瓦特在布莱克的帮助下，改进了纽克曼的蒸汽机，并很快在纺织、采矿、冶炼和交通等方面得到广泛应用，促进了英国和欧洲的第一次工业革命，使"资产阶级在它的不到一百年的阶级统治中所创造的生产力，比过去一切时代创造的全部生产力还要多，还要大."[①]蒸汽机的应用又直接推动了热学理论的发展.

热学分为**热力学**和**气体分子动理论**.

**热力学**是由研究摩擦生热和通过热机产生机械运动而建立和发展起来的，所以这个理论一开始就被称为热的机械理论，意为研究力的现象和热的现象之间关系的科学. 后来热力学扩展到关于自然现象中热与其他形式的能量之间相互联系的一切领域. 热力学是沿着纯唯象论的路线建立起来的. 它完全避开各种热现象的起因和产生热现象的各种分子过程的问题，对现象的内部机理不作任何假设，直接运用实验和观测的方法，从能量转化的观点去研究宏观热运动现象所表现出来的各种性质和规律. 作为热力学基础的三个基本定律就是这样总结出来的.

热力学的研究方法是，通过对大量实验的分析、总结和归纳，得出规律，去解释宏观的热现象，因此热力学比较直观、可靠并且具有普遍性.

气体分子动理论是在研究揭示宏观热现象的微观本质中逐渐发展起来的. 法国人伽桑狄，于 1638 年最先引用了："物质是由大量在各个方向运动的坚硬粒子组成"的说法. 紧随其后，玻意耳、胡克以及伯努利等纷纷接受了伽桑狄的分子动理论，并且对于气体的实验定律做了微观上的解释.

真正引起人们对分子动理论的巨大兴趣，并使之最终成为定量的系统理论的，主要是克劳修斯、麦克斯韦和玻尔兹曼等所进行的一系列工作. 首先是 1857 年克劳修斯给出了理想气体微观模型，并在此基础上通过动理论定量地导出了气体的压强公式，并对于气体定律做了微观解释. 其次是麦克斯韦于 1859 年把统计理论引入到气体压强公式的推导，并给出了气体分子的速率分布律，把分子动理论向前推进了一大步. 第三是玻尔兹曼，他不仅把麦克斯韦分布律推广到了有外力场的情况，而且从统计的观点给出了热力学第二定律的解释.

归纳起来，气体分子动理论的研究方法是，从气体的微观结构出发，对于单个分子应用力学规律，对于全体分子应用统计规律，去解释宏观的热现象. 热力学与气体分子动理论，分别从宏观和微观两个不同角度研究并解释宏观的热现象. 这两种理论是互相补充，相互支撑的. 本篇的三章内容中既介绍了热力学理论，也介绍了气体分子动理论. 读者可以从学习中体会并借鉴从不同角度、不同层面观察同一事物的思想方法.

---

① 《马克思恩格斯选集》，第一卷，P256.

# 第 9 章 温度和气体分子动理论

黄石国家公园占地面积约为 898317 公顷，主要位于美国怀俄明州，部分位于蒙大拿州和爱达荷州. 该公园是世界上最大的火山口之一，也是世界上面积最大的森林之一，公园内的森林占美国森林总面积的 90%左右，水面占 10%左右. 有超过 10000 个温泉和 300 多个间歇泉. 有的温泉温度高达 93℃，这里是冰火两重天，而且水中还含有酸. 游览时绝不允许离开栈道

詹姆斯·克拉克·麦克斯韦不仅是伟大的物理学家，也是数学家，经典电动力学的创始人，更是统计物理学的奠基人之一. 在热力学与统计物理学方面麦克斯韦也作出了重要贡献，他是气体动理论的创始人之一. 1859 年他首次用统计规律得出麦克斯韦速度分布律，从而找到了由微观量求统计平均值的更确切的途径. 1866 年他给出了分子

牛顿力学可以解释大量的机械运动现象，如天体的运行轨道、物体的下落、火箭的升空、二体的碰撞等. 这些现象总体说来是宏观物体的确定性运动. 现在我们来研究跟温度相关的热现象所服从的规律，这些现象不同于以前学到的牛顿力学和电磁学现象，对它们进行描述和解释的学科称为热力学与统计物理. 我们将看到这些宏观的热现象可以从热力学得到直观的、可信的解释，也可以应用统计物理从微观上，即分子的热运动理论得到解释. 读者将会看到这两种理论是互相补充和相辅相成的. 跟热相关的现象很多，如水的沸腾和结冰，物体的热胀冷缩，家用的空调、冰箱、汽车的发动机等. 这些都是和热密切相关并且随处可见的现象. 人们对这些现象背后的物理原因充满好奇，如冰箱如何制冷，如何提高内燃机的能量利用效率，以及室温下空气中分子、原子运动的平均速率这类问题，热力学与统计物理可以帮助我们解决这些问题.

所有物质都受到温度的影响，如冰在加热时会融化为水，水加热后温度升高，到了一定温度时就沸腾，转化为水蒸气，同时压强也跟着增大；如果容器不能承受相应的压强，就会发生爆炸. 金属也是如此，在不同的温度时，会表现为不同的力学和电学性质. 即使是原子，在极高的温度下，也会失去其电子，按速度的分布函数的新推导方法. 他引入了弛豫时间的概念，发展了输运理论，并应用于扩散、热传导和气体内摩擦过程. 1867年引入了“统计力学”这个术语

变成原子核和电子的混合物，也就是等离子体，人们甚至可以利用等离子体来纺织.

热学主要研究物质的宏观热现象及其规律，其研究方法有宏观的热力学理论和微观的气体分子动理论. 热力学理论的研究方法是：从大量的宏观热现象中总结并归纳出一些规律，用这些规律去解释宏观的热现象. 而气体分子动理论的研究方法是：引入气体的简化模型，对于单个分子应用力学规律，对于全体分子应用统计规律，解释宏观的热现象. 比如气体的压强、温度、热容量等宏观物理量的分子动理论解释. 这两种理论分别从不同角度解释热现象，热力学理论比较直观、可靠，且具有普遍性. 而气体分子动理论有利于揭示宏观现象的微观本质. 本章将针对具体问题，介绍这两种理论和方法.

## 9.1 压　强

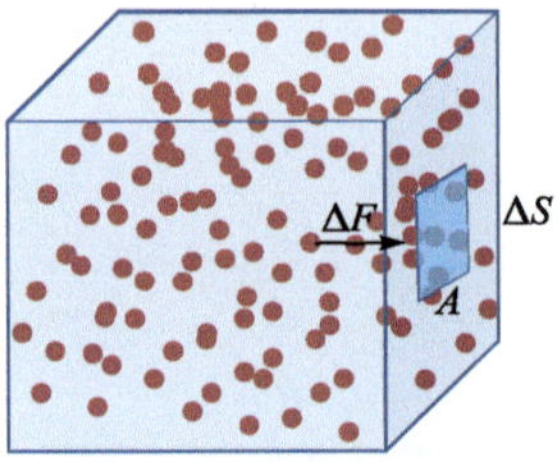

图 9-1　压强的定义

压强的定义 ▶

考虑充满气体的容器，在容器器壁上的任意一点上，气体对器壁施加垂直于容器一定的压力；这个压力的大小和选定的面积大小有关.

如图 9-1 所示，考虑器壁上 $A$ 点处的一个面积元 $\Delta S$，若作用在该面元上的压力为 $\Delta F$，则对于 $A$ 点的压强 $p$ 定义为单位面积上的正压力：

$$p=\frac{\Delta F}{\Delta S} \tag{9-1}$$

显然，面积元 $\Delta S$ 越小，对于器壁上压强分布的描述越精确，因此对于器壁上某一点的压强可以用一个极限来定义，即

$$p=\lim_{\Delta s\to 0}\frac{\Delta F}{\Delta S}=\frac{\mathrm{d}F}{\mathrm{d}S} \tag{9-2}$$

压强的国际单位为 $\mathrm{N/m^2}$，又称为帕斯卡(Pa)，$1\mathrm{Pa}=1\mathrm{N/m^2}$. 工程上常用的压强单位是大气压. 通常情况下的大气压，指的是海平面处的大气压，用符号 atm 表示，$1\mathrm{atm}\approx 1.01325\times10^5\mathrm{Pa}$. 气体压强这个概念是综合了牛顿力学中的力和面积两个因素，在某种意义上，不是热学中最基本的特征量.

## 9.2 温度和热力学第零定律

冬天人们在外歇脚时都喜欢坐木头椅而不是水泥椅

从与冷或者热的物体接触中，人们形成了温度的概念. 因此人的感觉器官提供了温度的定性表示. 但人们的感觉有时是不可靠的，甚至会产生误导：如在冬天相同的室外温度下，想坐下来休息，若有石凳和木凳可供选择，人们总是首选木凳. 因为石凳给人的感觉比木凳更凉一些. 原因是石凳的导热性更好；热量更迅速地从接触处，如臀部流失. 因此人们需要一个更可靠且可重复的方式来确定物体的冷或者热. 如今，物理学家发展了多种方法来表示物体的冷热程度.

人们在现实中熟悉了如下的事实：有限大的两物体相互接触，即使它们初

始的冷热程度不同，即温度不同，冷的物体总是变热，而热的物体总是变冷，只要经过足够长的时间总会到达相同的冷热程度，也就是达到相同的最终温度．这样的例子随处可见：一杯冷水和一杯热水，将它们相互接触，总是一杯变冷而另一杯变热，最终达到冷热一致；或者直接将冷杯中的水倒入热杯的水中，则最终达到一个共同的且处于原来冷热之间的温度；再或者在一杯热咖啡中加入冰块，冰块最终会融化而咖啡相应变冷．

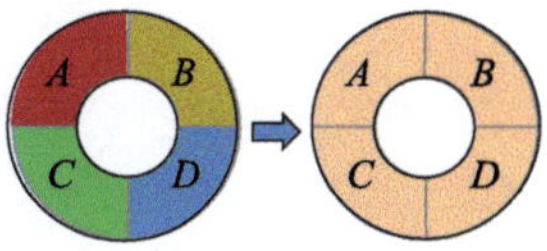

图 9-2　处于热平衡的系统具有相同的温度

为了定义温度，人们首先定义了两个常用的概念：热接触和热平衡．两个冷热不同的物体相互接触，两者的状态及温度将会变化，这种接触称为热接触，热接触为两个物体之间交换能量提供了条件．当两者的状态或温度都稳定不变时，我们说两者达到了平衡．通过热接触达到的平衡称为**热平衡**．

◀ 热力学第零定律

物理学家将**热力学第零定律**(或热平衡定律)总结如下：

若两个物体 $A$ 和 $B$ 都和第三个物体 $C$ 的同一状态处于热平衡，则此二物体 $A$ 和 $B$ 必定处于热平衡．

热力学第零定律看似简单、显然，但它在科学上的意义非同一般，因为只有有了它，人们才可以给出温度的科学定义．当冷热不同的若干物体($A$、$B$、$C$、$D$)互相做热接触时(图 9-2)，它们的状态将发生变化，这说明这些系统中有某种物理性质不同．一段时间后，每个系统的状态都稳定了，说明原来不同的那个性质现在相同了．我们把描述互为热平衡系统中那种共同性质的物理量定义为温度，这就是温度的科学定义．到这里我们可以说当两个物体处于热平衡时，它们的温度相等．

## 9.3　温度计和温标

### 1. 摄氏温度

温度计是用来测量物体温度的仪器．所有类型的温度计都是利用物体的某种性质随温度变化而变化的原理而制成的．这些随温度变化而变化的物理量包括：①在固定的压强下，一定量气体的体积；②在固定的体积下，一定量气体的压强；③液体的体积；④固体的长度和体积；⑤导体的电阻(如铂电阻)；⑥温差电动势；⑦很热的物体的颜色，等等．利用这些性质，人们可以制造出不同类型的温度计，例如，利用最后一个物理性质，人们可以制造出根据物体的辐射波长而测量出物体的温度的温度计．

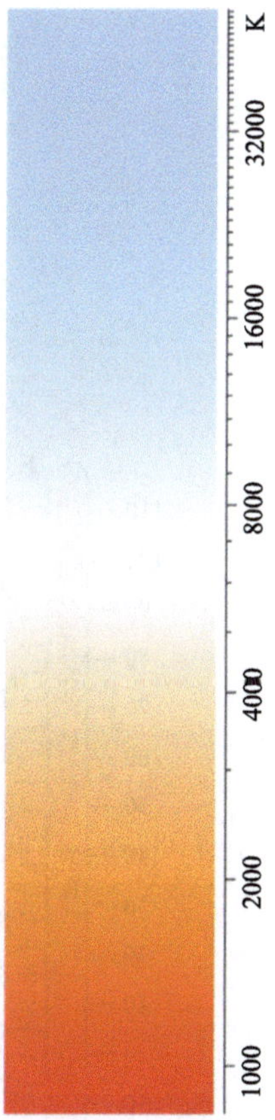

基于黑体辐射理论的色温表．蓝色处于高温，而红色处于低温．这与红色表示高温，蓝色表示低温的习惯相反

常用的温度计有水银温度计和酒精温度计．它们利用水银或者酒精体积(测温参量)随温度升高而膨胀的性质，通过玻璃细管中液体的高度来指示温度．在摄氏温标中，人们规定测温参量与温度之间满足线性关系，即

$$t=\alpha x+\beta \tag{9-3}$$

式中，$x$ 是测温参量，比如水银或酒精的体积，$\alpha$、$\beta$是两个待定常数，由定标点决定，而 $t$ 就是摄氏温度．定标点一般选择自然界中容易复现的物质状态．例

如，摄氏温标选了水的冰点和沸点作为定标点. 具体的方法是，在一个标准大气压下，纯冰和纯水平衡共存的状态标定为零摄氏度，写作 0℃，此为水的冰点. 此时测温参量为 $x_0$. 另一个定标点是一个标准大气压下纯水和纯水蒸气平衡共存的温度，此温度被定义为 100 摄氏度，记作 100℃，此为水的沸点，此时测温参量为 $x_{100}$. 于是，可根据下式确定$\alpha$和$\beta$:

$$\alpha = \frac{100}{x_{100} - x_0}, \quad \beta = -\frac{100x_0}{x_{100} - x_0}$$

将上述两式代入式(9-3)，得

$$t = \frac{100}{x_{100} - x_0}x - \frac{100}{x_{100} - x_0}x_0 \tag{9-4}$$

从上式可见，只要测得任意测温参量值 $x$，就可根据式(9-4)计算对应的温度. 工程上，将 0～100℃这段温度等分为 100 份，则每份的大小为 1℃. 测温时根据水银柱的端点位置即可直接读出温度值. 测量温度跟测量长度有些类似，在测量物体的长度时，人们选择了一个标准长度——米(尺)，设一端为起点，标定为 0，另一端标定为 1m，中间等分为 100 份，每一份为 1cm. 测量长度时，用米尺去跟待测长度比对即可测量长度. 但是长度和温度是两个性质不同的物理量. 前者，即长度是广延量，具有可加性. 后者，即温度是强度量，不具有可加性.

这种应用不同测温物质制成的温度计具有一定的局限性. 一方面，在测量温度时，除了定标点温度相同外，其他点存在一定的数值差异. 其原因主要是不同物质的测温参量与温度的关系有一定的个性，而摄氏温标人为地规定测温参量与温度之间的关系为线性关系. 但是，由于人们都是在定标点定标，所以各种温度计在定标点的测量结果是相同的. 而其他点的测量值就会有差异.

另一方面，每种温度计都有一定的测温范围，超出了这个范围，不仅温度计所利用的随温度变化的性质发生了变化，而且物质形态也可能已经发生了变化，如汽化或凝结，因此，不能有效地测量温度. 这也是经验温标普遍存在的局限性.

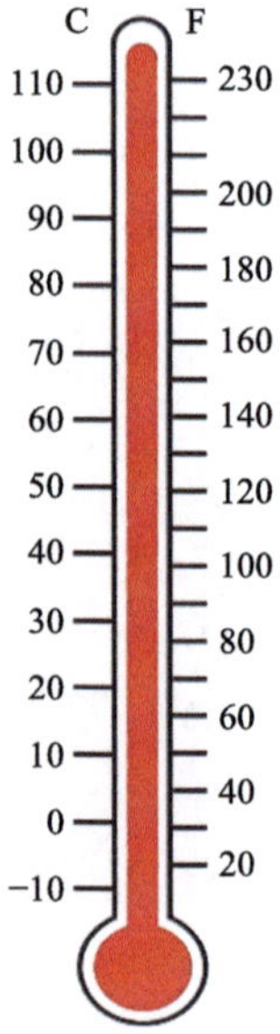

图 9-3　液体温度计

上述利用物质某种属性随温度变化来标定温度的方法称为经验温标，日常生活中常用的温标有摄氏温标和华氏温标两种. 国际上大多数国家采用摄氏温标，某些西方国家使用华氏温标. 当你查看某地区的气温时要注意该地区使用的是何种温标. 图 9-3 的温度计左边标定的是摄氏温标，而右边则是华氏温标. 它们之间的换算关系如下：

$$t_F = \frac{9}{5}t_C + 32 \tag{9-5}$$

实际上，上边介绍的温度测量方法是建立温标的三个要素：①选取测温物质及测温属性(参量)；②规定测温参量与温度的函数关系；③选择容易复现的、稳定的冷热状态，并规定它们的温度值.

## 2. 理想气体温标

采用理想气体作为测温物质的温标称为理想气体(绝对)温标. 理想气体是一种理想化的模型. 从宏观上，不同气体既有所有气体都有的共同性质，也具有个性. 但是当压强趋于零时，任何气体的个性均消失了，只保留了气体的共性. 这种状态的气体可以视为理想气体. 从微观上，当分子间的作用力可以忽略，分子体积和分子所能到达的空间体积(容器体积)之比可以忽略时，分子之间的碰撞不损失能量，这就是理想气体的微观描述. 理想气体温标，曾经用水的冰点和沸点作为定标点. 由于水的冰点和沸点在复现时，技术上困难很大，1954 年以后，国际上规定，用一个固定点来建立标准温标，这个固定点是水的三相点——纯冰、纯水和水蒸气平衡共存的状态. 水的三相点是水的三种通常状态平衡共存的，确定的状态，其压强相当于 4.581 毫米水银柱(mmHg)产生的压强和一个确定的温度. 国际上统一规定水的三相点温度为 273.16K.

实验发现，当压强比较低时，对于各种不同的气体，其压强、体积和温度满足下式：

$$pV \propto T \tag{9-6}$$

式中 $p$、$V$ 分别是一定量气体在某温度下的压强和体积，而 $T$ 是理想气体温标表示的温度. 显然根据式(9-6)，可以建立气体温度计. 若保持体积 $V$ 不变，可以用压强的变化表示温度变化——定容气体温度计；若保持压强不变，可以用体积变化表示温度——定压气体温度计.

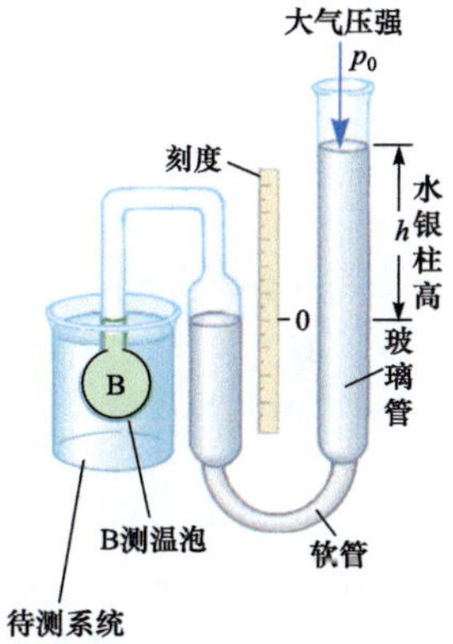

图 9-4 定容气体温度计

如图 9-4 所示，右边的 U 形管内储有一定量的水银，下边是软管，上边开口与大气相通. 与 U 形管左边相连的 n 形玻璃管左下边的测温泡 B 内储有一定量的气体，该气体被水银封住. 盛装测温泡的烧杯内储有定标的水，也可以是待测系统. 首先是定标，将烧杯中的水调至水的三相点状态. 为了使该气体温标趋近理想气体温标，不断地将测温泡内的气体向外面抽，让其中的气体足够稀薄，调整水银柱高度，使 U 形管左端水银液面置于 0 刻度(以后测温时也要调整至 0 刻度). 此时水银柱高度差为 $h_{tr}$，测温泡中气体的压强为

$$p_{tr} = p_0 + h_{tr} \tag{9-7}$$

其中 $p_0$ 为大气压强，tr 代表 triple point of water，意为水的三相点.

测温时，将测温泡 B 与待测系统做热接触，并使它们达到热平衡. 调整 U 形管使左边水银柱置于 0 刻度. 此时 U 形管中的水银面高度差为 $h$，而测温泡内气体的压强为 $p = p_0+h$. 定容理想气体温标规定气体压强 $p$ 与温度为正比关系(这也是气体所满足的规律)，如图 9-5 所示，即

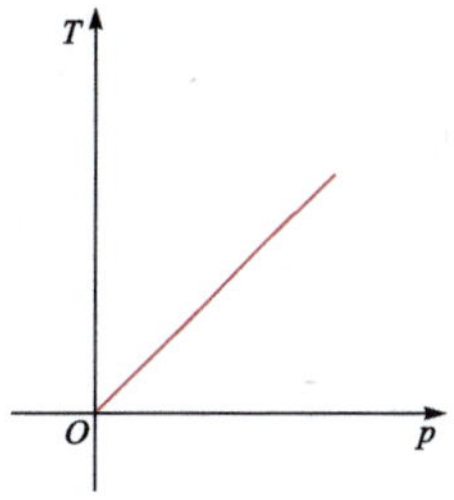

图 9-5 理想气体温标

$$T = \alpha p$$

以水的三相点定标时，取水的三相点温度为 273.16K，同时测得压强为 $p_{tr}$. 代入上式，得定容理想气体温标，即

美国作家海明威(Ernest Hemingway)曾写过一个小故事——《一天的等待》. 一个孩子病了，父亲叫来医生，测量了体温. 医生说：102 度. 之后留下药品和医嘱. 父亲给儿子读《海盗故事》，但发现孩子根本没听. 快到中午，父亲出去打猎回来. 家人说，孩子不让任何人进他的房间，怕染病. 父亲又给他量了体温. “大约 100，”老爸说. 实际上是 102 度 4 分. “原先是 102 度，”孩子说. “谁说的？”“医生.”“你的体温没啥问题，”老爸说，“用不着担心.”过一会，“你看我大概什么时候会死？”孩子问道. “你不会死. 你怎么啦？”“不，我会死的. 我听到医生说 102 度”. “人发烧发到 102 度是不会死的. 你这是说傻话.”“会的，在法国的时候，同学说，烧发到 44 度就不能活了. 我已经 102 度了.”“你这可怜的宝贝，”老爸说，“那种温度计不一样. 用那种温度计量，37 度是正常的体温. 用这种温度计量，正常体温是 98 度.”“你确定？”“绝对没错，”老爸说. “这跟英里和公里的区别一样. 我们车速开到 70 英里该折合成多少公里一样

$$T = 273.16(\mathrm{K})\frac{p}{p_{\mathrm{tr}}} \tag{9-8}$$

其中 $p_{\mathrm{tr}}$ 由式(9-7)决定，它是可以测量的. 测温时，只要测得 $p$，即可由式(9-8)算得待测系统(物体)的温度.

实验表明，以不同气体作为测温物质时，除了定标点之外，测量结果均有一定差异，这表明不同气体有其个性. 但是，只要不断地把测温泡中气体向外抽出，使其逐渐地变稀薄，测量的差异就越来越小. 可以推断，当 $p_{\mathrm{tr}}\to 0$ 时，测量结果的差异将消失. 这表明在气体压强趋近于零的极限条件下，不同气体的个性消失了，只有在这时气体温度计才是理想气体温度计. 这就克服了经验温标依赖于测温物质个性的局限性. 但是，气体状态有一定的温度范围，温度过高或过低时，气态已不复存在. 因此，理想气体温标还是无法摆脱经验温标测温范围受到限制的局限性.

### 3. 热力学温标

理想气体温标利用了理想气体作为测温物质，依赖气体性质. 因此测温范围受到限制. 能不能建立一种完全不依赖于任何测温物质的温标呢？这是可能的. 我们将利用卡诺定理来建立这样的温标(详见第 11 章 11.2 节). 这就是热力学温标，它是由英国物理学家威廉·汤姆孙(即开尔文勋爵)首先引入的，因此也称为开尔文温标. 开尔文温标所确定的温度叫做绝对热力学温度，用 K 表示. 热力学温标也是以水的三相点作为定标点，并规定该状态的热力学温度为 273.16K. 因此，1K 等于水的三相点温度的(1/273.16).

可以证明，理想气体温标在适用的范围内和热力学温标完全一致，所以也用 $T$ 表示理想气体温度，且用 K 作为理想气体温标的单位.

热力学温标是一种理论温标，一般在学术领域里使用，它跟日常生活中常使用的摄氏温标有如下关系：

$$t = T - 273.15 \tag{9-9}$$

其中的 $t$ 表示摄氏温度，$T$ 表示热力学温度. 这样就规定了热力学温度的 273.15K 为摄氏度的 0℃. 注意：冰点与三相点是两个不同状态.

热力学温标是一种基本的理论温标，也是一种理想的温标，在物理学理论研究中均采用这种温标. 在工程上还未能实现真正意义上的热力学温标，因为它依赖于可逆卡诺机. 可逆卡诺机目前在工程上还无法实现(详见第 10 章). 幸运的是在实际计量工作中，在很大的温度范围内，可以用理想气体温标来实现热力学温标.

## 9.4 理想气体的宏观描述——理想气体方程

### 1. 理想气体的宏观模型

理想气体宏观模型 ▶

热学的研究对象是由大数(数量级 $N$=$10^{23}$)分子或原子(以后统称为分子)组

成的宏观系统. 在通常条件下，多数物质处于气态、液态和固态等三种形态. 相对于液态和固态来说，气态研究起来较为简单、容易. 尽管如此，实际气体的状态变化的描述仍不简单，这是因为气体内的分子间仍有排斥或者吸引的相互作用. 如果将气体内分子间的相互作用暂时忽略，只在碰撞时考虑相互作用力，则这时的气体行为就大为简化了. 从前边关于理想气体温标的描述中，我们已经看到了理想气体宏观模型的端倪，即当气体压强很低时，或 $p \to 0$ 时，它们的个性差别将消失. 我们把这种处于极限状态的气体称为理想气体. 这是热力学理论中引入的一种理想模型. 在许多实际问题中，或在通常的条件下，只要压强不是很高，温度不是很低，实际气体可以近似当作理想气体处理，这也是实际气体可以视为理想气体的条件.

开放系统：与外界有物质交换、热交换，也可以有功的交换

封闭系统：与外界有热交换，功交换，但无物质交换

理想气体作为一种最简单的模型，可以描述通常状态下的气体行为. 实验发现，气体分子间的作用力是短程力，其有效作用范围约 0.1nm，跟分子大小的数量级相同. 因此，能够将气体内分子间的作用力忽略的条件是气体内分子间距远超过分子的大小，也就是气体处于低密度状态. 物理学家在过去就完成了对理想气体状态变化的研究，得到了理想气体的状态方程，即在给定气体的类型和质量的情况下，气体的体积、压强和温度三者之间的定量变化关系.

## 2. 平衡态与准静态过程

### 1) 平衡态

前已述及，热学的研究对象是由大数分子组成的系统. 有的系统与周围物质(或外界)之间可以有物质交换、能量交换和功的交换，称为**开放系统**；有的系统与外界可以有能量交换和功的交换，但没有物质交换，称为**封闭系统**；有的系统与外界既没有物质交换，也没有能量和功的交换，称为**孤立系统**. 系统在一定的外界条件下，经过足够长的时间，会处于一定的状态. 当外界条件发生变化时，系统的状态一般会变化. 在不受外界影响的条件下，系统宏观性质不随时间改变的状态称为**热力学平衡态**. 对于只由同一种分子组成的气体(称为化学纯气体)，在平衡态下，其内部各处的压强相同，即称为力学平衡；温度相同，即称为热学平衡. 显然，热平衡与热力学平衡态是有区别的. 在平衡态下，描述系统状态及其变化的物理量，即状态参量具有确定的数值. 对于化学纯的气体，我们可以用($p$、$V$、$T$)中任意两个物理量描述其状态. 因此，确定的平衡态对应着确定的状态参量，也可以用 $p$-$V$(或 $T$-$V$，或 $p$-$T$)坐标系中的一个点来表示一个状态. 如图 9-6 中所示的状态 Ⅰ$(p_1,V_1)$，状态 Ⅱ$(p_2,V_2)$.

◀ 开放系统

◀ 封闭系统

◀ 孤立系统

◀ 热力学平衡态

孤立系统：与外界没有物质交换，没有能量和功的交换

### 2) 热力学过程与准静态过程

当一个热力学系统受到外界影响时，比如增、减压力或者提高、降低温度，气体的状态就要发生变化，从一个平衡状态转变成另一个平衡状态，这种过渡称为一个热力学过程，简称过程. 实际的过程通常是比较复杂的，但如果过程进行得足够缓慢，使得过程中的每个状态都无限接近于平衡态，则该过程称为

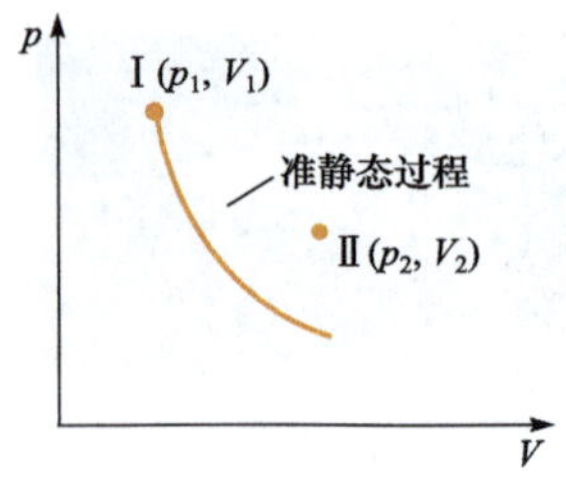

图 9-6 热力学过程的几何表示

**准平衡过程**或者**准静态过程**. 对于理想气体，准静态过程可以用 $p$-$V$ 图，也就是压强-体积图上的一条曲线来表示，如图 9-6 所示. 或者等价地，也可以用 $p$-$T$，$T$-$V$ 上的一条曲线来表示. 在 $p$-$V$ 图中，一条平滑曲线上的任意一点代表气体的一个状态，一系列状态的平滑连接构成一个过程. 在某些过程中，其状态参量及其变化满足一定的函数关系，这个函数关系称为过程的曲线方程，简称过程方程. 我们可以根据过程方程描绘过程曲线.

3) 理想气体的状态方程

当外界条件发生变化时，系统的平衡态会被打破，状态将随之变化，经过足够长的时间(弛豫时间)，系统会达到新的平衡态. 状态变化时，其状态参量随之变化，因此其状态参量$(p, V, T)$之间必定满足一定的数学关系或方程，即$f(p, V, T)=0$. 这个函数关系称为系统的状态(物态)方程. 应该说明的是，满足状态方程的状态(点)不一定满足过程方程，如图 9-6 中的状态 II，而满足过程方程的状态(点)一定满足状态方程，如图 9-6 中的状态 I.

设某理想气体的质量为 $M$，物质的量(即摩尔数)为 $\nu$，摩尔质量为 $\mu$，处于体积 $V$ 的容器中，其中压强为 $p$，温度为 $T$. 这些量之间存在确定的关系，即理想气体的状态方程.

当气体的压强不太大，温度不太低时，早期的实验可以总结为三大定律：

(1) **玻意耳-马里奥特定律**：一定量的气体，当温度 $T$ 保持不变时，它的压强 $p$ 和体积 $V$ 的乘积为常数，其状态变化过程称为**等温过程**，即

$$pV = 常数$$

(2) **查理定律**：一定量的气体，当气体的体积 $V$ 保持不变时，其压强 $p$ 和绝对温度 $T$ 成正比，其状态变化过程称为**等容过程**，即

$$p / T = 常数$$

(3) **盖吕萨克定律**：一定量的气体，当气体的压强 $p$ 保持不变时，其体积 $V$ 和绝对温度 $T$ 成正比，其状态变化过程称为**等压过程**，即

$$V / T = 常数$$

从宏观上，把严格服从这三条定律的气体称为理想气体.

将以上三个过程中的任意两个过程连接于两个任意的平衡状态，I$(p_1, V_1, T_1)$和 II$(p_2, V_2, T_2)$，如一个等温过程，一个等容过程，如图 9-7 所示. 可以得出：两个状态的状态参量之间满足下式：

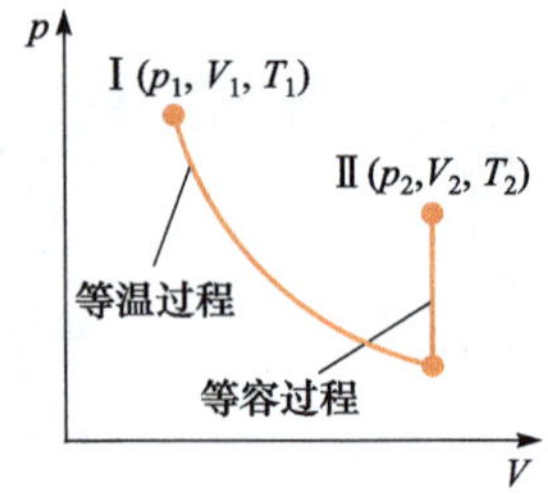

图 9-7 理想气体方程

$$\frac{p_1V_1}{T_1} = \frac{p_2V_2}{T_2} \tag{9-10}$$

意大利物理学家阿伏伽德罗发现了另外一条重要的定律：1mol 任何气体在标准状态下，即 $p_0$=1.01325×10$^5$Pa，$T_0$=273.15K，占有相同的体积 $v_0$，并且，$v_0$=22.4L=22.4×10$^{-3}$m$^3$. 将这三个数据代入式(9-10)，可得

$$R = \frac{p_0 v_0}{T_0} = \frac{1.01325 \times 10^5 \times 22.4 \times 10^{-3}}{273.15} \approx 8.31[\mathrm{J/(K \cdot mol)}] \tag{9-11}$$

上式中的 $p_0$，$v_0$，$T_0$ 对于任何气体都相同，所以 $R$ 称为普适气体常数. 由于 $v_0$ 是摩尔体积，且体积具有可加性，所以，如果气体的量为 $\nu$，则总体积为 $V=\nu v_0$. 考虑式(9-10)和式(9-11)，则任意状态的参量 $p$，$V$，$T$，有

$$\frac{p_0V_0}{T_0}=\frac{p_0\nu v_0}{T_0}=\frac{pV}{T}=\nu R \tag{9-12}$$

上式整理后，得

$$pV=\nu RT \tag{9-13}$$

◀ 理想气体的状态方程

式(9-13)即是理想气体的状态方程. 在国际单位制中，压强 $p$ 用 Pa，体积 $V$ 用 $m^3$，温度 $T$ 用 K，而 $\nu$ 是物质的量. 根据气体的总质量 $M$ 和摩尔质量 $\mu$，或气体的总分子数 $N$ 和摩尔分子数(即阿伏伽德罗常量)$N_A$($=6.022\times10^{23}$)与物质的量 $\nu$ 之间的关系，式(9-13)还可以写成如下两种形式：

$$pV=\frac{M}{\mu}RT \tag{9-13a}$$

◀ 理想气体的状态方程

或

$$pV=\frac{N}{N_A}RT \tag{9-13b}$$

式(9-13b)中，引入玻尔兹曼常量 $k$ ($=R/N_A$)和分子数密度 $n$($=N/V$)，即单位体积内的分子数，该式可改写为

$$p=\frac{N}{V}\frac{R}{N_A}T=nkT \tag{9-14}$$

上式既是理想气体状态方程的变形，又是阿伏伽德罗定律的数学表达式.

根据玻尔兹曼常量 $k$ 与普适气体常数 $R$ 和阿伏伽德罗常量 $N_A$ 关系，可计算玻尔兹曼常量如下：

$$k=\frac{R}{N_A}=\frac{8.31}{6.022\times10^{23}}\approx1.38\times10^{-23}\,(\text{J/K})$$

**例题 9-1 摄氏温标下，定容气体温度计的测温原理**

设定容气体温度计是按照老的摄氏温标刻度的，它在 1atm 下水的冰点及沸点的压强分别为 0.400atm 和 0.546atm，试问：(1)当气体的压强为 0.100atm 时的待测温度是多少？(2)当温度计在沸腾的硫中时(1atm 下的硫的沸点为 444.67℃)，气体的压强是多少？

**解** 根据摄氏温标中的温度和测温参量的关系，即式(9-4)，其中测温参量为压强 $p$，得

$$t=\frac{100}{p_{100}-p_0}p-\frac{100}{p_{100}-p_0}p_0,$$

式中，$p_0$=0.400atm，$p_{100}$=0.546atm，代入上式，可得 $t$ 与 $p$ 简单的线性关系为

$$t=684.9p-274.0$$

显然，给出测温参量，即压强值，即可计算待测系统的温度，反之亦然. 上式

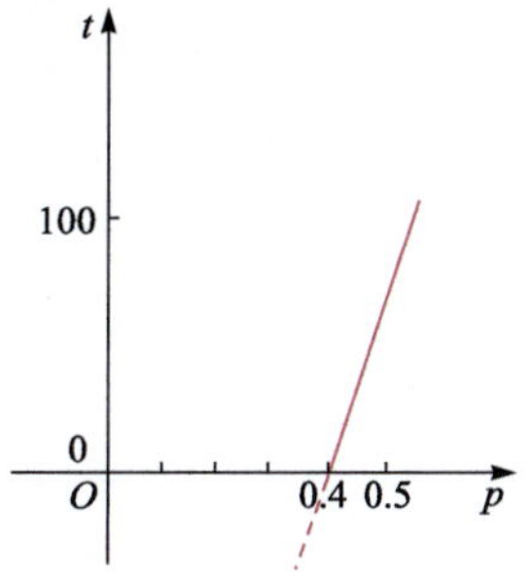

图 9-8 摄氏气体温标举例

中的 $t$ 与 $p$ 的关系可以用图 9-8 直观地表示. 根据题中的已知条件得:

(1) 将压强 $p=0.100\text{atm}$ 代入上式, 得 $t\approx-205.5℃$.

(2) 将温度 $t=444.67℃$代入上式, 得 $p\approx1.049\text{atm}$.

注意本题的求解过程中压强的数值可以直接使用, 不必转换成国际单位. 但下一个例题则不同.

## 例题 9-2 理想气体状态方程相关量的计算

一个容器内装有质量为 0.1kg, 压强为 10atm, 温度为 47℃的氧气. 试求: (1)容器中氧气的量(即摩尔数); (2)容器的容积 $V$; (3)气体的密度$\rho$; (4)氧气的分子数 $N$; (5)氧气的分子数密度 $n$; (6)由于容器漏气, 经若干时间后, 压强降到原来的 5/8, 温度降到 27℃, 求漏去氧气的质量$\Delta M$. (已知氧气分子量为 32)

**解** (1) 气体的量就是气体的摩尔数, 根据公式有

$$\nu=\frac{M}{\mu}=\frac{0.1}{32\times10^{-3}}=3.125(\text{mol})$$

(2) 根据理想气体状态方程

$$pV=\nu RT$$

得

$$V=\frac{\nu RT}{p}=\frac{3.125\times8.31\times320}{10\times1.01325\times10^{5}}=8.20\times10^{-3}(\text{m}^{3})$$

(3) 根据式(9-13a),

$$pV=\frac{M}{\mu}RT$$

得

$$\rho=\frac{M}{V}=\frac{\mu p}{RT}=\frac{32\times10^{-3}\times10\times1.01325\times10^{5}}{8.31\times320}\approx12.2(\text{kg/m}^{3})$$

(4) 根据气体的摩尔数 $\nu$ 和阿伏伽德罗常量 $N_A$ 可得总分子数为

$$N=\nu N_{A}=3.125\times6.022\times10^{23}=18.8\times10^{23}$$

(5) 根据式(9-14), 可计算分子数密度为

$$n=\frac{p}{kT}=\frac{10\times1.01325\times10^{5}}{1.38\times10^{-23}\times320}\approx2.29\times10^{26}(\text{m}^{-3})$$

(6) 根据式(9-13a), 可计算漏去气体的质量为

$$\begin{aligned}\Delta M&=\frac{\mu pV}{RT}-\frac{\mu p'V}{RT'}\\&=\frac{32\times10^{-3}}{8.31}\times\left(\frac{10.1325\times10^{5}}{320}-\frac{5\times10.1325\times10^{5}}{8\times300}\right)\times8.2\times10^{-3}\\&\approx0.033(\text{kg})\end{aligned}$$

在本题的求解中，请读者注意以下几点：①理想气体状态方程适用条件是，压强不很大，温度不很低的一定量气体，要正确选择研究对象；②有关理想气体的问题，状态方程中的物理量一般要采用国际单位制；③灵活地掌握理想气体状态方程的不同形式；④每个物理量在通常情况下的数量级.

## 9.5　固体的热膨胀和液体的热膨胀

### 1. 固体的热膨胀

由于钢材的热胀冷缩，铁轨常常在炎热的夏天和寒冷的冬天出现明显膨胀和收缩，因此普通的火车车轮与铁轨之间撞击时会有明显的噪声和颠簸现象. 上图是发生在墨尔本热浪中的铁轨受热膨胀的真实图片. 下图是为防止热涨而在连接处预留的缝隙

从气体的盖吕萨克定律以及理想气体状态方程可见，若保持压强不变，当温度升高时，气体体积会发生膨胀. 实际上，固体、液体也有同样的现象. 研究物体性质随冷热的变化而变化是热学的任务之一——物性学. 本节我们研究固体受热后的膨胀性质.

众所周知，物体具有热胀冷缩现象，即随着温度的变化，固体的尺寸和体积随之相应地发生变化. 通常情况下，对于大多数物质，随着温度的升高，固体体积增大，这种现象称为热膨胀；相反，随着温度降低，固体的体积缩小，这种现象称为冷收缩，简称为热胀冷缩. 也有一些物质的性质相反，如水遇冷结冰时，体积会膨胀. 冬天我国北方室外会结冰，室外的储水容器常有被冻裂的现象. 这些物体体积随温度变化而变化的现象是自然界中常见的现象，温度对固体材料的性质有重要的影响. 从微观上，热膨胀可以说是构成固体物质的分子间距受到温度变化的影响，因而体积也相应地发生了变化. 从经典理论看来，在绝对零度时，固体分子处于其平衡位置. 随着温度的升高，分子受到热运动的影响而在各自的平衡位置附近振动，且振幅随着温度的升高而变大，由于分子力曲线在平衡位置不对称，所以物体的体积有所膨胀.

假设固体的原长为 $L_0$，温度为 $T_0$，温度升高$\Delta T$后，长度的改变为$\Delta L = L - L_0$，实验上发现当$\Delta T$不太大时，有

$$\Delta L = \alpha L_0 \Delta T \tag{9-15}$$

◀ 固体热胀冷缩规律

或者

$$L - L_0 = \alpha L_0 (T - T_0) \tag{9-15a}$$

其中$\alpha$称为线膨胀系数.

通常物质的线膨胀系数为正，但也不总是如此. 如碳酸钙 ($CaCO_3$)在某方向上的线膨胀系数为正，而在另一个方向上线膨胀系数为负值，即在某些方向上随温度升高而膨胀，而在另一个方向则随温度升高而收缩. 这种性质在物理学中称为**各向异性**，即沿着不同方向物理性质不同.

因物体的线度随着温度的改变而发生变化，所以物体的截面积和体积也随之产生相应的改变. 如考虑正方形截面，则有 $S_0 = L_0^2$，$S = L^2$，因为

$$L = L_0 + \alpha L_0 \Delta T$$

所以

$$S = L_0^2(1+\alpha\Delta T)^2 = S_0(1+2\alpha\Delta T+\alpha^2\Delta T^2)$$

由于线膨胀系数$\alpha$很小，故可以忽略$\alpha$的平方项，所以

$$S = S_0(1+2\alpha\Delta T) = S_0(1+\beta\Delta T) \quad (9\text{-}16)$$

其中的$\beta = 2\alpha$为面积膨胀系数. 同样的方式，可以得到

$$V = V_0(1+\gamma\Delta T) \quad (9\text{-}17)$$

其中的$\gamma = 3\alpha$为固体的体积膨胀系数.

如今高铁的铁轨为了减小噪声并使列车运行平稳，采用了铁轨间的无缝焊接技术. 从南京到上海的300多千米高铁的铁轨是全程无缝的. 目前工程上采用如下两种方法解决热胀冷缩问题：一是长轨节自身承受全部温度应力，用扣件将钢轨锁定在枕木上去克服温度应力；二是自动放散应力或定期放散应力的方法

### 2. 液体的热膨胀

液体和固体有些性质相似，例如，液体与固体的比容(即单位质量占有的体积)、比热容相差不大. 与气体相比，液体和固体一样，体积不易被压缩. 也存在跟式(9-16)、式(9-17)所描述的类似的体积膨胀规律. 而作为地球上最常见的液体——水，却有跟其他气体不同的个性.

水是常见的物质，又是生命赖以生存的、不可或缺的资源，水的性质似乎是容易被掌握的，但其实不然. 水的性质并不简单，而是非常丰富和有趣的. 水随着温度的不同呈现出的状态通常有三种：气态，液态和固态. 其中的液态和固态仍有非常丰富的形态分支. 一般的液体存在热胀冷缩现象，但水在0～4℃，随着温度升高，体积减小，且4℃时体积达到最小. 其原因是随着温度的升高，组成水分子的氢键出现断裂，这种断裂使体积减小的作用强于温度升高带来的体积膨胀. 相反，从4℃开始降温，甚至结冰时，体积会膨胀，这种膨胀会损坏容器. 而结冰以后，其物理性质及其变化却更加丰富，关于这方面有专门的相变理论研究.

**例题 9-3　热胀冷缩定量研究举例**

钢轨的线膨胀系数为$\alpha = 1.18\times10^{-5}$mm/(m·℃)，上海至南京高速铁路总里程约 300km. 该地区夏天的气温变化范围通常为25～35℃，但铁轨的温升可达 25～65℃. 试计算一根300km的钢轨的最大伸长量$\Delta L$.

**解**　根据式(9-15)，有

$$\Delta L = \alpha L_0\Delta T = 1.18\times10^{-5}\times300\times10^3\times(65-25) = 141.6(\text{mm})$$

可见若不采取扣件锁定措施，这段高速铁路的钢轨需要留出 141.6mm 的伸缩空间.

## 9.6　理想气体的压强公式与温度公式

研究热现象的两种理论 ▶

前已述及，热学的研究对象是由大数分子组成的有限的宏观系统. 研究热现象的方法有热力学和气体分子动理论等两种理论. 前者是宏观理论，主要是根据实验规律去总结推理，解释热现象. 这种方法直观、可靠，且具有普遍性. 后者，即气体分子动理论，是统计物理初步，是研究宏观热现象的微观理论. 其

研究方法是：对单个分子应用力学规律，对于全体分子应用统计规律，去导出宏观量与微观量之间的关系，并揭示宏观量或宏观热现象的微观本质. 实际上，这两种方法是相辅相成的，互相补充、互相支撑. 从本节起我们将应用动理论给出气体压强和温度的微观解释，并介绍气体分子按照速率分布的规律、能量按照自由度分布的规律.

### 1. 气体分子动理论的压强公式

压强和温度是热力学的重要参量，是可测量的宏观物理量. 以前各节，我们都是将它们看作宏观参数. 在这节中，要从微观的角度来阐明压强和温度与分子的微观运动之间的关系，也就是从分子微观运动的平均效果来解释压强和温度，即将大量分子的无规则热运动的平均值同压强、温度这种宏观量联系起来. 同时对气体的三个宏观定律，用大量分子热运动的微观观点去解释.

**理想气体的微观模型**　气体是由大量分子构成的，其中的每个分子都在进行不停息的热运动，这些热运动的分子与容器器壁频繁不断地发生碰撞，尽管单个分子的碰撞是断续的，脉冲式的，但大量分子的碰撞传给容器壁的作用力则是均匀的，连续的. 从力学角度，分子与容器壁碰撞中动量会发生改变，因此与器壁间产生了相互作用力，这就是气体分子对容器壁压强的定性解释. 为了给出定量解释，我们需要引入理想气体微观模型：

◀ 理想气体微观模型

(1) 分子的数目极大，分子本身的尺度与分子间距相比可以忽略. 研究表明，物质处于液态或固态时，分子之间几乎是紧密排列的. 而从液态变为气态，体积将增大 1000 倍，因此分子间距平均增加 10 倍.

(2) 分子间的相互作用力是短程力，作用范围与分子本身的尺度差不多，因此处于气体时，分子力可以忽略.

(3) 据估算，在平衡态下，分子之间的碰撞每秒钟约 $10^9$ 次，分子与器壁之间的碰撞每秒钟约 $10^{27}$ 次，但气体的宏观性质不随时间改变，说明碰撞中没有能量损失. 因此，分子间碰撞以及分子与器壁的碰撞是完全弹性的.

据此，我们可以把理想气体看成：**由大量的、无相互作用的、无规则运动的弹性质点组成.**

我们以简单分子为例来研究分子与容器壁碰撞中的动量改变与冲量和压强问题. 在碰撞问题上，我们忽略分子的原子结构对碰撞的影响，即把分子视为一个质量为 $m$ 的弹性小球. 考虑体积 $V$ 的正方体容器(只是为了简单起见，容器的形状在此不影响问题的结果，如图 9-9 所示)，每边长为 $L$，内有 $N$ 个质量为 $m$ 的分子；在 $x$ 方向上的速度分量为 $v_x$，分子和容器器壁发生弹性碰撞后，速度在 $x$ 方向的分量变为 $-v_x$，则分子的动量改变量为

$$\Delta p_x = -mv_x - mv_x = -2mv_x \tag{9-18}$$

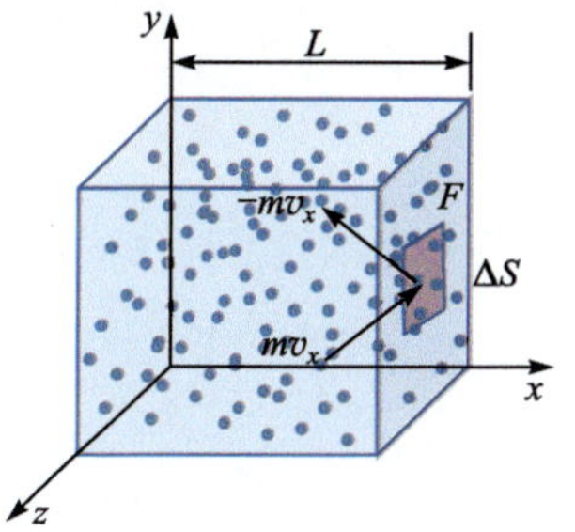

图 9-9　压强公式的推导

由于动量守恒，分子作用于器壁上的动量为 $2mv_x$. 设分子对器壁的作用力为 $f_1$，作用时间为$\Delta t$，则有

$$f_1\Delta t = 2mv_x \tag{9-19}$$

由于碰撞是断续的，若认为分子往返于相对的两个面之间，则这里的$\Delta t$可以理解为，自第一次碰撞开始到第二次碰撞前的时间间隔，因此$\Delta t = 2L/v_x$，则一个分子施加给器壁的作用力$f_1$为

$$f_1 = \frac{2mv_x}{\Delta t} = \frac{2mv_x^2}{2L} = \frac{mv_x^2}{L} \tag{9-20}$$

而容器内所有分子对某一器壁的总作用力为$F$，

$$F = \frac{m}{L}(v_{1x}^2 + v_{2x}^2 + \cdots + v_{Nx}^2) = \frac{m}{L}\sum_{i=1}^{N} v_{ix}^2 \tag{9-21}$$

定义$\overline{v_x^2} = \sum_{i=1}^{N} v_{ix}^2 / N$，则有$N\overline{v_x^2} = \sum_{i=1}^{N} v_{ix}^2$，所以作用在器壁上的作用力$F$为

$$F = \frac{m}{L}N\overline{v_x^2} \tag{9-22}$$

考虑分子在三维空间运动，在三个方向的速度分量分别为$v_x, v_y, v_z$，则有$v^2 = v_x^2 + v_y^2 + v_z^2$，对大量分子计算平均，即$\overline{v^2} = \overline{v_x^2} + \overline{v_y^2} + \overline{v_z^2}$，并且在平衡状态下，分子向任何方向运动的概率相同(等机会原理)，也就是没有任何方向上的差异，故有$\overline{v_x^2} = \overline{v_y^2} = \overline{v_z^2}$，所以$\overline{v^2} = 3\overline{v_x^2} = 3\overline{v_y^2} = 3\overline{v_z^2}$，因此作用在器壁上的作用力$F$最后写成

$$F = \frac{N}{3}\left(\frac{m\overline{v^2}}{L}\right) \tag{9-23}$$

按照压强的定义——即单位面积上的作用力，得

$$p = \frac{F}{S} = \frac{N}{3}\frac{m\overline{v^2}}{V} \tag{9-24a}$$

将上式整理一下，有

$$p = \frac{F}{S} = \frac{1}{3}\frac{N}{V}m\overline{v^2} = \frac{1}{3}nm\overline{v^2} \tag{9-24b}$$

或者写成

理想气体压强公式 ▶

$$p = \frac{2}{3}n\overline{\varepsilon} \tag{9-25}$$

其中$n = N/V$为粒子数密度，$\overline{\varepsilon}$为粒子的平均平动动能. 其定义为：大量分子无规则热运动动能的算数平均值，即

气体分子平均平动动能 ▶

$$\overline{\varepsilon} = \frac{1}{2}m\overline{v^2} \tag{9-26}$$

由此可见，理想气体的压强正比于单位体积内的粒子数和气体分子的平均平动动能. 这样就将宏观的压强和微观的平均平动动能联系起来了. 这是一个重要的物理关系.

从式(9-20)可知，气体分子对器壁的作用力等于碰撞中单位时间器壁得到的冲量，而压强等于单位面积受到的作用力. 所以，从概念上，**气体分子对于容器壁的压强等于单位时间单位器壁面得到的冲量.** 因此，从定性方面，压强也可以用如下方法简单地得出. 根据等机会原理，可将分子向三个坐标轴的正、反六个方向，等分为六组. 如图 9-10 所示，假设所有分子都以平均速率 $\bar{v}$ 运动，若分子数密度为 $n$，则单位时间碰到单位器壁面上的分子数——**碰壁数**为 $\frac{1}{6}n\bar{v}$，每次碰撞传给器壁的冲量为 $2m\bar{v}$. 因此根据压强的概念，有

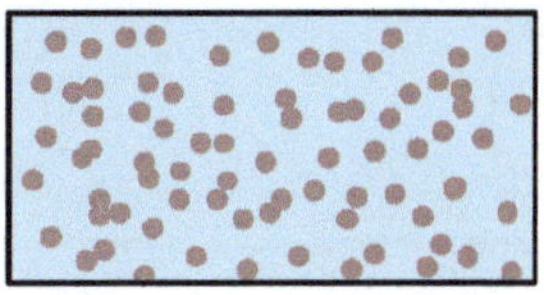

图 9-10　压强公式的简易推导

$$p=\left(\frac{1}{6}n\bar{v}\right)\cdot(2m\bar{v})=\frac{1}{3}nm\bar{v}^2 \tag{9-27}$$

◀ 气体压强的简单计算

比较式(9-27)和式(9-24b)可以发现，两式的唯一差别是 $\overline{v^2}$ 与 $\bar{v}^2$，前者是速率的平方平均，后者是速率平均的平方. 从麦克斯韦速率分布律可以发现两者的差别很小，而气体分子动理论更关注的是物理量的数量级.

从压强的微观意义方面，式(9-27)揭示得更加直观、透彻，即压强正比于碰壁数 $\left(\frac{1}{6}n\bar{v}\right)$ 与每次碰撞传给器壁的平均冲量( $2m\bar{v}$ )的乘积. 因此，利用此式解释气体的三个宏观定律更加深入、透彻. 例如，玻意耳-马里奥特定律指出：在温度不变的条件下，气体的压强与体积成反比. 也就是说，在等温压缩时，随着体积 $V$ 的减小，压强 $p$ 增加. 从微观上可以解释为，在温度不变时，分子运动的平均速率 $\bar{v}$ 不变，因此平均冲量 $2m\bar{v}$ 不变，但是当体积减小时，$n$ 增加，则增加了碰壁数，所以单位时间单位器壁面得到的冲量(即压强)增加. 这就是玻意耳-马里奥特定律的微观解释. 读者可以尝试着从微观上解释查理定律和盖吕萨克定律.

◀ 玻意耳-马里奥特定律的微观解释

### 2. 理想气体的温度公式与温度的微观解释

热学中最重要的热学特征量是温度，在温度的科学定义中指出的互为热平衡的系统中那种共同性质量究竟是什么？即大量分了热运动动能的平均值——温度的微观意义. 将阿伏伽德罗定律的数学表达式即 $p=nkT$ 和已经得到的气体压强公式 $p=\frac{2}{3}n\bar{\varepsilon}$ 作比较，容易求得

$$\bar{\varepsilon}=\frac{3}{2}kT=\frac{1}{2}m\overline{v^2} \tag{9-28}$$

◀ 理想气体的温度公式

或

$$T=\frac{2\bar{\varepsilon}}{3k} \tag{9-29}$$

从式(9-29)中可以看出，温度和分子的平均平动动能成正比；或者说温度是分子平均平动动能的量度. 而平均平动动能反映了分子热运动的剧烈程度. 由此可见，温度这个热力学的宏观参量就和其内部分子的平均平动动能这个微观量相互联系起来了. 宏观上物体的温度越高，意味着微观上内部分子热运动越剧烈，平均平动动能越大. 这就是为什么温度不能直接测量，只能用物质某种

属性随冷热程度变化而变化来间接地反映温度变化. 若干个热力学系统热接触，发生热传递，并达到热平衡的过程可以从微观上进行解释：温度高的物体，平均地说动能较大，温度低的物体平均地说动能小，相互接触并发生碰撞时，大动能的分子把能量传给了小动能分子.

气体分子动理论的适用条件 ▶

应该注意的是：**温度公式与压强公式均是对大数分子系统才适用，对于少量分子系统，这两个公式是不适用的，没有意义. 我们不能说某个分子或某几个分子的压强的大小，也不能说某个或某几个分子的温度的高低. 压强的大小是大量分子热运动对器壁频繁碰撞的结果. 而温度的高低也是大量分子热运动剧烈或缓慢的量度. 这也是本章所有分子动理论结果的适用条件.**

### 例题 9-4 常态下气体的一些基本常数

一容器内储有氧气，其压强为 $p$=1.0atm，温度为 $t=0$℃，氧气分子量为 32. 求：

(1) 分子数密度 $n$;

(2) 氧气的平均平动动能 $\varepsilon$；

(3) 氧分子的方均根速率 $\sqrt{v^2}$；

(4) 利用方均根速率估算气体分子的碰壁数；

(5) 利用方均根速率估算气体分子的碰撞器壁的冲量.

**解** (1) 根据阿伏伽德罗定律，有

常态下的分子数密度 ▶

$$n=\frac{p}{kT}=\frac{1.01325\times10^5}{1.38\times10^{-23}\times273}\approx2.6895\times10^{25}(\mathrm{m}^{-3})$$

上式表明，在标准状态下，气体分子数密度为 $2.6895\times10^{25}\mathrm{m}^{-3}$. 该数据称为洛施密特(Loschmidt)数. 据估算，成年人每次呼吸(即肺活量)气体的体积为 $4\times10^{-4}\mathrm{m}^3$. 因此，每次呼吸的分子数约为 $10^{22}$ 个！而地球上大气中的总分子数约为 $10^{44}$ 个.

(2) 根据温度公式得

常温下的分子平均平动动能 ▶

$$\bar{\varepsilon}=\frac{3}{2}kT=1.5\times1.38\times10^{-23}\times273\approx5.65\times10^{-21}(\mathrm{J})$$

可见在通常条件下，分子平均平动动能的数量级只有 $10^{-21}$J.

(3) 根据式(9-28)，可得

方均根速率 ▶

$$\sqrt{\overline{v^2}}=\sqrt{\frac{3kT}{m}}=\sqrt{\frac{3RT}{\mu}} \tag{9-30}$$

因此，

常温下分子热运动速率数量级 ▶

$$\sqrt{\overline{v^2}}=\sqrt{\frac{3RT}{\mu}}=\sqrt{\frac{3\times8.31\times273}{32\times10^{-3}}}\approx461.2(\mathrm{m/s})$$

由此可见，在通常条件下，分子热运动速率的数量级为 $10^2$m/s！

(4) 根据前边给出的碰壁数公式，得

常温下分子碰壁数数量级 ▶

$$\Gamma=\frac{1}{6}n\bar{v}\approx\frac{1}{6}n\sqrt{\overline{v^2}}=\frac{1}{6}\times2.7\times10^{25}\times461.2\approx2.1\times10^{27}(\mathrm{m}^{-2})$$

此数据表明，在通常的条件下，气体分子热运动时对容器壁碰撞是相当频繁的！人体的表面积约为 1.6m$^2$，可见人的皮肤表面 1 秒钟受到 $10^{27}$ 次碰撞！

(5) 设分子均以平均速率运动，且忽略平均速率与方均根速率之间的差别，有

$$I = 2m\overline{v} \approx 2\frac{\mu}{N_A}\sqrt{\overline{v^2}} = 2\times\frac{32\times10^{-3}}{6.022\times10^{23}}\times461.2\approx4.9\times10^{-23}(\mathrm{kg\cdot m/s})$$

可见这个动量相当小. 但是乘以碰壁数Γ之后，即 $p=\Gamma\cdot I=1.029\times10^5$Pa，即人体在通常的压强下，每平方米承受着约 10000kg 的压力，相当惊人!

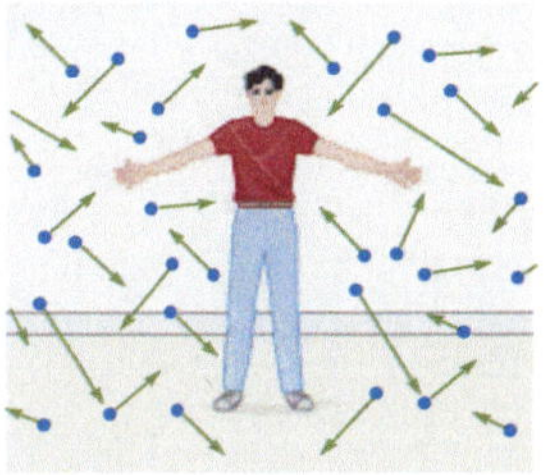

通常条件下，人体皮肤表面在 1 秒钟受到 $10^{27}$ 次碰撞，由此产生的压力约 10000kg

## 9.7 麦克斯韦速率分布律

气体分子热运动就是无规则运动，这种运动的剧烈程度与温度有关，并且分子的热运动使系统内分子具有一切可能的速率，即 $v$ 的取值范围为 0～∞，和一切可能的方向. 同时，分子之间，分子与器壁之间频繁的碰撞随时改变着速度的大小和方向，因此在这种杂乱的运动条件下，似乎气体分子的运动没有任何规律可循. 不可能像质点力学那样去描述每个分子的运动情况，也没有必要这样做. 尽管每个分子的运动速度是随机的，但是大量分子系统的大量随机事件中必定存在着一定的统计规律. 同时每个偶然事件中也有某种必然性隐藏在里面. 麦克斯韦第一个在理论上找到了平衡态下大量分子系统所服从的按照速率的分布规律——麦克斯韦速率分布律、速度分布律.

### 1. 速率分布函数

为了描述大量分子按照速率分布的情况，定量研究速率分布规律，需要引入速率分布函数的概念，这个概念的准确表述出现在概率论上. 令 $N$ 表示一定量气体的总分子数，d$N$ 表示处在速率某一区间 $v$～$v$+d$v$ 内的分子数，则对于单个分子来说，它出现在 $v$ 附近，单位速率间隔内的概率就定义为速率分布函数 $f$，即

$$f=\frac{\mathrm{d}N}{N\mathrm{d}v} \tag{9-31}$$

◄ 速率分布函数的定义

对于全体分子而言，速率分布函数 $f$ 等于出现在 $v$~$v$+d$v$ 区间内的分子数 d$N$ 占总分子数 $N$ 的比率.

在速率分布律的问题上，我们可以根据分布函数求得处于某个范围内的分子数，或比率(概率)，但无法知道确切取某个速率的分子数，也无法知道处于某速率范围的究竟是哪些分子，这也是速率分布函数的局限性. 关于速率分布函数具有如下性质：

(1) 归一性. 根据式(9-31)，可得处于 $v$～$v$+d$v$ 区间内的分子数 d$N$ 为

$$\mathrm{d}N = Nf(v)\mathrm{d}v$$

将上式在全部速率范围，即 0～∞的求和应等于总分子数 $N$，即

$$N=\int_0^{\infty}\mathrm{d}N=\int_0^{\infty}Nf(v)\mathrm{d}v=N\int_0^{\infty}f(v)\mathrm{d}v$$

于是有

速率分布函数的归一化条件 ▶

$$\int_0^{\infty}f(v)\mathrm{d}v=1 \tag{9-32}$$

上式称为速率分布函数的归一化条件. 它表明：全体分子百分之百地分布在0～∞的速率范围内. 任何实际的速率分布函数均要满足归一化条件.

(2) 单值性. 在平衡态下，任何系统的速率分布函数应该是确定的、唯一的，因此速率分布函数应该是速率 $v$ 的单值函数.

(3) 非负性. 由于分布函数表示真实系统分子的分布，并且在数值上等于某速率附近单位速率区间的概率，这个概率具有非负性，所以分布函数也是非负的.

(4) 涨落性. 根据速率分布函数我们可以计算某速率区间，即 $v_1$～$v_2$ 的分子数$\Delta N$为

$$\Delta N_{v_1\sim v_2}=\int_{v_1}^{v_2}Nf(v)\mathrm{d}v$$

在平衡态下，根据上式计算的处于 $v_1$～$v_2$ 区间的分子数$\Delta N$ 是平均值，实际测量时，数值会有一定程度的波动，这种波动在统计学中称为涨落. 涨落是一切统计规律所具有的共同特征.

### 2. 麦克斯韦速率分布律

1859 年在实验上没有找到气体分子分布规律之前，麦克斯韦就根据统计规律和几个假设，从理论上推导出了气体分子速率分布律，之后玻尔兹曼又从碰撞理论上得出了同样的分布律，故称为麦克斯韦速率分布律. 之后又经过 61 年，1920 年由斯特恩在实验上得到了证实. 值得自豪的是，我国物理学家葛政权于 1931 年也从实验上证明了这个分布律. 该分布律的具体内容为：在热力学温度为 $T$ 的平衡态下，处于 $v$~$v$+d$v$ 区间内的分子数 d$N$ 占总分子数 $N$ 的比率为

$$\frac{\mathrm{d}N}{N}=4\pi\left(\frac{m}{2\pi kT}\right)^{\frac{3}{2}}\mathrm{e}^{-\frac{mv^2}{2kT}}v^2\mathrm{d}v \tag{9-33}$$

其速率分布函数为

麦克斯韦速率分布律 ▶

$$f(v)=4\pi\left(\frac{m}{2\pi kT}\right)^{\frac{3}{2}}\mathrm{e}^{-\frac{mv^2}{2kT}}v^2 \tag{9-34}$$

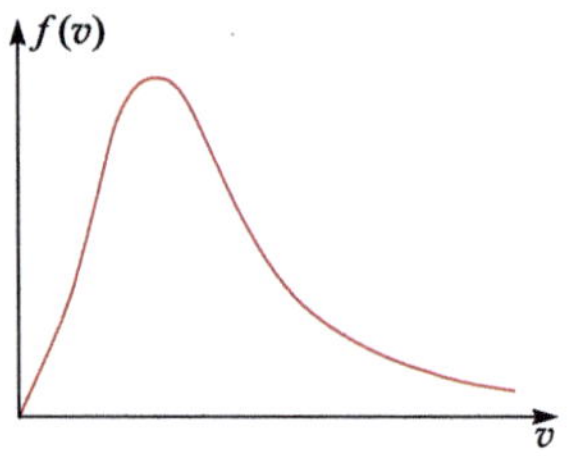

图 9-11 麦克斯韦速率分布曲线

上式中的 $T$ 为气体的热力学温度，$m$ 为单个分子的质量. 式(9-33)称为麦克斯韦速率分布函数(律)，简称麦氏速率分布律. 此函数的分布曲线如图 9-11 所示.

从分布曲线可见，出现在两个极端速率即 0 和∞附近的概率几乎为零，并且在有限的速率范围内，分布函数有极大值. 下面我们分别介绍包含使分布函数取极值的速率等三种特征速率.

(1) 最概然速率 $v_{\mathrm{mp}}$. 该速率是指使分布函数取极大值的速率. 从物理意

义方面，该速率的意义是，将全速率区间 $0\sim\infty$等分成 $N$个相等的小区间$\Delta v$，分子处在 $v_{mp}$ 的小区间内的概率最大(most probable)，或者处在 $v_{mp}$ 的小区间内的分子数最多，如图 9-12 所示. 从数学上，有

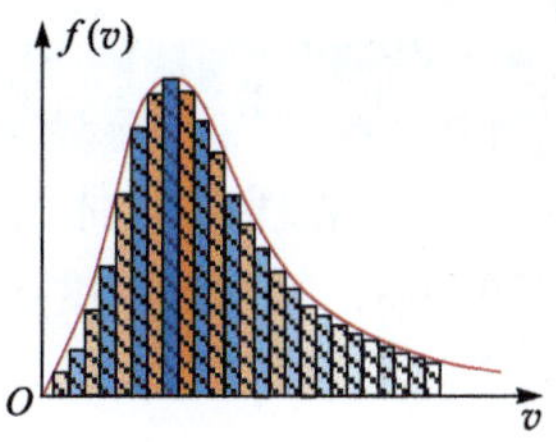

图 9-12　最可几速率的意义

$$\frac{\mathrm{d}f(v)}{\mathrm{d}v}=\frac{\mathrm{d}\left[4\pi\left(\frac{m}{2\pi kT}\right)^{\frac{3}{2}}\mathrm{e}^{-\frac{mv^2}{2kT}}v^2\right]}{\mathrm{d}v}=0$$

上式除了 0 和∞两个无意义的解之外，有

$$v_{mp}=\sqrt{\frac{2kT}{m}}=\sqrt{\frac{2RT}{\mu}} \tag{9-35}$$

◀ 最可几速率

式中 $m$ 是单个分子质量，$\mu$是气体摩尔质量. 该式表明，第一，对于某种气体来说，随着温度升高，最可几速率增大，但由于分布函数的归一化条件 $\int_0^\infty f(v)\mathrm{d}v=1$ 的限制，即曲线下的面积等于 1，曲线将变平缓. 这说明：随着温度升高，气体分子分布变得分散了，反之亦然. 第二，在一定的温度下，最可几速率跟气体种类有关，即重的分子，如 $O_2$，最概然速率小，分子按速率的分布比较集中；而轻的分子，如 $H_2$，最可几速率大，分子按速率的分布比较分散，且系统内具有大速率的分子比较多. 速率大则更容易逃逸，这也是大气中氢气比较少的一个原因.

(2) 平均速率$\bar{v}$. 平均速率定义为大量分子热运动速率的算数平均值，即

$$v=\frac{\sum n_i v_i}{\sum n_i}=\frac{\int_0^\infty v\mathrm{d}N}{N}=\int_0^\infty vf(v)\mathrm{d}v$$

代入麦氏分布函数，计算可得

$$\bar{v}=\sqrt{\frac{8kT}{\pi m}}=\sqrt{\frac{8RT}{\pi\mu}}\approx\sqrt{\frac{2.55RT}{\mu}} \tag{9-36}$$

◀ 平均速率

平均速率在计算气体分子碰撞频率及平均自由程时使用.

(3) 方均根速率$\sqrt{\overline{v^2}}$. 方均根速率定义为大量分子热运动速率平方的平均值的平方根，即

◀ 方均根速率

$$\sqrt{\overline{v^2}}=\sqrt{\frac{\sum n_i v_i^2}{\sum n_i}}=\sqrt{\frac{\int_0^\infty v^2\mathrm{d}N}{\mathrm{d}N}}=\sqrt{\int_0^\infty v^2 f(v)\mathrm{d}v}$$

代入麦氏分布函数，计算可得

$$\sqrt{\overline{v^2}}=\sqrt{\frac{3kT}{m}}=\sqrt{\frac{3RT}{\mu}} \tag{9-37}$$

方均根速率在计算分子平均平动动能时使用.

从上述三种特征速率的定义可见，不同速率具有不同的性质和不同的应用. 从数值大小看，三者的关系为，$v_{mp}<\bar{v}<\sqrt{\overline{v^2}}$. 图 9-13 定性地画出了三种速率的位置.

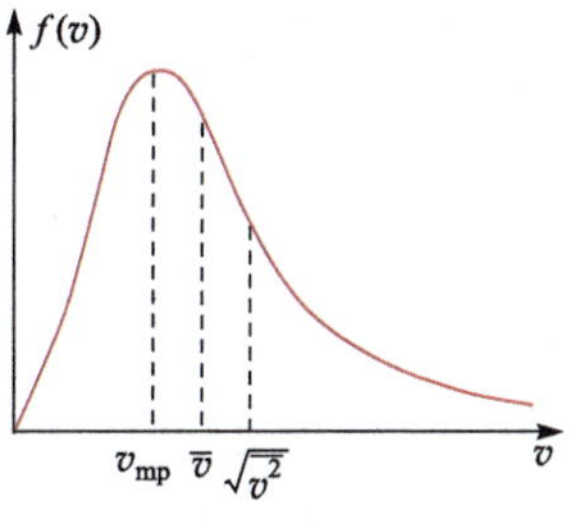

图 9-13　三种特征速率

**例题 9-5　麦克斯韦速率分布律的三种特征速率**

设某理想气体分子的最可几速率为 $v_{mp}$=367m/s，气体的密度$\rho$= 1.30kg/m$^3$. 求：(1)该气体分子的平均速率$\overline{v}$；(2)方均根速率$\sqrt{\overline{v^2}}$；(3)该气体的压强.

**解**　(1) 服从麦氏分布的三种特征速率的表达式均具有一个共同的因子，即$\sqrt{\dfrac{RT}{\mu}}$，其他差别只有常数. 因此，只要已知其中一个速率，便可以求出另外两个速率. 此外，关于气体的其他物理量，如气体的压强 $p$ 和密度$\rho$，也跟该因子有关，在解决这部分问题时，应利用相关数据和信息. 根据最可几速率的计算公式，

$$v_{mp} = \sqrt{\frac{2RT}{\mu}} = 367\text{m/s}$$

得

$$\sqrt{\frac{RT}{\mu}} = \frac{v_{mp}}{\sqrt{2}} = 260\text{m/s}$$

于是，可计算气体的平均速率为

$$\overline{v} = \sqrt{\frac{8RT}{\pi\mu}} = 415\text{m/s}$$

(2) 根据公式可计算气体的方均根速率为

$$\sqrt{\overline{v^2}} = \sqrt{\frac{3RT}{\mu}} = 450\text{m/s}$$

(3) 根据理想气体状态方程，由 $pV = \dfrac{M}{\mu}RT$ 得

$$p = \frac{M}{V}\frac{RT}{\mu} = \rho\frac{RT}{\mu} = 8.79\times10^4\,\text{Pa}$$

## 9.8　能量按自由度均分定理及理想气体的热容量

### 1. 刚体的自由度

在力学中决定一个物体的位置所需要的独立坐标的数目称为该物体的**自由度**. 质点运动或物体质心运动的自由度叫做平动自由度，用 $t$ 来表示. 在直角坐标系中，用 $x$，$y$，$z$ 三个独立坐标即可. 如果质点或物体质心的运动受到某些限制，自由度数 $t$ 将减少. 对于自由质点或物体质心的平动，其自由度 $t=3$ 时，在直角坐标系下其平动动能为

自由度 ▶

$$\varepsilon = \frac{1}{2}mv^2 = \frac{1}{2}mv_x^2 + \frac{1}{2}mv_y^2 + \frac{1}{2}mv_z^2$$

其中 $m$ 为质点或物体的质量，$v_x$，$v_y$，$v_z$ 是质点或物体质心的平动速度分量.

我们看到，在 $t=3$ 时，平动动能就是三个独立的速度分量平方项之和.

要确定一个有一定形状物体(刚体)的空间位置，除了其质心的三个平动自由度$(x, y, z)$外，还需要确定通过质心的轴线的取向，即$\alpha, \beta, \gamma$，以及绕着轴的转动$\phi$，合称为转动自由度，用 $r$ 表示，如图 9-14 所示. 但是由于三个方向余弦的平方和等于 1，即 $\cos^2\alpha+\cos^2\beta+\cos^2\gamma=1$，转动自由度少了一个，因此，$r=3$. 所以刚体任意运动的自由度数总共为 $i=t+r=6$.

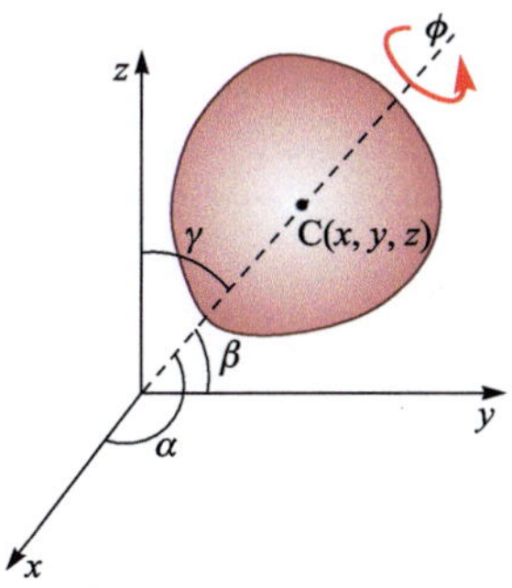

图 9-14 刚体的自由度

### 2. 气体分子的自由度

现在，我们讨论热运动中的气体分子的自由度. 对于单原子分子，如 He、Ar 分子，可以看成质点，只有平动自由度，$t=3$. 对于双原子分子，如 $H_2$、$O_2$、$N_2$、CO 等分子，有时将它们看成是刚性的，有时看成是弹性的. 刚性双原子分子是两质点间相对距离固定的质点组，其平动自由度 $t=3$，转动自由度 $r=2$，所以总自由度数是 $i=5$. 而弹性双原子分子，其平动自由度 $t=3$，转动自由度 $r=2$，且两原子之间距离可变，故又出现一个振动自由度，以 $s$ 表示，且 $s=1$.

### 3. 能量按自由度均分定理及分子总能量的计算

考虑理想气体分子的热运动，其质心的平动动能为

$$\varepsilon_t=\frac{1}{2}mv^2=\frac{1}{2}mv_x^2+\frac{1}{2}mv_y^2+\frac{1}{2}mv_z^2$$

取平动动能的平均值，得

$$\overline{\varepsilon_t}=\frac{1}{2}m\overline{v^2}=\frac{1}{2}m\overline{v_x^2}+\frac{1}{2}m\overline{v_y^2}+\frac{1}{2}m\overline{v_z^2} \tag{9-38}$$

其中 $m$ 为分子的质量，$\overline{v_x^2}$，$\overline{v_y^2}$，$\overline{v_z^2}$ 分别是分子质心沿着 $x$、$y$、$z$ 方向平动速度分量的平方平均值. 根据平衡态下的等机会原理，有

$$\overline{v_x^2}=\overline{v_y^2}=\overline{v_z^2} \tag{9-39}$$

◀ 速度分量的平方平均

将上式代回式(9-38)，得

$$\overline{\varepsilon_t}=\frac{1}{2}m\overline{v^2}=3\times\frac{1}{2}m\overline{v_x^2}=3\times\frac{1}{2}m\overline{v_y^2}=3\times\frac{1}{2}m\overline{v_z^2} \tag{9-40}$$

考虑式(9-28)，整理得

$$\frac{1}{2}m\overline{v_x^2}=\frac{1}{2}m\overline{v_y^2}=\frac{1}{2}m\overline{v_z^2}=\frac{1}{3}\overline{\varepsilon}=\frac{1}{2}kT \tag{9-41}$$

◀ 一个自由度的平均动能

式(9-41)表明，在热运动中的分子，其质心的平均平动动能为 $\frac{3}{2}kT$，是平均分配给每个平动自由度的. 科学家们把这个结论推广到了分子的所有自由度，得到了分子能量的按自由度均分定理，简称能均分定理：**在热力学温度为 $T$ 的平衡态下，物质(气态、液态、固态)分子每一个自由度都分得相同的动能，其值为 $\frac{1}{2}kT$，如果分子的平动自由度为 $t$，转动自由度为 $r$，振动自由度为 $s$，则一个分子的平均总动能为**

◀ 能量均分定理

$$\bar{\varepsilon}_{\mathrm{k}}=\frac{1}{2}(t+r+s)kT \tag{9-42}$$

这就是能量按自由度的均分定理. 它仍然是一个统计平均的概念，这个定理告诉我们两层含义，第一，理想气体分子动能的总和平均地分配给每个分子；第二，每个分子的总动能平均分配给每个自由度. 这个定理可以在统计物理学中严格地导出.

在计算分子的总能量时，对于弹性双原子、多原子，既要考虑其振动动能，又要考虑振动势能. 在第 6 章我们曾经介绍了，简谐振动的振子在一个周期内的振动动能与振动势能相等. 因此，弹性双原子和多原子的分子总能量应为

分子的平均总能量 ▶

$$\bar{\varepsilon}=\bar{\varepsilon}_{\mathrm{k}}+\bar{\varepsilon}_{\mathrm{p}}=\frac{1}{2}(t+r+2s)kT \tag{9-43}$$

### 4. 理想气体的内能和热容量

根据能量按自由度均分定理，我们可以计算每个分子的平均能量. 从微观上，气体的内能包含系统内所有分子本身的能量的总和以及分子间相互作用势能的总和. 分子本身的能量主要是动能，分子间的相互作用能是势能. 因此气体的内能跟气体的温度 $T$ 和体积 $V$ 有关，用 $U$ 表示内能，则有 $U=U(T,V)$. 而对于理想气体，分子间的相互作用力可以忽略，因此理想气体的内能只是所有分子本身的能量之和，且只跟温度有关，即 $U=U(T)$. 因此，一定量的理想气体的内能为

$$U=N\bar{\varepsilon}=N\frac{1}{2}(t+r+2s)kT=\nu N_{\mathrm{A}}\frac{1}{2}(t+r+2s)kT \tag{9-44}$$

或

一定量理想气体的内能 ▶

$$U=\nu\frac{1}{2}(t+r+2s)RT=\frac{M}{\mu}\frac{1}{2}(t+r+2s)RT \tag{9-45}$$

关于理想气体内能只是温度的函数，在第 10 章将进一步介绍.

**热容量** 定义为物体(固体、液体和气体)在某过程中从外界吸收或放出的热量跟温度变化的比值，简称为热容. 热容跟物体的种类、物体的量以及所经历的具体过程有关. 一般地说，不同的物体、不同的量、不同的过程，热容不同.

(1) 一定量气体的热容. 考虑质量为 $M$ 的某种气体，其摩尔质量为 $\mu$. 在某过程中吸收热量 $\Delta Q$，热力学温度变化 $\Delta T$，则该过程的热容为

一定量气体的热容 ▶

$$C=\frac{\Delta Q}{\Delta T} \tag{9-46}$$

(2) 摩尔热容. 若以 $\Delta q_m$ 表示 1mol 气体在温度变化 $\Delta T$ 时吸收的热量，则气体的摩尔热容以 $C_m$ 表示，定义为

气体的摩尔热容 ▶

$$C_m=\frac{\Delta q_m}{\Delta T} \tag{9-47}$$

(3) 比热容(量). 若以 $\Delta q$ 表示单位质量的气体在温度变化 $\Delta T$ 时吸收的热量，则气体的比热容(量)以 $c$ 表示，定义为

$$c=\frac{\Delta q}{\Delta T} \tag{9-48}$$

◀ 气体的比热容(量)

若气体的总质量为 $M$，摩尔质量为 $\mu$，容易得出上述三个热容的关系如下：

$$C=\frac{M}{\mu}C_m=Mc \tag{9-49}$$

◀ 比热容与总热容的关系

### 5. 理想气体热容的理论与实验结果

(1) 理想气体热容的理论结果. 根据能量按自由度均分定理和上述热容的定义，我们可以从理论上算出理想气体在几种典型过程的摩尔热容 $C_m$. 本节只讨论定容摩尔热容，$C_{V,m}$. 所谓定容摩尔热容就是指 1mol 理想气体，在保持体积不变的条件下，温度升高 1℃所吸收的热量. 根据中学学过的能量守恒定律，在等容过程中，气体跟外界没有功的交换，因此吸收的热量等于气体内能的增量，故

$$C_{V,m}=\frac{(\Delta q_m)_V}{\Delta T}=\frac{\Delta u}{\Delta T} \tag{9-50}$$

◀ 定容摩尔热容

式(9-50)中，$u$ 表示 1mol 理想气体的内能，根据式(9-45)得

$$u=\frac{1}{2}(t+r+2s)RT \tag{9-51}$$

将上式代入式(9-50)，得理想气体的定容摩尔热容 $C_{V,m}$ 为

$$C_{V,m}=\frac{\Delta u}{\Delta T}=\frac{1}{2}(t+r+2s)R \tag{9-52}$$

◀ 理想气体的定容摩尔热容

根据上式，我们可以计算出各种分子的理想气体定容摩尔热容如下：

① 单原子分子.

单原子分子的自由度分别为 $t=3$，$r=0$，$s=0$，故单原子分子理想气体的定容摩尔热容为

$$C_{V,m}-\frac{3}{2}R-12.46\text{J}/(\text{mol}\cdot\text{K}) \tag{9-53}$$

◀ 单原子分子理想气体的定容摩尔热容

② 双原子分子.

双原子分子分为刚性和弹性两种，对于刚性双原子分子，其自由度分别为 $t=3$，$r=2$，$s=0$，故刚性双原子分子理想气体的定容摩尔热容为

$$C_{V,m}=\frac{5}{2}R=20.78\text{J}/(\text{mol}\cdot\text{K}) \tag{9-54a}$$

◀ 刚性双原子分子理想气体的定容摩尔热容

对于弹性双原子分子，其自由度分别为 $t=3$，$r=2$，$s=1$，故弹性双原子分子理想气体的定容摩尔热容为

$$C_{V,m}=\frac{7}{2}R=29.09\text{J}/(\text{mol}\cdot\text{K}) \tag{9-54b}$$

◀ 弹性双原子分子理想气体的定容摩尔热容

③ 多原子分子.

对于多原子分子，可能是刚性，也可能是弹性，还可能是部分刚性或弹性，因此，情况比较复杂. 这里只介绍刚性多原子分子，该分子的自由度分

别为 $t=3$，$r=3$，$s=0$，故刚性多原子分子理想气体的定容摩尔热容为

刚性多原子分子理想气体的定容摩尔热容

$$C_{V,m}=\frac{6}{2}R=24.93\text{J}/(\text{mol}\cdot\text{K}) \tag{9-55}$$

(2) 热容的实验结果. 在热力学中气体热容是可以在实验中测量的物理量. 上述关于各种气体的定容摩尔热容的理论结果是可以进行实验验证的. 如果实验证实了上述结果，就相当于证实了能量按自由度均分定理，同时也就部分地证实了气体分子动理论的正确性. 表 9-1 给出了 0℃一些气体的定容摩尔热容的实验结果.

**表 9-1 0℃时一些气体的定容摩尔热容的实验结果**

| 单原子理想气体 | He | Ne | Ar | Kr | Xe | N | O |
|---|---|---|---|---|---|---|---|
| $C_{V,m}$/(J/(mol·K)) | 12.4 | 12.9 | 12.5 | 12.2 | 12.6 | 12.4 | 13.7 |
| $C_{V,m}/R$ | 1.49 | 1.55 | 1.50 | 1.47 | 1.51 | 1.49 | 1.65 |
| 双原子理想气体 | $H_2$ | $O_2$ | $N_2$ | CO | NO | $Cl_2$ | HCl |
| $C_{V,m}$/(J/(mol·K)) | 20.3 | 21.2 | 20.7 | 20.7 | 21.4 | 25.1 | 21.3* |
| $C_{V,m}/R$ | 2.44 | 2.55 | 2.49 | 2.49 | 2.57 | 3.02 | 2.56* |
| 多原子理想气体 | $CO_2$ | $H_2O$ | $CH_4$ | $C_2H_4$ | $C_3H_6$ | $NH_3$ | $C_2H_2$ |
| $C_{V,m}$/(J/(mol·K)) | 26.9 | 25.0 | 26.3 | 33.3 | 51.3 | 28.4 | 33.6 |
| $C_{V,m}/R$ | 3.24 | 3.01 | 3.16 | 4.01 | 6.17 | 3.42 | 4.04 |

*13～100℃时的值.

从表 9-1 给出的实验值可看出：对单原子理想气体，理论值与实验值符合得很好；对大多数双原子理想气体，常温下的 $C_{V,m}$ 实验值与不计振动时的理论值大体相等；对多原子理想气体，情况比较复杂. 但对许多多原子气体，当不计振动时，$C_{V,m}$ 实验值与理论值比较接近，但有明显的差别.

上述分析表明，关于热容的能均分定理的经典理论在某些情况、某些条件下能近似反映客观事实. 但是该理论与实验在某些地方并不相符. 根据能均分定理，理想气体定体摩尔热容只取决于分子自由度数，例如，双原子理想气体应有相同的 $C_{V,m}$，但实际情况并非如此. 另外，根据能均分定理，$C_{V,m}$ 与气体温度无关，但实验情况也不是这样，图 9-15 给出了氢气的 $C_{V,m}/R$ 数值随温度的变化情况. 从曲线中可以看到，对于氢气，$C_{V,m}/R$ 数值在极低温度，即 50K 以下时，为 1.5，此时相当于单原子分子的 $C_{V,m}$；当温度升高到 250～1000K 范围时，该比值约为 2.5，此时相当于刚性双原子分子的 $C_{V,m}$；当温度升高到 4000K 以上时，该比值约为 3.5，此时相当于弹性双原子分子的 $C_{V,m}$.

上面的 $C_{V,m}$ 理论结果是从经典的能量均分定理得来的，在经典物理中，分子的能量是连续变化的. 实际上，微观粒子遵从量子力学规律. 经典气体热容理论和实验不相符，反映了建立在经典力学基础上的能量均分定理和经典统计物理的局限性. 经典统计物理理论中的分子自由度分为平动 $t$，转动 $r$ 和振动 $s$. 对于分子来说，其质心的平动遵从经典力学规律，能量是可以连续变化的，因此其热容的基础部分 $3R/2$ 对于总热容始终有贡献，但其转动和振动部分的能

量服从量子力学规律，即能量(级)是量子化的. 当外界提供的热能达不到能级变化的数值时，这两部分对热容就不会有贡献. 研究发现，转动能级差约为数百个玻尔兹曼常量，即 $10^2k$，因此只有温度升到数百 K 时，热容才会变到 $5R/2$. 而振动能级差约为数千个玻尔兹曼常量，即 $10^3k$，因此只有温度升到数千 K 时，热容才会变到 $7R/2$. 关于分子能量量子化的问题，在量子力学中有详细论述，此处不再赘述.

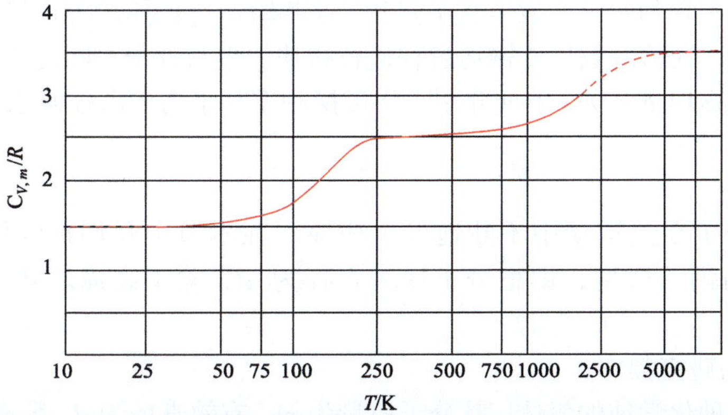


图 9-15　氢气 $H_2$ 的定容摩尔热容 $C_{V,m}$ 与 $R$ 的比值随温度的变化情况

**例题 9-6　能量按自由度均分定理的应用**

容积为 $10\text{cm}^3$ 的电子管，当温度为 300K 时，用真空泵把管内空气抽成压强为 $5\times10^{-6}$mmHg 的高真空，问：(1)此时管内有多少个空气分子？(2)这些空气分子的平均平动动能的总和是多少？(3)平均转动动能的总和是多少？(4)平均动能的总和是多少？(1mmHg=133Pa，空气分子可认为是刚性双原子分子).

**解**　(1) 根据阿伏伽德罗定律，$p=nkT=NkT/V$，有

$$N=\frac{pV}{kT}=\frac{5\times10^{-6}\times133\times10\times10^{-6}}{1.38\times10^{-23}\times300}\approx1.61\times10^{12}(\text{个})$$

(2) 分子的平动自由度为 $t$=3，分子的平均平动动能的总和为

$$E_{\text{kt}}=\frac{3}{2}NkT=1.00\times10^{-8}\text{J}$$

(3) 空气绝大部分成分是 $N_2$ 和 $O_2$，相当于双原子，其转动自由度为 $r$=2，所以分子的平均转动动能的总和为

$$E_{\text{kr}}=\frac{2}{2}NkT=0.67\times10^{-8}\text{J}$$

(4) 分子平均动能的总和为

$$E_{\text{k}}=E_{\text{kt}}+E_{\text{kr}}=\frac{5}{2}NkT=1.67\times10^{-8}\text{J}$$

## 9.9　气体内的输运过程

前八节我们描述的气体的规律或行为都是在平衡态下的情况，然而，气体

若发生一个过程必定要打破原有的平衡态，并在一段时间内处于非平衡态. 在热力学中，系统从一个平衡态过渡到另一个平衡态的过程称为输运过程，或非平衡过程，也称弛豫过程，所对应的时间称为弛豫时间. 一般情况下，气体在非平衡过程中，存在三种典型的输运过程. 第一，气体在定向流动时，若存在层流(不同地点流速不同，如河水的流动)现象，则不同流速层之间会存在内摩擦现象；第二，当系统各处的温度不均匀时，会发生热传导过程；第三，当系统各处密度不均匀时，会发生扩散过程. 这些输运过程都伴随着某个物理量的输运或迁移，迁移的数量或输运过程进行得快、慢与分子之间的碰撞频率、平均自由程等物理量有关. 下面介绍平均碰撞频率和平均自由程概念.

### 1. 气体分子的平均碰撞频率和平均自由程

气体分子在热运动中不断地发生碰撞，在本节中我们把气体分子简化为无引力的钢球模型，即把分子视为直径为 $d$，除了碰撞之外无相互作用的钢球.

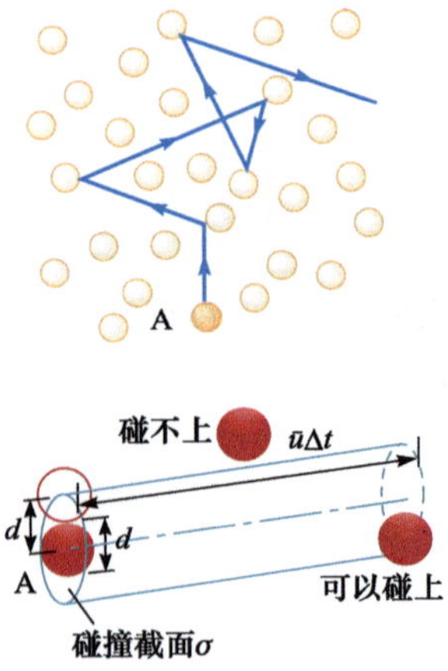

图 9-16 气体分子通过其他分子的情况

1) 平均碰撞频率 $\bar{z}$

考虑某种化学纯的气体，其分子质量为 $m$，有效直径为 $d$，数密度为 $n$. 平均碰撞频率定义为：当追踪某个分子时，平均地说，单位时间该分子的受碰次数，用 $\bar{z}$ 表示. 由于分子的热运动，所有分子都在做无规则运动，因此在追踪某个分子 A 时，可以认为其他分子是静止的，而被追踪的分子 A 以平均的相对速率 $\bar{u}$ 运动，如图 9-16 所示. 当分子 A 以 $\bar{u}$ 向某一方向运动时，以点划线表示该分子中心运动的轨迹，若分子在某点 $P$ 处运动方向发生改变，说明在该点与其他分子发生了碰撞. 显然在该分子运动的方向上，只要到分子 A 中心运动轨迹(点划线)距离小于等于 $2d$ 的分子都会跟 A 发生碰撞(尽管碰撞之后运动方向发生变化，沿着新的方向计算情况也是如此). 如果把其他分子的大小折合到分子 A，则可认为 A 的半径为 $d$. 当半径为 $d$ 的分子以速度 $\bar{u}$ 运动时，单位时间该球形分子截面 $\sigma$(=$\pi d^2$，称为碰撞截面)扫过的体积为 $\sigma\bar{u}$，那些分子中心处于该体积内的分子都会与 A 发生碰撞，因此单位时间能够与 A 碰撞的分子数，即碰撞频率为

$$\bar{z}=\sigma\bar{u}n=\pi d^2\bar{u}n$$

通常我们以平均速率 $\bar{v}$ 描述分子的热运动情况，而不是平均相对速率 $\bar{u}$. 可以证明，$\bar{u}=\sqrt{2}\bar{v}$. 代入上式，得

$$\bar{z}=\sqrt{2}\pi d^2\bar{v}n \tag{9-56}$$

上式就是分子间的平均碰撞频率. 若将阿伏伽德罗定律($p=nkT$)代入上式，可以得出宏观量与碰撞频率之间的关系如下：

$$\bar{z}=\frac{\sqrt{2}\pi d^2\bar{v}p}{kT} \tag{9-57}$$

从式(9-56)和式(9-57)可以看出，当温度不变时，压强越小，平均碰撞频率越低. 这跟我们的预期是一样的，因为压强越小，分子越稀薄，平均碰撞频率应该越低.

2) 平均自由程

在平衡态下，分子做热运动. 由于我们使用了无引力钢球模型，所以除了碰撞之外分子间没有相互作用，是自由的，故将任意连续两次碰撞之间的自由行走路程称为自由程. 当分子以平均速率 $\overline{v}$ 运动时，其单位时间通过的路程为 $\overline{v}$，而单位时间的受碰次数为 $\overline{z}$，于是平均自由程为

$$\overline{\lambda}=\frac{\overline{v}}{\overline{z}}=\frac{\overline{v}}{\sqrt{2}\pi d^2\overline{v}n}=\frac{1}{\sqrt{2}\pi d^2 n} \tag{9-58}$$

上式即是平均自由程的计算式，若将 $p=nkT$ 代入上式，可得

$$\overline{\lambda}=\frac{1}{\sqrt{2}\pi d^2 n}=\frac{kT}{\sqrt{2}\pi d^2 p} \tag{9-59}$$

从式(9-59)可见，对于确定的气体，有效直径 $d$ 是确定的，因此只要保持分子数密度不变，平均自由程就不变. 这是可以理解的，因为分子数密度不变，分子平均间距就不变，当然自由程不变. 从宏观上，对于确定的气体，当温度升高时，只要压强等比例增加，平均自由程保持不变.

**例题 9-7　平均自由程和平均碰撞频率的计算**

求空气分子在标准状况下的平均自由程 $\overline{\lambda}$ 和碰撞频率 $\overline{z}$. 已知空气分子的 $d\approx3.5\times10^{-10}$m.

**解**　根据式(9-59)，平均自由程为

$$\overline{\lambda}=\frac{kT}{\sqrt{2}\pi d^2 p}=\frac{1.38\times10^{-23}\times273}{\sqrt{2}\times3.14\times(3.5\times10^{-10})^2\times101325}\approx6.9\times10^{-8}(\text{m})$$

空气的摩尔质量为 $\mu$=28.8×$10^{-3}$kg/mol，把摩尔质量 $\mu$ 和标准状况下的温度代入平均速率公式，即式(9-36)，可得

$$\overline{v}=\sqrt{\frac{8RT}{\pi\mu}}=\sqrt{\frac{8\times8.31\times273}{3.14\times28.8\times10^{-3}}}\approx447.8(\text{m/s})$$

根据式(9-58)可计算平均碰撞频率为

$$\overline{z}=\frac{\overline{v}}{\overline{\lambda}}=\frac{447.8}{6.9\times10^{-8}}\approx6.5\times10^{9}\,\text{s}^{-1}$$

上述结果再次显示，通常条件下分子运动的平均速率是每秒钟数百米的量级，平均自由程约为 $10^{-8}$m，大概是分子尺度的 10～100 倍，而平均碰撞频率为 $10^9\text{s}^{-1}$，即每秒钟分子会受到其他分子高达数十亿次的碰撞!

大气湍流是大气中的一种重要运动形式，它的存在使大气中的动量、热量、水气和污染物的垂直和水平交换作用明显增强，远大于分子运动的交换强度. 大气湍流会引起飞机的颠簸，严重时会造成飞行事故

式(9-58)表示，分子的平均自由程与分子的有效直径的平方成反比，与单位体积内的分子数成反比，而与分子的平均速率无关. 由于温度恒定时气体的压强与单位体积内分子数成正比，即 $p=nkT$，所以可以得到分子平均自由程与压强的关系. 这表示，在温度恒定时，分子的平均自由程与气体压强成反比. 我们把 $d$ 称为分子的有效直径，是由于气体分子并不是真正的球体，分子碰撞的实际过程也与刚性球的完全弹性碰撞不同. 分子是一个复杂的带电体，分子之间

在河流中的激流,遇到石头时也会形成湍流. 湍流中的流体非常复杂,且不稳定

相互作用的性质也是十分复杂的，当分子间距很小时，表现为斥力，并且随着分子间距的减小,斥力迅速增大,碰撞过程就是在这种斥力的作用下进行的. 显然，随着两个分子在碰撞前相互接近的速率不同，它们之间所能达到的最小距离也不同. 可见分子的有效直径并不能代表分子的真正大小.

## 2. 输运现象的宏观规律

这里我们先介绍黏性、热传导和扩散等三种输运过程的宏观规律，这些宏观规律对固体、液体和气体都适用. 接下来再给出微观解释.

1) 黏滞现象——牛顿黏滞定律

黏滞流体的流动情况很复杂，与管道、河道或容器的形状及表面状况，流体本身的性质和流速都有关. 流动状态有层流与湍流之分，层流就是黏性流体做分层的平行流动，流体质点的轨迹线有条不紊，相邻的轨迹线彼此仅稍有差别，且不互相混杂，如图 9-17a 所示；而在有些条件下，流动却会显得混杂、紊乱,并有旋涡形结构,即湍流. 我们现在只讨论气体做层流时的黏滞现象. 如图 9-17b 所示，设流体在平行于 $xOy$ 的平面内做层流，且沿着 $z$ 轴正向流速增加,流速变化的快慢用梯度——流速的最大变化率,即 $\left(\dfrac{\mathrm{d}u}{\mathrm{d}z}\right)_{z_0}$ 表示. 若 $\mathrm{d}S$ 为 $z_0$ 处的一个面元，实验表明，$\mathrm{d}S$ 面元上、下流体之间的摩擦力 $\mathrm{d}f$ 与该处的流速梯度和面元面积大小的乘积成正比，即

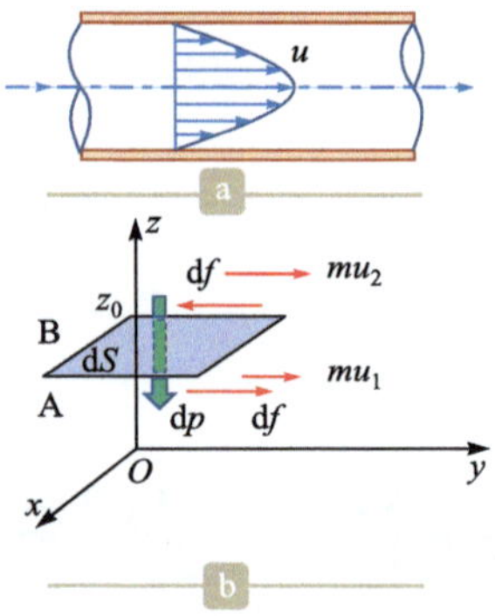


图 9-17 层流中的黏滞现象. a.水管中的层流流速分布，b.层流中不同流速层间的摩擦力

$$\mathrm{d}f=\eta\left(\frac{\mathrm{d}u}{\mathrm{d}z}\right)_{z_0}\mathrm{d}S \tag{9-60}$$

上式称为牛顿黏滞定律. 其中比例系数$\eta$称为黏滞系数(或内摩擦系数)，单位为 Pa·s. $\mathrm{d}S$ 两侧流体间的摩擦力 $\mathrm{d}f$ 的方向相反，上边流体，即流速快的部分受力方向与流速相反;下边流体,即流速慢的部分受力方向与流速方向相同. 因此，黏滞力的作用效果是：快者变慢，慢者变快.

根据动量定理,若此内摩擦力作用了一段时间 $\mathrm{d}t$,上边的流体动量减少 $\mathrm{d}p$,下边的流体动量增加 $\mathrm{d}p$，这相当于动量发生了迁移. 可见迁移的方向或趋势为：向流速减小的方向迁移，力图减小流速梯度，迁移的量为

$$\mathrm{d}p=\mathrm{d}f\mathrm{d}t=-\eta\left(\frac{\mathrm{d}u}{\mathrm{d}z}\right)_{z_0}\mathrm{d}S\mathrm{d}t \tag{9-61}$$

这是牛顿黏滞定律的另一种表达形式. 式中的负号表示：动量向流速减小的方向迁移.

2) 热传导现象——傅里叶定律

热传导与热传递或传热并不等同. 传热泛指一切由温度差而引起的热量(能量)的传递. 根据不同机理，常把传热归纳为三种基本方式：热传导、对流和热辐射. 热量很少以单一方式进行传递，往往是几种传热方式同时发生. 本节只讨论第一种方式——热传导.

在一定的温度分布下，空间里有一系列等温面. 如图 9-18 所示，沿着 $z$ 轴

向上温度越来越高，且温度的变化率最大，$z_0$ 处温度梯度为 $\left(\dfrac{\mathrm{d}T}{\mathrm{d}z}\right)_{z_0}$. 若 d$S$ 为 $z_0$ 处的一个面元，实验表明，在 d$t$ 时间间隔内，通过 d$S$ 面，传递的热量 d$Q$ 与 d$t$ 成正比，与 d$S$ 成正比，与温度梯度成正比，即

$$\mathrm{d}Q=-\kappa\left(\frac{\mathrm{d}T}{\mathrm{d}z}\right)_{z_0}\mathrm{d}S\mathrm{d}t \tag{9-62}$$

上式称为描述热传导规律的傅里叶定律. 其中比例系数 $\kappa$ 称为热传导系数，单位为 W/(m·K). 式中的负号表示热量总是向着温度降低的方向传递，即热量传导的趋势是力图减小温度差.

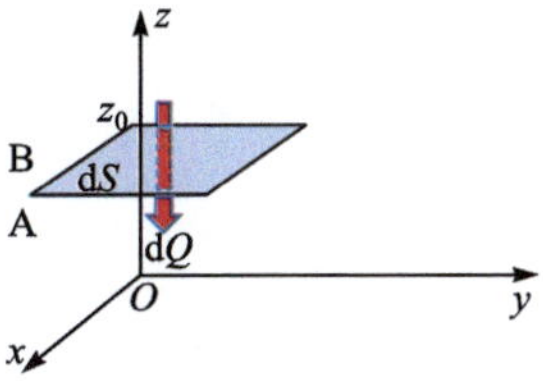


图 9-18　热传导现象

3) 扩散现象

在混合气体系统中，当某种气体的密度不均匀时，这种气体的分子将从密度大的地方向密度小的地方迁移，从而使整个系统内该气体的成分趋于均匀，这种现象称为扩散. 这里我们所要讨论的扩散现象是一种最简单的情况，即当分子质量相近、有效直径相近的两种气体相混合，系统中出现成分不均匀时，就其中一种气体而言，存在密度不均匀，并在系统温度和压强各处一致的条件下，通过分子的迁移而实现成分均匀化的过程.

如图 9-19 所示，若系统中某种气体沿 $z$ 方向的密度逐渐增大，设在 $z_0$ 处，密度梯度为 $\left(\dfrac{\mathrm{d}\rho}{\mathrm{d}z}\right)_{z_0}$. 实验表明，在 d$t$ 时间内沿轴正方向通过 d$S$ 面迁移的气体质量 d$M$ 与 d$S$ 成正比，与 d$t$ 成正比，与密度梯度成正比，即

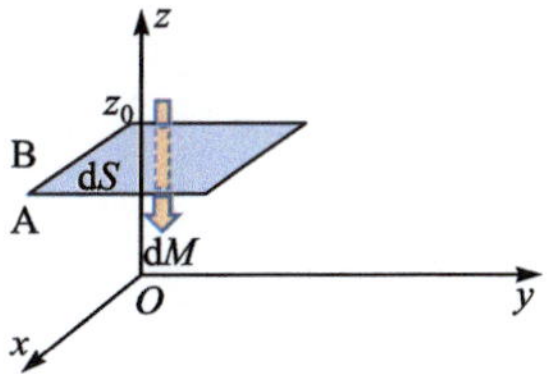


图 9-19　扩散现象

$$\mathrm{d}M=-D\left(\frac{\mathrm{d}\rho}{\mathrm{d}z}\right)_{z_0}\mathrm{d}S\mathrm{d}t \tag{9-63}$$

式中比例系数 $D$ 称为气体的扩散系数，单位为 $m^2/s$. 式中负号表示质量总是向着密度减小的方向迁移，迁移的趋势是减小密度差.

### 3. 黏滞现象的微观解释

从气体动理论观点来看，系统中每个分子除具有热运动的动量外，还具有定向运动的动量. 设分子的质量为 $m$，则分子定向运动的动量为 $mu$. 在接触面 d$S$ 下侧的气体层中的分子，定向动量为 $mu_1$，在接触面 d$S$ 上侧的气体层中的分子，定向动量为 $mu_2$，并且 $mu_2>mu_1$，如图 9-17b 所示. 由于热运动，下气层中的分子携带较小的定向运动动量 $mu_1$，通过接触面 d$S$ 迁移到上气层中. 又由于分子间的碰撞，定向运动动量被均匀化，所以上气层中定向运动动量减小. 与此同时，上气层中的分子携带较大的定向运动动量 $mu_2$ 通过接触面 d$S$ 迁移到下气层中，使下气层中定向运动动量增大. 这种分子定向运动动量均匀化的过程，在宏观上就表现为两气层之间相互作用的黏力. 所以，黏滞现象是气体分子定向运动动量输运的宏观表现.

下面先讨论由于热运动在 d$t$ 时间，d$S$ 两侧通过该面元交换的分子数，再讨论分子穿越 d$S$ 所输运的定向运动动量.

由于热运动的存在，分子向所有方向运动的概率相同，与定向运动无关. 此处讨论的动量迁移现象是指纯的动量迁移，不伴随其他输运现象，故气体内温度和密度都是均匀的. 在压强的微观解释中，我们曾介绍过碰壁数Γ的简单算法是$\Gamma=\dfrac{1}{6}n\overline{v}$. 因此在接触面 d$S$ 上、下侧的气层中，在 d$t$ 时间内通过 d$S$ 面两侧交换的分子数为 d$N$，即

$$\mathrm{d}N=\frac{1}{6}n\overline{v}\mathrm{d}t\mathrm{d}S$$

每交换一对分子，引起的定向运动动量的迁移的大小为

$$\mathrm{d}p=(mu_2-mu_1)\mathrm{d}N=\frac{1}{6}nm\overline{v}(u_2-u_1)\mathrm{d}t\mathrm{d}S$$

因为气体定向流动的速率沿 $z$ 方向递增，所以实际上 d$p$ 是沿 $z$ 轴的负方向由上侧气层通过 d$S$ 面输运到下侧气层的定向运动动量，应该写为

$$\mathrm{d}p=-\frac{1}{6}nm\overline{v}(u_2-u_1)\mathrm{d}t\mathrm{d}S \tag{9-64}$$

另外，处于 d$S$ 面下侧气层中将要交换的分子，在穿越 d$S$ 面以前最后一次碰撞的位置上定向运动速率为 $u_1$，那么最后一次被碰撞的位置应该在何处?显然，对于每一个即将穿越 d$S$ 面的分子来说，所处的位置是不同的，但不管如何不同，我们假设只要分子通过 d$S$ 面就完成了输运任务. 所以平均地说，可以认为它们是处于 d$S$ 面以下并与 d$S$ 面相距一个平均自由程的地方，即处于 $z_0-\overline{\lambda}$ 处. 在 d$S$ 面上侧气层中将要交换的分子，在穿越 d$S$ 面以前，最后一次碰撞的位置上的定向运动速率为 $u_2$，同样可以认为这些分子是处于 d$S$ 面以上并与 d$S$ 面相距一个平均自由程的地方，即处于 $z_0+\overline{\lambda}$ 处，所以

$$u_2-u_1=\left(\frac{\mathrm{d}u}{\mathrm{d}z}\right)_{z_0}[(z_0+\overline{\lambda})-(z_0-\overline{\lambda})]=2\overline{\lambda}\left(\frac{\mathrm{d}u}{\mathrm{d}z}\right)_{z_0}$$

将上式代入式(9-63)，得

$$\mathrm{d}p=-\frac{1}{3}nm\overline{v}\overline{\lambda}\left(\frac{\mathrm{d}u}{\mathrm{d}z}\right)_{z_0}\mathrm{d}t\mathrm{d}S \tag{9-65}$$

将式(9-65)与式(9-61)比较，得

$$\eta=\frac{1}{3}nm\overline{v}\overline{\lambda}=\frac{1}{3}\rho\overline{v}\overline{\lambda} \tag{9-66}$$

上式表示，气体的黏度$\eta$取决于系统中单位体积的分子数 $n$、分子的质量 $m$、分子热运动的平均速率 $\overline{v}$ 和平均自由程 $\overline{\lambda}$，而这些量都是由气体自身性质和所处状态决定的.

上式还表明，气体黏滞系数$\eta$还可以用气体的质量密度$\rho$、$\overline{\lambda}$ 和 $\overline{v}$ 来表示，平均速率只与温度有关，与压强无关，密度$\rho$与气体的压强成正比，分子的平均自由程与压强成反比. 于是，由式(9-66)可以得到气体的黏滞系数与压强无

关的结论. 对于这个结论，我们可以作如下解释：虽然随着系统压强的降低，单位体积内的分子数将减少，穿越 d$S$ 面交换的分子对数将减少，但由于分子的平均自由程随压强的降低而增大，距离 d$S$ 面更远的分子也能穿越 d$S$ 面而参与交换，使参与交换的分子对数保持不变，故黏滞系数与压强无关. 这个结论也得到了实验的证实.

应用类似的方法，可以得出热传导系数$\kappa$和扩散系数 $D$ 分别为

$$\kappa = \frac{1}{3}\rho\bar{v}\bar{\lambda}c_V \tag{9-67}$$

$$D = \frac{1}{3}\bar{v}\bar{\lambda} \tag{9-68}$$

其中 $c_V$ 为定容比热.

上述黏滞系数与压强无关的情况只有在通常条件下是成立的，然而在稀薄气体条件下(平均自由程 $\bar{\lambda}$ 远远大于容器的限度 $L$)，输运任务不靠气体分子间碰撞，而是靠气体分子与器壁的碰撞来完成时，在式(9-66)中的 $\bar{\lambda}$ 以容器的限度 $L$(为一个定值)代替，这时减小密度，$\eta$将随之下降，而不再是常数了. 这时内摩擦力将随之减小. 同理，稀薄气体的热传导系数也是如此，即当平均自由程 $\bar{\lambda}$ 远远大于容器的限度 $L$ 时，式(9-67)中的 $\bar{\lambda}$ 以 $L$ 代替，此时继续降低压强，热传导系数随之减小，热传导性能越来越差，这就是保温瓶必须抽真空的道理.

保温瓶，又称暖水瓶，日常用品，外壳以竹篾、铁皮或塑料等做成，内装瓶胆. 瓶胆由双层玻璃制成，夹层中的两面镀上银等金属，中间抽成真空，瓶口有塞子，可在较长时间内保持瓶内温度. 盛热水的通常叫暖水瓶；盛冷食的通常叫冰瓶. 保温瓶的发明者是英国化学家和物理学家詹姆斯·杜瓦(于 1892 年发明)，因此又叫杜瓦瓶

**例题 9-8　气体的黏滞性**

如图 9-20 所示为测量某气体黏滞系数的装置，用钢丝将内筒沿轴线吊起，两个共轴圆筒之间充满氢气. 当外筒以一定转速旋转时，内摩擦力会使内筒旋转，钢丝开始扭转. 当摩擦力矩与钢丝恢复力矩相等时，内筒平衡，此时外筒转速为 $n = 10$ 转/秒. 设内、外筒半径分别为 $R_1=8\times10^{-2}$m，$R_2=10\times10^{-2}$m，筒高为 $L$=50cm，钢丝的扭转系数为 $D$=2.54×$10^{-5}$N·m/rad，且实验测得内筒平衡时转过的角度为 60°. 试根据这些数据计算空气的黏滞系数$\eta$.

**解**　当内筒处于平衡(最后静止)时，两筒之间层流气体的流速差为$\Delta u = \omega R_2$，所以流速梯度为$\Delta u/(R_2-R_1)=\omega R_2/(R_2-R_1)$. 根据牛顿的黏滞定律，作用在内筒 d$S$ 面元上的摩擦力为

$$\mathrm{d}f = \eta\frac{\omega R_2}{R_2 - R_1}LR_1\mathrm{d}\theta$$

该力对轴产生的力矩为

$$\mathrm{d}M = R_1\mathrm{d}f = \eta\frac{\omega R_2}{R_2 - R_1}LR_1^2\mathrm{d}\theta$$

积分后，合力矩为

$$M = \int_0^{2\pi}\mathrm{d}M = \int_0^{2\pi}\eta\frac{\omega R_2}{R_2 - R_1}LR_1^2\mathrm{d}\theta = \eta\frac{2\pi\omega R_2}{R_2 - R_1}LR_1^2$$

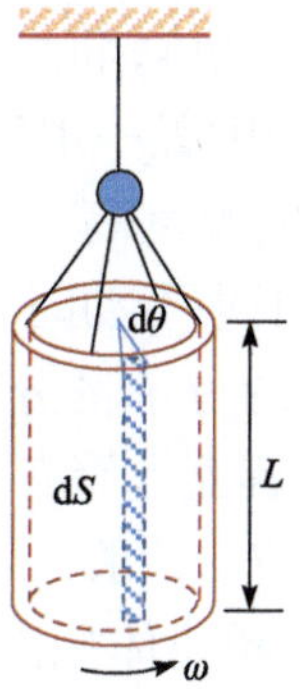


图 9-20　黏滞系数测量装置

力矩平衡时有

$$\eta\frac{2\pi\omega R_2}{R_2-R_1}LR_1^2=D\phi$$

于是黏滞系数为

$$\eta=\frac{D\phi(R_2-R_1)}{2\pi\omega LR_2R_1^2}=\frac{2.54\times10^{-5}\times3.14(10-8)\times10^{-2}}{3\times2\pi\times2\pi\times10\times0.5\times10\times10^{-2}\times(8\times10^{-2})^2}$$
$$=0.42\times10^{-5}\,\text{Pa}\cdot\text{s}$$

## 第 9 章练习题

**9-1** 定容气体温度计的测温泡浸在水的三相点槽内时，其中气体的压强为 6.667kPa.

(1) 用这个温度计测量 300K 的温度时，测温泡中气体的压强是多少?

(2) 当测温泡中气体的压强是 9.066kPa 时，待测系统的温度是多少?

**9-2** 正常人的体温是 36～37℃，相当于多少华氏度?水的冰点是 0℃，沸点是 100℃，它们各相当于华氏温标的多少度?

**9-3** 水银气压计中混进了一个空气泡，因此它的读数比实际的气压小，当精确的气压计的读数为 768mmHg 时，它的读数只有 748mmHg，此时管内水银面到管顶的距离为 80mm. 问当此气压计的读数为 734mmHg 时，实际气压应是多少?设空气的温度保持不变.

**9-4** 两个容器容积相等，分别储有相同质量的 $N_2$ 和 $O_2$ 气体，将两个容器用光滑水平细管相连通，管子中置一水银滴以隔开 $N_2$ 和 $O_2$. 设氧气容器内的温度高于氮气容器 30K，则当水银滴与细管正中不动时，求 $N_2$ 和 $O_2$ 的温度. ($N_2$ 和 $O_2$ 分子的分子量分别为 28 和 32)

**9-5** 一容器内储有氧气，其压强为 $p$=1.0atm，温度为 $t$=27℃，求：

(1) 单位体积内的分子数；

(2) 氧气的密度；

(3) 氧分子的质量；

(4) 分子间的平均距离；

(5) 分子的平均平动能.

**9-6** 一容积为 $11.2\times10^{-3}\text{m}^3$ 的真空系统已被抽到 $1.0\times10^{-5}$mmHg 的真空，为提高其真空度，将它放到 300℃的烘箱内烘烤，使器壁释放出所吸附的气体. 若烘烤后压强增为 $1.0\times10^{-2}$mmHg，试求器壁释放出的分子数.

**9-7** (1) 试计算在标准状态下 $1\text{cm}^3$ 气体中的分子数(此数为洛施密特数)；(2)在温度为 27℃时，如果获得 $1.33\times10^{-10}$ Pa 的真空度. 求此真空度下 $1\text{cm}^3$ 空气内有多少个分子?

**9-8** 已知一封闭容器中，水与其上方的蒸汽处于相变平衡(即单位时间汽化的分子数与液化的分子数相等)，水蒸气可看作理想气体，并认为打到水面上的分子没有反射，水温 25℃，水的饱和蒸汽压为 23.8mmHg. 试计算单位时间内单位表面液体蒸发出来的分子数. ($R$=8.31J/(mol·K)，$k$=1.38× $10^{-23}$J/K).

**9-9** 一定质量的气体，当温度保持恒定时，其压强 $p$ 随体积的减小而增大；当体积保持恒定时，其压强随温度的升高而增大. 从微观的角度来看，这两种使压强增大的过程有何区别?

**9-10** (1) 温度为 300K 时，分子平均平动动能为多少 eV? (2)在氘-氚热核反应中，一方面可以聚变反应获得能量，另一方面为维持反应进行要提供能量. 能量得失相当时粒子的平均平动动能约为 10keV，求对应的温度.

**9-11** 容器内有 2.66kg 氧气，已知其分子的平动动能总和为 $4.11\times10^5$J(氧的摩尔质量$\mu$= 32g/mol)，求：(1)气体分子的平均平动动能；(2)气体的温度.

**9-12**　若某种理想气体分子的方均根速率 $\sqrt{\overline{v^2}}=450\text{m/s}$，气体压强为 $p=7\times10^4\text{Pa}$. 求：(1)该气体的密度 $\rho$；(2)该气体分子的最可几速率和平均速率.

**9-13**　一密封房间的体积为 $45\text{m}^3$，室温为 20℃，已知空气密度 $\rho=1.29\text{kg/m}^3$，摩尔质量 $\mu=29\text{g/mol}$，问：

(1) 分子的平均平动动能是多少?

(2) 室内空气分子(视为刚性双原子分子)的平均平动动能的总和是多少?

(3) 如果空气的温度升高 1.0K，而体积不变，则气体的内能变化多少?

**9-14**　试计算：(1)温度为 27℃时，1mol 氧分子具有多少平动动能？多少转动动能?

(2) 温度为 27℃时，1mol 氦气、氢气各有多少内能？1g 氦气、氢气各有多少内能?

**9-15**　在容积为 $V$ 的容器内，同时盛有质量为 $M_1$ 和质量为 $M_2$ 的两种单原子分子理想气体，已知此混合气体处于平衡状态时它们的内能相等，且均为 $U$. 求：(1)混合气体的压强 $p$；(2)两种分子的方均根速率之比为 $\sqrt{\overline{v_1^2}}\Big/\sqrt{\overline{v_2^2}}$.

**9-16**　容器 $V=20\times10^{-3}\text{m}^3$ 的瓶子以速率 $v=200\text{m/s}$ 匀速运动，瓶中充有质量 $M=100\text{g}$ 的氦气. 设瓶子突然停止，且气体分子全部定向运动的动能都变为热运动动能，瓶子与外界没有热量交换，求热平衡后氦气的温度、压强、内能及氦气分子的平均动能各增加多少？(氦的摩尔质量 $\mu=4\text{g/mol}$)

**9-17**　有 $N$ 个粒子，其速率分布函数为

$$f(v)=a\frac{v}{v_0},\quad 0\leqslant v\leqslant v_0$$

$$f(v)=a,\quad v_0<v\leqslant 2v_0$$

$$f(v)=0,\quad v>2v_0$$

(1) 作速率分布函数曲线并求常数 $a$；

(2) 求速率大于 $v_0$ 的粒子数；

(3) 求粒子的平均速率.

**9-18**　试计算理想气体分子热运动速率的大小为 $0.99v_{\text{mp}}\sim1.01v_{\text{mp}}$ 的分子数占总分子数的百分比.

**9-19**　设某理想气体分子的最可几速率为 $v_{\text{mp}}=367\text{m/s}$，气体的密度 $\rho=1.30\text{kg/m}^3$. 求：(1)该气体分子的平均速率；(2)方均根速率；(3)该气体的压强.

**9-20**　容器内盛有一定量理想气体，其分子平均自由程为 $\bar{\lambda}=2\times10^{-7}\text{m}$.

(1) 若分子热运动的平均速率为 $\bar{v}=1600\text{m/s}$，求分子平均碰撞频率 $\bar{z}$；

(2) 保持温度不变而使压强增大一倍，求此时气体分子的平均自由程 $\bar{\lambda}$ 和平均碰撞频率 $\bar{z}$.

**9-21**　质子在压强为 $10^{-6}\text{mmHg}$、温度为 273K 的加速器中运动. 问：(1)单位体积中的质子数为多少；(2)若质子直径为 $2\times10^{-8}\text{cm}$，则平均自由程为多大.

**9-22**　已知氧分子的有效直径 $d=3.0\times10^{-10}\text{m}$，求氧分子在标准状态下的分子数密度 $n$、平均速率 $\bar{v}$、平均碰撞频率 $\bar{z}$ 和平均自由程 $\bar{\lambda}$.

第9章练习题答案

# 第 10 章 热力学第一定律

热机是一种通过工作物质(气体)的循环过程持续将热转化为机械能的机器. 从1785 年英国发明家瓦特改进的第一台实用蒸汽机至如今的 200 多年间，热机从最早的蒸汽机发展到车用内燃机、航空发动机再到航天发动机. 如今热机被广泛应用于工业、农业、电力、国防和航空航天等各个领域，是当今社会不可或缺的热能动力机械

英国工程师乔治·斯蒂芬森制造的蒸汽机车“旅行者号”

詹姆斯·瓦特(J. Watt, 1736—1819)，英国发明家，第一次工业革命的重要人物. 1785 年瓦特被接受为英国皇家学会院士. 1814 年成

热力学的发展极大地推动了工业和社会的进步和发展，导致了 18 世纪至 19 世纪英国和西方世界的第一次工业革命(又称技术革命). 1785 年，经瓦特改进后的蒸汽机首先在纺织制造业投入使用，大大地推动了生产力的提升和发展，人类社会也由此进入了“蒸汽机时代”. 1814 年英国工程师乔治·斯蒂芬森发明了第一台蒸汽机车“旅行者号”. 1825 年 9 月“旅行者号”机车在英国建成的第一条铁路上拖着载有 450 名乘客和 90 吨货物的三十多节小车厢，以每小时 24 千米的速度跑完了 40 千米的路程. 因为它在行驶过程中不断从烟囱里喷出火来，因此被人们称为“火车”. 现今，人们所使用的空调压缩机、汽车的燃油发动机、飞机的喷气式发动机和发射人造卫星的火箭等，无一不是热力学发展所带来的技术进步.

第 9 章我们讨论的气体分子动理论是研究热学的微观方法，它是以质点动力学为基础，利用统计学的方法，建立了描述微观粒子无规则热运动的偶然性、随机性(如分子速率、分子能量等)与描述宏观气体在平衡状态下的确定性(如压强、温度、分子数密度、内能等)之间的关系. 而本章开始学习的热力学则是研究热学的宏观方法，它是以热力学系统的宏观热现象为基础，利用能量守恒的观点，讨论系统在热运动过程中热量、功和内能之间的转化规律以及宏观过程进行的方向. 热力学第一定律是研究热力学的核心，它指出所有实际的宏观热力学过程都必须满足能量守恒的条件，因此它是包括热现象在内的宏观过程的能量守恒与转化定律.

本章我们主要以理想气体作为研究的对象，首先从热力学第一定律出发，讨论当热力学系统从一个平衡状态经过平衡过程(准静态过程)变化到另一个平衡状态时，系统与外界传递的热量、所做的功和系统内能增量之间的关系. 接着，我们将热力学第一定律应用于宏观热力学系统的等值过程(等压过程、等容过程和等温过程)和绝热过程中. 热机(将热转换为功)和制冷机(将功转换为热)是工业生产和日常生活中两种重要的机器，但它们必须工作于系统的循环过程中. 本章之后讨论热力学系统的循环过程以及正循环过程的效率和逆循环过程的制冷系数. 最后讨论效率和制冷系数最高的循环过程——卡诺循环.

为法国科学院 8 名外籍会员之一. 传说中的《瓦特与茶壶的故事》讲述了瓦特小时候看到当茶壶中的水烧开时，水蒸气会把茶壶盖顶开，当瓦特把壶盖放回去后很快又会被顶开. 后来瓦特意识到这是水蒸气的力量，由此引发了他对研究蒸汽的兴趣并导致了实用蒸汽机的发明

## 10.1　热力学系统与外界的相互作用

◀ 热力学系统

**热力学系统**(简称**系统**)是指由大量微观粒子组成的，并可以与其周围环境相互作用着的宏观且有限大的客体，是热力学的研究对象. 它可以是气体、液体、固体或它们的组合. 热力学系统与周围环境之间的界限称为分界面，分界面可以是真实的或虚拟的，固定的或移动的. 一般把系统以外的周围环境称为系统的外界或简称**外界**.

我们以氮气的液化为例，讨论系统和外界的相互作用. 在地球的大气中，有近 78%为氮，但常温常压下氮以气态形式存在，当常压下的氮气温度低于−196℃时会被液化而成为液氮. 液氮有很多重要的用途，比如进行低温物理学和医学研究或使常温下有电阻的导体在超低温下显示超导性质(例如，钇钡铜氧化物在−180℃时会显示超导性)等，图 10-1 就是利用超导体的抗磁性实现磁悬浮的实验. 将氮气液化的一种方法是：首先在保持温度不变的情况下将氮气压缩到一个很高的压强，然后在绝热的条件下使其迅速膨胀，氮气在膨胀过程中会迅速冷却从而被液化. 在这个例子中，被液化的氮就是我们所考虑的热力学系统，而能对其压缩做功的压缩机和能与其交换热量的周围环境等就是外界. 在第一个过程中，压缩氮气时外界对系统做功，为了保持系统的温度不变，系统会向外界放热；第二个过程中，氮气膨胀时系统对外界做功，但因为系统处于绝热条件下，因此外界不能向系统传热，所以系统的温度迅速下降，氮气被液化.

图 10-1　超导磁悬浮现象. 零电阻效应和抗磁性(又称迈斯纳效应，Meissner effect)是超导体的两个基本性质. 下面玻璃盘中的导体被浸没在液氮中从而成为电阻为零的超导体，它会将上面的磁体产生的磁感应线完全排斥在外，从而实现磁悬浮

在学习力学时我们知道，使质点系统的机械能发生变化可以通过力对质点系做功来实现. 根据质点系的功能原理，当外力对质点系做正功时，系统的机械能增加；而当外力对质点系做负功时，系统的机械能减少. 但在热学中，使热力学系统的内能发生变化可以有两种方式：一是系统对外界做功或外界对系统做功；二是系统向外界传热或外界向系统传热. 同样，这里的做功和传热可以是正的、负的或零. 在热力学中，我们采用以下的符号规定(图 10-2)：热量 $Q$ 为正($Q>0$)表示外界向系统传热(或系统从外界吸热)，系统的内能增加；热量 $Q$ 为负($Q<0$)表示系统向外界传热(或系统向外界放热)，系统的内能减少. 功 $W$ 为正($W>0$)表示系统对外界做功，系统的内能减少；功 $W$ 为负($W<0$)表示外界对系统做功，系统的内能增加.

◀ 功、热量、内能增量的符号规定

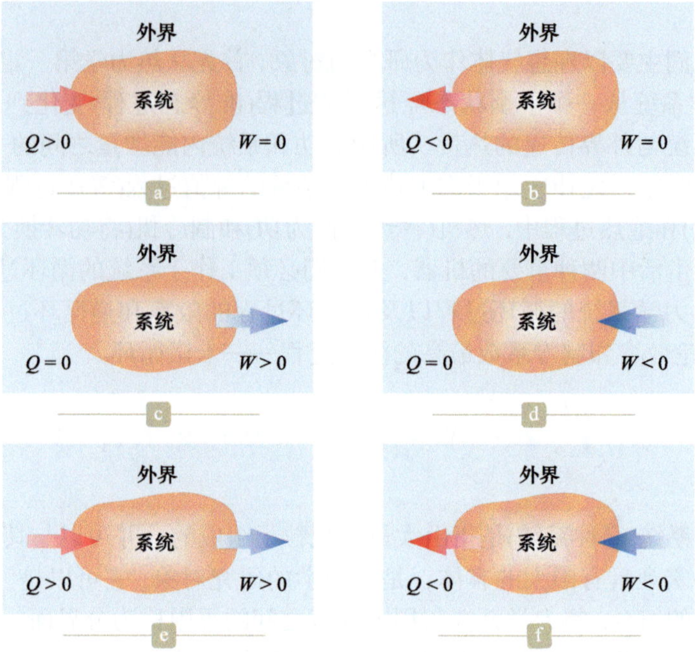


图 10-2 传热和做功的符号规定. a. 系统从外界吸热, $Q>0$. b. 系统向外界放热, $Q<0$. c. 系统对外界做功, $W>0$. d. 外界对系统做功, $W<0$. e. 系统从外界吸热并对外界做功. f. 系统向外界放热, 外界对系统做功

必须指出的是，在热力学中对功的符号规定与力学中的习惯有所不同. 在力学中，我们通常说外力对系统做正功使系统的机械能增加. 但在热力学中，我们把系统对外界做功定义为正. 这是因为，所有的热机(如传统的蒸汽机、现代的燃油发动机等)都是利用加热气体使气体膨胀对外做功，从而使火车、汽车和飞机等向前运动. 因此把系统对外膨胀做功定义为正，不但符合热机的实际工作规律，也方便我们的理解和计算.

## 10.2 功 热量 热力学第一定律

### 1. 准静态过程的功

如上所述，一个热力学系统可以通过与外界交换功和热量来改变其内能. 当系统与外界有功和热量的交换时，系统的宏观变量如压强、体积和温度等就会发生变化. 也就是说，系统原来的平衡状态就会被破坏，而且需要经过一段时间才能到达一个新的平衡态. 我们把系统从一个平衡态变化到另一个平衡态的过渡方式称为**热力学过程**(简称**过程**). 一般情况下，过程的进行是很复杂的，但若设想过程进行得很缓慢，过程的每一个中间状态都无限接近于平衡状态，则这样的过程就称为**准静态过程**或**平衡过程**. 只有准静态过程才可以用 $p$-$V$ 图(或 $p$-$T$ 图、$V$-$T$ 图)上的一条曲线来表示. 当然，准静态过程是一种理想化的抽象，但很多实际的过程都可以近似地当作是准静态过程. 比如，内燃机气缸经历一次压缩过程的时间大约是 $10^{-2}$s，而气缸内气体从一个平衡态到另一个平衡态所需要的时间(弛豫时间)要少于 $10^{-3}$s，因此可以把这个实际的过程近似当作准静态过程来处理. 下面我们来讨论当理想气体经历一个准静态过程时所做的功.

准静态过程(平衡过程) ▶

充有一定量气体，带有可移动活塞的气缸是我们讨论热力学过程时一个简单而有效的模型. 实际上，蒸汽机、内燃机、冰箱和空调压缩机等的结构都是某种气缸-活塞系统. 在后面的讨论中，我们经常采用这一模型. 如图 10-3 所示，设气缸内气体的初始状态为一个平衡态，则作用在活塞上的压强与作用在气缸内壁的压强都等于气体的压强 $p$. 设活塞的面积为 $S$，则气体作用在活塞上的压力为 $F=pS$. 气缸内的气体准静态地膨胀，使活塞缓慢地向外移动，以至于气体在任何时刻都接近于平衡态. 当活塞向外移动很小的距离 $\mathrm{d}x$ 时，气体对外界所做的功 $\mathrm{d}W=F\mathrm{d}x=pS\mathrm{d}x$，其中 $S\mathrm{d}x$ 是气体体积的增量 $\mathrm{d}V$. 所以，气缸内的气体在此微小的膨胀过程中对外界所做的功可以写成

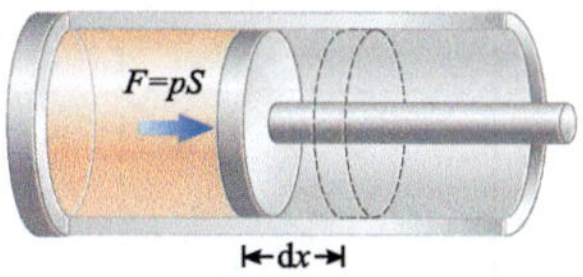


图 10-3　气缸内气体膨胀推动活塞产生位移 $\mathrm{d}x$ 时，气体对外界做功 $\mathrm{d}W=F\mathrm{d}x$

$$\mathrm{d}W = p\mathrm{d}V \tag{10-1}$$

当气体的体积从初态 i 时的 $V_i$ 变化到末态 f 时的 $V_f$ 时，气体对外界做的功为

$$W = \int_{V_i}^{V_f} p\mathrm{d}V \tag{10-2}$$

◀ 准静态过程的功

一般情况下，气体的压强随体积的变化而变化，所以，为了利用上式求气体做的功，必须知道压强随体积变化的函数关系 $p=p(V)$. 如果气体经历的是一个准静态过程，则可以用 $p$-$V$ 图上的曲线来表示该函数关系，而气体所做的功就等于过程曲线下的面积. 由于气体在两个确定的状态 i 和 f 之间变化时可以经历不同的过程，因此所做的功也不相同.

图 10-4 给出了一定量的气体在 i 和 f 两个状态之间变化的三个不同的过程. 图 10-4a 所示为气体经历一个膨胀降压过程从状态 i 变化到状态 f，体积由 $V_i$ 变化到 $V_f$. 根据积分的知识可知，在这一过程中，利用式(10-2)计算的功 $W$ 是图示过程曲线下的面积，并且是大于零的，即气体对外界做正功. 如果气体经历一个压缩升压过程从状态 f 沿原来的路径返回到状态 i(图 10-4b)，则气体所做功的大小与前一过程相等，但是小于零的，说明气体对外界做负功(或外界对气体做正功). 可见，利用式(10-2)所求功的正负，与前面关于功的符号规定相符合. 如果气体经历如图 10-4c 所示的路径从状态 i 变化到状态 f，则过程中气体做功的大小与图 10-4a 中的不相等. 从上面的讨论可见，气体所做的功除了与过程的初态和末态有关外，还与系统所经历的具体过程有关，所以**功是过程量**. 我们不能说处于某一状态的系统具有多少功，因为系统经历准静态过程所做的功不是系统状态的函数.

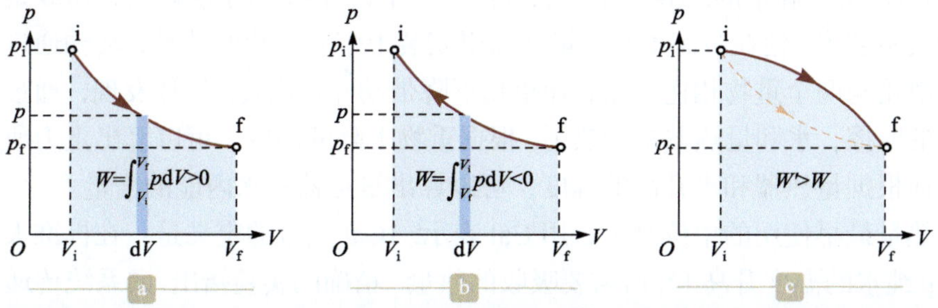


图 10-4　做功与路径有关，即功为过程量. a. 气体向外膨胀 $W>0$. b. 系统向内压缩 $W<0$. c. 在同样的初态 i 和末态 f 间，不同过程做功不同

## 例题 10-1　准静态过程的功

一定量的理想气体经历如图 10-5 所示的准静态膨胀过程. 初态 i 的压强和体积分别为 $p_i$ 和 $V_i$；末态 f 的压强和体积分别为 $p_f$ 和 $V_f$. 求此过程中气体对外界所做的功.

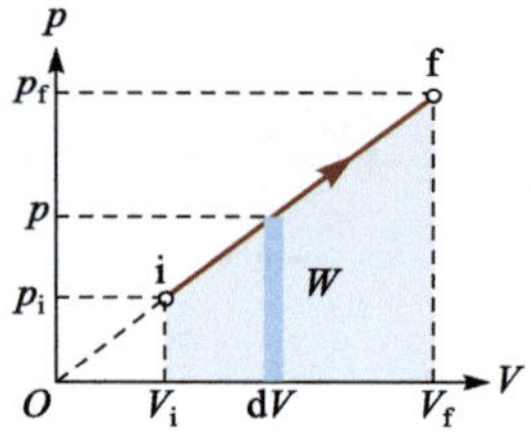


图 10-5 从初态 i 膨胀到末态 f 时气体对外界做的功 $W$ 为直线 i→f 下的面积

**解** 由图可见，此过程的过程方程可表示为

$$p=\frac{p_f-p_i}{V_f-V_i}V$$

根据式(10-2)，此过程中气体对外界所做的功为

$$W=\int_{V_i}^{V_f}p\mathrm{d}V=\frac{p_f-p_i}{V_f-V_i}\int_{V_i}^{V_f}V\mathrm{d}V=\frac{1}{2}(p_f-p_i)(V_f+V_i)$$

显然，此过程气体所做的功也可以用直线 i→f 下的梯形面积来求，即

$$W=\frac{1}{2}(p_f+p_i)(V_f-V_i)$$

### 2. 热量

我们知道，将两个温度不同的物体放在一个密封且隔热的容器中并使它们保持热接触时，较热的物体温度会下降，而较冷的物体温度会上升，说明这两个物体的状态都发生了变化，最终达到一个共同的热平衡温度. 早期关于热传递本质的解释认为任何物体都含有一种看不见的物质(“热质”)，当温度不同的两个物体有热接触时，热质就在冷热不同的物体间传递. “热质说”认为，热质既不能被消灭也不能被创造，而只能从一个物体传递到另一个物体，即认为热质是守恒的. 但“热质说”被出生于美国的英籍物理学家本杰明 · 汤普森(1753—1814)推翻了，他发现用钻头加工炮筒时，炮筒在短时间内就会变得非常热，而且只要连续不断地钻孔，就会不断产生出热. 显然，在加工炮筒时产生的热量不可能是原来就存在于金属中的，而是在连续钻孔的过程中产生的. 1798 年他发表了题为《论摩擦激起的热源》一文，指出热不可能是一种物质，从而否定了“热质说”，并且确立了热的运动学说.

拿两块冰相互摩擦，冰块就会融化，这与直接用火去烧烤冰块的效果是一样的. 这说明要改变一个热力学系统的内能，对系统做功和向系统传递热量的效果是相同的，它们都是能量变化的量度.

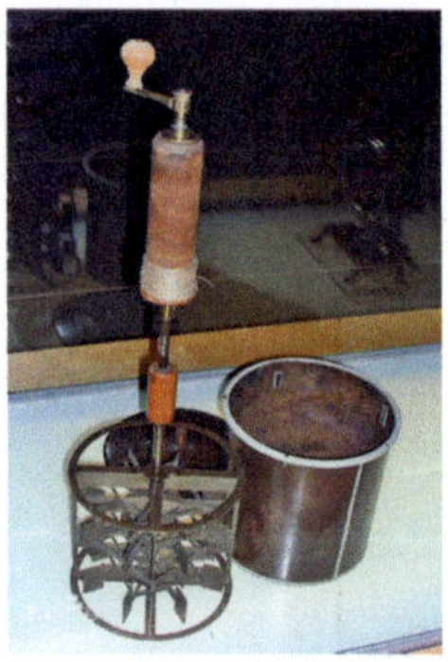

图 10-6 焦耳做热功当量实验时所用的实验装置

做功与传热之间的等效关系最初是由英国物理学家焦耳(J.P. Joule，1818—1889)通过实验确定的. 1847 年，焦耳做了一个设计巧妙的实验，图 10-6 是他当时的实验装置. 他在装满了水的量热器里安装上带有叶片的转轴，转轴通过绳子和定滑轮与两个重物相连，然后让重物下降带动叶片旋转. 焦耳发现，通过叶片和水的摩擦，水和量热器都变热了. 根据重物下降的高度，可以算出重力所做的功，而根据量热器和水升高的温度，可以算出量热器和水内能的增量.

热量最早使用的单位是卡，用 Cal 表示. 1Cal 热量的定义是：在标准大气压下，1g 纯水的温度升高 1℃所需要吸收的热量. 精确的实验指出，向系统传递 1Cal 的热量和对系统做 4.186J 的功使系统增加的内能刚好相等. 也就是说，传热 1Cal 等于做功 4.186J，因此热量的单位“卡”与功的单位“焦耳”之间的换算关系为

$$1\text{Cal}=4.186\text{J}$$

上述关系称为**热功当量**. 在国际单位制中，规定热量的单位用焦耳，而不再用卡. 需要说明的是，热功当量只是反映了热和功作用相当的一面，但它们的本质是不同的. 做功是通过物体的宏观有规则运动完成的，而传热则是通过微观分子无规则热运动来完成的. 另外，与做功一样，气体从同一个初态 i 经历不同的过程到达相同的末态 f 时，吸收或放出的热量是不同的. 所以我们同样不能说处于某一状态的系统具有多少热量，因为热量不是系统状态的函数，**热量也是过程量**.

焦耳(J.P. Joule) 1818 年 12 月 24 日出生于英格兰北部曼彻斯特. 自幼跟随父亲酿酒，没有受过正规的教育. 后来从著名的化学家道尔顿那里学习了数学、哲学和化学，为后来的研究奠定了基础. 他对物理学的主要贡献有：1840 年提出导体发出的热量与电流、电阻和通电时间的关系，即焦耳定律. 1843 年通过功热转换实验完全否定了“热质说”. 1844 年计算出了气体分子的热运动速度值，奠定了玻意耳-马里奥特和盖吕萨克定律的基础，并解释了气体对器壁压力的实质. 1847 年测定了热功当量值. 1852 年发现气体自由扩散时温度都要下降，即焦耳-汤姆孙效应

### 3. 热力学第一定律　热量和内能的计算

如上所述，热力学系统可以通过做功和传热这两种方式与外界交换能量，一旦系统与外界发生能量的交换，则系统的内能就发生了改变.

假设一热力学系统从某一平衡态 i 通过某一过程变化到了另一平衡态 f，在此过程中系统从外界吸收了热量 $Q$，同时对外界做功 $W$. 由于系统从外界吸热表示有能量从外界流入系统，系统的内能增加；而系统对外界做功表示系统的部分能量通过做功而流出了系统，系统的内能减少. 因此整个过程中系统内能的增量为 $Q-W$. 前面说过，功和热都是过程量，即如果系统从初态 i 经历不同的过程到达末态 f，则上面的热量 $Q$ 和功 $W$ 都不相同. 但实验发现无论系统经历怎样的过程，$Q-W$ 的值完全相同，这说明内能的增量 $Q-W$ 只取决于系统的初态和末态而与具体过程无关. 设系统初态的内能为 $U_i$，末态的内能为 $U_f$，则系统在过程中内能的增量为$\Delta U=U_f-U_i$. 因此有

$$\Delta U = Q - W$$

或

$$Q = \Delta U + W \tag{10-3}$$

上式称为**热力学第一定律**. 热力学第一定律指出，系统从外界吸收的热量，一部分使系统的内能增加，另一部分用于对外界做功. 热力学第一定律是包括热现象在内的能量守恒与转化定律. 注意，上式中的热量和功的符号符合 10.1 节中的规定，即系统吸热 $Q>0$，系统放热 $Q<0$；系统对外界做功 $W>0$，外界对系统做功 $W<0$；而系统内能增加$\Delta U>0$，系统内能减少$\Delta U<0$.

◀ 热力学第一定律

如果系统经历一个无限小的变化过程，则热力学第一定律可表示为

$$\mathrm{d}Q = \mathrm{d}U + \mathrm{d}W \tag{10-4}$$

称为热力学第一定律的微分形式.

第 9 章式(9-45)给出了理想气体内能的表达式

$$U = \nu \times \frac{1}{2}(t + r + 2s) RT = \nu \times \frac{i}{2} RT \tag{10-5}$$

式中 $i=t+r+2s$ 为气体分子的总自由度，所以从分子动理论的角度来看，理想气体的内能是组成一定量气体所有分子的热运动动能(包括平动、转动和振动)的总和. 上式表明，理想气体的内能 $U$ 只取决于气体的温度 $T$，即内能是温度的单值函数，因此内能的增量$\Delta U$ 只取决于气体始末状态的温度差$\Delta T = T_f - T_i$，与具体的过程无关，即

表 10-1 标准大气压下不同物质的比热容 $c$

| 物质 | $c$/[J/(kg·K)] |
|---|---|
| 水 | 4186 |
| 冰 | 2090 |
| 水蒸气 | 2010 |
| 空气 | 1004 |
| 铝 | 900 |
| 玻璃 | 837 |
| 硅 | 703 |
| 铁(钢) | 448 |
| 铜 | 387 |
| 银 | 234 |
| 金 | 129 |
| 铅 | 128 |

$$\Delta U=\nu\times\frac{i}{2}R\Delta T \tag{10-6}$$

下面，我们来讨论理想气体在准静态过程中热量的计算. 在第 9 章 9.8 节中将**热容** $C$ 定义为：使某一物体的温度升高 1K(或 1℃)所需要吸收的热量，即 $C=\Delta Q/\Delta T$. 由不同种类物质组成的质量相等的物体，其热容是不相等的；而同一种物质组成的质量不等的物体的热容也是不相等的. 这说明热容与物质种类和物体质量都有关. 因此为了便于比较，把 1kg 某种物质温度升高 1K(或 1℃)所需要吸收的热量称为**比热容** $c$. 表 10-1 列出了一些物质的比热容. 由表中数据可见，水的比热容很大，是铅的 32.7 倍！因此海水的平均温度在一年中变化很小，因此沿海地区的气温能保持相对稳定，而内陆干旱地区或沙漠地区的四季气温和昼夜温差变化很大.

在国际单位制中，衡量“物质的量”的单位不是质量的单位千克，而是摩尔(mol). 1mol 任何物质含有相等的分子数 $N_A$($N_A=6.022\times10^{23}\text{mol}^{-1}$，称为阿伏伽德罗常量). 我们把使 1mol 某种物质温度升高 1K 所需要吸收的热量称为该物质的**摩尔热容**，用 $C_m$ 表示，即

摩尔热容的定义 ▶

$$C_m=\frac{\Delta Q}{\Delta T} \tag{10-7}$$

摩尔热容 $C_m$ 的单位是 J/(mol·K).

由于热量是过程量，所以同一气体经历的过程不同，吸收或放出的热量也就不同，其摩尔热容也就随过程的不同而不同. 常用的摩尔热容有定容摩尔热容 $C_{V,m}$ 和定压摩尔热容 $C_{p,m}$ 两种，它们分别由等容和等压条件下物质吸收的热量决定. 因为液体和固体的体积随压强的变化很小，可以忽略不计，所以液体和固体的这两种热容可以不加区别. 但气体的可压缩性很强，所以气体的这两种摩尔热容有明显的不同.

设有 1mol 某种理想气体从温度为 $T$ 的初态经历一个准静态**等容**过程变化到温度为 $T+\Delta T$ 的末态. 因为气体在等容过程中体积不变(即$\Delta V=0$)，所以等容过程中气体不做功. 根据热力学第一定律有$\Delta Q=\Delta U+p\Delta V=\Delta U$. 根据摩尔热容的定义式(10-7)和式(10-6)，得

理想气体的定容摩尔热容 ▶

$$C_{V,m}=\left(\frac{\Delta Q}{\Delta T}\right)_V=\frac{\Delta U}{\Delta T}=\frac{i}{2}R \tag{10-8}$$

式中，$C_{V,m}$ 为 1mol 理想气体在等容过程中温度升高(或降低)1K 所需要吸收(或放出)的热量，称为理想气体的**定容摩尔热容**. 因此，$\nu$ mol 理想气体在等容过程中的热量公式为

$$\Delta Q_V=\nu C_{V,m}\Delta T \tag{10-9}$$

由定容摩尔热容的定义可见，理想气体的内能增量公式(10-6)也可以表示为

$$\Delta U=\nu C_{V,m}\Delta T \tag{10-10}$$

如果 1mol 某种理想气体从温度为 $T$ 的初态经历一个准静态**等压**过程变化到温度为 $T+\Delta T$ 的末态. 由于等压过程的压强 $p$ 不变，由 1mol 理想气体的状态方程 $pV=RT$，得 $p\Delta V=R\Delta T$. 根据热力学第一定律$\Delta Q=\Delta U+p\Delta V$ 得

$$C_{p,m}=\left(\frac{\Delta Q}{\Delta T}\right)_p=\frac{\Delta U}{\Delta T}+\frac{p\Delta V}{\Delta T}=C_{V,m}+R$$

即

$$C_{p,m}=\frac{i+2}{2}R \tag{10-11}$$

◀ 理想气体的定压摩尔热容

式中 $C_{p,m}$ 为 1mol 理想气体在等压过程中温度升高(或降低)1K 所需要吸收(或放出)的热量，称为理想气体的**定压摩尔热容**. 因此，$\nu$ mol 理想气体在等压过程中的热量公式为

$$\Delta Q_p=\nu C_{p,m}\Delta T \tag{10-12}$$

而定容摩尔热容与定压摩尔热容有如下关系：

$$C_{p,m}=C_{V,m}+R \tag{10-13}$$

◀ 理想气体 $C_{p,m}$ 与 $C_{V,m}$ 的关系

上式称为**迈耶公式**，它说明 1mol 理想气体在等压过程中温度升高 1K 要比在等容过程中温度升高 1K 时多吸收 8.31J 的热量.

定压摩尔热容 $C_{p,m}$ 与定容摩尔热容 $C_{V,m}$ 的比值称为**摩尔热容比**或**比热容比**，用希腊字母 $\gamma$ 表示，即

$$\gamma=\frac{C_{p,m}}{C_{V,m}}=\frac{i+2}{i} \tag{10-14}$$

◀ 理想气体的摩尔热容比(比热容比)

由上式可见，对任何种类的气体都有 $\gamma>1$.

当温度不太高时，理想气体分子的振动能量可以忽略不计，即振动自由度 $s=0$，这样的分子称为刚性分子. 在本章所讨论的气体分子都可以看作是刚性分子，分子的总自由度为平动自由度 $t$ 和转动自由度 $r$ 之和，即 $i=t+r$. 对任何气体分子，平动自由度 $i=3$，单原子分子的转动自由度 $r=0$，刚性双原子分子的转动自由度 $r=2$，刚性三原子或多原子分子的转动自由度 $r=3$. 表 10-2 中列出了不同种类理想气体的分子自由度 $i$，摩尔热容 $C_{V,m}$，$C_{p,m}$ 和摩尔热容比 $\gamma$ 的理论值.

**表 10-2　理想气体分子自由度、摩尔热容和摩尔热容比的理论值**

| 气体种类 | 自由度 $i=t+r$ | 定容摩尔热容 $C_{V,m}$/[J/(mol · K)] | 定压摩尔热容 $C_{p,m}$[J/(mol · K)] | 摩尔热容比 $\gamma$ |
|---|---|---|---|---|
| 单原子分子气体 | $i=3+0=3$ | $\frac{3}{2}R=1.5R$ | $\frac{5}{2}R=2.5R$ | 1.67 |
| 刚性双原子分子气体 | $i=3+2=5$ | $\frac{5}{2}R=2.5R$ | $\frac{7}{2}R=3.5R$ | 1.40 |
| 刚性多原子分子气体 | $i=3+3=6$ | $\frac{6}{2}R=3R$ | $\frac{8}{2}R=4R$ | 1.33 |

**例题 10-2　理想气体在等容过程和等压过程中吸收的热量**

一气缸内储有质量为 12g 的氦(He)气，温度为 300K.

(1) 在气体体积不变的情况下，将氦气加热到温度为 500K，问它吸收的热量为多少？

(2) 如果在压强不变的条件下对氦气加热，使它的温度也提高到 500K，问它吸收的热量为多少？

**解** (1) 氦的摩尔质量$\mu = 4.0\times10^{-3}$kg,所以 12g 氦气的摩尔数为$\nu = 3.00$mol. 氦气是单原子分子气体，它的定容摩尔热容和定压摩尔热容分别为

$$C_{V,m} = \frac{3}{2}R = 12.5\text{J/(mol}\cdot\text{K)}$$

$$C_{p,m} = \frac{5}{2}R = 20.8\text{J/(mol}\cdot\text{K)}$$

因此当温度升高$\Delta T$=500−300=200(K)时，气缸内的氦气在等容条件下吸收的热量为

$$\Delta Q_1 = \nu C_{V,m}\Delta T = 3.00\times12.5\times200 = 7.50\times10^3\text{(J)}$$

(2) 同样当温度升高$\Delta T$=200K 时，气缸内的氦气在等压条件下吸收的热量为

$$\Delta Q_2 = \nu C_{p,m}\Delta T = 3.00\times20.8\times200 \approx 12.5\times10^3\text{(J)}$$

可见，等压条件下氦气吸收的热量多于等容条件下吸收的热量，多吸收的热量转换为对外界做的功

$$W = \Delta Q_2 - \Delta Q_1 = 5.00\times10^3\text{J}$$

即在等压条件下，氦气将吸收热量的 40%用于对外做功. 而两种情况下氦气内能的增量均为

$$\Delta U = \nu C_{V,m}\Delta T = 7.50\times10^3\text{J}$$

## 例题 10-3 水变为水蒸气时内能的变化

1g 纯水在标准大气压$p_0$=1.013×$10^5$Pa 下的体积为 1cm$^3$，当它完全变为水蒸气时，体积就增大为 1671cm$^3$. 计算温度为 100℃的 1g 纯水变为同温度水蒸气时内能的变化.

**解** 纯水在标准大气压下的汽化热 $L_y$=2.26×$10^6$J/kg. 所以温度为 100℃的 1g 纯水变为同温度的水蒸气时需要吸收的热量为

$$Q = mL_y = \left(1\times10^{-3}\right)\left(2.26\times10^6\right) = 2.26\times10^3\text{J}$$

体积膨胀对外界做的功为

$$W = p_0\Delta V = \left(1.013\times10^5\right)\left(1671\times10^{-6}\right) \approx 169\text{J}$$

所以内能的增量为

$$\Delta U = Q - W = 2.09\times10^3\text{J}$$

可见，水将吸收热量的大部分(93%)用于增加内能，只有一小部分(7%)用来对外界做功.

## 例题 10-4 铜块加热过程中的功、热和内能的变化

质量为 1kg 的铜块在 1.013×$10^5$Pa 的压强下被加热，温度从 20℃升高到 50℃，求：

(1) 加热过程中铜块对外界做的功；

(2) 加热过程中铜块吸收的热量；

(3) 铜块在加热过程中内能的变化.

**解** (1) 铜的密度 $\rho$=8.92×$10^3$kg/m$^3$，所以质量为 1kg 铜块的体积为

$$V = \frac{1}{8.92 \times 10^3} \approx 1.12 \times 10^{-4} (\mathrm{m}^3)$$

铜块在加热后的体积变化可由式$\Delta V=\gamma V\Delta T$ 来计算，其中铜的体胀系数$\gamma$是其线胀系数$\alpha$的三倍. 查得铜的线胀系数$\alpha=1.7\times10^{-5}℃^{-1}$，所以加热前后铜块的体积增量

$$\Delta V = 3\left(1.7 \times 10^{-5}\right)\left(1.12 \times 10^{-4}\right)\left(50 - 20\right) \approx 1.71 \times 10^{-7} (\mathrm{m}^3)$$

因为是等压膨胀，所以铜块加热时对外界做的功为

$$W = p\Delta V = \left(1.013 \times 10^5\right)\left(1.72 \times 10^{-7}\right) \approx 1.74 \times 10^{-2} (\mathrm{J})$$

(2) 铜的比热容 $c$=387J/(kg · ℃)，因此铜块吸收的热量为

$$Q = mc\Delta T = 1 \times 387 \times \left(50 - 20\right) \approx 1.16 \times 10^4 (\mathrm{J})$$

(3) 由热力学第一定律，铜块内能的增量为

$$\Delta U = Q - W = 1.16 \times 10^4 \,\mathrm{J}$$

可见，由于铜块在温度上升时体积几乎不变，所以它将吸收的热量几乎全部转变成了内能. 因此，固体、液体在热膨胀过程中所做的功可以忽略不计.

## 10.3 热力学第一定律对理想气体等值过程的应用

理想气体的等值过程是指当气体的状态发生变化时，三个状态参量 $p$，$V$，$T$ 中有一个保持不变的过程.

### 1. 等容过程

等容过程(又称等体过程)的特征是气体的体积在过程的进行中保持不变，即 $V$=常量，或 $\mathrm{d}V=0$.

◀ 等容过程

如图 10-7a 所示，设气缸内有一定量的理想气体，在保持气缸体积不变的情况下，将气缸连续地与一系列温度增加但只有微小温差的恒温热源进行接触，使气缸内的气体从各恒温热源吸热，温度缓慢上升，并且压强逐渐升高，即让气缸内的气体经历一个准静态的等容升温(或升压)过程从初态 I 变化到末态 II，其过程曲线如图 10-7b 所示，为一条垂直于 $V$ 轴的直线，称为**等容线**.

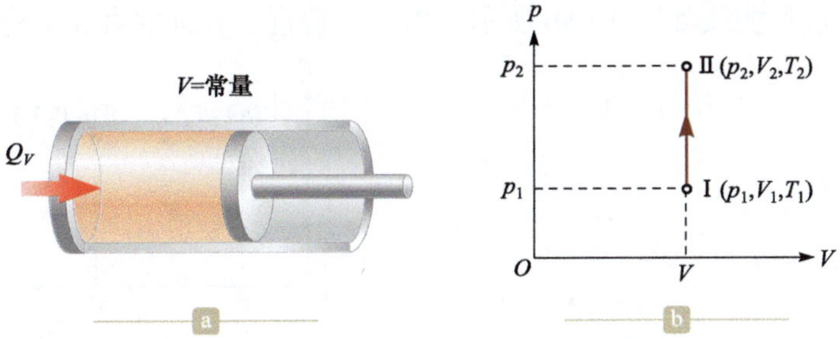


图 10-7 理想气体的等容膨胀过程. a. 气体体积不变($V_1$=常量)，从外界吸热($Q_V$>0)，内能增加($\Delta U$>0)，气体不做功($W$=0). b. 等容膨胀过程的 $p$-$V$ 图

根据理想气体的状态方程，因为等容过程中气体的体积不变，因此气体的压强与温度成正比，即

等容过程方程 ▶

$$\frac{p}{T}=\text{常量} \tag{10-15}$$

上式称为**等容过程方程**.

由于等容过程中 $dV=0$，所以在等容过程中气体不对外界做功，这一结果也可以从图 10-7b 中看出，即

$$W_V=\int_{V_1}^{V_2} p\mathrm{d}V=0 \tag{10-16}$$

根据定容摩尔热容的定义，质量为 $M$ 的理想气体经历准静态等容过程时吸收的热量等于

$$Q_V=\frac{M}{\mu}C_{V,m}(T_2-T_1)=\nu C_{V,m}(T_2-T_1) \tag{10-17}$$

由热力学第一定律，因等容过程不做功，所以系统内能的变化等于系统与外界交换的热量，即

$$\Delta U=\frac{M}{\mu}C_{V,m}(T_2-T_1)=\nu C_{V,m}(T_2-T_1) \tag{10-18}$$

由上面的讨论可见，当理想气体经历一个等容升温(或升压)过程(图 10-7)时，系统的内能增加，增加的内能全部来自于系统从外界吸收的热量；如果系统经历一个等容降温(或降压)过程，则系统内能的减少等于系统向外界放出的热量.

需要说明的是，由于等容过程中气体内能的增量等于吸收的热量，所以内能计算式(10-18)中出现定容摩尔热容 $C_{V,m}$. 但这并不表示式(10-18)只适用于等容过程. 因为理想气体的内能的变化只与温度有关，与系统经历的过程无关，所以对一定量的某种理想气体，只要温度的变化$\Delta T=T_2-T_1$一定，气体经历任何过程(包括非准静态过程)时内能的增量都可以用式(10-18)计算.

等压过程 ▶

## 2. 等压过程

等压过程的特征是气体的压强在过程的进行中保持不变，即 $p$=常量或 $dp=0$.

如图 10-8a 所示，设气缸内有一定量的理想气体，在保持作用在活塞上的压强不变的情况下，将气缸连续地与一系列温度增加但只有微小温差的恒温热源进行接触，使气缸内的气体从各恒温热源吸热，温度缓慢上升，体积逐渐膨胀，即让气缸内的气体经历一个准静态的等压膨胀(或等压升温)过程从初态 I 变化到末态 II，其过程曲线如图 10-8b 所示，为一条垂直于 $p$ 轴的直线，称为**等压线**.

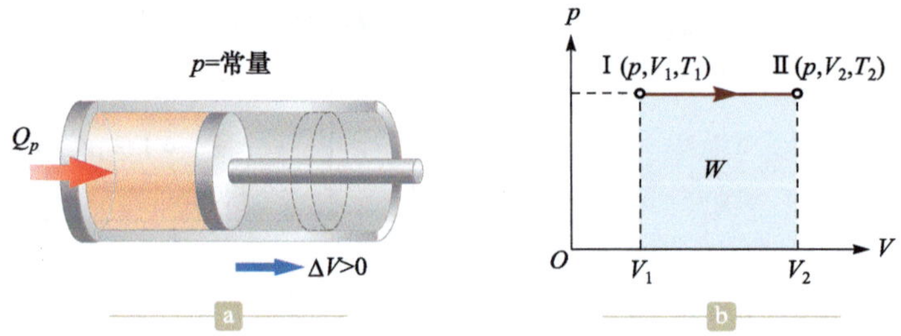


图 10-8 理想气体的等压膨胀过程. a. 气体压强不变($p$=常量)，从外界吸热($Q_p>0$)，内能增加($\Delta U>0$)，对外界做功($W_p>0$). b. 等压膨胀过程的 $p$-$V$ 图

根据理想气体的状态方程，因为等压过程中气体的压强不变，因此气体的体积与温度成正比，即

$$\frac{V}{T}=\text{常量} \tag{10-19}$$

◀ 等压过程方程

上式称为**等压过程方程**.

根据准静态过程做功的公式及图 10-8b 可见，等压过程中气体所做的功为

$$W_p=\int_{V_1}^{V_2} p\mathrm{d}V=p(V_2-V_1) \tag{10-20}$$

根据理想气体的状态方程,在不知道Ⅰ、Ⅱ两个状态体积 $V_1$ 和 $V_2$ 的情况下，等压过程的功也可以由始末状态的温度 $T_1$ 和 $T_2$ 表示为

$$W_p=\frac{M}{\mu}R(T_2-T_1)=\nu R(T_2-T_1) \tag{10-21}$$

根据定压摩尔热容的定义，质量为 $M$ 的理想气体经历准静态等压过程时与外界交换的热量为

$$Q_p=\frac{M}{\mu}C_{p,m}(T_2-T_1)=\nu C_{p,m}(T_2-T_1) \tag{10-22}$$

所以根据热力学第一定律，等压过程中气体内能的增量为

$$\Delta U=Q_p-W_p=\frac{M}{\mu}(C_{p,m}-R)(T_2-T_1)$$

即

$$\Delta U=\frac{M}{\mu}C_{V,m}(T_2-T_1)=\nu C_{V,m}(T_2-T_1) \tag{10-23}$$

由上面的讨论可见，当理想气体经历一个等压膨胀(或等压升温)过程(图 10-8)时，系统从外界吸收的热量，部分转换为气体的内能，部分为气体对外界所做的功；如果气体经历一个等压压缩(或等压降温)过程，则外界对系统做功，系统的内能减少，同时向外界放热.

比较式(10-21)～式(10-23)，可以得到如下关系：

$$C_{p,m}=C_{V,m}+R$$

上式即为迈耶公式.

### 3. 等温过程

等温过程的特征是气体的温度在过程的进行中保持不变，即 $T$=常量，或 $\mathrm{d}T=0$.

◀ 等温过程

如图 10-9a 所示，设想一个装有一定量理想气体的气缸底部是绝对导热的，而其侧壁是完全不导热的，气缸的底部与一个恒温热源保持良好的热接触，使气缸内的气体能够迅速地与热源交换热量. 将外界作用于活塞上的压强缓慢降低，使气体缓慢地膨胀，压强逐渐下降，但由于气体能够与热源迅速交换热量，所以气体的温度始终保持与恒温热源的温度相等. 气体经历一个准静态的等温膨胀(或等温降压)过程从初态Ⅰ变化到末态Ⅱ，其过程曲线如图 10-9b 所示，为 $p$-$V$ 图上的一条双曲线，称为**等温线**.

根据理想气体的状态方程，因为等温过程中气体的温度不变，所以气体的压

强与体积成反比，即

等温过程方程 ▶

$$pV = 常量 \tag{10-24}$$

上式称为**等温过程方程**.

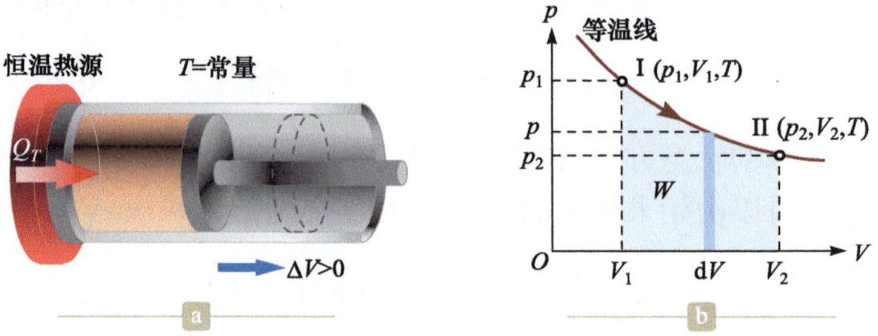


图 10-9 理想气体的等温膨胀过程. a. 气体温度不变($T$=常量)，从恒温热源吸热($Q_T>0$)，内能不变($\Delta U=0$)，对外界做功($W_T>0$). b. 等温膨胀过程的 $p$-$V$ 图(等温线)

由于理想气体的内能只与温度有关，所以气体在等温过程中的内能保持不变，即

$$\Delta U = 0 \tag{10-25}$$

所以等温过程中功与热量相等，根据热力学第一定律和理想气体的状态方程，得

$$W_T = Q_T = \int_{V_1}^{V_2} p\mathrm{d}V = \frac{M}{\mu}RT\int_{V_1}^{V_2}\frac{\mathrm{d}V}{V}$$

由上式，得

$$W_T = Q_T = \frac{M}{\mu}RT\ln\frac{V_2}{V_1} = \nu RT\ln\frac{V_2}{V_1} \tag{10-26}$$

由等温过程方程，得 $V_2/V_1=p_1/p_2$，所以上式也可以写为

$$W_T = Q_T = \frac{M}{\mu}RT\ln\frac{p_1}{p_2} = \nu RT\ln\frac{p_1}{p_2} \tag{10-27}$$

由上面的讨论可见，当理想气体经历一个等温膨胀(或等温降压)过程(图 10-9)时，系统从外界吸收的热量全部转换为气体对外所做的功；如果气体经历一个等温压缩(或等温升压)过程，外界对气体所做的功全部以热量的形式向外界放出.

**例题 10-5　热力学第一定律对理想气体等值过程的应用**

一个带有活塞的气缸内储有质量 $M=2.8\times10^{-3}$kg 的氮气，初态时其压强 $p=p_0$($p_0=1.013\times10^5$Pa 为标准大气压强)，温度 $T_1$=300K. 先在体积不变的情况下加热氮气，使其压强增至 $3p_0$；再经等温膨胀过程使氮气的压强回到 $p_0$；最后经等压压缩将氮气的体积压缩一半，如图 10-10 所示. 求每一分过程和整个过程中氮气吸收的热量、内能的增量和所做的功.

**解**　氮的摩尔质量为$\mu = 28\times10^{-3}$kg，所以气缸中氮气的量为$\nu = 0.1$mol. 氮气为双原子分子气体，其定容摩尔热容 $C_{V,m}=5R/2$，定压摩尔热容 $C_{p,m}=7R/2$.

① 由状态 1 到状态 2 的等容升温过程. 根据等容过程方程，状态 2 的温度为

$$T_2 = \frac{p_2}{p_1}T_1 = 3T_1 = 900\text{K}$$

等容过程气体不做功，即

$$W_1 = 0$$

所以氮气内能的增加等于系统从外界吸收的热量

$$\Delta U_1 = Q_1 = \nu C_{V,m}(T_2 - T_1) = 0.1 \times \frac{5}{2} \times 8.31 \times 600 \approx 1247(\text{J})$$

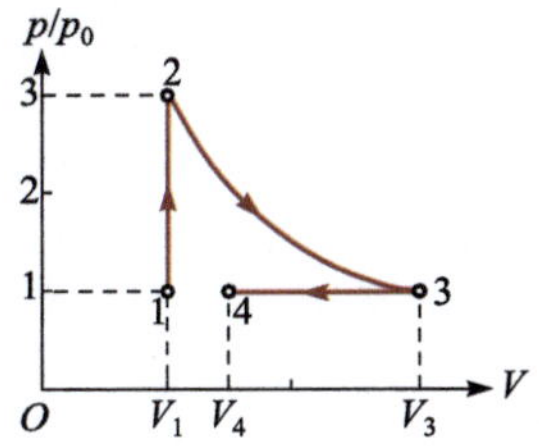


图 10-10 1→2 为等容升温过程；2→3 为等温膨胀过程；3→4 为等压压缩过程

② 由状态 2 到状态 3 的等温膨胀过程. 等温过程温度不变，即 $T_3=T_2$，所以系统的内能不变，即

$$\Delta U_2 = 0$$

所以氮气在等温膨胀过程中对外界做的功等于系统从外界吸收的热量

$$W_2 = Q_2 = \nu R T_2 \ln\frac{p_2}{p_3} = 0.1 \times 8.31 \times 900 \times \ln 3 \approx 822(\text{J})$$

③ 由状态 3 到状态 4 的等压压缩过程. 根据等压过程方程，状态 4 的温度为

$$T_4 = \frac{V_4}{V_3}T_3 = \frac{T_3}{2} = 450\text{K}$$

所以外界对氮气做的功、氮气内能的增量和氮气向外界放出的热量分别为

$$W_3 = \nu R(T_4 - T_3) = 0.1 \times 8.31 \times (-450) \approx -374(\text{J})$$

$$\Delta U_3 = \nu C_{V,m}(T_4 - T_3) = 0.1 \times \frac{5}{2} \times 8.31 \times (-450) \approx -935(\text{J})$$

$$Q_3 = \nu C_{p,m}(T_4 - T_3) = 0.1 \times \frac{7}{2} \times 8.31 \times (-450) \approx -1309(\text{J})$$

整个过程系统对外界做的功为

$$W = W_1 + W_2 + W_3 = 448\text{ J}$$

内能的增量为

$$\Delta U = \Delta U_1 + \Delta U_2 + \Delta U_3 = 312\text{ J}$$

内能增量也可以用 1、4 两个状态的内能差计算

$$\Delta U = \nu C_{V,m}(T_4 - T_1) = 0.1 \times \frac{5}{2} \times 8.31 \times (450 - 300) \approx 312\text{ J}$$

整个过程从外界吸收的热量为

$$Q = Q_1 + Q_2 + Q_3 = 760\text{J}$$

或利用热力学第一定律

$$Q = \Delta U + W = 760\text{J}$$

## 10.4 理想气体的绝热过程

◀ 绝热过程

**绝热过程**是指在过程进行时系统和外界没有热量交换的过程，即 $Q$=0. 由于完全不导热的物质是找不到的，所以实际的热力学系统不可能做到绝对隔热，真正的绝热过程是不存在的. 但只要系统隔热良好或过程进行得很快，过程进行中系统和外界没有明显的热量交换，则过程可以近似地看作是绝热的. 比如声波在

传播时引起空气的膨胀和压缩，内燃机中燃料气体的爆炸式膨胀等，都因为进行得很快，来不及与周围交换热量，可近似看作绝热过程. 下面我们以理想气体的准静态绝热膨胀过程为例进行讨论.

如图 10-11a 所示，设一个装有一定量理想气体的气缸被理想的隔热材料与外界隔离，使系统与外界没有热交换，气缸内气体的压强高于外界，气体缓慢推动活塞并对外界做功，使气体的压强逐渐下降，由于系统不能从外界吸热，所以气体的内能减少，温度逐渐降低. 气体经历一个准静态的绝热膨胀过程从初态 I 变化到末态 II，其过程曲线如图 10-11b 所示，称为**绝热线**.

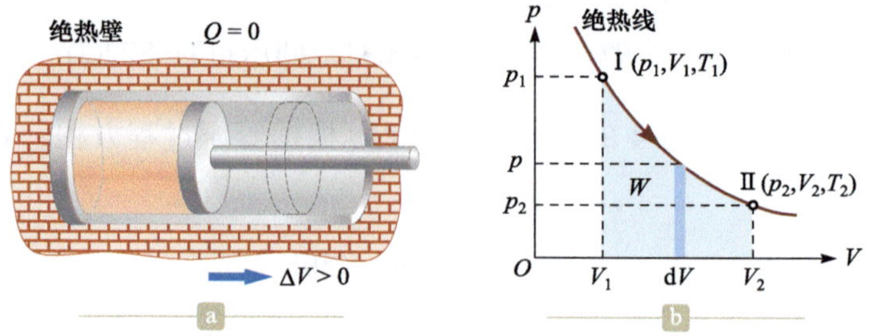


图 10-11 理想气体的绝热膨胀过程. a. 系统被绝热壁包围($Q=0$)，对外做功($W>0$)，内能减少($\Delta U<0$). b. 绝热膨胀过程的 $p$-$V$ 图(绝热线)

因为在绝热过程中 $Q=0$，所以根据热力学第一定律有

$$W_Q = -\Delta U$$

或

$$W_Q = -\frac{M}{\mu}C_{V,m}\left(T_2 - T_1\right) = -\nu C_{V,m}\left(T_2 - T_1\right) \tag{10-28}$$

利用理想气体的状态方程和摩尔热容比$\gamma$，理想气体在绝热过程中做的功还可以表示为

$$W_Q = \frac{1}{\gamma - 1}\left(p_1V_1 - p_2V_2\right) \tag{10-29}$$

式(10-28)说明，绝热过程中系统所做的功完全来自于系统内能的变化. 当气体做绝热膨胀时，气体对外所做的功等于其内能的减少，因此气体的温度下降. 根据理想气体状态方程 $pV=\nu RT$ 可知，气体的压强也减小；反之，当气体做绝热压缩时，外界对系统所做的功等于系统内能的增加，因此气体的温度上升，压强也增大. 可见，与理想气体等值过程不同，在绝热过程中，气体的压强 $p$、体积 $V$ 和温度 $T$ 都是变量. 接下来推导绝热过程的状态方程(即三个状态参量中两两之间的关系).

根据热力学第一定律，对绝热过程有 $\mathrm{d}W=-\mathrm{d}U$，即

$$p\mathrm{d}V = -\nu C_{V,m}\mathrm{d}T \tag{10-30}$$

对理想气体状态方程 $pV=\nu RT$ 两边求微分，有

$$p\mathrm{d}V + V\mathrm{d}p = \nu R\mathrm{d}T \tag{10-31}$$

将式(10-30)和式(10-31)消去 $T$，可得

$$\frac{\mathrm{d}V}{V}\left(1+\frac{R}{C_{V,m}}\right)+\frac{\mathrm{d}p}{p}=0 \tag{10-32}$$

因为

$$1+\frac{R}{C_{V,m}}=\frac{C_{V,m}+R}{C_{V,m}}=\frac{C_{p,m}}{C_{V,m}}=\gamma$$

所以式(10-32)可以写为

$$\frac{\mathrm{d}p}{p}+\gamma\frac{\mathrm{d}V}{V}=0$$

对上式积分，得

$$\ln p+\gamma\ln V=\text{常量}$$

从而得到绝热过程中压强 $p$ 与体积 $V$ 之间的关系为

$$pV^{\gamma}=\text{常量} \tag{10-33}$$

◀ 绝热过程的三个过程方程

也可以利用理想气体状态方程消去式(10-30)中的 $V$ 或 $p$，得到

$$TV^{\gamma-1}=\text{常量} \tag{10-34}$$

$$p^{\gamma-1}T^{-\gamma}=\text{常量} \tag{10-35}$$

式(10-33)～式(10-35)给出了理想气体绝热过程中三个状态参量中任意两个之间的变化关系，称为**绝热过程方程**. 注意，上面三个方程中的常量是不相等的.

**例题 10-6　等温过程和绝热过程的比较**

(1) 设一个气缸内有 1mol 理想气体，在温度 $t_1$= 553℃时的体积 $V_1$=60cm³，压强 $p_1$=37.6atm. 经绝热膨胀过程后，体积变为 $V_2$=800cm³，求这时气体的压强、温度和过程中对外界做的功；

(2) 如果气体经等温膨胀过程体积变为上述的 $V_2$，这时气体的压强和过程中对外做的功为多少？(设气缸内的气体为理想气体，摩尔热容比 $\gamma$=1.40. )

**解**　(1) 气体初态时的温度 $T_1=t_1+273=826\text{K}$. 由绝热过程方程式(10-33)，得

$$p_1V_1^{\gamma}=p_2V_2^{\gamma}$$

所以，气体经过绝热膨胀过程后的压强为

$$p_2=\left(\frac{V_1}{V_2}\right)^{\gamma}p_1=\left(\frac{60}{800}\right)^{1.40}\times37.6=1.0\text{atm}$$

再由绝热过程方程(10-34)，得绝热膨胀过程后的温度为

$$T_2=\left(\frac{V_1}{V_2}\right)^{\gamma-1}T_1=\left(\frac{60}{800}\right)^{0.40}\times826=293(\text{K})=20(℃)$$

由式(10-28)，气体经绝热膨胀过程对外做的功为

$$W_1=-\nu C_{V,m}(T_2-T_1)=-1\times\frac{5}{2}R\times(293-826)=1.11\times10^4(\text{J})$$

可见气体在绝热膨胀时，由于不能从外界吸热，气体对外界做的功全部来自于内能的减少，所以温度会下降. 本题中，经绝热过程体积膨胀了 13.3 倍，温度下降了 533℃.

(2) 如果气体经历等温过程，则根据等温过程方程，有

温度高达 100℃以上的热蒸汽从压力锅顶端的泄压口喷出时，因为没有足够时间与周围环境交换热量，所以过程接近于绝热. 当蒸汽快速膨胀时，其温度迅速下降，所以厨师的手感觉喷出的蒸汽是凉的

$$p_2' = \frac{V_1}{V_2} p_1 = 2.82\text{atm}$$

再根据式(10-27)，得气体经等温膨胀过程对外做的功为

$$W_2' = \nu RT_1 \ln\frac{p_1}{p_2'} = 1\times 8.31\times 826\times \ln\frac{37.6}{2.82} = 1.78\times 10^4(\text{J})$$

由上面的例题可见，一定量理想气体从同一状态出发，分别经过绝热过程和等温过程膨胀到同一体积时，经绝热过程后的压强低于等温过程，对外界做的功也小于等温过程，这些结果也可以从比较这两个过程的过程曲线看出. 根据绝热过程方程 $pV^{\gamma}$=常量，可得绝热线在某平衡态 $A$ 的斜率为

$$\left(\frac{\mathrm{d}p}{\mathrm{d}V}\right)_A = -\gamma\frac{p_A}{V_A} \tag{10-36}$$

而由等温过程方程 $pV$=常量，得等温线在同一平衡态 $A$ 的斜率为

$$\left(\frac{\mathrm{d}p}{\mathrm{d}V}\right)_A = -\frac{p_A}{V_A} \tag{10-37}$$

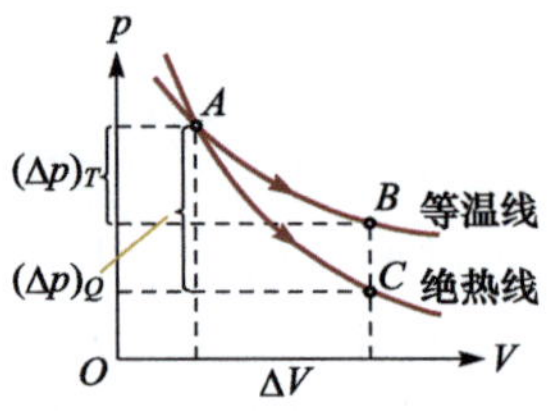


图 10-12 经过 $p$-$V$ 图上同一点 $A$ 的绝热线要比等温线更陡峭一些，在增加相同体积的情况下，绝热过程压强下降较多，对外做功较少

因为对任何气体而言，都有$\gamma>1$，所以绝热线在 $A$ 点斜率的绝对值大于等温线在该点的斜率，说明绝热线比等温线更陡峭一些，如图 10-12 所示. 这可以从两个过程的特点解释如下：一定量的理想气体从状态 $A$ 出发，体积都膨胀了$\Delta V$，则无论经过等温膨胀过程还是绝热膨胀过程，气体的压强都要下降. 由理想气体状态方程 $p=nkT$，对于等温膨胀过程，因为温度 $T$ 不变，所以压强的下降$(\Delta p)_T$只是体积的增大(即分子数密度 $n$ 减小)而引起的；而对于绝热膨胀过程，压强的下降$(\Delta p)_Q$除了因为体积的增大外，还因为温度 $T$ 的下降. 因此，在膨胀相同体积$\Delta V$ 的情况下，绝热过程比等温过程压强下降得更多. 由于过程曲线下的面积为系统所做的功，所以绝热膨胀过程对外做的功也要小于等温过程.

到目前为止，我们已经介绍了理想气体的三个等值过程和绝热过程，由于相关的公式比较多，所以将这些公式集中列于表 10-3 中，以便查阅比较.

表 10-3 理想气体等值过程和绝热过程公式表

| 过程 | 过程方程 | 吸收热量 | 对外做功 | 内能增量 |
|---|---|---|---|---|
| 等容 | $\frac{p}{T}$ = 常量 | $\frac{M}{\mu}C_{V,m}(T_2-T_1)$ | 0 | $\frac{M}{\mu}C_{V,m}(T_2-T_1)$ |
| 等压 | $\frac{V}{T}$ = 常量 | $\frac{M}{\mu}C_{p,m}(T_2-T_1)$ | $p(V_2-V_1)$<br>或 $\frac{M}{\mu}R(T_2-T_1)$ | $\frac{M}{\mu}C_{V,m}(T_2-T_1)$ |
| 等温 | $pV$ = 常量 | $\frac{M}{\mu}RT\ln\frac{V_2}{V_1}$<br>或 $\frac{M}{\mu}RT\ln\frac{p_1}{p_2}$ | $\frac{M}{\mu}RT\ln\frac{V_2}{V_1}$<br>或 $\frac{M}{\mu}RT\ln\frac{p_1}{p_2}$ | 0 |
| 绝热 | $pV^{\gamma}$ = 常量<br>$TV^{\gamma-1}$ = 常量<br>$p^{\gamma-1}T^{-\gamma}$ = 常量 | 0 | $-\frac{M}{\mu}C_{V,m}(T_2-T_1)$<br>或 $\frac{p_1V_1-p_2V_2}{\gamma-1}$ | $\frac{M}{\mu}C_{V,m}(T_2-T_1)$ |

# 10.5　循环过程　卡诺循环

## 1. 循环过程

由热力学第一定律可知，热量和功是可以互相转化的，但这种转化不是直接的，而是必须依靠热力学系统才能完成. 在实际应用中，许多机器都可以源源不断地将热量转化为机械功，比如蒸汽机、内燃机、喷气式发动机等. 首先，系统从外界吸收热量使系统的内能增加，然后通过膨胀使系统反抗外界对系统的作用力而对外界做功，同时系统的内能下降. 从表面来看，利用理想气体的等温膨胀过程将热量转化为功似乎是最有利的，因为在等温膨胀过程中系统的内能不变，可以将系统从外界吸收的热量完全转化为对外界所做的功. 但实际上，仅仅依靠单一的等温膨胀过程源源不断地对外做功的机器是不实际的！因为随着气体体积的不断增大，其压强会不断下降，当气体的压强下降到与外界压强相等时，气体便不能继续对外做功了. 因此，要使机器能够源源不断地对外做功，必须使系统在做功前的初态和做功后的末态之间不断循环工作才能实现，就好像拳击手在每打出一拳后都会将拳头收回以便再次出拳一样.

为了从能量转化的角度分析热量和功之间转换的效果，我们引入循环过程的概念. 普遍地说，如果一个系统从某一状态出发，经过一系列任意的分过程又回到原来的状态，这样的过程称为**循环过程**(简称**循环**). 以循环过程工作的物质系统称为**工作物质**(简称**工质**)，比如蒸汽机中的工作物质是水蒸气，内燃机中的工作物质是空气和燃油的混合气体等. 工作物质在循环过程中通过吸热和放热、膨胀和压缩使热量和功之间不断转换. 由循环过程的定义可知，在 $p$-$V$ 图上，循环过程应表示为一条闭合的曲线. 如果循环是沿顺时针方向进行的，则该循环称为**正循环**，如图 10-13a 所示；反之，如果循环是沿逆时针方向进行的，则该循环称为**逆循环**，如图 10-13b 所示. 根据热力学第一定律和图 10-13，循环过程有以下两个特点：①由于内能是系统状态的函数，所以当热力学系统经历一个循环回到初态时，系统的内能不变. ②正循环过程中，系统对外界做的功(曲线 $ABC$ 下的面积)大于外界对系统做功的绝对值(曲线 $CDA$ 下面积的大小)，所以系统对外界所做的净功 $W$ 等于循环过程曲线所包围的面积，并且净功为正；由类似分析可知，在逆循环过程中，外界对系统做功的绝对值(曲线 $CBA$ 下面积的大小)大于系统对外做的功(曲线 $ADC$ 下的面积)，所以外界对系统所做净功的绝对值也等于循环过程曲线所包围的面积，但净功为负.

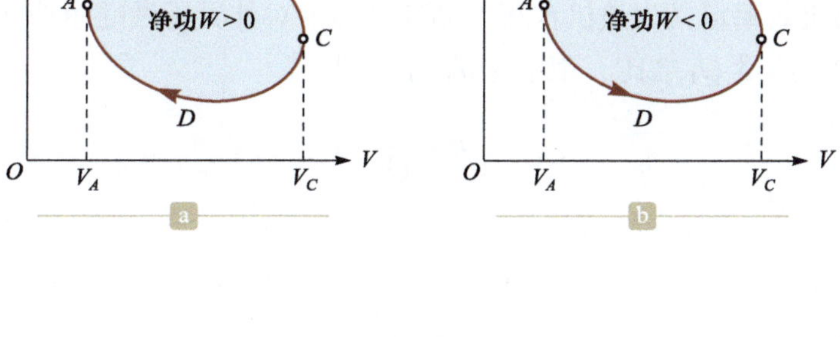


◀ 循环过程

图 10-13　循环过程的 $p$-$V$ 图. a. 工作物质做正循环，系统对外界做的净功 $W>0$. b. 工作物质做逆循环，系统对外界做的净功 $W<0$

## 2. 热机　热机效率

工作物质做正循环的机器称为**热机**，因此正循环也称为**热机循环**. 由于工作物质做正循环时，系统对外界做的功大于外界对系统做功的绝对值，所以热机是将从外界吸收的热量部分转化为机械功的机器. 下面以活塞式蒸汽机为例，介绍一般热机的工作过程. 如图 10-14 所示，将锅炉内的水加热成为水蒸气，水蒸气经过过热器继续加热成为高温高压的蒸汽. 高温高压的水蒸气在气缸内迅速膨胀推动活塞对外做功，做功后水蒸气的温度和压强下降成为废气. 废气进入冷凝器冷却而放出热量并凝结成水. 凝结水再次回到锅炉后进入下一个循环过程. 内燃机也是一种热机，但其使用的燃气不会被反复使用，而是将废气(尾气)排放到大气中. 但内燃机的实际工作过程依然可用循环过程来分析.

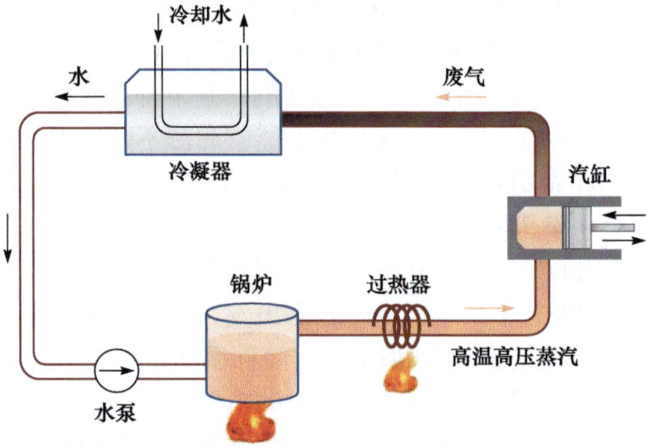


图 10-14　蒸汽机示意图. 锅炉将水加热变成水蒸气，再经过过热器加热后变成高温高压蒸汽送入汽缸对外界做功. 废气经冷凝器冷却后变成水，再经水泵送回锅炉

热机的工作原理可用如图 10-15 所示的能流图来说明. 设有两个可以与工作物质交换热量的热源，温度较高的称为高温热源，其温度用 $T_1$ 表示；温度较低的称为低温热源，其温度为 $T_2$. 内燃机和柴油机等则是将周围环境作为低温热源的. 工作物质在循环过程中从高温热源吸取热量 $Q_1$，将其中的一部分用于对外界做功 $W$，同时向低温热源放出热量 $Q_2$. 按照热力学第一定律中关于热量和功的符号规定，系统对外界做功时 $W$ 为正，系统向外界放热时 $Q_2$ 为负. 但是当我们计算循环的效率或制冷系数时，通常取 $Q_2$ 的绝对值$|Q_2|$. 由于工作物质经历一个循环后要回到它原来的状态，其内能的变化$\Delta U=0$. 由热力学第一定律，可以得到热机在一个循环中对外界所做的净功 $W$ 应等于它在一个循环中吸收的净热量 $Q_1-|Q_2|$，即

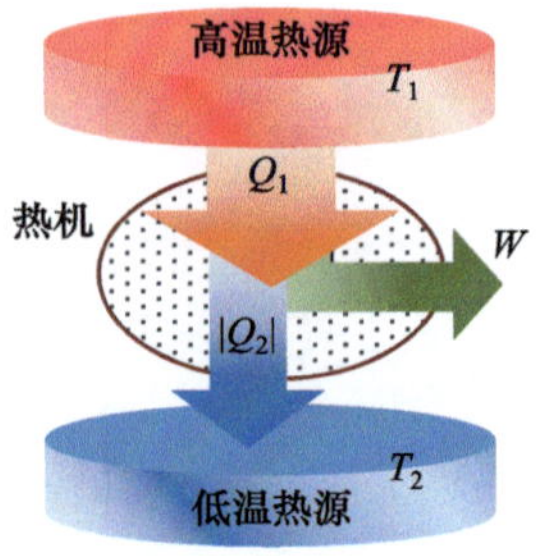


图 10-15　热机的能流图. 工作物质从高温热源吸热 $Q_1$，部分用于对外界做功 $W$，并向低温热源放出热量$|Q_2|$

$$W=Q_1-|Q_2| \tag{10-38}$$

我们总是希望热机尽可能多地将从高温热源吸取的热量 $Q_1$ 转化为对外做的净功 $W$. **热机效率**定义为热机在每一循环过程中对外界所做的净功 $W$ 与它从外界所吸收的总热量 $Q_1$ 之比，用字母 $\eta$ 表示，即

热机的效率 ▶

$$\eta=\frac{W}{Q_1} \tag{10-39}$$

将式(10-38)代入式(10-39)，热机的效率又可表示为

$$\eta = \frac{Q_1 - |Q_2|}{Q_1} = 1 - \frac{|Q_2|}{Q_1} \tag{10-40}$$

理想情况下，我们希望从高温热源吸取的热量可以全部转换为热机对外做的功，在这种情况下 $Q_1=W$ 而$|Q_2|=0$，这时热机的效率为 1(或 100%). 但经验告诉我们这是不可能的，热机在工作时，总是有热量向低温热源放出. 所以，效率为 100%的热机(称为第二类永动机)是不可能实现的. 汽车中使用的内燃机的最高工作效率仅 40%左右!

## 例题 10-7　循环过程的功、热量和效率

设有 1mol 单原子理想气体经历图 10-16 所示的循环过程. 其中 $AB$ 为等温膨胀过程，$BC$ 为等压压缩过程，$CA$ 为等容升温过程. 求：(1)每一循环过程中气体对外界所做的净功 $W$，从外界吸收的热量 $Q_1$ 和向外界放出的热量 $Q_2$；(2)循环的效率$\eta$.

**解**　(1) 根据题意，气体的摩尔数$\nu=1$，定容摩尔热容 $C_{V,m}=3R/2$，定压摩尔热容 $C_{p,m}=5R/2$. 因为 $AB$ 过程系统对外界做功，$BC$ 过程外界对系统做功，而 $CA$ 过程不做功，所以气体在每一个循环过程中对外界所做的净功为

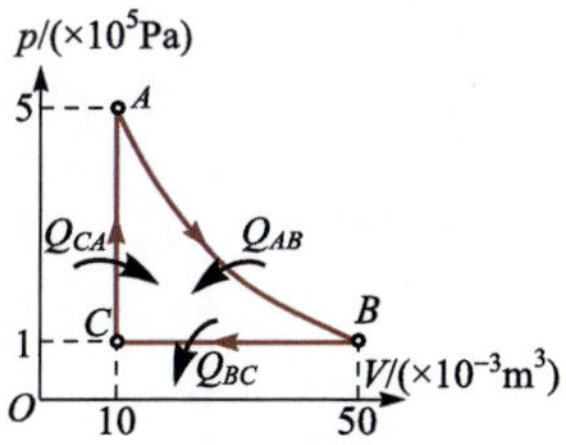


图 10-16　由等温膨胀(吸热)、等压压缩(放热)和等容升温(吸热)过程组成的循环过程

$$W = W_{AB} + W_{BC} = RT_A \ln\frac{V_B}{V_A} - p_B(V_B - V_A)$$

$$= p_A V_A \ln\frac{V_B}{V_A} - p_B(V_B - V_A)$$

$$= (5\times10^5)(10\times10^{-3})\ln 5 - (1\times10^5)(40\times10^{-3}) \approx 4.05\times10^3(\text{J})$$

$AB$ 过程和 $CA$ 过程系统从外界吸热，所以循环过程系统吸收的热量为

$$Q_1 = Q_{AB} + Q_{CA} = W_{AB} + C_{V,m}(T_A - T_C)$$

$$= \left[p_A \ln\frac{V_B}{V_A} + \frac{3}{2}(p_A - p_C)\right]V_A$$

$$= \left[5\times10^5\times\ln 5 + \frac{3}{2}\times(4\times10^5)\right]\times(10\times10^{-3}) \approx 1.40\times10^4(\text{J})$$

$BC$ 过程系统向外界放出热量的大小为

$$|Q_2| = C_{p,m}(T_B - T_C) = \frac{5}{2}(p_B V_B - p_C V_C)$$

$$= \frac{5}{2}\times(1\times10^5)\times(50-10)\times10^{-3} = 1.0\times10^4(\text{J})$$

(2) 循环的效率为

$$\eta = \frac{W}{Q_1} = \frac{4.0\times10^3}{1.4\times10^4} \approx 28.6\,\%$$

## 例题 10-8 奥托循环(Otto cycle)

**奥托循环**又称定容加热循环，它是四冲程汽油机的工作循环. 图 10-17 所示为理想奥托循环过程的 $p$-$V$ 图. 它由四个准静态分过程组成：①一定量理想气体(由空气和汽油组成的混合气体)从体积为 $V_1$ 的状态 $A$ 经绝热压缩过程到达体积为 $V_2$ 的状态 $B$，同时温度升高；②油气混合气体在 $B$ 点被点燃而在极短时间内成为高温、高压气体. 此过程可视为等容升温过程，吸收热量 $Q_1$ 到达状态 $C$；③高温、高压气体经绝热膨胀过程(工作行程)对外界做功，同时温度下降，回到体积为 $V_1$ 的状态 $D$；④做功后的废气经等容降压过程迅速向外界放出热量 $Q_2$ 并回到状态 $A$. 求此循环的效率 $\eta$.

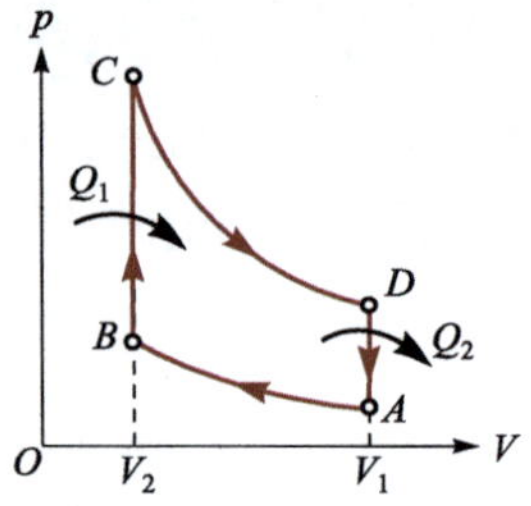

图 10-17 四冲程汽油机的奥托循环. $AB$ 为绝热压缩(外界对系统做功)，$BC$ 为等容升温(吸热)，$CD$ 为绝热膨胀(对外做功)，$DA$ 为等容降温(放热)

**解** 先考虑两个等容过程. 系统仅在从 $B$ 到 $C$ 的等容升温过程中吸热，吸收的热量为

$$Q_1 = \nu C_{V,m}\left(T_C - T_B\right)$$

系统仅在从 $D$ 到 $A$ 的等容降温过程中放热，放出热量的大小为

$$\left|Q_2\right| = \nu C_{V,m}\left(T_D - T_A\right)$$

根据式(10-40)，循环的效率为

$$\eta = 1 - \frac{\left|Q_2\right|}{Q_1} = 1 - \frac{T_D - T_A}{T_C - T_B}$$

再考虑两个绝热过程 $CD$ 和 $AB$，由绝热过程方程得

$$\frac{T_D}{T_C} = \left(\frac{V_2}{V_1}\right)^{\gamma-1}, \quad \frac{T_A}{T_B} = \left(\frac{V_2}{V_1}\right)^{\gamma-1}$$

由此得

$$\frac{T_D}{T_C} = \frac{T_A}{T_B} = \frac{T_D - T_A}{T_C - T_B} = \left(\frac{V_2}{V_1}\right)^{\gamma-1}$$

于是循环的效率可表示为

$$\eta = 1 - \left(\frac{V_2}{V_1}\right)^{\gamma-1}$$

引入压缩比(即气体的最大体积与最小体积之比)$r=V_1/V_2$，则

奥托循环的效率 ▶

$$\eta = 1 - \frac{1}{r^{\gamma-1}} \tag{10-41}$$

可见，奥托循环的效率只由压缩比 $r$ 决定，$r$ 越大，则效率越高. 例如，假设气缸中的燃料气体为理想气体，摩尔热容比 $\gamma = 1.40$，气缸的压缩比 $r = 9$，则理想奥托循环的效率 $\eta$=58%. 但由于摩擦、气缸壁的热耗散、燃料气体的不完全燃烧等因素的存在，实际汽油发动机的效率小于 40%.

目前最先进的家用汽车发动机的最大压缩比 $r$ 可达到 13. 较大的压缩比可提高发动机的效率，从而节省燃油. 但大压缩比发动机容易引起“爆震”现象而降低稳定性，严重时可发生“爆缸”而损坏发动机. 在赛车运动中，为了使发动机产生更大的动力，常采用大压缩比发动机，这就是为什么赛车经常因为发动机爆缸而退出比赛. 家用汽车为了驾驶的安全性和延长发动机的使用寿命，其发动机压缩比通常不超过 10.

### 3. 制冷机　制冷系数

相对于热机而言，我们可以认为**制冷机**(如电冰箱、空调机或热泵等)是沿相反方向循环的热机，即制冷机的工作物质做逆循环，因此逆循环也称为**制冷机循环**. 热机将从高温热源吸取的热量向低温热源放出，而制冷机则相反，它是将从低温热源(如冰箱内部)吸取的热量向高温热源(如冰箱周围的空气)放出；热机有净功向外界输出，而制冷机则需要外界输入净功. 按照热量和功的符号规定，制冷机从低温热源吸取的热量 $Q_2$ 为正，而向高温热源放出的热量 $Q_1$ 和外界对系统所做的净功 $W$ 均为负.

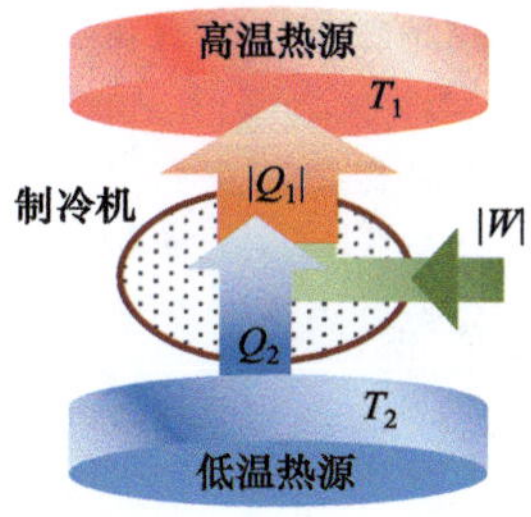


图 10-18　制冷机的能流图. 外界对系统做功 $|W|$，使工作物质从低温热源吸热 $Q_2$，向高温热源放热 $|Q_1|$

制冷机(如电冰箱)的工作原理可用图 10-18 所示的能流图来说明. 由于工作物质经历一个逆循环后要回到它原来的状态，其内能的变化 $\Delta U=0$，所以，根据热力学第一定律，可以得到一个循环中外界对系统所做的净功 $|W|$ 应等于它在一个循环中放出的净热量 $|Q_1|-Q_2$，即

$$|W|=|Q_1|-Q_2 \tag{10-42}$$

可见，制冷机向温度为 $T_1$ 的高温热源放出的热量大小 $|Q_1|$ 总是大于其从温度为 $T_2$ 的低温热源吸取的热量 $Q_2$. 从节能的角度来看，一个好的制冷循环应该是在外界对系统做功尽可能小的情况下从低温热源吸取尽可能多的热量. 因此制冷机的**制冷系数** $\omega$ 被定义为从低温热源吸取的热量 $Q_2$ 与外界对系统所做的净功 $|W|$ 之比，即

制冷机的制冷系数 ▶

$$\omega=\frac{Q_2}{|W|} \tag{10-43}$$

将式(10-42)代入式(10-43)，制冷机的制冷系数又可表示为

$$\omega=\frac{Q_2}{|Q_1|-Q_2} \tag{10-44}$$

由上式可见，制冷系数 $\omega$ 可以大于 1，所以不称它为制冷效率而称为制冷系数.

工程上广泛使用的“热泵”实际上就是制冷机. 我们常用的空调机是制冷机，在夏天使用时，用电驱动压缩机对系统做功，将低温热源(室内空气)的热量传递到高温热源(室外环境)，使低温热源更冷；而在冬天使用时，同样通过压缩机对系统做功，将低温热源(室外环境)的热量传递到高温热源(室内空气)，使高温热源更热，即此时的空调机就是一台热泵.

**例题 10-9　逆向斯特林循环(reversed Stirling cycle)**

**逆向斯特林循环**是回热式制冷机的工作循环. 图 10-19 所示是理想逆向斯特林循环过程的 $p$-$V$ 图. 它由四个分过程组成：①由体积为 $V_1$ 的状态 $A$ 经温度为 $T_1$ 的等温压缩过程到达体积为 $V_2$ 的状态 $B$，并向高温热源放热 $Q_1$；②经等容降压过程到达状态 $C$；③再经温度为 $T_2$ 的等温膨胀过程到达体积为 $V_1$ 的状态 $D$，并从低温热源吸热 $Q_2$；④最后经等容升压过程回到状态 $A$. 求此循环的制冷系数 $\omega$.

**解**　显然，系统在 $DA$ 过程中要从外界吸收热量，而在 $BC$ 过程中要向外界

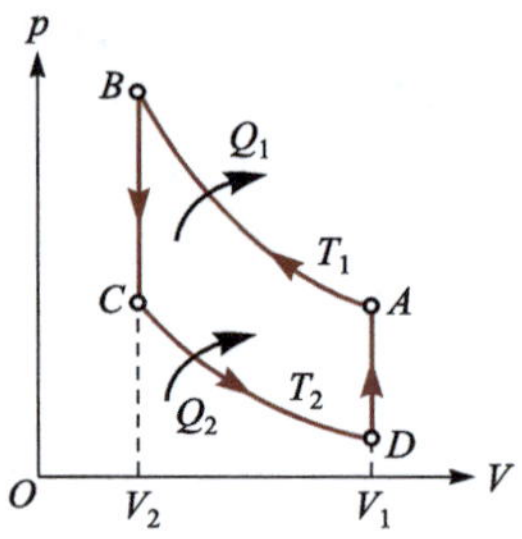


图 10-19 逆向斯特林循环. $AB$ 为等温压缩(放热)，$BC$ 为等容降压(放热)，$CD$ 为等温膨胀(吸热)，$DA$ 为等容升压(吸热，并与 $BC$ 过程放出的热量等值)

放热. 但因为$\Delta T_{DA}=-\Delta T_{BC}$，所以在这两个等容过程中的热量相抵，故称回热式循环，在计算制冷系数时这两部分热量可以不考虑. 系统在从 $A$ 到 $B$ 的等温压缩过程中向高温热源放热的绝对值为

$$|Q_1|=\nu RT_1\ln\frac{V_1}{V_2}$$

在从 $C$ 到 $D$ 的等温膨胀过程中从低温热源吸收的热量为

$$Q_2=\nu RT_2\ln\frac{V_1}{V_2}$$

所以根据式(10-44)，逆向斯特林循环的制冷系数为

$$\omega=\frac{Q_2}{|Q_1|-Q_2}=\frac{T_{\mathrm{C}}}{T_{\mathrm{A}}-T_{\mathrm{C}}}$$

若以上述循环工作的理想热泵从温度为 0℃的室外环境吸取热量，向温度为 27℃的室内房间放热，则此热泵的制冷系数为

$$\omega=\frac{273}{300-273}\approx 10.1$$

### 4. 卡诺循环

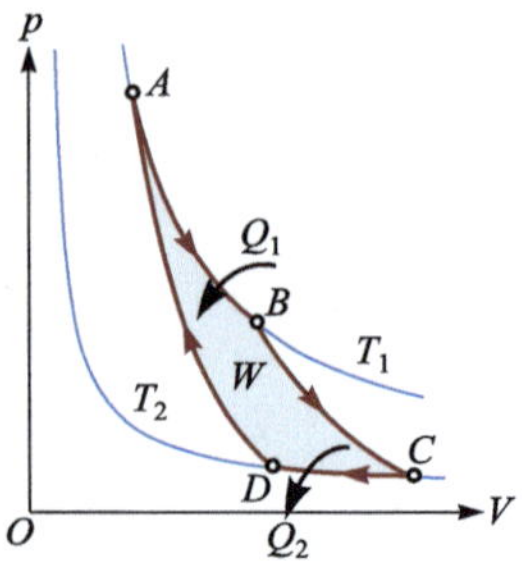


图 10-20 由两个等温过程和两个绝热过程组成的卡诺正循环. 每一循环系统对外界做的净功 $W$ 等于系统从外界吸收的净热量 $Q_1-|Q_2|$

前面提到，效率为 100%的热机是不可能实现的. 那么，如何提高热机的效率以及热机效率的上限是多少呢？在 19 世纪初，热机的效率通常只有 3%～5%，也就是说，超过 95%以上的热量都未被有效利用而浪费掉了. 1824 年法国年轻的工程师萨蒂·卡诺(S. Carnot，1796—1832)提出了一种理想的循环过程，称为**卡诺循环**. 卡诺从理论上证明了卡诺热机的效率是最高的，并为热力学第二定律的建立奠定了基础. 以卡诺正循环工作的热机称为**卡诺热机**，它以理想气体作为工作物质，工作于温度为 $T_1$ 的高温恒温热源和温度为 $T_2$ 的低温恒温热源之间(恒温热源是指无论有多少热量流入或流出热源，热源的温度都保持不变)，并忽略所有摩擦和热损耗. 卡诺循环由两个准静态等温过程和两个准静态绝热过程组成，其过程曲线如图 10-20 所示.

设想在带有可移动活塞的气缸内有一定量的理想气体，气缸壁和活塞是完全隔热的，而气缸的底座由导热良好的材料制成，气体可以通过气缸底座与恒温热源交换热量. 卡诺正循环的具体过程可根据图 10-20 和图 10-21 分析如下.

(1) $A\to B$ 过程是温度为 $T_1$ 的等温膨胀过程. 如图 10-21a 所示，将气缸底座放在温度为 $T_1$ 的高温恒温热源上，气体从高温恒温热源吸取热量 $Q_1$，从体积 $V_A$ 等温膨胀到体积 $V_B$，同时对外界做功 $W_{AB}$. 因等温过程气体内能不变，所以气体吸收的热量 $Q_1$ 等于对外界做的功 $W_{AB}$，即

$$Q_1=W_{AB}=\nu RT_1\ln\frac{V_B}{V_A}\tag{10-45}$$

(2) $B\to C$ 过程为绝热膨胀过程. 如图 10-21b 所示，将气缸底座放在一绝热台上，使气体不能与外界交换热量，气体从体积为 $V_B$ 的状态绝热膨胀到体积 $V_C$，推动活塞对外界做功 $W_{BC}$，同时气体的温度从 $T_1$ 下降到 $T_2$. 根据绝热过程方

程，有

$$T_1V_B^{\gamma-1}=T_2V_C^{\gamma-1} \tag{10-46}$$

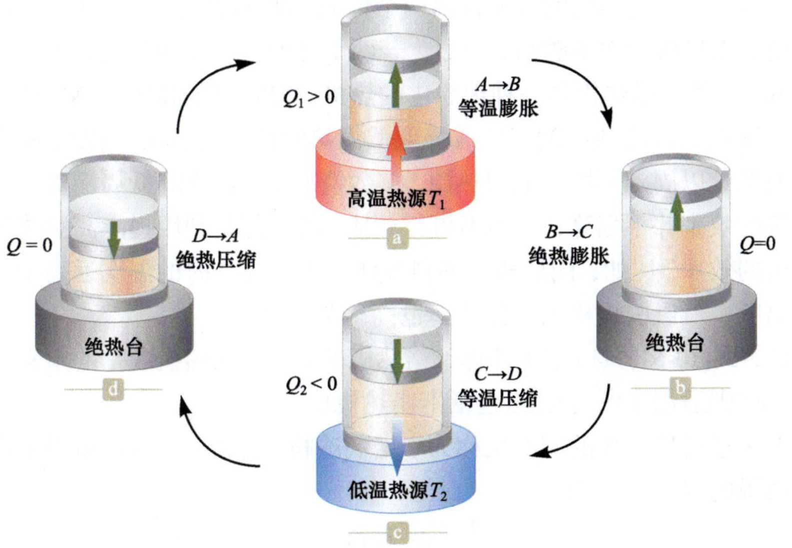


图 10-21　卡诺热机示意图. a. 等温膨胀过程. b. 绝热膨胀过程. c.等温压缩过程. d. 经绝热压缩过程回到初态 $A$

(3) $C\to D$ 过程是温度为 $T_2$ 的等温压缩过程. 如图 10-21c 所示，将气缸底座放在温度为 $T_2$ 的低温恒温热源上，气体通过气缸底座向低温恒温热源放出热量 $|Q_2|$，同时外界对气体做功 $|W_{CD}|$，使气体从体积为 $V_C$ 的状态被等温压缩到体积为 $V_D$ 的状态. 过程中外界对气体所做的功等于气体向低温热源放出的热量，即

$$|Q_2|=|W_{CD}|=\nu RT_2\ln\frac{V_C}{V_D} \tag{10-47}$$

(4) $D\to A$ 过程为绝热压缩过程. 如图 10-21d 所示，气缸底座再次被放在绝热台上，使气体不能与外界交换热量，外界推动活塞对气体做功 $|W_{DA}|$，使气体的体积从 $V_D$ 被绝热压缩到 $V_A$，同时温度从 $T_2$ 上升到 $T_1$ 完成整个循环过程. 根据绝热过程方程，有

$$T_2V_D^{\gamma-1}=T_1V_A^{\gamma-1} \tag{10-48}$$

对两个绝热过程，由式(10-46)和式(10-48)可得

$$\left(\frac{V_C}{V_D}\right)^{\gamma-1}=\left(\frac{V_B}{V_A}\right)^{\gamma-1}$$

所以有

$$\frac{V_C}{V_D}=\frac{V_B}{V_A} \tag{10-49}$$

对两个等温过程，由式(10-45)、式(10-47)和式(10-49)，有

$$\frac{|Q_2|}{Q_1}=\frac{T_2\ln\dfrac{V_C}{V_D}}{T_1\ln\dfrac{V_B}{V_A}}=\frac{T_2}{T_1} \tag{10-50}$$

根据热机循环效率的定义，卡诺热机的效率为

卡诺热机的效率 ▶

$$\eta_{卡} = 1 - \frac{|Q_2|}{Q_1} = 1 - \frac{T_2}{T_1} \tag{10-51}$$

上式表明，卡诺热机的效率仅由两个恒温热源的温度决定. 两个热源的温差越大，则卡诺热机的效率越高；反之，若两个热源的温度越接近，则卡诺热机的效率越低. 尽管卡诺热机是一种理想化的热机，但它对提高实际热机的效率提供了参考，即提高高温热源的温度或降低低温热源的温度都可以提高热机的效率. 热机一般都是以周围环境为低温热源，多数情况下，依靠降低周围环境的温度来提高热机的效率并不划算，因而不可行. 因此通常都是利用提高高温热源的方法提高热机的效率. 比如，内燃机中燃料气体被点燃爆炸时的温度远高于蒸汽机中蒸汽的温度，所以内燃机的工作效率也高于蒸汽机.

注意，式(10-51)只适用于计算卡诺热机的效率，而热机效率的定义式(10-39)和式(10-40)则适用于所有热机(包括卡诺热机).

以卡诺逆循环工作的制冷机称为**卡诺制冷机**，其制冷系数也可以由高温和低温恒温热源的温度表示为

卡诺制冷机的制冷系数 ▶

$$\omega_{卡} = \frac{T_2}{T_1 - T_2} \tag{10-52}$$

**例题 10-10　蒸汽机的理论最大效率**

某蒸汽机锅炉内的温度为 227℃，炉内的水烧成蒸汽后，由蒸汽推动活塞对外界做功，然后将废气排入温度为 27℃的大气环境中. 假设该蒸汽机每一循环吸热 2000J，求该蒸汽机每一循环可以对外界做的最大净功和最大效率.

**解**　以蒸汽机锅炉为高温恒温热源，它的温度用热力学温标表示为 $T_1$=500K，以大气环境为低温恒温热源，温度为 $T_2$=300K. 为了使该蒸汽机对外做功最多和效率最高，它应该按卡诺循环工作. 根据式(10-50)，蒸汽机在每一循环中向大气环境排放的热量为

$$|Q_2| = \frac{T_2}{T_1} Q_1 = \frac{300}{500} \times 2000 = 1200(\mathrm{J})$$

所以每一循环对外界所做的最大净功为

$$W = Q_1 - |Q_2| = 2000 - 1200 = 800(\mathrm{J})$$

这台蒸汽机的最大效率为

$$\eta = 1 - \frac{T_2}{T_1} = 1 - \frac{300}{500} = 40\%$$

或直接根据效率的定义式(10-39)得

$$\eta = \frac{W}{Q_1} = \frac{800}{2000} = 40\%$$

实际的蒸汽机，由于摩擦和热损耗的存在，以及高压蒸汽不是理想气体和循环不是卡诺循环等，效率要比 40%小得多.

# 第 10 章练习题

**10-1** 内能和热量的概念有何不同？下面两种说法是否正确？

(1) 物体的温度越高，热量越多；

(2) 物体的温度越高，内能越大.

**10-2** 如题 10-2 图所示，一定量理想气体的体积从 $V_1$ 膨胀到 $V_2$，分别经历的过程为：$AB$ 等压过程，$AC$ 等温过程，$AD$ 绝热过程. 其中哪个过程气体对外界做功最多？哪个过程从外界吸热最多？哪个过程内能是减少的？

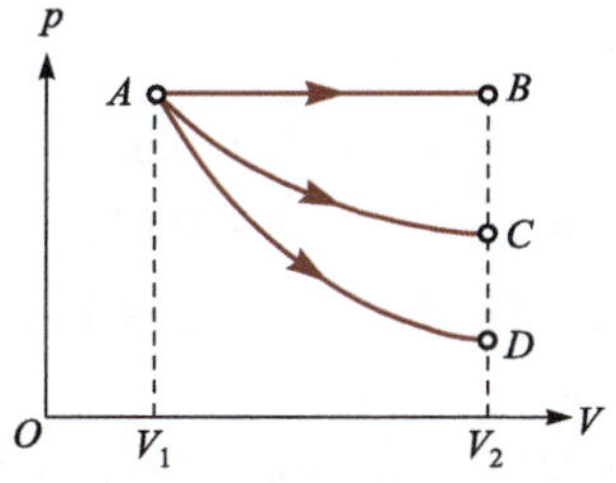


题 10-2 图

**10-3** 对理想气体，下述各过程是否可能发生？

(1) 等容加热时，内能减小，同时压强升高；

(2) 等压压缩时，内能增加，同时吸热；

(3) 等温压缩时，压强升高，同时吸热；

(4) 绝热压缩时，压强升高，同时内能增加.

**10-4** 一定量气体从初态 $I$ 沿题 10-4 图的三条可能途径膨胀至终态 $F$，试计算沿 $IAF$，$IF$ 以及 $IBF$ 膨胀时气体所做的功.

**10-5** 1mol 氢气在等压条件下加热，温度从 300K 升高到 420K. 求：

(1) 该气体吸收的热量；

(2) 内能的增量；

(3) 气体对外做的功.

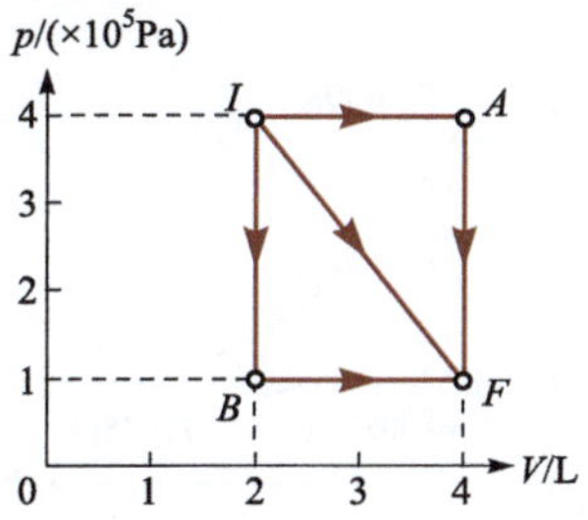


题 10-4 图

**10-6** 1mol 理想气体经历一等温膨胀过程，终态压强为 $1.01\times10^5$Pa，终态体积为 25L，膨胀过程中气体对外界做功 3000J. 求气体的初态体积和气体的温度.

**10-7** 一气缸内储有 10mol 的单原子分子理想气体，在压缩过程中外界做功 209J，气体升温 1K. 求此过程中气体内能的增量和传递的热量.

**10-8** 如题 10-8 图所示，一系统由状态 $I$ 沿 $IAF$ 到达状态 $F$ 时，系统吸热 200J，对外做功 80J. 若沿过程 $IBF$ 到达状态 $F$，则系统吸热 144J. 问：

(1) 系统沿 $IBF$ 过程，做功多少？

(2) 如果系统从状态 $F$ 沿曲线 $FI$ 返回状态 $I$，外界对系统做功 52J，则此过程系统传递的热量是多少？

(3) 如果状态 $I$ 的内能是 40J，那么状态 $F$ 的内能是多少？

(4) 如果状态 $B$ 的内能是 88J，则在 $IB$ 过程和 $BF$ 过程中传递的热量是多少？

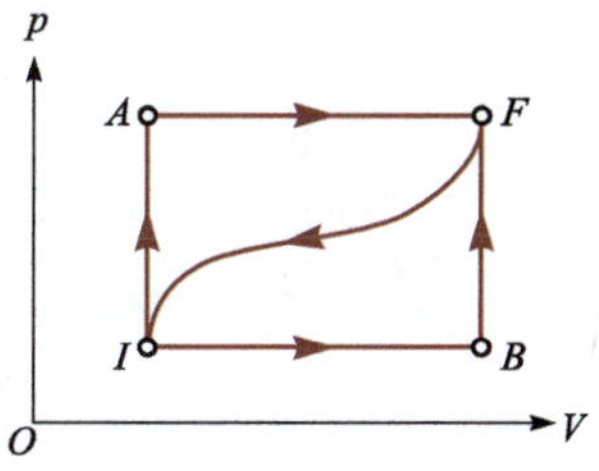


题 10-8 图

**10-9** 已知某单原子气体的定压摩尔热容为 62.3J/K. 求：

(1) 气体的物质的量；

(2) 该气体的定容摩尔热容；

(3) 该气体在温度 350K 时的内能.

**10-10** 一定量双原子分子理想气体的体积和压强按 $pV^2=a$ 的规律变化，其中 $a$ 为已知常量. 求当气体的体积从 $V_1$ 膨胀到 $V_2$ 时，

(1) 气体所做的功；

(2) 内能的变化；

(3) 吸收的热量.

**10-11** 一定量某种理想气体经历题 10-11 图所

示的循环过程，已知气体在状态 $a$ 的温度为 $T_a$=300K，求：

(1) 气体在状态 $b$、$c$ 时的温度；

(2) 各过程中气体对外所做的功；

(3) 经一个循环过程，气体从外界吸收的总热量.

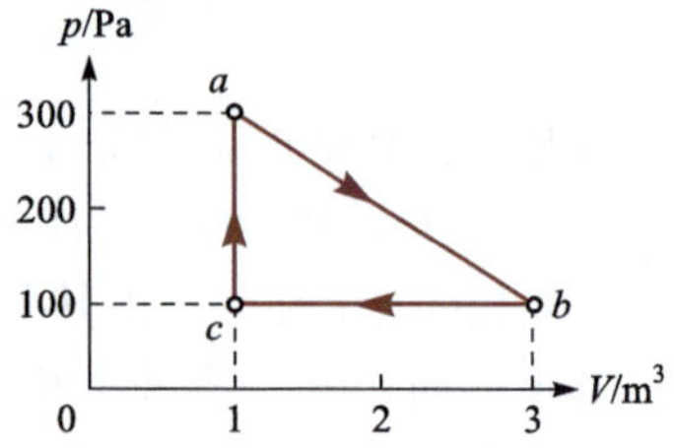


题 10-11 图

**10-12** 对于室温下的双原子分子理想气体，在等压膨胀的情况下，系统对外所做的功与从外界吸收的热量之比 $W/Q$ 等于多少?

**10-13** 一个两端封闭的水平气缸，被一无摩擦活塞分为体积均为 $V_0$ 的左右两室，如题 10-13 图所示. 两室中盛有温度相同，压强均为 $p_0$ 的同种理想气体. 现保持气体温度不变，用外力缓慢移动活塞，使左室气体的体积膨胀为右室的 2 倍，求外力所做的功.

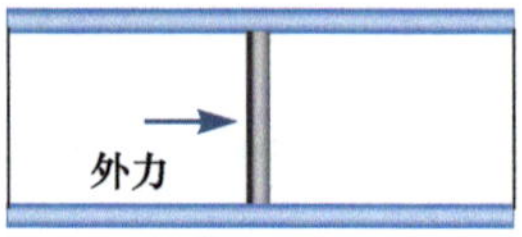


题 10-13 图

**10-14** 1mol 双原子分子理想气体从状态 $A$ 沿题 10-14 图所示的 $p$-$V$ 图变化到状态 $B$，求：

(1) 气体内能的增量；

(2) 气体对外界所做的功；

(3) 气体吸收的热量；

(4) 此过程的摩尔热容.

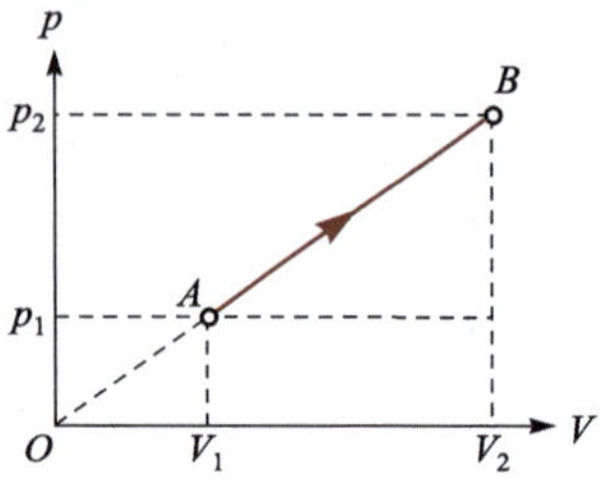


题 10-14 图

**10-15** $\nu$ mol 单原子分子理想气体，经历题 10-15 图所示的准静态膨胀过程.

(1) 求该过程的 $T$-$V$ 关系；

(2) 讨论该过程中，吸热和放热的区域.

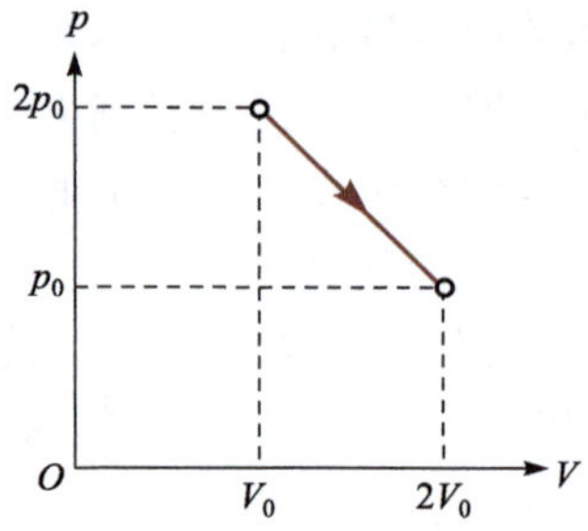


题 10-15 图

**10-16** 质量 $M=8\times10^{-3}$kg 的氧气，体积为 $V_1=0.41\times10^{-3}\text{m}^3$，温度为 $T_1$=300K. 求气体在绝热和等温过程中，体积膨胀至 $V_2=4.1\times10^{-3}\text{m}^3$ 时各对外做了多少功.

**10-17** 2mol 双原子分子理想气体($\gamma$=1.40)经历一个准静态绝热膨胀过程，从初态压强 $5.05\times10^5$Pa、体积 12L 膨胀至终态体积 30L. 求气体在终态时的压强以及初态和终态的温度.

**10-18** 1mol 刚性多原子分子理想气体，初始压强为 1.0atm，温度为 27℃，若经过一准静态绝热过程，使其压强增大到 16atm，求：

(1) 气体内能的增量；

(2) 在该过程中气体所做的功；

(3) 终态时，气体的分子数密度.

**10-19** 设 1mol 单原子理想气体经历题 10-19 图所示的循环过程，其中 2→3 是绝热过程.

(1) 计算每一过程中热量、内能增量以及气体做的功；

(2) 求气体在一个循环过程中与外界交换的热量以及所做的功；

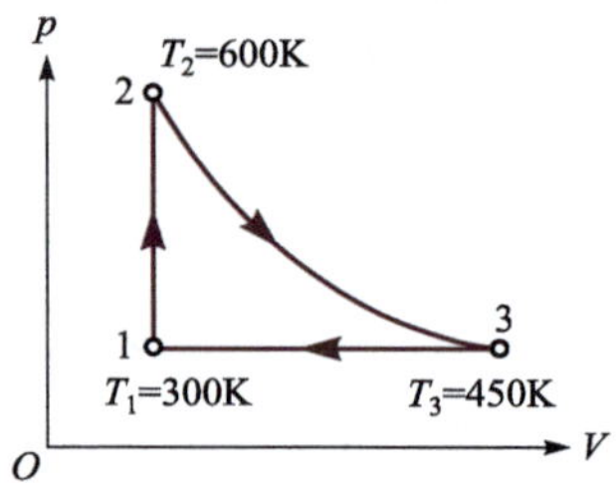


题 10-19 图

(3) 如果状态 1 的压强为 $1.01\times10^5$Pa，求状态 2 和状态 3 的压强和体积.

**10-20**　气缸内有一定量单原子分子理想气体，若经绝热压缩使气体的体积减半，问气体分子的平均速率变为原来的几倍？若为双原子分子理想气体，又为几倍？

**10-21**　一定质量的理想气体，从初态($p_1$, $V_1$)经准静态绝热过程，体积膨胀到 $V_2$，求在此过程中气体对外做的功.(设该气体的摩尔热容比为$\gamma$)

**10-22**　一台效率为 25%的热机，输出功率为 5kW. 如果在每一个循环中它排出 8000J 热量，试求：

(1) 每一个循环中它吸收的热量；

(2) 每一个循环经历的时间.

**10-23**　设一座功率为 1000MW 核电站的效率为 33%，也就是说它每秒产生 1000MJ 的电力，同时向周围环境放出 2000MJ 的热量. 如果利用河流来带走核电站排出的热量，设河水的流量为 $1\times10^6$kg/s，问河水温度将平均升高多少摄氏度？

**10-24**　题 10-24 图所示是一定量理想气体所经历的循环过程，其中 $AB$ 和 $CD$ 是等压过程，$BC$ 和 $DA$ 是绝热过程. 已知 $B$ 点和 $C$ 点的温度分别为 $T_2$ 和 $T_3$，求此循环的效率.

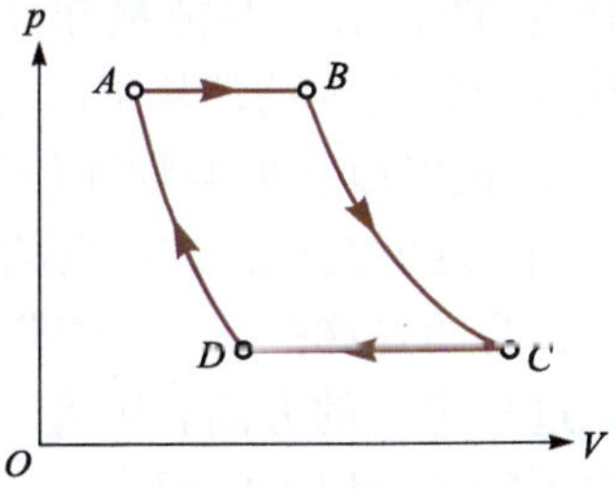


题 10-24 图

**10-25**　题 10-25 图所示为$\nu$ mol 理想气体经历某循环过程的 $T$-$V$ 图. 其中 $CA$ 是绝热压缩过程，状态 $A$ 的状态参量 $T_1$、$V_1$ 和状态 $B$ 的状态参量 $T_1$、$V_2$ 为已知. 设气体的摩尔热容比为$\gamma$，求：

(1) 状态 $C$ 的状态参量 $p_3$、$V_3$ 和 $T_3$；

(2) 循环的效率$\eta$.

**10-26**　设高温热源的热力学温度是低温热源热力学温度的 $n$ 倍，问理想气体在一个卡诺循环中传给低温热源的热量绝对值是从高温热源吸收热量的几倍？

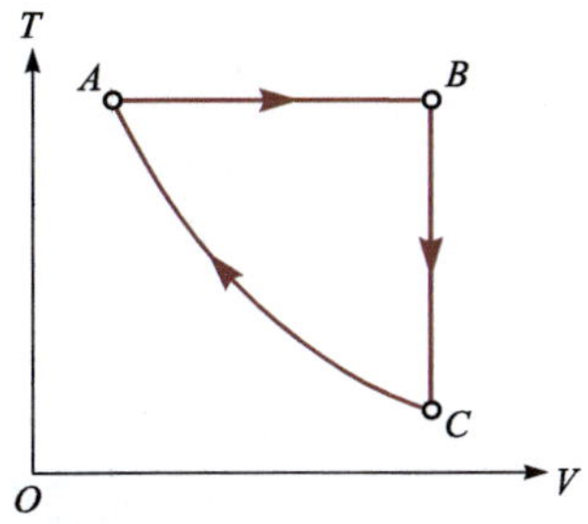


题 10-25 图

**10-27**　1mol 单原子理想气体经历题 10-27 图所示的循环过程，已知状态 $A$ 的状态参量为 $p_0$, $V_0$ 和 $T_0$. 求：

(1) 每一循环气体吸收的热量；

(2) 每一循环气体放出的热量；

(3) 循环的效率；

(4) 工作于这个循环过程中两个极端温度间的卡诺热机的效率.

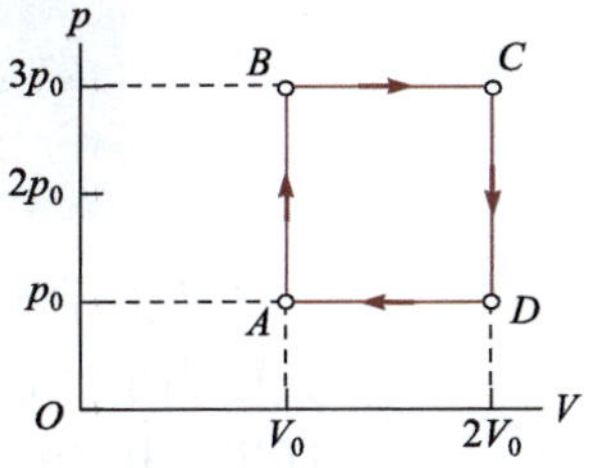


题 10-27 图

**10-28**　一台空调器从温度为 13℃的冷却线圈中吸取热量，再把这些热量排放到温度为 30℃的室外环境中去.

(1) 求该空调器的最大制冷系数；

(2) 若该空调器的实际制冷系数只有最大制冷系数的 1/3，为了每秒从室内排出 $8\times10^4$J 的热量，该空调器消耗的功率为多大？

**10-29**　用一个电动机带动一个热泵，从温度为−5℃的室外吸取热量传给温度为 17℃的室内. 在理想情况下，每消耗 1000J 的功可将多少热量传到室内？

**10-30**　一容器中有 1mol 单原子分子理想气体，温度为 $T_1$=546K. 一热机从该容器中吸热，向 $T_2$=273K 的低温恒温热源放热，求该热机最多能对外做多少功？

第10章　练习题答案

# 第 11 章　热力学第二定律　熵

蒸汽机车是利用蒸汽机，把燃料(一般用煤)的化学能变成热能，再变成机械能，而使机车运行的一种火车机车. 1814 年，英国人乔治·斯蒂芬森发明了第一台蒸汽机车，从此开启了以蒸汽机为代表的第一次工业革命. 左图是大连机车车辆厂于 1957 年 7 月试制成功的名为“建设型”蒸汽机车. 连同其他三个机车厂总共制造 1916 台. 我国生产的蒸汽机车有解放、胜利、FD、前进、上游、跃进、阳光等 7 种型号. 历史上，这些蒸汽机在国家建设中发挥了重要作用，但由于其热效率只有 8%～9%，1988 年 12 月 21 日，大同机车厂停止蒸汽机车生产，标志着中国蒸汽机车制造史的结束. 2005 年 12 月 9 日，在内蒙古大板附近的铁道边上，最后一列蒸汽机车执行完任务后，蒸汽机车退出历史舞台. (本图来自于百度图库)

热力学第一定律指出，在热力学过程中，无论是功变为热，还是热变为功，只要满足能量守恒都是可以发生的. 对于功、热转化的方向没有任何限制. 换句话说，热力学第一定律无法给出功、热转化的方向. 在满足能量守恒条件下，在自发的情况下，功可以完全转化为热，而热完全转化为功却从来没有发生过. 另一方面，热量可以从高温物体传给低温物体，也可以从低温物体传给高温物体. 但是在自发的情况下，后者也从来没有发生过. 这就是说，在自发的情况下，功与热的相互转换，热量的传递有特定的方向，要回答这些问题，需要建立热力学第二定律. 这个定律可以指出自发的热现象过程进行的方向和限度. 此外，由第二定律引出的物理量——熵，可以延伸到除了物理学以外的很多领域，如宇宙的演变，生物的进化，社会的发展变化，金融以及经济运行规律等很多领域.

## 11.1　热力学第二定律的两种表述及其实质

### 1. 热力学第二定律的两种表述

1) 开尔文表述

热力学第二定律是在提高热机效率的研究中发现的. 早在热力学第一定律建立之前，卡诺就从理论上研究了热机的效率问题，并得到了正确结论. 但令人遗憾的是他以热质说论证了自己的热机效率理论. 后来开尔文和克劳修斯运用热功转换的观点研究了热机的效率，他们发现应用热力学第一定律不能完全证明卡诺的结论，还需要一个新的原理，从而分别提出了热力学第二定律的基本表述.

事实上，如前所述，热机在一次循环动作中，从高温热源吸收的热量 $Q_1$，其中一部分转化为对外所做的机械功 $W$；另一部分热量 $Q_2$ 被放给低温热源. 根据能量守恒和转化定律应有

$$Q_1 = Q_2 + W \tag{11-1}$$

热机的效率为

$$\eta = \frac{W}{Q_1} = \frac{Q_1 - Q_2}{Q_1} = 1 - \frac{Q_2}{Q_1} \tag{11-2}$$

威廉·汤姆孙(W. Thomson，1824—1907)，又称开尔文勋爵(Lord Kelvin). 爱尔兰的数学物理学家、工程师. 热力学温标发明人，被称为热力学之父. 由于装设第一条大西洋海底电缆，1892 年被晋升为开尔文勋爵. 他在许多领域做出了贡献. 一生发表论文多达 600 余篇，取得 70 种发明专利

从上述公式可以看出，工作物质在一个循环中，向低温热源放出的热量 $Q_2$ 越少，对外做功 $W$ 越大，从而效率 $\eta$ 越大. 显然 $\eta \ngtr 1$，但 $\eta$ 能否等于 1 呢？若要使 $\eta = 1$，则必须有 $Q_2 = 0$. 即要求工作物质在一个循环中，把从高温热源吸收来的热量 $Q_1$ 全部变为有用的功，而工作物质又回到原来的状态，这样“高效率”的热机是不违反第一定律的，然而在提高热机效率的过程中，大量事实说明，在任何情况下，热机都不可能只有一个热源，热机要不断地把吸取的热量变为有用的功，就不可避免地将一部分热量传给低温热源. 在总结这些及其他一些实验的基础上，英国物理学家开尔文于 1851 年以下列形式提出一条新的普遍原理：**不可能从单一热源吸取热量，使之完全变为有用的功而不产生其他影响.** 这就是热力学第二定律的开尔文(Kelvin)表述.

◀ 热力学第二定律的开尔文表述

应该指出的是，在开尔文表述中的“单一热源”是指温度均匀而且恒定不变的热源，否则将不是单一热源. 若某热源温度不均匀，工作物质可以从高温处吸热，向低温处放热；若温度不恒定，则工作物质可以在高温时吸热，低温时放热. 这两种情况实际上都不是单一热源. 另一方面，所谓“其他影响”是指除了从单一热源吸热，和对外界做功以外的任何变化. 如工作物质的状态(如理想气体的体积)变化即为其他变化. 事实上，若非单一热源，或允许有其他变化，热机是可以把吸收的热量完全转化为对外界做功的. 例如，理想气体在等温膨胀过程中，把从单一热源吸收的热量完全变为对外做功了，但是产生了其他影响，即体积变化了. 热力学第二定律开尔文表述的另一种表述是：**第二种永动机是不可能造成的.**

◀ 第二类永动机

所谓第二类永动机就是指一种违反开尔文表述的机器，它能从单一热源吸收热量，并完全变为有用的功而不产生其他影响，这种机器并不违反能量守恒和转化定律. 显然，如果这种机器能制成，那么就可以利用空气或海洋作为热源，从它们那里不断吸取热量而做功，这是最经济的，因为海洋的内能实际上是取之不尽，用之不竭的.

2) 克劳修斯表述

那是永动机吗

热力学第二定律还有另外的表述. 第 10 章曾讲到制冷机. 在这种机器的一个循环动作中，外界对工作物质做功 $W$，工作物质从低温热源吸取热量 $Q_2$，向高温热源放热 $Q_1=Q_2+W$，而工作物质经历一个循环又回到原来的状态. 制冷机的目的就是使热量从低温物体传到高温物体. 我们知道，制冷机的制冷系数为

$$\varepsilon = \frac{Q_2}{W} \tag{11-3}$$

显然，若从低温物体吸取一定的热量 $Q_2$，需要对工作物质做的功 $W$ 越少，则制冷机的效能越高. 然而，大量事实表明，若要有 $Q_2 \neq 0$，则外界必须对工质做功 $(W \neq 0)$. 这就是说，设想制冷机的工质在经历一个循环过程后恢复了原状，其唯一的效果只是把热量从低温物体传到高温物体是不可能的. 德国物理学家克劳修斯在 1850 年提出下面的表述：**不可能把热量从低温物体传到高温物体而不引起其他变化.** 这就是热力学第二定律的克劳修斯(Clausius)表述.

热力学第二定律的克劳修斯表述 ▶

鲁道夫·尤利乌斯·埃马努埃尔·克劳修斯(R. J. E. Clausius，1822—1888)，德国物理学家和数学家，热力学的主要奠基人之一. 他于 1850 年首次明确指出热力学第二定律，1865 年引进了熵的概念. 1865 年和 1868 年分别当选法国科学院院士和英国皇家学会会长

热力学第二定律是总结概括了大量事实而提出的，是一个能够反映过程进行方向的规律. 由热力学第二定律作出的推论都与实践结果符合，从而证明了这一定律的正确性. 热力学第二定律也有它的适用范围和成立条件，它对有限范围内的宏观过程是成立的，而不适用于少量分子的微观体系，也不能把它推广到整个宇宙. 热力学第二定律中所说的功具有普遍意义，不仅包括机械功(即转化为机械能)而且包括电磁功(即转化为电磁能)等.

## 2. 热力学第二定律的两种表述的等效性

热力学第二定律的开尔文表述和克劳修斯表述，在表面上互不关联，但在实质上是等效的，即由其中的一个可以推断出另一个. 下面证明他们之间的等效性.

关于这两种等效性以及与第二定律相关的证明使用反证法比较容易理解和掌握. 证明的思路是：假设开尔文表述不成立，设法推导出克劳修斯表述不成立，简写为–K→–C. 相反，假设克劳修斯表述不成立，设法推导出开尔文表述不成立，简写为–C→–K.

第二定律两种表述等效性的证明 ▶

设开尔文表述不正确，即可以制造一种循环动作的机器 I，在一个循环里，从高温热源 $T_1$ 吸热 $Q_1$，全部变为有用的功 $W = Q_1$，而不产生其他影响，如图 11-1 所示. 这样，可利用这机器输出的功 $W$ 去推动制冷机 II，使之在循环中从低温热源吸热 $Q_2$，连同功 $W$ 一起$(Q_2+W)$放到高温热源 $T_1$. 将热机 I 和制冷机 II 构成一个联合机. 该联合机在循环中产生的总效果是：热量 $Q_2$ 从低温热源传到了高温热源，没有引起其他变化. 违背了克劳修斯表述，即–K→–C.

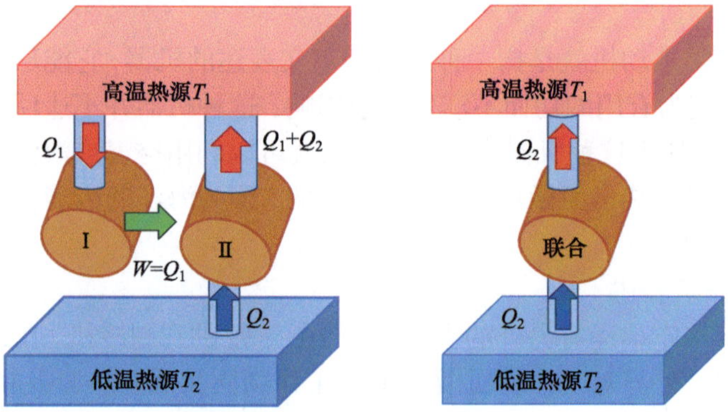


图 11-1 两种表述等效性证明 1

设克劳修斯表述不正确，即可以制造一个机器 I 在循环动作中，把热量 $Q_2$ 从低温热源 $T_2$ 传递到高温热源 $T_1$ 处，而不产生其他影响，如图 11-2 所示. 那么，

我们可以在高温热源 $T_1$ 和低温热源 $T_2$ 之间设计一个卡诺热机 II，令它在一循环中从高温热源吸取热量 $Q_1+Q_2$，一部分用来对外做功 $W$，另一部分 $Q_2$ 在低温热源处放出. 将热机 I 和热机 II 构成一个联合机. 该联合机在循环动作中产生的总结果是：从高温热源吸取热量 $Q_1+Q_2$，转化为对外做功 $W(=Q_1)$，工作物质回到初态，低温热源没有发生任何变化. 即从单一的热源吸取热量，全部转化为对外做功，没有产生其他变化，违背了开尔文表述，即–C→–K.

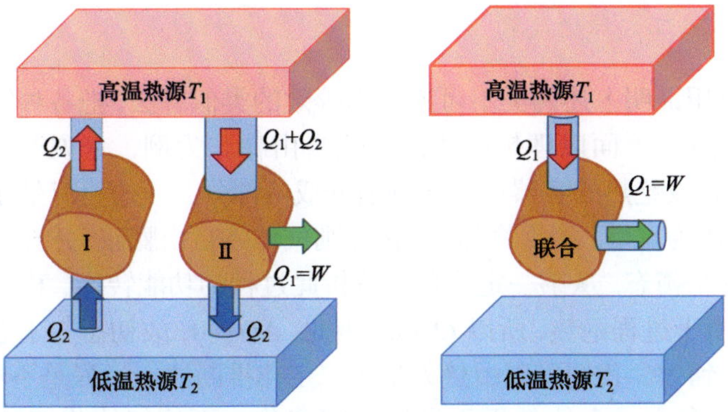


图 11-2　两种表述等效性证明 2

综上所述，若开尔文表述不成立，则克劳修斯表述不成立；若克劳修斯表述不成立，则开尔文表述也不成立，即–K⇔–C. 因此我们说这两种表述是等效的. 关于这两种表述的等效性，有人打如下比方，关于甲和乙的关系，有 A、B 两种表述. 表述 A：甲是乙的丈夫；表述 B：乙是甲的妻子. 显然表述 A 和 B 是等效的. 读者可以用反证法证明之.

热力学第二定律的开尔文表述和克劳修斯表述的等价性，表明它们之间有共同的内在本质. 从下面引入的可逆过程与不可逆过程概念出发，可以看到，这两种表述的等效性反映了自然界与热现象有关的宏观过程所具有的共同特征.

### 3. 可逆过程与不可逆过程

◀可逆与不可逆过程

可逆与不可逆过程：一个系统，由某一状态 I 出发，经过某一过程达到另一状态 II，如图 11-3 所示. 如果存在另一过程，它能使系统和外界完全复原(即系统回到原来的状态，同时消除了原来过程对外界引起的一切影响)，则原来的过程称为可逆过程；反之，如果没有任何办法使系统和外界均完全复原，则称为不可逆过程. 由此看来，热力学第二定律的开尔文表述的实质是：功变热的过程(如摩擦生热)是不可逆的. 而克劳修斯表述的实质是：热传导过程是不可逆的.

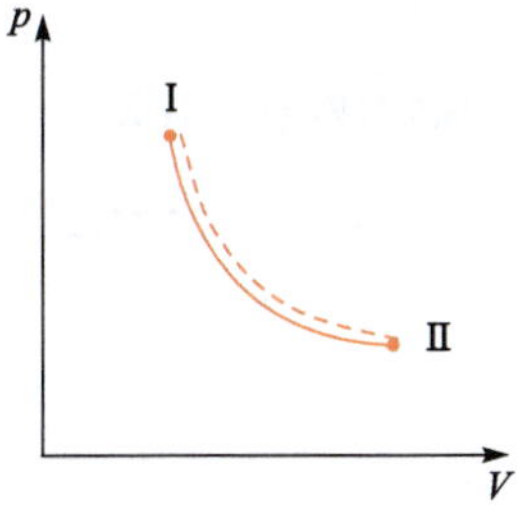


图 11-3　可逆与不可逆过程

必须注意，对于功变热过程的不可逆性不能简单地理解为：功可以完全变为热，而热不能完全变为功. 正确的理解是：在不引起其他变化或不产生其他影响的条件下，热不能完全变为功. 对于热传导过程的不可逆性也是这样. 我们可以利用制冷机把热量从低温物体向高温物体传递，但是这时外界因对制冷机做了功 $W$ 而引起了其他变化，并且高温物体也多吸收了热量(这是外界的功转化而来的). 热力学第二定律的克劳修斯表述指出，没有任何办法能把这些变化消除，同时又不引起其他影响. 这就是上面关于不可逆过程定义中所说的，用任何办法都不可能使系统和外界完全复原的含义.

法国物理学家、工程师卡诺(S. Camot, 1796—1832)，是数学家 L. 卡诺的长子. 1812 年进巴黎查理曼大帝公立中学学习，不久以优异成绩考入巴黎工艺学院. 1814 年进工兵学校. 1816 年任少尉军官. 1819 年在巴黎任职于总参谋部，次年请长假回家，继续从事他所酷爱的自然科学的学习和研究. 1824 年，卡诺发表了名著《谈谈火的动力和能发动这种动力的机器》. 1827 年，卡诺又被总参谋部召回服役，1828 年卡诺永远辞去了在军队中的职务，回到巴黎继续研究蒸汽机的理论. 1832 年因染霍乱病于 8 月 24 日逝世，年仅 36 岁. 由于害怕传染，他的随身物件，包括他的著作、手稿，均被焚毁

所以，热力学第二定律的两种表述就是分别挑选了一种典型的不可逆过程. 开尔文表述指出自发的功变热的过程是不可逆的，而克劳修斯表述则指出自发的热传导过程是不可逆的. 从前面两种表述等效性的证明可见，自然界的各种不可逆过程之间存在内在的联系. 各种不可逆过程，就其不可逆性方面是等效的.

### 4. 热力学第二定律的实质

我们可以用证明上述两类不可逆过程等效的类似方法，把各种宏观不可逆过程互相联系起来. 下面以理想气体的绝热自由膨胀为例，来说明这个问题. 如图 11-4 所示，设绝热的容器被中间隔板分成两部分，一边盛有处于平衡态的理想气体，另一边为真空. 如果将隔板抽掉，则气体将自由膨胀，并充满整个容器，从而达到新的平衡态. 从第一定律角度分析此过程的功能转换，由于向真空膨胀，所以 $W=0$. 由于过程绝热，所以 $Q=0$. 因此，$\Delta U=0$，故初态与末态温度相同，但体积从 $V$ 变到 $2V$. 我们可以由热力学第二定律推断这一过程是不可逆的. 也就是说，不可能存在一个使外界不发生任何变化，而使气体收缩到原来状态的过程.

我们用反证法证明上述过程的不可逆性. 如果此过程是可逆的，则存在这样一个过程 $R$，外界不发生任何变化，且使气体收缩复原，可以设计如图 11-5 所示的过程，使理想气体和单一热源 $T_1$ 接触，从热源吸收热量 $Q_1$，进行等温膨胀(体积从 $V$ 变到 $2V$)，把此热量完全变为对外界做功，即 $W=Q_1$. 膨胀以后的气体又通过上述假设的可逆过程自行回到初态. 经过这些过程后，其唯一效果是：把从单一热源吸收的热量 $Q_1$ 完全变成有用功而没有产生其他影响，这违背了开尔文表述.

上述证明过程意味着，由功变热的不可逆性可以推断出气体自由膨胀的不可逆性. 前边关于两种表述等效性证明也表明从功变热过程的不可逆性可以推出热传导过程的不可逆性. 用类似方法，可以论证同温、同压下的两种气体的相互扩散是不可逆过程，各种爆炸过程是不可逆的. 大量事实告诉我们，与热现象有关的宏观过程都是不可逆的，而且各种不可逆过程是相互联系的，即承认其中之一，便可论证其他，可见热力学第二定律不仅可以有两种表述形式，还可以有更多其他形式的表述. 但不管具体表述方式如何，都揭示了一个事实，即热力学第二定律的实质：一切与热现象有关的实际宏观过程都是不可逆的. 由此热力学第二定律为人们指出实际宏观过程进行的条件和方向.

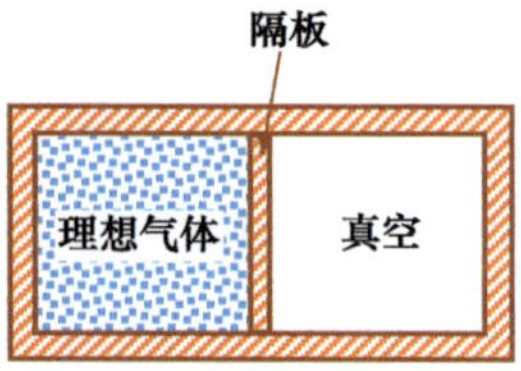


图 11-4 理想气体自由膨胀

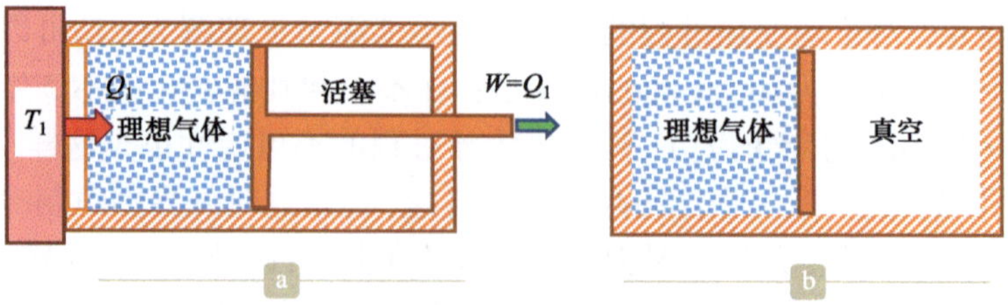


图 11-5 理想气体自由膨胀过程不可逆证明. a. 理想气体等温膨胀对外做功，b. 膨胀后的气体自行复原

如果过程没有摩擦，并且进行得无限缓慢，即在任何时刻都可看作处于平衡态，则可以用一定的参量来描述. 对于这种无摩擦的准静态过程，我们可以控制条件，使它按照与原过程完全相反的顺序进行，经过原来所有的中间状态，并且消除所有的外界影响.

因此，无摩擦的准静态过程是可逆过程. 但是，准静态过程仅是某些实际过程的理想近似与力学中的质点、光滑平面等概念一样. 实际上，绝对的准静态过程是不存在的. 在热学实际问题中，可以做到非常接近于一个可逆过程，因而可逆过程这个概念在理论上、计算上有重要的意义.

## 11.2 卡诺定理 热力学温标

### 1. 卡诺定理

通常所说的卡诺循环是准静态的，且无摩擦等耗散现象，因而是可逆的. 相应地，通常所说的卡诺热机也是理想的可逆热机. 按定义，卡诺循环由两个可逆的等温过程和两个可逆的绝热过程组成，但容易看出，仅在两个热源间工作的热机肯定是卡诺热机，因由一个温度到达另一温度而不涉及其他热源的可逆过程只能是可逆绝热过程. 为了叙述方便，有时人们也用不可逆卡诺循环来表示由两个等温过程和两个绝热过程所组成的不可逆循环过程，相应的热机称为不可逆卡诺热机.

1824 年法国工程师卡诺提出了卡诺定理，并利用第一类永动机不可能造成和热质说进行了证明，其定理内容如下：

(1) 在相同的高温热源和相同的低温热源之间工作的一切可逆热机的效率都相等，与工作物质无关. ◀ 卡诺定理

(2) 在相同的高温热源和相同的低温热源之间工作的一切不可逆热机，其效率都不可能大于可逆热机的效率.

首先要注意，这里所讲的热源都是温度均匀的恒温热源. 其次，若一可逆热机在某一确定温度的热源处吸热，并在另一确定温度的热源处放热从而对外做功，那么这个可逆热机必然是可逆卡诺热机，其循环是由两条等温线和两条绝热线所组成的卡诺循环. 现在我们用热力学第一定律和第二定律来证明卡诺定理.

如图 11-6 所示，设有甲、乙两部可逆热机，使用不同的工作物质。它们在相同的高温热源(温度为 $T_1$)和相同的低温热源(温度为 $T_2$)之间工作，热机甲在一个循环过程中，由高温热源吸取热量 $Q_1$，在低温热源处放热 $Q_2$(注意，这里 $Q_1$、$Q_2$ 都是指热量的大小，恒为正)，根据热力学第一定律，它对外做功为 $W = Q_1 - Q_2$. 热机乙在一个循环过程中，由高温热源吸热 $Q_1'$，在低温热源处放热 $Q_2'$，对外做功 $W' = Q_1' - Q_2'$. 如果甲、乙两热机都是可逆的，则我们可以使其中一个，如乙做逆循环，每经过一逆循环，外界对它做功 $W'$，同时由低温热源吸热 $Q_2'$，而在高温热源处放出热量 $Q_1'$. 这样可以适当地选择甲、乙热机的循环次数，如 $N$ 和 $N'$，使得甲在低温热源放出的总热量 $NQ_2$ 等于乙在低温热源处吸收的总热量 $N'Q_2'$，

即 $NQ_2 = N'Q_2'$. 甲的 $N$ 次正循环和乙的 $N'$ 次逆循环可以看作是一个总的联合循环，经过这样的循环后，系统复原，而且对低温热源没有发生任何影响，联合循环只与单一的高温热源交换热量. 因此，根据热力学第二定律的开尔文表述，这联合循环对外做的功一定不能大于零，即

$$NW - N'W' \not> 0 \tag{11-4}$$

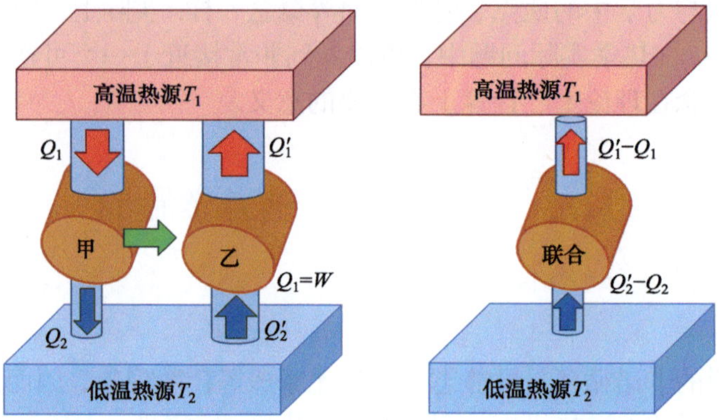


图 11-6　卡诺定理证明

如果以 $\eta$ 和 $\eta'$ 分别表示甲、乙两热机的效率，则

$$\eta = \frac{W}{Q_1} = \frac{W}{Q_2 + W}$$

$$\eta' = \frac{W'}{Q_1'} = \frac{W'}{Q_2' + W'}$$

所以

$$W = \frac{\eta}{1-\eta} Q_2$$

$$W' = \frac{\eta'}{1-\eta'} Q_2'$$

代入式(11-4)，可得

$$N\frac{\eta}{1-\eta}Q_2 - N'\frac{\eta'}{1-\eta'}Q_2' \not> 0$$

因为 $NQ_2 = N'Q_2'$，所以

$$\frac{\eta}{1-\eta} \not> \frac{\eta'}{1-\eta'}$$

将上式简化，即得

$$\eta \not> \eta' \tag{11-5}$$

即甲机的效率不能大于乙机的效率. 若使甲机做逆循环，乙机做正循环，则同样可证明 $\eta' \not> \eta$. 因此，必须是 $\eta = \eta'$，即所有工作于相同的高温热源和相同的低温热源之间的一切可逆热机，其效率都相等. 这就证明了卡诺定理表述中的结论(1).

如果甲机和乙机中有一个是不可逆的，如甲机不可逆，乙机是可逆机，则我们只能证明 $\eta \not> \eta'$，而不能得到 $\eta' \not> \eta$ 的结论. 因此，工作于相同高温热源和相同

低温热源之间的一切不可逆热机，其效率不大于可逆热机的效率. 这就证明了卡诺定理中表述的结论(2). 既然在两个一定温度的高温热源和低温热源之间工作的一切可逆热机的效率都相等，且与工作物质无关，则它们的效率必然都等于工作物质为理想气体时的效率. 从而根据第 10 章可得

$$\eta=\frac{T_1-T_2}{T_1}=1-\frac{T_2}{T_1}$$

在这两个相同的高、低温热源之间工作的一切可逆热机的效率不能大于这一数值. 因此，卡诺定理对研究如何提高热机效率问题有重要的指导意义.

可逆循环或可逆卡诺机只是理想情况，在现实中无法实现. 因此卡诺定理的实际意义在于指出了提高热机效率需要努力的方向：①尽量提高高温热源的温度和降低低温热源的温度，增大两个热源的温度差以提高热能的可利用的价值；②由于效率与工作物质无关，所以不必考虑工作物质. 在实际热机中，要想使低温热源的温度降得更低，就必须用制冷机，而开动制冷机则需要消耗外功，这既增加了更多的不可逆因素，也不经济. 所以在工程上主要是提高高温热源的温度；③要选择合适的循环过程，尽量使之接近卡诺循环；④要尽量减少过程中的不可逆因素，例如，减少散热、漏气、摩擦等因素的影响，使实际的不可逆热机尽量接近于可逆热机.

### 2. 关于制冷机的效能

对于制冷机也可作如上述卡诺定理类似的讨论. 设有两个恒温热源，温度分别为 $T_1$、$T_2$. 在这两个具有一定温度的热源之间工作的制冷机也可以分为可逆制冷机和不可逆制冷机两类. 相应地，有下述结论：

◀ 卡诺定理的推论

(1) 在相同的高温热源和相同的低温热源之间工作的一切可逆制冷机，其制冷系数都相等，与工作物质无关.

(2) 在相同的高温热源和相同的低温热源之间工作的一切不可逆制冷机，其制冷系数都不可能大于可逆制冷机的制冷系数.

仿照证明卡诺定理的方法，可以证明这两个结论.

这两个结论对提高制冷机的制冷系数具有指导意义. 根据第一个结论可以知道，在恒温热源 $T_1$ 和 $T_2$ 之间工作的一切可逆制冷机的制冷系数，都等于在相同热源之间工作的以理想气体为工作物质的逆向卡诺循环的制冷系数，即

$$\varepsilon=\frac{Q_2}{W}=\frac{Q_2}{Q_1-Q_2}=\frac{T_2}{T_1-T_2}$$

而在同样两个热源之间工作的不可逆制冷机的制冷系数不可能大于这一数值. 因此，在计算实际制冷装置的制冷系数时，可以由此式计算出其制冷系数的最大值.

### 3. 热力学温标

第 9 章提到，科学技术上需要的是与测温物质性质无关的温标. 卡诺定理提供了这种温标的基础. 我们知道，卡诺循环中放热 $Q_2$ 与吸热 $Q_1$ 的比率，$Q_2/Q_1$

只依赖于两个热源的温度之比 $T_2/T_1$，而与工作物质的性质无关，因此，可以取一台可逆卡诺热机，工作在不同温度的两个热库之间. 仔细测量热量 $Q_2$(对放出的热量 $Q$ 也取正值)和 $Q_1$，这样两热源温度之比与热量之比相等，即

$$\frac{Q_2}{Q_1}=\frac{T_2}{T_1} \tag{11-6}$$

如果对其中一热源的温度(如 $T_2$)采用固定温度 $T_0$，另一热源的温度便为

$$T_1=T_0\frac{Q_1}{Q_0} \tag{11-7}$$

其中 $Q_0$ 是从温度为 $T_0$ 的热源吸取的热源.

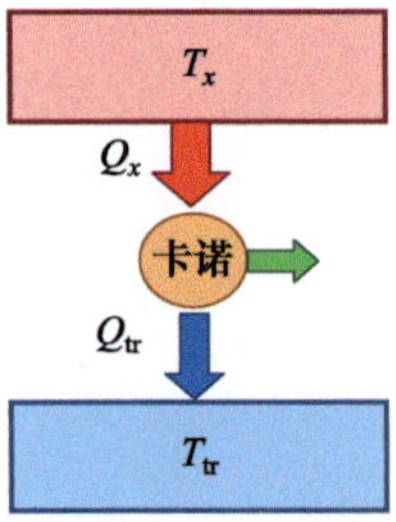

图 11-7 热力学温标

根据卡诺定理，这样所得的温度与卡诺循环中的工作物质无关，即与测温物质性质无关. 开尔文建议，固定点的温度选取水的三相点，并规定水的三相点的温度为 273.16K. 因此，若在水的三相点和待测温度的热源之间引入一个可逆卡诺机——温度计，如图 11-7 所示. 通过测量卡诺机从待测热源吸收的热量 $Q_x$ 和向水的三相点放出的热量 $Q_{tr}$，代入下式，便可计算待测热源的温度 $T_x$，即

热力学温标定义 ▶

$$T_x=273.16\frac{Q_x}{Q_{tr}} \tag{11-8}$$

这种以卡诺定理为基础的温标称为热力学温标. 可以证明在理想气体温标适用的温度范围内，热力学温标与理想气体温标的测得值相等. 因此，可以用理想气体温度计来测定热力学温度. 虽然理想气体温标仍具有经验温标的性质(依赖于物质所处的状态——气态)，但已不属于一般的经验温标，在它所能确定的温度范围内，也具有热力学温标这样的绝对性.

## 11.3 热力学第二定律的统计意义

热力学第二定律指出，一切与热现象有关的宏观过程都是不可逆的. 热现象与大量分子无规则的热运动相联系，为了进一步认识热力学第二定律的本质，我们来讨论该定律的统计意义.

首先分析气体的自由膨胀过程不可逆性的统计意义，如图 11-8 所示. 若容器左边只有一个气体分子，在隔板抽掉前，它只能在左边运动. 把隔板抽掉后，它就在整个容器内运动，既可能出现在左边，也可能出现在右边. 我们认为该分子处于左边(左边的任何位置)是一种宏观状态——简称宏观态，也是一种微观状态——简称微观态，该分子处于右边(右边的任何位置)是另一种宏观态，也是另一种微观态. 所以，含有一个分子的系统在膨胀中，可能的宏观态是两个，可能的微观态也是两个. 统计物理有一个等概率假设，**即系统出现每一个微观态的概率相等**. 若以 $W$ 表示系统包含的所有微观态数目，则其中任意微观态出现的概率为 $P=1/W$. 若系统只有一个分子，其微观态数目为 $W=2^1$. 气体膨胀之后，分子回到左边的概率为 1/2.

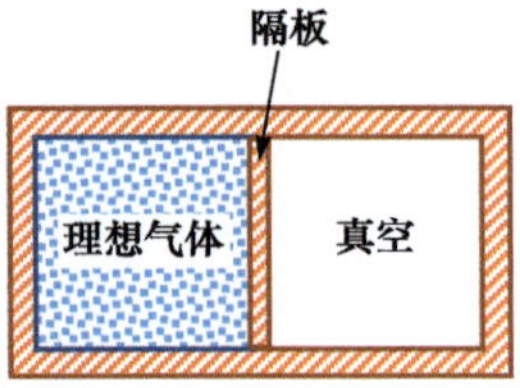

图 11-8 理想气体自由膨胀

如果系统有 4 个分子❶❷❸❹，它们从微观上是可区分的. 他们在容器两部分之间形成共计 16 种不同的分布，即 16 种微观状态，$W=2^4=16$. 但是从宏观

上，只有 5 种不同的状态，每一种宏观态所包含微观态数目(注意在左边的分子交换位置不形成新的微观态，右边的分子亦然)不同，如图 11-9 所示. 由于每个微观态出现的概率相同，且每个宏观态出现的概率与所包含的微观态数成正比，因此，气体自由膨胀后，全部分子都回到左边的概率只有 1/16，即

$$P=\frac{1}{W}=\frac{1}{2^4} \tag{11-9}$$

因为热力学定律适用于大数分子($N\approx10^{23}$)系统，所以全部分子都回到左边的概率为

$$P=\frac{1}{W}=\frac{1}{10^{23}} \tag{11-10}$$

可见全部分子回到初态的概率几乎为零，在宏观上就是不可逆.

另一方面，气体膨胀之后，对应于两边分子均分的宏观状态所具有的微观态数目最多，因此出现两边均分分子情况概率最大，并且随着分子数目的增加，两边均分分子对应的微观态数目将形成压倒优势. 这种分布在统计物理中称为最可几分布. 在统计物理中，我们把包含微观态数目少的宏观态称为热力学几率小的状态，包含微观态数目多的宏观态称为热力学几率大的状态. 注意这里的热力学几率不同于数学上的概率，数学上的概率一般小于 1，但热力学几率可以大于 1. 因此，热力学第二定律所指出的宏观过程进行的方向和限度，从统计意义上理解就是：**热力学系统所发生的宏观过程总是从热力学几率小的状态向热力学几率大的状态进行，即从包含微观态数目少的宏观态向包含微观态数目多的方向进行，且达到最大几率状态(包含微观态数目最多的宏观态)为止**. 这就是热力学第二定律的统计解释.

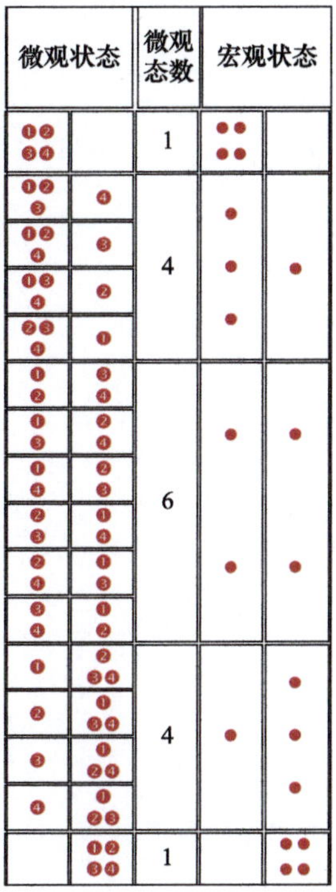


图 11-9　分子分布形成的宏观态与微观态

◀ 热力学第二定律的统计意义

我们再来分析一下功变热的过程. 前面说过，功变热的过程更确切地说应当是机械能变为内能的过程. 我们知道，机械能表示所有的分子都做同样的定向运动时所对应的能量，而内能则代表分子做无规则热运动时的能量，单纯的功变热表示规则运动的能量变为无规则运动时的能量，这是可能的；而相反的过程，即无规则运动自发地全部变为规则的定向运动，这对大量分子的宏观系统来讲，其几率小到实际上是不可能的. 前者是几率小的状态向几率大的状态进行，而后者是几率大的状态向几率小的状态进行. 对上述简单例子的分析事实上是有一般意义的，即热力学第二定律的统计意义是：一个不受外界影响的“孤立系统”，其内部发生的过程，总是由几率小的状态向几率大的状态进行，由包含微观状态数目少的宏观状态向包含微观状态数目多的宏观状态进行. 热力学第二定律是在提高热机效率的生产实践中发现的，但它对实践的指导意义却不限于热机. 随着对热力学第二定律普遍意义的认识，它已在越来越多的方面得到应用，它和热力学第一定律一起，构成了热力学的主要理论基础. 由于热力学在生产实践中的广泛应用和科学技术的发展，20 世纪以来，相继地出现了许多热力学的分支. 除了研究热机的工程热力学外，还有在化学反应中，研究化学能与其他形式能量的转化以及各种化学过程进行的条件、方向和限度等的化学热力学，在冶金气象等领域中研究相变的相变热力学，以及研究低温技术和广泛的低温现象的低温热力学等.

19 世纪后半期，有些科学家把热力学第二定律应用到无限的宇宙，提出了所谓的“热寂说”. 他们认为，总有一天，全宇宙都要达到平衡，一切变化都将停止，从而宇宙也将死亡. “热寂说”的结论，将会导致温度不平衡的起源是上帝创造的或所谓的“原始推动力”. 直到 21 世纪初，人们对“热寂说”普遍持否定态度，但是随着科学的发展，科学家们又在重新审视“热寂说”理论，毕竟科学总是要发展的.

## 11.4 克劳修斯等式 熵

前已述及，自然界中一切与热现象有关的自发的宏观过程都是不可逆的，而且自然界中存在着大量的不可逆过程. 每个不可逆过程都可以作为第二定律的表述，故第二定律有许多不同的表述，但是他们所揭示的规律是相同的. 因此，热力学第二定律应该存在一个定量的数学表达式，为此人们需要找到一个新的物理量或状态函数，用它的变化来表示自发过程的方向. 1854 年，克劳修斯首先找到了这个物理量，1865 年他把这个物理量命名为 entropie(德文，英文为 entropy)，中文译作熵，由于该物理量是由热量和温度的商定义的，又是热学量，故前边加一个火字旁. 下面就来讨论熵及其一些宏观性质.

### 1. 克劳修斯等式

根据卡诺定理，工作于相同的高温热源及低温热源间的所有可逆卡诺热机的效率都应相等，即

$$\eta = 1 - \frac{Q_2}{Q_1} = 1 - \frac{T_2}{T_1} \tag{11-11}$$

其中 $Q_1$ 为循环中工作物质从高温热源吸收的热量，$Q_2$ 是工质向低温热源放出的热量，上式整理后得

$$\frac{Q_1}{T_1} - \frac{Q_2}{T_2} = 0 \tag{11-12}$$

若都以吸热表示上式，将$-Q_2$ 以 $Q_2$ 表示，则有

$$\frac{Q_1}{T_1} + \frac{Q_2}{T_2} = 0 \tag{11-13}$$

第 10 章介绍的卡诺循环的四个过程分别是：$A \to B$ 与高温热源接触，等温吸热，$B \to C$ 绝热膨胀，$C \to D$ 与低温热源接触，等温吸热 $Q_2$($Q_2$ 小于零)，$D \to A$ 绝热压缩，如图 10-20 所示. 将式(11-13)拓展到卡诺循环的四个过程，有

$$\int_A^B \frac{\mathrm{d}Q}{T} + \int_B^C \frac{\mathrm{d}Q}{T} + \int_C^D \frac{\mathrm{d}Q}{T} + \int_D^A \frac{\mathrm{d}Q}{T} = 0$$

或

克劳修斯等式 ▶

$$\oint_{卡诺} \frac{\mathrm{d}Q}{T} = 0 \tag{11-14}$$

其中 $\oint_{卡诺}$ 表示沿卡诺循环的闭合路径进行积分. 式(11-14)说明对于任何可逆卡

诺循环，$\dfrac{dQ}{T}$ 的闭合积分恒等于零. 实际上，上式可以推广到任意可逆循环.

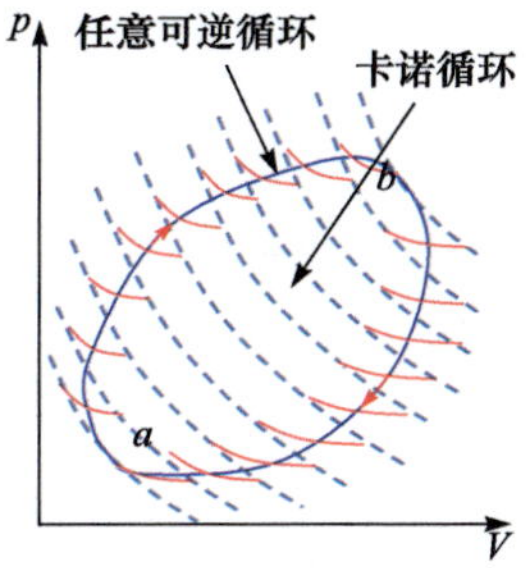


图 11-10 任意可逆循环与卡诺循环

图 11-10 上的任意闭合曲线表示一个任意的可逆循环. 以无限多条绝热线(图中虚线)，和无限多条等温线(红色线)把这个任意闭合曲线分割. 任何相邻的两条绝热线跟顶部的小等温线(与任意形状闭合曲线在上边相交)和底部的小等温线(与任意形状闭合曲线在下边相交)构成一个小卡诺循环. 于是将此任意可逆循环分成无限多个小的可逆循环. 除了两端的绝热线外，其他绝热线被相邻的小卡诺循环所共有，但过程的方向相反，故相互抵消. 克劳修斯认为每个小卡诺循环从热源吸取或放出的热量与该处原过程从热源吸取或放出的热量相同，当这些卡诺循环分割得足够细致时，那个锯齿形循环过程就趋近于这个任意可逆循环. 所以

$$\sum\frac{\Delta Q_i}{T_i}=\oint_{可逆}\frac{dQ}{T}=0 \qquad (11\text{-}15)$$

◀ 广义的克劳修斯等式

这就是克劳修斯等式.

## 2. 熵和熵的计算

1) 态函数——熵的引入

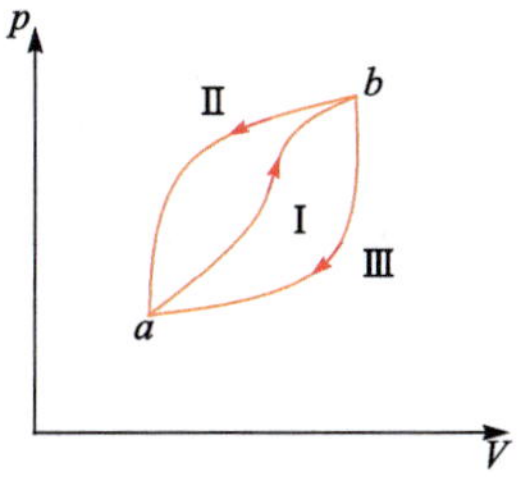


图 11-11 熵的引入

设想在图 11-11 的 $p$-$V$ 图上有一任意可逆循环过程，$a\to\text{I}\to b\to\text{II}\to a$. 它由路径 I 及路径 II 所组成，按照克劳修斯等式，有

$$\oint_{可逆}\frac{dQ}{T}=\int_{a(\text{I})}^{b}\frac{dQ}{T}+\int_{b(\text{II})}^{a}\frac{dQ}{T}=0$$

因为

$$\int_{b(\text{II})}^{a}\frac{dQ}{T}=-\int_{a(\text{II})}^{b}\frac{dQ}{T}$$

所以有

$$\int_{a(\text{I})}^{b}\frac{dQ}{T}=\int_{a(\text{II})}^{b}\frac{dQ}{T}$$

若在 $a$、$b$ 两点间再画任意可逆路径Ⅲ，则必有

$$\int_{a(\text{I})}^{b}\frac{dQ}{T}=\int_{a(\text{II})}^{b}\frac{dQ}{T}=\int_{a(\text{III})}^{b}\frac{dQ}{T} \qquad (11\text{-}16)$$

这就是说，积分 $\int_a^b\dfrac{dQ}{T}$ 的值仅与处于相同初末态的 $\dfrac{dQ}{T}$ 的值有关，而与路径无关. 这个结论对任意选定的初末两态(为平衡态)都成立. 换句话说，对于任意可逆循环过程，总有 $\oint_{可逆}\dfrac{dQ}{T}=0$. 在数学上，我们说 $\dfrac{dQ}{T}$ 一定是某函数的全微分. 克劳修斯把这个函数称为系统的熵，用 $S$ 表示，它满足下式：

$$dS=\left.\frac{dQ}{T}\right|_{可逆过程} \qquad (11\text{-}17)$$

或

$$\Delta S=S_b-S_a=\int_{a(可逆过程)}^{b}\frac{dQ}{T} \qquad (11\text{-}18)$$

◀ 熵变的计算

式(11-17)可写为

$$TdS = (dQ)_{可逆过程} \tag{11-19}$$

将上式代入热力学第一定律表达式可得

$$TdS = dU + pdV \tag{11-20}$$

式(11-20)是同时应用热力学第一定律与热力学第二定律得到的热力学基本微分方程，它仅适用于可逆变化过程. 式(11-18)是熵的微分表达式，虽然 d$Q$ 不是态函数，但在可逆变化过程中，d$Q$ 除以温度 $T$ 后就是态函数熵的全微分，在数学上把具有这类性质的因子(这里就是 $T^{-1}$)称为积分因子. 从式(11-19)可知，若系统的状态经历一可逆微小变化，它与恒温热源 $T$ 交换的热量为 d$Q$，则该系统的熵改变了 $dS = \frac{dQ}{T}$，这是热力学对熵的定义. 因为 d$Q$ 是广延量，$T$ 是强度量，故熵也是广延量，显然 1mol 物质的熵 $S$ 是强度量. 由于 $T$ 恒大于零($T > 0$)，所以系统可逆吸热(d$Q$>0)时，熵是增加的；系统可逆放热(d$Q$<0)时，熵是减少的. 熵的单位是 J /K.

2) 关于熵应注意的问题

(1) 若变化路径是不可逆的，式(11-18)不成立，因为该式是从仅适用于可逆循环的克劳修斯等式导出的.

(2) 熵是态函数. 系统状态参量确定了,熵也就确定了. 若系统做功时仅改变体积(没有电磁功或表面张力功等)，且质量是不变的，则通常以两种方式来表示熵，即熵是 $T$、$V$ 的函数，即 $S$=$S(T, V)$，或者熵是 $T$、$p$ 的函数，即 $S$=$S(T, p)$.

(3) 若把某一初态定为参考态，则任一状态的熵可以表示为

$$S = \int_{a(可逆过程)}^{b} \frac{dQ}{T} + S_0$$

其中积分应是从参考态开始的路径积分，$S_0$ 是参考态的熵，是一个任意常数(因为参考态可任意选定，正如内能的参考态也可任意选定一样).

(4) 热力学只能对熵作式(11-17)的定义，并由此计算熵的变化，它无法说明熵的微观意义，这是热力学这种宏观描述方法的局限性所决定的. 至于熵的微观意义，读者可参阅其他文献或参考书.

(5) 虽然“熵”的概念比较抽象，初学者难以理解，但随着科学发展和人们认识的不断深入，人们已越来越深刻地认识到它的重要性不亚于“能量”，甚至超过“能量”. 1938 年，天体与大气物理学家埃姆顿(R. Emden)在《冬季为什么要生火？》一文中写道：“在自然过程的庞大工厂里，熵原理起着经理的作用，因为它规定整个企业的经营方式和方法，而能原理仅仅充当簿记，平衡贷方和借方.

### 3. 不可逆过程中熵的计算

初、末态均为平衡态的不可逆过程的熵变的计算有如下三种方法：

(1) 设计一个连接相同初、末态的任意一个可逆过程，然后用式(11-18)计算熵变. 但一般地说，根据系统的初、末状态特点，适当选择可逆过程可使熵变的

计算变得简单. 例如，在计算理想气体在绝热自由膨胀过程中的熵变时，选可逆的等温过程连接初、末态，计算熵变比较简单.

(2) 推导出熵作为状态参量的函数形式，再以初、末两状态参量代入熵的函数，计算熵的改变.

(3) 若在工程上已对某些物质的一系列平衡态的熵值制出了图表，则可通过查图表，计算初、末两态熵的差.

### 4. 理想气体的熵

根据热力学基本方程，即式(11-20)可得

$$\mathrm{d}S=\frac{\mathrm{d}U+p\mathrm{d}V}{T} \tag{11-21}$$

◀ 气体的熵变计算

对于理想气体，$\mathrm{d}U=\nu C_{V,m}\mathrm{d}T$，又 $p=\dfrac{\nu RT}{V}$，代入上式，有

$$\mathrm{d}S=\frac{\nu C_{V,m}\mathrm{d}T}{T}+\frac{\nu R}{V}\mathrm{d}V \tag{11-22}$$

◀ 理想气体的熵变计算以 $(T,\ V)$为变量

理想气体的 $C_{V,m}$ 只是 $T$ 的函数，且当温度的变化范围不大时可视为常数，故对上式两边积分时，可对每一个变量单独进行，因此，得

$$\int_{S_0}^{S}\mathrm{d}S=\int_{T_0}^{T}\frac{\nu C_{V,m}\mathrm{d}T}{T}+\int_{V_0}^{V}\frac{\nu R}{V}\mathrm{d}V$$

或

$$S-S_0=\nu C_{V,m}\ln\frac{T}{T_0}+\nu R\ln\frac{V}{V_0} \tag{11-23}$$

上式即是以 $T$、$V$ 为独立变量时理想气体熵函数的表达式，显然温度从低变高，或体积从小变大时，熵增加；反之亦然. 由此可看出熵的物理意义或统计意义的一点端倪. 我们可以借助理想气体状态方程 $pV=\nu RT$，选 $T$、$p$ 为独立变量表示熵，首先对状态方程两边取微分，得

$$p\mathrm{d}V+V\mathrm{d}p=\nu R\mathrm{d}T$$

上式代入式(11-21)，得

$$\mathrm{d}S=\frac{\nu C_{V,m}\mathrm{d}T+\nu R\mathrm{d}T-V\mathrm{d}p}{T}=\frac{\nu C_{p,m}\mathrm{d}T-V\mathrm{d}p}{T} \tag{11-24}$$

再次代入理想气体方程，整理得

$$\mathrm{d}S=\frac{\nu C_{p,m}\mathrm{d}T}{T}-\frac{\nu R\mathrm{d}p}{p} \tag{11-25}$$

◀ 理想气体的熵变计算以 $(T,\ p)$为变量

将上式积分，得

$$\int_{S_0}^{S}\mathrm{d}S=\int_{T_0}^{T}\frac{\nu C_p\mathrm{d}T}{T}-\int_{p_0}^{p}\frac{\nu R}{p}\mathrm{d}p$$

整理得

$$S-S_0=\nu C_{p,m}\ln\frac{T}{T_0}-\nu R\ln\frac{p}{p_0} \tag{11-26}$$

对于理想气体，只要初、末态的状态参量确定，就可利用式(11-23)或式(11-26)计算熵变，而与选取可逆的还是不可逆的过程以及怎样的变化路径无关.

## 例题 11-1　不可逆过程熵变的计算举例

如图 11-12 所示，理想气体经绝热自由膨胀，体积由 $V_0$ 变为 $2V_0$，试计算此过程气体的熵变.

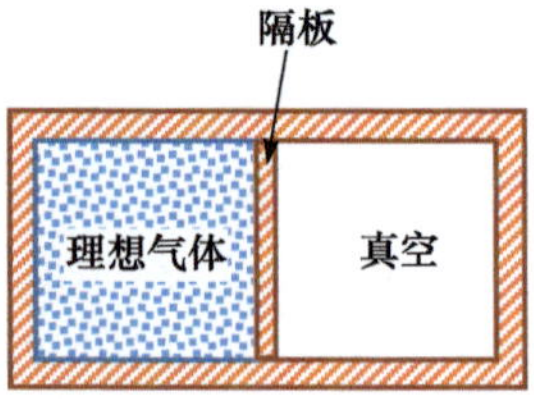


图 11-12　理想气体自由膨胀

**解**　根据前述的分析，气体膨胀前后的状态参量分别为：I($p_0$, $V_0$, $T_0$)，II($p_0/2$, $2V_0$, $T_0$)，即初、末状态气体的体积加倍，压强减半，而温度相同. 该过程是典型的不可逆过程. 计算此过程的熵变可采取两种方法：①利用理想气体熵的表达式；②选择连接初、末状态的一个可逆过程，利用熵变的原始定义式(11-17)直接计算. 下面分别介绍之.

**方法一**　利用理想气体熵表达式.

上边介绍了理想气体两种熵变表达式，任选其一即可. 如选择式(11-23)，即用温度和体积变化表示熵变. 由于初、末状态温度相同，所以该式右边第一项为零，由于体积加倍，所以有

$$\Delta S=\nu R\ln\frac{2V_0}{V_0}=\nu R\ln 2>0$$

上述结果表明，理想气体绝热自由膨胀后，熵增加.

**方法二**　选择连接初、末状态的一个可逆过程——可逆的等温过程.

熵变的定义式可具体化为式(11-21). 在该式中，当选择可逆的等温过程时，$\mathrm{d}U=0$，因此有

$$\mathrm{d}S=\frac{p\mathrm{d}V}{T}$$

代入理想气体方程($pV=\nu RT$)，并积分得

$$\Delta S=\int_{S_0}^{S}\mathrm{d}S=\int_{V_0}^{2V_0}\frac{\nu R\mathrm{d}V}{V}=\nu R\ln 2>0$$

显然，涉及理想气体熵变计算时，选可逆过程，并利用定义式和熵表达式均可. 结果表明，当气体温度不变，而体积增加时，熵增加.

## 例题 11-2　理想气体等容过程熵变的计算

2mol 处于室温(取 $t_0$=20℃)的氧气(视为理想气体)跟 100℃的热源作热接触，在等容情况下，温度升高到 100℃. 试计算此过程气体的熵变、热源的熵变以及总熵变.

**解**　氧气和热源之间存在着一定的温度差，因此它们之间的热传导过程是不可逆的. 但由于氧气是在等容条件下升温的，故选择一个可逆的等容过程计算气体的熵变. 根据式(11-21)得

$$\Delta S_{氧气}=\int_{T_0}^{T}\frac{\mathrm{d}U+p\mathrm{d}V}{T}=\int_{T_0}^{T}\frac{2C_{V,m}\mathrm{d}T}{T}=5R\ln\frac{373}{293}=10.0(\mathrm{J/K})$$

再计算热源的熵变，在热传导过程中，氧气吸热，热源放热，且两者相等. 因此有

$$Q_{热源放热}=\nu C_{V,m}(T-T_0)=2\times\frac{5}{2}R(T-T_0)$$

根据式(11-17)，可计算热源的熵变如下：

$$\Delta S_{热源}=\int\frac{\mathrm{d}Q}{T}=\frac{Q_{热源}}{T}=\frac{-5R(T-T_0)}{T}=\frac{-5\times8.31\times80}{373}\approx-8.9(\mathrm{J/K})$$

由于热源放热，所以熵减小. 整个系统的总熵变为

$$\Delta S=\Delta S_{氧气}+\Delta S_{热源}=1.1\mathrm{J/K}>0$$

上述结果表明，将气体和热源视为一个孤立系统，气体与热源之间存在着一个有限的温度差，在它们之间的热传导过程中，气体吸热熵增加，热源放热熵减少. 但总的熵变是大于零的，即熵增加. 由于有限温度差下的热传导过程是不可逆的，所以熵增加是必然结果. 例题 11-1 也证明了这个结果，即孤立系统内部发生的不可逆过程熵增加.

## 11.5 热力学第二定律的数学表示 熵增加原理

例题 11-2 表明，系统在不同的过程中熵可以增加(如氧气等容吸热升温)，也可以减少(热源散热给氧气). 但是，如果把参与热交换的所有物体一起作为一个系统(绝热系统)，其中所发生的传热过程是不可逆的，总的熵是增加的. 而理想气体的绝热自由膨胀过程也是不可逆的，熵也是增加的.

气体的自由膨胀过程和冷热物体之间的热传导过程都是典型的不可逆过程，所以，以上两个例子所得出的结果是具有普遍意义的. 实际上，根据卡诺定理可以普遍地证明(证明从略)，当系统由初态 $a$ 经过任一不可逆过程到达末态 $b$ 时，其熵的增量为

$$S_b-S_a>\int_a^b\frac{\mathrm{d}Q}{T}\tag{11-27}$$

这就是**不可逆过程的热力学第二定律的数学表达式**，它表明：对于从初态到末态的任何一个不可逆过程，热温比的积分值恒小于系统末态和初态的熵值之差. 将式(11-27)与式(11-18)写在一起，就有

$$S_b-S_a\geqslant\int_a^b\frac{\mathrm{d}Q}{T}\tag{11-28}$$

这是普遍的热力学第二定律的数学表达式. 式中的等号适用于可逆过程，不等号适用于不可逆过程.

对于孤立系统，与外界无热量交换，故 $\mathrm{d}Q=0$，所以上式可写为

$$S_b-S_a\geqslant0\tag{11-29}$$

◀ 熵增加原理

这就是说：**当热力学系统从一个平衡态经绝热过程到达另一个平衡态时，它的熵永不减少. 如果过程是可逆的，则熵的数值不变；如果过程是不可逆的，则熵的**

**数值增加，这就是熵增加原理**，是利用熵概念所表述的热力学第二定律.

根据熵增加原理可以作出判断：不可逆绝热过程总是向着熵增加的方向进行的；可逆绝热过程则是沿着等熵路径进行的. 对于一个孤立系统来说，它和外界不发生任何相互作用，因而在其中所进行的任何过程必定是绝热过程，它的熵永不减少，所以熵增加原理又可表述为：**一个孤立系统的熵永不减少**. 实际上，在孤立系统内自发进行的涉及热现象的实际过程必然是不可逆过程，而不可逆过程的结果，则是使系统由非平衡态到达平衡态，实现平衡以后就不再变化了. 这表明，在系统由非平衡态向平衡态变化的过程中，它的熵总在不断地增加，到达平衡时，它的熵增加到极大值.

因此，我们可以利用熵的变化来判断自发过程进行的方向(沿着熵增加的方向)和限度(熵增加到极大值)，熵增加原理的重要意义就在这里. 现在我们可以说，熵增加原理与热力学第二定律的开尔文表述以及克劳修斯表述是一致的. 开尔文表述指出，不可能造成这样一种热机，即从单一热源吸热，将它完全变为有用功而不产生其他影响. 如果能够造成这样的热机，温度为 $T$ 的热源的熵就会减少 $Q/T$，工作物质则因经历一个循环回到它的初态而保持熵不变，因而工作物质和与其有热交换的外界一起所组成的“孤立系统”的总熵就减少了，这是违背熵增加原理的，所以我们说：违背开尔文表述的热机是不存在的.

克劳修斯表述指出，不可能制造这样的制冷机，其唯一效果是将热量从低温物体传递到高温物体. 如果可以造成这样的制冷机，低温物体的熵就会减少 $Q/T_2$，高温物体的熵就会增加 $Q/T_1$，工作物质则因经历一个循环后回到它的初态而保持熵不变，因而工作物质和与其有热交换的外界一起所组成的“孤立系统”的总熵就减少了($T_1>T_2$)，这是违背熵增加原理的，所以我们只能得出结论：违背克劳修斯表述的制冷机是不可能造成的.

## 11.6 熵的统计意义 玻尔兹曼关系

前已述及，克劳修斯把熵定义为 $\mathrm{d}S = (\mathrm{d}Q)_{可逆}/T$ 对于不可逆的绝热过程，不仅其熵变大于零，而且其熵的增加(即熵产生)与能量的不可用程度(即能量贬值程度)的大小有关. 但到目前为止，对熵的认识只是停留在表面上，仅仅知道它是系统状态的函数，对于熵究竟是什么，熵的统计意义是什么，以及为什么不可逆的绝热过程总是向熵增加方向进行等问题，无法作出解释. 这是热力学的局限性，热力学是热物理学的宏观理论，它不关心物质的微观结构和微观粒子的热运动，它只能说明宏观物理量(如熵)应如何变，而不能解释为什么要这样变. 要从本质上去说明熵是什么，去理解熵的微观统计意义，去理解热力学第二定律的实质(即一切与热相联系的自发过程都是不可逆的)，必须采用微观描述方法，即统计物理的方法.

### 1. 熵是系统无序程度大小的度量

在这里我们将引入无序与有序的概念. 无序是相对于有序来讲的. 利用对称

性，可以证明，粒子的空间分布越是处处均匀，分散得越开(即粒子数密度在空间分布上的差异越小)的系统越是无序，粒子空间分布越是不均匀，越是集中在某一很小区域内，则越是有序. 在相同温度下，气体要比液体无序，液体又要比固体无序. 在密闭容器的气体中，若有一部分变为液体，即其中部分分子密集于某一区域呈液体状态，这时无序度变小. 其逆过程，液体蒸发为气体，无序度变大.

应该注意：有序并非整齐，气体分子均匀分布是整齐的，但它却是最无序的. 相反，气体分子都集中于某一角落中，这并不整齐，却是较有序的. 例如，从分子代表点在速度空间分布来看，在绝对零度所有代表点都集中于速度空间中的原点，这是最有序的，气体温度越高，代表点越是分散开来，其无序度不断增加. 由于液体在等温条件下蒸发为气体时要吸收汽化热 $Q$，这是一个可逆等温过程，其熵要增加$\Delta S = Q/T$. 又如，从理想气体熵的表达式(11-23)知，气体在等温膨胀从 $V_1$ 增加为 $V_2$ 的过程中，熵增加了，即$\Delta S = \nu R\ln V_2/V_1$. 而从有序、无序角度来看，在液体汽化及气体等温膨胀过程中，气体分子分散到更大体积范围内，显然无序度增加了，这与在这两个过程中熵增加是一致的. 有序、无序不仅表现在粒子在坐标空间上的分布，也表现在粒子在速度空间上的分布，即反映在热运动的剧烈程度上. 分子热运动越剧烈，即系统温度越高，其无序度越大. 而从式(11-23)可知，一定量理想气体，在体积不变的情况下升高温度，其熵也是增加的. 上述例子均说明：熵与微观粒子无序度之间有直接关系，或者说：熵是系统微观粒子无序性程度的度量，而宏观系统的无序性是以某宏观状态下包含微观态数目 $W$ 来表示的.

路德维希·玻尔兹曼(L. Boltzmann，1844 年 2 月 20 日—1906 年 9 月 5 日)，奥地利物理学家、哲学家，热力学和统计物理学的奠基人之一. 作为一名物理学家，他最伟大的功绩是发展了通过原子的性质(如原子量、电荷量、结构等)来解释和预测物质的物理性质(如黏性、热传导、扩散等)的统计力学，并且从统计意义对热力学第二定律进行了阐释. 路德维希·玻尔兹曼生于维也纳，卒于意大利的杜伊诺，1866 年获维也纳大学博士学位，历任格拉茨大学、维也纳大学、慕尼黑大学和莱比锡大学教授. 他发展了麦克斯韦的分子运动类学说，把物理体系的熵和概率联系起来，阐明了热力学第二定律的统计性质，并引出能量均分理论(麦克斯韦-玻尔兹曼定律). 他首先指出，一切自发过程，总是从概率小的状态向概率大的状态变化，从有序向无序变化. 1877 年，玻尔兹曼又提出，用“熵”来量度一个系统中分子的无序程度，并给出熵 $S$ 与无序度 $W$(即某一个客观状态对应微观态数目，或者说是宏观态出现的概率)之间的关系为 $S=k\ln W$. 这就是著名的玻尔兹曼公式

◀ 玻尔兹曼关系

### 2. 玻尔兹曼关系 $S = k\ln W$

玻尔兹曼认为，一切自发的过程，总是从概率小的状态向概率大的状态变化，从有序向无序变化. 且 1877 年首次提出了系统熵 $S$ 的微观解释，他指出：系统在某一宏观状态下的熵 $S$ 与该宏观态下对应的微观态数目 $W$ 之间的函数关系为

$$S = k\ln W \tag{11-30}$$

上式称为玻尔兹曼关系，其中 $k$ 为玻尔兹曼常量. 这一关系的严格导出，要利用统计物理. 用概率的方法，也能证得这一关系，有兴趣的读者可以查阅物理专业的《统计物理》书籍. 需要指出的是，玻尔兹曼本人的文章中并未将这一公式明显地写出，他在 1872 年指出，$S$ 的改变与 $\log W$(注意：这里的 $\log W$ 即 $\log_e W$)的改变之间有正比关系，普朗克在《热辐射》的著名讲义中首次使用该公式，并称它为玻尔兹曼关系.

玻尔兹曼关系既给出了熵的统计解释，也给出了熵增加原理的统计解释. 以气体自由膨胀过程为例，在气体膨胀以后，在容器两部分之间分布着不同分子数时，其宏观状态不同，且包含的微观态数目 $W$ 也不同. 但是从图 11-8 中可以看出，气体膨胀的过程是分子在容器中的分布逐渐变得均匀的过程，也是从包含微观态少的宏观态向包含微观态多的方向进行. 根据玻尔兹曼关系，即式(11-30)，就是熵不断增加的过程. 同时也是无序程度增加的过程.

## 11.7 熵的应用

### 1. 国内熵概念应用的初步兴起

1865 年克劳修斯引入熵概念后，很快在热力学和统计力学领域内占据了重要地位. 1923 年德国科学家普朗克来我国讲学时，介绍了“Entropy”这个概念. 当时，汉语字典里还找不到与之对应的汉字，胡刚复教授翻译时就在商($Q$ 与 $T$ 的比值)字的前边加了个火字(表示与热有关)来代表 Entropy，从而在汉字库里出现了“熵”字. 1978 年改革开放以后，钱三强率领我国科学家访问欧洲，带回了红极一时的耗散结构理论(比利时科学家普利高津(L. Prigogine)创立，并因此获得物理诺贝尔化学奖)，此理论对热力学问题、熵概念和热寂说多有涉及. 从此以后，“熵”成为我国学术界的热门话题，各领域的学者也就“熵”概念与熵原理发表了意见. 1987 年上海译文出版社出版了美国学者里夫金(J. Rifkin)和霍华德(T. Howard)著的书 *Entropy, A New World View*(《熵，一种新的世界观》)，于是熵这个概念在中国大地上流行起来，大学教授、改革家、哲学家以及许多学者就“熵”概念和理论发表的见解也多了起来，从此我国开始了熵的广泛研究.

1986 年新疆气象研究所的张学文建议各行业都设法把熵概念和熵原理引入自己的领域，提出了组织跨学科研究熵的想法，并在 1987 年组织召开了第一届“熵与交叉科学研讨会”，该研讨会每两年开一次，一直延续至今.

国内对熵概念和熵理论的深入研究，推动了熵在气象学、信息科学、股票投资、管理决策以及基础理论等各个领域的拓展，活跃了我国的科学与社会思想.

### 2. 信息熵的基本定义

用来描写事情不确定性的量，应该具备这样的特征：当事件完全确定时，它应为零；事情的可能状态或结果越多，它应该越大；当可能结果数一定，每种结果出现的概率相等时，不确定性应取极大值，即这种事情是最不确定的. 假定某事件的可能结果和出现某结果的概率如下；

$$x_1,\ x_2,\ \cdots,\ x_n \leftarrow \text{可能结果}$$

$$P_1,\ P_2,\ \cdots,\ P_n \leftarrow \text{出现的概率}$$

且 $\sum_{i=1}^{n} P_i = 1$.

信息论引入

$$u = -\sum_{i=1}^{n} P_i \ln P_i \tag{11-31}$$

作为不确定性的量度. 它正好符合上面提出的对描述不确性量的要求.

1948 年申农(C. E. Shannon)称与 $u$ 成正比的

$$S=-K\sum_{i=1}^{N}P_i\ln P_i \tag{11-32}$$

为信息熵或广义熵. 熵概念的这一推广，为熵从热力学进入信息、生物、经济、社会领域铺平了道路. 若不确定事件的每个可能结果出现的概率相同，即 $P_1=P_2=\cdots=P_n=P$($P$ 表示任意可能结果出现的概率)，$W$ 表示可能出现的结果总数，且 $P=1/W$，则式(11-31)退化成

$$S=-K\ln P \tag{11-33}$$

或

$$S=K\ln W \tag{11-34}$$

将比例系数 $K$ 视为玻尔兹曼常量 $k$，式(11-34)与热力学熵 $S$ 的表达式(11-30)有完全相同的形式，可见更为广泛的信息熵定义式(11-32)和式(11-34)已将热力学熵包含在自身之中.

事情的可能结果 $W$ 越大，每个可能结果出现的概率 $P$ 越小，由式(11-33)可知，当事者在现实面前会越显得捉摸不定和无知，所以，从这个意义上说，熵是无知或缺乏信息的量度. 比如，手机出了故障，对缺少这方面知识的人来说，他会提出多种猜测，比如怀疑图像系统，或伴音系统，或主板，或电源系统、软件系统等发生了故障. 而对于一个精通手机知识并有修理经验的人来说，会由看到的现象，准确地说出毛病之所在. 从熵概念来看这两个人，前者在手机方面较无知，熵较大；后者则在这方面占有知识(信息)，熵较小. 所以，为了减少对世界认识的不确定性或无知，我们要尽可能多地积累知识和获取信息量.

### 3. 物理场熵

1986 年，国内学者张学文在《物理场的熵及其自发减少现象》一文中首先提出了物理场熵一词. 作者在研究气象中的分布问题时，沿着熵与分布对应的思路，把熵与物理场联系起来，并指出：一切物理场都对应着一个熵值. 如果某一特定的空间中的每一个点就某物理量(如气压、温度、电势等)而定，在某一瞬间，仅有唯一值，而且不同的几何点上这个值不尽相同，就把这个空间称为一个物理场. 而物理场的熵可以理解为空间状态的复杂程度. 状态是一个非常重要的概念，它与质量、能量有着相同的重要性，所以没有状态的物质是不存在的. 一个物质系统内部的状态越多、越复杂、越无序，其物理场熵就越大；反之，状态越少、越简单、越单调，其物理场熵就越小.

### 4. 管理熵

管理熵这个概念是由宋华岭在 1999 年首次提出的. 现代化企业是一个复杂的大系统. 在整个系统的运行中贯穿着两种“流动”：一种是物流——人力、物力、财力的流动；另一种是随之产生的大量数据、资料、指标、图纸、报表等信息流动.

物流是生产经营的主体流程，这种流动是否畅通，很大程度上决定着企业经营活动的好坏. 而信息流的任何堵塞、紊流、混乱、沉淀都会使人流、物流、财

流造成无序与混乱，企业的经济效果受到损害. 信息与管理科学是密不可分的，企业中存在的信息是大量的、庞杂的，如果不准确地、有效地、确定地传递信息，企业的管理职能就无法进行，容易形成“肢体庞大而神经系统低级的恐龙结构”. 管理水平的提高，很大程度上取决于信息流的质量. 从信息论的角度看，管理过程的实质是信息管理的过程，信息是企业管理的基础. 度量管理质量的重要指标是管理效率，也就是管理信息的转化与传递率——当量熵. 管理的效率取决于信息通道的通畅程度与信息流量的损失程度，这些都可以用熵的转化当量的意义来评价，即管理的损失率.

我们知道，熵可以作为群体(信息)不确定性的度量. 在信息时代的管理系统中，企业的内、外部环境多变无常，与以往相比更多地出现大量信息和状态的概率研究问题，即不确定性的问题. 例如，信息不完备性、人文“软因素”条件的不充分性，因果律破损而造成的不确定性——随机性，由于排中律破损产生的不确定性——模糊性；或者两者共有的随机模糊不确定性. 所有这些不确定性都可以用熵来度量. 下面我们给出狭义管理的概念：狭义的管理是指以企业系统或实体作为管理对象而进行的一系列管理活动. 结合熵概念及其泛化后的内涵，定义狭义管理熵：在管理信息传递的过程中，管理的信息与概念的传递效率与阻力损失的度量，就是对管理系统输入的物质、能量与信息的转化成管理功效的转化率的度量，即管理计划目标与实际效果的差别评价. 管理熵概念从反面对管理效果进行度量与评价.

### 5. 最大熵原理

由于信息论的问世，人们对熵的认识又加深一层，并把熵用到热力学以外的领域. 有一些学者把用于非热力学领域的熵增加原理称为最大熵原理. 这主要是取自熵增加原理中封闭系统的熵自动增到最大且稳定在最大熵状态. 即任何物质系统总是在约束下争取最大自由度状态，最终导致系统达到约束允许的最混乱、最复杂、最丰富的状态. 该原理最为经典的应用是杰尼斯的极大熵准则：一个系统，如果它的状态受到许多相互独立的、均匀的随机因素影响(称为基本对称系统)，则其状态的概率分布，应在表征这个系统状态的约束条件下，使这个分布的熵最大.

该准则认为如果人们对随机事件一无所知，则应假设它是均匀分布，各随机事件出现的概率相等，即为 $1/W$($W$ 为状态空间数)，此时随机事件的熵值最大.

实际上，所有自然现象和社会现象，都受制于最大熵原理，即使人的个体行为也不例外. 如自习室中学生的分布，公交车上乘客的分布，火车站售票口前排队买票旅客的分布，沙滩上休息人群的分布等无一例外地符合极大熵原理. 因此，系统的管理，项目的决策以及设计，绝不能抛开极大熵原理，因为很多自然现象、社会现象以及人的行为都受到它的支配.

# 第 11 章练习题

**11-1** 如题 11-1 图所示，用热力学第一定律和第二定律分别证明：

(1) 在 $p$-$V$ 图上两条绝热线不能相交.

(2) 在 $p$-$V$ 图上一绝热线与一等温线不能有两个交点.

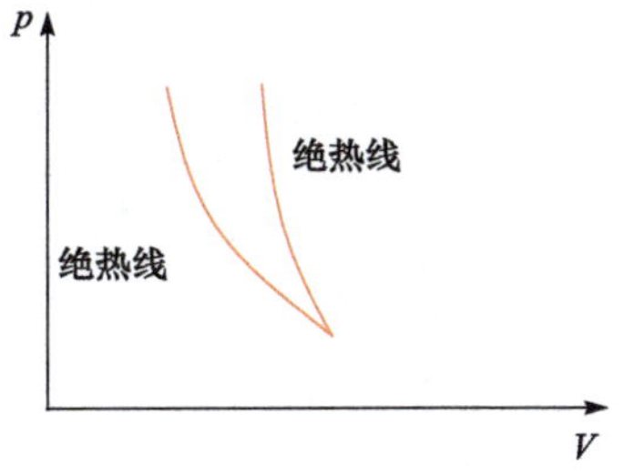


题 11-1(1)图

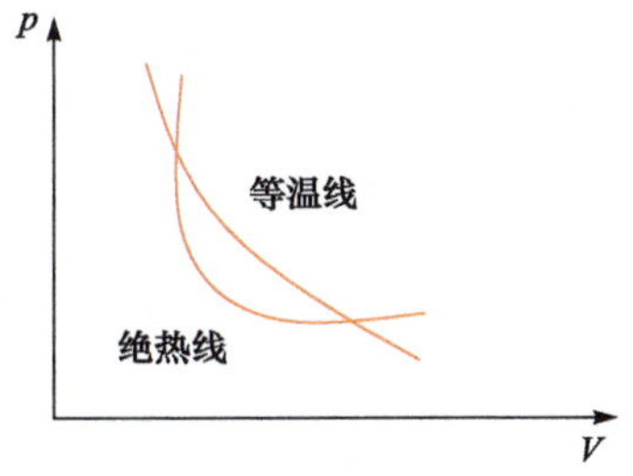


题 11-1(2)图

**11-2** 评论下述说法正确与否?

(1) 功可以完全变成热，但热不能完全变成功；

(2) 热量只能从高温物体传到低温物体，不能从低温物体传到高温物体.

(3) 可逆过程就是能沿反方向进行的过程，不可逆过程就是不能沿反方向进行的过程.

**11-3** 一热机在 1000K 和 300K 的两热源之间工作，如果(1)高温热源提高为 1100K；(2)低温热源降低为 200K，从理论上说，热机效率各可增加多少? 为了提高热机效率，哪一种方案为好?

**11-4** 用一卡诺循环的制冷机从 7℃的热源中提取 1000J 的热传向 27℃的热源，需要做多少功? 从 −173℃向 27℃呢? 从−223℃向 27℃呢?

**11-5** 两个卡诺循环如题 11-5 图所示，它们的循环面积相等，试问：

(1) 它们吸热和放热的差值是否相同?

(2) 对外做的净功是否相等?

(3) 效率是否相同?

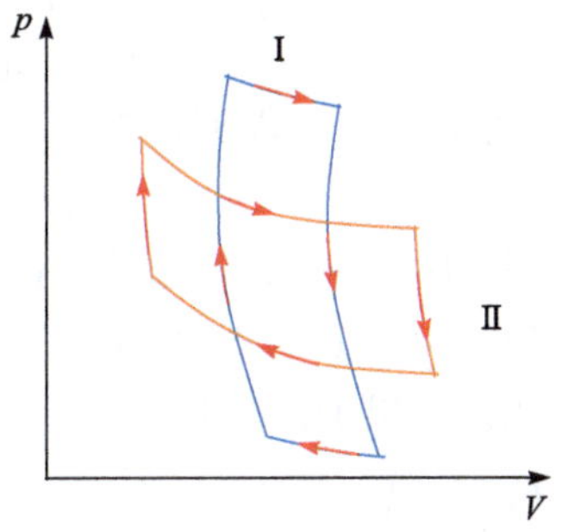


题 11-5 图

**11-6** 一卡诺热机在 1000K 和 300K 的两热源之间工作，试计算：

(1) 热机效率；

(2) 若低温热源不变，要使热机效率提高到 80%，则高温热源温度需提高多少?

(3) 若高温热源不变，要使热机效率提高到 80%，则低温热源温度需降低多少?

**11-7** 热力学系统从初平衡态 $A$ 经历过程 $P$ 到末平衡态 $B$. 如果 $P$ 为可逆过程，其熵变为 $S_B - S_A = \int_A^B \frac{\mathrm{d}Q_{可逆}}{T}$，如果 $P$ 为不可逆过程，其熵变为 $S_B - S_A = \int_A^B \frac{\mathrm{d}Q_{不可逆}}{T}$，你说对吗? 哪一个表述要修改，如何修改?

**11-8** 根据 $S_B - S_A = \int_A^B \frac{\mathrm{d}Q_{可逆}}{T}$ 及 $S_B - S_A > \int_A^B \frac{\mathrm{d}Q_{不可逆}}{T}$，这是否说明可逆过程的熵变大于不可逆过程熵变? 为什么? 说明理由.

**11-9** 1mol 理想气体由初态($T_1$，$V_1$)经某一过程达到末态($T_2$，$V_2$)，求熵变. 设气体的定容摩尔热容 $C_{V,m}$ 是常数.

**11-10** 1mol 单原子分子理想气体，在恒定压强下经一准静态过程从 0℃加热到 100℃，求气体的熵的改变(普适气体常数 $R$=8.31J/(mol · K)).

**11-11** 1mol 理想气体绝热地向真空自由膨胀，体

积由 $V_0$ 膨胀到 $2V_0$，试求该气体熵的改变.

**11-12** 已知 1mol 单原子分子理想气体，开始时处于标准状态，现将该气体经历等温过程(准静态过程)压缩到原来体积的一半，求气体的熵的改变(普适气体常数 $R$=8.31J/(mol·K)).

**11-13** 如题 11-13 图所示，1mol 氢气在状态 1 时 $T_1$=300K，经两个不同过程到达末态 3，1→3 为等温过程，

(1) 由路径 1→2→3 计算熵变$\Delta S_1$；

(2) 由路径 1→3 计算熵变$\Delta S_2$；

(3) 对(1)(2)结果加以分析.

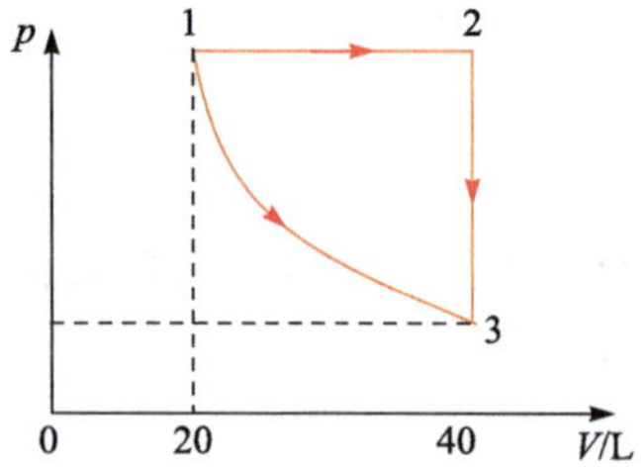


题 11-13 图

**11-14** 如题 11-14 图所示，1mol 双原子分子理想气体，从初态 $V_1$=20L，$T_1$=300K 经历三种不同的过程到达末态 $V_2$=40L，$T_2$=300K. 图中 1→2 为等温线，1→4 为绝热线，4→2 为等压线，1→3 为等压线，3→2 为等体线. 试分别沿这三种过程计算气体的熵变.

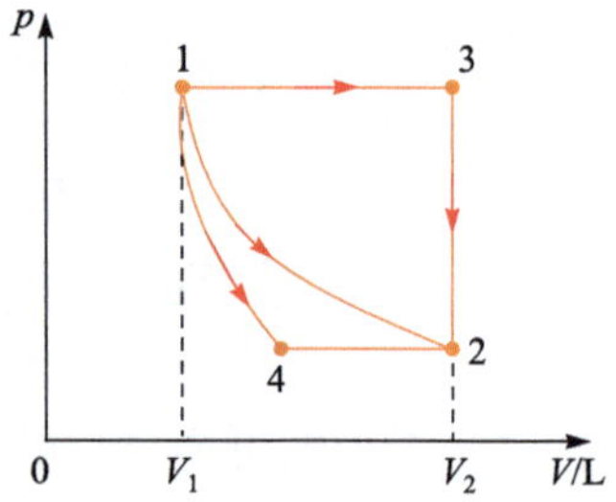


题 11-14 图

**11-15** 已知冰的溶解热为$\lambda$=334J/g. 现有 1mol，0℃的冰溶解为水. 求：(1)这些冰溶解为水的熵变；(2)在 0℃时这些水的微观态数与冰的微观态数之比.

第11章 练习题答案